U0151185

扫描二维码
可获得中文在线资源

计算机科学丛书

原书第9版

软件工程

实践者的研究方法

[美] 罗杰·S. 普莱斯曼（Roger S. Pressman） 著
布鲁斯·R. 马克西姆（Bruce R. Maxim）

王林章 崔展齐 潘敏学 王海青 贲可荣 汤恩义 译

Software Engineering
A Practitioner's Approach Ninth Edition

机械工业出版社
China Machine Press

图书在版编目（CIP）数据

软件工程：实践者的研究方法：原书第 9 版 /（美）罗杰·S. 普莱斯曼（Roger S. Pressman），（美）布鲁斯·R. 马克西姆（Bruce R. Maxim）著；王林章等译 . -- 北京：机械工业出版社，2021.6（2023.2 重印）

（计算机科学丛书）

书名原文：Software Engineering: A Practitioner's Approach, Ninth Edition

ISBN 978-7-111-68394-0

I. ①软⋯ Ⅱ. ①罗⋯ ②布⋯ ③王⋯ Ⅲ. ①软件工程 Ⅳ. ① TP311.5

中国版本图书馆 CIP 数据核字（2021）第 107438 号

北京市版权局著作权合同登记 图字：01-2020-3412 号。

Roger S. Pressman, Bruce R. Maxim：Software Engineering: A Practitioner's Approach, Ninth Edition (ISBN 978-1259872976).

本书自第 1 版出版至今，近 40 年来在软件工程界产生了巨大而深远的影响。第 9 版继承了之前版本的风格与优势，全面系统地讲解软件过程、建模、质量与安全、软件项目管理等知识，涵盖相关的概念、原则、方法和工具，并且提供了丰富的扩展阅读资源和网络资源。第 9 版添加了新的重要软件工程过程及实践，并调整了篇章结构，使内容更加简洁，更适于教学。

本书适合作为高等院校计算机、软件工程及相关专业的教材，也适合该领域的技术人员阅读参考。

出版发行：机械工业出版社（北京市西城区百万庄大街 22 号 邮政编码：100037）

责任编辑：姚 蕾 王 佳		责任校对：殷 虹	
印 刷：北京建宏印刷有限公司		版 次：2023 年 2 月第 1 版第 2 次印刷	
开 本：185mm×260mm 1/16		印 张：31.75	
书 号：ISBN 978-7-111-68394-0		定 价：149.00 元	

客服电话：(010) 88361066 68326294

自 1968 年提出软件工程以来，软件工程研究和实践人员就致力于不断提出缓解"软件危机"的新方法、新技术和新工具。同时，我们也注意到，软件开发和演化的人本属性使得"人"在软件工程中必将发挥举足轻重的作用。大量受过软件工程教育的专业人员成功开发出复杂度更高、规模更大、功能更强，也更加符合工程规范的软件产品，有力支撑了软件产业的发展，他们成为解决软件危机的"银弹"！

50 余年的经验与教训告诉我们，软件工程教育至关重要，除了要强化学生的程序能力、算法能力之外，还需要培养他们的系统能力、管理能力、工程能力，以及自主学习专业知识并解决实际问题的创新能力。《软件工程：实践者的研究方法》正是满足这些要求的著名软件工程教材，自第一次引进并推出翻译版以来，已被国内多所高校采用为本科生或研究生教材，获得了大量好评。国内大量软件工程研究与实践人员也正是从该教材的各版本开始了对软件工程专业知识的学习，培养了对软件工程方向的研究兴趣，并最终从事了与软件工程相关的教学、科研、实践等工作。

本版共 30 章，完整覆盖了软件工程的基本概念、建模、质量与安全、项目管理等内容，并根据软件领域新的发展需求和现状，调整了全书结构，讨论了软件过程改进、人工智能软件、软件工程中的数据科学等新问题。软件工程是一门实践性很强的课程，本书的作者 Roger S. Pressman 和 Bruce R. Maxim 不仅积累了丰富的软件工程课程教学经验，还拥有多年从事软件工程研发、咨询和管理的工作经历。他们在本书中融入了丰富的工程和教学经验，并以一个生动的示例 SafeHome 贯穿全书，使读者更易理解相关内容。

我们于 2020 年 1 月应机械工业出版社姚蕾、何方等编辑的邀请，组建了翻译工作团队，开始了本书的翻译工作。参加本书翻译的老师有王林章（第 1、8、9、14、19、24、25 章）、贲可荣（第 2 ～ 5 章）、汤恩义（第 6、7 章）、潘敏学（第 10 ～ 13 章）、崔展齐（第 15 ～ 18、20 ～ 23 章，以及附录和索引）、王海青（第 26 ～ 30 章），最后由王林章和崔展齐对本书的译稿进行了审核和修改。

在翻译过程中，我们得到了许宗敏老师、吴春雷老师，陈谦、陈守煜、成浩亮、贾明华、李铮、李重、陆龙龙、陆一飞、吕志存、马可欣、潘建文、王斌、王飞鹏、王天雨、杨美妮、张驰等研究生，以及机械工业出版社负责本书审阅、校对、排版等工作的编辑的帮助。同时，为尽可能保持该教材前后版本的一致性，我们沿用了前面版本中部分相同内容的中文表述，在此对前面版本译者的辛勤工作表示感谢。

翻译工作虽前后历时近一年，但由于本书是在繁忙的教学、科研等工作之余完成的，我们仍感时间紧张，有些内容的翻译表达还不够理想。此外，本书翻译虽力求忠实于原著，但由于水平所限，译文表达难免有不当之处，敬请读者批评指正。

总之，根据多年软件工程相关的教学和科研工作经验，我们认为这是一本具有一定深度，适用于高年级本科生、研究生及软件从业人员的软件工程读物。我们很高兴地向读者推荐本书，相信通过阅读本书，你会对软件工程有一个全面的认识。

译 者

2020 年 12 月

如果有这样一款计算机软件——它能满足用户的需求，能在相当长的时间内无故障地运行，修改起来轻松便捷，使用起来更是得心应手，那么，这款软件必定是成功的，它切实改善了我们的生活。但是，如果有这样一款软件——它令用户失望，错误频出，修改起来困难重重，使用起来更是举步维艰，那么，这必定是一款失败的软件，它使我们的生活一团糟。谁都希望开发出优秀的软件，为我们的生活带来便利，而不是让自己陷入失败的深渊。要想使软件获得成功，在设计和构建软件时就需要有规范，需要采用工程化的方法。

本书第 1 版问世以来的近 40 年中，软件工程已经从少数倡导者提出的一些朦胧概念发展成为一门正规的工程学科，已被公认是一个值得深入研究、认真学习和热烈讨论的课题。在整个行业中，软件工程师已经成为人们优先选择的工作岗位，软件过程模型、软件工程方法和软件工具都已在全行业的所有环节被成功采用。

尽管管理人员和一线专业人员都承认需要有更规范的软件方法，但他们却始终在争论应该采用什么样的规范。有许多个人和公司至今仍在杂乱无章地开发着自己的软件，即使他们正在开发的系统要服务于当今最先进的技术，状况也是如此。许多专业人员和学生并不了解现代方法，这导致他们所开发的软件质量很差，因而造成了严重的后果。此外，有关软件工程方法真实本质的争论一直在持续进行着。软件工程的地位问题已成为一门对比研究课题。人们对软件工程的态度已经有所改善，研究工作已取得了进展，不过要使软件工程成为一门完全成熟的学科，我们还有大量工作要做。

第 9 版的新变化

我们希望本书能够成为引导读者进入正在走向成熟的软件工程学科的入门读物。和以前的 8 个版本一样，第 9 版对学生和专业人员同样具有很强的吸引力。它既是软件专业人员的工作指南，也是高年级本科生和一年级研究生的综合性参考书。

第 9 版中包含了许多新的内容，它绝不只是前一版的简单更新。这一版不仅对内容做了适当的修改，而且调整了全书的结构，以改进教学顺序。同时，更加强调一些新的、重要的软件工程过程和软件工程实践知识。此外，本书进一步加强了"支持系统"，为学生、教师和专业人员提供了更为丰富的知识资源。

过去几版的读者会注意到，第 9 版的篇幅有所减少。我们的目标是简明扼要，使这本书从教学的角度来看更有利，并使希望阅读整本书的读者不那么畏惧。关于著名数学家和物理学家布莱斯·帕斯卡（Blaise Pascal）的一个趣闻中提到，帕斯卡在写给朋友的一封很长的信中以这句话结尾："我想给你写一封简短的信，但我没有时间。"当对第 9 版进行精简时，我们开始体会到帕斯卡所说这句话的意义。

篇章结构

本书共 30 章，分为五个部分。这种划分有利于那些无法在一个学期内讲完全书内容的教师灵活安排教学工作。

第一部分"软件过程"给出了有关软件过程的各种不同观点，讨论了几种重要的过程模型和框架，还涉及惯用过程和敏捷过程在指导思想上的分歧。第二部分"建模"给出了分析方法和设计方法，重点讲解面向对象方法和 UML 建模，介绍基于模式的设计以及用于移动应用程序的设计。此外，用户体验设计也在本部分展开。第三部分"质量与安全"介绍了有关质量管理的概念、规程、技术和方法，使得软件团队能够很好地评估软件质量，评审软件工程工作产品，实施软件质量保证规程，并正确地运用有效的测试策略和技术。此外，我们还介绍了如何在增量软件开发模型中插入软件安全性实践。第四部分"软件项目管理"介绍了与计划、管理和控制软件开发项目的人员有关的问题。第五部分"高级课题"讨论了软件过程改进和软件工程的发展趋势。在本书中，还通过模块的方式，介绍了一个软件团队（虚构的）所经历的考验和困难，并提供了与章节主题相关的方法和工具的补充材料。

这五个部分的划分有利于教师根据学时和教学要求安排课堂内容。在一个学期内可以安排一个部分的内容，也可以安排多个部分的内容。软件工程概论课程可以从五个部分中选择若干章作为教材。侧重分析和设计的软件工程课程可以从第一部分和第二部分中选取素材。面向测试的软件工程课程则可以从第一部分和第三部分中选取素材，还应加上第二部分中的一些内容。侧重管理的课程应突出第一部分和第四部分的内容。我们用上述方式组织第 9 版的内容，旨在为教师提供多种教学安排的选择。但无论如何选择这些内容，都可以从"支持系统"中获得补充资源。

相关资源[⊖]

可以通过教师网站访问各种资源，包括一个资源丰富的在线学习中心（其中包括习题解决方案）、各种基于 Web 的资源（软件工程检查单）、一套不断演化的"小工具"以及综合案例研究。专业资源提供了数百种分类的 Web 参考资料，使学生可以更深入地探索软件工程，同时，参考资料库还有指向数百个可下载参考资料的链接，这些参考资料提供了获取高级软件工程信息的深入来源。此外，还提供了完整的在线教师指南，包括辅助教学材料以及可用于授课的 PPT。

在本书的教师指南中，我们为各种类型的软件工程课程提出了建议，提供了与课程配合开展的软件项目、部分习题的题解和许多有用的教学辅助工具。

由于有了在线支持系统的配合，本书既有内容上的深度，又有一定的灵活性，这些优势是传统的教科书所无法比拟的。

布鲁斯·马克西姆（Bruce Maxim）编写了第 9 版的新内容，而罗杰·普莱斯曼（Roger Pressman）则担任主编，并对相关内容做出了贡献。

扫描二维码可获得的中文材料

本书采用一书一码的方式，即一本书对应一个专有的二维码（见本书前面的衬纸）。扫描二维码获取阅读权限后，可浏览以下电子数据资源。

● 附录 1 UML 简介

- 附录 2 面向软件工程师的数据科学
- 参考文献

未来我们还可能通过该二维码提供更多的增值服务，例如习题答案、教师的授课视频等。

致谢

卡内基·梅隆大学软件工程研究所的 Nancy Mead 撰写了有关软件安全工程的章节；渥太华大学的 Tim Lethbridge 协助我们编写了 UML 和 OCL 示例，以及本书配套的案例研究；Colby 学院的 Dale Skrien 编写了附录 1 的 UML 教程；密歇根大学迪尔伯恩分校的 William Grosky 与他的学生 Terry Ruas 合作编写了附录 2 的数据科学概述；我们的澳大利亚同事 Margaret Kellow 更新了本书配套的 Web 教学资料。此外，我们还要感谢 Austin Krauss，他从高级软件工程师的角度，对电子游戏产业的软件开发提供了宝贵意见。

特别感谢

十分高兴有机会与罗杰合作，参与本书第 9 版的撰写工作。在此期间我的儿子 Benjamin 成为软件工程经理，而我的女儿 Katherine 则利用她的艺术背景创建了本书各章中的插图。我十分高兴地看到他们已经长大成人，并和他们的孩子（Isla、Emma 和 Thelma）一起享受快乐时光。同时非常感谢妻子 Norma，她的支持使我能够将所有空闲时间都投入到本书的写作之中。

布鲁斯·R. 马克西姆（Bruce R. Maxim）

随着本书各版本的不断推出，我的两个儿子 Mathew 和 Michael 也逐渐从小男孩成长为男子汉。他们在生活中的成熟、品格和成功鼓舞着我。经过多年的职业发展，我们三个人现在一起在我们于 2012 年创立的公司中工作，没有什么比这更让我自豪了。我的两个儿子现在也已经有了自己的孩子——Maya 和 Lily。最后要感谢我的妻子 Barbara，她对我花费如此多的时间在办公室工作表示理解与支持，并且鼓励我继续写作本书的下一个版本。

罗杰·S. 普莱斯曼（Roger S. Pressman）

作者简介

罗杰·S. 普莱斯曼（Roger S. Pressman）

普莱斯曼博士是国际公认的软件工程顾问和作家。近50年来，他作为工程师、经理人、教授、作家、咨询师和企业家，始终奋战在这一领域。

普莱斯曼博士现任 R. S. Pressman & Associates, Inc. 总裁，这是一家致力于帮助企业建立有效软件工程策略的咨询公司。多年来，他研发了一套用于改进软件工程实践的技术和工具。他还是 EVANNEX® 的创始人兼首席技术官。EVANNEX® 是一家汽车零部件公司，专门为特斯拉电动汽车产品线设计和制造配件。

普莱斯曼博士是 10 本书的作者，其中包括两本小说，还发表了许多技术和管理方面的论文。他曾担任 IEEE Software 和 The Cutter IT Journal 的编委，以及 IEEE Software 期刊"Manager"专栏的编辑。

普莱斯曼博士还是著名的演讲家，曾在许多重要的行业会议上做主题演讲，在国际软件工程大会和许多其他行业会议上做讲座。他是 ACM、IEEE、Tau Beta Pi、Phi Kappa Phi、Eta Kappa Nu 和 Pi Tau Sigma 等组织的成员。

布鲁斯·R. 马克西姆（Bruce R. Maxim）

马克西姆博士 30 多年来曾任软件工程师、项目经理、教授、作家和咨询师。他的研究兴趣包括软件工程、用户体验设计、游戏开发、人工智能和工程教育。

马克西姆博士现任密歇根大学迪尔伯恩分校计算机与信息科学教授、工程学院教授。他建立了工程与计算机科学学院的游戏实验室，发表了多篇有关计算机算法动画、游戏开发以及工程教育方面的论文。他还是畅销的计算机科学导论教材和两本软件工程研究论文集的合著者。在密歇根大学迪尔伯恩分校工作期间，马克西姆博士曾监管了数百个产业界的软件开发项目。

马克西姆博士的专业经验包括在医学院管理研究信息系统，为某医学校区指导计算教学，并承担统计程序员的工作。他还曾担任某游戏开发公司的首席技术官。

马克西姆博士曾获得多个杰出教学奖、一个杰出社区服务奖和一个杰出教师治理奖。他还是 Sigma Xi、Upsilon Pi Epsilon、Pi Mu Epsilon、ACM、IEEE 计算机学会、美国工程教育学会、女工程师协会以及国际游戏开发者联盟等组织的成员。

⊖ 请扫描本书前面衬纸上的二维码，在获取正版书官方授权后进行阅读。——编辑注

软件与软件工程

要 点 概 览

概念: 计算机软件是由专业人员开发并长期维护的工作产品。这些产品包括可以在各种不同容量和不同系统结构的计算机上运行的程序。软件工程包括过程、一系列方法(实践)和大量工具,专业人员借由这些来构建高质量的计算机软件。

人员: 软件工程师开发软件并提供技术支持,而产业界中几乎每个人都使用软件。软件工程师应用软件工程过程。

重要性: 软件工程之所以重要,是因为它使我们可以高效、高质量地构建复杂系统。它使杂乱无章的工作变得有序,但也允许计算机软件的创建者调整其工作方式,以更好地适应要求。

步骤: 开发计算机软件就像开发任何成功的产品一样,需采用灵活、可适应的软件开发过程,完成可满足使用者要求的高质量的软件产品。

工作产品: 从软件工程师的角度来看,工作产品是计算机软件,包括程序、内容(数据)和其他支持计算机软件的工作产品;而从用户的角度来看,工作产品是可以改善生活和工作质量的工具或产品。

质量保证措施: 阅读本书的后面部分,选择适用于你所构建的软件特点的思想,并在实际工作中加以应用。

在向我演示了最新开发的世界上最流行的第一人称射击电子游戏之后,年轻的开发者笑了。

"你不是一个玩家,对吗?"他问道。

我微笑道:"你是怎么猜到的?"

这位年轻人身着短裤和 T 恤衫,他的腿不停地动来动去,看起来精力充沛,这在他的同事中是很平常的。

"因为如果你是玩家,"他说,"你应该会更加兴奋。你已经看到了我们的下一代产品,我们的客户会对它着迷……这不是开玩笑。"

我们坐在开发区,他是地球上非常成功的游戏开发者之一。在过去几年中,他演示的前几代游戏售出了 5000 万份,收入达数十亿美元。

"那么,这一版什么时候上市?"我问道。

他耸耸肩,"大约在 5 个月以内,我们还有很多工作要做。"

他负责一个应用软件中的游戏和人工智能功能,该软件包含的代码超过了 300 万行。

"你们使用什么软件工程技术吗?"我问道,估计他会笑笑并摇头。

他停顿了一下,想了一会儿,然后缓慢地点点头。"我们让软件工程技术适应我们的需求,但是,我们确实使用。"

关键概念

应用领域
失效曲线
框架活动
通用原则
遗留软件
原则
解决问题
SafeHome
软件
　定义
　本质
　过程
　相关问题
软件工程
　定义
　层次
　实践
普适性活动
磨损

1

"在什么地方使用?"我试探地问道。

"我们的问题是经常将需求翻译成创意。"

"创意?"我打断了他的话。

"你知道,那些设计故事、人物及所有游戏素材的家伙,想的是游戏大卖。而我们不得不接受他们抛给我们的这些,并形成一组技术需求,从而构建游戏。"

"那么形成了需求之后呢?"

他耸耸肩,"我们不得不扩展并修改以前游戏版本的体系结构,并创建新的产品。我们需要根据需求创建代码,对每日构建的代码实施测试,并且做你书中建议的很多事情。"

"你知道我的书?"老实说,我非常惊讶。

"当然,在学校使用。那里有很多。"

"我已经与你的很多同事谈过了,他们对我书中的很多东西持怀疑态度。"

他皱了皱眉,"你看,我们不是 IT 部门或航空公司,所以我们不得不对你所提倡的东西进行取舍。但是底线是一样的——我们需要生产高质量的产品,并且以可重复方式实现这一目标的唯一途径是改写我们自己的软件工程技术子集。"

"那么这个子集是如何随着时间的推移变更的?"

他停顿了一下,像是在思考着未来。"游戏将变得更加庞大和复杂,那是肯定的。随着更多竞争的出现,我们的开发时间将会缩短。慢慢地,游戏本身会迫使我们应用更多的开发规范。如果我们不这样做,我们就会倒闭。"

计算机软件仍然是世界舞台上最为重要的技术,并且也是"意外效应法则"的典型例子。60 年前,没有人曾预料到软件会成为今天商业、科学和工程所必需的技术。软件促进了新科技(例如基因工程和纳米科技)的创新、现代科技(例如通信)的发展以及传统技术(例如媒体行业)的根本转变;软件技术已经成为个人计算机革命的推动力量;消费者使用移动设备就可以购买软件产品;软件还将由产品逐渐演化为服务,软件公司随需应变,通过 Web 浏览器发布即时更新功能;软件公司几乎可以比所有工业时代的公司都更大、更有影响力;在大量应用软件的驱动下,互联网将迅速发展,并逐渐改变人们生活的诸多方面——从图书馆搜索、消费购物到成年人的约会行为。

随着软件重要性的日渐凸现,软件界一直试图开发新的技术,使得高质量计算机程序的开发和维护更容易、更快捷,成本更低。一些技术主要针对特定应用领域(例如网站设计和实现),另一些着眼于技术领域(例如面向对象系统、面向方面的程序设计),还有一些覆盖面很宽(例如像 Linux 这样的操作系统)。然而,我们尚未开发出一种可以满足上述所有需求的软件技术,而且未来产生这种技术的可能性也很小。人们也尚未将其工作、享受、安全、娱乐、决策以及全部生活都完全依赖于计算机软件。这或许是正确的选择。

本书为需要构建正确软件的计算机软件工程师提供了一个框架。该框架包括过程、一系列方法以及我们称为软件工程的各种工具。

为了开发出能够适应 21 世纪挑战的软件产品,我们必须认识到以下几个简单的事实:

- 软件实际上已经深入到我们生活的各个方面。对软件应用所提供的特性和功能感兴趣的人⊖显著增多。因此,在确定软件方案之前,需要共同努力来理解问题。
- 年复一年,个人、企业以及政府的信息技术需求日臻复杂。现在软件需要由一个庞

⊖ 我们将在本书后面称这些人为"利益相关者"。

大的团队共同实现。曾经在可预测的、独立的计算环境中实现的复杂软件，现在要将其嵌入从消费性电子产品到医疗器械再到自动驾驶汽车的任何产品中。因此，设计已经成为关键活动。

- 个人、企业和政府在进行日常运作管理以及战略战术决策时越来越依赖于软件。软件失效会给个人和企业带来诸多不便，甚至是灾难性的后果。因此，软件应该具有高质量。
- 随着特定应用系统感知价值的提升，其用户范围和软件寿命也会增加。随着用户群和使用时间的增加，其适应性和增强性需求也会同时增加。因此，软件需具备可维护性。

从这些简单的事实可以得出一个结论：各种形式、各个应用领域的软件都需要工程化。这就引出了本书的主题——软件工程。

1.1 软件的本质

现在的软件具有产品和产品交付载体的双重作用。作为产品，软件显示了由计算机硬件体现的计算能力，更广泛地说，显示的是由一个可被本地硬件设备访问的计算机网络体现的计算潜力。无论是安装在移动电话、台式机、云还是大型计算机中，软件都扮演着信息转换的角色：产生、管理、获取、修改、显示或者传输各种不同的信息，简单的如一个比特的传递，复杂的如来自多个独立的数据源并叠加于现实世界之中的增强现实表示。而作为产品生产的载体，软件提供了计算机控制（操作系统）、信息通信（网络）以及应用程序开发和控制（软件工具和环境）的基础平台。

软件提供了我们这个时代最重要的产品——信息。它转换个人数据（例如个人财务交易），从而使信息在一定范围内发挥更大的作用；它通过管理商业信息提升竞争力；它为世界范围的信息网络（例如因特网）提供通路，并为各类格式的信息提供不同的查询方式。软件还提供了可以威胁个人隐私的载体，并给那些怀有恶意目的的人提供了犯罪的途径。

在最近的 60 年里，计算机软件的作用发生了很大的变化。硬件性能的极大提高、计算机结构的巨大变化、存储容量的大幅度增加以及种类繁多的输入和输出方法，都促使基于计算机的系统更加先进和复杂。如果系统开发成功，那么"先进和复杂"可以产生惊人的效果，但是同时复杂性也给系统的开发人员和防护人员带来巨大的挑战。

现在，庞大的软件产业已经成为工业经济中的主导因素。早期的独立程序员已经被专业的软件开发团队所代替，团队中的不同专业技术人员可分别关注复杂应用系统中的某一部分技术。然而同过去的独立程序员一样，开发现代计算机系统时，软件开发人员依然面临同样的问题⊖：

- 为什么软件需要如此长的开发时间？
- 为什么开发成本居高不下？
- 为什么在将软件交付给顾客使用之前，我们无法找到所有的错误？
- 为什么维护已有的程序要花费如此多的时间和人工？

⊖ 在一本优秀的关于软件业务的论文集中，Tom DeMarco[DeM95] 提出了相反的观点。他认为："与其质问为何软件开发成本高昂，我们更应该总结得当今软件开发费用低的成功经验。这有助于我们继续保持软件产业的杰出成就。"

4

　　● 为什么软件开发和维护的进度仍旧难以度量？

　　上述问题和其他的种种问题显示了业界对软件以及软件开发方式的关注，这种关注导致了业界对软件工程实践方法的采纳。

1.1.1　定义软件

　　今天，绝大多数专业人员和许多普通人认为他们对软件大概了解。真的是这样吗？

　　来自教科书的关于软件的定义也许是这样的：

　　软件是：（1）指令的集合（计算机程序），通过执行这些指令可以满足预期的特性、功能和性能需求；（2）数据结构，使得程序可以合理利用信息；（3）软件描述信息，它以硬拷贝和虚拟形式存在，用来描述程序的操作和使用。

　　当然，还有更完整的解释。但是一个更加正式的定义可能并不能显著改善其可理解性。为了更好地理解"软件"的含义，有必要从特性上对软件和其他人工产品加以区分。软件是逻辑的而非物理的系统元素。因此，软件和硬件具有完全不同的特性：软件不会"磨损"。

　　图 1-1 描述了硬件的失效率，该失效率是时间的函数。这个名为"浴缸曲线"的关系图显示：硬件在早期具有相对较高的失效率（这种失效通常来自设计或生产缺陷）；在缺陷被

5

逐个纠正之后，失效率随之降低并在一段时间内保持平稳（理想情况下很低）；然而，随着时间的推移，由于灰尘、振动、不当使用、温度超限以及其他环境问题所造成的硬件组件损耗累积的效果，失效率再次提高。简而言之，硬件开始磨损了。

　　而软件是不会被引起硬件磨损的环境问题所影响的。因此，从理论上来说，软件的失效率曲线应该呈现为图 1-2 的"理想曲线"。未知的缺陷将在程序生命周期的前期造成高失效率。然而随着错误的纠正，曲线将如图中所示趋于平缓。"理想曲线"只是软件实际失效模型的粗略简化。曲线的含义很明显——软件不会磨损，但是软件退化的确存在。

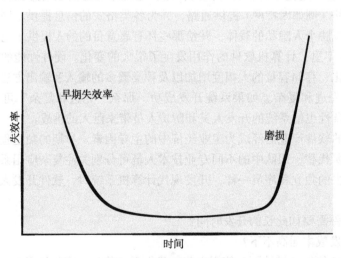

图 1-1　硬件失效曲线图

　　这个似乎矛盾的现象用图 1-2 所示的"实际曲线"可以很好地解释。在完整的生命周期里[⊖]，软件将会面临变更，每次变更都可能引入新的错误，使得失效率像"实际曲线"（图 1-2）那样陡然上升。在曲线回到最初的稳定失效率状态前，新的变更会引起曲线又一次上升。就

　　⊖ 事实上，从软件开发开始，在第一个版本发布之前的很长时间，许多利益相关者都可能提出变更要求。

这样，最小的失效率点沿类似于斜线的形状逐渐上升，可以说，不断的变更是软件退化的根本原因。

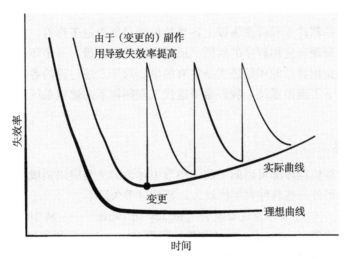

图 1-2 软件失效曲线图

磨损的另一方面同样说明了软硬件的不同。磨损的硬件部件可以用备用部件替换，而软件却不存在备用部件。每个软件的缺陷都暗示了设计的缺陷或者在从设计转化到机器可执行代码的过程中产生的错误。因此，软件维护要应对变更请求，比硬件维护更为复杂。

1.1.2 软件应用领域

今天，计算机软件可分为 7 个大类，软件工程师正面临持续的挑战。

系统软件。一整套服务于其他程序的程序。某些系统软件（例如编译器、编辑器、文件管理软件）处理复杂但确定的[⊖]信息结构，另一些系统应用程序（例如操作系统构件、驱动程序、网络软件、远程通信处理器）主要处理的是不确定的数据。

应用软件。解决特定业务需要的独立应用程序。这类应用软件处理商务或技术数据，以协助业务操作或协助做出管理 / 技术决策。

工程 / 科学软件。"数值计算"（number crunching）类程序涵盖了广泛的应用领域，从天文学到火山学，从自动压力分析到轨道动力学，从计算机辅助设计到分子生物学，从遗传分析到气象学。

嵌入式软件。嵌入式软件存在于某个产品或者系统中，可实现和控制面向最终用户和系统本身的特性和功能。嵌入式软件可以执行有限的和内部的功能（例如微波炉的按键控制），或者提供重要的功能和控制能力（例如汽车中的燃油控制、仪表板显示、刹车系统等汽车电子功能）。

产品线软件。包括可复用的构件，并为多个不同用户的使用提供特定功能。产品线软件关注有限的及内部的市场（例如库存控制产品）或者大众消费品市场。

Web/ 移动 App。以网络为中心，其概念涵盖了宽泛的应用软件产品，包括基于浏览器的 App、云计算、基于服务的计算和安装在移动设备上的软件。

⊖ 软件的确定性是指系统的输入、处理和输出的顺序及时间是可以预测的，软件的不确定性是指系统的输入、处理和输出的顺序及时间是无法提前预测的。

人工智能软件。利用启发式方法[⊖]解决常规计算和直接分析无法解决的复杂问题。这个领域的应用程序包括机器人、决策系统、模式识别（图像和语音）、机器学习、定理证明和博弈等。

全世界数百万的软件工程师在为以上各类软件项目努力地工作着。有时是建立一个新的系统，而有时只是对现有应用程序的纠错、适应性调整和升级。一个年轻的软件工程师所经手项目本身的年限比他自己的年龄还大是常有的事。对于上述讨论的各类软件，上一代的软件工程师都已经留下了遗留系统。我们希望这代工程师留下的遗留系统可以减轻未来工程师的负担。

1.1.3 遗留软件

成千上万的计算机程序都可以归于前一小节中讨论的7类应用领域。其中某些是当今最先进的软件，但是另外一些软件则年代较久，甚至过于久远了。

这些旧的系统——通常称为遗留软件（legacy software）——从20世纪60年代起，就成为人们持续关注的焦点。Dayani-Fard和他的同事 [Day99] 这样描述遗留软件：

遗留软件系统……在几十年前诞生，它们不断被修改以满足商业需要和计算平台的变化。这类系统的繁衍使得大型机构十分头痛，因为它们的维护代价高昂且系统演化风险较高。

这些变化也许会带来一个经常出现在遗留软件中的问题——质量差[⊖]。遗留软件通常具有数不清的问题：遗留系统的设计难以扩展，代码令人费解，文档混乱甚至根本没有，测试用例和结果并未归档，变更的历史管理混乱……然而，这些系统仍然支撑着"核心的业务功能，并且是业务必不可少的支撑"。该如何应对这种情况？

最合理的回答也许就是什么也不做，至少在其不得不进行重大变更之前什么也不做。如果遗留软件可以满足用户的需求并且能可靠运行，那么它就没有失效，不需要修改。然而，随着时间的推移，遗留系统经常会出于下述原因而发生演化：

- 软件需要进行适应性调整，从而满足新的计算环境或者技术的需求。
- 软件必须升级以实现新的商业需求。
- 软件必须扩展以具有与更多新的系统和数据库协同工作的能力。
- 软件体系结构必须进行改建以使之能适应不断演化的计算环境。

当这些变更发生时，遗留系统需要经过再工程以适应未来的多样性。当代软件工程的目标是"修改在进化论理论上建立的方法论"，即"软件系统不断经历变更，新的软件系统从旧系统中建立起来，并且……所有新旧系统都必须具有互操作性和协作性" [Day99]。

1.2 定义软件工程学科

对于软件工程，美国电气与电子工程师学会（IEEE）[IEE17] 给出了如下定义：

软件工程：将系统化的、规范的、可量化的方法应用于软件的开发、运行和维护，即将工程化方法应用于软件。

⊖ 启发式方法是一种解决问题的方法，它采用了一些实用方法或"经验法则"，虽然不能保证是完美的，但足以完成手头的任务。

⊖ 所谓"质量差"是基于现代软件工程思想的，这个评判标准对于遗留系统有些不公平，因为在遗留软件开发的年代，现代软件工程的一些概念和原则可能还没有被人们完全理解。

　　然而，对于某个软件开发团队来说可能是"系统化的、规范的、可量化的"方法，对于另外一个团队却可能是负担。因此，我们需要规范，也需要可适应性和灵活性。

　　软件工程是一种层次化的技术，如图 1-3 所示。任何工程方法（包括软件工程）必须构建在质量承诺的基础之上。你也许听说过全面质量管理（TQM）、六西格玛和类似的理念⊖促进了持续不断的过程改进文化，正是这种文化最终引导人们开发出更有效的软件工程方法。支持软件工程的根基在于质量关注点（quality focus）。

图 1-3　软件工程层次图

　　软件工程的基础是过程（process）层。软件过程将各个技术层次结合在一起，使得合理、及时地开发计算机软件成为可能。过程定义了一个框架，构建该框架是有效实施软件工程技术必不可少的。软件过程构成了软件项目管理控制的基础，建立了工作环境以便应用技术方法、提交工作产品（模型、文档、数据、报告、表格等）、建立里程碑、保证质量及正确地管理变更。

　　软件工程方法（method）为构建软件提供技术上的解决方法（如何做）。方法覆盖面很广，包括沟通、需求分析、设计建模、程序构造、测试和技术支持。软件工程的方法依赖于一组基本原则，这些原则涵盖了软件工程的所有技术领域，包括建模活动和其他描述性技术等。

　　软件工程工具（tool）为过程和方法提供自动化或半自动化的支持。这些工具可以集成起来，使得一个工具产生的信息可被另外一个工具使用，这样就建立了软件开发的支撑系统，称为计算机辅助软件工程（computer-aided software engineering）。

1.3　软件过程

　　软件过程是工作产品构建时所执行的一系列活动、动作和任务的集合。活动（activity）主要实现宽泛的目标（如与利益相关者进行沟通），与应用领域、项目大小、结果复杂性或者实施软件工程的重要程度没有直接关系。动作（action，如体系结构设计）包含主要工作产品（如体系结构设计模型）生产过程中的一系列任务。任务（task）关注小而明确的目标，能够产生实际产品（如构建一个单元测试）。⌐9⌐

　　在软件工程领域，过程不是对如何构建计算机软件的严格规定，而是一种具有可适应性的调整方法，以便于工作人员（软件团队）可以挑选适合的工作动作和任务集合。其目标通常是及时、高质量地交付软件，以满足软件项目资助方和最终用户的需求。

1.3.1　过程框架

　　过程框架（process framework）定义了若干个框架活动（framework activity），为实现完

　　⊖　质量管理和相关方法的内容在本书第三部分进行讨论。

整的软件工程过程奠定了基础。这些活动可广泛应用于所有软件开发项目,无论项目的规模和复杂性如何。此外,过程框架还包含一些适用于整个软件过程的普适性活动(umbrella activity)。一个通用的软件工程过程框架通常包含以下 5 个活动。

沟通。在技术工作开始之前,和客户(及其他利益相关者[⊖])的沟通与协作是极其重要的,其目的是理解利益相关者的项目目标,并收集需求以定义软件特性和功能。

策划。如果有地图,任何复杂的旅程都可以变得简单。软件项目好比是一个复杂的旅程,策划活动就是创建一个"地图",以指导团队的项目旅程,这个地图称为软件项目计划,它定义和描述了软件工程工作,包括需要执行的技术任务、可能的风险、资源需求、工作产品和工作进度计划。

建模。无论你是庭园设计师、桥梁建造者、航空工程师、木匠还是建筑师,每天的工作都离不开模型。你会画一张草图来辅助理解整个项目大的构想——体系结构、不同的构件如何结合,以及其他一些特性。如果需要,可以把草图不断细化,以便更好地理解问题并找到解决方案。软件工程师也是如此,需要利用模型来更好地理解软件需求,并完成符合这些需求的软件设计。

构建。必须对所做的设计进行构建,包括编码(手写的或者自动生成的)和测试,后者用于发现编码中的错误。

部署。软件(全部或者部分增量)交付给用户,用户对其进行评测并基于评测给出反馈意见。

上述五个通用框架活动既适用于简单小程序的开发,也可用于 WebApp 的建造以及基于计算机的大型复杂系统工程。不同的应用案例中,软件过程的细节可能差别很大,但是框架活动都是一致的。

对许多软件项目来说,随着项目的开展,框架活动可以迭代应用。也就是说,在项目的多次迭代过程中,沟通、策划、建模、构建、部署等活动不断重复。每次项目迭代都会产生一个软件增量(software increment),每个软件增量实现了部分的软件特性和功能。随着每一次增量的产生,软件将逐渐完善。

1.3.2 普适性活动

软件工程过程框架活动由很多普适性活动来补充实现。通常,这些普适性活动贯穿软件项目始终,以帮助软件团队管理和控制项目进度、质量、变更和风险。典型的普适性活动包括:

软件项目跟踪和控制。项目组根据计划来评估项目进度,并且采取必要的措施来保证项目按进度计划进行。

风险管理。对可能影响项目成果或者产品质量的风险进行评估。

软件质量保证。确定和执行保证软件质量的活动。

技术评审。评估软件工程产品,尽量在传播到下一个活动之前发现错误并清除。

测量。定义和收集过程、项目以及产品的度量,以帮助团队在发布软件时满足利益相关者的要求。同时,测量还可与其他框架活动和普适性活动配合使用。

⊖ 利益相关者(stakeholder)就是可从成功项目中分享利益的人,包括业务经理、最终用户、软件工程师、支持人员等。Rob Thomsett 曾开玩笑说:"stakeholder 就是掌握巨额投资(stake)的人……如果不维护好你的 stakeholder,就会失去投资。"

软件配置管理。在整个软件过程中管理变更所带来的影响。

可复用性管理。定义工作产品（包括软件构件）复用的标准，并且建立构件复用机制。

工作产品的准备和生产。包括生成产品（如建模、文档、日志、表格和列表等）所必需的活动。

上述每一种普适性活动都将在本书后续部分详细讨论。

1.3.3 过程的适应性调整

在本节前面部分曾提到，软件工程过程并不是教条的法则，也不要求软件团队机械地执行，而应该是灵活、可适应的（根据软件所需解决的问题、项目特点、开发团队和组织文化等进行适应性调整）。因此，不同项目所采用的项目过程可能有很大不同。这些不同主要体现在以下几个方面： [11]

- 活动、动作和任务的总体流程以及相互依赖关系。
- 在每一个框架活动中，动作和任务细化的程度。
- 工作产品的定义和要求的程度。
- 质量保证活动应用的方式。
- 项目跟踪和控制活动应用的方式。
- 过程描述的详细程度和严谨程度。
- 客户和利益相关者对项目的参与程度。
- 软件团队所赋予的自主权。
- 团队组织和角色的明确程度。

本书第一部分将详细介绍软件过程。

1.4 软件工程实践

在 1.3 节中，介绍了一种由一组活动组成的通用软件过程模型，建立了软件工程实践的框架。通用的框架活动（**沟通、策划、建模、构建和部署**）和普适性活动构成了软件工程工作的体系结构轮廓。但是软件工程的实践如何融入该框架呢？在以下几小节里，读者将会对应用于这些框架活动的基本概念和原则有一个基本了解[⊖]。

1.4.1 实践的精髓

在现代计算机发明之前，有一本经典著作 *How to Solve it*，在书中，George Polya[Pol45] 列出了解决问题的精髓，这也正是软件工程实践的精髓：

1. 理解问题（沟通和分析）。
2. 策划解决方案（建模和软件设计）。
3. 实施计划（代码生成）。
4. 检查结果（测试和质量保证）。

在软件工程中，这些常识性步骤引发了一系列基本问题（与 [Pol45] 相对应）：

理解问题。虽然不愿承认，但生活中的问题很多都源于我们面对问题时的傲慢。我们只 [12] 听了几秒就断言：好，我懂了，让我们开始解决这个问题吧。不幸的是，理解一个问题不总

⊖ 在本书后面对特定软件工程方法和普适性活动进行讨论时，你应该重读本章中的相关章节。

是那么容易，需要花一点时间回答几个简单问题：

- 谁将从问题的解决中获益？也就是说，谁是利益相关者？
- 有哪些是未知的？哪些数据、功能和特性是解决问题所必需的？
- 问题可以划分吗？是否可以描述为更小、更容易理解的问题？
- 问题可以图形化描述吗？可以建立分析模型吗？

策划解决方案。现在你理解了要解决的问题（至少你这样认为），迫不及待地开始写代码。在写代码之前，稍稍慢下来做一点点设计：

- 以前曾经见过类似问题吗？在可能的解决方案中，是否可以识别出一些模式？是否已经有软件实现了所需要的数据、功能和特性？
- 类似问题是否解决过？如果是，解决方案所包含的元素是否可以复用？
- 可以定义子问题吗？如果可以，子问题是否已有解决方案？
- 能用一种可以很快实现的方式来描述解决方案吗？能构建出设计模型吗？

实施计划。前面所创建的设计勾画了所要构建的系统的路线图。可能存在没有想到的路径，也可能在实施过程中会发现更好的解决路径，但是这个计划可以保证在实施过程中不至于迷失方向。需要考虑的问题是：

- 解决方案和计划一致吗？源码是否可追溯到设计模型？
- 解决方案的每个组成部分是否可以证明正确？设计和代码是否经过评审，或者算法是否经过正确性证明？

检查结果。你不能保证解决方案是最完美的，但是可以保证设计足够的测试来发现尽可能多的错误。为此，需回答：

- 能否测试解决方案的每个部分？是否实现了合理的测试策略？
- 解决方案是否产生了与所要求的数据、功能和特性一致的结果？是否按照项目利益相关者的需求进行了确认？

[13]　不足为奇，上述方法大多是常识。但实际上，有充足的理由可以证明，在软件工程中采用常识将让你永远不会迷失方向。

1.4.2　通用原则

原则这个词在字典里的定义是"某种思想体系所需要的重要的根本规则或者假设"。在本书中，我们将讨论一些不同抽象层次上的原则。一些原则关注软件工程的整体，另一些原则考虑特定的、通用的框架活动（比如**沟通**），还有一些关注软件工程的动作（比如**体系结构**设计）或者技术任务（比如编制用例场景）。无论关注哪个层次，原则都可以帮助我们建立一种思维方式，进行扎实的软件工程实践。因此，原则非常重要。

David Hooker[Hoo96] 提出了 7 个关注软件工程整体实践的原则，这里复述如下[⊖]：

第一原则：存在价值

一个软件系统因能为用户提供价值而具有存在价值，所有的决策都应该基于这个思想。在确定系统需求之前，在关注系统功能之前，在决定硬件平台或者开发过程之前，问问你自己：这确实能为系统增加真正的价值吗？如果答案是不，那就坚决不做。所有的其他原则都

⊖ 这里的引用得到了作者的授权 [Hoo96]。Hooker 定义的这些模式参见 http://c2.com/cgi/wiki?SevenPrinciplesOfSoftwareDevelopment。

以这条原则为基础。

第二原则：保持简洁

在软件设计中需要考虑很多因素。所有的设计都应该尽可能简洁，但不是过于简化。这有助于构建更易于理解和易于维护的系统。这并不是说有些特性应该以"简洁"为借口而取消。的确，优雅的设计通常也是简洁的设计，但简洁不意味着"快速和粗糙"。事实上，它经常是经过大量思考和多次工作迭代才达到的，这样做的回报是所得到的软件更易于维护且错误更少。

第三原则：保持愿景

清晰的愿景是软件项目成功的基础。如果缺乏概念的一致性，系统就好像是由许多不协调的设计补丁、错误的集成方式强行拼凑在一起……如果不能保持软件系统体系结构的愿景，就会削弱甚至彻底破坏设计良好的系统。获得授权的架构师能够拥有愿景，并保证系统实现始终与愿景保持一致，这对项目开发的成功至关重要。

第四原则：关注使用者

在需求说明、设计、编写文档和实现过程中，牢记要让别人理解你所做的事情。对于任何一个软件产品，其工作产品都可能有很多用户。进行需求说明时应时刻想到用户，设计中始终想到实现，编码时考虑到那些要维护和扩展系统的人。一些人可能不得不调试你所编写的代码，这使得他们成了你所编写代码的使用者，尽可能地使他们的工作简单化会大大提升系统的价值。

第五原则：面向未来

在现今的计算环境中，需求规格说明随时会改变，硬件平台几个月后就会淘汰，软件生命周期都是以月而不是年来衡量的。然而，真正具有"产业实力"的软件系统必须持久耐用。为了做到这一点，系统必须能适应各种变化，能成功做到这一点的系统都是那些一开始就以这种路线来设计的系统。永远不要把自己的设计局限于一隅，经常问问"如果出现……应该怎样应对"，构建可以解决通用问题的系统，为各种可能的方案做好准备，而不是仅仅针对某一个具体问题。⊖

第六原则：提前计划复用

复用既省时又省力⊖。软件系统开发过程中，高水平的复用是一个很难实现的目标。曾有人宣称代码和设计复用是面向对象技术带来的主要好处，然而，这种投入的回报不会自动实现。提前做好复用计划将降低开发费用，并增加可复用构件以及构件化系统的价值。

第七原则：认真思考

这最后一条规则可能是最容易被忽略的。在行动之前清晰定位、完整思考通常能产生更好的结果。仔细思考可以提高做好事情的可能性，而且也能获得更多的知识，明确如何把事情再次做好。如果仔细思考过后还是把事情做错了，那么，这就变成了很有价值的经验。思考就是学习和了解本来一无所知的事情，使其成为研究答案的起点。把明确的思想应用在系统中，就产生了价值。使用前 6 条原则需要认真思考，这将带来巨大的潜在回报。

如果每位工程师、每个开发团队都能遵从 Hooker 的这 7 条简单原则，那么，开发复杂

⊖　把这个建议发挥到极致会非常危险。设计通用方案会带来性能损失，并降低特定解决方案的效率。

⊖　尽管对于准备在未来项目中复用软件的人而言，这种说法是正确的，但对于设计和实现可复用构件的人来说，复用的代价会很昂贵。研究表明，设计和开发可复用构件比直接开发目标软件要增加 25%~200% 的成本。在有些情况下，这些费用差别是不合理的。

计算机软件系统时所遇到的许多困难都可以迎刃而解。

1.5   这一切是如何开始的

15   每个软件工程项目都来自业务需求——对现有应用程序缺陷的纠正，改变遗留系统以适应新的业务环境，扩展现有应用程序功能和特性，或者开发某种新的产品、服务或系统。

在软件项目的初期，业务需求通常是在简短的谈话过程中非正式地表达出来的。以下这段简短谈话就是一个典型的例子。

SafeHome⊖   如何开始一个软件项目

[场景] CPI 公司的会议室里。CPI 是一个为家庭和贸易应用生产消费产品的虚构公司。

[人物] Mal Golden，产品开发部高级经理；Lisa Perez，营销经理；Lee Warren，工程经理；Joe Camalleri，业务发展部执行副总裁。

[对话]

Joe：Lee，我听说你们正在开发一个产品——通用的无线盒？

Lee：哦，是的，那是一个很棒的产品，只有火柴盒大小。我们可以把它放在各种传感器上，比如数码相机。采用 802.11n 无线网络协议，可以通过无线连接获得它的输出。我们认为它可以带来全新的一代产品。

Joe：Mal，你觉得怎么样呢？

Mal：我当然同意。事实上，随着这一年来销售业绩的趋缓，我们需要一些新的产品。我和 Lisa 已经做了一些市场调查，我们都认为该系列产品具有很大的市场潜力。

Joe：多大，底线是多少？

Mal（避免直接承诺）：Lisa，谈谈我们的想法。

Lisa：这是新一代的家庭管理产品，我们称之为"SafeHome"。产品采用新型无线接口，给家庭和小型商务从业人士提供一个由电脑控制的系统——住宅安全、监视、仪表和设备控制。例如，你可以在回家的路上关闭家里的空调，或者诸如此类的应用。

Lee（插话）：Joe，工程部已经进行了相关的技术可行性研究。这个产品可行且制造成本不高。大多数硬件可以在市场上购买，不过软件方面是个问题，但也不是我们不能做的。

Joe：有意思，我想知道底线。

Mal：在美国，70% 的家庭拥有电脑。如果我们定价合适，这将成为一个十分成功的产品。到目前为止，只有我们拥有这一无线控制盒技术。我们将在这方面保持两年的领先地位。至于收入，在第二年可达到 3000 万～ 4000 万美元。

Joe（微笑）：我很感兴趣，让我们继续讨论一下。

除了一带而过地谈到软件，这段谈话中几乎没有提及软件开发项目。然而，软件将是 SafeHome 产品线成败的关键。只有 SafeHome 软件成功，该产品才能成功。只有嵌入其中的软件产品满足顾客的需求（尽管还未明确说明），产品才能被市场所接受。我们将在后面

16   的多章中继续讨论 SafeHome 中软件工程的话题。

⊖   SafeHome 项目将作为一个案例贯穿本书，以便说明项目组在开发软件产品过程中的内部工作方式。公司、项目和人员都是虚构的，但场景和问题是真实的。

1.6　小结

软件是以计算机为基础的系统和产品中的关键部分，并且是世界舞台上最重要的技术之一。在过去的 60 年里，软件已经从特定问题求解和信息分析的工具发展为独立的产业。然而，如何在有限的时间内利用有限的资金开发高质量的软件，仍然是我们所面对的难题。

软件——程序、数据和描述信息——覆盖了技术和应用的很多领域。遗留软件仍旧给维护人员带来了特殊的挑战。

软件工程包含过程、方法和工具，这些工具使得快速构建高质量的复杂计算机系统成为可能。软件过程包括五个框架活动——沟通、策划、建模、构建和部署，这些活动适用于所有软件项目。软件工程实践遵照一组核心原则，是一项解决问题的活动。随着你对于软件工程的了解越来越多，你会逐渐理解开始一个软件工程项目的时候为什么要考虑这些原则。

习题与思考题

1.1　举出至少 5 个例子来说明"意外效应法则"在计算机软件方面的应用。

1.2　举例说明软件对社会的影响（包括正面影响和负面影响）。

1.3　针对 1.1 节提出的 5 个问题给出你的答案，并与同学进行讨论。

1.4　在交付给最终用户之前，或者第一个版本投入使用之后，许多现代应用程序都会频繁地变更。为防止变更引起软件退化，请给出一些有效的建议。

1.5　思考 1.1.2 节中提到的 7 个软件分类。能否将一个软件工程方法应用于所有的软件分类？就你的答案加以解释。

1.6　随着软件的普及，由于程序错误所带来的公众风险已经成为一个愈加重要的问题。设想一个真实场景：由于软件错误而引起"世界末日"般的重大危害（危害社会经济或者人类生命财产安全）。

1.7　用自己的话描述过程框架。当我们谈到框架活动适用于所有的项目时，是否意味着对于不同规模和复杂度的项目可应用相同的工作任务？请解释。

1.8　普适性活动存在于整个软件过程中，你认为它们均匀分布于软件过程中，还是集中在某个或者某些框架活动中？

17
~
18

Software Engineering: A Practitioner's Approach, Ninth Edition

软件过程

本部分将介绍软件过程，它提供了软件工程实践的框架。在本部分的各章中将涉及以下问题：

- 什么是软件过程？
- 软件过程中，有哪些通用的框架活动？
- 如何建立过程模型？什么是过程模式？
- 什么是惯用过程模型？有哪些优缺点？
- 为什么现代软件工程关注敏捷问题？
- 什么是敏捷软件开发？它与传统的过程模型有什么区别？

在解决了上述问题之后，就可以对软件工程实践的应用背景有更清楚的认识。

过程模型

<table>
<tr><td colspan="2" align="center">要 点 概 览</td></tr>
<tr>
<td>

概念：在开发产品或构建系统时，遵循一系列可预测的步骤（即路线图）是非常重要的，它有助于及时交付高质量的产品。软件开发中所遵循的路线图就称为"软件过程"。

人员：软件工程师及其管理人员根据需要调整开发过程，并遵循该过程。除此之外，软件的需求方也需要参与过程的定义、建立和测试。

重要性：软件过程提高了软件工程活动的稳定性、可控性和有组织性，如果不进行控制，软件活动将变得混乱。但是，现代软件工程方法必须是"灵活"的，

</td>
<td>

也就是要求软件工程活动、控制以及工作产品适合于项目团队和将要开发的产品。

步骤：具体来讲，采用的过程依赖于构造软件的特点。适用于为飞机航空电子系统创建软件的过程，可能不适用于创建移动 App 或电子游戏。

工作产品：工作产品体现为在执行过程所定义的任务和活动的过程中，所产生的程序、文档和数据。

质量保证措施：表征软件过程有效性的最好指标是所构建产品的质量、及时性和寿命。

</td>
</tr>
</table>

关键概念

演化过程模型
通用过程模型
过程评估
过程流
过程改进
过程模式
原型开发
螺旋模型
任务集
统一过程
瀑布模型

构建计算机软件确实是一个迭代的社会学习的过程，其输出——Baetjer[Bae98] 所称的"软件资产"——是知识的载体，这些知识在过程执行中进行收集、提炼和组织。

但从技术的角度如何确切地定义软件过程呢？本书将软件过程定义为一个为创建高质量软件所需要完成的活动、动作和任务的框架。过程与软件工程同义吗？答案是"是，也不是"。软件过程定义了软件工程化中采用的方法，但软件工程还包含该过程中应用的技术——技术方法和自动化工具。

[20] 更重要的是，软件工程是由有创造力、有知识的人完成的，他们根据产品构建的需要和市场需求来选取成熟的软件过程。

2.1　通用过程模型

在第 1 章中，过程定义为在工作产品构建过程中所需完成的工作活动、动作和任务的集合。这些活动、动作、任务中的每一个都隶属于某一框架或者模型，框架或模型定义了它们与过程之间或者相互之间的关系。

软件过程示意图如图 2-1 所示。由图可以看出，每个框架活动由一系列软件工程动作构成；每个软件工程动作由任务集来定义，这个任务集明确了将要完成的工作任务、将要产生

的工作产品、所需要的质量保证点，以及用于表明过程状态的里程碑。

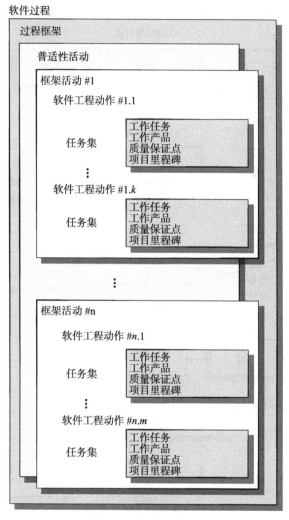

图 2-1 软件过程框架

正如在第 1 章中讨论的，软件工程的通用过程框架定义了 5 种框架活动——**沟通**、**策划**、**建模**、**构建**以及**部署**。此外，一系列普适性活动——项目跟踪控制、风险管理、质量保证、配置管理、技术评审以及其他活动——贯穿软件过程始终。

你也许注意到了，软件过程的一个很重要的方面还没有讨论，即过程流（process flow）。过程流描述了在执行顺序和执行时间上如何组织框架中的活动、动作和任务，如图 2-2 所示。

线性过程流（linear process flow）从沟通到部署顺序执行五个框架活动（参见图 2-2a）。迭代过程流（iterative process flow）在执行下一个活动前重复执行之前的一个或多个活动（参见图 2-2b）。演化过程流（evolutionary process flow）采用循环的方式执行各个活动，每次循环都能产生更为完善的软件版本（参见图 2-2c）。并行过程流（parallel process flow）（参见图 2-2d）将一个或多个活动与其他活动并行执行（例如，软件一个方面的建模活动可以与软件另一个方面的构建活动并行执行）。

21

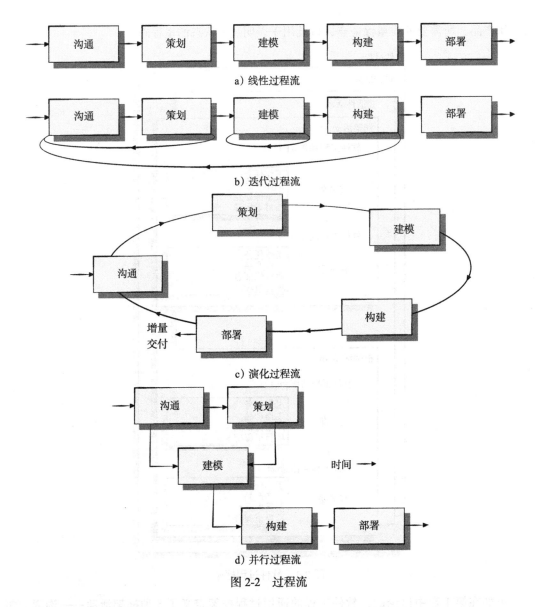

a) 线性过程流

b) 迭代过程流

c) 演化过程流

d) 并行过程流

图 2-2　过程流

2.2　定义框架活动

　　尽管第 1 章描述了 5 种框架活动，并给出了每种活动的基本定义，但是软件团队要在软件过程中具体执行这些活动，还需要更多信息。因此，我们面临一个关键问题：针对给定的问题、开发人员和利益相关者，哪些动作适合于框架活动？

　　对于由个人负责的小型软件项目（可能远程），其需求简单明确，沟通活动也许仅仅是与合适的利益相关者的一个电话或一封邮件。因此，主要的动作是电话交流，这个动作所包括的主要工作任务（任务集）有：

　　1. 通过电话与利益相关者取得联系。

　　2. 讨论需求并做记录。

　　3. 将笔记整理成一份简单的书面需求。

　　4. 通过 E-mail 请利益相关者审阅并认可。

如果项目有多个利益相关者，则要复杂得多，每个参与人员都有着不同的需求（有时这些需求甚至是相互冲突的），沟通活动可能会包含 6 个不同的动作：起始、需求获取、需求细化、协商、规格说明、确认。每个软件工程动作都可能有很多工作任务和一些不同的工作产品。

2.3 明确任务集

我们再来看图 2-1，每一个软件工程动作（如需求获取，一种与**沟通**活动相关的动作）都由若干个任务集（task set）构成，而每一个任务集都由软件工程工作任务、相关工作产品、质量保证点和项目里程碑组成。需要选择最能满足项目需要并适合开发团队特点的任务集，这就意味着软件工程动作可以根据软件项目的特定需要和项目团队的特点做适当的调整。

22
~
23

信息栏 任务集

任务集定义了为达到一个软件工程动作的目标所需要完成的工作。例如，需求获取（通常称为"需求收集"）就是发生在沟通活动中的一个重要的软件工程动作。需求获取的目的是理解利益相关者对将构建的软件的需求。

对于一个小型、相对简单的项目而言，需求获取的任务集可能包括：

1. 制定项目的利益相关者列表。
2. 邀请所有的利益相关者参加一个非正式会议。
3. 征询每个人对于软件特征和功能的需求。
4. 讨论需求，并确定最终的需求列表。
5. 划定需求优先级。
6. 标出不确定域。

对于大型、复杂的软件工程项目而言，可能需要如下不同的任务集：

1. 制定项目的利益相关者列表。
2. 和利益相关者的每个成员分别单独讨论，获取所有的要求。

3. 基于利益相关者的输入，建立初步的功能和特征列表。
4. 安排一系列促进需求获取的会议。
5. 组织会议。
6. 在每次会议上建立非正式的用户场景。
7. 根据利益相关者的反馈，进一步细化用户场景。
8. 建立一个修正的利益相关者需求列表。
9. 使用质量功能部署技术，划分需求优先级。
10. 将需求打包以便于软件可以实施增量交付。
11. 标注系统的约束和限制。
12. 讨论系统验证方法。

上面两种任务集都可以完成需求获取，但是无论从深度还是形式化的程度上来说，二者都有很大区别。软件团队采取适当的任务集以达到每个动作的目的，并且保持软件质量和开发的敏捷性。

2.4 过程评估与改进

软件过程并不能保证软件按期交付，也不能保证软件满足客户要求，或者软件具备了长期质量保证的技术特点（第 15 章）。软件过程模型必须与切实的软件工程实践相结合（本书第二部分）。另外，对过程本身也要进行评估，以确保满足了成功软件工程所必需的基本过程标准要求[⊖]。

24 目前大多数工程师认为，软件过程和活动应该使用数字的测度或软件分析（度量）来评估。在通往有效软件过程的旅程中，将以一种有意义的方式来测量你所取得的进展。使用软件过程度量来评估过程质量将在第 17 章介绍。在第 28 章中，我们更详细地讨论评估和改进过程的方法。

2.5   惯用过程模型

惯用过程模型定义一组预定义的过程元素和一个可预测的过程工作流。惯用过程模型[⊖]力求达到软件开发的结构和秩序，其活动和任务都是按照过程的特定指引顺序进行的。但是，对于富于变化的软件世界，这一模型是否合适呢？如果我们抛弃传统过程模型（以及模型所规定的秩序），以一些不够结构化的模型取而代之，是否会使软件工作无法达到协调和一致？

这些问题无法简单回答，但是软件工程师有很大的选择余地。在接下来的章节中，我们将探讨以秩序和一致性作为主要问题的传统过程方法。我们称为"传统"是因为，它规定了一套过程元素——框架活动、软件工程动作、任务、工作产品、质量保证以及每个项目的变更控制机制。每个过程模型还定义了过程流（也称为工作流）——也就是过程元素相互之间关联的方式。

所有的软件过程模型都支持第 1 章中描述的通用框架活动，但是每一个模型都对框架活动有不同的侧重，并且定义了不同的过程流以不同的方式执行每一个框架活动（以及软件工程动作和任务）。在第 3 章和第 4 章中，我们将讨论旨在适应许多软件项目开发过程中不可避免的变化的软件工程实践。

2.5.1   瀑布模型

有时候，当从沟通到部署都采用合理的线性工作流方式的时候，可以清楚地理解问题的需求。这种情况通常发生在需要对一个已经存在的系统进行明确定义的适应性调整或是增强的时候（比如政府修改了法规，导致财务软件必须进行相应修改）；也可能发生在很少数新的开发工作上，但是需求必须是准确定义和相对稳定的。

25 瀑布模型（waterfall model），又称为线性顺序模型（linear sequential model），它提出了一个系统的、顺序的软件开发方法[⊜]，从用户需求规格说明开始，通过策划、建模、构建和部署的过程，最终提供完整的软件支持（图 2-3）。

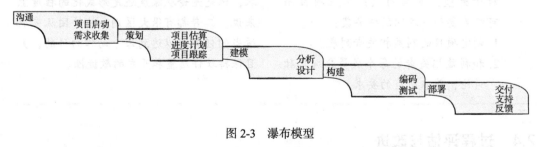

图 2-3   瀑布模型

⊖ SEI 的 CMMI-DEV[CMM07] 详细地介绍了软件过程的基本特征，以及过程成功的标准。

⊜ 惯用过程模型有时称为"传统的"过程模型。

⊜ 尽管 Winston Royce [Roy70] 提出的原始瀑布模型规定了"反馈循环"，但绝大多数应用此过程模型的组织都将其视为严格线性的。

瀑布模型是软件工程最早的范例。尽管如此，在过去的 50 多年中，对这一过程模型的批评使它最热情的支持者都开始质疑其有效性。在运用瀑布模型的过程中，人们遇到的问题包括：

1. 实际的项目很少遵守瀑布模型提出的顺序。
2. 客户通常难以清楚地描述所有的需求。
3. 客户必须要有耐心，因为只有在项目接近尾声的时候，他们才能得到可执行的程序。
4. 在评审可运行程序之前，可能不会检测到重大错误。

目前，软件工作快速进展，经常面临永不停止的变更流，特征、功能和信息内容都会变更，瀑布模型往往并不适合这类工作。

2.5.2 原型开发过程模型

很多时候，客户定义了软件的一些基本任务，但是没有详细定义功能和特征需求。另一种情况下，开发人员可能对算法的效率、操作系统的适用性和人机交互的形式等情况并没有把握。在这些情况和类似情况下，采用原型开发范型（prototyping paradigm）是最好的解决办法。

虽然原型可以作为一个独立的过程模型，但是更多的时候是作为一种技术，可以在本章讨论的任何一种过程模型中应用。不论人们以什么方式运用它，当需求很模糊的时候，原型开发模型都能帮助软件开发人员和利益相关者更好地理解究竟需要做什么。

例如，使用增量原型开发的健身应用程序可能会提供基本的用户界面，以便将手机与健 |26| 身设备同步并显示当前数据；第二个原型可能包括在云中设置目标和存储健身设备数据的功能，并根据客户的反馈创建和修改用户界面；第三个原型可能包括集成社交媒体，允许用户设定健身目标，并与一群朋友分享健身的进展。

原型开发范型（图 2-4）开始于沟通。软件开发人员和其他利益相关者进行会晤，定义软件的整体目标，明确已知的需求，并大致勾画出以后再进一步定义的东西。然后迅速策划

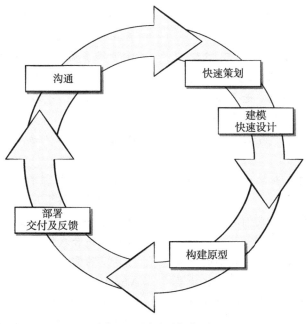

图 2-4 原型开发范型

一个原型开发迭代并进行建模（以"快速设计"的方式）。快速设计要集中在那些最终用户能够看到的方面（比如人机接口布局或者输出显示格式）。快速设计产生了一个原型。对原型进行部署，然后由利益相关者进行评估。根据利益相关者的反馈信息，进一步精炼软件的需求。在原型系统不断调整以满足各种利益相关者需求的过程中，采用迭代技术，同时也使开发者逐步清楚用户的需求。

理想状况下，原型系统提供了定义软件需求的一种机制。当需要构建可执行的原型系统时，软件开发人员可以利用已有的程序片段或应用工具快速产生可执行的程序。

利益相关者和软件工程师确实都喜欢原型开发范型。客户对实际的系统有了直观的认识，开发者也迅速建立了一些东西。但是，原型开发也存在一些问题，原因如下。

1. 利益相关者看到了软件的工作版本，他们有可能浑然不知原型体系结构（程序结构）也在演化。这意味着开发者可能没有考虑整体软件质量和长期的可维护性。

2. 作为一名软件工程师，为了使一个原型快速运行起来，往往在实现过程中采用折中的手段。如果你不太细心，就会使并不完美的选择构成了系统的组成部分。

尽管问题会发生，但原型开发对于软件工程来说仍是一个有效的范型。关键是要在游戏开始的时候制定规则，也就是说，所有利益相关者必须承认原型是为定义需求服务的。人们通常希望设计一个原型，接着可以演化为最终产品。事实上，开发人员可能需要丢弃原型（至少部分地丢弃），以更好地满足客户不断变化的需求。

SafeHome   选择过程模型   第一部分

[场景] CPI 公司软件工程部会议室。该（虚构的）公司生产家用和商用的消费产品。

[人物] Lee Warren，工程经理；Doug Miller，软件工程经理；Jamie Lazar、Vinod Raman 和 Ed Robbins，软件团队成员。

[对话]

Lee：我简单说一下。正如我们现在所看到的，我已经花了很多时间讨论 SafeHome 产品的产品线。毫无疑问，我们做了很多工作来定义这个东西，我想请各位谈谈你们打算如何做这个产品的软件部分。

Doug：看来我们过去在软件开发方面相当混乱。

Ed：Doug，我不明白，我们总是能成功开发出产品来。

Doug：你说的是事实，不过我们的开发工作并不是一帆风顺，并且我们这次要做的项目看起来比以前做的任何项目都要庞大和复杂。

Jamie：没有你说的那么严重，但是我同意你的看法……我们过去混乱的项目开发方法这次行不通了，特别是这次我们的时间很紧。

Doug（微笑）：我希望我们的开发方法更专业一些。我上星期参加了一个培训班，学了很多关于软件工程的知识……是很好的模型。我们现在需要一个过程。

Jamie（皱眉）：我的工作是编程，不是文书。

Doug：在你反对我之前，请先尝试一下。我想说的是……（Doug 开始讲述第 1 章讲述的过程框架和本章到目前为止讲到的惯用过程模型）。

Doug：不管怎样，在我看来，似乎线性模型并不适合我们……它假设我们此刻明确了所有的需求，而事实上并不是这样。

Vinod：同意你的观点。线性模型太 IT 化了……也许适合于开发一套库存管理系统或者什么，但是不适合我们的

SafeHome 产品。

Doug：对。

Ed：原型开发方法听起来不错，正适合我们现在的处境。

Vinod：有个问题，我担心它不够结构化。

Doug：别担心。我们还有许多其他选择。我希望在座的各位选出最适合我们小组和我们这个项目的开发范型。

2.5.3　演化过程模型

软件类似于其他复杂的系统，会随着时间的推移而演化。在开发过程中，商业和产品需求经常发生变化，这将直接导致最终产品难以实现；严格的交付时间使得开发团队不可能圆满完成综合性的软件产品，但是必须交付功能有限的版本以应对竞争或商业压力；虽然能很好地理解核心产品和系统需求，但是产品或系统扩展的细节问题却没有定义。在上述情况和类似情况下，软件开发人员需要一种专门应对不断演变的软件产品的过程模型。

最早由 Barry Boehm[Boe88] 提出，螺旋模型是一种演进式软件过程模型。它结合了原型的迭代性质和瀑布模型的可控性和系统性特点。它具有快速开发越来越完善的软件版本的潜力。

螺旋模型将软件开发为一系列演进版本。在早期的迭代中，软件可能是一个理论模型或是原型。在后来的迭代中，会产生一系列逐渐完整的系统版本。

螺旋模型被分割成一系列由软件工程团队定义的框架活动。为了讲解方便，我们使用前文讨论的通用框架活动⊖。如图 2-5 所示，每个框架活动代表螺旋上的一个片段。随着演进过程开始，从圆心开始顺时针方向，软件团队执行螺旋上的一圈所表示的活动。在每次演进的时候，都要考虑风险（第 26 章）。每个演进过程还要标记里程碑——沿着螺旋路径达到的工作产品和条件的结合体。

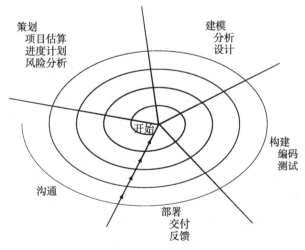

图 2-5　典型的螺旋模型

螺旋的第一圈（如图 2-5 所示，从最靠近中心的内部流线开始）一般开发出产品的规格说明，接下来开发产品的原型系统，并在每次迭代中逐步完善，开发不同的软件版本。螺旋

⊖　这里讨论的螺旋模型是 Boehm 提出的模型的一个变种。有关原始螺旋模型的更多信息，请参见 [Boy88]。关于 Boehm 的螺旋模型的更多更新的讨论可在 [Boe98] 和 [Boe01a] 中找到。

的每圈都会跨过策划区域，此时，需调整项目计划，并根据交付后用户的反馈调整预算和进度。另外，项目经理还会调整完成软件开发需要迭代的次数。

其他过程模型在软件交付后就结束了。螺旋模型则不同，它应用在计算机软件的整个生命周期。螺旋模型是开发大型系统和软件的很实际的方法。由于软件随着过程的推进而变化，因此在每一个演进层次上，开发者和客户都可以更好地理解和应对风险。螺旋模型把原型作为降低风险的机制。螺旋模型要求在项目的所有阶段始终考虑技术风险，如果适当地应用该方法，就能够在风险变为难题之前将其化解。

与其他范型一样，螺旋模型也并不是包治百病的灵丹妙药。很难使客户（特别是以合同的形式）相信演进的方法是可控的。它依赖大量的风险评估专家来保证成功。如果存在较大的风险没有被发现和管理，就肯定会发生问题。

我们注意到，现代计算机软件总是在持续变更，这些变更通常要求在非常短的期限内实现，并且要充分满足客户－用户的要求。许多情况下，及时投放市场是最重要的管理要求。如果错过了市场窗口，软件项目自身可能会变得毫无意义⊖。

演化模型的初衷是采用迭代或者增量的方式开发高质量软件⊖。但是，使用演化过程也可以做到强调灵活性、可延展性和开发速度。软件团队及其经理所面临的挑战就是在这些严格的项目、产品参数与客户（软件质量的最终仲裁者）满意度之间找到一个合理的平衡点。

SafeHome　选择过程模型　第二部分

[场景] CPI 公司软件工程部会议室，该公司生产家用和商用消费类产品。

[人物] Lee Warren，工程经理；Doug Miller，软件工程经理；Vinod 和 Jamie，软件工程团队成员。

[对话]

（Doug 介绍了一些可选的演化模型）

Jamie： 我现在有了一些想法。增量模型挺有意义的。我很喜欢螺旋模型，听起来很实用。

Vinod： 我赞成。我们交付一个增量产品，听取用户的反馈意见，再重新计划，然后交付另一个增量。这样做也符合产品的特征。我们能够迅速投入市场，然后在每个版本或者说在每个增量中添加功能。

Lee： 等等，Doug，你的意思是说我们在螺旋的每一轮都重新生成计划？这样不好，我们需要一个计划，一个进度，然后严格遵守这个计划。

Doug： 你的思想太陈旧了，Lee。就像他们说的，我们要现实。我认为，随着我们认识的深入和情况的变化来调整计划更好。这是一种更符合实际的方式。如果制定了不符合实际的计划，这个计划还有什么意义？

Lee（皱眉）：我同意这种看法，可是……高管人员不喜欢这种方式……他们喜欢确定的计划。

Doug（笑）：老兄，你应该给他们上一课。

⊖ 但是，重要的是要指出率先投放到市场的产品不一定能成功。事实上，许多非常成功的软件产品是第二甚至第三个投放到市场中的产品（从前人的错误中吸取教训）。

⊖ 在这种情况下，软件质量的定义相当宽泛，不仅包括客户满意度，而且还包括本书第二部分讨论的各种技术准则。

2.5.4 统一过程模型

在某种程度上，统一过程（Unified Process，UP）[Jac 99] 尝试着从传统的软件过程中挖掘最好的特征和性质，但是以敏捷软件开发（第 3 章）中许多最好的原则来实现。统一过程认识到与客户沟通以及从用户的角度描述系统（即用例）⊖并保持该描述的一致性的重要性。它强调软件体系结构的重要作用，并 "帮助架构师专注于正确的目标，例如可理解性、对未来变更的可适应性以及复用"[Jac99]。它建立了迭代的、增量的过程流，提供了演进的特征，这对现代软件开发非常重要。 31

UML——统一建模语言（unified modeling language），这种语言包含了大量用于面向对象系统建模和开发的符号。UML 已经变成了面向对象软件开发的行业标准。UML 作为需求模型和设计模型的表示方式，其应用贯穿本书第二部分。附录 1 针对不熟悉 UML 基本概念和建模规则的人给出了介绍性的指导。有关 UML 的全面介绍可以参考有关 UML 的材料，附录 1 中列出了相关书籍。

图 2-6 描述了统一过程（Unified Process，UP）的 "阶段"，并将他们与 2.1 节讨论的通用活动进行了对照。

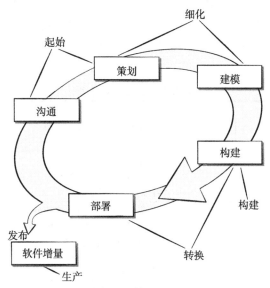

图 2-6 统一过程

UP 的起始阶段（inception phase）包括客户沟通和策划活动。该阶段识别基本的业务需求，并用用例（第 7 章）初步描述每一类用户所需要的主要特征和功能。策划阶段将识别各种资源，评估主要风险，并为软件增量制定初步的进度计划表。 32

细化阶段（elaboration phase）包括沟通和通用过程模型的建模活动（图 2-6）。细化阶段扩展了初始阶段定义的用例，并创建了体系结构基线以包括软件的 5 种视图——用例模型、分析模型、设计模型、实现模型和部署模型⊖。该阶段通常要对项目计划进行修订。

UP 的构建阶段（construction phase）与通用软件过程中的构建活动相同。软件增量（例

⊖ 用例（use case）（第 7 章）是从用户的角度描述系统功能或特征的文本叙述或模板。用例由用户编写，并作为构建更全面的分析模型的基础。

⊖ 重要的是，要注意体系结构基线不是原型，因为它不会被丢弃。相反，在下一个 UP 阶段充实基线。

如发布的版本）所要求的必须具备的特征和功能在源代码中实现。随着构件的实现，对每一个构件设计并实施单元测试[⊖]。另外，还实施了其他集成活动（构件组装和集成测试）。用例用于导出一组验收测试，以便在下一个 UP 阶段开始前执行。

UP 的转换阶段（transition phase）包括通用构建活动的后期阶段以及通用部署（交付和反馈）活动的第一部分。软件被提交给最终用户进行 Beta 测试，用户反馈报告缺陷及必要的变更。在转换阶段结束时，软件增量成为可用的发布版本。

UP 的生产阶段（production phase）与通用过程的部署活动一致。在该阶段，对持续使用的软件进行监控，提供运行环境（基础设施）的支持，提交并评估缺陷报告和变更请求。

有可能在构建、转换和生产阶段的同时，下一个软件增量的工作已经开始。这就意味着五个 UP 阶段并不是顺序进行，而是阶段性地并发进行。

需要注意的是，并不是工作流所识别的每一个任务都在所有的项目中应用。软件开发团队应根据各自的需要适当调整过程（动作、任务、子任务及工作产品）。

2.6 产品和过程

表 2-1 中总结了我们讨论过的各种过程模型的优缺点。在本书的前几版中，我们讨论了许多其他的内容。事实上，没有一个过程对每个项目都是完美的。通常，软件团队会调整 2.5 节中讨论的一个或多个过程模型，或者第 3 章中讨论的敏捷过程模型，以满足他们手头项目的需要。

表 2-1　过程模型对比

瀑布模型的优点	容易理解和计划 适用于充分了解的小型项目 分析和测试是顺序线性的
瀑布模型的缺点	不能很好地适应变化 测试在过程的后期进行 客户确认在最后阶段
原型模型的优点	变更需求对后续设计影响较小 客户很早并频繁地参与其中 对小型项目来说效果好 产品失败的可能性降低
原型模型的缺点	客户的参与可能会造成进度延误 "提交"一个原型，可能造成初步完成的假象 原型被抛弃导致工作白干了 很难计划和管理
螺旋模型的优点	有持续不断的客户参与 开发风险得到控制 适用于大型复杂项目 适用于可扩展的产品
螺旋模型的缺点	风险分析失效可能导致项目失败 项目可能难于管理 需要一个专家开发团队

⊖ 第 19～21 章对软件测试（包括单元测试）进行了全面讨论。

(续)

统一过程模型的优点	重视质量文档 有持续不断的客户参与 适合需求变更的情况 对维护项目非常有效
统一过程模型的缺点	用例并不总是精确的 具有复杂的软件增量集成 阶段的重叠可能会带来问题 需要一个专家开发团队

如果过程很薄弱，则最终产品必将受到影响。但是对于过程的过分依赖也是很危险的。Margaret Davis[Dav95a] 在多年前写的一篇简短的文章里对产品和过程的双重性进行了以下评述：

大约每十年或五年，软件界都会对"问题"重新定义，其重点由产品问题转向了过程问题……

钟摆的自然趋势是停留在两个极端的中点，与之类似，软件界的关注点也不断地摆动，当上一次摆动失败时，就会有新的力量加入，促使它摆向另一个方向。这些摆动是非常有害的，因为它们可能从根本上改变了工作内容及工作方法，使软件工程实践人员陷入混乱。而且这些摆动并没有解决问题，只是把产品和过程分裂开来而不是作为辩证统一体，因此注定要失败。

……如果仅仅将软件看作一个过程或是一个产品，那就永远都不能正确地理解软件，包括其背景、应用、意义和价值。

所有的人类活动都可以看成一个过程，我们每一个人都从这些活动中获得对自我价值的认识。也就是说，我们是从我们自己或是他人对我们产品的复用中得到满足的。

因此，将复用目标融入软件开发，这不仅潜在地增加了软件专业人员从工作中获得的满足感，也增加了接受"产品和过程二象性"这一观点的紧迫性……

正如从最终产品获得满足一样，人们在创造性的过程中得到了同样的（甚至更大的）成就感。艺术家不仅仅对装裱好的画卷感到高兴，更在每一笔绘画的过程中享受乐趣；作家不仅欣赏出版的书籍，更为每一个苦思得到的比喻而欣喜。一个具有创造性的专业软件人员也应该从过程中获得满足，其程度不亚于最终的产品。产品和过程的二象性已经成为保留推动软件工程不断进步的创造性人才的一个重要因素。

2.7 小结

一个软件工程通用过程模型包含了一系列的框架和普适性活动、动作以及工作任务。每一种不同的过程模型都可以用不同的过程流来描述，工作流描述了框架活动、动作和任务是如何按顺序组织的。过程模式用来解决软件过程中遇到的共性问题。

传统软件过程模型已经使用了多年，力图给软件开发带来秩序和结构。每一个模型都建议了一种不同的过程流，但所有模型都实现同样的一组通用框架活动：沟通、策划、建模、构建和部署。

像瀑布模型一样，顺序过程模型也是最经典的软件工程模型，顺序过程模型建议采用线性过程流，这在软件世界里通常与当代的软件开发现实情况不符（例如持续的变更、演化的系统、紧迫的开发时间）。但线性过程模型确实适用于需求定义清楚且稳定的软件开发。

增量过程模型采用迭代的方式工作，能够快速地生成一个软件版本。演化过程模型认识到大多数软件工程项目的迭代、递增特性，其设计的目的是适应变更。演化模型，例如原型开发及螺旋模型，会快速地产生增量的工作产品（或是软件的工作版本）。这些模型可以应用于所有的软件工程活动——从概念开发到长期的软件维护。

统一过程模型是一种"用例驱动、以体系结构为核心、迭代及增量"的软件过程框架，由 UML 方法和工具支持。

习题与思考题

2.1 在本章的介绍中，Baetjer [Bae98] 说过："软件过程提供了用户与设计人员之间、用户与开发工具之间以及设计人员与开发工具 [技术] 之间的互动。"对以下四个方面各设计 5 个问题：（1）设计人员应该问用户的；（2）用户应该问设计人员的；（3）用户对将要构建的软件的自问；（4）设计人员对于软件产品和构建该产品采取的软件过程的自问。

2.2 讨论 2.1 节所描述的不同过程流之间的区别。你是否能够确定适用于所描述的每种通用流的问题类型？

2.3 为沟通活动设计一系列动作，选定一个动作为其设计一个任务集。

2.4 在沟通过程中，遇到两位对软件如何做有着不同想法的利益相关者是很常见的问题。也就是说，你得到了相互冲突的需求。设计一种针对此类问题过程模式，给出一种行之有效的解决方法。

2.5 详细描述三个适于采用瀑布模型的软件项目。

2.6 详细描述三个适于采用原型模型的软件项目。

2.7 当沿着螺旋过程流发展的时候，你对正在开发或者维护的软件的看法是什么？

2.8 可以合用几种过程模型吗？如果可以，举例说明。

2.9 开发质量"足够好"的软件，其优点和缺点是什么？也就是说，当我们追求开发速度胜过产品质量的时候，会产生什么后果？

2.10 我们可以证明一个软件构件甚至整个程序的正确性，可是为什么并不是每个人都这样做？

2.11 统一过程和 UML 是同一概念吗？解释你的答案。

敏捷和敏捷过程

要点概览

概念: 敏捷软件工程是哲学理念和一系列开发指南的综合。这种哲学理念推崇:让客户满意且尽早的增量发布,小而高度自主的项目团队,非正式的方法,最小化软件工程工作产品以及整体精简开发。开发的指导方针强调超越分析和设计(尽管并不排斥这类活动)的发布。

人员: 软件工程师和其他项目利益相关者(经理、客户、最终用户)共同组成敏捷开发团队,这个团队是自组织的并掌握着自己的命运。敏捷开发团队鼓励所有参与人员之间的交流与合作。

重要性: 孕育着基于计算机的系统和软件产品的现代商业环境正飞快变化着。敏捷软件工程提出了不同于传统软件工程

的合理替代方案。事实证明,这一方法可以快速交付成功的系统。

步骤: 敏捷开发更恰当的名称是"软件工程精简版",它保留了基本的框架活动:沟通、策划、建模、构建和部署,但将其缩减到一个推动项目组朝着构建和交付发展的最小任务集。

工作产品: 最重要的工作产品是在合适的时间交付给客户的可运行软件增量,所创建的最重要的文档是用户故事和相关测试用例。

质量保证措施: 如果敏捷团队认为过程可行,并且开发出的可交付软件增量能使客户满意,则软件质量就是没有问题的。

2001 年,一群知名的软件开发者、软件工程作家以及软件咨询师[Bec01] 共同签署了"敏捷软件开发宣言"。他们主张:"个人和他们之间的交流胜过开发过程和工具,可运行的软件胜过宽泛的文档,客户合作胜过合同谈判,对变更的良好响应胜过按部就班地遵循计划。"

指导敏捷开发的基本思想表明,敏捷方法⊖是为了克服传统软件工程中认识和实践的弱点而形成的。敏捷开发可以带来多方面的好处,但它并不适用于所有项目、所有产品、所有人和所有情况。它并不完全和传统软件工程实践对立,并能作为超越一切的哲学理念而用于所有软件工作。

在现代经济生活中,通常很难甚至无法预测一个基于计算机的系统(如移动 App)如何随时间推移而演化。市场情况变化迅速,最终用户需求会不断变更,新的竞争威胁会毫无征兆地出现。很多时候,在项目开始之前,我们无法充分定义需求。因此,我们必须足够敏捷地去响应不断变化、无法确定的商业环境。

37

⊖ 敏捷方法有时被称为轻量级方法或精简方法。

不确定性意味着变更，而变更意味着付出昂贵的成本，特别是在对变更失去控制或疏于管理的情况下。而敏捷方法最令人信服的特点之一就是它能够通过软件过程来降低由变更所带来的成本。

Alistair Cockburn[Coc02] 在他那本发人深省的敏捷软件开发著作中，论证了本书第 2 章介绍的惯用过程模型中存在的主要缺陷：忘记了开发计算机软件的人员的弱点。软件工程师不是机器人，许多软件工程师在工作方式上有很大差别，在技能水平、创造性、有序性、一致性和自发性方面也有巨大差异。有些人可以通过书面方式很好地沟通，而有些人则不行。要想让过程模型可用，要么必须提供实际可行的机制来维持必要的纪律，要么必须"宽容"地对待软件工程师。

3.1 什么是敏捷

在软件工程工作的背景下，敏捷是什么？ Ivar Jacobson [Jac02a] 认为，普遍存在的变更是敏捷的基本动力，软件工程师必须加快步伐以适应 Jacobson 所描述的快速变更。

但是，敏捷不仅是有效地响应变更，它还意味着秉承本章开头的宣言中提及的哲学理念。它鼓励采用能够使沟通（团队成员之间、技术和商务人员之间、软件工程师和经理之间）更便利的团队结构和协作态度。它强调可运行软件的快速交付而不那么看重中间产品（这并不总是好事情）；它将客户作为开发团队的一部分开展工作，以消除持续、普遍存在于多数软件项目中的"区分我们和他们"的态度；它承认在不确定的世界里，计划是有局限性的，项目计划必须是可以灵活调整的。

敏捷可以应用于任何软件过程。但是，为了实现这一目标，非常重要的一点是：过程的设计应使项目团队适应于任务，并且使任务流水线化，在了解敏捷开发方法的流动性的前提下进行计划的制定，保留最重要的工作产品并使其保持简洁，强调这样一个增量交付策略：根据具体的产品类型和运行环境，尽快将可工作的软件交付给客户。

3.2 敏捷及变更成本

在软件开发的传统方法中（有几十年的开发经验作为支持），变更成本随着计划的进展非线性增长（图 3-1，黑色实曲线）。这种方法在软件开发团队收集需求时（在项目的早期）相对容易适应变更。可以修改应用场景，扩充功能表，或者编辑书面说明书。这项工作的费用是最少的，所需的时间不会严重影响项目的结果。但是，如果我们在经过数月的开发之后将会怎么样？团队正在进行确认测试（也许是在项目后期的某个活动中），这时一个重要的利益相关者要求变更一个主要功能。这一变更需要对软件的体系结构设计进行修改，包括设计和构建 3 个新构件、修改另外 5 个构件、设计新的测试等。这时成本会迅速增加，为了保证变更不会引起非预期的副作用，所需的时间和费用都是非常可观的。

敏捷的拥护者（例如 [Bec99]、[Amb04]）认为，一个设计良好的敏捷过程"拉平"了变更曲线（图 3-1，灰色实曲线），使软件开发团队在没有超常规的时间和费用影响的情况下，在软件项目后期能够适应各种变更。大家已经学习过，敏捷过程包括增量交付。当增量交付与其他敏捷实践结合时，例如结合连续单元测试及结对编程（在 3.5.1 节和第 20 章中讨论），变更需要的费用会衰减。虽然关于拉平曲线程度的讨论仍然在进行，但是证据表明[COC01a]，变更成本显著降低。

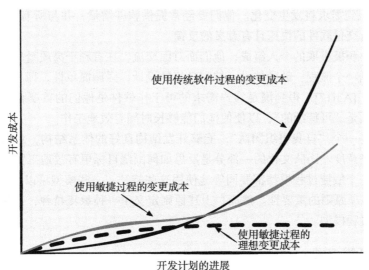

图 3-1　变更成本是开发时间的函数

3.3　什么是敏捷过程

任何敏捷软件过程的特征都是以某种方式提出若干关键假设 [Fow02]，这些假设适用于大多数软件项目：

1. 提前预测哪些需求是稳定的以及哪些需求会变更是非常困难的。同样，预测项目开发过程中客户优先级的变更也很困难。
2. 对很多软件来说，设计和构建是交错进行的。也就是说，两种活动应当顺序开展以保证通过构建实施来验证设计模型，而在通过构建验证之前很难估计应该设计到什么程度。
3. 分析、设计、构建和测试并不像我们设想的那么容易预测（从制定计划的角度来看）。

给出这三个假设的同时也提出一个重要的问题：如何建立能解决不可预测性的过程？正如前文所述，答案就在于过程的可适应性（对于快速变更的项目和技术条件）。因此，敏捷过程必须具有可适应性。

但是原地踏步式的连续适应性变更收效甚微，所以，敏捷软件过程必须增量地适应。为了达到这一目的，敏捷团队需要客户的反馈（以做出正确的适应性改变）。可执行原型或部分实现的可运行系统是客户反馈的最有效催化剂。因此，应当使用增量式开发策略，在很短的时间间隔内交付软件增量（可执行原型或部分实现的可运行系统）来适应（不可预测的）变更的步伐。这种迭代方法允许客户周期性地评价软件增量，向软件项目组提出必要的反馈，影响为适应反馈而对过程进行的适应性修改。

3.3.1　敏捷原则

敏捷联盟⊖[Agi17] 为希望实现敏捷的软件组织定义了 12 条原则。这些原则在以下内容中进行了总结。

通过尽快向客户交付软件来提供价值，可以获得客户满意度。为了实现这一目标，敏捷

⊖　敏捷联盟主页包含许多有用的信息：https://www.agilealliance.org/。

开发人员应认识到需求将发生变化。他们要经常提供软件增量，并与所有利益相关者合作，以便获取关于所交付软件的快速且有意义的反馈。

敏捷团队由积极进取的个人组成，他们面对面交流，在有利于高质量软件开发的环境中工作。团队遵循一个流程：鼓励技术卓越和良好的设计，强调简单性，即"使不必做的工作最大化的艺术"[Agi17]。得到满足客户需求的可工作软件是他们的首要目标，团队工作的速度和方向必须是"可持续的"，以便使他们能够长时间有效地工作。

敏捷团队是一个"自我组织团队"，能够开发结构良好的体系结构，从而实现可靠的设计并达到客户满意度。团队文化的一部分是反思如何围绕目标更有效地工作。

并不是每一个敏捷过程模型都要同等地使用这些特征，一些模型可以选择忽略（或至少淡化）一项或多项原则的重要性。然而，上述原则定义了一种敏捷精神，这种精神贯穿本章提出的每一个过程模型。

3.3.2　敏捷开发战略

与传统的软件工程过程相反，敏捷软件开发在优越性和适用性方面存在许多（有时是激烈的）争议。在表达对敏捷拥护者阵营（"敏捷者"）的感想时，Jim Highsmith [Hig02a]（开玩笑地）提出了一个颇为极端的观点："传统方法学家陷入了误区，乐于生产完美的文档而不是满足业务需要的可运行系统。"而在表述对传统软件工程阵营的立场时，他则给出完全相反的观点（同样是玩笑性质的）："轻便级方法或者说敏捷方法学家是一群自以为了不起的黑客，他们妄图将手中的软件玩具放大到企业级软件而制造出一系列轰动。"

像所有的软件技术争论一样，这场方法学之争有滑向派别之战的危险。一旦争论出现，理智的思考就消失了，信仰而不是事实主导着各种决定。

没有人反对敏捷，真正的问题在于"什么是最佳实现途径"。请记住，可工作软件是重要的，但是不要忘记，它还必须展示出各种质量属性，包括：可靠性、可用性和可维护性。如何构建满足用户当前需要的软件，同时展示能满足客户长期需求的扩展能力？

这两个问题还没有绝对正确的答案。即使在敏捷学派内部，针对敏捷问题也提出了很多有细微差异的过程模型（3.4 节和 3.5 节），每个模型内有一组"想法"（敏捷者们不愿称其为"工作任务"），它们和传统软件工程有显著差异。同时，许多敏捷概念是对优秀的软件工程概念的简单修正。归根结底：兼顾两派的优点，双方都能得到很多利益，相互诽谤只会两败俱伤。

3.4　Scrum

Scrum（得名于橄榄球比赛⊖）是 Jeff Sutherland 和他的开发团队在 20 世纪 90 年代早期提出的一种敏捷过程模型。Schwaber 和 Beedle 对其做了进一步的完善 [Sch01b]。

Scrum 原则与敏捷宣言是一致的，应用 Scrum 原则指导过程中的开发活动，过程由"需求、分析、设计、演化和交付"等框架性活动组成。每一个框架活动中，工作任务在相对较短的时间盒⊖的期限内完成称为一个冲刺 (sprint)。冲刺中进行的工作（每一个框架活动中冲刺的数目根据产品的规模大小和复杂度而有所不同）适应于当前的问题，由 Scrum 团队规定

⊖ 一组球员围着球排列成圆圈，共同努力（有时具有暴力性）地想把球带到前场。
⊖ 时间盒是一个项目管理术语（请参见本书的第四部分），表示为完成某些任务而分配的时间段。

并进行实时修改。Scrum 过程的全局流程如图 3-2 所示。对 Scrum 框架的大部分描述都出现在 Fowler 和 Sutherland 所著的文献 [Fow16] 中[⊖]。

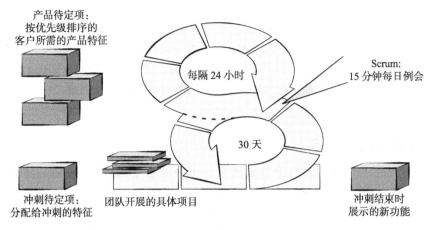

图 3-2   Scrum 过程流

42

SAFEHOME   考虑敏捷软件开发

[场景] Doug Miller 的办公室。

[人物] Doug Miller, 软件工程经理; Jamie Lazar 和 Vinod Raman，软件团队成员。

[对话]

（敲门，Jamie 和 Vinod 来到 Doug 的办公室。）

Jamie: Doug, 有时间吗？

Doug: 当然，Jamie, 什么事？

Jamie 我们考虑过昨天讨论的过程了……就是我们打算为这个新的 SafeHome 项目选什么过程。

Doug: 哦？

Vinod: 我和其他公司的一位朋友聊，他向我提起了 Scrum。那是一种敏捷过程模型，听说过吗？

Doug: 听说过，有优点也有缺点。

Jamie: 对，看起来很适合我们。可以使软件开发速度更快，当团队决定完成一个产品时，使用所谓的冲刺实现软件增量……我想这一定很酷。

Doug: 这确实是非常好的想法。我喜欢冲刺概念，它强调早期测试用例的创建，以及过程筹划者应该成为团队成员。

Jamie: 哦？你是说市场部将和项目组一起工作？

Doug（点头）：他们也是利益相关者，但不是真正的产品负责人。Marg 会负责这方面的工作。

Jamie: 好的，她将会筛选那些变更，市场部每隔 5 分钟就提出一些变更。

Vinod: 即便如此，我的朋友说在敏捷项目期间有包容变更的方法。

Doug: 所以你俩认为我们应当使用 Scrum？

Jamie: 这绝对值得考虑。

Doug: 我同意。既然我们选择了增量模型方法，那就没有理由不将 Scrum 提供的大部分内容纳入其中。

Vinod: Doug, 刚才你说"有优点也有缺点"，缺点是什么？

Doug: 我不喜欢的是 Scrum 淡化分析

⊖ Scrum 指南可在以下网址获得：https://www.Scrum.org/resources/what-is-Scrum。

和设计……有点像说，编写代码才是工作……（团队成员相视而笑。）

Doug：那么你同意 Scrum 的方法？

Jamie（代表二人说）：可以修改它以符合我们的需要。老板，我们干的就是编码！

Doug（大笑）：没错，但我希望看到你们少花点时间编码和重新编码，多花一点时间分析我们应当做什么，并设计一个可用系统。

Vinod：或许我们可以二者兼用，采用带有一定纪律性的敏捷。

Doug：我想我们能行，Vinod，实际上我坚信这样的做法没问题。

3.4.1 Scrum 团队和制品

Scrum 团队是一个自组织的跨领域团队，由产品负责人、Scrum master 和一个小型（3 ~ 6 人）开发团队组成。Scrum 开发的主要制品是产品待定项、冲刺待定项和代码增量。开发将项目分解为一系列称为冲刺（sprint）的增量原型开发周期，每个周期为 2 ~ 4 周。

产品待定项是产品需求或特征的优先级列表，可为客户提供业务价值。在产品负责人同意且开发团队认可后，可以随时将项目添加到待定项中。产品负责人对产品待定项中的项目排序，以满足所有利益相关者的重要目标。当产品不断演化以满足利益相关者的需求，产品待定项就永远不会完成。如果不接受增量，则产品负责人是唯一决定尽早结束冲刺或延长冲刺的人员。

冲刺待定项是产品团队选择的产品待定项的子集，在当前进行的冲刺期间作为代码增量完成。增量是以前冲刺中完成的所有产品待定项和在当前冲刺中要完成的所有待定项的并集。开发团队创建一个计划，用于提供包含所选特征的软件增量，这些特征旨在实现当前冲刺中与产品负责人协商的重要目标。大多数冲刺都要求在 3 ~ 4 周内完成。开发团队如何完成增量由团队决定。开发团队还决定何时完成增量，并准备向产品负责人演示。除非取消并重新启动冲刺，否则无法将新特征添加到冲刺待定项中。

Scrum master 是 Scrum 团队所有成员的引导者。他负责组织每日 Scrum 会议，并负责解决团队成员在会议期间提出的困难。他指导开发团队成员在有时间时互相帮助完成冲刺任务。他帮助产品负责人查找管理产品待定项的技术，并帮助确保以清晰简洁的术语说明待定项。

3.4.2 冲刺规划会议

在开始之前，开发团队与产品负责人和所有利益相关者合作，开发产品待定项中的项目。第 7 章讨论收集这些需求的技术。产品负责人和开发团队根据负责人的业务需求的重要性以及完成每个任务所需的软件工程任务（编程和测试）的复杂性，对产品待定项中的事项进行排序。有时，这样会导致在向最终用户提供所需功能时，缺少所需的特征。

在开始每个冲刺之前，产品负责人会提出他的开发目标，以在即将开始的冲刺中完成增量。Scrum master 和开发团队要从冲刺待定项中选择具体项目。开发团队与 Scrum master 一起确定在为冲刺分配的时间盒内可以作为增量交付哪些内容，以及为发布增量需要做什么工作。开发团队决定需要哪些角色以及如何选配这些角色。

3.4.3 每日 Scrum 会议

每日 Scrum 会议安排在每个工作日开始时 15 分钟里，团队成员在会议上同步其活动并制定未来 24 小时的计划。Scrum master 和开发团队始终参加每日 Scrum 会议。某些团队允许产品负责人偶尔参加会议。

所有团队成员都提出并回答三个关键问题：

- 自上次团队例会后做了什么？
- 遇到什么困难？
- 下次例会前计划做些什么？

Scrum master 主持会议并评估每个人的回答。Scrum 会议可帮助团队尽早发现潜在的问题。如果可能的话，Scrum master 的任务是清除下一次 Scrum 会议之前出现的困难。Scrum 会议不是解决问题的会议，解决问题的会议是线下进行的，只涉及相关各方。此外，这些每日例会引起"知识社会化" [Bee99]，从而提升自组织的团队结构。

某些团队会通过这些会议来宣布冲刺待定项已完成或已解决。当团队考虑已完成的所有冲刺待定项任务时，团队可能会决定与产品负责人一起安排演示和评审已完成的增量。

3.4.4 冲刺评审会议

开发团队认为增量已完成时，就要召开冲刺评审会议，时间安排在冲刺结束时。4 周冲刺的评审会议通常用 4 小时。Scrum master、开发团队、产品负责人和选定的利益相关者参加评审。会议的主要活动是演示冲刺期间完成的软件增量。请注意，演示可能不包含所有计划的功能，但要演示冲刺期间完成的功能。

在确定是否完成时，产品负责人可以同意或者不同意接受该增量。如果不接受，产品负责人和利益相关者会提供，是否同意进行新一轮的冲刺规划的反馈。此时可以从产品待定项中添加或删除特征。新特征可能会影响下一个冲刺中开发的增量的性质。

3.4.5 冲刺回顾

理想情况下，在开始另一个冲刺规划会议之前，Scrum master 将与开发团队一起安排一个 3 小时的"冲刺回顾"会议（针对 4 周的冲刺）。在会议上，团队将讨论：

- 在冲刺中哪些方面进展顺利？
- 哪些方面需要改进？
- 团队在下一个冲刺中将致力于改进什么？

Scrum master 主持会议，并鼓励团队改进其开发实践，以便提高下一个冲刺的效率。团队计划通过调整其"完成"的定义来提高产品质量。在会议结束时，团队应该对下一个冲刺中所需进行的改进有一个很好的想法，并准备在下一次冲刺规划会议上规划增量。

45

3.5 其他敏捷框架

软件工程的历史是由散乱的几十个废弃的过程描述和方法学、建模方法和表示法、工具和技术所构成。每一个部分都是轰轰烈烈地出现，然后被新的且（据称）更好的部分所替代。随着敏捷过程模型的大范围推广（每一种模型都在争取得到软件开发界的认可），敏捷运动正沿袭同样的历史步伐⊖。

正如我们在上一节中指出的，Scrum 是其中一个使用最广泛的敏捷框架。但是，许多其

⊖ 这不是件坏事。在某个模型或方法被接受为事实上的标准之前，它都在尽力争取软件工程师群体的认可。"胜利者"演变为最佳实践，而"失败者"要么消失，要么被融入胜出的模型。

他敏捷框架已经提出，并在整个行业使用。在本节中，我们将简要介绍三种流行的敏捷方法：极限编程（XP）、看板和 DevOps。

3.5.1　XP 框架

在本节中，我们将简要描述极限编程（XP），它是敏捷软件开发中使用最广泛的一种方法。具有开创意义的 XP 方法的著作由 Kent Beck[Bec04a] 撰写。

极限编程包括策划、设计、编码和测试四个框架活动的规则和实践。图 3-3 描述了极限编程过程，并指出了与每个框架活动关联的关键概念和任务。以下内容概括了关键的极限编程活动。

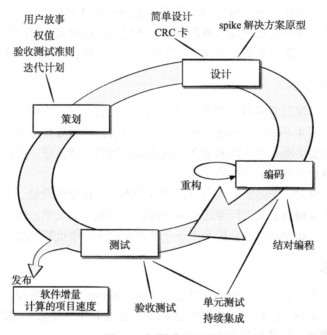

图 3-3　极限编程过程

策划。策划活动（也称为策划比赛）从倾听开始，这是一个需求收集活动。通过倾听创建一系列"故事"（也称为用户故事），描述待开发软件所需的输出、特征以及功能。每个用户故事（第 7 章中介绍）由客户书写并置于一张索引卡上，客户根据对应特征或功能的综合业务价值标明故事的权值（即优先级）[⊖]。XP 团队成员评估每一个故事，并给出以开发周数为度量单位的成本。注意，新故事可以在任何时刻书写。

客户和 XP 团队共同决定如何将故事分组，并置于 XP 团队将要开发的下一个发布版本（下一个软件增量）中。一旦认可对下一个发布版本（就包括的故事、交付日期和其他项目事项）的基本承诺，XP 团队将以下述三种方式之一对有待开发的故事进行排序：（1）所有选定故事将（在几周之内）尽快实现；（2）具有最高权值的故事将移到进度表的前面并首先实现；（3）高风险故事将移到进度表的前面并首先实现。

项目的第一个发布版本（也称为一个软件增量）交付之后，XP 团队计算项目的速度。简而言之，项目速度是第一个发布版本中实现的客户故事个数。项目速度将用于估计后续发

⊖　一个故事的权值也可能取决于另一个故事的存在。

布版本的发布日期和进度安排。XP 团队相应地修改其计划。

设计。XP 设计严格遵循 KIS（Keep It Simple，保持简洁）原则。不鼓励额外的功能性设计（假定开发者以后会用到）[⊖]。

XP 鼓励使用 CRC 卡（第 8 章）作为在面向对象环境中考虑软件的有效机制。CRC（class-responsibility-collaborator，类 – 职责 – 协作者）卡确定和组织与当前软件增量相关的面向对象的类[⊜]。CRC 卡也是作为 XP 过程一部分的唯一设计工作产品。

如果在某个故事设计中遇到困难，XP 建议立即建立这部分设计的可执行原型。XP 的核心理念是设计可以在编码开始之前和之后进行。重构——不改变软件外部行为的修改 / 优化代码的方式 [Fow00]——意味着在构建系统时持续进行设计。实际上，构建活动本身将给 XP 团队提供关于如何改进设计的指导。

编码。XP 建议，在故事开发和初步设计完成之后，团队不要直接开始编码，而是开发系列单元测试用于检验本次（软件增量）[⊜]发布的所有故事。一旦建立起单元测试®，开发者就更能够将精力集中在为通过单元测试而必须实现的内容上。一旦编码完成，就可以立即完成单元测试，从而向开发者提供即时反馈。

编码活动中的关键概念（也是 XP 中被讨论得最多的方面之一）是结对编程。XP 建议两个人面对同一台计算机共同为一个故事开发代码。这一方案提供了实时解决问题（两个人总比一个人强）和实时质量保证的机制（在写出代码后及时得到复审）®。

当结对的两人完成工作后，他们所开发代码将与其他人的工作集成起来。这种"持续集成"策略有助于避免兼容性和接口问题。

测试。所建立的单元测试应当使用一个可以自动实施的框架（因此，它们易于执行并可重复）。这种方式支持每当代码修改（会经常发生，为 XP 提供重构理论）之后就实现一次回归测试的策略（第 20 章）。XP 验收测试也称为客户测试，由客户规定技术条件，并且着眼于客户可见的、可评审的系统级特征和功能，验收测试根据本次软件发布中所实现的用户故事而确定。

3.5.2　看板法

看板法（Kanban）[And16] 是一种精益方法学，提供了描述改进过程或工作流的方法。看板专注于变更管理和服务交付。变更管理定义了将请求的变更集成到基于软件的系统的过程。服务交付则专注于了解客户需求和期望。团队成员管理其工作，并对于自组织完成工作给予充分的自由度。可根据需要逐步演化策略以改进结果。

看板法作为一套工业工程实践起源于丰田公司，并由 David Anderson [And16] 改进后应用到软件开发中。看板法本身依赖六个核心实践：

1. 使用看板图可视化工作流（图 3-4 给出了一个示例）。看板图按列组织，分别表示软

⊖　每个软件工程方法都应遵循这些设计准则，尽管有时复杂的设计符号和术语可能会影响简单性。

⊜　面向对象的类在本书的第二部分中讨论。

⊜　这种方法类似于在开始学习之前了解试题。它通过将注意力及重要将要回答的问题上，使学习变得更容易。

®　单元测试在第 20 章中详细讨论，它关注单个软件构件，检查构件的接口、数据结构和功能，以努力发现构件内的错误。

®　结对编程在整个软件社区中已经变得十分普及，《华尔街日报》[Wal12] 曾在头版刊登了一篇关于这个主题的报道。

件功能的每个元素的发展阶段。板上的卡片应包含单个用户故事或最近发现的写在便利贴上的缺陷，团队会随着项目进展将其标记从"要做"推进到"正在进行"，再到"已完成"。

2. 在给定时间内要限制当下工作（Work In Progress，WIP）负荷。鼓励开发人员在开始另一项任务之前完成当前任务。这将缩短交付时间，提高工作质量，并提高团队向利益相关者频繁交付软件功能的能力。

3. 通过了解当前价值流、分析停滞位置、定义变更以及实施变更来管理工作流以减少浪费。

4. 明确的过程策略（例如，写下你选择工作项目的理由和定义"完成"的标准）。

5. 通过创建反馈循环聚焦持续改进，基于过程数据引入变更，并在进行变更后评价变更对过程的影响[⊖]。

6. 过程变更中要相互合作，并根据需要让所有团队成员和其他利益相关人参与进来。

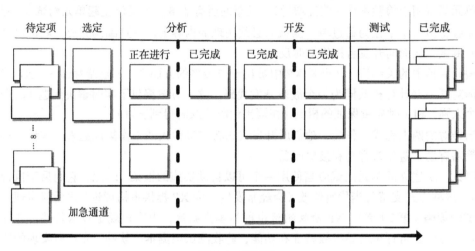

48
~
49

图 3-4　看板图

看板法的团队会议与 Scrum 框架中的会议类似。如果将看板法引入现有项目，则并非所有项目都将在待定项栏目中启动。开发人员需要问自己：它们现在在哪里？它们从哪儿来？它们到哪里去？从而将自己的卡片放到团队过程栏。

每日看板站立会议的基础是一项称为"走板（walking the board）"的任务。会议的领导每天轮换。团队成员找出正在处理的"板"中遗漏的项目，并将其添加到"板"中。团队尝试推进他们可以"完成"的事项，目标是首先推进高业务价值的项目。团队查看流程，并尝试通过查看工作负荷和风险来识别任何阻碍工作完成的障碍。

在每周回顾会议期间，将检查过程测量。团队考虑可能需要改进过程的地方，并提出要实施的更改。看板法可以很容易地与其他敏捷开发实践结合，以添加更多的过程规则。

3.5.3　DevOps

DevOps 由 Patrick DeBois [Kim16a] 创建，旨在将开发与运维相结合。DevOps 尝试在整个软件供应链中应用敏捷和精益开发原则。图 3-5 概述了 DevOps 的工作流。DevOps 方法涉及几个阶段，这些阶段会持续循环，直到得到所需的产品。

⊖ 第 23 章讨论过程度量的使用。

- **持续开发**。将软件可交付成果分解到多次冲刺中开发，增量由⊖开发团队的质量保证成员进行测试。
- **持续测试**。自动化测试工具⊖用于帮助团队成员同时测试多个代码增量，以确保在集成之前它们没有缺陷。
- **持续集成**。将具有新功能的代码段添加到现有代码和运行环境中，然后对其进行检查以确保部署后没有错误。
- **持续部署**。在此阶段，将集成代码部署（安装）到生产环境，其中包括准备接收新功能的分布在全球的多个站点。
- **持续监控**。开发团队成员的运维人员通过监控软件在生产环境中的性能，并在用户发现问题之前主动查找问题，以提高软件质量。

DevOps 通过快速响应客户的需求或希望的变化来提升客户体验。这可以提高品牌忠诚度，增加市场份额。像 DevOps 这样的精益方法可以通过减少重复劳动和转向更高业务价值的活动，为组织提供更强的创新能力。在消费者用到产品前，产品不会赚钱，而 DevOps 可以为生产平台提供更快的部署 [Sha17]。

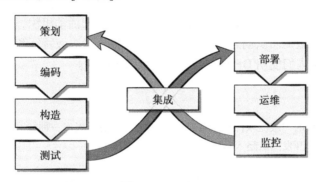

图 3-5　DevOps

3.6　小结

在现代经济中，市场条件变化迅速，客户和最终用户的要求不断更新，新一轮竞争威胁会没有任何征兆地出现。从业者必须使软件工程工作保持敏捷——要定义灵活机动、有适应能力和精益的过程以适应现代商务的需求。

软件工程的敏捷理念强调 4 个关键问题：自组织团队对所开展工作具有控制力的重要性；团队成员之间以及开发参与者和客户之间的交流与合作；对"变更代表机遇"的认识；强调快速交付让客户满意的软件。敏捷过程模型能解决上述问题。

表 3-1 总结了我们讨论的敏捷方法的优点和缺点。在本书的上一版中，我们讨论了许多其他的问题。现实情况是，没有一种敏捷方法适合每个项目。敏捷开发人员在自主团队中工作，并有权创建自己的过程模型。

Scrum 强调使用一组软件过程模式，这些模式已证明对时间紧迫、需求变更和业务关键的项目有效。Scrum 团队没有理由不使用看板图来帮助其组织日常规划会议。

⊖ 第 17 章讨论质量保证问题。

⊖ 第 19 章讨论自动化测试工具。

表 3-1 敏捷技术的优缺点对比

Scrum 的优点	产品负责人设置优先级 团队拥有决策权 文档是轻量级的 支持频繁更新	看板法的优点	预算和时间要求较低 允许更早交付产品 过程策略记录在案 有持续的过程改进
Scrum 的缺点	很难控制变更的成本 可能不适合大型团队 需要专家团队成员	看板法的缺点	成功与否取决于团队合作技巧 糟糕的业务分析可能会毁了项目 灵活性可能导致开发人员失去焦点 开发人员不愿意使用测量
XP 的优点	强调客户参与 建立合理的计划和时间表 开发人员对项目高度投入 产品失败的可能性低	DevOps 的优点	代码部署的时间缩短了 团队包括开发人员和运维人员 团队拥有端到端的项目所有权 主动监控已部署的产品
XP 的缺点	会受到"交付"原型的诱惑 需要经常开会，导致成本增加 可能允许过多的变更 对高度熟练的团队成员有依赖性	DevOps 的缺点	存在处理新旧代码的压力 成效严重依赖自动化工具 部署可能会影响生产环境 需要一个专家开发团队

极限编程（XP）按照**策划**、**设计**、**编码**和**测试** 4 个框架活动组织，并提出一系列新颖且有力的技术，以保证敏捷团队创建的体现利益相关者指定优先级特征和功能的软件能频繁发布。没有什么能阻止人们使用 DevOps 技术来缩短部署时间。

习题与思考题

3.1 重新阅读本章开头的"敏捷软件开发宣言"[Bec01]，你能否想出一种情况，此时四个价值中的一个或多个将使软件开发团队陷入麻烦？

3.2 用自己的话描述（用于软件项目的）敏捷性。

3.3 为什么迭代过程更容易管理变更？是不是本章讨论的每一个敏捷过程都是迭代的？只用一次迭代就能完成项目的敏捷过程是否存在？解释你的答案。

3.4 试着再加上一条"敏捷原则"，使软件工程团队更具有机动性。

3.5 为什么需求变更这么大？人们无法确定他们想要什么吗？

3.6 大多数敏捷流程模型都推荐面对面沟通。然而，现在软件团队的成员和他们的客户可能在地理上彼此分离。你认为这意味着地理上的分离是需要避免的吗？你能想出克服这个问题的方法吗？

3.7 编写一个用户故事，描述大多数 Web 浏览器上可用的"收藏网址"或"收藏夹"功能。

3.8 用自己的话描述 XP 的重构和结对编程的概念。

推荐的过程模型

要 点 概 览

概念： 每个软件产品都需要某种"路线图"或"通用软件过程"。在开始之前，它不一定是完整的，但你需要在开始之前知道你的方向。任何路线图或通用过程都应以最佳行业实践为基础。

人员： 软件工程师及其产品的利益相关者合作采用通用的软件过程模型，以满足团队的需求，并通过直接遵循该过程模型，或者根据需要进行调整（更有可能）。每个软件团队都应该受过专业训练，但在需要的时候应该灵活变通及自我赋权。

重要性： 缺少明确的过程所提供的控制与组织，软件开发很容易变得混乱。正如我们在第 3 章中所述，现代软件工程方法必须是"敏捷"的，并包容为满足利益相关者需求所做的变化。重要的是不要过于关注文档和仪式。过程应仅包括那些适合项目团队和待开发产品的活动、控制及工作产品。

步骤： 即使一个通用过程也必须被调整以满足正在构建的特定产品的需求，你需要确保所有利益相关者在定义、构建和测试持续演化的软件中都能发挥作用。基本框架活动（沟通、策划、建模、构建及部署）之间可能存在大量重叠。设计一部分、构建一部分、测试一部分，如此往复，对大多数软件项目而言，这种方法比创建严格的项目计划和文档更好。

工作产品： 从软件团队的角度来看，工作产品是由过程活动产生的可运行程序增量、有用的文档和数据。

质量保证措施： 所构建的产品增量的及时性、利益相关者的满意度、总体质量和长期有效性是可行过程的最佳指标。

第 2、3 章简要描述了几种软件过程模型和软件工程框架。项目各不相同，团队也各不相同。没有哪种软件工程框架适合所有的软件产品。本章将分享我们的想法，使用一个可调整的过程，通过剪裁该过程以满足从事各种类型产品工作的软件开发人员需求。

Rajagoplan[Raj14] 的论文指出了惯用软件生命周期方法（例如瀑布模型）的一些缺点，并提出了进行现代软件开发项目时应考虑的一些建议。

1. 在没有足够反馈的情况下，使用线性过程模型是有风险的。
2. 计划前期获取大量的需求既无可能也无必要。
3. 前期需求获取可能不会降低成本或防止超时。
4. 软件开发中需要适当的项目管理。
5. 文档与软件应该同步推进，而不应该拖延到构建开始时。
6. 应尽早并且频繁地让利益相关者参与到软件开发过程中。
7. 测试人员应在软件构建前就参与其中。

关键概念

定义需求
估算资源
评估原型
继续与否决策
维护
初步体系结构
设计
原型构建
原型演化
候选版本
风险评估
范围定义
测试和评价

在 2.6 节中，我们列出了几种惯用过程模型的优缺点。瀑布模型不适合开发人员在开始编码后引入变更。因此，只在项目的开始和结束时能够得到利益相关者的反馈。造成这种情况的部分原因是瀑布模型建议在进行任何编程或测试之前，必须完成所有的分析和设计的工作产品，这使得项目很难适应需求的不断变化。

有一种解决方法是切换到诸如原型模型或 Scrum 的增量模型（图 4-1）。增量过程模型能尽早并且经常让客户参与到过程中，从而降低创建出客户不接受的产品的风险。当利益相关者查看每个原型时将意识到遗漏的功能和特征，从而倾向于提出大量变更。开发人员通常不计划对原型进行演化，而是创建一次性原型。软件工程的目标是减少不必要的工作，因此在设计原型时需要考虑重用性。如果可以明智地管理软件的变更，则增量模型确实为创建可调整的过程提供了更好的基础。

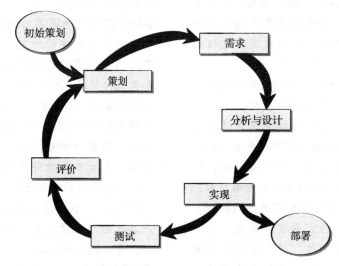

图 4-1   用于原型开发的增量模型

在 3.5 节中，我们讨论了 Scrum 以外的几种敏捷过程模型的优缺点。当对利益相关者的实际需求和问题不明时，敏捷过程模型可以很好地帮上忙，因为敏捷过程模型的主要特征是：

- 创建的原型被设计为可在将来的软件增量中进行扩展。
- 利益相关者参与整个开发过程。
- 文档需求是轻量级的，文档随软件同时进行演化。
- 测试会尽早地计划和执行。

Scrum 和看板法（Kanban）扩展了这些特征。有很多人批评 Scrum 需要进行过多的会议。但是，每日会议使开发人员可以开发出利益相关者认为有用的产品。看板法（3.5.2 节）提供了一个很好的轻量级跟踪系统，用于管理用户故事的状态和优先级。

Scrum 和看板法都允许以受控方式引入新需求（用户故事）。敏捷过程模型团队的规模设计得较小，可能不适用于需要大量开发人员的项目，除非可以将项目划分为多个小规模且可独立分配的构件。尽管如此，敏捷过程模型仍然提供了许多良好的特征，可以将它们纳入可调整的过程模型中。

螺旋模型（图 4-2）被认为是具有风险评估要素的演化原型模型。螺旋模型需要利益相关者的适度参与，专为大型团队和大型项目设计，目的是创建出每次迭代时都可以进行扩展的原型。早期测试至关重要，文档也应随着每个新原型的创建而更新。螺旋模型从某种程度上来说是独特的，因为它包含了正式的"风险评估"，并可以被用作决定是否投入资源创建下一个原型的基础。有人认为使用螺旋模型来管理项目可能很困难，因为参与者在项目开始时可能不知道项目可能涉及的范围。这是大多数增量过程模型的典型特征。螺旋模型是建立可调整过程模型的良好基础。

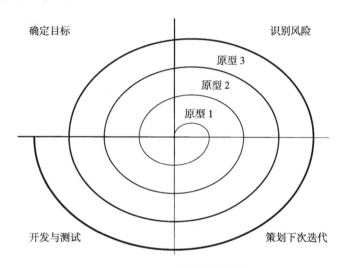

图4-2 用于原型开发的螺旋模型

敏捷过程模型与螺旋模型相比如何？我们总结了一些关键特征。

信息栏 敏捷模型特征

敏捷过程模型

1. 不适合大型高风险或任务关键型项目。
2. 最少化规则、最少化文档。
3. 测试人员需要持续参与。
4. 易于适应产品变更。
5. 非常依赖利益相关者的交互。
6. 易于管理。
7. 尽早交付部分解决方案。
8. 非正式的风险管理。
9. 内建的持续过程改进。

螺旋模型

1. 不适用于小型、低风险的项目。

2. 需要多个步骤，以及前期完成的文档。

3. 测试人员的早期参与（可由外部团队完成）。

4. 在原型完成前难以进行产品更改。

5. 需要利益相关者持续参与计划和风险评估。

6. 需要正式的项目管理和协调。

7. 难以判断项目结束时间。

8. 良好的风险管理。

9. 项目结束时进行过程改进。

有创造力、知识丰富的人从事软件工程，他们调整软件过程，使其适应他们所构建的产品并满足市场需求。对于很多软件项目而言，我们认为使用在每个周期中包含敏捷性的类螺旋方法是一个不错的开始。开发人员在开发过程中会学到很多东西。因此，对于开发人员而言，在开发过程中能够尽可能快地适应新学知识是非常重要的。

4.1   需求定义

55
～
57

每个软件项目都始于开发团队试图理解要解决的问题，并确定哪些结果对利益相关者重要。这包括理解促进项目进程的业务需求和限制项目进程的技术问题。这个过程被称为需求工程，我们将在第 7 章中进行更详细的讨论。若未能在此任务上花费合理时间，团队将发现他们的项目会经历昂贵的返工、成本超支、产品质量差、交付时间晚、顾客不满意以及团队士气低落。我们不能忽略需求工程，也不能在进行产品构建之前进行无休止的迭代。

有理由问应该遵循什么样的最佳实践来实现彻底和敏捷的需求工程。Scott Ambler [Amb12] 提出了一些敏捷需求定义的最佳实践：

1. 通过匹配利益相关者的可用性以及评价他们的投入来鼓励其积极参与。
2. 使用简单的模型（例如便利贴，快速草图，用户故事）减少参与的障碍。
3. 在使用需求表示技术之前，花一些时间来解释它们。
4. 采用利益相关者的术语，并尽可能避免使用技术术语。
5. 使用广度优先的方法来全面了解项目，然后再深入细节。
6. 在计划实施用户故事时，允许开发团队及时完善（在利益相关者的参与下）需求详细信息。
7. 将要实现的功能列出一个优先级列表，并首先实施最重要的用户故事。
8. 与你的利益相关者密切合作，仅在创建下一个原型时记录对所有人有用的需求。
9. 质疑是否需要维护未来可能用不到的模型和文档。
10. 确保你具有管理的支持，以保证需求定义期间利益相关者和资源的可用性。

要认识到两个现实：（1）利益相关者不可能在看到可工作软件之前先描述出整个系统；（2）利益相关者很难在看到实际软件之前先描述出软件所应具有的质量需求。开发人员必须认识到，随着软件增量的创建，需求将被逐渐添加和完善。在用户故事中，通过使用利益相关者的语言描述系统需要做什么是一个很好的开始。

如果你可以让利益相关者为每个用户故事定义验收标准，那么你的团队就有了一个良好的开端。利益相关者很可能会查看用户故事的编码和运行情况，以了解它是否已正确地被创建。因此，需求定义应迭代地完成，并且包括为利益相关者评审而开发原型的过程。

原型是项目计划的具体实现，利益相关者可以轻松地参考原型来描述所需的变更。这样利益相关者就会更加积极具体地讨论所需的变更，从而提高你们之间沟通效果。但我们必须

58

认识到，原型使得开发人员只关注用户的可见行为，导致专注于短期目标。审查原型的质量很重要。开发人员需要意识到，如果利益相关者不能第一时间解决出现的问题，那么使用原型可能会增加需求的变化。还有一种风险是，如果在未充分理解软件体系结构需求之前就创建原型，可能会导致必须丢弃原型，从而浪费时间和资源 [Kap15]。

4.2   初步体系结构设计

第 10 章将讨论开发稳固的体系结构设计所需的决策，但初步设计决策通常必须在定义需求时做出。如图 4-3 所示，在某个时间点，需要将体系结构决策分配给产品增量。Bellomo 和她的同事 [Bel14] 认为，对需求和体系结构选择的早期了解是管理大型或复杂软件产品开发的关键。

需求是体系结构设计的前提。在开发原型时了解体系结构有助于进一步理解需求。最好

同时进行这些活动以达到一种适当的平衡。敏捷体系结构设计有四个关键要素：

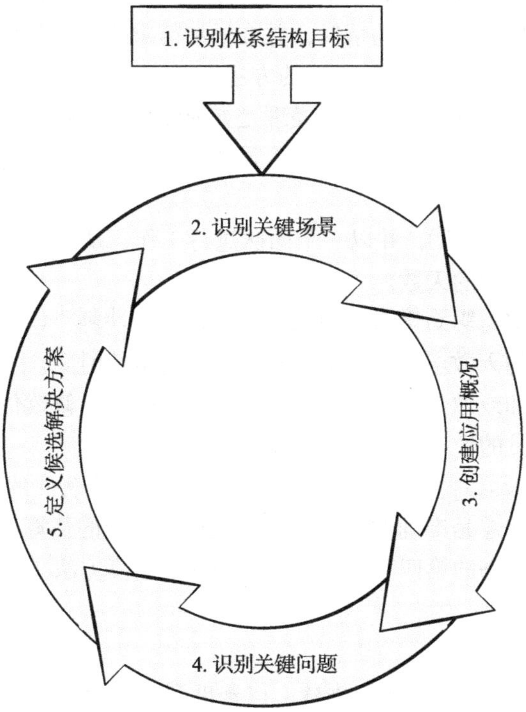

图 4-3　原型开发的体系结构设计

1. 关注关键的质量属性，并在构建它们时将其合并到原型中。
2. 在规划原型时，请记住，成功的软件产品会将客户可见的功能和基础体系结构结合在一起。
3. 如果对体系结构决策和相关质量问题给予足够的重视，那么敏捷体系结构就可以实现代码的可维护性和可扩展性。
4. 持续管理并同步功能需求和体系结构需求间的依赖关系，以确保不断演化的体系结构基础能及时适应未来的增量。

软件体系结构决策对于软件系统的成功与否至关重要。软件系统的体系结构决定其质量，并会在其整个生命周期中影响系统。Dasanayake[Das15] 等人发现，当软件设计师在有不确定性因素的情况下做出决定时，他们很容易出错。如果他们通过更好地运用体系结构知识来减少这种不确定性，那么他们所做的错误决定就会更少。尽管敏捷方法不鼓励繁重的文档编写工作，但是在设计过程的早期没有记录设计决策及理由会使得以后创建原型时很难重新审视它们。记录正确的事情有助于整个过程改进活动。在评估交付的原型之后，开始下一个程序增量之前应当进行回顾，原因之一是要记录所学习到的经验。重用以前成功的体系结构问题解决方案也有帮助，我们将在第 14 章中进行讨论。

4.3　资源估算

关于使用螺旋原型还是敏捷原型，最具有争议性的方面之一是无法估算完成项目需要的时间。在开始进行项目之前，应该了解你是否能按时交付软件以及能否承担在这个项目上花费的成本。早期的估算可能会不正确，因为项目范围的定义不明确，一旦开始开发，就可能发生变化。在项目快要完成时所做的估算不会提供关于任何项目管理指导。早期估算软件开发时间的诀窍是，根据当时已知的情况，并在添加需求或发布软件增量后，定期修改估算值。我们将在第 25 章中讨论估算项目范围的方法。

让我们研究一下经验丰富的软件项目经理是如何使用我们提出的敏捷螺旋模型来估算项目的。这种方法产生的估算值需要针对开发人员的人数和可以同时完成的用户故事的数量进行调整。

1. 使用历史数据（第 23 章），并以一个团队进行工作，从项目开始时就估算完成已知的每个用户故事将花费的天数。
2. 将用户故事松散地组织到构成计划完成原型的每个冲刺[⊖]（3.4 节）集合中。
3. 将完成每个冲刺的天数求和，以估算整个项目的持续时间。
4. 当项目的需求增加或原型交付并被利益相关者接受时，修改估算。

请记住，将开发人员的数量加倍不会开发时间减少一半。

Rosa 和 Wallshein[Ros17] 发现，在项目开始时了解初始软件的需求，可以对项目完成时间提供一个充分但并非总是准确的估算。为了获得更准确的估算，了解项目类型和团队经验也很重要。我们将在本书的第四部分中介绍更详细的估算方法（例如，功能点或用例点）。

4.4 首次原型构建

在 2.5.2 节中，我们描述了原型的创建，以帮助利益相关者从对一般目标和用户故事的简单了解转移到开发人员实现某功能所需信息的详细程度。开发人员可以使用第一个原型来证明他们的初始体系结构设计是在满足客户性能约束的同时交付了所需功能的可行设计。要创建可执行的原型，需要需求工程、软件设计和构建同时进行。此过程如图 4-1 所示。本节将介绍用于创建第一个原型的步骤。本书稍后将详细介绍软件设计和构建的最佳实践。

你的首要任务是判断出对利益相关者最重要的特征和功能。这些将有助于确定第一个原型的目标。如果利益相关者和开发人员创建了用户故事的优先列表，则应该很容易确认哪些是重要的。

接下来，确定有多少时间来创建第一个原型。一些团队可能会选择固定的时间（例如 4 周的冲刺）来交付每个原型。在这种情况下，开发人员会查看他们的时间和资源估算，并确定哪些优先级最高的用户故事可以在 4 周内完成。然后，团队会与利益相关者一起确认所选的用户故事是要包含在第一个原型中的最佳用户故事。另一种方法是让利益相关者和开发人员共同选择少量的高优先级用户故事，以将其包含在第一个原型中，并用他们的时间和资源估算来制定完成第一个原型的进度安排。

美国国家仪器公司（National Instruments）的工程师发布了一份白皮书，概述了他们创建第一个功能原型的过程 [Nat15]。这些步骤可以应用于各种软件项目：

1. 从纸质原型过渡到软件设计。
2. 设计用户界面原型。
3. 创建一个虚拟原型。
4. 将输入和输出功能添加到原型。

⊖ Sprint（3.4 节）被描述为一个时间段，在该时间段，完成的系统用户故事的一个子集，并交付给产品负责人。

5. 实现算法。

6. 测试原型。

7. 考虑原型的部署。

参考这 7 个步骤，为系统创建纸质原型很划算，并且可以在开发过程的早期完成。客户和利益相关者通常不是经验丰富的开发人员。非技术用户通常会在看到用户界面草图后，很快就能识别出他们是否喜欢它。人与人之间的交流经常充满误解。人们常会忘记告诉对方他们真正想知道什么，或者以为每个人都有相同的想法。在进行编码之前，与客户共同创建并审查纸质原型，可以避免浪费时间构建错误的原型。在第 8 章中，我们将讨论几种可用于对系统建模的图。

创建用户界面原型作为第一个功能原型的一部分是一个明智的想法。许多在 Web 上或作为移动 App 实现的系统都严重依赖于可接触的用户界面。计算机游戏和虚拟现实应用程序都需要与用户进行大量交互才能正确运行。如果客户发现软件产品易于学习和使用，他们更有可能使用它。

从用户界面的纸质原型开始交流讨论可以缓解开发人员和利益相关者之间的许多误解。有时候利益相关者需要了解用户界面的一些基础知识，以便能够解释他们真正喜欢和不喜欢它的地方。与在已完成的原型上添加新的用户界面相比，放弃早期用户界面设计的代价要小得多。在第 12 章我们将讨论如何设计可以提供良好用户体验的用户界面。

添加输入和输出功能到用户界面原型，能提供一种可以测试演化中原型的简便方法。在测试构件算法的代码之前，应先完成对软件构件接口的测试。开发人员经常使用"测试框架"来测试算法，以确保算法可以按预期工作。创建一个单独的测试框架并将其丢弃通常会浪费项目资源，如果用户界面设计良好，则它可以用作构件算法的测试框架，从而省去了构建单独测试框架的工作量。

实现算法涉及将你的想法和草图转换为程序源代码的过程。在设计需要的算法时，你需要同时考虑用户故事中的功能要求和性能约束（包括显式和隐式的）。如果代码库中尚不存在其他的支持功能，那么就需要将其识别并添加到项目范围之中。

测试原型以演示客户要求的功能，这样可以在向客户展示之前发现一些尚未发现的缺陷。有时候，让客户在原型制作完成之前就参与到测试过程是明智的做法，这可以避免开发出错误的功能。创建测试用例的最佳时间是在收集软件需求期间或选择好要实施的用例时。我们将在第 19 ～ 21 章讨论一些测试策略。

考虑原型的部署很重要，因为它可以帮助你避免采用一些的捷径，这些捷径会导致创建出的软件将来很难维护。这并不是说每一行代码都会用在最终的软件产品中。就像许多创造性的任务一样，开发原型是迭代的，会有草案和修改。

在进行原型开发时，你应仔细考虑所选择的软件体系结构。如果在发布之前就发现软件的一些错误，更改几行代码的代价是相对便宜的。但是在软件应用程序发布给全球的用户之后，更改其体系结构的代价将非常昂贵。

SafeHome 房间设计师 考虑第一个原型

[场景] Doug Miller 办公室

[人物] Doug Miller，软件工程经理；

Jamie Lazar, Vinod Raman，软件团队成员

[对话]

（敲门声。Jamie 和 Vinod 走进 Doug 的办公室）

Jamie：Doug，你有时间吗？

Doug：当然，Jamie，怎么了？

Jamie：我们一直在考虑这个 SafeHome 房间设计工具的范围。

Doug：还有呢？

Vinod：在人们开始放置警报传感器和尝试家具布局之前，项目的后台需要做很多工作。

Jamie：我们不希望出现这种情况，系统在后台工作几个月，然后，因营销人员讨厌该产品而取消项目。

Doug：你有没有试过制定一个纸质原型，并与营销小组一起审查它？

Vinod：哦，不。我们认为快速获得一个工作的计算机原型是很重要的，不想花时间自己做一个。

Doug：我的经验是，人们需要看到一些东西，然后才知道自己否喜欢它。

Jamie：也许我们应该退一步，创建一个用户界面的纸质原型，让他们使用，看看他们是否喜欢这个概念。

Vinod：我想使用我们考虑用于开发虚拟现实版 App 的游戏引擎编写一个可执行的用户界面不会太难。

Doug：听起来这个计划不错。尝试这种方法，看看你是否有信心开始演化你的原型。

4.5 原型评价

在原型被构建后，由开发人员组织实施测试，测试是原型评价的一个重要组成部分。测试表明原型构件是可运行的，但是测试用例不能发现所有的缺陷。在螺旋模型中，评价的结果允许利益相关者和开发人员评估是否需要继续开发并创建下一个原型。该决策的一部分是基于用户和利益相关者的满意度，而另一部分是由项目完成时对成本超支和未能交付工作产品的风险来评估生成。Dam 和 Siang [Dam17] 提出了几个获取原型反馈的最佳实践技巧。

1. 在要求原型反馈时提供框架素材。
2. 选择适当的人，测试你的原型。
3. 提出合适的问题。
4. 向用户提供备选方案时保持中立。
5. 测试时进行调整。
6. 欢迎用户提出自己的想法。

提供框架素材是一种允许用户主动提供反馈的机制，而不是对抗性的。用户通常不愿意把他们讨厌的正在使用的产品告知其开发人员。为了避免这种情况，通常更容易的做法是，请求用户提供使用诸如"我喜欢，我希望，如果……会怎么样"之类的框架来进行开诚布公的反馈。"我喜欢"的表述鼓励用户提供关于原型的积极反馈。"我希望"的表述能提示用户分享他们建议原型如何进行改进的想法。这些表述可以提供负面反馈和建设性批评。"如果……会怎么样"的表述鼓励用户为团队提供在将来的迭代中创建原型时进行探索的建议。

选择适当的人对原型进行评价是降低产品开发出错风险的关键。让开发团队成员完成所有的测试是不明智的，因为他们代表不了预期的用户。重要的是要有正确的用户组合（例如新手、代表性用户、高级用户）给予关于原型的反馈。

提出合适的问题意味着所有利益相关者都同意原型的目标。作为一名开发人员，重要的是保持开放的心态并尽最大努力让用户相信他们的反馈是有价值的。当你计划未来产品开发活动时,反馈驱动开发原型的过程。除了总体的反馈,还可以试着对原型中包含的新特征提出具体问题。

当提出备选方案时保持中立,这样软件团队就可以避免让用户感觉他们在以一种被"出卖"的方式做事。如果你想要得到真实的反馈,让用户知道你并没有下定只有一种正确方法的决心。Egoless 编程理念专注于为目标用户生成团队能够创建的最佳产品。尽管创建一次性原型是不可取的,但 Egoless 编程表明,不起作用的东西需要修复或丢弃。因此,在创建早期原型时,尽量不要过于执着于自己的想法。 64

测试时进行调整意味着在用户使用原型时,你需要具有灵活的思维方式。这可能意味着改变你的测试计划或者快速更改原型,然后重新启动测试。目标是你可以从用户那里获得最好的反馈,包括在他们与原型交互时对他们的直接观察。重要的是你得到了能辅助你决定是否构建下一个原型的反馈。

欢迎用户提出自己的想法,这意味着关注用户说了什么。确保你有办法记录他们的建议和问题(通过电子方式或其他方式)。我们将在第 12 章讨论进行用户测试的其他方法。

SafeHome 房间设计师 评估第一个原型

[场景] Doug Miller 办公室

[人物] Doug Miller,软件工程经理;Jamie Lazar,Vinod Raman,软件团队成员

[对话](敲门声。Jamie 和 Vinod 走进 Doug 的办公室)

Jamie:Doug,你有空吗?

Doug:当然,Jamie,怎么了?

Jamie:我们与我们的市场利益相关者一起完成了 SafeHome 房间设计工具的评价。

Doug:进展如何?

Vinod:我们主要关注用户界面,它允许用户在房间里放置警报传感器。

Jamie:很高兴在我们创建 PC 原型之前让他们评审一个纸质原型。

Doug:为什么?

Vinod:我们做了一些改变,市场人员更喜欢新的设计,所以这就是我们开始编程时使用的设计。

Doug:很好。下一步是什么?

Jamie:我们完成了风险分析,并且由于我们没有收集任何新的用户故事,我们认为创建下一个增量原型是合理的,因为我们仍然在时间和预算之内。

Vinod:所以,如果你同意的话,我们会把开发人员和利益相关者召集到一起,开始计划下一个软件增量。

Doug:我同意。随时告诉我进展情况,并尽量将下一个原型的开发时间控制在 6 周以内。

4.6 继续与否的决策

对原型进行评估之后,项目利益相关者决定是否继续开发软件产品。如果参考图 4-4,基于原型评估的一个稍微不同的决策可能是将原型发布给最终用户并开始维护过程。4.8 节和 4.9 节将更详细地讨论这一决策。我们在 2.5.3 节中讨论了在螺旋模型中使用风险评估作为原型评估过程的一部分。围绕螺旋的第一个回路可以用来巩固项目需求。但实际上应该更 65

多。在我们所建议的方法中，每一次螺旋都会开发出最终软件产品的一个有意义的增量。可以使用项目用户故事或特征待定项来识别最终产品的一个重要子集，以便包含在第一个原型中，并对随后的每个原型重复此操作。

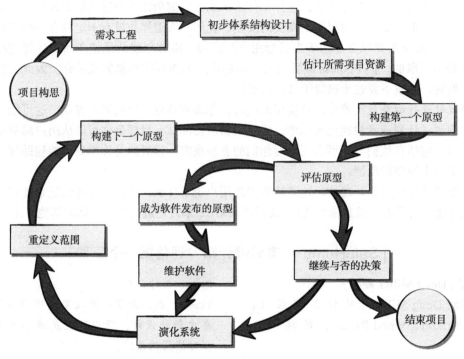

图 4-4 推荐软件过程模型

策划能否通过需遵循评价过程。根据在评价当前软件原型时发现的问题，提出修订的成本估计和进度更改。这可能涉及在评价原型时在项目待定项中添加新的用户故事或特征。通过比较新旧版的成本和时间估算来评估超出预算和错过项目交付日期的风险。在决定创建另一个原型之前，还应考虑并讨论不能满足用户期望的风险，并与利益相关者，有时还与高级管理层进行讨论。

风险评估过程的目标是获得所有利益相关者和公司管理层的承诺，以提供创建下一个原型所需的资源。如果因为项目失败的风险太大而没有做出承诺，那么项目就可以终止。在 Scrum 框架（3.4 节）中，在原型演示和新的冲刺规划之间举行的 Scrum 回顾会议上，可能会做出继续与否的决策。在所有情况下，开发团队为产品负责人列出理由，并让他们决定是否继续产品开发。第 26 章将详细讨论软件风险评估方法。

4.7 原型演化

一旦开发团队和其他利益相关者开发并审查了一个原型，就应该考虑下一个原型的开发。第一步是从当前原型的评价中获取所有反馈和数据。然后，开发人员和利益相关者开始协商，计划创建另一个原型。一旦商定新原型所需的特征，就要考虑已知的时间和预算限制以及实现原型的技术可行性。如果开发风险被认为是可以接受的，工作将继续进行。

演化原型过程模型用于适应软件开发过程中不可避免地发生的更改。每个原型的设计都应该允许将来的更改，以避免丢弃并从头创建下一个原型。这意味着在为每个原型设定目标时，都倾向于考虑易于理解且重要的特征。一如既往，客户的需求应该在这个过程中得到高度重视。

4.7.1 新原型范围

确定新原型范围的过程类似于确定初始原型范围的过程。开发人员要么（1）选择要在分配给冲刺的时间内开发的特征，要么（2）分配足够的时间来实现开发人员通过利益相关者输入所设定的目标所需的特征。这两种方法都需要开发人员维护一个按优先级排列的特征或用户故事列表。用于对列表进行排序的优先级应由利益相关者和开发人员为原型设定的目标来确定。

在 XP（3.5.1 节）中，利益相关者和开发人员一起工作，将最重要的用户故事分组到一个原型中，该原型将成为软件的下一个版本，并确定其完成日期。在 Kanban（3.5.2 节）中，开发人员和利益相关者使用同一个看板图，使他们能够专注于每个用户故事的完成状态。这是一个可视化的参考，可以用来帮助开发人员使用任何增量原型过程模型来计划和监视软件开发的进度。利益相关者可以很容易地看到特征待定项，并帮助开发人员对其进行排序，以确定下一个原型中需要的最有用的故事。估计完成所选用户故事所需的时间可能比查找需要适应固定时间块的用户故事更容易。但应遵循将原型开发时间保持在 4 ~ 6 周的建议，以确保利益相关者的充分参与和反馈。

67

4.7.2 构建新原型

用户故事应该包含客户计划如何与系统交互以实现特定目标的描述，以及客户对接受的定义描述。开发团队的任务是创建更多的软件构件，以实现所选择的用户故事，并将其包括在新原型中以及必要的测试用例中。开发人员在创建新原型时需要继续与所有利益相关者进行沟通。

使这个新的原型更难构建的是，为实现演化原型中的新特征而创建的软件构件需要与用于实现前一个原型中包含特征的构件一起工作。如果开发人员需要删除构件或修改以前原型中包含的构件，则会变得更加棘手，因为需求已经发生了变更。管理这些类型的软件变更的策略将在第 22 章中讨论。

对于开发人员来说，做出设计决策是非常重要的，这将使软件原型在未来更容易扩展。开发人员需要将设计决策文档化，以便在构建下一个原型时更容易理解软件。我们的目标是在开发和文档方面都保持敏捷。开发人员需要抵制过度设计软件的诱惑，以适应可能包含或不包含在最终产品中的特征。他们还应该将文档限制在开发期间或将来需要进行更改时需要参考的范围内。

4.7.3 测试新原型

如果开发团队在编程完成之前把创建测试用例作为设计过程的一部分，则测试新原型应该相对简单。每个用户故事在创建时都应该附加验收标准。这些验收声明应该指导测试用例的创建，以帮助验证原型是否满足客户的需求。还需要针对原型测试缺陷和性能问题。

演化原型的另一个测试关注点是确保添加新特征不会意外地破坏在先前原型中正常工作的特征。回归测试是验证以前开发和测试的软件在更改后仍以相同方式执行的过程。合理地规划测试时间是很重要的，使用为检测最有可能受新功能影响的构件中的缺陷而设计的测试用例。回归测试将在第 20 章中进行更加详细的讨论。

4.8 原型发布

当应用演化原型过程时，开发人员很难知道产品何时完成并准备发布给客户。软件开发人员不希望向最终用户发布有缺陷的软件产品，并让他们认为软件的质量很差。除了在原型构建期间进行的功能性和非功能性（性能）测试外，被视为发布候选的原型还必须接受用户验收测试。

用户验收测试基于商定的验收标准，该标准在创建每个用户故事并将其添加到产品待定项时被记录下来。这使用户代表能够验证软件是否按预期运行，并为今后的改进获取建议。David Nielsen[Nie10] 对在工业环境中进行原型测试提出了几点建议。

在测试候选版本时，应该使用在增量原型构建阶段开发的测试用例来重复功能性和非功能性测试。应进行更多的非功能性测试，以验证原型的性能是否与商定的最终产品的基准保持一致。典型的性能基准可能涉及系统响应时间、数据容量或可用性。要验证的最重要的非功能性需求之一是确保发布候选版本将在所有计划的运行时环境和所有目标设备上运行。这一过程应仅限于侧重原型创建之前确定的验收标准的测试。测试不能证明软件产品是无缺陷的，只能证明测试用例运行正确。

在验收测试期间，用户反馈应该按照用户界面描述的用户可见功能来组织。如果实现这些更改不会延迟原型的发布，开发人员应该检查有问题的设备并对用户界面进行更改。如果进行了更改，则需要在继续之前进行第二轮测试来对更改进行验证。不应策划进行超过两次用户验收测试迭代。

即使对于使用敏捷过程模型的项目，使用问题跟踪或错误报告系统（例如 Bugzilla ⊖ 或 Jira ⊖ ）来捕获测试结果也很重要。这样，开发人员就可以记录测试失败，并更容易地识别需要再次运行的测试用例，以验证修复是否正确地纠正了所发现的问题。在不同情况下，开发人员都需要评估是否可以对软件进行更改，而不会导致成本超支或产品交付延迟。问题得不到解决的影响需要记录下来，并与客户和高级经理共享，他们可能决定取消项目，而不是承诺交付最终项目所需的资源。

开发人员和利益相关者应将从创建发行版候选程序中获得的问题和经验教训记录在案，并将其作为项目后期分析的一部分加以考虑。在向用户社区发布软件产品之后，在决定进行软件产品的未来开发之前，应该考虑到这些信息。从当前产品中吸取的经验教训可以帮助开发人员未来更好地估算类似项目的成本和时间。

进行用户验收测试的技术将在第 12 章和第 20 章中讨论。第 17 章将对软件质量保证进行更加详细的讨论。

4.9 维护发布软件

维护指的是在最终用户环境中接受和交付（发布）软件之后，保持软件运行所需的活动。该活动将持续到软件生命周期结束。一些软件工程师认为，用于软件产品的大部分资金将用于维护活动。改正性维护（corrective maintenance）是指在软件交付给最终用户后，对

⊖ https://www.bugzilla.org/

⊖ https://www.atlassian.com/software/jira

软件进行反应性修改，以修复发现的问题。适应性维护（adaptive maintenance）是软件交付后的反应性修改，以保证软件在不断变化的最终用户环境中可用。完善性维护（perfective maintenance）是软件交付后的主动修改，以提供新的用户特征、更好的程序代码结构或改进的文档。预防性维护（preventive maintenance）是指软件交付后对其进行主动修改，以便在用户发现产品故障之前对其进行检测和纠正 [SWEBOK[⊖]]。主动的维护可以被安排和计划。反应性维护通常被描述为救火，因为它不能被计划，而且对于最终用户活动的成功至关重要的软件系统，必须立即处理。图 4-5 显示，开发人员通常只有 21% 的时间用于改正性维护。

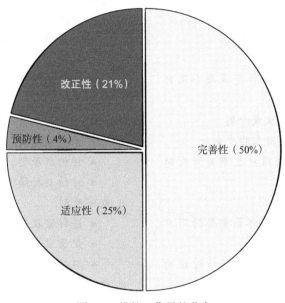

图 4-5　维护工作量的分布

对于本章中描述的敏捷演化过程模型，开发人员在创建每个增量原型时发布可工作的部分解决方案。随着新功能添加到演化中的软件系统，许多工程工作都是预防性或完善性的维护。人们很容易认为，只要计划环绕螺旋一圈，就可以简单地解决维护问题。但是，软件问题并不总是可以预料到的，因此可能需要快速进行修复，而开发人员在试图修复损坏的软件时可能会受到走捷径的诱惑。开发人员可能不想在风险评估或计划上花费时间。然而，如果不考虑修复一个问题所需的更改会给程序的其他部分带来新问题的可能性，开发人员就不能对软件进行更改。

在对程序代码进行更改之前，了解它是很重要的。如果开发人员已经为代码记录了文档，那么其他人在进行维护工作时，就更容易理解该代码。如果软件被设计成可扩展的，那么维护也可能比紧急缺陷修复更容易完成。必须仔细测试修改后的软件，以确保软件更改达到预期效果，并且不破坏软件的其他地方。

创建易于支持和维护的软件产品的任务需要仔细和周到的工程方法。第 27 章将更详细地讨论软件交付后的维护和支持任务。

⊖　SWEBOK 是指软件工程知识体系，可以通过以下链接访问：https://www.computer.org/web/swebok/v3。

| 信息栏 | 推荐的软件过程步骤 |

1. 需求工程
   - 获取所有利益相关者的用户故事。
   - 让利益相关者给出用户故事的接受标准。
2. 初步体系结构设计
   - 利用纸质原型和模型。
   - 评估使用非功能性需求的备选方案。
   - 记录体系结构设计决策。
3. 估计所需项目资源
   - 使用历史数据估算完成每个用户故事的时间。
   - 将用户故事组织成冲刺。
   - 确定完成产品所需的冲刺数。
   - 在添加或删除用户故事时修改时间估算。
4. 构建第一个原型
   - 选择对利益相关者最重要的用户故事子集。
   - 把创建纸质原型作为设计过程的一部分。
   - 设计具有输入和输出的用户界面原型。
   - 实现第一个原型所需的算法。
   - 考虑部署方案。

5. 评价原型
   - 在设计原型时创建测试用例。
   - 使用适当的用户测试原型。
   - 获取利益相关者的反馈，以便在修订过程中使用。
6. 继续与否的决策
   - 确定当前原型的质量。
   - 修改完成开发的时间和成本估算。
   - 确定不能满足利益相关者期望的风险。
   - 获得继续开发的承诺。
7. 演化系统
   - 定义新原型范围。
   - 构建新原型。
   - 评价新原型，包括回归测试。
   - 评估与持续演化相关的风险。
8. 发布原型
   - 进行验收测试。
   - 记录发现的缺陷。
   - 与管理层互通质量风险。
9. 维护软件
   - 变更前理解代码。
   - 变更后测试软件。
   - 记录变更。
   - 告知利益相关者已知的缺陷和风险。

4.10 小结

每个项目都是独特的，每个开发团队都是由独特的个体组成的。每个软件项目都需要一个路线图，软件开发过程需要一组可预测的基本任务（沟通、策划、建模、构建和部署）。但是，不应该孤立地执行这些任务，可能需要对其进行调整，以满足每个新项目的需要。在本章中，我们建议使用一个高度交互的、增量的原型过程。我们认为这比在进行任何编程之前生成严格的产品计划和大型文档要好。需求会发生变化。利益相关者的输入和反馈应在开发过程早期进行，而且要多次进行，以确保交付有用的产品。

我们建议使用演化过程模型，该模型强调利益相关者经常参与增量软件原型的创建和评价。将需求工程的制品限制在最小化的有用的文档和模型集上，允许早期生成原型和测试用例。策划创建演化原型可以减少重复创建一次性原型所需的时间。在设计过程的早期使用纸质原型也有助于避免对不满足客户期望的产品进行编码。在开始实际开发之前进行正确的体系结构设计对于避免计划延误和成本超支也很重要。

策划是重要的，但应迅速完成，以避免延误开发的开始。开发人员应该对项目完成所需的时间有一个大致的了解，但是他们需要认识到，在软件产品交付之前，他们不太可能知道所有的项目需求。开发人员明智的做法是避免做出超出当前原型的详细规划。开发人员和利益相关者应采用一个过程，添加将在未来原型中实现的特征，并评估这些更改对项目进度和预算的影响。

风险评估和验收测试是原型评估过程的重要组成部分。对于管理需求和在最终产品中添加新特征，拥有敏捷的理念也很重要。开发人员使用演化过程模型所面临的最大挑战是，在交付满足客户期望的产品时管理范围发生了渐变，并在交付产品的同时做到按时和按预算完成。这就是为什么软件工程如此具有挑战性和价值。

习题与思考题

4.1　极限编程（XP）模型在处理增量原型方面与螺旋模型有何不同？

4.2　为用户故事编写接受标准，描述你为习题 3.7 编写的大多数 Web 浏览器上找到的 "收藏网址" 或 "收藏夹" 功能的使用。

4.3　你将如何为能允许你创建和保存购物清单的移动 App 创建第一个原型的初步体系结构设计？

4.4　在编写原型之前，你从哪里获得估算原型中用户故事的开发时间所需的历史数据？ 72

4.5　为你在习题 4.3 中创建的购物清单 App 创建一系列表示关键界面的纸质原型草图。

4.6　如何测试为习题 4.5 创建的纸质原型的有效性？

4.7　在评估一个演化原型的过程中，需要哪些数据点来做出继续与否的决策？

4.8　被动维护和主动维护有什么区别？ 73

软件工程的人员方面

要 点 概 览

概念：说到底，是人在开发计算机软件。在软件工程中，人对一个项目的成功所起的作用和那些最新最好的技术是一样的。

人员：软件工程工作是由个人和团队完成的。在某些情况下，个人要承担大部分的责任，但大多数行业级软件要由团队完成。

重要性：只有团队的活力恰到好处，软件团队才能成功。团队里的工程师与同事及其他利益相关者进行良好合作是非常必要的。

步骤：首先，你要不断积累一个成功的软件工程师应具备的个人特质。然后，你需要提升软件工程工作中应具备的综合心理素质，这样才能在进行项目时少走弯路，避免失误。而且，你需要理解软件团队的结构和动态。最后，你需要重视社交媒体、云端和其他协作工具的影响力。

工作产品：对人员、过程和产品有更好的洞察力。

质量保证措施：花时间去观察成功的软件工程师是如何工作的，并调整自己的方法来利用他们所展现的优点。

在 *IEEE Software* 的一期特刊中，客邀编辑们 [deS09] 做出如下评论：

软件工程包括大量可以改善软件开发过程和最终产品的技术、工具和方法。然而，软件不单是以适合的技术方式应用适合的技术解决方案的产品。软件由人开发、被人使用并支持人与人之间的互动。因此，人的特质、行为和合作是实际的软件开发的重心。

如果没有技术娴熟并积极参与的人员，那么软件项目是不太可能成功的。

5.1 软件工程师的特质

你想成为软件工程师吗？很显然，你需要掌握技术，学习那些理解问题所需的技能，设计有效的解决方案，构造软件并努力测试，以便尽可能开发出最优质的产品。你需要管理变更，与利益相关者沟通，并在合适的情况下使用合适的工具。这些我们都会在本书后面章节中用大量篇幅进行讨论。

但有些事和上述的这些同样重要——就是人的方面，掌握这些方面会让你成为卓有成效的软件工程师。Erdogmus[Erd09] 指出一个软件工程师要想展现"非常专业的"行为，应具备七种特质。

一个卓有成效的软件工程师有个人责任感。这会让软件工程师去努力实现对同伴、其他

关键概念

敏捷团队
全球化团队
有凝聚力的团队
软件工程心理学
社交媒体
团队属性
团队结构
团队毒性
软件工程师的特性

利益相关者和管理者的承诺。为获得成功的结果，他会在需要的时候不遗余力地做他需要做的事情。

一个卓有成效的软件工程师对一些人的需求有敏锐的意识，这些人包括其他团队成员、对现存软件解决方法有需求的利益相关者、掌控整个项目并能找到解决方法的管理者。他会观察人们工作的环境，并调整自己的行为以兼顾环境和人。

一个卓有成效的软件工程师是坦诚的。如果发现了有缺陷的设计，他会用诚实且有建设性的方式指出错误。即使被要求歪曲与进度、特征、性能、其他产品或项目特性有关的事实，他也会选择实事求是。

一个卓有成效的软件工程师会展现抗压能力。软件工程工作经常处在混乱的边缘。压力来自很多方面——需求和优先级的变更、要求苛刻的利益相关者和令人难以忍受的管理者。一个卓有成效的软件工程师可以在不影响业绩的情况下很好地处理这些压力。

一个卓有成效的软件工程师有高度的公平感。他会乐于与同事分享荣誉，努力避免利益冲突并且绝不破坏他人劳动成果。

一个卓有成效的软件工程师注重细节。这并不意味着追求完美，而是说他会利用产品和项目已有的概括性标准（如性能、成本、质量），在日常工作基础上仔细思考，进而做出技术性决策。

最后，一个卓有成效的软件工程师是务实的。他知道软件工程不是要恪守教条的宗教信仰，而是可根据当下情景需要进行调整的科学规则。

5.2 软件工程心理学

在一篇有关软件工程心理学的学术论文中，Bill Curtis 和 Diane Walz[Cur90] 针对软件开发提出了一种分层的行为模式（图 5-1）。在个人层面，软件工程心理学注重待解决的问题、解决问题所需的技能以及在模型外层建立的限制内解决问题的动机。在团队和项目层面，团队能动性成为主要因素。在这一层面，成功是由团队结构和社会因素决定的。团队交流、合作和协调同单个团队成员的技能同等重要。在外部层面，有组织的行为控制着公司的行为及其对商业环境的应对方式。

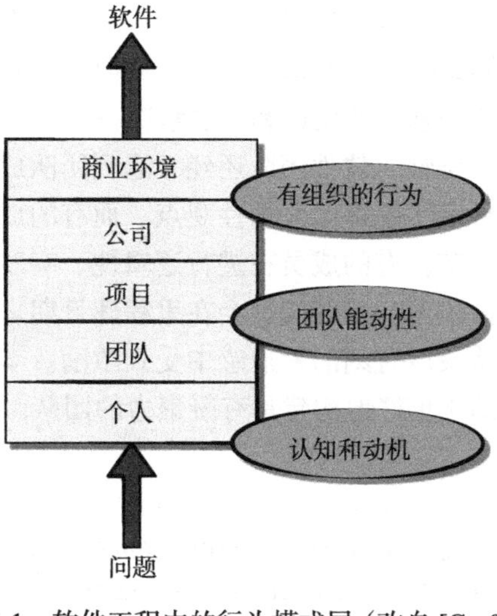

图 5-1 软件工程中的行为模式层（改自 [Cur90]）

5.3   软件团队

Tom DeMarco 和 Tim Lister[DeM98] 在他们的经典著作 *Peopleware* 中讨论了软件团队的凝聚力：

在商业领域内，我们经常使用团队这个词，把任何一组被派到一起工作的人称为一个"团队"。但是，其中许多团体的行为并不像团队。这些组合中的人可能对成功没有共同的认识，或者是没有明确的团队精神。他们缺少的就是凝聚力。

一个有凝聚力的团队中的人应该能强烈认识到整体比个体的简单相加更强大。

一旦团队凝聚起来，成功的可能性就会变大。整个团队会变得势不可当、坚不可摧……他们不需要传统的管理方式，当然也不需要外界的推动。他们本来就有动力。

[76]

DeMarco 和 Lister 认为有凝聚力的团队中的成员比其他人员生产力更高也更有动力。他们有共同的目标、共同的文化，而且在大多数情况下，一种"精英意识"会让他们变得独特。

现在还没有能打造具有凝聚力团队的万无一失的方法。但高效的软件团队总是会显现一些特征⊖。Miguel Carrasco[Car08] 认为高效的团队必须建立目标意识。高效的团队还必须有参与意识，让每个成员都能感受到自己的技能得到了发挥，所做出的贡献是有价值的。

高效的团队应该能培养信任意识。团队中的软件工程师应该相信同伴和其管理者的技术与能力。团队应该鼓励进步意识，定期审视软件工程方法并寻求改善途径。

最高效的团队是多样化的，由具备不同技能的人员组成。技术高超的工程师会与技术背景较弱但对利益相关者的需求更敏感的队员搭档。

但不是所有团队都高效，也不是所有团队都具有凝聚力。事实上，很多团队都在遭受着 Jackman[Jac98] 所说的"团队毒性"。她定义了 5 个"可能形成有害团队环境"的因素：（1）混乱的工作氛围；（2）会造成团队成员分裂的挫败；（3）"支离破碎或协调不当"的软件过程；（4）对软件团队中角色的模糊定义；（5）"持续且重复性的失败"。

为避免混乱的工作环境，团队应获得工作所需的所有信息。一旦确定了主要目标，不到必要时刻就不轻易改变。为避免挫败，软件团队应该尽可能地对所做的决定负责。通过了解要完成的产品、完成工作的人员以及允许团队来选择过程模型，可以避免不当的软件过程（如不必要或过于繁重的任务，或者选择错误的工作产品）。团队自身要建立责任机制（技术评审⊖是完成这一事项的好方法），在团队成员出现失误时找出正确的方法。最后，避免陷入失败氛围的关键是建立以团队为基础的反馈和问题解决技巧。

除了 Jackman 提到的 5 个毒性，软件团队还经常遇到团队成员特质不同的问题。有的成员会直观地收集信息，从各种事实中提取概括性观点。而有的成员会有序地处理信息，从已知数据中搜集和整理详尽的细节。有的成员在进行逻辑性、有序的讨论之后做决定。而有的凭直觉，更愿意凭"感觉"做决定。有的成员会在里程碑日期之前很久就把工作完成，以免

[77]

到时候有压力，而有的人会从最后时刻的紧迫感中受到激励。本节总结了对人的差异的认识以及其他指导规则，这些有助于更好地构建具有凝聚力的团队。

⊖ Bruce Tuckman 发现成功的团队在取得成果的工程中会经历 4 个阶段（形成，争执，规范，执行）(http://en.wikipedia.org/wiki/Tuckman%27s_stages_of_group_development)。

⊖ 有关技术评审的详细讨论见第 16 章。

5.4　团队结构

"最佳"团队结构取决于组织的管理风格、团队组成人员的数量以及他们的技术水平，还有整体的问题难度。Mantei[Man81] 提出了一些在策划软件工程团队结构时应考虑的项目因素：（1）需解决问题的难度；（2）基于代码行或功能点的结果程序的"规模"；（3）团队成员合作的时间（团队寿命）；（4）问题可模块化的程度；（5）所建系统的质量和可靠性；（6）交付日期要求的严格程度；（7）项目所需的社会化（交流）程度。

在过去的 10 年中，敏捷软件开发（第 3 章）被认为是许多困扰软件项目工作问题的解药。敏捷理念鼓励客户满意度和软件的早期增量交付，鼓励小型的充满动力的项目团队，非正式的方法，最少的软件工程工作产品以及整体开发的简化。

小型的并充满动力的项目团队也可称为敏捷团队，他们具备在 5.3 节中所讨论的成功软件项目团队的很多特征，并且能够避免产生问题的很多毒素。但是，敏捷理念强调个人（团队成员）通过团队合作可以加倍的能力，这是团队成功的关键因素。将创造性的能量引入到一个高性能的团队中必须是一个软件工程组织的中心目标。Cockburn 和 Highsmith[Coc01a] 认为，"优秀的"软件人可以在任何软件过程框架内工作，而表现不佳的人无论如何都会苦苦挣扎。他们认为，归根结底是"人员胜过过程"，但即使是优秀的人员也可能受到定义不清的过程和缺乏资源支持的阻碍。这一点，我们是认同的。

为了有效利用每个团队成员的能力，并完成项目工程过程中的高效合作，敏捷团队都是自组织的。一个自组织的团队不必保持单一的团队结构。团队对其结构进行必要的更改，以响应开发环境的变化或不断演化的工程问题解决方案的变化。

团队成员与所有项目利益相关者之间的沟通至关重要。敏捷团队通常有客户代表作为团队成员。客户代表促进了开发人员和利益相关者之间的尊重，并为及时和频繁地反馈有关不断演化的产品提供了途径。

SafeHome　团队结构

[场景] Doug Miller 的办公室，优先致力于 SafeHome 软件项目。

[人物] Doug Miller（SafeHome 软件工程团队的管理者），Vinod Raman、Jamie Lazar 以及其他产品软件工程团队的成员。

[对话]

Doug：你们有机会看一下市场部准备的有关 SafeHome 的基础信息。

Vinod（点了点头，看着他的队友们）：是的，但是我们遇到了很多问题。

Doug：我们先不谈问题，我想探讨一下怎样构建团队，谁对什么问题负责……

Jamie：Doug，我对敏捷理念很感兴趣。

我觉得我们可以成为一个自组织的团队。

Vinod：同意。鉴于时间有限，不确定因素很多，而且我们都很有能力（笑），这似乎是很好的方法。

Doug：我没意见，而且你们也知道怎么做。

Jamie（微笑并像在背诵什么一样说）：我们只做策略上的决定，谁在什么时候做什么，但是我们的任务是按时推出产品。

Vinod：还要保证质量。

Doug：很对。但是记住有一些限制。市场限制了需要制造出来的软件增量——当然是在与我们商讨的基础上。

⊖　代码行（Lines of Code，LOC）和功能点可测量计算机程序的规模，见第 24 章。

5.5　社交媒体的影响

邮件、短信或者视频会议在软件工程工作过程中无处不在。但是这些交流机制不过是现代化替代品或面对面沟通机制的补充。社交媒体是多种多样的。

Begel[Beg10]和他的同事在文章中讲到软件工程中社交媒体的发展和应用：

围绕软件开发的社会化过程……极大程度上取决于工程师的能力——找到有相似目标和互补技能的个人并将他们连接起来，使团队成员的交流和整个团队都表现得更加和谐，让他们在整个软件生命周期中进行合作和协调，并保证他们的产品在市场上能获得成功。

从某种意义上来说，这种"连接"和面对面的交流一样重要。团队规模越大，社交媒体的价值越大，如果团队在地域上是分离的，这种价值就更大了。

社交网络工具（如 Facebook, LinkedIn, Slack, Twitter）使软件开发者和相关技术人员达到分离化的连接。同一个社交网站上的"好友"可以找到具有相关应用领域或者要解决问题的知识或经验的好友的好友。以社交网络泛型为基础建立的专业性私有网络可以在组织内部使用。

需要着重强调的是，在软件工程工作中使用社交媒体时，不能忽视隐私和安全问题。软件工程师所做的大多数工作可能是他们的雇主专有的，因此将其公开是有害的。所以，一定要在社交媒体的优点和私有信息不受控制的公开之间做出权衡。

5.6　全球化团队

在软件领域，全球化不仅仅意味着货物和服务的跨国交流。在过去的几十年中，由位于不同国家的软件团队共同建造的主要软件产品越来越多。这些全球化软件开发（Global Software Development，GSD）团队会面临特有的挑战，包括协调、合作、交流及专业决策。协调、合作和交流的方法受到已建立的团队结构的影响。对所有软件团队来说，决策问题因以下 4 个因素而变得复杂 [Gar10a]：

- 问题的复杂性。
- 与决策相关的不确定性和风险。
- 结果不确定法则（比如，一个工作相关的决策会对另外的项目目标产生意外的影响）。
- 对问题的不同看法才是导致不同结论的关键。

对于 GSD 团队，协调、合作和沟通方面的挑战对决策具有深远的影响。图 5-2 解释了距离对 GSD 团队所面临挑战的影响。距离使交流复杂化，但同时也强调对协调的需求。距离也产生了由文化差异导致的障碍和复杂性。障碍和复杂性会减弱交流（比如信噪比的降低）。在这种动态环境中固有的问题会导致项目变得不稳定。

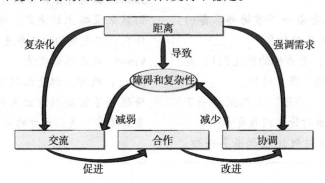

图 5-2　影响 GSD 团队的因素

5.7 小结

一个成功的软件工程师必须掌握技术。此外，还必须对自己承担的义务负责、清楚同伴的需求、诚实地评估产品和项目、能适应压力、公平地对待同伴，还要关注细节。

软件工程心理学包括：个人认知和激励，软件团队的群体动力及公司的组织行为。一个成功的（"有凝聚力的"）软件团队比普通团队更多产、更有动力。为实现高效，软件团队必须有目标意识、参与意识、信任意识以及进步意识。此外，必须避免"毒性"——混乱和消极的工作环境、不适合的软件过程、软件团队中模糊的角色定义以及不断暴露的故障。

敏捷团队采用敏捷理论，通常比具有严格成员角色和外部管理控制的传统软件团队拥有更多的自主权。敏捷团队强调沟通、简单、反馈、勇气和尊重。

社交媒体逐渐成为很多软件项目中必需的部分，它们提供的服务可以增强软件团队的交流和协作。社交媒体和电子通信对全球化软件开发尤其有益，因为地理上的分离会对软件工程的成功产生障碍。

习题与思考题

5.1 根据你对优秀软件开发者的观察，说出 3 个共同的个人特质。

5.2 怎样能做到"毫无保留地诚实"，同时又不被（其他人）视为有侮辱意图或有攻击性？

5.3 软件团队是如何构建"人工边界"来降低与其他人交流的能力的？

5.4 编写场景，使 SafeHome 团队成员可以在软件项目中利用一种或多种形式的社交媒体。

5.5 参见图 5-2，距离为什么会使交流复杂化？距离为什么会强调对协调的需求？距离会导致哪些种类的障碍和复杂性？

80
~
82

第二部分

Software Engineering: A Practitioner's Approach, Ninth Edition

建　模

在本书的这一部分，读者将会学到建立高质量需求模型和设计模型的原则、概念与方法。接下来的章节将涉及如下问题：

- 指导软件工程实践的概念和原则有哪些？
- 什么是需求工程，有哪些基本概念有助于良好的需求分析？
- 需求分析模型是如何建立的，它有哪些元素？
- 一个好的设计有哪些元素？
- 体系结构设计如何为其他的设计活动建立框架，使用哪些模型？
- 如何设计高质量的软件构件？
- 在设计用户体验时应用了哪些概念，模型和方法？
- 什么是基于模式的设计？
- 有哪些专门的策略和方法能够应用于移动应用的设计？

一旦这些问题得到回答，这将会为你的软件工程实践做更好的准备。

指导实践的原则

要点概览

概念：软件工程实践是软件计划和开发时需要考虑的方方面面，包括原理、概念、方法和工具等。指导实践的原则成为软件工程实施的基础。

人员：执行各种软件工程任务的从业者（软件工程师）和他们的经理。

重要性：软件过程为每个开发计算机系统或产品的人提供了成功抵达目的地的路线图。实践为你提供好了沿路驾驶的细节，它会告诉你哪里有桥、哪里有路障、哪里有岔路，它帮助你理解一些必须理解的并且必须遵循的快速安全驾驶概念和原则，它指示你如何驾驶、在哪里应该减速、在哪里应该加速。在软件工程中，实践就是要把软件由想法转化为现实时你天天应该做的事情。

步骤：不管选择哪种过程模型，都必须运用实践四要素：原则、概念、方法和工具。工具为方法的应用提供支持。

工作产品：实践贯穿于整个技术活动中。这些技术活动开发出由所选软件过程模型定义的所有工作产品。

质量保证措施：首先，要深刻理解目前工作所用到的概念和原则（例如设计）。然后，确保你已经选定了一个合适方法；确保你已经理解了如何运用这种方法以及使用适合此任务的自动工具，并且坚信需要一些技术来保证工作产品的质量。对于计划和技术的更改，你也要保持足够的敏捷。

软件工程师们经常被这样描述：为了在不可能的截止日期前完成工作，他们经常长时间地独自工作，并且不与其他人联系。可以肯定的是，这是对软件工程师形象的抹黑。但是，正如我们在前几章中讨论的那样，大多数软件工程师都以团队的形式工作，并经常与利益相关者互动。如果在网络上搜索针对技术人员的工作满意度调查，可以发现软件工程师们的工作满意度最高。

计算机软件开发人员日常从事的艺术、工艺或者规范性活动[⊖]就是软件工程。那什么是软件工程"实践"？一般来讲，实践就是软件工程师每天使用的概念、原则、方法和开发工具的集合。实践使得项目经理可以管理软件项目，保证软件工程师开发计算机程序。实践利用由必要技术和管理组成的软件过程模型，保证开发工作顺利开展。实践将一些杂乱的、容易被忽视的方法转化为更具组织性、更高效并且更容易获得成功的重要东西。

软件工程实践的各个不同方面将在本书的剩余部分介绍。本章的重点是指导软件工程实践通用的原则和概念。

关键概念

代码原则
沟通原则
核心原则
部署原则
建模原则
策划原则
实践
过程
测试原则

[⊖] 一些写者主张将其中一个排除在其他术语之外。但实际上，软件工程就是这三者。

6.1　核心原则

软件工程是以一系列核心原则作指导的，这些核心原则为应用具有重大意义的软件过程以及执行有效的软件工程方法提供了帮助。在过程级，核心原则建立了哲学基础，从而指导软件开发团队执行框架活动和普适性活动，生产一系列软件工程产品。在实践级，核心原则建立了一系列价值和规则，引导你分析问题、设计解决方案、实现和测试解决方案以及最终部署软件以便用户使用。

6.1.1　指导过程的原则

本书的第一部分讨论了软件过程的重要性，描述了提供给软件工程的几种过程模型。但是每个项目和团队都是独一无二的，这就意味着你必须调整过程以最好地适应你的需求。无论你的团队采用哪种过程模型，它都包含了在第 1 章描述的通用过程框架中的元素。以下这组核心原则适用于这个框架，并可延伸至每一个软件过程。这个框架简化视图如图 6-1 所示。

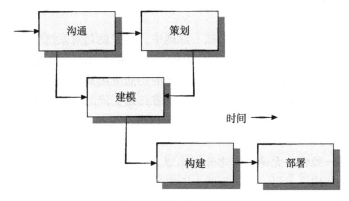

图 6-1　简化的过程框架

原则 1：敏捷。关于你所选择的过程模型是传统的还是敏捷的，敏捷开发的基本原则会提供判断方法。你所做的工作的每一方面都应着重于活动的经济性——保持你的技术方法尽可能简单，保持你的工作产品尽可能简洁，无论何时尽可能根据具体情况做出决定。

原则 2：每一步都关注质量。每个过程活动、动作及任务的出口条件都应关注所生产的工作产品的质量。

原则 3：做好适应的准备。过程不是信奉经验，其中没有信条。必要的时候，就让你的方法适应于由问题、人员以及项目本身施加的限制。

原则 4：建立一个有效的团队。软件工程过程和实践是重要的，但最根本的还是人。必须建立一个彼此信任和尊重的自组织团队[⊖]。

原则 5：建立沟通和协调机制。项目失败是由于遗漏了重要信息，或是利益相关者未能尽力去创造一个成功的最终产品。这些属于管理的问题，必须设法解决。

原则 6：管理变更。管理变更的方法可以是正式的或非正式的，但是必须建立一种机制，来管理变更要求的提出、变更的评估、变更的批准以及变更实施的方式。

原则 7：评估风险。在进行软件开发时会出现很多问题。建立应急计划是非常重要的。某些应急计划会成为安全工程任务的基准（第 18 章）。

⊖　有效的软件团队的特性在第 5 章讨论过。

原则 8：**创造能给别人带来价值的工作产品**。唯有那些能为其他过程活动、动作或任务提供价值的工作产品才值得创造。每一个工作产品都会作为软件工程实践的一部分传递给别人。一定要确保工作产品所传达的是必要信息，不会模棱两可或残缺不全。

本书第四部分的重点是项目管理和过程管理问题，以及这些原则各个方面的细节。

6.1.2 指导实践的原则

85
~
86

软件工程实践有一个最重要的目标：按时交付包含了满足所有利益相关者要求的功能和特征的高质量、可运行软件。为了实现这一目标，必须采用一系列的核心原则来指导技术工作。这些原则的优点是不用考虑你所使用的分析方法、设计方法和构建技术（例如，程序设计语言、自动工具），也不用考虑你所选用的验证和确认方法。以下列举的一组核心原则是软件工程实践的基础。

原则 1：分治策略（分割和攻克）。更具技术性的表达方式是：分析和设计中应经常强调关注点分离（Separation of Concerns，SoCs）。一个大问题分解为一组小元素（或关注点）之后就比较容易求解。

原则 2：理解抽象的使用。在这一核心原则中，抽象就是对系统中一些复杂元素的简单化，用一个专业用语来交流信息。我使用报表这一抽象概念，是假设你可以理解什么是报表，报表表示的是目录的普通结构，可以将经典的功能应用其中。在软件工程实践中可以使用许多不同层次的抽象，每个抽象都通告或暗示着必须交流的信息。在分析和设计中，软件团队通常从高度抽象的模型开始（如报表），然后逐渐将这些模型提炼成较低层次的抽象（如专栏或 SUM 功能）。

原则 3：力求一致性。无论是创建分析模型、开发软件设计、开发源代码还是创建测试用例，一致性原则都建议采用用户熟悉的上下文以使软件易于使用。例如，为手机应用设计一个用户界面，一致的菜单选择、一致的色彩设计以及一致的可识别图标都有助于增强用户体验。

原则 4：关注信息传送。软件所涉及的信息传送是多方面的——从数据库到最终用户、从遗留的应用系统到 WebApp、从最终用户到图形用户界面（GUI）、从操作系统到应用、从一个软件构件到另一个构件，这个列表几乎是无穷无尽的。在每一种情况下，信息都会流经界面，因而，就有可能出现错误、遗漏或者歧义的情况。这一原则的含义是必须特别注意界面的分析、设计、构建以及测试。

原则 5：构建能展示有效模块化的软件。对重要事务的分割（原则 1）建立了软件的哲学，模块化则提供了实现这一哲学的机制。任何一个复杂的系统都可以被分割成许多模块（构件），但是好的软件工程实践不仅如此，它还要求模块必须是有效的。也就是说，每个模块都应该专门集中表示系统中约束良好的一个方面。另外，模块应当以相对简单的方式与其他模块、数据源以及环境方面关联。

原则 6：寻找模式。软件工程师使用模式为他们过去遇到的问题进行分类，并重用其解决方案。通过允许复杂系统中的构件独立发展，可以将这些设计模式应用于更广泛的系统工程和系统集成问题。模式将在第 14 章中进一步讨论。

原则 7：在可能的时候，用大量不同的观点描述问题及其解决方法。当我们用大量不同的观点检测一个问题及其求解方法时，就很有可能获得更深刻的认识，并发现错误和遗漏。统一建模语言（UML）提供了一种从多个视角描述问题解决方案的方式，如附录 1 所示。

87

原则8：记住，有人将要对软件进行维护。从长期看，缺陷暴露出来时，软件需要修正；环境发生变化时，软件需要适应；利益相关者需要更多功能时，软件需要增强。如果可靠的软件工程实践能够贯穿于整个软件过程，就会便于这些维护活动的实施。

虽然这些原则不能包含构建高质量软件所需要的全部内容，但是它们为本书讨论的每种软件工程方法奠定了基础。

6.2 指导每个框架活动的原则

以下几节关注的是，对作为软件过程部分的每一个通用框架活动的成功产生重要影响的原则。在很多情况下，所讨论的每个框架活动的原则都是对6.1节中提出的原则的提炼。它们只是处于较低抽象层次的核心原则。

6.2.1 沟通原则

在分析、建模或规格说明之前，客户的需求必须通过沟通活动来收集。有一些客户问题可能适合于使用计算机求解，这时软件人员就要对客户请求做出响应。沟通开始了，但是从沟通到理解这条路并不平坦。

高效的沟通（与其他技术人员的沟通、与客户和其他利益相关者的沟通、与项目经理的沟通）是一个软件工程师所面临的最具挑战性的工作。沟通的方式有很多，但是重要的是要认识到，并不是所有人在沟通手段的丰富性与沟通的有效性上是一致的（图6-2）。在这里，我们将讨论与客户沟通的原则。不过，许多原则同样适用于软件项目内部的沟通。

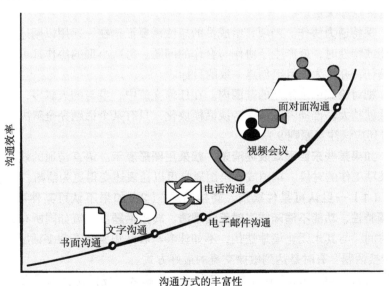

图6-2 沟通方式的有效性

━━━━━┫ **信息栏　客户与最终用户的区别** ┣━━━━━

客户是这样的个人或者团队：（1）最初要求构建软件的人；（2）为软件定义全部业务目标的人；（3）提供基本的产品需求的人；（4）为项目协调资金的人。在产品业务或者系统业务中，客户通常是销售部门；在 IT 环境下，客户或许是一个业务单位或部门。

最终用户是这样的个人或者团队：（1）为了达到某种商业目的而将真正使用所编写软件的人；（2）为达到其商业目的将定义软件可操作细节的人。在一些情况下，客户和最终用户可能是同一个人或者团队，但是对于大多数项目来说，客户与最终用户是有差别的。

原则 1：倾听。 在沟通之前，一定要确保你能够理解他人的观点，对对方的需求有所了解，然后再倾听。仔细倾听讲话者的每一句话，而不是急于叙述你对这些话的看法。如果有什么事情不清楚，可以要求他澄清，但是不要经常打断别人的讲述。当别人正在陈述的时候不要在言语或动作上表现出异议（比如转动眼睛或者摇头）。

原则 2：有准备的沟通。 在与其他人碰面之前花点时间去理解问题。如果必要的话，做一些调查来理解业务领域的术语。如果你负责主持一个会议，那么在开会之前准备一个议事日程。

原则 3：沟通活动需要有人推动。 每个沟通会议都应该有一个主持人（推动者），其作用是：（1）保持会议向着有效的方向进行；（2）调解会议中发生的冲突；（3）确保遵循我们所说的沟通原则。

原则 4：最好当面沟通。 但是，如果能以一些其他表示方式把相关信息呈现出来，通常可以工作得更好，例如可以在集中讨论中使用草图或文档草稿。

原则 5：记笔记并且记录所有决定。 任何解决方法都可能有缺陷。参与沟通的记录员应该记录下所有要点和决定。

原则 6：保持通力协作。 当项目组成员的想法需要汇集在一起用以阐述一个产品或者某个系统的功能或特性时，就产生了协作与合作的问题。每次小型的协作都可能建立起项目成员间的相互信任，并且为项目组创建一致的目标。

原则 7：把讨论集中在限定的范围内。 在任何交流中，参与的人越多，话题转移到其他地方的可能性就越大。推动者应该保持谈话模块化，只有某个话题完全解决之后才能开始别的话题（不过还应该注意原则 9）。

原则 8：如果某些东西很难表述清楚，就采用图形表示。 语言沟通的效果很有限，当语言无法表述某项工作的时候，草图或者绘图通常可以让表述变得更为清晰。

原则 9：（1）一旦认可某件事情，转换话题；（2）如果不认可某件事情，转换话题；（3）如果某项特性、功能不清晰或当时无法澄清，转换话题。交流如同所有其他软件工程活动一样需要时间，与其永无止境地迭代，不如让参与者认识到还有很多话题需要讨论（参见原则 2），"转换话题"有时是达到敏捷交流的最好方式。

原则 10：协商不是一场竞赛或者一场游戏，双赢才能发挥协商的最大价值。 很多时候软件工程师和利益相关者必须商讨一些问题，如功能和特性、优先级和交付日期等。若要团队合作得好，那么各方要有一个共同的目标，并且协商还需要各方的协调。

─────────────┤ SafeHome │ 沟通问题 ├─────────────

[场景] 软件工程开发团队工作场所。

[人物] Jamie Lazar、Vinod Raman 和 Ed

Robbins，软件团队成员。

[对话]

Ed：对这个 SafeHome 的项目你们听到什么了？

Vinod：第一次会议安排在下周。

Jamie：我已经做了一些调查，但是进行得不那么顺利。

Ed：你的意思是？

Jamie：是这样，我给 Lisa Perez 打了一个电话，她是销售部经理。

Vinod：然后呢……

Jamie：我想让她告诉我关于 SafeHome 的特性和功能……之类的事情。可是，她开始问我一些关于安全系统、监视系统等方面的问题，这些我并不精通。

Vinod：这对你有何启示？

（Jamie 耸了耸肩）

Vinod：那个销售部门需要我们扮演顾问的角色，我们最好在第一次会议之前对这个产品领域做一些了解。Doug 说过他希望我们与客户"协作"，这样才能更好地了解如何开发。

Ed：也许你应该去她的办公室，电话不适合做这样的工作。

Jamie：你们说的都对。我们应该努力做好这方面的工作，做好早期交流。

Vinod：我看到 Doug 在看"需求工程"方面的书，我敢打赌这本书上肯定罗列了一些好的交流原则，我要借来看看。

Jamie：好主意，然后你就可以教我们啦。

Vinod（微笑）：没问题。

90

6.2.2 策划原则

策划活动包括一系列管理和技术实践，可以为软件开发团队定义一个便于他们向着战略目标和战术目标前进的路线图。

不管我们做多少努力，都不可能准确预测软件项目会如何进展。也不存在简单的方法来解决各类可能出现的问题：确定不可预见的技术问题，在项目后期还有什么重要信息没有掌握，以及会出现什么误解，或者会有什么商务问题发生变化。然而，软件团队还是必须制定计划。并且，计划常常是迭代性的（图 6-3）。

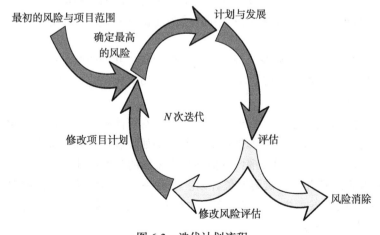

图 6-3 迭代计划流程

有很多不同的制定计划的哲学[⊖]。一些人是"最低要求者"，他们认为变化常常会消除详

⊖ 关于软件项目的计划与管理在本书的第四部分有详细的讨论。

细计划的必要性；另一些人是"传统主义者"，他们认为计划提供了有效的路线图，并且计划得越详细，团队损失的可能性就越小。

要做什么？在许多项目中，"过度计划"是浪费时间并且是在做无用功（因为事物有太多的变化），但是"最起码的计划"是制止混乱的良方。就像在生活中的很多事情一样，计划是敏捷的并且被适度执行，这样就足以为团队提供有用的指导——不多也不少。无论多么严格地制定计划，都应该遵循以下原则。

原则 1：理解项目范围。如果你不知道要去哪里，就不可能使用路线图。范围可以为软件开发团队提供一个目的地。

原则 2：让利益相关者参与策划。利益相关者能够限定一些优先次序，确定项目的约束。为了适应这种情况，软件工程师必须经常商谈交付的顺序、时间表以及其他与项目相关的问题。

91

原则 3：要认识到计划的制定应按照迭代方式进行。项目计划不可能一成不变。在工作开始的时候，有很多事情有可能改变，那么就必须调整计划以适应这些变化。另外，在付每个软件增量之后，迭代式增量过程模型应该包含根据用户反馈的信息来修改计划的时间。

原则 4：基于已知的估算。估算的目的是基于项目组对将要完成工作的当前理解，提供一种关于工作量、成本和任务工期的指标。如果信息是含糊的或者不可靠的，估算也将是不可靠的。

原则 5：计划时考虑风险。如果团队已经明确了哪些风险最容易发生且影响最大，那么应急计划就是必需的了。另外，项目计划（包括进度计划）应该可以调整，以适应那些可能发生的一种或多种风险。

原则 6：保证可实现性。人们不能每天百分百地投入工作。变化总是在发生。甚至最好的软件工程师都会犯错误，这些现实情况都应该在项目制定计划的时候考虑。

原则 7：调整计划粒度。粒度指的是表示或者执行某些计划要素的细节。"细粒度"的计划可以提供重要的工作任务细节，这些细节是在相对短的时间段内计划完成的（这样就常常会有跟踪和控制的问题）。"粗粒度"的计划提供了更宽泛的长时间工作任务。通常，粒度随项目的进行而从细到粗。在很多个月内都不会发生的活动则不需要细化（太多的东西将会发生变化）。

原则 8：制定计划以确保质量。计划中应该确定软件开发团队如何确保开发的质量。如果要执行正式技术评审[⊖]的话，应该将其列入进度；如果在构建过程中用到了结对编程（第3章），那么在计划中要明确描述。

原则 9：描述如何适应变化。即使最好的策划也有可能被无法控制的变化破坏。软件开发团队应该确定在软件开发过程中如何适应变化，例如，客户会随时提出变更吗？如果提出了一个变更，团队是不是要立即实现？变更会带来怎样的影响和开销？

原则 10：经常跟踪并根据需要调整计划。项目每次会落后进度一天的时间。因此，需要每天都追踪计划的进展，找出计划与实际执行不一致的问题所在，当任务进行出现延误时，计划也要随之做出调整。

最高效的方法是软件开发项目组所有成员都参与到策划活动中来，只有这样，项目组成员才能很好地认可所制定的计划。

⊖ 技术评审在第 16 章中讨论。

6.2.3 建模原则

我们可以通过创建模型来更好地理解需要构建的实体。当实体是物理实物（例如一栋建 92
筑、一架飞机、一台机器）时，我们可以构建在形式和形状上都和实物相同只是比实物缩小
了的 3D 模型。可是，当实体是软件时，我们的模型就是另外一种形式了。它必须能够表现
出软件所转换的信息、使转换发生的体系结构和功能、用户要求的特性以及转换发生时系统
的行为。模型必须能在不同的抽象层次下完成那些目标——首先从客户的角度描述软件，然
后在更侧重于技术的方面表述软件。图 6-4 展示了如何在敏捷软件设计中应用建模。

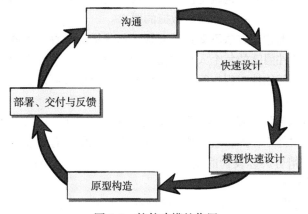

图 6-4 软件建模的作用

在软件工程中要创建两类模型：需求模型和设计模型。需求模型（也称为分析模型）通
过在以下三个不同域描述软件来表达客户的需求：信息域、功能域和行为域（第 8 章）。设
计模型表述了可以帮助开发者高效开发软件的特征：体系结构、用户界面以及构件细节（第
9 ～ 12 章）。

Scott Ambler 和 Ron Jeffries[Amb02b] 在他们关于敏捷建模的书中定义了一系列建模原
则[⊖]，提供给使用敏捷过程模型（第 3 章）的人，但也适用于执行建模活动和任务的软件工
程师。

原则 1：软件团队的主要目标是构建软件而不是创建模型。敏捷的意义是尽可能快地将
软件提供给用户。可以达到这个目标的模型是值得软件团队构建的，但是，我们需要避免那 93
些降低了开发过程的速度以及不能提供新的见解的模型。

原则 2：轻装前进——不要创建任何不需要的模型。每次发生变化时，创建的模型必须
是最新的。更重要的是，每创建一个新模型所花费的时间，还不如花费在构建软件上（编码
或测试）。因此，只创建那些可以使软件的构建更加简便和快速的模型。

原则 3：尽量创建能描述问题和软件的最简单模型。不要建造过于复杂的软件
[Amb02b]。保持模型简单，产生的软件必然也会简单。最终的结果是，软件易于集成、易
于测试且易于维护（对于变更）。另外，简单的模型易于开发团队成员理解和评判，从而使
得持续不断的反馈可以对最终结果进行优化。

原则 4：用能适应变化的方式构建模型。假设模型将要发生变化，但做这种假设并不草
率。问题在于，如果没有相当完整的需求模型，那么所创建的设计（设计模型）会常常丢失

⊖ 为了本书的目的，本节中提到的原则已被缩写和重新描述。

重要功能和特性。

原则 5：**明确描述创建每一个模型的目的**。每次创建模型时，都问一下自己为什么这么做。如果不能为模型的存在提供可靠的理由，就不要再在这个模型上花费时间。

原则 6：**调整模型来适应待开发系统**。有时需要使模型的表达方式或规则适用于应用问题。例如，一个电子游戏应用需要的建模技术与自动驾驶汽车所使用的实时嵌入式的巡航定速软件所需的建模技术或许会完全不同。

原则 7：**尽量构建有用的模型而不是完美的模型**。当构建需求模型和设计模型时，软件工程师要达到减少返工的目的。也就是说，努力使模型绝对完美和内部一致的做法是不值当的。无休止地使模型"完美"并不能满足敏捷的要求。

原则 8：**对于模型的构造方法不要过于死板。如果模型能够成功地传递信息，那么表述形式是次要的**。虽然软件团队的每个人在建模期间都应使用一致的表达方式，但模型最重要的特性是交流信息，以便软件工程执行下一个任务。如果模型可以成功地做到这一点，不正确的表达方式就可以忽略。

原则 9：**如果直觉告诉你模型不太妥当，尽管书面上很正确，那么你也要仔细注意了**。如果你是个有经验的软件工程师，就应相信直觉。软件工作中有许多教训——其中有些是潜意识的。如果有些事情告诉你设计的模型注定会失败（尽管你不能明确地证明），你就有理由再花一些时间来检查模型或开发另一个模型。

原则 10：**尽可能快地获得反馈**。任何模型都是为了传递信息，模型应该能够独立地表达信息，不需要任何人去解释它。每个模型都应经过软件团队的评审。评审的目的是提供反馈，用于纠正模型中的错误、改变误解，并增加不经意遗漏的功能和特性。

6.2.4 构建原则

构建活动包括一系列编码和测试任务，从而为向客户和最终用户交付可运行软件做好准备。

在现代软件工程中，编码可能是：（1）直接生成编程语言源代码；（2）使用与待开发构件类似的中间设计来自动生成源代码；或者（3）使用第四代编程语言（例如 Unreal4 Blueprints[⊖]）自动生成可执行代码。

最初的测试是构件级的，通常称为单元测试。其他级别的测试包括：（1）集成测试（在构建系统的时候进行）；（2）确认测试——测试系统（或者软件增量部分）是否完全按照需求开发；（3）验收测试——由客户检验系统所有要求的功能和特性。图 6-5 展示了测试和测试用例设计在敏捷过程中的位置。

在第 19～21 章描述了测试的细节。在编码和测试过程中有一套原则，下面就讲述这些原则和概念。

编码原则。这些原则和概念与编程风格、编程语言和编程方法紧密结合。下面陈述一些基本的原则。

1.**准备原则**。在写下每行代码之前，要确保：

原则 1：理解所要解决的问题。

原则 2：理解基本的设计原则和概念。

⊖ Blueprints 是由 Epic Games 创建的可视脚本工具。(https://docs.unrealengine.com/ latest/INT/Engine/Blueprints/).

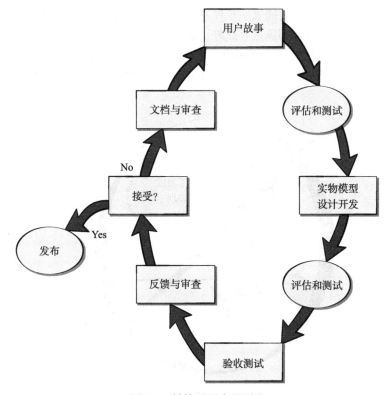

图 6-5　敏捷过程中的测试

原则 3：选择一种能够满足构建软件以及运行环境要求的编程语言。

原则 4：选择一种能提供工具以简化工作的编程环境。

原则 5：构件级编码完成后进行单元测试。

2. 编程原则。在开始编码时，要确保：

原则 6：遵循结构化编程 [Boh00] 方法来约束算法。

原则 7：考虑使用结对编程。

原则 8：选择能满足设计要求的数据结构。

原则 9：理解软件体系结构并开发出与其相符的接口。

3. 确认原则。在完成第一阶段的编码之后，要确保：

原则 10：适当进行代码走查。

原则 11：进行单元测试并改正所发现的错误。

原则 12：重构代码来改进代码质量。

测试原则。在一本经典软件测试书中，Glen Myers[Mye79] 描述了一系列测试规则，这些规则很好地阐明了测试的目标：

1. 测试是一个以查找程序错误为目的的程序执行过程。

2. 好的测试用例能最大限度地找到尚未发现的错误。

3. 成功的测试能找到那些尚未发现的错误。

这些目标意味着软件开发者在观念上的一些戏剧性的变化。他们持有与常人相反的观点——常人的观点是认为那些找不到一个错误的测试是成功的测试。我们的目标是要设计一些能用最短的时间、最少的工作量来系统地揭示不同类型错误的测试。

测试的第二个好处就是，它能表明软件功能的执行似乎是按照规格说明来进行的，行为需求和性能需求似乎也可以得到满足。此外，测试时收集的数据为软件的可靠性提供了很好的说明，并且也为软件质量提供了一些说明。但是测试并不能说明某些错误和缺陷不存在，它只能显示出现存的错误和缺陷（图 6-6）。在测试时保持这样一个观念是非常重要的，其实这并不是悲观。

图 6-6　测试永远不是完全的

Davis[Dav95b] 提出了一套测试原则[⊖]，本书对这些原则做了一些改动。另外，Everett 和 Meyer[Eve09] 增加了一些原则。

原则 1：所有的测试都应该可以追溯到用户需求[⊜]。软件测试的目标就是要揭示错误。而最严重的错误（从用户的角度来看）是那种导致程序无法满足需求的错误。

原则 2：测试计划应该远在测试之前就开始着手。测试计划（第 19 章）在分析模型一完成就应该开始。测试用例的详细定义可以在设计模型确定以后开始。因此，所有的测试在编码前都应该计划和设计好了。

原则 3：将 Pareto 原则应用于软件测试。简单地说，Pareto 原则认为在软件测试过程中 80% 的错误都可以在大概 20% 的程序构件中找到根源。接下来的问题当然就是要分离那些可疑的构件，然后对其进行彻底的测试。

原则 4：测试应该从"微观"开始，逐步转向"宏观"。最初计划并执行的测试通常着眼于单个程序模块，随着测试的进行，着眼点要慢慢转向在集成的构件簇中寻找错误，最后在整个系统中寻找错误。

原则 5：穷举测试是不可能的。即便是一个中等大小的程序，其路径排列组合的数目都非常庞大。因此，在测试中对每个路径组合进行测试是不可能的。然而，充分覆盖程序逻辑并确保构件级设计中的所有条件都通过测试是有可能的。

原则 6：为系统的每个模块做相应的缺陷密度测试。通常在最新的模块或者开发人员最

⊖　这里仅引用了 Davis 测试原则的一小部分。更多信息可参考 [Dav95b]。

⊜　该原则仅适用于功能测试，即专注于需求的测试。结构测试（针对体系结构或逻辑细节的测试）可能无法直接满足特定需求。

缺乏理解的模块中进行这些测试。

　　原则 7 :　静态测试技术能得到很好的结果。有超过 85% 的软件缺陷源于软件文档（需求、规格说明、代码走查和用户手册）[Jon91]。这对系统文档测试是有价值的。

　　原则 8 :　跟踪缺陷，查找并测试未覆盖缺陷的模式。未发现的缺陷总数是软件质量好坏的指示器，未发现的缺陷类型可以很好地度量软件的稳定性。统计超时发现缺陷的模式可以预测缺陷的期望值。

　　原则 9 :　包含在演示软件中的测试用例是正确的行为。在维护和修改软件构件时，未预料到的交互操作会无意识地影响另外的一些构件。在软件产品变更后要准备检测系统行为，进行一组回归测试（第 19 章）是很重要的。

6.2.5　部署原则

　　正如我们在本书第一部分中提到的，部署活动包括 3 个动作：交付、支持和反馈。由于现代软件过程模型实质上是演化式或是增量式的，因此，部署活动并不是只发生一次，而是在软件完全开发完成之前进行许多次。每个交付周期都会向客户和最终用户提供一个可运行的并具有可用功能和特性的软件增量。每个支持周期都会为部署周期中所提到的所有功能和特性提供一些文档和人员帮助。每个反馈周期都会为软件开发团队提供一些重要的引导，以帮助修改软件功能、特性以及下一个增量所用到的方法。传统的部署行为如图 6-7 所示。

组装部署包

建立支持方案

管理客户期望

向最终用户
提供指导材料

图 6-7　部署行为

　　软件增量交付对于任何一个软件项目来说都是一个重要的里程碑。以下将讲述一些软件开发团队在准备交付一个软件增量时所应该遵从的重要原则。

　　原则 1 :　客户对于软件的期望必须得到管理。客户期望的结果通常比软件团队承诺交付的要多，这会很快令客户失望。这将导致客户反馈变得没有积极意义并且还会挫伤软件开发团队的士气。Naomi Karten[Kar94] 在她的关于管理客户期望的书中提到，"管理客户期望首先应该认真考虑你该与客户交流什么与怎样交流。"她建议软件工程师必须认真地处理与客户有冲突的信息。（例如，对不可能在交付时完成的工作做出了承诺；在某次软件增量交付时交付了多于当初承诺要交付的工作，这将使得下次增量所要做的工作随之变少。）

　　原则 2 :　完整的交付包应该经过安装和测试。所有可执行软件、支持数据文件、支持文档和一些相关的信息都必须组装起来，并经过实际用户的完整测试。所有的安装脚本和其他一些可操作的功能都应该在所有可能的计算配置（例如硬件、操作系统、外围设备、网络）环境中实施充分的检验。

原则 3：技术支持必须在软件交付之前就确定下来。最终用户希望在问题发生时能得到及时的响应和准确的信息。如果技术支持跟不上或者根本就没有技术支持，那么客户会立即表示不满。支持应该是有计划的，准备好支持的材料并且建立适当的记录保持机制，这样软件开发团队就能按照支持请求种类进行分类评估。

原则 4：必须为最终用户提供适当的说明材料。软件开发团队交付的不仅仅是软件本身，也应该提供培训材料（如果需要的话）和故障解决方案，还应该发布关于"本次增量与以前版本有何不同"的描述⊖。

原则 5：有缺陷的软件应该先改正再交付。迫于时间的压力，某些软件组织会交付一些低质量的增量，还会在增量中向客户提出警告：这些缺陷将在下次发布时解决。这样做是错误的。在软件商务活动中有这样一条谚语："客户在几天后就会忘掉你所交付的高质量软件，但是他们永远忘不掉那些低质量的产品所出现的问题。软件会时刻提醒着问题的存在。"

6.3 小结

软件工程实践包括原则、概念、方法和在整个软件过程中所使用的工具。虽然每个软件工程项目是不同的，但却有着通用的普遍原则和一些与项目或产品无关的适用于每个过程框架活动的实践任务。

核心原则集有助于有意义的软件过程的应用以及有效的软件工程方法的执行。在过程级，核心原则建立了一个哲学基础，指导软件开发团队导引软件过程。在实践级，核心原则建立了一套价值准则，可以在分析问题、设计解决方案、实施方案、测试解决方案以及最终向用户部署软件时提供指导。

在开发者与客户进行沟通时，客户沟通原则主要着眼于两点：减少争吵和扩大双方的交流广度，双方必须互相协作以更好地交流。

策划原则着眼于为使开发整个系统或产品沿着最佳路线前进而提供指导。计划可以只是为某个软件增量而设计，或者为整个项目而制定。无论如何，计划都必须涉及要做什么、谁来完成以及什么时候完成。

建模原则是建立对软件进行表述的方法和注释的基础。建模包括分析和设计，描绘了逐渐细化的软件表示方法。建模的目的是加深对所要完成工作的理解，并为软件开发人员提供技术指导。

构建包括编码和测试循环，在这个循环中为每个构件生成源码并对其进行测试。编码原则定义了一些通用要求，在编码开始之前这些要求应该已经实现。尽管有许多的测试原则，但是只有一个是最主要的：测试是一个为了发现错误而执行程序的过程。

部署发生在向客户展示每个软件增量的时候，它包括交付、支持和反馈。交付的关键原则是管理客户期望并且能为客户提供合适的软件支持信息。支持需要预先准备。反馈允许客户提出一些具有商业价值的变更意见，为开发者的下一个软件工程迭代周期提供输入。

⊖ 在沟通活动中，软件团队应确定用户需要哪种类型的帮助材料。

习题与思考题

6.1 由于专注于质量需要资源和时间，是否有可能保持敏捷并仍保持对质量的关注？

6.2 在指导过程的 8 个核心原则中（在 6.1.1 节中讨论），你认为哪一个是最重要的？

6.3 用自己的语言描述关注点分解这个概念。

6.4 "转换话题"为什么是必要的？

6.5 在沟通活动中需要做一些"协商"方面的调查研究，并且为"协商"准备一些指导方针。

6.6 为什么在软件工程中模型很重要？它们总是必需的吗？你对必要性的回答是否合格？

6.7 什么是成功的测试？

6.8 为什么对于软件开发团队来说反馈是至关重要的？ 101

理解需求

要 点 概 览

概念：在开始任何技术工作之前，为工程任务创建一系列需求都是个好主意。通过创建一系列需求，你能够理解软件将如何影响业务、客户想要什么以及最终用户将如何与软件交互。

人员：软件工程师以及项目的其他利益相关者（项目经理、客户、最终用户）都将参与需求工程。

重要性：在设计和开发一个基于计算机的系统之前应理解客户需求。因为在设计和开发某个优秀的计算机软件时，如果软件解决的问题是错误的，那么即使软件再精巧也满足不了任何人的要求。

步骤：需求工程首先是起始阶段（定义将要解决的问题的范围和性质）；然后是获取阶段（帮助利益相关者定义需要什么）；

接下来是细化阶段（精确定义和修改基本需求）。当利益相关者提出问题后，就要进行协商（如何定义优先次序？什么是必需的？何时需要？）。最后，以某种形式明确说明问题，再经过评审或确认以保证软件工程师和利益相关者对于问题的理解是一致的。

工作产品：需求工程能够为各方提供一份关于问题的书面理解。工作产品包括：用户场景，功能和特性列表，需求模型或规格说明。

质量保证措施：利益相关者评审需求工程的工作产品，以确保你所理解的是他们真正想要的。需要提醒大家的是：即使参与各方均认可，事情也会有变化，而且变化可能贯穿整个项目的实施过程。

理解问题的需求是软件工程师面对的最困难的任务之一。第一次考虑这个问题时，会觉得开发一份清晰且易于理解的需求看起来并不困难。毕竟，客户难道不知道自己需要什么？最终用户难道对将给他们带来实际收益的特性和功能没有清楚的认识？不可思议的是，很多情况下的确是这样的。更有甚者，即使用户和最终用户清楚地知道他们的要求，这些要求也会在项目的实施过程中改变。

在 Ralph Young[You01] 关于有效需求实践的书的前言中，我写道：

这是最恐怖的噩梦：一个客户走进你的办公室，坐下，正视着你，然后说："我知道你认为你理解我说的是什么，但你并不理解的是，我所说的并不是我想要的。"这种情况总是在项目后期出现，而当时的情况通常是：已经做出交付期限的承诺，声誉悬于一线并且已经投入大量资金。

我们这些已经在系统和软件行业工作多年的人就生活在这样的噩梦中，而且目前还不知道该怎么摆脱。我们努力从客户那里获取需求，却难以理解获取的信息。我们通常采用混乱的方式记录需求，而且总是花费极

关键概念

分析模型
分析模式
协作
细化
获取
起始
协商
需求工程
需求获取
需求管理
需求监控
规格说明
利益相关者
用例
确认需求
确认
观点
工作产品

少的时间检验到底记录了什么。我们容忍变更控制自己，而不是建立机制去控制变更。总之，我们未能为系统或软件奠定坚实的基础。这些问题中的每一个都是极富挑战性的，当这些问题集中在一起时，即使是最有经验的管理人员和工作人员也会感到头痛。但是，确实存在解决方法。

把需求工程称作以上所述挑战的"解决方案"可能并不合理，但需求工程确实为我们提供了解决这些挑战的可靠途径。

7.1　需求工程

设计和编写软件富有挑战性、创造性和趣味性。事实上，编写软件是如此吸引人，以至于很多软件开发人员在清楚地了解用户需要什么之前就迫切地投入到软件编写工作中。开发人员认为：在编写的过程中事情会变得清晰；只有在检验了软件的早期版本后，项目利益相关者才能更好地理解要求；事情变化太快，以至于理解需求细节是在浪费时间；最终要做的是开发一个可运行的程序，其他都是次要的。形成这些论点的原因在于其中包含了部分真实情况，但是其中的每个论点都存在一些小问题，汇集在一起就可能导致软件项目失败。

需求工程（Requirement Engineering，RE）是指致力于不断理解需求的大量任务和技术。从软件过程的角度来看，需求工程是一个软件工程动作，开始于沟通并持续到建模活动。需求工程为设计和构建奠定了坚实的基础。没有它，最终的软件很可能无法满足客户的要求。它必须适用于过程、项目、产品和人员的需要。重要的是要意识到，随着项目团队和利益相关者继续共享有关其各自关注点的信息，需求工程中的每一项任务都是迭代完成的。

需求工程在设计和构建之间建立起联系的桥梁。桥梁源自何处？有人认为源于项目利益相关者（如项目经理、客户、最终用户），也就是在他们那里定义业务需求、刻画用户场景、描述功能和特性、识别项目约束条件。其他人可能会建议从宽泛的系统定义开始，此时软件只是更大的系统范围中的一个构件。但是不管起点在哪里，横跨这座桥梁都将把我们带到项目之上更高的层次：允许软件团队检查将要进行的软件工作的内容；必须提交设计和构建的特定要求；完成指导工作顺序的优先级定义，以及将深切地影响随后设计的信息、功能和行为。需求工程包括七项任务：起始，获取，细化，协商，规格说明，确认和管理，这些任务有时候没有明确的界限。注意，这些需求工作中的一些任务会并行发生，并且要全部适应项目的要求。在需求工作期间进行一些设计，并在设计过程中进行一些需求工作。

7.1.1　起始

如何开始一个软件项目？通常来说，大多数项目都是在确定了商业要求或是发现了潜在的新市场、新服务时才开始的。在项目起始阶段，要建立基本的理解，包括存在的问题、谁需要解决方案、期望的解决方案的性质。在完成一项任务期间，需要在所有利益相关者与软件团队之间建立沟通，以便开始有效的协作。

7.1.2　获取

询问客户、用户和其他人以下问题：系统或产品的目标是什么，想要实现什么，系统和产品如何满足业务的要求，最终系统或产品如何用于日常工作。这些问题看上去非常简单，但实际上并非如此，回答它们是非常困难的。

获取过程中最重要的是建立业务目标 [Cle10]，这是一个系统或产品必须达到的长期目的。目标可能涉及功能性或非功能性（例如可靠性、安全性、可用性等）问题 [Lam09]。

目标通常是向利益相关者解释需求的好方法，一旦建立了目标，就可以处理利益相关者的冲突和矛盾。目标应该精确定义，并为需求的细化、验证与确认、冲突管理、协商、解释和发展提供基础。

你的任务是让利益相关者参与进来并且鼓励他们如实地分享他们的目标。一旦有了目标，你就能为开发过程中的每项任务建立优先级并且能为潜在的体系结构找到合理的设计依据（需要满足利益相关者的目标）。

敏捷性是需求工程的一个重要方面。需求获取的目的是将利益相关者的想法及时、顺畅地传递给软件团队。在软件产品开发迭代过程中，很可能不断出现新的需求。

7.1.3 细化

细化任务的核心是开发一个精确的需求模型，用以说明软件的功能、特征和信息的各个方面（第 8 章）。细化是在获取过程中由一系列用户场景建模和求精任务驱动的。这些用户场景描述了如何让最终用户和其他参与者与系统进行交互。解析每个用户场景以便提取分析类——最终用户可见的业务域实体。应该定义每个分析类的属性，确定每个类需要的服务，确定类之间的关联和协作关系。细化固然是一件好事，但你需要知道什么时候停止细化。细化的关键在于为如何设计建立牢固的基础，一旦能够清楚描述这个问题，就可以停止细化。不要迷恋不必要的细节。

7.1.4 协商

业务资源有限，而客户和用户却提出了过高的要求，这是常有的事。另一个相当常见的现象是，不同客户或用户提出了相互冲突的需求，并坚持"我们的特殊要求是至关重要的"。

你必须通过协商来调解这些冲突。应该让客户、用户和其他利益相关者对各自的需求排序，然后按优先级讨论冲突。有效的协商不存在赢家也不存在输家。结果应该是双赢的，因为双方都可以接受的"交易"得到了巩固。应使用迭代的方法给需求排序，评估每项需求的成本和风险，处理内部冲突，通过这种方式来删除、组合或修改需求，以便参与各方均能达到一定的满意度。

7.1.5 规格说明

在基于计算机的系统（和软件）环境下，术语规格说明对不同的人有不同的含义。规格说明可以是一份写好的文档、一套图形化的模型、一个形式化的数学模型、一组使用场景、一个原型或上述各项的任意组合。

有人建议应该开发一个"标准模板"[Som97] 并将之用于规格说明，认为这样将促使以一致的、更易于理解的方式来表示需求。然而，在开发规格说明时，保持灵活性有时是必要的。规格说明的形式和格式随着要构造的软件的大小和复杂性而变化。对大型系统而言，文档最好采用自然语言描述和图形化模型来编写。正式的软件需求的规格说明模板可以从 https://web.cs.dal.ca/~hawkey/3130/srs_template-ieee.doc 下载。对于技术环节明确的小型产品或系统，使用场景可能就足够了。

7.1.6 确认

在确认阶段将对需求工程的工作产品进行质量评估。这个阶段最关心的是各个产品的一致性。可以使用分析模型来确保需求产品的一致性。需求确认要检查规格说明，以保证已无歧义地说明了所有的系统需求；已检测出不一致性、疏忽和错误，并予以纠正；工作产品符合为过程、项目和产品建立的标准。

正式的技术评审（第16章）是主要的需求确认机制。确认需求的评审小组包括软件工程师、客户、用户和其他利益相关者，他们检查系统的规格说明，查找内容或解释上的错误，以及需要进一步澄清的地方、丢失的信息、不一致性（这是构建大型产品或系统时遇到的主要问题）、冲突的需求或不可实现的（不能达到的）需求。

为了说明发生在需求验证过程中的某些问题，要考虑两个看似无关紧要的需求：

- 软件应该对用户友好。
- 成功处理未授权数据库干扰的比率应该小于0.0001。

第一个需求对开发者而言概念太模糊，以至于不能进行测试或评估。"用户友好"的精确含义是什么？为了确认它，必须以某种方式对其量化。

第二个需求有一个量化元素（"小于0.0001"），但干扰测试会很困难且很费时。这种级别的安全对应用来说真的有保证吗？其他附加的与安全相关的需求（例如密码保护、特定的握手协议）能代替指明的定量需求吗？

7.1.7 需求管理

对于基于计算机的系统，其需求会变更，而且变更的要求贯穿系统的整个生命周期。需求管理是帮助项目组在项目进程中标识、控制和跟踪需求以及需求变更的一组活动。这类活动中的大部分和第22章中讨论的软件配置管理（SCM）技术是相同的。

信息栏　需求确认检查单

通常，按照检查单上的一系列问题检查每项需求是非常有用的。这里列出其中一部分可能会问到的问题：

- 需求说明清晰吗？有没有可能造成误解？
- 需求的来源（如人员、规则、文档）弄清楚了吗？需求的最终说明是否已经根据或对照最初来源检查过？
- 需求是否使用定量的术语界定？
- 其他哪些需求和此需求相关？是否已经使用交叉索引矩阵或其他机制清楚地加以说明？
- 需求是否违背某个系统领域的约束？
- 需求是否可测试？如果可以，能否

说明检验需求的测试（有时称为确认准则）？

- 对已经创建的任何系统模型，需求是否可追溯？
- 对整体系统和产品目标，需求是否可追溯？
- 规格说明的构造方式是否有助于理解、轻松引用和翻译成更技术性的工作产品？
- 对已创建的规格说明是否建立了索引？
- 与系统性能、行为及运行特征相关的需求说明是否清楚？哪些需求是隐含出现的？

7.2 建立根基

在理想情况下，利益相关者和软件工程师在同一个小组中工作。在这种情况下，需求工程就是和组里熟悉的同事进行有意义的交谈。但实际情况往往不是这样。

客户或最终用户可能位于不同的城市或国家，对于想要什么可能仅有模糊的想法，对于将要构建的系统可能存在有冲突的意见，他们的技术知识可能很有限，而且只有有限的时间与需求工程师沟通。这些情况都是不希望遇到但又十分常见的，软件开发团队经常不得不在这种情况的限制下工作。

下节将要讨论启动需求工程必需的步骤，以便理解软件需求，使得项目自始至终沿着成功解决方案的方向推进。

7.2.1 确认利益相关者

Sommerville 和 Sawyer[Som97] 把利益相关者定义为"直接或间接从正在开发的系统中获益的人"。可以确定如下几个容易理解的利益相关者：业务运行管理人员、产品管理人员、市场销售人员、内部和外部客户、最终用户、顾问、产品工程师、软件工程师、支持和维护工程师以及其他人员。每个利益相关者对系统都有不同的考虑，当系统成功开发后能获得的利益也不相同，同样，当系统开发失败时面临的风险也是不同的。

在开始阶段，需求工程师应该创建一个人员列表，列出那些有助于获取需求的人员（7.3 节）。最初的人员列表将随着接触的利益相关者人数的增多而增加，因为每个利益相关者都将被询问"你认为我还应该和谁交谈"。

7.2.2 识别多重观点

因为存在很多不同的利益相关者，所以系统需求调研也将从不同的视角开展。例如，市场销售部门关心能激发潜在市场、有助于新系统销售的功能和特性；业务经理关注应该在预算内实现的产品特性，并且这些产品特性应该满足已规定的市场限制；最终用户希望系统的功能是他们所熟悉的并且易于学习和使用；软件工程师可能关注非技术背景的利益相关者看不到的软件基础设施，使其能够支持更多的适于销售的功能和特性；支持工程师可能关注软件的可维护性。

这些参与者（以及其他人）中的每一个人都将为需求工程贡献信息。当从多个角度收集信息时，所形成的需求可能存在不一致性或相互矛盾。需求工程师的工作就是把所有利益相关者提供的信息（包括不一致或矛盾的需求）分类，分类的方法应该便于决策制定者为系统选择一个内部一致的需求集合。

为使软件满足用户而获取需求的过程存在很多困难：项目目标不清晰，利益相关者的优先级不同，人们还没说出的假设，相关利益者对含义的解释不同，很难用一种方式对陈述的需求进行验证 [Ale11]。有效需求工程的目标是消除或尽量减少这些问题。

7.2.3 协作

假设一个项目中有 5 个利益相关者，那么对一套需求就会有五种（或更多）正确观点。在前面几章中，我们已经提到客户（和其他利益相关者）之间应该团结协作（避免内讧），并和软件工程人员团结协作，这样才能成功实现期望的系统。但是如何实现协作？

需求工程师的工作是标识公共区域（即所有利益相关者都同意的需求）和矛盾区域（或不一致区域，即某个利益相关者提出的需求和其他利益相关者的需求矛盾）。当然，解决矛盾区域更有挑战性。

协作并不意味着必须由委员会定义需求。在很多情况下，利益相关者通过提供他们各自关于需求的观点来协作，而一个有力的"项目领导者"（例如业务经理或高级技术员）要对删减哪些需求做出最终决定。

信息栏 | 使用"计划扑克"

有一种方法能够解决相互冲突的需求，同时更好地理解所有需求的相对重要性，那就是使用基于"优先点"的"投票"方案。所有的利益相关者都会分配到一定数量的优先点，这些优先点可以适用于很多需求。在需求列表上，每个利益相关者通过给每个需求分配一个或多个优先点来表明（从他的个人观点）该需求的相对重要性。优先点用过之后就不能再次使用，一旦某个利益相关者的优先点用完，他就不能再对需求采取进一步操作。所有利益相关者在每项需求上的优先点总数显示了该需求的综合重要性。

7.2.4 首次提问

在项目开始时的提问应该是"与环境无关的"[Gau89]。第一组与环境无关的问题集中于客户和其他利益相关者以及整体目标与收益。例如，需求工程师可能会问：

- 谁是这项工作的最初请求者？
- 谁将使用该解决方案？
- 成功的解决方案将带来什么样的经济收益？
- 对于这个解决方案，还需要其他资源吗？

这些问题有助于识别所有对构建软件感兴趣的利益相关者。此外，这些问题还确认了某个成功实现的可度量收益以及定制软件开发的可选方案。

下一组问题有助于软件开发组更好地理解问题，并允许客户表达其对解决方案的看法：

- 如何描述由某成功的解决方案产生的"良好"输出的特征？
- 该解决方案强调解决什么问题？
- 能向我们展示（或描述）解决方案使用的商业环境吗？
- 是否存在将影响解决方案的特殊性能问题或约束？

108

最后一组问题关注沟通活动本身的效率。Gause 和 Weinberg[Gau89] 称之为"元问题"。下面给出元问题的简单列表：

- 你是回答这些问题的合适人选吗？你的回答是"正式的"吗？
- 我的提问和你想解决的问题相关吗？
- 我的问题是否太多了？
- 还有其他人员可以提供更多的信息吗？
- 还有我应该问的其他问题吗？

这些问题（和其他问题）有助于"破冰"，并有助于交流的开始，而且这样的交流对成功获取需求至关重要。但是，会议形式的问答（Q&A）并非是一定会成功的好方法。事实上，Q&A会议应该仅用于首次接触，接下来应该用问题求解、协商和规格说明等需求获取方式来代替 Q&A 会议。在 7.3 节中将介绍这类方法。

7.2.5　非功能需求

可以将非功能需求（Nonfunctional Requirement，NFR）描述成质量属性、性能属性、安全属性或一个系统中的常规限制。利益相关者通常不能清晰地表述这些内容。Chung[Chu09]提醒我们确实有片面强调软件功能的情况，然而如果没有必要的非功能属性，那么软件将无法使用。

尽可能定义一个两阶段方法 [Hne11]，以帮助软件团队和利益相关者识别非功能需求。在第一阶段为系统建立一套软件工程指南，其中包括最佳实践指南，还表述了体系结构风格（第 10 章）和设计模式（第 14 章）的应用。然后开发一套 NFR（例如可用性、可测性、安全性或可维护性）的列表。在这个简单的表格中，列标签表示 NFR，行标签表示软件工程指南。关系矩阵把每条指南与其他指南对比，帮助团队评估每对指南是否完备、重叠、冲突或独立。

在第二阶段，团队根据一套决策规则（用来决定实施哪些指南、放弃哪些指南）划分出同类的非功能需求，并为其建立优先级。

7.2.6　可追溯性

可追溯性是软件工程用语，指在软件工程工作产品间记录的文档化链接（例如需求和测试用例），需求工程师用可追溯矩阵表示需求和其他软件工程产品间的相互关系。用需求名称标识可追溯矩阵的行，用软件工程工作产品的名称标识可追溯矩阵的列（例如设计元素或测试用例）。矩阵的单元格表示两者之间是否存在关取。

可追溯矩阵支持各种工程开发活动。无论采用哪个过程模型，它都能为开发者提供项目从一个阶段到另一个阶段的连续性。可追溯矩阵通常用于确保工程中的工作产品考虑了所有需求。

随着需求和工作产品数量的增长，及时更新可追溯矩阵随之变得困难。虽然如此，但跟踪产品需求的影响和发展还是会产生一定的重要意义 [Got11]。

7.3　获取需求

需求获取将问题求解、细化、协商和规格说明等元素结合在一起。为了鼓励合作，一个包括利益相关者和开发人员的团队共同完成如下任务：确认问题，为解决方案的相关元素提供建议，商讨不同的方法并描述初步的需求解决方案 [Zah90]。

7.3.1　协作收集需求

关于需求收集，现在已经提出了很多不同的协作需求收集方法，各种方法适用的场景略有不同，而且所有方法均是在下面的基本原则之上做了某些改动：
- 实际的或虚拟的会议由软件工程师和其他利益相关者共同举办和参与。
- 制定筹备和参与会议的规则。
- 建议拟定一个会议议程，这个议程既要足够正式，使其涵盖所有的会议要点，但也不能太正式，以鼓励自由交流想法。

- 由一个"主持人"（可以是客户、开发人员或其他人）掌控会议。
- 采用"方案论证手段"（可以是工作表、活动挂图、不干胶贴纸、电子公告牌、聊天室或虚拟论坛）。

协作收集需求的目标是识别问题，提出解决方案的相关元素，协商不同方法以及确定一套解决需求问题的初步方案。

在需求的起始阶段写下 1 ～ 2 页的"产品要求"（7.2 节），选择会议地点、时间和日期，选派主持人，邀请软件团队和其他利益相关者参加会议。如果系统或产品将为许多用户服务，可以确定的是，需求是从其中有代表性的用户那里得到的。如果一个用户定义了所有需求，那么接受风险会很高（也就是说，其他利益相关者可能不会接受这个产品）。在会议日期之前，给所有参会者分发产品需求。 |110|

举一个例子，考虑 SafeHome 项目中的一个市场营销人员撰写的产品要求。此人对 SafeHome 项目的住宅安全功能描述如下：

我们的研究表明，住宅管理系统市场以每年 40% 的速度增长。我们推向市场的首个 SafeHome 功能将是住宅安全功能，因为多数人都熟悉"警报系统"，所以这将更容易销售。我们也可能考虑使用 Alexa 这样的声控技术。

住宅安全功能应该为防止和识别各种不希望出现的"情况"提供保护，如非法入侵、火灾、漏水、一氧化碳浓度超标等。该功能将使用无线传感器监控每种情况，户主可以用程序控制，并且在出现状况时系统会自动用电话联系监控部门。

事实上，其他人在需求收集会议中将补充大量信息。但是，即使有了补充信息，仍有可能存在歧义和疏漏，也有可能发生错误。但在目前的情况下，上面的"功能描述"是足够的。

在召开会议评审产品需求的前几天，要求每个与会者列出系统周围环境的对象、由系统产生的其他对象以及系统用来完成功能的对象。此外，要求每个与会者给出服务操作列表或与对象交互的服务（过程或功能）列表。最后，还要开发约束列表（如成本、规模、业务规则）和性能标准（如速度、精确度安全性）。应告诉与会者，这些列表不要求完备无缺，但要反映每个人对系统的理解。

SafeHome 描述的对象可能包括：一个控制面板、若干烟感器、若干门窗传感器、若干动态检测器、一个警报器、一个事件（一个已被激活的传感器）、一台显示器、一台计算机、若干电话号码、一个电话等。服务列表可能包括：配置系统、设置警报器、监控传感器、使用天线路由器进行电话拨号、控制面板编程以及读显示器（注意，服务作用于对象）。采用类似的方法，每个与会者都将开发约束列表（例如，当传感器不工作时系统必须能够识别，必须是用户友好的，必须能够和标准电话线直接连接）和性能标准列表（例如，一个传感器事件应在一秒内被识别，应实施事件优先级方案）。

这些对象列表可以用一张大纸钉在房间的墙上或用便签纸贴在墙上或写在墙板上。这些列表可能已经发布在一个小组论坛或内部网站上，或者在会议之前发布在一个社交网络环境中供审查。理想情况下，应该能够分别操作每个列表项，以便于合并列表、删除项以及加入新项。在本阶段，严禁批评和争论。不要因为客户的想法"成本太高"或者"不切实际"而冲动拒绝他们的想法，更好的办法是协商讨论出一个所有人都能接受的清单。为了达到这个目的，你必须保持开放的心态。

当某一专题的各个列表被提出后，小组将生成一个组合列表。该组合列表将删除冗余 |111|

项，并加入在讨论过程中出现的一些新想法，但是不删除任何内容。在所有专题的组合列表都生成后，由主持人组织讨论。组合列表可能会缩短、加长或重新措词，以求更恰当地反映即将开发的产品或系统，其目标是为所开发系统的对象、服务、约束和性能提供一个意见一致的列表。

在很多情况下，列表描述的对象或服务需要更多的解释。为了完成这一任务，利益相关者为列表中的条目编写小规格说明（mini-specification），或者生成包括对象或服务的用户用例（7.4 节）。例如，对 SafeHome 对象控制面板的小规格说明如下：

控制面板是一个安装在墙上的装置，尺寸大概是 230mm×130mm。控制面板与传感器、计算机之间通过无线连接，通过一个 12 键的键盘与用户交互，通过一个 75mm×75mm 的 OLED 彩色显示器为用户提供反馈信息。软件将提供交互提示、回显以及类似的功能。

然后，将每个小规格说明提交给所有利益相关者讨论，进行添加、删除和进一步细化等工作。在某些情况下，编写小规格说明可能会发现新的对象、服务、约束或性能需求，可以将这些新发现加入原始列表中。在所有的讨论过程中，团队可能会提出某些在会议中不能解决的问题，应将这些问题列表保留起来以便这些意见在以后的工作中发挥作用。

SafeHome　召开需求收集会议

[场景] 一间会议室，进行首次需求收集会议。

[人物] Jamie Lazar、Vinod Raman 和 Ed Robbins，软件团队成员；Doug Miller，软件工程经理；三个市场营销人员；一个产品工程代表；一个会议主持人。

[对话]

主持人（指向白板）：这是目前住宅安全功能的对象和服务列表。

营销人员：从我们的视角看差不多覆盖了需求。

Vinod：没有人提到他们希望通过互联网访问所有的 SafeHome 功能吗？这应该包括住宅安全功能，不是吗？

营销人员：是的，这很正确……我们必须加上这个功能以及合适的对象。

主持人：还需要加上一些限制吗？

Jamie：肯定要加，包括技术上的和法律上的限制。

产品代表：什么意思？

Jamie：我们必须确保外人不能非法侵入系统、使系统失效，确保不出现抢劫或其他更糟的情况。我们的责任非常重。

Doug：非常正确。

营销人员：但我们确实需要……只是保证能够制止外人进入……

Ed：说比做容易，而且……

主持人（打断）：我现在不想讨论这个问题。我们把它作为动作项记录下来，然后继续讨论（Doug 作为会议的记录者记下相关的内容）。

主持人：我有种感觉，这里仍存在很多需要考虑的问题。

（小组接下来花费 20 分钟提炼并扩展住宅安全功能的细节。）

许多利益相关者关心（例如准确率、数据可用性、安全性）这些基本的非功能系统需求（7.2 节）。当利益相关者倾听这些观点时，软件工程必须考虑他们建立系统的语境。在众多问题中必须回答以下几个问题 [Lag10]：

- 我们能建立系统吗？

- 这些开发流程能让我们打败市场上的竞争对手吗？
- 有适当的资源可建立和维护计划的系统吗？
- 系统性能能满足客户需求吗？

7.3.2 使用场景

收集需求时，系统功能和特性的整体愿景开始具体化。但是在软件团队弄清楚不同类型的最终用户如何使用这些功能和特性之前，很难转移到更技术化的软件工程活动中。为实现这一点，开发人员和用户可以创建一系列场景——场景可以识别将要构建系统的使用线索。场景通常称为用例 [Jac92]，它描述了人们将如何使用某一系统。在 7.4 节中将更详细地讨论用例。

SafeHome 开发一个初步的使用场景

[场景] 一间会议室，继续首次需求收集会议。

[人物] Jamie Lazar、Vinod Raman 和 Ed Robbins，软件团队成员；Doug Miller，软件工程经理；三个市场营销人员；一个产品工程代表；一个会议主持人。

[对话]

主持人：我们已经讨论了通过互联网访问 SafeHome 功能的安全性，我想考虑得再多些。下面我们开发一个使用住宅安全功能的用户场景。

Jamie：怎么做？

主持人：我们可以采用两种不同的方法完成这个工作，但是现在，我想不要太正式吧。请问（他指向一个市场人员），你设想该如何使用这样的系统？

营销人员：嗯……好的，如果我出门在外，我想我能做的就是不能让没有安全码的管家或修理工进入我家。

主持人（微笑）：这就是你的理由……告诉我们实际上你怎么做？

营销人员：嗯……首先我需要一台电脑，然后登录为所有 SafeHome 用户提供的 Web 网站，输入我的用户账号……

Vinod（打断）：Web 页面必须是安全的、加密的，以确保安全……

主持人（打断）：这是个有用信息，Vinod，但这太技术性了，我们还是只关注最终用户将如何使用该功能，好吗？

Vinod：没问题。

营销人员：那么，就像我所说的，我会登录一个 Web 网站并输入我的用户账号和两级密码。

Jamie：如果我忘记密码怎么办？

主持人（打断）：好想法，Jamie。但是我们先不谈这个。我们先把这种情况作为"异常"记录下来。一定还有其他的异常。

营销人员：在我输入密码后，屏幕将显示所有的 SafeHome 功能。我选择住宅安全功能，系统可能会要求确认我是谁，要求提供我的地址、电话号码或其他信息，然后显示一张图片，包括安全系统控制面板和我能执行的功能列表——安装系统、解除系统、解除一个或多个传感器。我猜还可能会允许我重新配置安全区域和其他类似的东西，但是我不确定。

（当市场营销人员继续讨论时，Doug 记录下大量内容。这些构成了最初非正式用例场景的基础。另一种方法是让市场营销人员写下场景，但这应该在会议之后进行。）

7.3.3 获取工作产品

根据将要构建的系统或产品规模的不同，需求获取后产生的工作产品也不同。对于大多数系统而言，工作产品包括：（1）要求和可行性说明；（2）系统或产品范围的界限说明；（3）参与需求获取的客户、用户和其他相关利益者的名单；（4）系统技术环境的说明；（5）需求列表（最好按照功能加以组织）以及每个需求适用领域的限制；（6）一系列使用场景，有助于深入了解系统或产品在不同运行环境下的使用；（7）任何能够更好地定义需求的原型。所有参与需求获取的人员需要评审以上每一个工作产品。

7.4 开发用例

用例讲述了有固定风格的故事：最终用户（扮演多种可能角色中的一个）如何在特定环境下与系统交互。这个故事可以是叙述性的文本（用户故事）、任务或交互的概要、基于模板的说明或图形表示。不管其形式如何，用例都从最终用户的角度描述了软件或系统。

撰写用例的第一步是确定故事中包含的"参与者"。参与者是在将要说明的功能和行为环境内使用系统或产品的各类人员（或设备）。参与者代表了系统运行时人（或设备）所扮演的角色，更为正式的定义是：参与者是任何与系统或产品通信的事物，且对系统本身而言参与者是外部的。在使用系统时，每个参与者都有一个或多个目标。

要注意的是，参与者和最终用户并非一回事。典型的用户可能在使用系统时扮演了不同的角色，而参与者表示了一类外部实体（经常是人员，但并不总是如此），在用例中他们仅扮演一种角色。例如，考虑与程序交互的用户，该程序允许在虚拟建筑物中尝试警报传感器配置。在仔细考察需求后，控制计算机的软件需要 4 种不同的交互模式（角色）：编程模式、测试模式、监控模式和故障检查模式。因此，4 个参与者可定义为：程序员、测试员、监控员和故障检修员。有些情况下，一个用户可以扮演所有角色，而在另一些情况下，每个参与者的角色可能由不同的人员扮演。

113 ~ 114

需求获取是一个逐步演化的活动，因此在第一次迭代中并不能确认所有的参与者。在第一次迭代中有可能识别主要的参与者 [Jac92]，对系统有了更多了解之后，才能识别出次要的参与者。主要参与者直接且经常使用软件，他们要获取所需的系统功能并从系统得到预期收益。次要参与者为系统提供支持，以便主要参与者能够完成他们的工作。

一旦确认了参与者，就可以开发用例了。对于应该通过用例回答的问题，Jacobson[Jac92]提出了以下建议：

- 主要参与者和次要参与者分别是谁？
- 参与者的目标是什么？
- 故事开始前有什么前提条件？
- 参与者完成的主要工作或功能是什么？
- 按照故事所描述的还需要考虑什么异常？
- 参与者的交互中可能有什么变化？
- 参与者将获得、产生或改变哪些系统信息？
- 参与者必须通知系统外部环境的改变吗？
- 参与者希望从系统获取什么信息？
- 参与者希望得知意料之外的变更吗？

回顾基本的 SafeHome 需求，我们定义了 4 个参与者：**房主**（用户）、**配置管理人员**（很可能就是房主，但扮演不同的角色）、**传感器**（附属于系统的设备）、**监控和响应子系统**（监控 SafeHome 房间安全功能的中央站）。仅从该例子的目的来看，我们只考虑了房主这个参与者。房主通过使用警报控制面板、平板电脑或手机等多种方式与住宅安全功能交互。房主可进行以下交互操作：（1）输入密码以便进行其他交互；（2）查询安全区的状态；（3）查询传感器的状态；（4）在出现紧急情况时按下应急按钮；（5）激活或关闭安全系统。

考虑房主使用控制面板的情况，系统激活的基本用例如下：

1. 房主观察 SafeHome 控制面板（图 7-1），以确定系统是否已准备好接收输入。如果系统尚未就绪，"not ready"消息将显示在 LCD 显示器上，房主必须亲自动手关闭窗户或门才能让"not ready"消息消失。（not ready 消息意味着某个传感器打开，即某个门或窗户是打开的。）

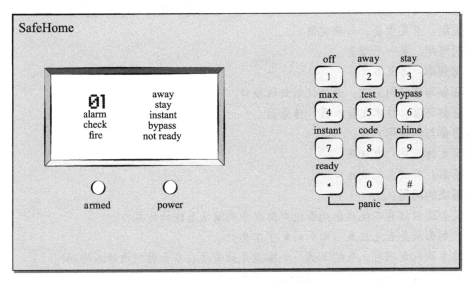

图 7-1　SafeHome 控制面板

2. 房主使用键盘键入 4 位密码，系统将该密码与已存储的有效密码比较。如果密码不正确，控制面板将鸣叫一声并自动复位以等待再次输入；如果密码正确，控制面板将等待进一步的操作。

3. 房主选择键入"stay"或"away"（图 7-1）以启动系统。"stay"只激活外部传感器（内部的运动监控传感器是关闭的），"away"激活所有传感器。

4. 激活时，房主可以看到一个红色的警报灯。

基本用例从较高层次上给出参与者和系统之间交互的故事。

在很多情况下，需要进一步细化用例以便为交互提供更详细的说明。例如，Cockburn[Coc01b] 建议使用如下模板详细说明用例。

用例：初始化监控。

主要参与者：房主。

目标：在房主离开住宅或留在房间时，设置系统以监控传感器。

前提条件：系统支持密码输入和传感器识别功能。

触发器：房主决定"设置"系统，即打开警报功能。

场景：

1. 房主：观察控制面板。

2. 房主：输入密码。

3. 房主：选择"stay"或"away"。

4. 房主：观察红色警报灯显示 SafeHome 已经被打开。

异常：

1. 控制面板没有准备就绪：房主检查所有传感器，确定哪些是开着的（即门窗是开着的），并将其关闭。

2. 密码不正确（控制面板鸣叫一声）：房主重新输入正确的密码。

3. 密码不识别：必须对监控和响应子系统重新设置密码。

4. 选择 stay：控制面板鸣叫两声并且 stay 灯点亮，激活边界传感器。

5. 选择 away：控制面板鸣叫三声并且 away 灯点亮，激活所有传感器。

优先级：至关重要，必须实现。

何时可用：第一个增量。

使用频率：每天多次。

主要参与者使用方式：通过控制面板接口。

次要参与者：技术支持人员，传感器。

次要参与者使用方式：

技术支持人员：电话线。

传感器：有线或无线接口。

未解决的问题：

1. 是否还应该有不使用密码或使用缩略密码激活系统的方式？

2. 控制面板是否还应显示附加的文字信息？

3. 房主输入密码时，从按下第一个按键开始必须在多长时间内输入密码？

4. 在系统真正激活之前有没有办法关闭系统？

可以使用类似的方法开发其他**房主**的交互用例。重要的是必须认真评审每个用例。如果某些交互元素模糊不清，用例评审将解决这些问题。用例通常被非正式地写成用户故事。然而，使用这里给出的模板能够确保你解决所有的关键问题，这对于利益相关者关注用户安全性的系统非常重要。

117

SafeHome　开发高级用例图

[场景] 会议室，继续进行需求收集会议。

[人物] Jamie Lazar、Vinod Raman 和 Ed Robbins，软件团队成员；Doug Miller，软件工程经理；三个市场营销人员；一个产品工程代表；一个会议主持人。

[对话]

主持人：我们已经花费了相当多的时间讨论 SafeHome 住宅安全功能。在休息时我画了一个用例图，用它来概括重要的场景，这些场景是该功能的一部分。大家看一下。

（所有的与会者注视图 7-2。）

Jamie：我恰好刚开始学习 UML 符号。住宅安全功能是由中间包含若干椭圆的大方框表示吗？而且这些椭圆代表我们已经用文字写下的用例,对吗?

主持人:是的。而且棍型小人代表参与者——与系统交互的人或事物,如同用例中所描述的……哦,我使用作了标记的矩形表示在这个用例中那些不是人而是传感器的参与者。

Doug:这在 UML 中合法吗?

主持人:合法性不是问题,重点是交流信息。我认为使用棍型小人代表设备可能会产生误导,因此我做了一些改变。我认为这不会产生什么问题。

Vinod:好的。这样我们就为每个椭圆进行了用例说明,还需要生成更详细的基于模板的说明吗?我们已经阅读过那些说明了。

主持人:有可能,但这可以等到考虑完其他的 SafeHome 功能之后。

营销人员:等一下,我已经看过这幅图,突然间我意识到我们遗漏了什么。

主持人:哦,是吗。告诉我们遗漏了什么。(会议继续进行。)

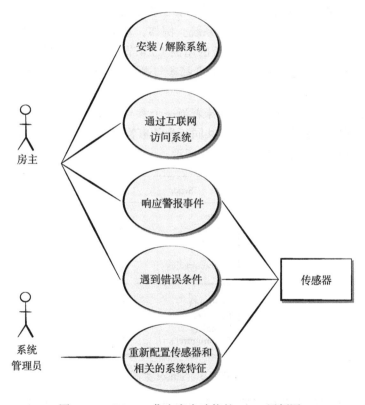

图 7-2　SafeHome 住宅安全功能的 UML 用例图

7.5　构建分析模型

分析模型的作用是为基于计算机的系统提供必要的信息、功能和行为域的说明。随着软件工程师更多地了解将要实现的系统以及其他相关利益者更多地了解他们到底需要什么,模型应能够动态变更。因此,分析模型是任意给定时刻的需求快照,我们对这种变更应有思想准备。

随着分析模型的演化,某些元素将变得相对稳定,为后续设计任务提供稳固的基础。但是，有些模型元素可能是不稳定的，这表明利益相关者仍然没有完全理解系统的需求。如果你的团队发现在项目设计和构建时没有使用分析模型的元素，那么这些元素不应该被创建，并且不应该随着当前项目需求的变化而得到维护。分析模型及其构建方法将在第 8 章详细说明，下面仅提供简要的概述。

7.5.1 分析模型的元素

有很多不同的方法可用来考察基于计算机的系统的需求。有些软件人员坚持最好选择一个表达模式（例如用例）并排斥其他的模式。有些专业人士则相信使用许多不同的表达模式来描述分析模型是值得的，不同的表达模式会促使软件团队从不同的角度考虑需求——只用一种方法更有可能造成需求遗漏、不一致性和歧义性。最好的办法是让利益相关者都参与进来，让每个人都创建用于描述软件的用例图。有一些普遍的元素对大多数分析模型来说是通用的，本节将介绍这些元素。

基于场景的元素。对于需求模型来说，基于场景的元素永远是模型中最先被开发的部分，这些元素能够从用户的观点去描述系统。例如，基本的用例（7.4 节）及其相应的用例图（图 7-2）可演化成更精细的基于模板的用例（7.4 节）。同样，它们也作为创建其他建模元素时的输入。最好的办法是让利益相关者都参与进来，让他们每个人都写出用于描述软件的用例图。

基于类的元素。每个使用场景都意味着当一个参与者和系统交互时所操作的一组对象，这些对象被分成类——具有相似属性和共同行为的事物集合。例如，可以用 UML 类图描绘 SafeHome 安全功能的 Sensor 类，如图 7-3 所示。

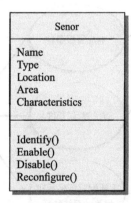

图 7-3 Sensor 类图

注意，UML 类图列出了传感器的属性（如 name、type）和可以用于修改这些属性的操作（如 identify、enable）。其他分析建模元素描绘了类之间的协作以及类之间的关联和交互。一种分离出类的方式是从用例脚本中查找描述性名词，至少其中的一些名词能够成为候选类。用例脚本中的动词可能成为这些类中的候选方法。这些技术会在第 8 章中详细讨论。

行为元素。基于计算机的系统行为能够对所选择的设计和所采用的实现方法产生深远的影响。因此，需求分析模型必须提供描述行为的建模。

状态图是一种表现系统行为的方法，该方法描绘系统状态以及导致系统改变状态的事件。状态是任何可以观察到的行为模式。另外，状态图还指明了在某个事件发生后采取什么动作（例如过程激活）。外部刺激（事件）会导致状态间的转换。

为了更好地说明状态图的使用，考虑将软件嵌入 SafeHome 的控制面板，并负责读取用户的输入信息。简化的 UML 状态图如图 7-4 所示。第 8 章将有更多关于行为建模的讨论。

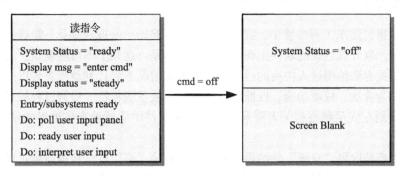

图 7-4 UML 状态图表示

| SafeHome | 初步的行为建模 |

[场景] 会议室，继续进行需求会议。

[人物] Jamie Lazar、Vinod Raman 和 Ed Robbins，软件团队成员；Doug Miller，软件工程经理；三个市场营销人员；一个产品工程代表；一个会议主持人。

[对话]

主持人： 我们刚才差不多已经讨论完了 SafeHome 的住宅安全功能。但是在结束之前，我希望讨论一下功能的行为。

营销人员： 我不太理解你所说的行为意味着什么。

Ed（大笑）：就是如果产品行为错误就让它"暂停"。

主持人： 不太准确，让我解释一下。

（主持人向需求收集团队解释行为建模的基本知识。）

营销人员： 这看起来有点技术性，我不敢确定能不能在这里帮上忙。

主持人： 你当然可以。你从用户的角度观察到什么行为？

营销人员： 嗯……好的，系统将监控传感器、从房主那里读指令，还将显示其状态。

主持人： 看到了吧，你是可以帮上忙的。

Jamie： 还应该使用计算机确定是否有任何输入，例如基于互联网的访问或配置信息。

Vinod： 是的，实际上，配置系统是其权利内的一个状态。

Doug： 你这家伙开始开窍了，让我们多想一些……有方法把这个画出来吗？

主持人： 有方法，但等到会后再开始吧。 [121]

7.5.2 分析模式

任何有一些软件项目需求工程经验的人都会注意到，在特定的应用领域内，某些问题会在所有项目中重复发生。分析模式 [Fow97] 在特定应用领域内提供一些解决方案（如类、功能、行为），在为许多应用项目建模时可以重复使用它们。

通过引用模式名称可把分析模式整合到分析模型中。同时，这些分析模式还将存储在仓库中，以便需求工程师能通过搜索工具发现并应用它们。在标准模板 [Gey01] 中会提供关于分析模式（和其他类型模式）的信息，更多细节会在第 14 章讨论。分析模式的样例和有关这一论题更多的讨论参见第 8 章。

7.6　协商需求

在一个理想的需求工程情境中，需求工程任务（起始、获取和细化）能确保得到足够详细的客户需求，以开展后续的软件工程活动。遗憾的是，这几乎不可能发生。实际上，一个或多个利益相关者恐怕得进入协商的过程中，在多数情况下要让利益相关者以成本和产品投放市场的时间为背景，权衡功能、性能和其他的产品或系统特性。协调过程的目的是保证所开发的项目计划在满足利益相关者要求的同时反映软件团队所处真实世界的限制（如时间、人员、预算）。

最好的协商是取得"双赢"的结果。利益相关者的"赢"在于获得能满足客户大多数需要的系统或产品；而作为软件团队一员，"赢"在于按照实际情况、在可实现的预算和时间期限内完成工作。

Fricker[Fri10] 和他的同事建议不再采用传统的需求规格说明书方式，而是采用称作握手的双向沟通过程。握手可能是一种实现"双赢"的方式。在握手过程中，软件团队提出需求解决方案、描述它们的影响、与客户代表沟通他们的意图，客户代表审核提议的解决方案、关注丢失的特性并寻求新需求的清晰性。如果客户接受提议的解决方案，则说明需求是足够好的。握手方法有助于多样需求的识别、分析和多样选择，并可促进以双赢为目标的协商。

SafeHome　开始协商

[场景] Lisa Perez 的办公室，在第一次需求收集会议之后。

[人物] Doug Miller，软件工程经理；Lisa Perez，市场营销经理。

[对话]

Lisa：我听说第一次会议进行得很好。

Doug：确实是这样，你派了几个有经验的人参加会议……他们确实有很多贡献。

Lisa（微笑）：是的，他们的确告诉我他们融入了会议，而且会议卓有成效。

Doug（大笑）：下次再见面时我一定要脱帽致敬……看，Lisa，我想在你们主管所说的日期内获取所有住宅安全功能可能会有困难。我知道现在还早，但是我们的进度已经比原定计划落后了，并且……

Lisa（皱眉）：我们必须在那个时间获得产品，Doug。你说的是什么功能？

Doug：我认为我们可以在截止日期前完成所有住宅安全功能，但是必须把互联网访问功能推迟到第二次发布的产品中加以考虑。

Lisa：Doug，互联网访问是 SafeHome 最引人注目之处，我们正在围绕这一点开发整体的营销活动。我们必须实现它！

Doug：我理解你的处境，我确实理解。问题在于为了提供互联网访问，我们将需要一整套 Web 站点安全防护措施，这将花费时间和人力。我们还必须在首次发布的产品中开发很多的附加功能……我认为我们不能在现有资源下完成这些工作。

Lisa（皱眉）：我知道，但你必须找到实现方法，互联网访问对住宅安全功能非常关键，对其他功能也很关键……其他功能可以放到下一次发布的产品中予以考虑……我同意这样。

很明显，Lisa 和 Doug 陷入了僵局，而且他们必须协商出一个解决办法。他们能够"双赢"吗？如果你扮演调解人的角色，有什么建议？

7.7 需求监控

当今常见的软件项目是增量开发项目。这意味着需要扩展用例，针对每次新的软件增量开发新的测试用例，并在整个项目过程中进行源代码的不断集成。在实现增量开发时，需求监控显得尤为有益。其中包括 5 项任务：（1）分布式调试，用于发现错误并找到出错的原因；（2）运行验证，确认软件与规格说明是否匹配；（3）运行确认，评估逐步扩展的软件是否满足用户目标；（4）商业活动监控，评估系统是否满足商业目标；（5）演化与协同设计，为系统演化过程中的利益相关者提供信息。

增量开发意味着增量确认的要求。需求监控支持持续确认，通过分析用户目标模型使之符合所使用的系统。例如，监控系统可能会持续评估用户满意度，并使用反馈信息来指导软件的逐步改进 [Rob10]。

7.8 确认需求

当需求模型的每个元素都创建完成后，需要检查一致性、是否有遗漏以及是否有歧义。这一点也适用于以用户故事或者测试用例表达需求的敏捷过程模型。模型所表现的需求由利益相关者划分优先级并组合成一个整体，该需求整体将以软件增量形式逐步实现。需求模型的评审将解决如下问题：

122 ~ 123

- 每项需求都与系统或产品的整体目标一致吗？
- 所有需求都已经在相应的抽象层上说明了吗？换句话说，是否有一些需求是在技术细节过多的层次上提出的，并不适合当前的阶段？
- 需求是真正必需的，还是另外加上去的？有可能不是系统目标必需的特性吗？
- 每项需求都有界定且无歧义吗？
- 每项需求都有归属吗？换句话说，是否每项需求都标记了来源（通常是明确的个人）？
- 是否有一些需求和其他需求相冲突？
- 在系统或产品所处的技术环境下，每个需求都能够实现吗？
- 一旦实现后，每个需求是可测试的吗？
- 需求模型恰当地反映了将要构建系统的信息、功能和行为吗？
- 需求模型是否已经使用合适的方式"分割"，能够逐步揭示详细的系统信息？
- 已经使用需求模式简化需求模型了吗？已经恰当地确认了所有的模式吗？所有模式都与客户的需求一致吗？

应当提出以上问题和其他一些问题，并回答问题，以确保需求模型能精确地反映利益相关者的需求并为设计奠定坚实的基础。

7.9 小结

需求工程的任务是为设计和构建活动建立一个可靠且坚固的基础。需求工程发生在为通用软件过程定义的沟通活动和建模活动中。软件团队成员和产品的利益相关者要完成 7 个不同的需求工程任务：起始、获取、细化、协商、规格说明、确认和管理。

在项目起始阶段，利益相关者建立基本的问题需求，定义重要的项目约束并陈述主要的特性和功能，必须让系统表现出这些特性和功能以满足其目标。该信息在获取阶段得到提炼和延伸，在此阶段中利用有主持人的会议、用户场景（用户故事）的开发进行需求收集活动。

124   细化阶段进一步把需求扩展为分析模型——基于场景、基于活动、基于类和行为元素的集合。模型可以参考分析模式——在不同应用系统中重复出现的问题域特征。

在确定需求和创建需求分析模型时，软件团队和其他利益相关者协商优先级、可用性和每项需求的相对成本。协商的目标是制定一个现实可行的项目计划。此外，将按照客户需求确认每项需求和整个需求模型，以确保将要构建的系统对于客户的要求是正确的。

习题与思考题

7.1 为什么大量软件开发人员没有足够重视需求工程？以前有没有遇到什么情况让你可以跳过需求工程？

7.2 你负责从一个客户处获取需求，而他告诉你太忙了没时间见面，这时你该怎么做？

7.3 讨论一下当必须从三四个不同的客户那里提取需求时会发生什么问题。

7.4 你的指导老师将把班级分成 4 或 6 人的小组，组中一半的同学扮演市场部人员的角色，另一半将扮演软件工程部人员的角色。你的工作是定义本章介绍的 SafeHome 安全功能的需求，并使用本章提出的指导原则引导需求收集会议。

7.5 为如下活动之一开发一个完整的用例：
- 在 ATM 上取款。
- 在餐厅使用信用卡付费。
- 使用在线书店搜索书（某个指定主题）。

7.6 选取一个习题 7.5 中列举的活动，写一个用户故事。

7.7 考虑习题 7.5 中生成的用户用例，为应用系统写一个非功能性需求。

7.8 使用 7.5.2 节描述的模板，为下列应用领域建议一个或多个分析模式：
- E-mail 软件
- 互联网浏览器
- 开发手机应用的软件

7.9 在需求工程活动的协商情境中，"双赢"意味着什么？

125 7.10 你认为当需求确认揭示了一个错误时将发生什么？谁将参与错误修正？

需求建模——一种推荐的方法

要点概览

概念：需求建模使用文字和图表综合的形式，以相对容易理解的方式描绘需求，更重要的是，可以更直接地评审它们的正确性、完整性和一致性。

人员：软件工程师（有时被称作分析师）使用从各种利益相关者那里获取的需求来构建模型。

重要性：所有利益相关者都可以轻松评估需求模型，从而在尽可能早的时间内获得有用的反馈。然后，在重新定义模型时，它将成为软件设计的基础。

步骤：需求建模包含3步——基于场景建模、基于类建模和行为建模。

工作产品：使用场景（又称为用例）描述了软件功能和用法。此外，可以使用一系列 UML 图来表示系统行为和其他方面。

质量保证措施：必须评审需求建模工作产品的正确性、完整性和一致性。

书面文字是进行交流的绝佳工具，但不一定是表示计算机软件需求的最佳方式。在技术层面上，软件工程开始于一系列的建模工作，最终生成待开发软件的需求规格说明和设计表示。需求模型实际上是一组模型，是系统的第一个技术表示，软件工程师通常更喜欢在复杂模型关系中使用图形表示。

对于某些类型的软件，用户故事（7.3.2 节）可能是唯一需要的建模需求表示。对于其他类型的软件，可以开发正式的用例（7.4 节）和基于类模型（8.3 节）。基于类建模表示系统将处理的对象，将应用于对象上以影响处理的操作（也称为方法或服务）、对象间的关系（某些层次结构）以及已定义类之间的协作。基于类的方法可用于创建可以被非技术背景的利益相关者理解的应用程序表示。

在其他情况下，复杂的应用程序需求可能需要检查应用程序对内部或外部事件的反应方式，这些行为也需要进行建模（8.5 节）。UML 图已经成为一种标准的软件工程手段，可以图形化地建模分析模型元素之间的关系和行为。随着需求模型的完善和扩展，它演变为可以由软件工程师在创建软件设计时使用的规范。

需求建模时，要记住的重要事情是仅创建开发团队将要使用的模型。如果在项目的设计和实施阶段未引用需求分析阶段早期开发的模型，则可能不值得更新这些模型。以下各节介绍了一系列非正式原则，这些原则将有助于需求模型的创建和表示。

关键概念

活动图
分析类
属性
行为模型
基于类建模
协作
CRC 建模
事件
正式用例
功能模型
语法解析
操作
过程视图
需求分析
需求建模
职责
基于场景建模
顺序图
状态图
泳道图
UML 模型
用例
　文档
　异常处理

126

8.1 需求分析

需求分析产生软件操作特征的规格说明，指明软件和其他系统元素的接口，规定软件必须满足的约束。在需求分析过程中，软件工程师（有时这个角色也被称作分析师或建模师）可以细化在前期需求工程的起始、获取、协商任务中建立的基础需求（第 7 章）。

需求建模动作结果为以下一种或多种模型类型：

- 场景模型：出自各种系统"参与者"观点的需求。
- 面向类的模型：表示面向对象类（属性和操作）的模型和如何通过类的协作获得系统需求。
- 行为模型：表示软件如何对内部或外部"事件"做出反应。
- 数据模型：描述问题信息域的模型。
- 面向流的模型：表示系统的功能元素并且描述当功能元素在系统中运行时怎样进行数据变换。

这些模型为软件设计者提供信息，这些信息可以被转化为结构、接口和构件级的设计。最终，在软件开发完成后，需求模型（和需求规格说明）就为开发人员和客户提供了评估软件质量的手段。

本节关注基于场景的建模，这项技术在整个软件工程界非常流行。在 8.3 节和 8.5 节中，我们考虑基于类建模和行为建模。在过去的十年里，人们已经不常使用流和数据建模，而逐步流行使用场景和基于类的方法，以此作为行为方法的补充[⊖]。

8.1.1 总体目标和原理

在整个分析建模过程中，软件工程师的主要关注点集中在做什么而不是怎么做。发生哪些用户交互？系统处理什么对象？系统必须执行什么功能？系统展示什么行为？定义什么接口？有什么约束[⊖]？

在前面的章节中，我们注意到在该阶段要得到完整的需求规格说明是不可能的。客户也许无法精确地确定想要什么，开发人员也许无法确定能恰当地实现功能和性能的特定方法，这些现实情况都削弱了迭代需求分析和建模方法的效果。分析师将为已经知道的内容建模，并使用该模型作为软件增量设计的基础[⊜]。

需求模型必须实现三个主要目标：（1）描述客户需要什么；（2）为软件设计奠定基础；（3）定义在软件完成后可以被确认的一组需求。分析模型在系统级描述和软件设计（第 9 到 14 章）之间建立了桥梁。这里的系统级描述给出了整个系统或商业功能（软件、硬件、数据、人员元素），而软件设计给出了软件的应用程序结构、用户接口以及构件级的结构。这个关系如图 8-1 所示。

重要的是要注意需求模型的所有元素都可以直接跟踪到设计模型。通常难以清楚地区分设计和分析模型，有些设计总是作为分析的一部分进行，而有些分析将在设计中进行。

⊖ 本章不再包括面向流建模和数据建模的介绍。但是，在网上可以找到这些较老的需求建模方法的大量信息。如果你感兴趣，可以搜索关键词"结构化分析"。

⊖ 应该注意，当客户变得更加精通技术时，规格说明书中"怎么做"倾向于同"做什么"一样重要。但是，基本关注点应保持在"做什么"上。

⊜ 软件团队也可以选择生成一个原型（第 4 章），以使更好地理解系统的需求。

图 8-1　分析模型在系统描述和设计模型之间建立了桥梁

8.1.2　分析的经验原则

创建分析模型时，应考虑一些经验原则 [Arl02]。首先，关注问题或业务域，同时保持较高的抽象水平。其次，认识到分析模型应该提供对软件的信息域、功能和行为的了解。第三，将对软件体系结构和非功能性细节的考虑推迟到建模活动的后期。另外，重要的是要意识到软件元素与其他元素之间的相互连接方式（我们称为系统耦合）。

分析模型的结构必须能够为所有利益相关者提供价值，并且应在不牺牲清晰度的情况下尽可能保持简单。

8.1.3　需求建模原则

在过去的四十年中，已经开发了几种需求建模方法。研究人员已经确定了需求分析的问题及其原因，并开发了各种建模符号和相应的启发式方法来克服这些问题。每种分析方法都有其独特的视角。以下是一组与分析方法有关的操作原则：

原则 1：问题的信息域必须得到表达和理解。信息域包含流入系统（来自终端用户、其他系统或外部设备）的数据，流出系统（通过用户界面、网络界面、报告、图形和其他方式）的数据，以及数据存储区中收集和整理的永久保存的数据。

原则 2：必须定义软件执行的功能。软件功能可以为终端用户带来直接好处，而那些为用户可见的功能提供内部支持的功能也可以直接受益。一些功能可以变换流入系统的数据。在其他情况下，功能会在某种程度上影响内部软件处理或外部系统元素的控制。

原则 3：必须表示软件的行为（作为外部事件的结果）。计算机软件的行为受其与外部环境的交互作用的驱动。终端用户提供的输入、外部系统提供的控制数据或通过网络收集的监视数据都使软件以特定方式运行。

原则 4：描述信息、功能和行为的模型必须以分层（或分级）的方式进行分割以揭示细节。需求建模是解决软件工程问题的第一步。它使你可以更好地理解问题并为解决方案（设计）建立基础。复杂的问题很难整体解决，因此应该使用分而治之的策略，将一个大而复杂的问题划分为多个子问题，直到每个子问题都相对容易理解为止。这个概念称为*关注点划分*或*分离*，它是需求建模中的关键策略。

原则 5：分析任务应从基本信息转向实现细节。分析建模首先从终端用户的角度描述问题。描述问题的"本质"时没有考虑解决方案的实现方式。例如，电子游戏要求玩家在进入危险的迷宫时向其主角"指示"前进的方向。这就是问题的本质。实现细节（通常描述为设

128
～
129

计模型的一部分）指出如何实现问题的本质。对于电子游戏，可能会使用语音输入。或者，可以键入键盘命令，可以将游戏手柄（或鼠标）指向特定的方向，可以在空中挥舞动作感应设备，或者可以直接使用读取玩家身体或眼睛动作的设备。

通过应用这些原理，软件工程师可以系统地解决问题。但是这些原则在实践中如何应用？本章的其余部分将回答这个问题。

8.2 基于场景建模

尽管有多种方式度量基于计算机的系统或产品的成功与否，但用户满意度仍然居于首位。如果软件工程师了解最终用户（和其他参与者）希望如何与系统交互，那么软件团队将能够更好地正确描述需求特征并建立有意义的分析和设计模型。使用 UML ⊖对需求进行建模首先要以用例图、活动图和序列图的形式创建场景。

8.2.1 参与者和用户概要文件

UML 参与者对与系统对象进行交互的实体进行建模。当参与者通过交换信息与系统对象交互时，参与者可以代表人类利益相关者或外部硬件所扮演的角色。如果一个物理实体承担与实现不同系统功能相关的多个角色，那么多个参与者可能会描绘同一个物理实体。

UML 概要文件（profile）提供了一种将现有模型扩展到其他域或平台的方法。这可能使你可以修改基于 Web 系统的模型，并为各种移动平台系统进行建模。概要文件还可用于从不同用户的角度对系统进行建模。例如，系统管理员对自动柜员机功能的视角可能与最终用户不同。

8.2.2 创建用例

在第 7 章中，我们讨论了使用用户故事总结利益相关者对他们将如何与所提出系统进行交互的观点。但是，它们以纯英语或利益相关者使用的语言编写。在开始创建软件之前，开发人员需要使用更精确的方法来描述这种交互。Alistair Cockburn 将用例描述为"行为合同"[Coc01b]。如我们在第 7 章所讨论的，"合同"定义了一个参与者⊖使用基于计算机的系统完成某个目标的方法。换句话说，用例捕获了信息的产生者、使用者和系统本身之间发生的交互。在本节，我们研究如何开发初始用例，这是分析建模活动的一部分⊜。

第 7 章中我们已经提到，用例从某个特定参与者的角度出发，采用简明的语言描述一个特定的使用场景。但是我们如何知道：（1）编写什么？（2）写多少？（3）编写说明应该多详细？（4）如何组织说明？如果想让用例像一个需求建模工具那样提供价值，那么必须回答这些问题。

编写什么？ 两个首要的需求工程工作——起始和获取——提供了开始编写用例所需要的信息。运用需求收集会议和其他需求工程机制确定利益相关者，定义问题的范围，说明整体的运行目标，建立优先级顺序，概述所有已知的功能需求，描述系统将处理的信息（对象）。

开始开发用例时，应列出特定参与者执行的功能或活动。这些可以借助所需系统功能的

⊖ UML 是本书通篇使用的建模符号。附录 1 为那些不熟悉 UML 基本符号的读者提供了简要指南。

⊖ 参与者不是一个确定的人，而是人员（或设备）在特定的环境内所扮演的一个角色。参与者"访问系统并由系统提供一种服务"[Coc01b]。

⊜ 用例是用户接口的分析建模中特别重要的一部分。接口分析和设计将在第 12 章详细讨论。

列表，通过与利益相关者交流，或通过评估活动图（作为需求建模中的一部分而开发）获得（8.4 节）。

131

SafeHome　开发另一个初始用户场景

[场景] 会议室，第二次需求收集会议中。

[人物] Jamie Lazar 和 Ed Robbins，软件团队成员；Doug Miller，软件工程经理；三个市场营销人员；一个产品工程代表；一个会议主持人。

[对话]

主持人： 现在是我们开始讨论 SafeHome 监视功能的时候了，让我们为访问监视功能开发一个用户场景。

Jamie： 谁在其中扮演参与者的角色？

主持人： 我想 Meredith（市场营销人员）已经在该功能上进行了一些工作，你来试试这个角色吧。

Meredith： 你想采用我们上次用的方法，是吗？

主持人： 是的，同样的方法。

Meredith： 好的，很明显，开发监视功能的理由是允许房主远距离检查房屋、记录并回放捕获的录像……就是这样。

Ed： 我们采用压缩的方法存储图像吗？

主持人： 好问题，但是我们现在先不考虑实现的问题，Meredith，你说呢？

Meredith： 好的，这样对于监视功能基本上就有两部分……第一部分是配置系统，包括布置建筑平面图——我们需要 AR/VR 工具来帮助房主做这件事，第二部分是实际的监视功能本身。因为布局是配置活动的一部分，所以我将重点集中在监视功能。

主持人（微笑）： 抢先说出我想说的话。

Meredith： 哦……我希望通过移动设备或通过互联网访问监视功能。我的感觉是互联网访问可能使用的频率更高一些。不管怎样，我希望能够在移动设备或者计算机上和控制面板上显示摄像机图像，并移动和缩放某个摄像机镜头。在房屋平面设计图上可以选择指定摄像机，我希望可以有选择性地记录摄像机输出和回放摄像机输出，我还希望能够使用特殊的密码阻止对某个或多个摄像机的访问。希望有支持小窗口显示形式的选项，即从所有的摄像机显示图像，并能够选择某一个进行放大。

Jamie： 那些叫作缩略视图。

Meredith： 对，然后我希望从所有摄像机获得缩略视图。我也希望监视功能的接口和所有其他的 SafeHome 接口有相同的外观和感觉。我希望它很直观，这意味着我不想阅读使用手册。

主持人： 干得好，现在，让我们更详细地讨论这个功能……

上面讨论的 SafeHome 住宅监视功能（子系统）确定了如下由参与者**房主**执行的功能（简化列表）：

- 选择将要查看的摄像机。
- 提供所有摄像机的缩略视图。
- 在设备的窗口中显示摄像机视图。
- 控制某个特定摄像机的镜头转动和缩放。
- 可选择地记录摄像机的输出。
- 回放摄像机的输出。

132

● 通过互联网访问摄像机监视功能。

随着和利益相关者（扮演房主的人）交谈的增多，需求收集团队将为每个标记的功能开发用例。通常，用例首先用非正式的描述性风格编写。如果需要更正式一些，可以使用类似于第 7 章中提出的某个结构化的形式重新编写同样的用例。

为了举例说明，考虑"通过互联网访问摄像机监视设备 – 显示摄像机视图（Access Camera Surveillance-Display Camera Views，ACS-DCV）"功能，扮演参与者**房主**的利益相关者可能会编写如下用户故事。

用例：通过互联网访问摄像机监视设备 – 显示摄像机视图（ACS-DCV）。

参与者：房主。

如果我正在进行远程访问，那么我可以使用任何移动设备上的合适的浏览器软件登录 SafeHome 产品网站。输入我的账号和两级密码，一旦被确认，我可以访问已安装的 SafeHome 系统的所有功能。为取得某个摄像机视图，从显示的主功能按钮中选择"监视"，然后选择"选取摄像机"，这时将会显示房屋的平面设计图，之后再选择感兴趣的摄像机。另一种可选方法是，通过选择"所有摄像机"同时从所有的摄像机查看缩略视图快照。当选择了某个摄像机时，可以选择"查看"，然后以每秒一帧速度显示的图像就可以在一个由摄像机编号确定的视图窗口中显示。如果希望切换摄像机，则选择"选取摄像机"，这时原来窗口显示的信息消失，并且再次显示房间的平面设计图，然后就可以选择感兴趣的摄像机，以便显示新的查看窗口。

描述性用例的一种表达形式是通过用户活动的顺序序列表现交互，每个行动由声明性的语句表示。再以 ACS-DCV 功能为例，我们可以写成如下形式。

用例：通过互联网访问摄像机监视设备 – 显示摄像机视图（ACS-DCV）。

参与者：房主。

1. 房主登录 SafeHome 产品网站。

2. 房主输入账号。

3. 房主输入两个密码（每个至少 8 个字符长度）。

4. 系统显示所有的主要功能按钮。

5. 房主从主要功能按钮中选择"监视"。

6. 房主选择"选取摄像机"。

7. 系统显示房屋的平面设计图。

8. 房主从平面设计图中选择某个摄像机图标。

9. 房主选择"视图"按钮。

10. 系统显示一个由摄像机编号确定的视图窗口。

133　11. 系统在视图窗口内以每秒一帧的速度显示视频输出。

注意，这个连续步骤的陈述没有考虑其他可能的交互（描述更加自由随意而且确实表达了一些其他选择）。这种类型的用例有时被称作主场景 [Sch98a]。

为了全面理解用例描述功能，对交互操作给出另外的描述是非常有必要的。因此，主场景中的每个步骤将通过如下提问得到评估 [Sch98a]：

● 在这一步，参与者能做一些其他动作吗？

● 在这一步，参与者有没有可能遇到一些错误条件？如果有可能，这些错误会是什么？

- 在这一步，参与者有没有可能遇到一些其他行为（如由一些参与者控制之外的事件调用）？如果有，这些行为是什么？

这些问题的答案导致创建一组次场景，次场景属于原始用例的一部分，但是表现了可供选择的行为。例如，考虑前面描述的主场景的第 6 步和第 7 步。

6. 房主选择"选取摄像机"。

7. 系统显示房屋的平面设计图。

在这一步，参与者能做一些其他动作吗？答案是肯定的。考虑自由随意的操作方式，参与者可以选择同时查看所有摄像机的缩略视图。因此，一个次场景可能是"查看所有摄像机的缩略视图"。

在这一步，参与者有没有可能遇到一些错误条件？作为基于计算机的系统操作，任何数量的错误条件都可能发生。在该语境内，我们仅仅考虑在第 6 步和第 7 步中说明的活动的直接错误条件，问题的答案还是肯定的。带有摄像机图标的房屋平面图可能还没有配置过，这样选择"选取摄像机"就导致错误的条件："没有为该房屋配置平面设计图"⊖。该错误条件就成为一个次场景。

在这一步，参与者有没有可能遇到一些其他行为？问题的答案再一次是肯定的。当第 6 步和第 7 步发生时，系统可能遇到警报。这将导致系统显示特殊的警报通知（类型，位置，系统动作），并为操作者提供与警报性质有关的一些选项。因为这个次场景可以在所有的实际交互中发生，所以不会成为 ACS-DCV 用例的一部分。而且，我们将开发一个单独的用例——**遇到警报条件**——这个用例可以被其他用例引用。

前面段落描述的每种情景都是以客户用例的异常处理为特征的。异常处理描述了这样一种情景（可能是失败条件或参与者选择了替代方案），该场景导致系统展示出某些不同的行为。 <!-- 134 -->

Cockburn[Coc01b] 推荐使用"头脑风暴"来推动团队合理地完成每个用例中一系列的异常处理。除了本节前面提到了三个常规问题外，还应该研究下面的问题：

- 在这个用例中是否有某些具有"确认功能"的用例出现？包括引用确认功能，以及可能出现的出错条件。
- 在这些用例中是否有支持功能（或参与者）的应答失败？例如，某个用户动作是等待应答，但该功能已经应答超时了。
- 性能差的系统是否会导致无法预期或不正确的用户活动？例如，一个基于 Web 或移动的接口应答太慢，导致用户在处理按钮上已经做了多重选择。这些选择队列最终不恰当地生成了一个出错条件。

其他问题和回答将继续扩充这份列表，使用下面的标准可使这些问题合理化 [Co01b]：用例应该注明异常处理，即如果软件能检测出异常所发生的条件就应该马上处理这个条件。在某些情况下，异常处理可能拖累其他用例处理条件的开发。

8.2.3 编写用例

8.2.2 节表述的非正式用例对于需求建模常常是够用的。但是，当用例需要包括关键活动或描述一套具有大量异常处理的复杂步骤时，我们就会希望采用更为正式的方法。

⊖ 在该例子中，另一位参与者——系统管理员必须配置平面图、安装并初始化（如分配设备编号）所有的摄像头，并且测试每个摄像头以确保可以通过系统和平面图进行访问。

在 SafeHome 中的 ACS-DCV 用例把握了正式用例的典型描述要点。在以下的 SafeHome 中：情境目标确定了用例的全部范围。前提条件描述在用例初始化前应该知道哪些信息。触发器确定"用例开始"的事件或条件 [Coc01b]。场景列出参与者和恰当的系统应答所需要的特定活动。异常处理用于细化初始用例时没有涉及的情景（8.2.2 节）。此外还可能包含其他主题，并给出合理的自我解释。

大多数开发人员喜欢在使用用户故事创建用例时创建图形化表示。图形化表示可以帮助所有利益相关者更好地理解问题，尤其是在复杂场景的情况下。正如我们在本书前面所提到的，UML 提供了图形化表现用例的能力。图 8-2 为 SafeHome 产品描述了一个初步的用例图。用例图帮助表明场景中用例之间的关系。每个用例由一个椭圆表示。本节仅详细讨论了 ACS-DCV。

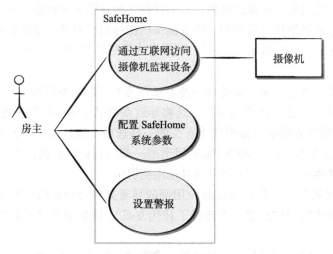

图 8-2　SafeHome 系统的初步用例图

SafeHome　监视的用例模板

用例：通过互联网访问摄像机监视设备 — 显示摄像机视图（ACS-DCV）。

迭代：2。最新更改记录：V. Raman，1 月 14 日。

主要参与者：房主。

情境目标：从任何远程地点通过互联网查看遍布房间的摄像头输出。

前提条件：必须完整配置系统；必须获得正确的账号和密码。

触发器：房主在远离家的时候决定查看房屋内部。

场景：

1. 房主登录 SafeHome 产品网站。

2. 房主输入他的账号。

3. 房主输入两个密码（每个都至少有 8 个字符的长度）。

4. 系统显示所有的主要功能按钮。

5. 房主从主要功能按钮中选择"监视"。

6. 房主选择"选取摄像机"。

7. 系统显示房屋的平面设计图。

8. 房主从房屋的平面设计图中选择某个摄像机的图标。

9. 房主选择"视图"按钮。

10. 系统显示一个由摄像机编号确定的视图窗口。

11. 系统在视图窗口中以每秒一帧的速度显示视频输出。

异常处理：

1. 账号或密码不正确或不被确认——参见用例"确认账号和密码"。
2. 没有为该系统配置监视功能——系统显示恰当的错误消息，参见用例"配置监视功能"。
3. 房主选择"查看所有摄像机的缩略视图快照"——参见用例"查看所有摄像机的缩略视图快照"。
4. 平面设计图不可用或是还没有配置——显示恰当的错误消息，参见用例"配置平面设计图"。
5. 遇到警报条件——参见用例"遇到警报条件"。

优先级：必须在基础功能之后实现中等优先级。

何时有效：第三个增量。

使用频率：频率较低。

参与者的连接渠道：通过基于个人计算机的浏览器和互联网连接到 SafeHome 网站。

次要参与者：系统管理员，摄像机。

次要参与者的连接渠道：

1. 系统管理员：基于个人计算机的系统。
2. 摄像机：无线连接。

未解决的问题：

1. 用什么机制保护 SafeHome 产品的雇员在未授权的情况下能使用该功能？
2. 足够安全吗？黑客入侵该功能将使最主要的个人隐私受侵。
3. 在给定摄像机视图所要求的带宽下，可以接受通过互联网的系统响应吗？
4. 若可以使用高带宽的连接，能开发出比每秒一帧更快的视频速度吗？

　　每种建模注释方法都有其局限性，UML 用例方法也不例外。和其他描述形式一样，用例的好坏取决于它的描述者。如果描述不清晰，用例可能会误导或有歧义。用例关注功能和行为需求，一般不适用于非功能需求。对于必须特别详细和精准的需求建模情境（例如安全关键系统），用例方法就不够用了。

　　然而，软件工程师遇到的绝大多数情境都适用基于场景建模。如果开发得当，用例作为一个建模工具将带来很多益处。

8.3　基于类建模

　　当你环顾房间时，就可以发现一组容易识别、分类和定义（就属性和操作而言）的物理对象。但当你"环顾"软件应用的问题空间时，了解类（和对象）就没有那么容易了。

8.3.1　识别分析类

　　通过检查需求模型（8.2 节）开发的使用场景，并对系统开发的用例进行"语法解析"[Abb83]，我们就可以开始进行类的识别了。可以通过对每个名词或名词短语标下划线，并把它们输入到一个简单的表中来确定类。同义词也要注明。如果要求某个类（名词）实现一个解决方案，那么这个类就是解决方案空间的一部分；否则，如果只要求某个类描述一个解决方案，那么这个类就是解决方案空间的一部分。

　　一旦分离出所有的名词，我们该寻找什么？分析类表现为如下方式之一。

- 外部实体（例如其他系统、设备、人员）：产生或使用信息以供基于计算机的系统使用。
- 事物（例如报告、显示、字母、信号）：问题信息域的一部分。
- 偶发事件或事件（例如所有权转移或完成机器人的一组移动动作）：在系统操作环境

135
～
137

内发生。

- 角色（例如经理、工程师、销售人员）：由和系统交互的人员扮演。
- 组织单元（例如部门、组、团队）：和某个应用系统相关。
- 场地（例如制造车间或码头）：建立问题的环境和系统的整体功能。
- 结构（例如传感器、四轮交通工具、计算机）：定义了对象的类或与对象相关的类。

这种分类只是文献中已提出的大量分类之一⊖。例如，Budd[Bud96] 提出了一种类的分类法，包括数据产生者（源点）、数据使用者（汇点）、数据管理者、查看或观察者类以及帮助类。

为了说明在建模的早期阶段如何定义分析类，考虑对 SafeHome 安全功能的"处理说明"⊖进行语法解析（对第一次出现的名词加下划线，第一次出现的动词采用斜体）。

SafeHome 安全功能允许房主在安装时配置安全系统，监控所有连接到安全系统的传感器，通过互联网、计算机或控制面板和房主交互信息。

在安装过程中，用 SafeHome 个人计算机来设计和配置系统。为每个传感器分配编号和类型，用主密码控制启动和关闭系统，而且当传感器事件发生时会拨打输入的电话号码。

识别出一个传感器事件时，软件激活装在系统上的发声警报，由房主在系统配置活动中指定的延迟时间结束后，软件拨打监控服务的电话号码并提供位置信息，报告检测到的事件性质。电话号码将每隔20秒重拨一次，直至电话连接建立。

房主通过控制面板、个人计算机或浏览器（统称为接口）来接收安全信息。接口在控制面板、计算机或浏览器窗口中显示提示信息和系统状态信息。房主采用如下形式进行交互活动……

[138]

抽取这些名词，可以获得如下表所示的一些潜在类：

潜在类	一般分类
房主	角色或外部实体
传感器	外部实体
控制面板	外部实体
安装	事件
系统（别名安全系统）	事物
编号，类型	不是对象，是传感器的属性
主密码	事物
电话号码	事物
传感器事件	事件
发声警报	外部实体
监控服务	组织单元或外部实体

这个表应不断完善，直到已经考虑到了处理说明中所有的名词。注意，我们称列表中的每一输入项为"潜在"对象，在进行最终决定之前还必须对每一项都深思熟虑。

Coad 和 Yourdon[Coa91] 建议了 6 个选择特征，在分析模型中，分析师考虑每个潜在类是否应该使用如下这些特征。

⊖ 另一种重要的分类是指定义实体、边界和控制类，在 10.3 节中讨论。

⊖ "处理说明"在样式上与用例相似，但目标稍有不同。"处理说明"提供了将要开发功能的整体说明，而不是从某个参与者的角度写的场景。但是要注意很重要的一点，在需求收集（获取）部分也会使用语法解析来开发每个用例。

1. 保留信息。只有记录潜在类的信息才能保证系统正常工作，这样潜在类才能在分析过程中发挥作用。
2. 所需服务。潜在类必须具有一组可确认的操作，这组操作能用某种方式改变类的属性值。
3. 多个属性。在需求分析过程中，焦点应在于"主"信息；事实上，只有一个属性的类可能在设计中有用，但是在分析活动阶段，最好把它作为另一个类的某个属性。
4. 公共属性。可以为潜在类定义一组属性，这些属性适用于类的所有实例。
5. 公共操作。可以为潜在类定义一组操作，这些操作适用于类的所有实例。
6. 必要需求。在问题空间中出现的外部实体，以及任何系统解决方案运行时所必需的生产或消费信息，几乎都被定义为需求模型中的类。

考虑包含在需求模型中的合法类，潜在类应几乎全部满足这些特征。判定潜在类是否应包含在分析模型中多少有点主观，而且后面的评估可能会舍弃或恢复某个类。然而，基于类建模的首要步骤就是定义类，因此必须进行决策（即使是主观的）。以此为指导，根据上述选择特征进行了筛选，分析师列出 SafeHome 潜在类，如下表所示。 139

潜在类	适用的特征编号
房主	拒绝：6 适用，但是 1、2 不符合
传感器	接受：所有都适用
控制面板	接受：所有都适用
安装	拒绝
系统（别名安全系统）	接受：所有都适用
编号，类型	拒绝：3 不符合，这是传感器的属性
主密码	拒绝：3 不符合
电话号码	拒绝：3 不符合
传感器事件	接受：所有都适用
发声警报	接受：2、3、4、5、6 适用
监控服务	拒绝：6 适用，但是 1、2 不符合

应注意：（1）上表并不全面，所以必须添加其他类以使模型更完整；（2）某些被拒绝的潜在类将成为被接受类的属性（例如，编号和类型是 Sensor 的属性，主密码和电话号码可能成为 System 的属性）；（3）对问题的不同陈述可能导致做出"接受或拒绝"的不同决定（例如，如果每个房主都有个人密码或通过声音确认，Homeowner 类就有可能接受并满足特征 1 和 2）。

8.3.2　定义属性和操作

属性描述已经选择包含在需求模型中的类。属性定义类，以澄清类在问题空间的环境下意味着什么。

为了给分析类开发一个有意义的属性集合，软件工程师应该研究用例并选择那些合理的"属于"类的"事物"。此外，每个类都应回答如下问题：什么数据项（组合项或基本项）能够在当前问题环境内完整地定义这个类？

为了说明这个问题，考虑为 SafeHome 定义 System 类。房主可以配置安全功能以反映传感器信息、警报响应信息、激活或者关闭信息、识别信息等。我们可以用如下方式表现这些组合数据项：

$$识别信息 = 系统编号 + 确认电话号码 + 系统状态$$
$$警报应答信息 = 延迟时间 + 电话号码$$
[140]
$$激活或者关闭信息 = 主密码 + 允许重试次数 + 临时密码$$

等式右边的每一个数据项可以进一步地细化到基础级，但是考虑到我们的目标，可以为 System 类组成一个合理的属性列表（图 8-3）。

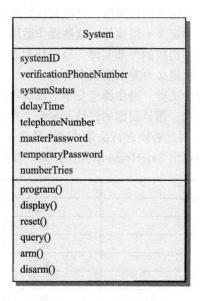

图 8-3　System 类的类图

传感器是整个 SafeHome 系统的一部分，但是并没有列出如图 8-3 所示的数据项或属性。已经定义 Sensor 为类，多个 Sensor 对象将和 System 类关联。通常，如果有超过一个项和某个类相关联，就应避免把这个项定义为属性。

操作定义了某个对象的行为。尽管存在很多不同类型的操作，但通常可以粗略地划分为 4 种类型：（1）以某种方式操作数据（例如添加、删除、重新格式化、选择）；（2）执行计算的操作；（3）请求某个对象的状态的操作；（4）监视某个对象发生某个控制事件的操作。这些功能通过在属性或相关属性（8.3.3 节）上的操作来实现。因此，操作必须"理解"类的属性和相关属性的性质。

8.3.3　UML 类模型

在第一次迭代要导出一组分析类的操作时，可以再次研究处理说明（或用例）并合理地选择属于该类的操作。为了实现这个目标，可以再次研究语法解析并分离动词。这些动词
[141]
中的一部分将是合法的操作并能够很容易地连接到某个特定类。例如，从本章前面提出的 SafeHome 处理说明中可以看到，"为传感器分配编号和类型""主密码用于激活和解除系统"，这些短语表明：

- assign() 操作和 Sensor 类相关联。
- program() 操作应用于 System 类。
- arm() 和 disarm() 应用于 System 类。

[场景] Ed 的办公室，开始进行分析建模。

[人物] Jamie、Vinod 和 Ed，SafeHome 软件工程团队的成员。

[对话]

Ed 一直努力从 ACS-DCV 的用例模板（在本章前面已有介绍）中提取类，并向他的同事展示了已经提取的类。

Ed： 那么当房主希望选择一个摄像机的时候，他必须从一个平面设计图中进行选择。我已经定义了一个 FloorPlan 类，这个图在这里。

（他们查看图 8-4。）

Jamie： FloorPlan 这个类把墙、门、窗和摄像机都组织在一起。这就是那些标记线的意义，是吗？

Ed： 是的，它们被称作"关联"，一个类根据我在图中所表示的关联关系和另一个类相关联（在 8.3.3 节中讨论关联）。

Vinod： 那么实际的平面设计图是由墙构成的，并包含摄像机和放置在那些墙中的传感器。平面设计图如何知道在哪里放置那些对象？

Ed： 平面设计图不知道，但是其他类知道。例如查看属性 WallSegment，该属性用于构建墙，墙段（WallSegment）具有起点坐标和终点坐标，其他由 draw() 操作完成。

Jamie： 这些也适用于门窗。看起来摄像机有一些额外的属性。

Ed： 是的，我要求它们提供转动信息和缩放信息。

Vinod： 我有个问题，为什么摄像机有 ID 编号而其他对象没有呢？我注意到有个属性叫 nextWall。WallSegment 如何知道什么是下一堵墙？

Ed： 好问题，但正如他们所说，那是由设计决定的，所以我将推迟这个问题直到……

Jamie： 让我休息一下……我打赌你已经想出办法了。

Ed（羞怯地笑了笑）： 确实，当我们开始设计时我要采用列表结构来建模。如果你坚信分析和设计是分离的，那么我安排的详细程度等级就有问题了。

Jamie： 对我而言看上去非常好。只是我还有一些问题。

（Jamie 问了一些问题，因此做了一些小的修改。）

Vinod： 你有每个对象的 CRC 卡吗？如果有，我们应该进行角色演练，以确保没有任何遗漏。

Ed： 我不太清楚如何做。

Vinod： 这不难，而且确实有用，我给你演示一下。

再进一步研究，program() 操作很可能被划分为一些配置系统所需的更具体的子操作。例如，program() 隐含着电话号码、配置系统特性（如创建传感器表、输入警报特征值）和输入密码。但是我们暂时把 program() 指定为一个单独的操作。

另外，对于语法解析，分析师能通过考虑对象间所发生的通信获得对其他操作更为深入的了解。对象通过传递信息与另一个对象通信。在继续对操作进行说明之前，我们探测到了更详实的信息。

在许多情况下，两个分析类以某种方式彼此关联。在 UML 中，这些关系称为关联。如图 8-4，通过标识 FloorPlan 与两个其他类 Camera 和 Wall 之间的一组关联来定义 FloorPlan 类。Wall 类与三个允许构建墙的类相关联，即 WallSegment、Window 和 Door。

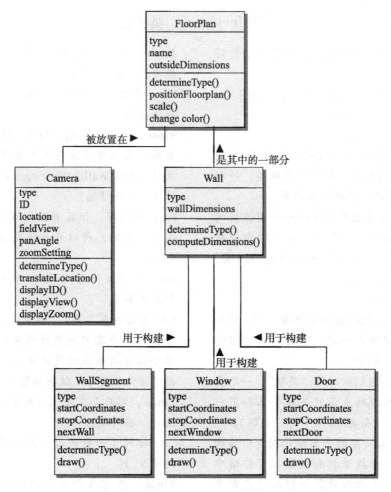

图 8-4 FloorPlan 的类图

8.3.4 类 – 职责 – 协作者建模

类 – 职责 – 协作者（Class-Responsibility-Collaborator，CRC）建模 [Wir90] 提供了一个简单方法，可以识别和组织与系统或产品需求相关的类。CRC 模型可以看作是索引卡的集合。每个索引卡的左侧都有一个职责列表，而右侧是可以履行这些职责的相应的协作者（图 8-5）。职责是和类相关的属性和操作。协作者是提供完成某个职责所需要信息或动作的类。FloorPlan 类的一个简单 CRC 索引卡如图 8-5 所示。

CRC 卡上所列出的职责只是初步的，可以添加或修改。在职责栏右边的 Wall 和 Camera 是需要协作的类。

类。在前面的 8.3.1 节中已经介绍了识别类和对象的基本原则。

职责。8.3.2 节介绍了识别职责（属性和操作）的基本原则。

协作。类用一种或两种方法来实现其职责：（1）类可以使用其自身的操作控制各自的属性，从而实现特定的职责；（2）类可以和其他类协作。要识别协作可以通过确认类本身是否能够实现自身的每个职责。如果不能实现每个职责，那么需要和其他类交互。

例如，考虑 SafeHome 的安全功能。作为活动流程的一部分，ControlPanel 对象必须确定是否启动所有的传感器，定义名为 determine-sensor-status() 的职责。如果传感器是开启的，那么 ControlPanel 必须设置属性 status 为"未准备好"。传感器信息可以从每个 Sensor 对象获取，只有当 ControlPanel 和 Sensor 协作时才能实现 determine-sensor-status() 职责。

类：FloorPlan	
说明	
职责：	协作者：
定义住宅平面图的名称/类型	
管理住宅平面图布局	
缩放显示住宅平面图	
合并墙壁、门和窗户	Wall
显示摄像机的位置	Camera

图 8-5　CRC 模型索引卡

当开发出一个完整的 CRC 模型时，利益相关者代表可以使用如下方法评审模型 [Amb95]。

1. 所有参加（CRC 模型）评审的人员拿到一部分 CRC 模型索引卡。每个评审员不能有两张存在协作关系的卡片。
2. 评审组长细致地阅读用例。当评审组长看到一个已命名的对象时，给拥有相应类索引卡的人员一个令牌。
3. 当令牌传递时，该类卡的拥有者需要描述卡上记录的职责。评审组确定（一个或多个）职责是否满足用例需求。
4. 如果发现错误，则对索引卡进行修改。修改可能包括定义新类（和相关的 CRC 索引卡），或者在已有的卡上修改职责和协作列表。

SafeHome　CRC 模型

[场景] Ed 的办公室，刚开始需求建模。

[人物] Vinod 和 Ed，SafeHome 软件工程团队成员。

[对话]

（Vinod 已经决定通过一个例子向 Ed 展示如何开发 CRC 卡。）

Vinod：在你着手于监视功能而 Jamie 忙着安全功能的时候，我在准备住宅管理功能。

Ed：情况怎样？市场营销人员的想法总是在变化。

Vinod：这是整个功能的第一版用例……我们已经改进了一点，它应该能提供一个整体视图。

用例：SafeHome 住宅管理功能。

说明：我们希望通过移动设备上的住宅管

理接口或互联网连接，来控制有无线接口控制器的电子设备。系统应该允许我打开或关闭指定的灯，控制连接到无线接口的设备，设置取暖和空调系统达到预定温度。为此，我希望从房屋平面图上选择设备。每个设备必须在平面图上标识出来。作为可选的特性，我希望控制所有的视听设备——音响设备、电视、DVD、数字录音机等。

通过不同选项就能够针对各种情况设置整个房屋，第一个选项是"在家"，第二个是"不在家"，第三个是"彻夜不归"，第四个是"长期外出"。所有这些情况都适用于所有设备的设置。在彻夜不归和长期外出时，系统将以随机的间隔时间开灯和关灯（以造成有人在家的错觉），并控制取暖和空调系统。我应能够通过有适当密码保护的互联网撤销这些设置……

Ed：那些负责硬件的伙计已经设计出所

有的无线接口了吗？

Vinod（微笑）：他们正在忙这个，据说没有问题。不管怎样，我从住宅管理中提取了一批类，我们可以用一个做例子。就以HomeManagementInterface 类为例吧！

Ed：好，那么职责是什么？类及协作者们的属性和操作是那些职责所指向的类。

Vinod：我想你还不了解 CRC。

Ed：这样，看 HomeManagementInterface卡，当调用 accessFloorPlan() 操作时，将和 FloorPlan 对象协作，类似我们为监视开发的对象。等一下，我这里有它的说明（他们查看图 8-4）。

Vinod：确实如此。如果我们希望评审整个类模型，可以从这个索引卡开始，然后到协作者的索引卡，再到协作者的协作者的索引卡，依此类推。

Ed：这真是个发现遗漏和错误的好方法。

Vinod：的确如此。

8.4 功能建模

功能模型处理两个应用程序处理元素，每个元素代表不同层次的过程抽象：（1）用户可观察到的功能是由应用程序提供给最终用户的；（2）分析类中的操作实现与类相关的行为。

用户可观察的功能包括由用户直接启动的任何处理功能。例如，金融移动 App 可以实现各种财务功能（例如，支付抵押贷款的计算）。可以使用分析类中的操作来实现这些功能，但是从最终用户的角度来看，这些功能（更正确地说，这些功能所提供的数据）是可见的结果。

在更低层次的过程抽象中，需求模型描述了要由分析类操作执行的处理。这些操作可以操纵类的属性，并参与类之间的协作以完成所需要的行为。

8.4.1 过程视图

无论过程抽象的层次如何，UML 活动图都可以用来表示处理细节。从分析阶段，仅在功能相对复杂的情况下才会使用活动图。许多移动 App 的复杂性不是来自提供的功能，而是与可访问信息的性质和操作这些信息的方式相关。

UML 活动图通过提供特定场景内交互流的图形化表示来补充用例，类似于流程图。活动图（图 8-6）使用圆角矩形表示特定的系统功能，箭头表示通过系统的流，菱形表示决策分支（标记菱形发出的每个箭头），实水平线表示并行发生的活动。

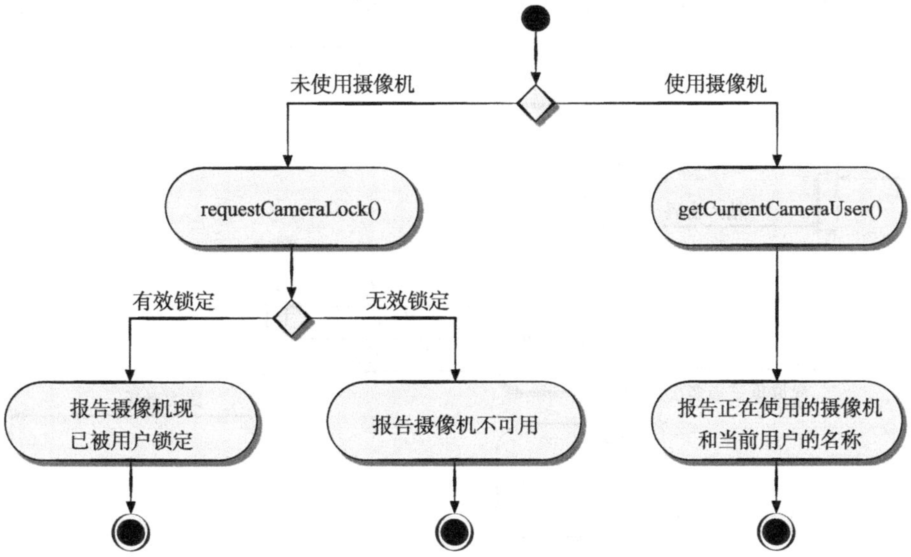

图 8-6　takeControlOfCamera() 操作的活动图

例如，在 SafeHomeAssured.com 中，一个相对复杂的功能可以由一个用例来描述，该用例名为"获取有关我的空间中传感器布局的建议"。用户已经为要监控的空间开发了一个布局。在该用例中，选择该布局并要求传感器置于建议的位置。SafeHomeAssured.com 用该布局的图形表示作为响应，并提供有关传感器推荐位置的其他信息。交互非常简单，内容有些复杂，而其底层功能非常复杂。该系统必须对地面布局进行相对复杂的分析，以确定最优的一组传感器。它必须检查房间面积、门窗的位置，并与传感器的功能和技术要求进行协调。这绝不是个小任务！一组活动图可用于描述这个用例所做的处理。

第二个示例是名为"控制摄像机"的用例。在这个用例中，交互相对简单，但是存在潜在的复杂功能，因为这些"简单"操作需要通过访问互联网和远程设备进行复杂通信。当多个已经授权的人员同时试图监视和 / 或控制某个传感器时，便可能出现更复杂的情况，这与控制权协商有关。

图 8-6 描绘了 takeControlOfCamera() 操作的活动图，它是控制摄像机用例中所用摄像机分析类的一部分。应该注意的是，过程流将调用另外两个操作：requestCameraLock() 尝试为用户锁定摄像机；getCurrentCameraUser() 获取当前正在控制这台摄像机的用户名称。在软件设计开始之前，暂不考虑描述如何调用这些操作的结构细节以及每个操作的接口细节。

[147]

8.4.2　UML 顺序图

UML 顺序图可用于行为建模。顺序图还可用于显示事件如何引发从一个对象到另一个对象的转移。一旦通过检查用例确定了事件，建模人员就创建了一个顺序图，即用时间函数表示事件是如何引发从一个对象流到另一个对象。顺序图是用例的简化版本，它表示了导致行为从一个类流到另一个类的关键类和事件。

图 8-7 给出了 SafeHome 安全功能的部分顺序图。每个箭头表示一个事件（源自一个用

例），并说明了事件如何在 SafeHome 对象之间传递行为。时间是纵向（向下）测量的，窄的纵向矩形表示处理某个活动所花费的时间。沿着纵向的时间线可以显示出对象的状态。

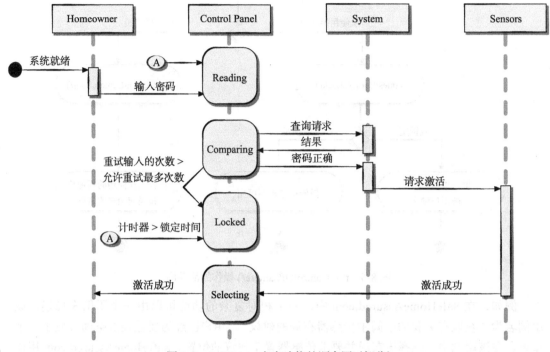

图 8-7 SafeHome 安全功能的顺序图（部分）

第一个事件系统就绪来自外部环境，并将行为传递给对象 Homeowner。房主输入密码。查询请求事件传递给 System，它在一个简单的数据库中查找密码，并向 ControlPanel（现在处于比较状态）返回结果（找到或未找到）。有效的密码会导致系统产生密码正确事件，该事件会通过请求激活事件激活传感器。最终，激活成功事件将控制返回到房主。

一旦构建了完整的序列图，就可以将导致系统对象之间转换的所有事件整理为一组输入事件和输出事件集合（来自对象）。对于将要构建的系统而言，这些信息对于创建系统的有效设计很有用。

8.5 行为建模

行为模型显示了软件如何对内部/外部事件或激励做出响应。对于将要构建的系统而言，这些信息对于创建系统的有效设计很有用。UML 活动图可用于对系统元素如何响应内部事件进行建模，UML 状态图可用于对系统元素如何响应外部事件进行建模。

要生成模型，分析师必须按如下步骤进行：（1）评估所有的用例，以保证完全理解系统内的交互顺序；（2）识别驱动交互顺序的事件，并理解这些事件如何与特定的对象相互关联；（3）为每个用例生成序列；（4）创建系统状态图；（5）评审行为模型以验证准确性和一致性。在下面的几节中将讨论每个步骤。

8.5.1 识别用例事件

在 8.3.3 节中，我们知道用例表现了涉及参与者和系统的活动顺序。一般而言，只要系统和参与者之间交换了信息就发生事件。事件应该不是被交换的信息，而是已交换信息的事实。

为了说明如何从信息交换的角度检查用例，让我们再来考察 SafeHome 安全功能中的一部分用例。

房主使用键盘键入 4 位密码。系统将该密码与已保存的有效密码相比较。如果密码不正确，控制面板将鸣叫一声并复位以等待下一次输入；如果密码正确，控制面板等待进一步的操作。

用例场景中加下划线的部分表示事件。应确认每个事件的参与者，应标记交换的所有信息，而且应列出所有条件或限制。

举个典型事件的例子，考虑加下划线的用例短语"房主使用键盘键入 4 位密码"。在需求模型的环境下，对象 Homeowner[⊖] 向对象 ControlPanel 发送一个事件。这个事件可以称作输入密码。传输的信息是组成密码的 4 位数字，但这不是行为模型的本质部分。重要的是注意某些事件对用例的控制流有明显影响，而其他事件对控制流没有直接影响。例如，事件输入密码不会明显地改变用例的控制流，但是事件比较密码（从与事件"系统将该密码与保存的有效密码相比较"的交互中得到）的结果将明显影响到 SafeHome 软件的信息流和控制流。

一旦确定了所有的事件，这些事件将被分配到所涉及的对象，对象负责生成事件（例如，Homeowner 房主生成输入密码事件）或识别已经在其他地方发生的事件（例如，ControlPanel 控制面板识别比较密码事件的二元结果）。

8.5.2　UML 状态图

在行为建模中，必须考虑两种不同的状态描述：（1）系统执行其功能时每个类的状态；（2）系统执行其功能时从外部观察到的系统状态。

类状态具有被动和主动两种特征 [Cha93]。被动状态只是某个对象属性的当前值。对象的主动状态指的是对象进行持续变换或处理时的当前状态。事件（有时称为触发器）必须发生以迫使对象做出从一个主动状态到另一个主动状态的转移。

分析类的状态图。UML 状态图[⊖]是行为模型的一个组成部分，该图为每个类呈现了主动状态和导致这些主动状态发生变化的事件（触发器）。图 8-8 举例说明了 SafeHome 安全功能中 ControlPanel 类的状态图。

图 8-8 中显示的每个箭头表示某个对象从一个主动状态转移到另一个主动状态。每个箭头上的标注都体现了触发状态转移的事件。尽管主动状态模型在提供对象的"生命历史"信息方面非常有用，但也能提供另外一些信息以便更深入地理解对象的行为。除了说明导致转移发生的事件外，分析师还可以说明守卫和动作 [Cha93]。守卫是为了保证转移发生而必须满足的一个布尔条件。例如，图 8-8 中从"Reading"（读取）状态转移到"Comparing"（比较）状态的守卫可以由检查用例来确定：

```
if (password input = 4 digits) then compare to stored password
```

⊖　在此示例中，我们假设与 SafeHome 进行交互的每个用户（房主）都有确认的密码，因此都是合法的对象。

⊖　如果读者不熟悉 UML，附录 1 中有这些重要建模符号的简要介绍。

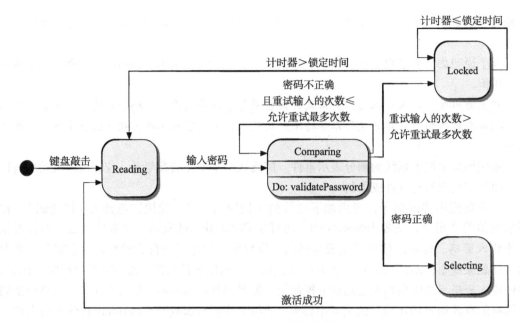

图 8-8　ControlPanel 类的状态图

　　一般而言，转移的守卫通常依赖于某个对象的一个或多个属性值。换句话说，守卫依赖于对象的被动状态。

　　动作是与状态转移同时发生的，或者作为状态转移的结果，通常包含对象的一个或多个操作（职责）。例如，和输入密码事件（见图 8-8）相关联的动作是由 validatePassword() 操作的，该操作访问 password 对象并通过执行按位比较来验证输入的密码。

8.5.3　UML 活动图

　　UML 活动图在特定场景内通过提供迭代流的图形化表示来补充用例。许多软件工程师喜欢将活动图描述为表示系统如何对内部事件做出反应的一种方式。

　　ACS-DCV 用例的活动图如图 8-9 所示。应注意活动图增加了额外的细节，而这些细节是用例不能直接描述的（隐含的）。例如，用户可以尝试有限次数地输入账号和密码。判定菱形代表以下内容：“提示重新输入。”

　　UML 泳道图是活动图的一种有用的变形，允许建模人员表示用例所描述的活动流，同时指出哪个参与者（如果在某个特定用例中涉及了多个参与者）或分析类（8.3.1 节）负责由活动矩形所描述的活动。职责由纵向分割图中的并行条表示，就像游泳池中的泳道。

150
～
151

　　三种分析类——房主、摄像机和接口——对于图 8-9 所表示的活动图中的情景具有直接或间接的职责。参考图 8-10 所示，重新排列活动图，和某个特殊分析类相关的活动按类落入相应的泳道中。例如，接口类表示房主可见的用户接口。活动图标记了接口的两个提示——“提示重新输入”和“提示另一视图”。这些提示以及与此相关的判定都落入了接口泳道。但是，从该泳道发出的箭头返回到房主泳道，是因为房主的活动在房主泳道中发生。

　　用例以及活动图和泳道图都是以过程为导向的。总之，它们可以一起表示各种参与者调用特定功能（或其他过程步骤）以满足系统需求的方式。

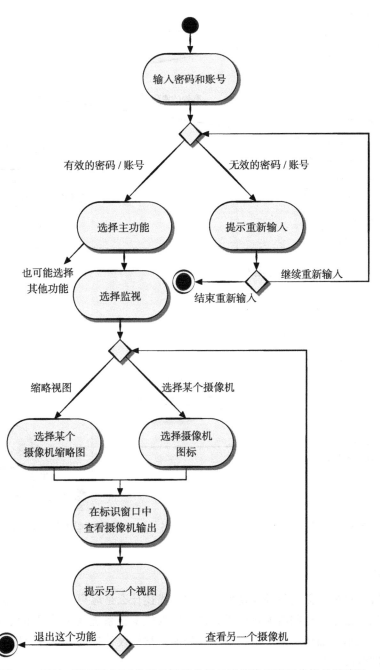

图 8-9 通过互联网访问摄像机监视设备并显示摄像机视图功能的活动图

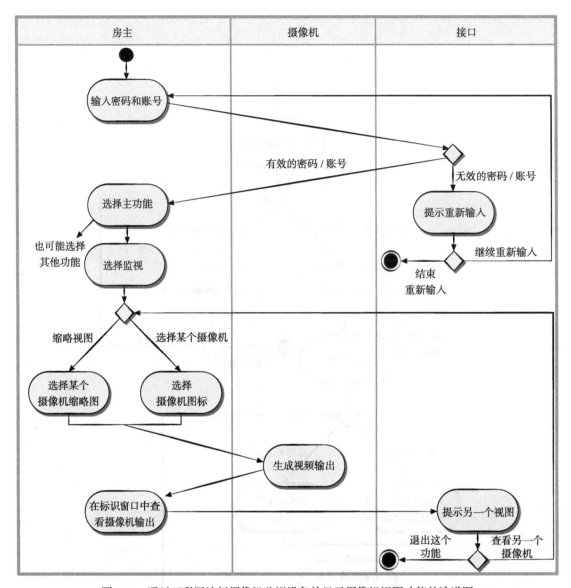

图 8-10　通过互联网访问摄像机监视设备并显示摄像机视图功能的泳道图

8.6　小结

需求建模的目标是创建各种表现形式，用其描述什么是客户需求，为生成软件设计建立基础，一旦软件建立，这些需求将用于验证。需求模型在系统级表示层和软件设计之间构造了桥梁。系统表示层描述了整个系统和业务功能，软件设计描述了软件应用的体系结构、用户接口和构件级的结构。

基于场景的模型从用户的角度描述软件需求。用例是主要的建模元素，它以叙述方式或以模板驱动方式描述了参与者和软件之间的交互活动。在需求获取过程中得到的用例定义了特定功能或交互活动的关键步骤。用例的正式程度和详细程度各不相同，但它们可以为所有的其他分析建模活动提供必要的输入。还可以使用活动图说明场景，活动图是描述特定场景内的处理流的图形表示形式。用例中的时序关系可以使用顺序图来建模。

为了识别分析类，基于类的建模使用从用例和其他编写的应用描述中导出的信息。可以使用语法解析从文本说明中提取候选类、属性和操作，并使用解析结果制定用于定义类的标准。

CRC索引卡可以用于定义类之间的联系。此外，可以使用各种UML建模方法定义类之间的层次、关系、关联、聚合和依赖。

在需求分析阶段的行为建模描述了软件的动态行为。行为模型采用来自基于场景和基于类的输入来表达分析类的状态。为达到这一目的，要识别状态，定义引起类（或系统）由一个状态转换到另一状态的事件，还要识别完成转换后发生的活动。UML状态图、活动图、泳道图和顺序图可以被用于行为建模。

习题与思考题

8.1 有没有可能在需求模型创建后立即开始编码？解释你的答案，然后说服反方。

8.2 一个单凭经验的分析原则指出模型"应该关注在问题域或业务域中可见的需求"。在这些域中哪些类型的需求是不可见的？提供一些例子。

8.3 某个大城市的公共工程部决定开发基于Web的路面坑洼跟踪和修补系统（PHTRS）。说明如下：市民可以登录Web站点报告路面坑洼的地点和严重程度。上报后，该信息将记入"公共工程部维修系统"，分配一个标识号，保存如下信息：街道地址、大小（比例从1到10）、位置（中央、路边等）、地区（由街道地址确定）以及修补优先级（由坑洼大小确定）。工作订单数据和每个坑洼有关联，数据包含坑洼位置和大小、维修组标识号、维修组内人员数量、分配的设备、修复耗时、坑洼状态（正在处理中、已修复、临时修复、未修复）、使用的填充材料数量以及修复成本（根据修复耗时、人员数量、材料和使用的设备计算）。最后，生成损失文件以便保存该坑洼所造成的损失报告信息，并包含公民的姓名、地址、电话号码、损失类型、损失金额。PHTRS基于在线系统，可交互地进行所有查询。

为PHTRS系统画出UML用例图，你必须对用户和系统的交互方式做一些假设。

8.4 编写2~3个用例描述习题8.3中PHTRS系统中的各种参与者的角色。

8.5 为PHTRS系统的某个部分开发一个活动图。

8.6 为PHTRS系统的一个或多个部分开发一个泳道图。

8.7 为习题8.3中的PHTRS系统开发一个类模型。

8.8 为习题8.3所选的产品或系统开发一组完整的CRC模型索引卡。

8.9 和你的同事一起评审CRC索引卡，评审结果中增加了多少类、职责和协作者？

8.10 如何区分状态图和顺序图？它们有何相似之处？

设 计 概 念

要 点 概 览

概念: 几乎每位工程师都希望做设计工作。设计体现了创造性——需求和技术考虑都集中地体现在产品或系统的形成中。设计创建了软件的表示或模型,并且提供了软件体系结构、数据结构、接口和构件的细节,而这些都是实现系统所必需的。

人员: 软件工程师负责处理每一项设计任务并且持续同利益相关者沟通。

重要性: 在设计阶段,要对需要构建的系统或产品进行建模。在生成代码、进行测试以及使大量终端用户参与之前,可以评估设计模型的质量并进行改进。

步骤: 设计利用了软件的几种不同表示形式。首先,必须对系统或产品的体系结构进行建模;其次,表示各类接口,这些接口在软件和最终用户、软件和其他系统与设备以及软件和自身组成的构件之间起到连接作用;最后,设计构成系统的软件构件。

工作产品: 在软件设计过程中,包含体系结构、接口、构件级和部署表示的设计模型是主要的工作产品。

质量保证措施: 软件团队(包含利益相关者)从以下各方面来评估设计模型:确定设计模型是否存在错误、不一致或遗漏;是否存在更好的可选方案;设计模型是否可以在已经设定的约束、时间进度和成本内实现。

软件设计包括一系列原理、概念和实践,可以指导开发高质量的系统或产品。设计原理建立了指导设计工作的最重要原则。在运用设计实践的技术和方法之前,必须先理解设计概念,设计实践本身会产生软件的各种表示,以指导随后的构建活动。

设计是软件工程是否成功的关键。一些开发人员倾向于一旦完成用例创建就开始编码,而不考虑实现用例所需的软件构件之间的相互关系。可以在创建软件增量的同时,迭代地进行分析、设计和实现。在为不断演化的软件产品创建适当的体系结构时,忽略所需关注的设计注意事项是不恰当的。技术债务是软件开发中的一个概念,它涉及与返工相关的成本,这些成本是由于现在选择"快速而粗糙的"解决方案而导致的,而不是使用会花费更多时间的更好方法。增量地构建软件产品时,不可避免地会产生技术债务。但是,优秀的开发团队必须设法通过定期重构(9.3.9 节)软件来减少技术债务。就像贷款一样,可以等到贷款到期后支付大量利息,或者也可以一次还清一点贷款,从而减少利息总额。

控制技术债务而不推迟编码的一种策略是利用多样化和聚合的设计实

关键概念

抽象
体系结构
内聚
数据设计
设计建模原则
设计过程
功能独立
良好的设计
信息隐蔽
模块化
模式
质量属性
质量指导原则
重构
关注点分离
软件设计
逐步求精
技术债务

践。多样化是指识别需求模型元素所建议的可能的备选设计方案的实践。聚合是评估和拒绝不符合软件解决方案定义的非功能性需求所要求约束的备选设计方案的过程。多样化和聚合融合了（1）来自建立类似实体经验的直觉和判断力；（2）一系列指导模型演化方式的原则和启发式方法；（3）一系列评价质量的标准；（4）得出最终设计表示的迭代过程。一旦以这种方式确定了可行的备选设计方案，开发人员便可以很好地创建不太可能成为抛弃式原型的软件增量。

新的方法不断出现，分析过程逐步优化，人们对设计的理解也日渐广泛，随之而来的是软件设计的发展和变更⊖。即使是今天，大多数软件设计方法都缺少那些更经典的工程设计学科所具有的深度、灵活性和定量性。然而，软件设计的方法是存在的，设计质量的标准是可以获得的，设计表示法也是能够应用的。

在本章中，我们将探讨可以应用于所有软件设计的基本概念和原则、设计模型的元素以及模式对设计过程的影响。在第 10 ～ 14 章中，我们将介绍应用于体系结构、接口和构件级设计的多种软件设计方法，也会介绍基于模式、移动终端和用户体验的设计方法。

9.1　软件工程中的设计

软件设计在软件工程过程中属于核心技术，并且它的应用与所使用的软件过程模型无关。一旦对软件需求进行分析和建模，软件设计就开始了。软件设计是建模活动的最后一个软件工程活动，接着便要进入**构建**阶段（编码和测试）。

需求模型的每个元素（第 8 章）都提供了创建四种设计模型所必需的信息，这四种设计模型是完整的设计规格说明所必需的。软件设计过程中的信息流如图 9-1 所示。由基于场景的元素、基于类的元素和行为元素所表示的需求模型是设计任务的输入。使用后续章节所讨论的设计表示法和设计方法，将得到数据或类的设计、体系结构设计、接口设计和构件设计。

157

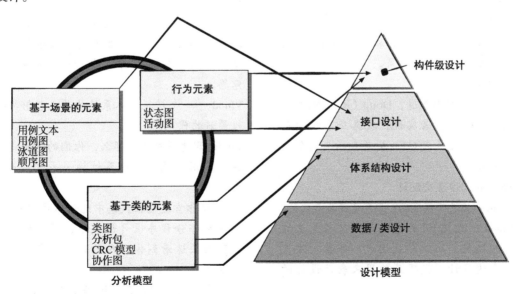

图 9-1　从需求模型到设计模型的转换

⊖ 对软件设计原理感兴趣的读者可能会对 Philippe Kruchen 关于"后现代"设计的有趣讨论感兴趣 [Kru05]。

数据设计或类设计将类模型（第8章）转化为设计类的实现以及软件实现所要求的数据结构。CRC模型中定义的对象和关系，以及类属性和其他表示法描述的详细数据内容为数据设计活动提供了基础。在软件体系结构设计中也可能会进行部分类的设计，更详细的类设计则将在设计每个软件构件时进行。

体系结构设计定义了软件的主要结构化元素之间的关系、可满足系统需求的体系结构风格和模式（第14章）以及影响体系结构实现方式的约束 [Sha15]。体系结构设计表示可以从需求模型导出，该设计表示基于的是计算机系统的框架。

接口设计描述了软件和协作系统之间、软件和使用人员之间是如何通信的。接口意味着信息流（如数据和控制）和特定的行为类型。因此，使用场景和行为模型为接口设计提供了大量的信息。

构件级设计将软件体系结构的结构化元素变换为对软件构件的过程性描述。从基于类的模型和行为模型中获得的信息是构件设计的基础。

158

设计过程中所做出的决策将最终影响软件构建的成功与否，更重要的是，会影响软件维护的难易程度。但是，设计为什么如此重要呢？

软件设计的重要性可以用一个词来表达——质量。在软件工程中，设计是质量形成的地方，设计提供了可以用于质量评估的软件表示，设计是将利益相关者的需求准确地转化为最终软件产品或系统的唯一方法。软件设计是所有软件工程活动和随后的软件支持活动的基础。没有设计，将会存在构建不稳定系统的风险，这样的系统稍做改动就无法运行，而且难以测试，直到软件过程的后期才能评估其质量，而项目后期时间已经不够并且已经花费了大量经费。

SafeHome　设计与编码

[场景] Jamie的办公室，团队成员准备将需求转化为设计。

[人物] Jamie、Vinod和Ed，SafeHome软件工程团队所有成员。

[对话]

Jamie：大家都知道，Doug（团队管理者）沉迷于设计。老实说，我真正喜欢的是编码。如果给我C++或者Java，我会非常高兴。

Ed：不，你喜欢设计。

Jamie：你没听我说吗？编码才是我喜欢的。

Vinod：我想Ed的意思是你并不是真的喜欢编码，而是喜欢设计，并喜欢用代码表达设计。代码是你用来表示设计的语言。

Jamie：那有什么问题吗？

Vinod：抽象层。

Jamie：嗯？

Ed：程序设计语言有利于表示诸如数据结构和算法的细节，但不利于表示体系结构或者构件之间的协作……就是这个意思。

Vinod：一个糟糕的体系结构甚至能够摧毁最好的代码。

Jamie(思考片刻)：那么，你们的意思是我不能用代码表示体系结构……这不是事实。

Vinod：你肯定能在代码中隐含体系结构，但在大部分程序设计语言中，通过检查代码而快速看到体系结构的全貌是相当困难的。

Ed：那正是我们在开始编码之前需要的。

Jamie：我同意，也许设计和编码不同，但我仍然更喜欢编码。

9.2 设计过程

软件设计是一个反复的过程,通过该过程可以将需求转换为构建软件的"蓝图"。刚开始,蓝图描述了软件的整体视图,也就是说,设计是在高抽象层次上的表达——在该层次上可以直接跟踪到特定的系统目标以及更详细的数据、功能和行为需求。随着设计迭代的开始,后续的细化导致更低抽象层次的设计表示。这些表示仍然能够跟踪到需求,但是在这些较低的抽象层次上,连接可能并不明显。

9.2.1 软件质量指导原则和属性

在整个设计过程中,我们使用第 16 章中讨论的一系列技术评审来评估设计演化的质量。McGlaughlin[McG91] 提出了可以指导良好设计演化的三个特征:

- 设计应当实现所有包含在需求模型中的显式需求,而且必须满足利益相关者期望的所有隐式需求。
- 对于那些编码者和测试者以及随后的软件维护者而言,设计应当是可读的、可理解的指南。
- 设计应当提供软件的全貌,从实现的角度对数据域、功能域和行为域进行处理。

以上每一个特征实际上都是设计过程的目标,但是如何达到这些目标呢?

质量指导原则。为了评估某个设计表示的质量,软件团队中的成员必须建立好的设计的技术标准。在 9.3 节中,我们将讨论设计概念,这些概念也可以作为软件质量的标准。现在,考虑下面的指导原则:

1. 设计应展现出这样一种体系结构:(a) 已经使用可识别的体系结构风格或模式创建;(b) 由能够展现出良好设计特征的构件构成(将在本章后面讨论);(c) 能够以演化的方式[⊖]实现,从而便于实施与测试。
2. 设计应该模块化,也就是说,应将软件逻辑地划分为元素或子系统。
3. 设计应该包含数据、体系结构、接口和构件的清晰表示。
4. 设计应导出数据结构,这些数据结构适用于要实现的类,并从可识别的数据模式提取。
5. 设计应导出显示独立功能特征的构件。
6. 设计应导出接口,这些接口降低了构件之间以及构件与外部环境之间连接的复杂性。
7. 设计的导出应采用可重复的方法进行,这些方法由软件需求分析过程中获取的信息而产生。
8. 应使用能够有效传达其意义的表示法来表达设计。

仅靠偶然性无法实现这些设计原则。而是通过应用基本的设计原则、系统化的方法学和严格的评审来得到保证。

信息栏 评估设计质量——技术评审

设计之所以重要,是因为它允许软件团队在实现软件之前评估软件的质量[⊖]——

此时修正错误、遗漏或不一致都不困难且代价不高。但是我们如何在设计过程

⊖ 对于较小的系统,设计有时也可以线性地进行开发。
⊖ 第 23 章讨论的质量因素可以帮助评审小组评估质量。

中评估质量呢？此时，不可能去测试软件，因为还没有可执行的软件，那怎么办？

在设计阶段，可以通过开展一系列的技术评审（Technical Review，TR）来评估质量。技术评审将在第 16 章⊖中进行详细讨论，这里先概述一下该技术。技术评审是由软件团队成员召开的会议。通常，根据将要评审的设计信息的范围，选择 2 ～ 4 人参与。每人扮演一个角色：评审组长策划会议、拟定议程并主持会议；记录员做笔记以保证没有遗漏；制作人是指其工作产品（例如某个软件构件的设计）被评审的人。在会议之前，评审小组的每个成员都会收到一份设计工作产品的拷贝并要求阅读，寻找错误、遗漏或含糊不清的地方。目的是在会议开始时注意工作产品中的所有问题，以便能够在开始实现该产品之前修正这些问题。技术评审通常持续 60 ～ 90 分钟。评审结束时，评审小组要确认在设计工作产品能够被认可为最终设计模型的一部分之前，是否还需要进一步的行动。

9.2.2 软件设计的演化

软件设计的演化是一个持续的过程，它已经经历了 60 多年的发展。早期的设计工作注重模块化程序开发的标准 [Den73] 和以自顶向下的"结构化"方式对软件结构进行求精的方法（[Wir71]，[Dah72]，[Mil72]）。较新的设计方法（如 [Jac92]、[Gam95]）提出了一种面向对象的设计推导方法。近年来，软件体系结构 [Kru06] 和可用于实施软件体系结构及较低级别设计抽象（如 [Hol06]、[Sha05]）的设计模式已经成为软件设计的重点。面向方面的方法（如 [Cla95]、[Jac04]）、模型驱动开发 [Sch06]，以及测试驱动开发 [Ast04] 日益受到重视，其重点是在所创建的设计中实现更有效的模块化和体系结构的技术。

在过去的 10 年中，基于搜索的软件工程（Search-Based Software Engineering，SBSE）技术已应用于软件工程生命周期的所有阶段，包括设计 [Har12]。SBSE 尝试使用自动化搜索技术来解决软件工程问题，该技术以运筹学和机器学习算法为补充，向软件开发人员提供设计建议。许多现代软件系统都必须在其部署环境和期望满足的使用场景上适应高度的可变性。可变性密集型系统⊖的设计要求开发人员预见今天设计的产品在未来版本中需要进行修改的部分 [Gal16]。对可变性密集型系统设计的详细讨论超出了本书的范围。

从刚才提到的工作中发展出来的几种设计方法已在整个行业中得到应用。正如第 8 章提出的分析方法，每一种软件设计方法引入了独特的启发式和表示法，同时也引入了某种标定软件质量特征的狭隘观点。不过，这些方法都有一些共同的特征：（1）将需求模型转化为设计表示的机制；（2）表示功能性构件及它们之间接口的表示法；（3）细化和分割的启发式方法；（4）质量评估的指导原则。

无论使用哪种设计方法，都应该将一套基本概念运用到数据设计、体系结构设计、接口设计和构件级设计，这些基本概念将在后面几节中介绍。

⊖ 设计时，可以提前看一下第 16 章。技术评审是设计过程中的关键部分，也是实现设计质量目标的重要机制。

⊖ 可变性密集型系统是指可根据运行时环境或产品线中的系列软件产品进行自我修改，以从现有软件产品中构建出特定产品变体的系统。

| 任务集 | 通用设计任务集 |

请注意：这些任务通常是迭代且并行执行的，除非遵循瀑布式过程模型，否则他们是彼此孤立的而且很少顺序完成。

1. 检查信息域模型，并为数据对象及其属性设计合适的数据结构。
2. 使用分析模型选择一种适用于软件的体系结构风格（模式）。
3. 将分析模型分割为若干设计子系统，并在体系结构内分配这些子系统：
- 确保每个子系统是功能内聚的。
- 设计子系统接口。
- 为每个子系统分配分析类或功能。
4. 创建一系列的设计类或构件：
- 将分析类描述转化为设计类。
- 根据设计标准检查每个设计类，考虑继承问题。
- 定义与每个设计类相关的方法和消息。
- 评估设计类或子系统，并为这些类或子系统选择设计模式。
- 评审设计类，并在需要时进行修改。
5. 设计外部系统或设备所需的所有接口。
6. 设计用户接口：
- 评审任务分析的结果。
- 基于用户场景对活动序列进行详细说明。
- 创建接口的行为模型。
- 定义接口对象和控制机制。
- 评审接口设计，并根据需要进行修改。
7. 进行构件级设计，在相对较低的抽象层次上详细描述所有算法。
- 细化每个构件的接口。
- 定义构件级的数据结构。
- 评审每个构件并修正所有已发现的错误。
8. 开发部署模型。

162

9.3 设计概念

在软件工程的历史上，产生了一系列基本的软件设计概念。尽管多年来人们对于这些概念的关注程度不断变化，但它们都经历了时间的考验。每一种概念都为软件设计者应用更加复杂的设计方法提供了基础。每种方法都有助于：定义一套将软件分割为独立构件的标准，从软件的概念表示中分离出数据结构的细节，为定义软件设计的技术质量建立统一标准。这些概念可帮助开发人员设计实际所需的软件，而不仅仅是专注于创建任何旧的工作程序。

9.3.1 抽象

当考虑某一问题的模块化解决方案时，可以给出许多抽象级。在最高的抽象级上，使用问题所处环境的语言以概括性的术语描述解决方案（例如，用户故事）。在较低的抽象级上，将提供更详细的解决方案说明。当陈述一种解决方案时，面向问题的术语和面向实现的术语会同时使用（例如，用例）。最后，在最低的抽象级上，以一种能直接实现的方式陈述解决方案（例如，伪代码）。

在开发不同层次的抽象时，软件设计师力图创建过程抽象和数据抽象。过程抽象是指具有明确和有限功能的指令序列。"过程抽象"这一命名暗示了这些功能，但隐藏了具体的细节。过程抽象的例子是在 SafeHome 系统中针对摄像机的词"使用"，"使用"隐含了一长串的过程性步骤（例如，在移动设备上激活 SafeHome 系统，登录到 SafeHome 系统，选择要预览的摄像机，在移动 App 用户界面上找到摄像机控件等）[⊖]。

数据抽象是描述数据对象的命名数据集合。在过程抽象"使用"的场景下，我们可以定义一个名为 camera 的数据抽象。同任何数据对象一样，camera 的数据抽象将包含一组描述摄像机的属性（例如，摄像机编号、位置、视野、平移角度、缩放）。因此，过程抽象"使用"将利用数据抽象 camera 的属性中所包含的信息。

9.3.2　体系结构

软件体系结构意指"软件的整体结构和这种结构为系统提供概念完整性的方式"[Sha15]。从最简单的形式来看，体系结构是程序构件（模块）的结构或组织、这些构件交互的方式以及这些构件所用数据的结构。然而在更广泛的意义上，构件可以概括为主要的系统元素及其交互方式的表示。

软件设计的目标之一是导出系统体系结构示意图，该示意图作为一个框架，将指导更详细的设计活动。一系列的体系结构模式使软件工程师能够重用设计层概念。

Shaw 和 Garlan[Sha15] 描述了一组属性，这组属性应该作为体系结构设计的一部分进行描述。结构特性定义了"系统的构件（如模块、对象、过滤器）、构件被封装的方式以及构件之间相互作用的方式"。外部功能特性指出"设计体系结构如何满足需求，这些需求包括性能需求、能力需求、可靠性需求、安全性需求、可适应性需求以及其他系统特征需求（例如非功能性系统需求）"。相关系统族"抽取出相似系统设计中常遇到的重复性模式"[⊖]。

一旦给出了这些特性的规格说明，就可以用一种或多种不同的模型来表示体系结构设计 [Gar95]。结构模型将体系结构表示为程序构件的有组织的集合。框架模型可以通过确定相似应用中遇到的可复用体系结构设计框架（模式）来提高设计抽象的级别。动态模型强调程序体系结构的行为方面，指明结构或系统配置如何随着外部事件的变化而产生变化。过程模型强调系统必须提供的业务或技术流程的设计。最后，功能模型可用于表示系统的功能层次结构。

为了表示以上描述的模型，人们已经开发了许多不同的体系结构描述语言（Architectural Description Language，ADL）[Sha15]。尽管提出了许多不同的 ADL，但大多数 ADL 都提供描述系统构件和构件之间相互联系方式的机制。

需要注意的是，关于体系结构在设计中的地位还存在一些争议。一些研究者主张将软件体系结构的设计从设计中分离出来，并在需求工程活动和更传统的设计活动之间进行。另外一些研究者认为体系结构设计是设计过程不可分割的一部分。第 10 章将讨论软件体系结构特征描述方式及软件体系结构在设计中的作用。

9.3.3　模式

Brad Appleton 以如下方式定义设计模式："模式是命名的洞察力财宝，对于竞争事件中某确定环境下重复出现的问题，它承载了已证实的解决方案的精髓"[App00]。换句话说，

⊖　但是，需要注意的是：如果过程抽象所隐含的功能保持不变，一组操作就可以用另一组操作替换。因此，如果摄像机是自动的并且连接到可自动触发移动设备警报的传感器上，则实现"使用"所需的步骤将发生巨大变化。

⊖　这些共享通用功能的相关软件产品族称为软件产品线。

设计模式描述了解决某个定义明确的设计问题的设计结构,该设计问题处在一个特定环境中,该环境会影响到模式的应用和使用方式。

每种设计模式的目的都是提供一种描述,以使设计人员可以决定:(1)模式是否适用于当前的工作;(2)模式是否能够复用(因此节约设计时间);(3)模式是否能够用于指导开发一个相似的但功能或结构不同的模式。设计模式将在第 14 章进行详细讨论。

9.3.4 关注点分离

关注点分离是一个设计概念 [Dij82],它表明任何复杂问题如果被分解为可以独立解决或优化的若干块,该复杂问题便能够更容易地得到处理。关注点是一个特征或一个行为,被指定为软件需求模型的一部分。将关注点分割为更小的关注点(由此产生更多可管理的块),便可用更少的工作量和时间解决一个问题。

由此可见,两个问题被结合到一起的认知复杂度经常高于每个问题各自的认知复杂度之和。这就引出了"分而治之"的策略——把一个复杂问题分解为若干可管理的块来求解时将会更容易。这对于软件的模块化具有重要的意义。

关注点分离在其他相关设计概念中也有体现:模块化、功能独立、求精。每个概念都会在后面的小节中讨论。

9.3.5 模块化

模块化是关注点分离最常见的表现。软件被划分为独立命名的、可处理的构件,有时被称为模块,把这些构件集成到一起可以满足问题的需求。

有人提出"模块化是软件的单一属性,它使程序能被智能化地管理"[Mye78]。软件工程师难以掌握单块软件(即由一个单独模块构成的大程序)。对于单块大型程序,其控制路径的数量、引用的跨度、变量的数量和整体的复杂度使得理解这样的软件几乎是不可能的。在几乎所有实例中,都应该将设计划分为许多模块,以期使理解变得更容易,并减少构建软件所需的成本。

回顾关于关注点分离的讨论,可以得出结论:如果无限制地划分软件,那么开发软件所需的工作量将会小到忽略不计!不幸的是,其他因素开始起作用,导致这个结论是不成立的(十分遗憾)。如图 9-2 所示,随着模块总数的增加,开发单个软件模块的工作量(成本)趋于降低。

给定同样的需求,程序中模块更多意味着每个模块的规模更小。然而,随着模块数量的增加,集成模块的工作量(成本)也在增加。这些特性形成了图 9-2 中的总体成本或工作量曲线。事实上,的确存在一个模块数量 M,这个数量可以带来最小的开发成本。但是,我们缺乏成熟的技术来精确地预测 M。

在考虑模块化的时候,图 9-2 所示的曲线确实提供了有用的指导。在进行模块化的时候,应注意保持在 M 附近,应避免使用太少的模块或太多的模块。但是如何知道 M 的附近在哪里呢?怎样将软件划分成模块呢?回答这些问题需要理解 9.3.6 节至 9.3.9 节中考虑的其他设计概念。

模块化设计(以及由其产生的程序)使开发工作更易于规划,可以定义和交付软件增量,更容易实施变更,能够更有效地开展测试和调试,可以进行长期维护而没有严重的副作用。

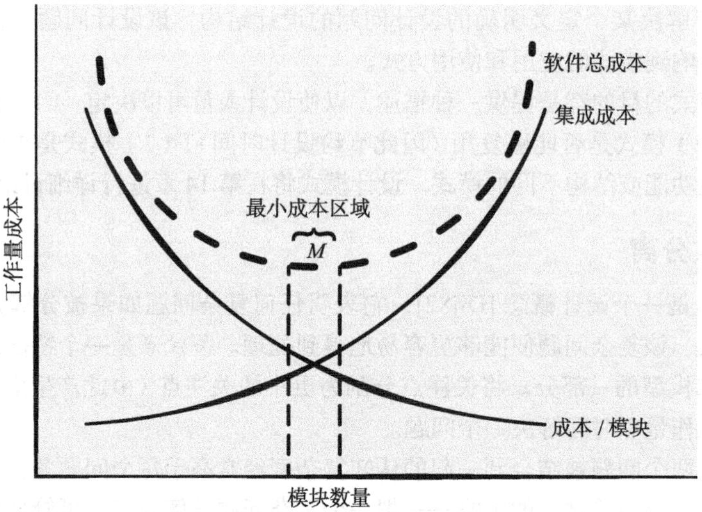

图 9-2　模块化和软件成本

9.3.6　信息隐蔽

　　模块化概念面临的一个基本问题是："应当如何分解一个软件解决方案以获得最好的模块集合？"信息隐蔽原则 [Par72] 提出模块应该"具有的特征是：每个模块对其他所有模块都隐蔽自己的设计决策"。换句话说，模块应该被特别说明并设计，使信息（算法和数据）都包含在模块内，其他模块无须对这些信息进行访问。

　　隐蔽的含义是，通过定义一系列独立的模块得到有效的模块化，独立模块之间只交流实现软件功能所必需的信息。抽象有助于定义构成软件的过程（或信息）实体。隐蔽定义并加强了对模块内过程细节的访问约束以及对模块所使用的任何局部数据结构的访问约束 [Ros75]。

　　在测试过程以及随后的软件维护过程中需要进行修改时，将信息隐蔽作为系统模块化的一个设计标准，将会我们受益匪浅。由于大多数数据和过程细节对软件的其他部分是隐蔽的，因此，在修改过程中不小心引入的错误就不太可能传播到软件的其他地方。

9.3.7　功能独立

　　功能独立的概念是关注点分离、模块化、抽象和信息隐蔽概念的直接产物。在关于软件设计的一篇里程碑性的文章中，Wirth[Wir71] 和 Parnas[Par72] 都间接提到增强模块独立性的细化技术。Stevens、Myers 和 Constantine[Ste74] 等人在其后又巩固了这一概念。

　　通过开发具有"专一"功能和"避免"与其他模块过多交互的模块，可以实现功能独立。换句话说，软件设计时应使每个模块仅涉及需求的某个特定子集，并且当从程序结构的其他部分观察时，每个模块只有一个简单的接口。

　　人们会提出一个很合理的疑问：独立性为什么如此重要？具有有效模块化（也就是独立模块）的软件更容易开发，这是因为功能被分隔而且接口被简化（考虑由一个团队进行开发时的结果）。独立模块更容易维护（和测试），因为修改设计或修改代码所引起的副作用被限制，减少了错误扩散，而且模块复用也成为可能。概括地说，功能独立是良好设计的关键，而设计又是软件质量的关键。评估 CRC 卡模型（第 8 章）可以帮助你发现功能独立的问题。

包含许多如"和"或者"除外"单词的实例的用户故事不太可能有助于设计"专一"的系统功能模块。

独立性可以通过两条定性的标准进行评估：内聚性和耦合性。内聚性显示了某个模块相关功能的强度；耦合性显示了模块间的相互依赖性。

内聚性是 9.3.6 节说明的信息隐蔽概念的自然扩展。一个内聚的模块执行一个独立的任务，与程序的其他部分构件只需要很少的交互。简单地说，一个内聚的模块应该只完成一件事情（理想情况下）。即使我们总是争取高内聚性（即专一性），一个软件构件执行多项功能也经常是必要的和可取的。然而，为了实现良好的设计，应该避免"分裂型"构件（执行多个无关功能的模块）。

耦合性表明软件结构中多个模块之间的相互连接。耦合性依赖于模块之间的接口复杂性、引用或进入模块所在的点以及什么数据通过接口进行传递。在软件设计中，应当尽力得到最低可能的耦合。模块间简单的连接性使得软件易于理解，并且不太可能将一个模块中发现的错误传播到其他系统模块中。

9.3.8　逐步求精

逐步求精是一种自顶向下的设计策略，最初由 Niklaus Wirth[Wir71] 提出。连续细化过程细节层是开发应用的一个好方法，通过逐步分解功能的宏观陈述（过程抽象）进行层次开发，直至最终到达程序设计语言的语句这一级。

求精是一个细化的过程。该过程从高抽象级上定义的功能陈述（或信息描述）开始。也 [167] 就是说，该陈述概念性地描述了功能或信息，但是没有提供有关功能内部的工作或信息内部的结构。可以在原始陈述上进行细化，随着每次细化的持续进行，将提供越来越多的细节。

抽象和细化是互补的概念。抽象能够明确说明内部过程和数据，但对"外部使用者"隐藏了低层细节；细化有助于在设计过程中揭示低层细节。这两个概念均有助于设计人员在设计演化中构建出完整的设计模型。

9.3.9　重构

很多敏捷方法（第 3 章）都建议一种重要的设计活动——重构，重构是一种重新组织的技术，可以简化构件的设计（或代码）而无须改变其功能或行为。Fowler[Fow00] 这样定义重构："重构是使用这样一种方式改变软件系统的过程：不改变代码（设计）的外部行为而是改进其内部结构。"

在重构软件时，检查现有设计的冗余性、没有使用的设计元素、低效的或不必要的算法、拙劣的或不恰当的数据结构以及其他设计不足，修改这些不足以获得更好的设计。例如，第一次设计迭代可能得到一个大构件，表现出很低的内聚性（即执行三个功能但是相互之间仅有有限的联系）。在深思熟虑之后，设计人员可能决定将原构件重新分解为三个独立的构件，其中每个构件都表现出更高的内聚性。结果则是，软件更易于集成、测试和维护。

尽管重构的目的是以某种方式修改代码，而并不改变它的外部行为，但意外的副作用可能发生，并且也确实会发生。可以使用重构工具 [Soa10] 自动分析代码变更，并"生成可用于检测行为变更的测试套件"。

| SafeHome | 设计概念 |

[场景] Vinod 的办公室，设计建模开始。

[人物] Vinod、Jamie 和 Ed，SafeHome 软件工程团队成员；还有 Shakira，团队的新成员。

[对话]

（这四个团队成员上午都参加了一位本地计算机科学教授举行的名为"应用基本的设计概念"的研讨会，他们刚从会上回来。）

Vinod：你们从研讨会学到什么没有？

Ed：大部分的东西我都已经知道，但我想重温一遍总不是什么坏事。

Jamie：我在计算机科学专业本科学习时，从没有真正理解信息隐蔽为什么像他们说得那么重要。

Vinod：因为……底线……这是减少错误在程序内扩散的一种技术。实际上，功能独立做的也是同样的事。

Shakira：我不是软件工程专业毕业的，因此教授提到的很多东西对我而言都是新的。我能生成好的代码而且很快速，但我不明白这个东西为什么这么重要。

Jamie：我了解你的工作，Shak，你要知道，其实你是在自然地做这些事情……

这就是为什么你的设计和编码很有效。

Shakira（微笑）：是的，我通常的确是尽量将代码分割，让分割后的代码关注于一件事，保持接口简单而且有约束，在任何可能的时候重用代码……就是这样。

Ed：模块化、功能独立、隐蔽、模式……现在明白了。

Jamie：我至今还记得我上的第一节编程课……他们教我们用迭代方式细化代码。

Vinod：设计可以采用同样的方式，你知道的。

Jamie：我以前从未听说过的概念是"设计类"和"重构"。

Shakira：我记得她说重构是用在极限编程中的。

Ed：是的。其实它和细化并没有太大不同，它只是在设计或代码完成后进行。我认为，这是软件开发过程中的一种优化。

Jamie：让我们回到 SafeHome 设计。我觉得在我们开发 SafeHome 的设计模型时，应该将这些概念用在评审检查单上。

Vinod：我同意。但重要的是，我们都要能够在设计时想一想这些概念。

9.3.10　设计类

分析模型定义了一组分析类（第8章），每一个分析类都描述问题域中的某些元素，这些元素关注用户可见的问题方面。分析类的抽象级相对较高。

当设计模型的发生演化时，必须定义一组设计类，它们可以通过提供设计细节来对分析类进行求精，这些设计细节将使这些类得以实现并创建支持业务解决方案的软件基础设施。

随着体系结构的形成，每个分析类（第8章）转化为设计表示，抽象级就降低了。也就是说，分析类表示数据对象和应用于它们的关联服务。设计类更多地表现技术细节，用于指导实现。

Arlow 和 Neustadt[Arl02] 给出建议：应当对每个设计类进行评审，以确保设计类是"组织良好的"（well-formed）。他们为组织良好的设计类定义了四个特征。

完整性与充分性。设计类应该完整地封装所有可以合理预见的（根据对类名的理解）存在于类中的属性和方法。例如，为 SafeHome 房间布局软件定义的 FloorPlan 类（图9-3），只有包含可以合理地与平面图创建相关联的所有属性和方法时，它才是完整的。充分性确保设计类只包含那些"对实现该类的目的是足够"的方法，不多也不少。

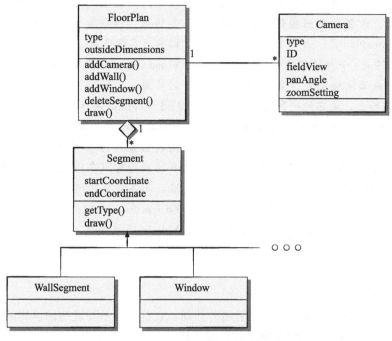

图 9-3　FloorPlan 的设计类和类的复合聚集

原始性。和一个设计类相关的方法应该关注于实现类的某一个服务。一旦服务已经被某个方法实现，类就不应该再提供完成同一事情的另外一种方法。例如，房间布局软件使用的类 Segment（图 9-3）可能具有属性 startCoordinate 和 endCoordinate 来指示要绘制的线段的起点和终点。setCoordinates() 方法提供了建立线段起点和终点的唯一方法。

高内聚性。一个内聚的设计类具有小的、集中的职责集合，并且专注于使用属性和方法来实现那些职责。例如，FloorPlan 类（图 9-3）可能包含一组用于编辑房屋平面图的方法。只要每种方法仅关注与平面图相关的属性，就可以保持内聚性。

低耦合性。在设计模型内，设计类之间相互协作是必然的。但是，协作应该保持在一个可以接受的最小范围内。如果设计模型高度耦合（每一个设计类都和其他所有的设计类有协作关系），那么系统就难以实现、测试，并且维护也很费力。通常，一个子系统内的设计类对其他子系统中的类应仅有有限的了解。该限制被称作 Demeter 定律 [Lie03]，该定律提出一个方法应该只向周边类中的方法发送消息⊖。

168 ～ 170

SafeHome　将分析类细化为设计类

[场景] Ed 的办公室，开始进行设计建模。

[人物] Vinod 和 Ed，SafeHome 软件工程团队成员。

[对话]

（Ed 正进行 FloorPlan 类的设计工作（参

考 8.3.3 节的讨论以及图 8-4），并进行设计模型的细化。）

Ed：你还记得 FloorPlan 类吗？这个类用作监视和住宅管理功能的一部分。

Vinod（点头）：是的，我好像想起来我们

⊖ Demeter 定律的一种非正式表述是："每个单元只和它的朋友谈话，不要和陌生人谈话。"

把它用作住宅管理 CRC 讨论的一部分。

Ed：确实如此。不管怎样，我们要对设计进行细化，希望显示出我们将如何真正地实现 FloorPlan 类。我的想法是把它实现为一组链表（一种特定的数据结构）。像这样……我必须细化分析类 FloorPlan（图 8-4），实际上，是它的一种简化。

Vinod：分析类只显示问题域中的东西，也就是说，在电脑屏幕上实际显示的、最终用户可见的那些东西，对吗？

Ed：是的。但对于 FloorPlan 设计类来说，我已经开始添加一些实现中特有的东西。需要说明的是 FloorPlan 是段（Segment 类）的聚集，Segment 类由墙段、窗户、门等的列表组成。Camera 类和 FloorPlan 类协作，这很显然，因为在平面图中可以有很多摄像机。

Vinod：咳，让我们看看新的 FloorPlan 设计类图。

（Ed 向 Vinod 展示图 9-3。）

Vinod：好的，我看出来你想做什么了。这样你能够很容易地修改平面图，因为新的东西可以在列表（聚集）中添加或删除，而不会有任何问题。

Ed（点头）：是的，我认为这样是可以的。

Vinod：我也赞同。

9.4   设计模型

软件设计模型等同于建筑师的建房屋的计划。它首先表示要建造的事物的整体（例如，房屋的三维渲染），然后慢慢地精化事物以提供构建每个细节的指导（例如，管道布局）。同样，为软件创建的设计模型提供了各种不同的系统视图。

可以从两个不同的维度观察设计模型，如图 9-4 所示。过程维度表示设计模型的演化，设计任务作为软件过程的一部分被执行。抽象维度表示详细级别，分析模型的每个元素转化为一个等价的设计，然后迭代求精。参考图 9-4，虚线表示分析模型和设计模型之间的边

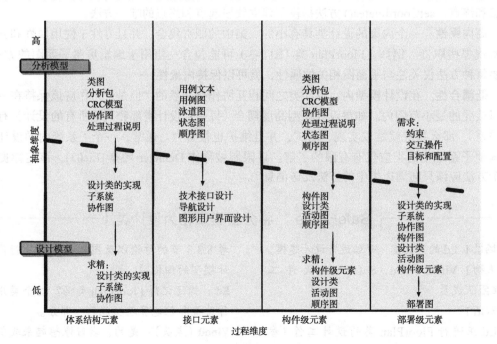

图 9-4   设计模型的维度

界。在某些情况下，分析模型和设计模型之间可能存在明显的差异；而有些情况下，分析模型慢慢地融入设计模型而没有明显的差异。

设计模型的元素使用了很多相同的 UML 图$^\ominus$，有些 UML 图在分析模型中也会用到。差别在于这些图被求精和细化为设计的一部分，并且提供了更多具体的实施细节，突出了体系结构的结构和风格、体系结构中的构件、构件之间以及构件和外界之间的接口。

然而，请注意，沿横轴表示的模型元素并不总是顺序开发的。大多数情况下，初步的体系结构设计是基础，随后是接口设计和构件级设计（通常是并行进行）。通常，直到设计全部完成后才开始部署模型的工作。

在设计过程中的任何地方都可以应用设计模式（第 14 章）。这些模式能够使设计人员将设计知识应用到他人已经遇到并解决了的特定领域问题中。

9.4.1 设计建模原则

并不缺少用于生成软件设计模型各个元素的方法。某些方法是数据驱动的，允许数据结构决定软件体系结构和由此而产生的处理构件。其他一些方法是模式驱动的，使用有关问题域（需求模型）的信息来开发体系结构风格和处理模式。还有一些方法是面向对象的，使用问题域对象作为创建数据结构和操作它们的方法的驱动器。但是，无论采用哪种方法，都遵循一组可以应用的设计原则：

原则 1：设计应可追溯到需求模型。需求模型描述了问题的信息域、用户可见的功能、系统行为以及将业务对象与为其提供服务的方法打包在一起的一组需求类。设计模型将这些信息转换为体系结构、一组实现主要功能的子系统以及一组实现需求类的构件。设计模型的元素应可追溯到需求模型。

原则 2：始终考虑要构建系统的体系结构。软件体系结构（第 10 章）是要构建的系统的框架，它会影响接口、数据结构、程序控制流和行为、进行测试的方式、所得系统的可维护性等等。由于所有这些原因，设计应从体系结构考虑开始。只有当建立体系结构之后，才应考虑构件级问题。

原则 3：数据设计与处理功能设计同等重要。数据设计是体系结构设计的基本要素。在设计中实现数据对象的方式不能听天由命。结构良好的数据设计有助于简化程序流程，使软件构件的设计和实现更加容易，并使整体处理更加高效。

原则 4：接口（内部和外部）的设计必须谨慎。数据在系统构件之间流动的方式与处理效率、错误传播和设计简单性有很大关系。精心设计的接口使集成更容易，并可帮助测试人员验证构件功能。

原则 5：用户界面设计应适应最终用户的需求。但是，在每种情况下，都应强调易用性。用户界面是软件的可见表现，无论其内部功能多么复杂，无论其数据结构如何全面，无论如何其体系结构设计得多么好，不好的界面设计通常会导致人们认为该软件"不好"。

原则 6：构件级设计应在功能上独立。功能独立性是对软件构件"专一性"的度量。构件提供的功能应该具有内聚的，也就是说，它应该专注于一个唯一的功能。

原则 7：构件应彼此松耦合，并应与外部环境松耦合。通过构件接口，消息传递和全局数据等多种方式实现耦合。随着耦合程度的提高，错误传播的可能性也随之增加，并且软件

$\ominus$ 附录 1 提供了基本 UML 概念和符号的使用手册。

的整体可维护性下降。因此，构件耦合应保持在合理的范围内。

原则 8：设计表示（模型）应易于理解。设计的目的是与要生成代码的从业人员、要测试软件的人员以及将来可能维护软件的其他人员交流信息。如果设计难以理解，它将不能用作有效的沟通媒介。

原则 9：设计应迭代式开发。在每次迭代中，设计人员都应争取更加简单。像几乎所有创意活动一样，设计是反复进行的。最初的迭代可精化设计并纠正错误，但后续的迭代应努力使设计尽可能简单。

原则 10：设计模型的创建并不排除采用敏捷方法的可能性。一些敏捷软件开发的支持者（第 3 章）坚持认为，代码是唯一需要的设计文档。然而，设计模型的目的是帮助必须维护和演化系统的其他人。在现代多线程运行时环境中，很难理解代码片段的更高层次用途或其与其他模块的交互方式。

敏捷设计文档应与设计和开发保持同步，以便在项目结束时，可使用设计文档理解和维护代码。设计模型之所以具有优势，是因为它是在抽象级别创建的，该抽象级别去除了不必要的技术细节，并且与应用程序的概念和需求紧密相关。补充的设计信息可以包含设计的基本原理，包括对被否定的体系结构备选设计方案的描述。

9.4.2　数据设计元素

和其他软件工程活动一样，数据设计（有时也称为数据体系结构）创建了在高抽象级上（以客户或用户的数据观点）表示的数据模型和信息模型。之后，数据模型被逐步求精为特定实现的表示，亦即计算机系统能够处理的表示。在很多软件应用中，数据体系结构对于必须处理该数据的软件的体系结构将产生深远的影响。

数据结构通常是软件设计的重要部分。在程序构件级，数据结构设计以及处理这些数据的相关算法对于创建高质量的应用程序是至关重要的。在应用级，从数据模型（源自需求工程）到数据库的转变是实现系统业务目标的关键。在业务级，收集存储在不同数据库中的信息并重新组织为"数据仓库"要使用数据挖掘或知识发现技术，这些技术将会影响到业务本身的成功。在每一种情况下，数据设计都发挥了重要作用。第 10 章将更详细地讨论数据设计。

9.4.3　体系结构设计元素

软件的体系结构设计等效于房屋的平面图。平面图描绘了房间的整体布局，包括各房间的尺寸、形状、相互之间的联系，能够进出房间的门窗。平面图为我们提供了房屋的整体视图；而体系结构设计元素为我们提供了软件的整体视图。

体系结构模型 [Sha15] 从以下三个来源导出：（1）关于将要构建的软件的应用域信息；（2）特定的需求模型元素，如用例或分析类、现有问题中它们的关系和协作；（3）可获得的体系结构风格（第 10 章）和模式（第 14 章）。

体系结构设计元素通常被描述为一组相互联系的子系统，且常常从需求模型中的分析包中派生出来。每个子系统有其自己的体系结构（如图形用户界面可能根据之前存在的用户接口体系结构进行了结构化）。体系结构模型特定元素的导出技术将在第 10 章中介绍。

9.4.4　接口设计元素

软件的接口设计相当于一组房屋的门、窗和外部设施的详细绘图（以及规格说明）。门、窗、外部设施的详细图纸（以及规格说明）作为平面图的一部分，大体上告诉我们：事件和信息如何流入和流出住宅，以及如何在平面图的房间内流动。软件接口设计元素描述了信息如何流入和流出系统，以及被定义为体系结构一部分的构件之间是如何通信的。

接口设计有三个重要的元素：（1）用户界面（User Interface，UI）；（2）和其他系统、设备、网络、信息生成者或使用者的外部接口；（3）各种设计构件之间的内部接口。这些接口设计元素能够使软件进行外部通信，还能使软件体系结构中的构件之间进行内部通信和协作。

UI 设计（越来越多地称为 UX 或用户体验设计）是一项主要的软件工程活动，将在第 12 章中进行详细介绍。UX 设计着重于确保 UI 设计的可用性。可用的设计包含精心选择的美学元素（例如，布局，颜色，图形，信息布局），人体工程学元素（例如，交互机制，信息放置，隐喻，UI 导航）和技术元素（例如，UX 模式，可重用构件）。通常，UI 是整个应用程序体系结构中唯一的子系统，旨在为最终用户提供令人满意的用户体验。

外部接口设计需要发送和接收信息实体的确定信息。在所有情况下，这些信息都要在需求工程（第 7 章）过程中进行收集，并且在接口设计开始时进行校验⊖。外部接口设计应包括错误检查和适当的安全特征检查。

内部接口设计和构件级设计（第 11 章）紧密相关。分析类的设计实现呈现了所有需要的操作和消息传递模式，使得不同类的操作之间能够进行通信和协作。每个消息的设计必须提供必不可少的信息传递以及所请求操作的特定功能需求。

在有些情况下，接口建模的方式和类所用的方式几乎一样。接口是一组描述类的部分行为的操作，并提供了这些操作的访问方法。

例如，SafeHome 安全功能使用控制面板，控制面板允许户主控制安全功能的某些方面。在系统的高级版本中，控制面板的功能可能会通过移动平台（例如智能手机或平板电脑）实现，如图 9-5 所示。

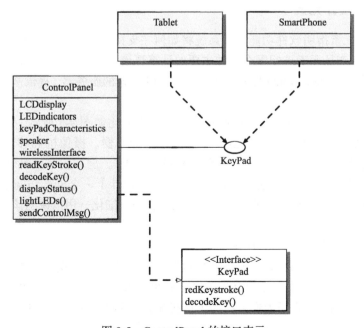

图 9-5　ControlPanel 的接口表示

⊖　接口特征可能随时间变化。因此，设计人员应确保接口的规格说明是准确且完整的。

9.4.5　构件级设计元素

软件的构件级设计相当于一个房屋中每个房间的一组详图（以及规格说明）。这些图描
[176] 绘了每个房间内的布线和管道、电器插座和墙上开关、水龙头、水池、淋浴、浴盆、下水道、壁橱和储藏室的位置，以及房间相关的任何其他细节。

软件的构件级设计完整地描述了每个软件构件的内部细节。为此，构件级设计为所有局部数据对象定义数据结构，为所有在构件内发生的处理定义算法细节，并定义允许访问所有构件操作（行为）的接口。

在面向对象的软件工程中，使用 UML 图表现的一个构件如图 9-6 所示。图中表示的构件名为 SensorManagement（SafeHome 安全功能的一部分）。虚线箭头连接了构件和名为 Sensor 的类。SensorManagement 构件完成所有和 SafeHome 传感器相关的功能，包括监控和配置传感器。第 11 章将进一步讨论构件设计。

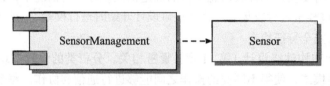

图 9-6　UML 构件图

构件的设计细节可以在许多不同的抽象级别上建模。UML 活动图可用于表示处理逻辑。构件的算法结构细节可以使用伪代码（类似编程语言的表示方法，在第 11 章中讨论）或某种其他图形（例如流程图）来表示。数据结构细节通常使用伪代码或用于实现的编程语言来建模。

9.4.6　部署级设计元素

部署级设计元素指明软件功能和子系统将如何在支持软件的物理计算环境内进行分布。例如，SafeHome 产品元素被配置在三种主要的计算环境内运行——一个移动设备——在这种情况下是一台 PC、SafeHome 控制面板和位于 CPI 公司的服务器（提供基于互联网的系统访问）。

在设计过程中，开发的 UML 部署图以及随后的细化如图 9-7 所示。图中显示了 3 种计算环境（在完整设计中，将包含更多详细信息：传感器、摄像机和移动平台提供的功能）。图中标识出了每个计算元素中还有子系统（功能）。例如，个人计算机中有实现安全、监视、住宅管理和通信功能的子系统。此外，还设计了一个外部访问子系统，以管理外界资源对 SafeHome 系统的访问。每个子系统需要进行细化，用以说明该子系统所实现的
[177] 构件。

如图 9-7 所示，图中使用了描述符形式，这意味着部署图表明了计算环境，但并没有明确地说明配置细节。例如，"个人计算机"并没有进一步地明确它是一台 Mac、基于 Windows 的 PC、Linux 系统还是带有相关操作系统的移动平台。在设计的后续阶段或构建开始时，需要用实例形式重新为部署图提供这些细节，明确每个实例的部署（专门称为硬件配置）。

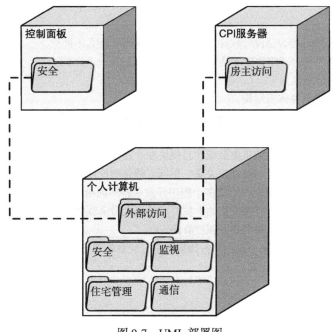

图 9-7 UML 部署图

9.5 小结

当需求工程第一次迭代结束时，软件设计便开始了。软件设计的目的是应用一系列原则、概念和实践，以引导高质量的系统或产品开发。设计的目标是创建软件模型，该模型将 [178] 正确地实现所有的客户需求，并为软件用户带来愉悦的感受。软件设计人员必须从大量可供选择的设计中筛选并确定一个解决方案，该方案最能满足项目利益相关者的需要。

设计过程从软件的"宏观"视图向微观视图转移，后者定义了实现系统所必需的细节。设计过程开始时关注于体系结构，然后定义子系统、建立子系统之间的通信机制、识别构件、制定每个构件的详细说明，另外，外部接口、内部接口和用户接口都将被同时设计。

设计概念在软件工程刚开始的 60 年内不断发展。这些概念描述了计算机软件的属性（而并不应考虑所选择的软件工程过程）、描述所使用的设计方法或所使用的编程语言。实质上，设计概念强调了：（1）抽象的必要性，它提供了一种创造可重用软件构件的机制；（2）体系结构的重要性，它使得人们能够更好地理解系统整体结构；（3）基于模式的工程的有益性，它将已证明的能力用于软件设计；（4）关注点分离和有效模块化的价值，它们使得软件更易理解、更易测试以及更易维护；（5）信息隐蔽的直接作用，当错误发生时，它能够减少负面影响的传播；（6）功能独立的影响，它是构建有效模块的标准；（7）求精作为一种设计机制的作用；（8）重构的应用，目的是优化已导出的设计；（9）面向对象的类和与类相关特征的重要性；（10）使用抽象降低构件之间耦合的需要；（11）测试设计的重要性。

设计模型包含四种不同的元素。随着每个元素的开发，逐渐形成更全面的设计视图。体系结构元素使用各种信息以获得软件、软件子系统和构件的完整结构表示，这些信息来自应用域、需求模型以及模式和风格的分类。接口设计元素为外部和内部的接口以及用户接口建模。构件级元素定义体系结构中的每一个模块（构件）。最后，部署级设计元素划分体系结构、构件和容纳软件的物理配置的接口。

习题与思考题

9.1　当你"编写"程序时是否会设计软件？软件设计和编码有什么不同？

9.2　如果软件设计不是程序（它肯定不是），那么它是什么？

9.3　如何评估软件设计的质量？

9.4　用你自己的话描述软件体系结构。

9.5　用你自己的语言描述关注点分离。分而治之的方法有时候会不合适吗？这种情况对模块化的观点有多大的影响？

179

9.6　讨论作为有效模块化属性的信息隐蔽概念和模块独立性概念之间的联系。

9.7　耦合性的概念如何与软件可移植性相关联？举例支持你的论述。

9.8　应用"逐步求精方法"为下列一个或多个程序开发 3 种不同级别的过程抽象：（1）开发一个支票打印程序，给出金额总数，并按支票的常规要求给出大写金额数；（2）为某个超越方程迭代求解；（3）为操作系统开发一个简单的任务调度算法。

9.9　"重构"意味着迭代地修改整个设计吗？如果不是，它意味着什么？

180

9.10　简要描述设计模型的 4 个元素。

体系结构设计——一种推荐的方法

要点概览

概念：体系结构设计表示了构建计算机系统所需的数据结构和程序构件。它需要考虑系统采用的体系结构风格，构成系统的各构件的结构和属性以及系统中所有体系结构构件之间的相互关系。

人员：虽然软件工程师可以设计数据和体系结构，但在构建大型的复杂的系统时，这项工作通常是由专家负责。数据库或数据仓库设计者为系统创建数据体系结构。"系统架构师"根据软件需求分析得到的需求为系统选择合适的体系结构风格。

重要性：没有图纸就不要试图盖房屋，不是吗？同样，也不能通过勾画房屋的管道布局而开始绘制房屋的蓝图。在开始考虑细节之前，需要关注"宏观"视图，即房屋本身。这就是体系结构设计需要

做的事情——它提供"宏观"视图，并确保可以正确理解该视图。

步骤：体系结构设计从数据设计开始，并创建系统体系结构的一个或多个表示。然后在对多个可选体系结构风格或模式分析的基础上，选择出一个最符合顾客需求和质量属性的结构。方案一旦选定，就需要体系结构设计方法对该结构进行细化。

工作产品：在体系结构设计过程中，要创建一个包含数据结构和程序结构的体系结构模型。同时，还需描述构件属性以及构件之间的相互关系（交互关系）。

质量保证措施：在每个阶段，都要对软件设计的工作产品进行评审，以确保工作产品与需求之间以及工作产品彼此之间的清晰性、正确性、完整性和一致性。

设计通常被描述为一个多步的过程，该过程从信息需求中提取数据和程序结构的表示，接口特征以及过程细节。正如第9章所提到的，设计是信息驱动的。软件设计来源于对分析模型的3个领域的考虑。在考虑数据，功能和行为这三个领域基础上做出的决策通常被用作创建软件体系结构设计的指南。

Philippe Kruchten, Grady Booch, Kurt Bittner 和 Rich Reitman [Mic09] 指出软件体系结构定义了一个系统的"结构元素和其相应的接口"以及系统中各个构件和子系统的"行为"。他们同时指出体系结构设计的目的是创建系统和软件的"内聚的，规划良好的表示"。

本章将介绍创建设计模型的数据和体系结构层次的"内聚的、规划良好的表示"所需的方法。目标是提供一种进行体系结构设计的系统化方法，即如何构建软件的初始蓝图。

关键概念

敏捷性和体系结构原型
体系结构考虑要素
体系结构决策
体系结构描述语言
体系结构描述
体系结构设计
体系结构模式
体系结构风格
体系结构
体系结构一致性检查
体系结构权衡分析方法（ATAM）
层次体系结构
细化体系结构
体系结构风格的分类

10.1 软件体系结构

Shaw 和 Garlan[Sha15] 在其关于软件开发的划时代著作中指出,从计算机编程的早期开始,"软件系统就具有体系结构,并且开发者需要负责各模块间的交互以及各模块组合的全局特性"。如今,高效的软件体系结构以及其明确的表示和设计已经成为软件工程领域中一个重要的主题。

10.1.1 什么是体系结构

当你考虑一栋建筑的体系结构时,你往往需要考虑很多不同的属性。在最简单的层次上,你需要考虑物理结构的整体形状。但在实际中,体系结构还包含更多的信息。它是一种将建筑的各中构件整合为一个有机整体的方式;是一种将建筑融入其环境并与附近建筑相契合的方式;是建筑达到其既定需求并满足所有者需求的程度;是对结构的一种美学观感(建筑的视觉效果),以及如何将纹理、颜色和材料组合在一起创建合适外观和内部"居住环境"的方式;是很多微小细节的设计——例如灯具、地板类型和壁挂布置等的设计。最重要的是,它是一门艺术。

体系结构也可以是其他东西。它可以是"数千个大大小小的决策"[Tyr05]。这其中的一些决策可能发生在设计早期并可能对其他所有的设计行为产生重要的影响。而一些决策可能延迟到设计后期才产生,以规避那些可能导致体系结构风格不良实现的过度限制性约束。

就像房屋的平面图仅仅是建筑的一种表现形式一样,软件的体系结构同样不是一个可实际操作的产品。确切地说,它是一种可以帮助你(1)分析设计在满足既定需求方面的有效性;(2)在设计变更相对容易的阶段,考虑体系结构可能的选择方案;(3)降低与软件构建相关风险的方式。

体系结构的这种定义方式强调了体系结构表示中"软件构件"的作用。在体系结构设计环境中,软件构件可以像程序模块或者面向对象的类一样简单,但也可以扩展为包含数据库 [182] 和能够完成客户与服务器网络配置的"中间件"。构件的属性是理解构件之间如何相互作用的必要特征。在体系结构层次上,不会详细说明内部属性(例如算法细节)。构件之间的关系可以像一个模块对另一个模块的系统调用那样简单,也可以像数据库访问协议那样复杂。

尽管我们可以将软件设计看作是某些软件体系结构的实例,但那些作为体系结构一部分的元素和结构仍是每个设计的基础。因此,我们建议设计应当首先考虑软件体系结构。

10.1.2 体系结构的重要性

在一本关于软件体系结构的书中,Bass 和他的同事 [Bas03] 指出了软件体系结构之所以重要的三个关键因素:

- 软件体系结构提供了一种有助于促进所有利益相关者之间交流的表示形式;
- 软件体系结构突出了可能会对所有后续软件工程工作产生重要影响的早期设计决策;
- 软件体系结构提供了一个相对较小的描述软件不同构件之间如何组织和交互的模型。

体系结构设计模型和其中包含的体系结构模式是可传递的。也就是说,体系结构的类型、风格和模式(见 10.3 ~ 10.6 节)可以应用于其他系统的设计,并且表示了一组抽象,这使得软件工程师能以可预见的方式描述体系结构。

在定义软件体系结构时做出好的决策是一个软件产品是否成功的关键。软件体系结构确定了系统的结构并决定了系统的质量 [Das15]。

10.1.3　体系结构描述

对于体系结构这个词的意义，不同的人会有不同的理解。也就是说，不同利益相关者会因为其关心点不一样，而对同一个软件体系结构产生不同的理解。这也就意味着体系结构描述实际上是一组描述系统不同方面的工作产品。

Smolander、Rossi 和 Purao[Smo08] 提出了多个比喻，来对同一个体系结构进行不同角度的描述，以帮助不同的利益相关者更好地理解软件体系结构这个术语。对于那些实际编写程序以实现系统的利益相关者而言，他们更习惯将其称为蓝图。开发者将体系结构描述看作是一种从架构师到设计师再到负责开发不同系统构件的软件工程师之间传递准确信息的工具。

体系结构描述同样可以被看作是不同利益相关者群体之间的交流语言，那些高度关注客户的软件参与者（如管理者或营销专家）更倾向于该角度。体系结构描述构成了交流的基础，特别是在确定系统边界方面，因此体系结构描述必须是简洁易懂的。

183

体系结构描述同样还可被看作是对诸如成本，可用性，可维护性以及性能等多个会对系统设计产生重大影响的属性进行权衡取舍之后做出的决策。利益相关者（如项目经理）需要根据体系结构来确定项目资源和任务的分配。这些决策往往会影响任务的执行顺序和软件团队的构成。

体系结构描述也可以被看作是记录过去构建体系结构解决方案的文档资料。这些文档资料可以支持软件构建，并且在设计师和软件维护者之间传递关于信息。同时，这些文档资料还可以为那些关注构件和设计复用的利益相关者提供支持。

体系结构描述（Architectural Description，AD）展示了一个系统的多个不同视图，每个视图都是"从（不同利益相关者的）不同关注点对整个系统进行的表示"。IEEE 计算机协会提出的 IEEE-Std-42010:2011(E) 标准，即系统和软件工程 – 体系结构描述 [IEE11]，描述了使用体系结构观点，体系结构框架和体系结构描述语言，作为定义体系结构描述的惯例和通用实践的方法。

10.1.4　体系结构决策

视图作为体系结构描述的一部分，解决一个特定利益相关者的关注点。为了开发每个视图（和作为整体的体系结构描述），系统架构师通常会考虑多个不同的替代方案，并最终从中决定出最符合关注点的特定体系结构特征。体系结构决策本身同样可以被看作是体系结构的一个视图。通过理解做出体系结构决策的缘由，可以深刻洞悉系统的结构以及系统与利益相关者关注点的一致性。

一名系统架构师可以使用下面推荐的模版记录每个关键的决策。通过记录这些关键决策，架构师可以为他们的工作提供逻辑依据，并建立历史记录以便在必要时对设计进行修改。而对于敏捷开发者而言，一个轻量级的体系结构决策记录表（Architectural Decision Record, ADR）可以只包含标题，环境信息（假设和约束），决策信息（解决方案），决策状态（决策是否被接受）以及决策结果（可能的结果）[Nyg11]。

Grady Booch[Boo11a] 指出在构建一个全新的软件产品时，软件工程师通常感到被迫投入，他们构建新的功能、修复不能运行的功能、改进可以运行的功能，并不断地重复这一过程。经过几轮反复之后，他们意识到在刚开始定义体系结构并明确与之相关的决策的重要性。在构建一个新产品之前，还无法预见何为正确的决策。然而，当开发者对他们的新产品原型进行使用测试后，发现该产品的体系结构值得复用时，那么针对类似产品的主导设计[⊖]就开始显现了。如果不将开发过程中的成功和失败记录下来，那么软件工程师就很难决定何时需要设计新的体系结构，何时可以复用以前的体系结构。

[184]

信息栏　体系结构决策描述模版

每个关键的体系结构决策都可以被记录，以便以后想要理解体系结构描述的利益相关者进行评审。这里给出的是 Tyree 和 Ackerman[Tyr05] 提出模版的修改简化版本。

设计问题：描述将要解决的体系结构设计问题。

解决方案：陈述所选择的解决设计问题的方法。

分类：指定设计问题和解决方案陈述的设计类别（例如，数据设计、内容结构、构件结构、集成、简要说明）

假设：指出任何有助于制定决策的假设。

约束：指定任何有助于制定决策的环境约束（例如，技术标准、可用模式、项目相关问题）。

候选方案：简要描述考虑过的体系结构设计方案，并描述为什么放弃这些方案。

决策理由：陈述选择该决策而不是其他决策的理由。

决策结果：指出做出该决策的影响。这个决策方案会对其他体系结构设计问题产生什么影响？这个决策方案是否会对设计产生约束？

相关决策：其他哪些已记录的决策与此决策相关？

相关关注点：其他哪些需求与该决策相关？

工作产品：指出该决策会在何处对整个体系结构描述产生影响。

注释：参考可用来制定决策的其他团队的备忘录或文档。

10.2　敏捷性和体系结构

一些敏捷开发者认为体系结构设计等价于"前期大设计"。在他们的观点中，体系结构设计会导致不必要的文档信息和不必要的功能实现。但是，大部分敏捷开发者也同意 [Fal10] 关注体系结构在开发一个复杂系统（如一个拥有庞大需求、大量利益相关者或大量全球性用户的系统）时的重要性。因此，将新的体系结构设计实践结合到敏捷开发过程中显得至关重要。

[185]

为了在早期做出体系结构决策，并避免反复修复由错误的体系结构导致的质量问题，敏捷开发者需要从收集的用户故事中预估体系结构元素[⊜]和隐式结构（第 7 章）。通过创建一个体系结构原型（如骨架）并开发明确的体系结构工作产品以将正确的信息传递给必要的利益相关者，敏捷开发团队可以满足体系结构设计的需求。

架构师使用一种名为情节提要（storyboarding）的技术，将体系结构用户故事结合到相

⊖　主导设计描述了经过在市场上一段时间的成功适应和使用之后成为行业标准的创新软件体系结构或过程。

⊜　更多关于体系结构敏捷开发的内容参见 [Bro10a]。

应的项目中，并与产品所有者合作，在规划"项目周期"（工作单元）时使用项目用户故事优先处理体系结构故事。架构师在项目周期中和开发团队紧密合作，以确保不断演进的软件可以持续地保证非功能性产品需求定义的高体系结构质量。如果质量足够高，那么开发团队将独自进行项目开发。否则，架构师在项目周期中加入开发团队。在项目周期完成后，架构师首先审查工作原型的质量，然后开发团队将其提交给利益相关者进行正式的项目周期审查。良好运行的敏捷开发项目在每个项目周期中都适用迭代式的工作产品交付形式（包括体系结构文档）。审查每个工作周期中的工作产品和代码是体系结构审查的一种有效形式。

责任驱动的体系结构（Responsibility-Driven Architecture，RDA）是一种关注项目团队中何时，如何及由谁来执行体系结构决策的方式。这种方式和敏捷开发哲学是一致的，其强调架构师应当是团队的服务型领导而非独裁的决策制定者。架构师作为项目的协调者，着重于开发团队如何解决其他利益相关者的非技术性问题（如业务、安全性、可用性）。

敏捷开发团队在一个新的需求出现时通常可以很自由地对系统进行更改。在这种变更发生时，架构师便要仔细考虑体系结构中的关键部分，并保证开发人员已经咨询过相应的利益相关者的意见。双方的意见可以通过运用一种名为进展签署的方法来满足，即每当一个新的原型完成时，相应的产品应当记录在案并获得批准 [Bla10]。

使用与敏捷开发哲学兼容的方式可以保证，在不妨碍敏捷开发团队做出所需决策的同时，给监管方和审计部门提供可验证的签收。当一个项目结束时，项目团队会拥有一套完整的工作产品并且体系结构也会在演变中获得相应的质量评估。

10.3 体系结构风格

当一个建筑师用短语"殖民式中厅"（center hall colonial）来描述某座房屋时，大多数熟悉美国建筑的人都能够想像房屋的外观以及平面图的大致图像。建筑师使用体系结构风格作为描述手段，将该房屋和其他风格（例如，A框架、砖房、科德角）区分开来。但更重要的是，体系结构风格也是建筑的模版。虽然更多房屋的细节需要补充，明确房屋的最终大小，添加客户定制的特征，确定建筑材料，但是"殖民式中厅"的风格指导了建筑师的工作。

基于计算机系统构造的软件也表现出众多体系结构风格中的一种。每个体系结构风格都描述了一种系统类别，包括：（1）一组执行系统所需功能的构件（例如，数据库、计算模块）；（2）一组实现构件间"通信、合作和协调"的连接件；（3）定义构件如何集成为系统的约束；（4）能够使设计者通过分析系统组成元素的已知属性来理解系统整体性质的语义模型 [Bas12]。

体系结构风格就是施加在整个系统设计上的一种变换，目的是为系统中所有构件建立一个结构。在要进行体系结构重构的情况下（第27章），强制采用某种体系结构风格将导致软件结构的根本性变化，包括对构件功能的重新分配 [Bas00]。

体系结构模式（architectural pattern）和体系结构风格一样，也对体系结构设计施加一种变换。然而，体系结构模式和体系结构风格在许多基本方面存在不同：（1）体系结构模式涉及的范围更窄一些，它更多地关注体系结构的一个方面而不是体系结构的整体；（2）体系结构模式为体系结构定义规则，描述了软件是如何在基础功能层次（如并发）上处理某些功能性方面的问题；（3）体系结构模式倾向于解决体系结构环境中特定的行为问题（例如，实时应用如何处理同步和中断）。体系结构模式可以与体系结构风格相结合来更好地确定系统的整体结构。

186

10.3.1　体系结构风格的简单分类

在过去的 60 年中，虽然已经创建了数百万的计算机系统，但绝大多数都可以归为少数的几种体系结构风格之一。

以数据为中心的体系结构。数据存储区（如文件或数据库）位于该体系结构的中心，其他构件频繁访问该存储区并更新，添加或修改存储区中的数据。图 10-1 描述一种典型的以数据为中心的体系结构风格。客户端软件访问中心存储库。在某些情况下，该数据存储库是被动的。也就是说，客户端软件访问数据独立于数据的变化和其他客户端软件的行为。该风格的另一个变种是将数据存储库变为"黑板"，当客户感兴趣的数据发生变化时，它通知相应的客户端软件。

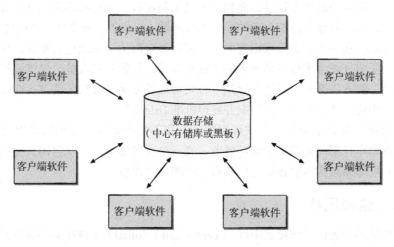

图 10-1　以数据为中心的体系结构

以数据为中心的体系结构促进了可集成性（integrability）[Bas12]。也就是说，现有构件可以被修改，且新的客户端构件可以添加到体系结构中，而不会对体系结构中的其他客户端构件产生影响（因为客户端构件是独立运行的）。而且，数据可以在各客户端构件之间通过"黑板"机制传递（即黑板构件用于协调各客户端构件之间的信息传递）。各客户端构件独立地执行进程。

数据流体系结构。该体系结构应用于输入数据需要经过一系列计算或操作构件以转换为输出数据的情况。管道 – 过滤器模式（图 10-2）拥有一组由管道连接的过滤器构件，管道负责将数据从一个过滤器构件传递到下一个过滤器构件。每个过滤器独立于其上游和下游的过滤器而运行，过滤器接受某种特定形式的数据输入并产生制定形式的数据输出（到下一个过滤器中）。尽管如此，过滤器也无须了解其相邻过滤器的工作原理。

调用和返回体系结构。该体系结构可以实现一个相对易于修改和扩展的程序结构。该体系结构又包含以下两种子体系结构风格：

- 主程序 / 子程序体系结构。这种经典的程序结构将功能划分为控制层次结构，其中一个"主"程序调用其他程序构件，而这些程序构件又可以调用其他的构件。图 10-3 描述了该类型的体系结构。
- 远程过程调用体系结构。主程序 / 子程序体系结构中的构件分布在网络中的多台计算机上。

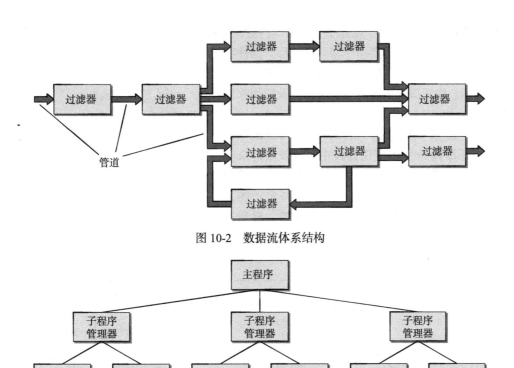

图 10-2 数据流体系结构

图 10-3 主程序 / 子程序体系结构

面向对象的体系结构。系统的构件封装了数据和必须用于该数据的操作。构件之间的通信和合作是通过信息传递实现的。图 10-4 使用 UML 通信图，描述了使用面向对象体系结构实现的系统登陆模块中的信息传递。更详细的通信图可以参见附录 1。

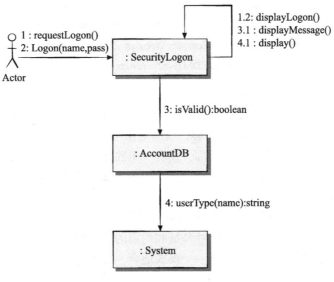

图 10-4 UML 通信图

层次体系结构。图 10-5 描述了一个基本的层次体系结构。其中许多不同的层被定义，每层完成的操作逐渐接近机器指令集。在外层，构件实现用户界面的操作。在内层，构件完成建立操作系统接口的操作。中间层提供实用工具服务以及应用软件功能。

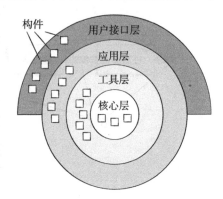

图 10-5　层次体系结构

模型-视图-控制器（Model-View-Controller，MVC）体系结构是 Web 应用开发中经常使用的众多推荐移动基础设施模型之一。模型包含所有应用特定内容和处理逻辑。视图包含所有接口特定功能并能够显示终端用户所需的内容和操作逻辑。控制器管理对模型和视图的访问并协调它们之间的数据流。图 10-6 描述了一个粗略的 MVC 体系结构。

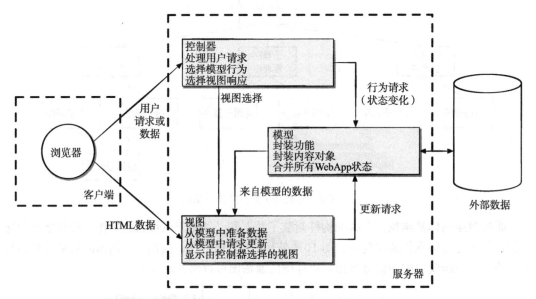

图 10-6　MVC 体系结构（来源：摘自 Jacyntho, Mark Douglas, Schwabe, Daniel and Rossi, Gustavo,
" An Architecture for Structuring Complex Web Applications," 2002, available at http://www-di.
inf.puc-rio.br/schwabe/papers/OOHDMJava2%20Report.pdf）

从图中可以看出，用户请求被控制器处理。控制器同样负责根据用户请求来选择合适的视图对象。一旦请求的类型被确定，就会将该行为请求发送给模型，模型根据行为请求实现相应的功能操作或检索该请求所需的内容。模型对象可以访问存储在公司数据库中的数据，并检索所需数据作为本地数据存储的一部分或者一组独立的文件集合。由模型对象得到的数据必须被相应的视图对象格式化和组织，并从应用程序服务器传回客户端浏览器中以方便在客户的计算机上显示。

以上描述的体系结构风格仅仅是可用体系结构风格中的一小部分[⊖]一旦需求工程确定了待构建系统的特征和约束，最适合于这些特征和约束的体系结构风格或者风格和模式的组合便可以被选择。在很多情况下会有不止一个模式适合，因此需要对所有候选的体系结构风格

　⊖　更多关于体系结构风格和模式的内容参见 [Roz11]、[Tay09]、[Bus07]、[Gor06] 或 [Bas12]。

进行设计和评估。例如，层次体系结构（适用于大多数系统）在大量的数据库应用中可以和以数据为中心的体系结构相结合。

187 ~ 191

SafeHome | **选择体系结构风格**

场景：Jamie 的房间，设计建模开始。

人物：Jamie 和 Ed，SafeHome 软件工程团队的成员。

对话：

Ed（皱着眉）：我们一直在使用 UML 对安全功能进行建模……类、关系等，因此我觉得面向对象的体系结构是合适的选择。

Jamie：但是……

Ed：但是……我对于面向对象的体系结构理解比较困难。我比较熟悉调用和返回体系结构——传统的过程层次。但是面向对象……我不了解，它看起来比较杂乱。

Jamie（微笑）：比较杂乱?

Ed：对的……我的意思是我不能想象出一个实际的结构，在我的脑海中只有类。

Jamie：哦，这是不正确的。面向对象体系结构存在层次……回想一下我们在设计 FloorPlan 对象时定义的层次（聚集）（图 9-3）。一个面向对象体系结构包含结构和结构之间的连接，也就是类之间的合作。我们可以通过充分描述属性和操作，信息的传递以及类的结构来展示它。

Ed：我打算花一个小时设计一个调用和返回体系结构，然后再回过头来考虑面向对象体系结构。

Jamie：Doug 对此不会有任何问题。他说我们应当考虑多个体系结构方案。顺带说一句，两种体系结构结合使用完全没有问题。

Ed：好的，我知道了。

选择一个合适的体系结构风格可能会很困难。现实世界中的问题通常使用多个问题框架，因此不同体系结构模型的组合需要被考虑。例如，用于 WebAPP 设计中的模型 – 视图 – 控制器（MVC）体系结构⊖可以视为两个问题框架的组合（指令行为和信息显示）。在 MVC 中，终端用户的指令通过浏览器窗口发送给指令处理器（控制器），控制器负责对内容（模型）的访问，并指示信息渲染模型（视图）对内容进行转换使其可以显示在浏览器中。

10.3.2 体系结构模式

开发需求模型时将会注意到软件必须解决许多问题，这些问题很广泛，跨越了整个应用领域。例如，几乎每个电子商务应用程序的需求模型都面临以下问题：应当如何向不同的客户提供不同的商品，并让客户可以轻松地找到和购买这些商品?

需求模型同样定义了需要解决的问题的上下文。例如，销售高尔夫装备的电子商务应用的运行环境和销售高价工业设备给媒体和大型公司的电子商务应用的运行环境会有很大的差异。而且，一系列的限制和约束可能会影响到用于解决问题的方式。

192

体系结构模式便是在特定的上下文和一系列限制与约束下解决特定的应用问题。体系结构模式可以提供体系结构解决方案，作为体系结构设计的基础。

本章的前述部分提到过，大多数的应用有其特定的领域或类别，而且一种或多种体系结构风格可能适用于该类别。例如，一个应用的整体体系结构风格可能是"调用和返回体系结

⊖ 第 13 章将更详细地讨论 MVC 体系结构。

构"或者"面向对象体系结构"。但是在这种风格之下，特定的体系结构模式可以用于解决一些常见的问题。更多相关的问题和关于体系结构模式的详细讨论将会在第 14 章中给出。

10.3.3 组织和求精

由于设计过程通常会产生多个可供选择的体系结构，因此制定一组设计准则来对不同的体系结构进行评估是至关重要的。以下的问题可以帮助更好地理解体系结构风格 [Bas12]：

控制。如何在体系结构中管理控制？是否存在清晰的控制层次？如果存在，那么构件在控制层级中作用是什么？构件在系统中如何传递控制？控制如何在不同的构件之间共享？控制的拓扑结构是怎样的（即，控制采用的几何形式）？控制是否同步，或者构件之间是否异步运行？

数据。构件之间如何交换数据？数据流是否连续地传递给系统，或数据对象是否零散地传递给系统？数据传递的模式是什么（数据是从一个构件传递到另一个构件中的？还是被系统中各构件全局共享的）？数据构件（例如，黑板或中心有储库）是否存在？如果数据构件存在，那么它的作用是什么？功能构件和数据构件如何交互？数据构件是主动的还是被动的（数据构件是否主动地和系统中的其他构件交互）？系统中数据和控制是如何进行交互的？

回答上述问题可以给设计师提供一个关于设计质量的早期评估，并为后面更为详细的体系结构分析提供基础。

演化过程模型（第 2 章）已经变得非常流行。这意味着随着每个产品增量的计划和实现，软件的体系结构需要不断地演化。在第 9 章中该过程被描述为重构，即在不改变系统外部行为的前提下对系统的内部结构进行改进。

10.4 体系结构考虑要素

Buschmann 和 Henny[Bus10a, Bus10b] 给软件工程师提供一些体系结构的考虑要素，指导软件工程师在体系结构设计时做出决策。

- 经济性——好的软件通常是整洁的，依靠抽象来减少不必要的细节。同时，避免由不必要的功能和特征带来的复杂性。
- 易见性——设计模型创建后，对于那些随后审查该模型的软件工程师而言，体系结构决策和其相应的原因应当是显而易见的。重要的设计和领域概念必须被有效地传达。
- 隔离性——在设计时分割不同的关注点（第 9 章）有时被称为隔离性。适当的隔离性可以使得模块化设计易于实现，然而过分的隔离性将导致碎片化和可用性的损失。
- 对称性——体系结构对称性是指系统在其属性上是一致且平衡的。对称的设计更易于理解，领悟和沟通。比如，设想一个客户账户对象，其生命周期可以很容易地被包含 open() 和 close() 方法的软件体系结构所建模。体系结构对称性即可以是结构上，也可以是行为上的。
- 应急性——紧急的，自组织的行为和控制是创建可扩展，高效且经济的软件体系结构的关键。例如，许多实时软件应用都是事件驱动的。定义系统行为的事件的顺序和持续时间确定了应急处理的质量。由于很难对每个可能的事件序列进行考虑，因此系统架构师必须创建一个灵活的系统来处理各种突发的行为。

上述因素不是独立存在的。相反，它们之间即相互作用又相互调节。例如，间隔性可以根据经济性进行相应的增加和减少。易见性可以通过隔离性来平衡。

软件产品的体系结构描述在其源代码中并不是显而易见的。因此，不断地修改代码（如软件维护活动）可能会导致软件体系结构被侵蚀。从而，对于设计师而言的挑战就是找到合适的体系结构信息的抽象。这些抽象可以潜在地提高代码的结构性，从而提高代码的可读性和可维护性 [Bro10b]。

▌SafeHome ▏ 评估体系结构决策 ▏

场景：Jamie 的房间，设计建模继续进行。

人物：Jamie 和 Ed, SafeHome 软件工程团队的成员。

对话：

Ed：我完成了对于安全功能的调用和返回体系结构模型。

Jamie：太好了！你觉得这一模型满足了我们的需求吗？

Ed：它没有引入任何不必要的特征，因此它看起来是经济的。

Jamie：那么模型的易见性呢？

Ed：我可以理解该模型，而且模型可以实现产品的安全需求。

Jamie：我知道你理解这个模型，但是你并不是该项目的程序员。我有一点担心隔离性。这个模型可不像面向对象的设计模型那样易于模块化。

Ed：可能可以模块化，但是这可能限制我们在创建 SafeHome 的移动应用版本时重用某些代码的能力。

Jamie：那么对称性呢？

Ed：我很难评估模型的对称性。在我看来，安全功能中唯一对称的地方在于添加和删除 PIN 信息。

Jamie：那么当我们向移动应用添加远程安全功能时情况将变得更加复杂。

Ed：我想是这样的。

（考虑到该体系结构问题时，他们同时陷入了沉思。）

Jamie：SafeHome 是一个实时系统，因此状态转移和事件序列将会很难预测。

Ed：是的，但是系统的应急行为可以使用有限状态机模型来处理。

Jamie：怎么做呢？

Ed：模型可以基于调用和返回体系结构来实现。在很多编程语言中，中断可以被轻松地处理。

Jamie：你觉得我们是否有必要对最初考虑的面向对象体系结构进行相同的分析？

Ed：我觉得这是一个好主意，因为一旦开始系统编码后，体系结构将很难被改变。

Jamie：在这些体系结构的基础上，再审查一下除安全性之外的其他非功能需求也很重要，以确保它们被通盘考虑。

Ed：对。

10.5　体系结构决策

关于系统体系结构的决策定义了设计的关键问题和体系结构解决方案背后的逻辑依据。系统体系结构决策包含软件系统组织，结构元素的选择，由元素间预期协作所定义的结构以及这些元素组合成的越来越大的子系统 [Kru09]。此外，决策还可能包含体系结构模型，应用技术，中间件和编程语言的选择。体系结构决策的结果影响系统的非功能特征以及众多的质量属性 [Zim11]，同时这些结果能够以开发备忘录的形式记录下来。这些开发备忘录记录了关键的设计决策及其依据，为新的项目成员提供参考，同时还可以作为经验学习的知识库。

通常，体系结构实践着重于使用体系结构视图来表示和记录不同利益相关者的需求。但是，可以定义一个跨越传统体系结构表示中多个信息视图的决策视图。这种决策视图同时包含设计决策及其逻辑依据。

　　面向服务的体系结构决策（Service-Oriented Architecture Decision，SOAD）[⊖] 建模是一个知识管理框架，它以一种可以指导未来开发活动的方式，为捕获体系结构决策的依赖提供支持。

　　SOAD 指导模型包含将某一种体系结构风格应用到特定应用类型时所需的体系结构决策知识。该模型基于采用该类型体系结构风格的已完成项目中获取的体系结构信息而构造。指导模型记录了可能存在设计问题且必须做出体系结构决策的地方，以及在对候选方案进行选择时需要考虑的质量属性。同时模型还包括了从以前软件应用中获得的候选解决方案（及其优缺点），以帮助架构师做出最优的决策。

　　SOAD 决策模型记录了所需的体系结构决策以及以前项目中实际做出的决策及其依据。指导模型为体系结构决策模型提供了一种可裁剪的步骤，以允许架构师删除不相关的问题、扩展重要的问题或者增加新的问题。决策模型可以使用多个指导模型，并可以在项目完成后给指导模型提供反馈。这种反馈可以从已完成项目的经验总结评审中发掘出来。

10.6　体系结构设计

　　在体系结构设计开始时，应建立相应的上下文。为此，应当定义与软件交互的外部实体（如其他系统、设备、人）和交互的性质。这些信息通常可以从需求模型中获得。一旦确定上下文和所有软件外部接口，就可以确定一组体系结构原型。

　　体系结构原型是系统行为要素的一种抽象（类似于类）。如果需要构造一个系统，那么就必须在体系结构上对一组体系结构原型提供的抽象进行建模，然而体系结构原型却不能提供足够的实现细节。因此，设计师通过定义和完善每个原型的软件构件来明确系统的结构。这个过程将迭代地进行，直到获得一个完善的体系结构。

　　当软件工程师创建有意义的体系结构图时，必须考虑并回答一些问题 [Boo11b]。体系结构图是否描述了系统是如何对输入或事件进行响应？有什么视觉效果可以帮助强调风险区域？如何将隐藏的系统设计模型更清晰地展现给其他开发者？是否能有多个观点展示重构系统特定部分的最佳方式？能否将设计中的权衡取舍有意义地表现出来？如果一个软件体系结构的图回答了上述问题，那么这个图对于使用它的软件工程师而言是有价值的。

10.6.1　系统在上下文中的表示

　　UML 不包含用于在上下文环境中表示系统的特定图表。那些希望坚持使用 UML 并在上下文环境中表示系统的软件工程师可以结合用例，类，构件，活动，序列和协作图来实现这一目的。一些软件架构师可能会使用体系结构上下文图（Architectural Context Diagram，ACD）对软件与其外围实体的交互方式进行建模。图 10-7 描述了 SafeHome 安全功能的体系结构上下文图。

　　为了更好地说明 ACD 的使用，考虑图 10-7 中描述的 SafeHome 的住宅安全功能。整个 SafeHome 的产品控制器和基于互联网的系统都属于安全功能的上级系统，因此在图 10-7 中位于安全功能的上方。监视功能是安全功能的一个同级系统，并在产品的后续版本中使用安全住宅功能（或被住宅安全功能所使用）。房主和控制面板都是参与者，它们既是安全软件

　　⊖　SOAD 类似于第 14 章中讨论的体系结构模式的使用。

所用信息的生产者，又是安全软件所供信息的使用者。最后，被安全软件使用的传感器是安全软件的下级系统（并绘制在安全系统的下方）。

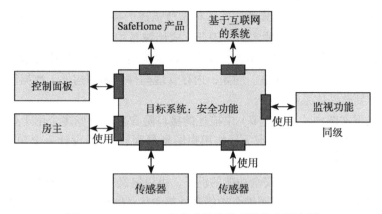

图 10-7 SafeHome 安全功能的体系结构上下文图

作为体系结构设计的一部分，必须明确图 10-7 中每一个接口的细节。在该阶段必须标识所有流入和流出该系统的数据。

10.6.2 定义体系结构原型

体系结构原型是表示核心抽象的类或模式，该抽象对于目标系统的体系结构设计至关重要。通常，即使设计相对复杂的系统，也只需要相对较小的体系结构原型集合。这些体系结构原型组成了目标系统的体系结构，虽然这些原型表示了体系结构中的稳定元素，但是可以基于不同的系统行为使用多种不同的方法对其进行实例化。

大多数情况下，可以通过检验作为需求模型一部分的分析类来获得体系结构原型。继续前述 SafeHome 住宅安全功能的讨论，可以定义下面几个体系结构原型：

- **节点**。表示住宅安全功能输入和输出的内聚集合。例如，一个节点可能由如下元素构成：（1）多种传感器；（2）多种警报（输出）指示器。
- **探测器**。表示所有为目标系统提供信息的传感器的抽象。
- **指示器**。表示所有用于指示警报条件是否发生的机械装置（例如，警报汽笛、闪灯、铃声）的抽象。
- **控制器**。表示对允许节点发出或撤销警报的机械装置的抽象。如果控制器连接网络，那么应该具有相互通信的能力。

如图 10-8 所示，上述体系结构原型可以使用 UML 表示法来描述。回想一下，原型构成了体系结构的基础，但它们是抽象的，必须随着体系结构设计的进行进一步完善和细化。例如，探测器原型可以用传感器类层次结构来细化。

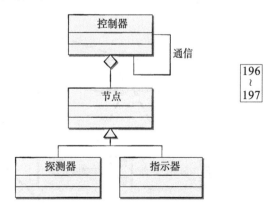

图 10-8 SafeHome 安全功能原型的 UML 关系图（来源：摘自 Bosch, Jan, Design & Use of Software Architectures. Pearson Education, 2000.）

10.6.3 将体系结构细化为构件

随着软件体系结构被细化为构件，系统的结构开始出现。但是，如何选择合适的构件呢？为了回答这个问题，需要首先考虑需求模型所描述的类[⊖]。这些分析类表示软件体系结构中必须处理的应用（业务）域的实体。因此，应用域是构造和细化构件的一个基础。另一个基础是基础设施域。体系结构必须包含许多基础设施构件，使应用构件能够运行，但是这些基础设施与应用域没有业务联系。例如，内存管理构件，通信构件，数据库构件和任务管理构件经常集成到软件体系结构中。

体系结构上下文图中（10.6.1 节）中描述的接口隐含着一个或多个用于处理流经这些接口的数据的特定构件。在某些情况下（如用户图形界面），必须设计一个包含多个构件的、完整的子系统体系结构。

继续考虑 SafeHome 的住宅安全功能的例子，可以定义一组完成下述功能的顶层构件：

- **外部通信管理构件**——协调安全功能和外部实体（例如，基于互联网的系统和外部警报通知）的通信。
- **控制面板构件**——管理所有控制面板功能。
- **探测器管理构件**——协调所有连接到系统的探测器的访问。
- **警报处理构件**——验证和处理所有警报条件。

上述每一个顶层构件都必须经过反复的迭代细化，然后组合到整个 SafeHome 的体系结构中。每个构件都必须定义设计类（包含相应的属性和操作）。然而，值得一提的是，在进行构件级设计之前，无须明确所有属性和操作的设计细节。

图 10-9 描述了整个体系结构（由 UML 构件图表示）。当事物从处理 SafeHome 的 GUI 事件和互联网接口输入的构件进入系统时，便被外部通信管理构件捕获。SafeHome 的执行构件管理该事物，并为其选择合适和产品功能（在本例是安全功能）。控制面板处理构件通过与房主交互来启用和关闭安全功能。探测器管理构件轮询传感器以检测警报条件，一旦检测到警报条件，警报处理构件将产生相应的输出。

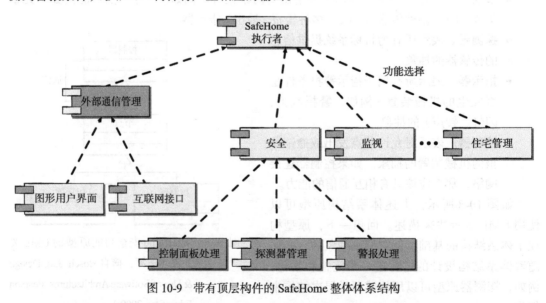

图 10-9 带有顶层构件的 SafeHome 整体体系结构

⊖ 如果选择了常规（非面向对象）的方法，那么可以从子程序调用层次中设计构件（参见图 10-3）。

10.6.4　描述系统实例

到目前为止，所建模的体系结构设计仍然处于比较抽象的层次。系统的上下文已经被表示，描述问题域中重要抽象的原型已经被定义，系统的整体体系结构已经显现，主要的软件构件也已经被定义。然而，更进一步的完善和细化（回想一下，所有设计都是迭代进行的）仍然是必需的。

为了进一步对体系结构设计进行完善和细化，需要开发该体系结构的实际实例。这意味着我们需要将体系结构应用到特定的问题来证明结构和构件是合适的。

图 10-10 描述了一个针对安全系统的 SafeHome 体系结构实例。图 10-9 中描述的构件被进一步细化以展示更多的细节。例如，探测器管理构件和调度器基础设施构件进行交互，安全系统通过调度器基础设施构件对每个传感器对象实施轮询。图 10-10 中描述的每一个构件都进行了类似的细化。

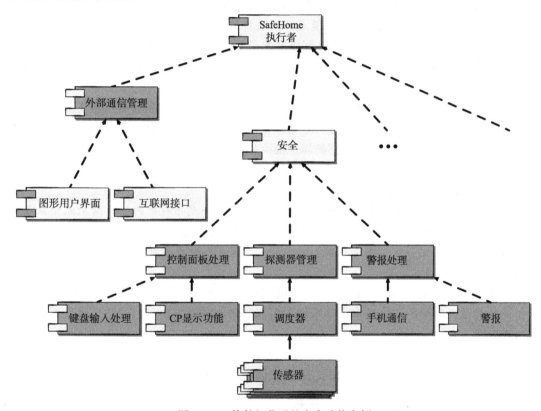

图 10-10　构件细化后的安全功能实例

200

10.7　评估候选的体系结构设计

Clements 和他的同事在他们关于软件体系结构评估的著作中指出 [Cle03]，"坦率地说，体系结构是一场关于系统成功与否的赌博"。

对于那些构造系统的软件架构师和软件工程师而言，最大的问题很简单：体系结构方面的付出是否值得？

为了帮助回答这一问题，体系结构设计需要给出多个体系结构候选方案，并对每一种候选方案进行评估，以确定哪种方案最适合要解决的问题。

软件工程师协会（Software Engineering Institute，SEI）开发了体系结构权衡分析方法（Architecture Trade-off Analysis Method，ATAM）[Kaz98]，该方法定义了一种迭代式的软件体系结构评估方法。下述的设计分析活动是迭代执行的：

- 收集场景。从用户的角度开发一组用例（第 7 章和第 8 章）来表示系统。
- 给出需求，约束和环境描述。这些信息作为需求工程的一部分，并用来确定所有利益相关者的关心点是否被满足。
- 描述用于解决相应场景和需求的体系结构风格和模式。体系结构风格必须使用下面其中一种体系结构视图来描述：
- 模型视图用于分析构件的任务分配和信息隐藏的程度。
- 过程视图用于分析系统性能。
- 数据流视图用于分析体系结构满足功能需求的程度。
- 通过独立考虑各属性来评估质量属性。选择进行分析的质量属性个数是可用的审查时间以及质量属性与该系统相关程度的函数。体系结构设计评估的质量属性包括可靠性、性能，安全性、可维护性、灵活性、可测试性、可移植性、可复用性和互用性。
- 对于特定的体系结构风格，确定质量属性对各种体系结构属性的敏感度。这可以通过在体系结构上进行小的变更并观察质量属性（例如性能）相对于该变更的敏感度来确定。对体系结构的变更敏感的属性被称为敏感点。
- 使用第 5 步中的敏感度分析对候选体系结构（第 3 步中开发的）进行评论。SEI 将该方法描述为以下方式：

一旦确定体系结构的敏感点，就可以通过识别对多个属性敏感的体系结构元素来寻找权衡点。例如，客户端－服务器体系结构的性能可能高度敏感于服务器的数量（通过增加服务器质量可以在一定程度上增加性能）……从而，服务器的数量就是该体系结构的一个权衡点。

上述 6 个步骤表示首次 ATAM 迭代。根据第 5 步和第 6 步的结果，某些候选体系结构可能被淘汰，剩余的一个或多个体系结构可能被修改或添加更多的细节，然后再次应用 ATAM 步骤。

| SafeHome | 体系结构评估 |

场景：Doug Miller 的办公室，体系结构设计建模进行中。

人物：Vinod, Jamie 和 Ed，SafeHome 软件工程团队的成员；Doug Miller，团队管理者。

对话：

Doug：我知道大家为 SafeHome 设计了两个不同的体系结构，这是一件好事。我的问题是，我们如何选出最优的那一个

体系结构呢？

Ed：我正在进行调用和返回风格的体系结构设计，随后我或者 Jamine 将进行面向对象的体系结构设计。

Doug：好的，但我们如何选择呢？

Jamie：我在高年级时参加了设计方面的 CS 课程，我记得有很多选择方法。

Vinod：是有很多，但是它们都太理论化了。听着，我认为我们可以自己评估，

并使用用例和场景来选择正确的体系
结构。

Doug：这不是一回事吗？

Vinod：对于体系结构评估而言，不是一
回事。我们已经有了一组用例，所以我
们可以分别将各用例应用到两个体系结
构上并观察系统如何反应，构件和连接
件在该用例上下文中如何工作。

Ed：好主意。确保我们没有遗漏任何
东西。

Vinod：当然，它还可以告诉我们体系结
构设计是否过于复杂，系统是不是必须
转换到它的分支上来完成工作。

Jamie：那场景不就是用例的别名吗？

Vinod：不是的，场景在这里有不同的
含义。

Doug：你是指质量场景或者变更场景，
对吗？

Vinod：对的。我们需要回到利益相关者
那里，询问他们 SafeHome 在未来三年
可能发生的改变，如新版本、新特征的
改变。对此，我们创建了一组变更场景。
我们同样创建了一组质量场景来定义我
们希望在软件体系结构中观察的属性。

Jamie：然后，我们把它们运用到了两个
候选体系结构上。

Vinod：是的，能更好处理这些用例和场
景的体系结构就是我们的最终选择。

10.7.1　体系结构评审

体系结构评审是一种特定的技术评审（第 16 章），它提供了一种评估软件体系结构满足
系统质量需求（例如，可扩展性和性能）的能力以及识别其中潜在风险的能力的方法。通过
尽早地发现设计问题，体系结构评审有可能降低项目成本。

不同于涉及所有利益相关者代表的需求评审，体系结构评审只涉及软件工程师团队的成
员，并辅以独立的专家。然而，基于软件的系统是由具有多种不同需求和观点的人员所构
造的。在体系结构创建的时候，架构师通常关注系统非功能性需求的长期影响。高级管理人
员通过业务目标评估体系结构。项目管理人员通常被交付日期和预算这类短期考虑因素所束
缚。软件工程师通常专注于自己的技术兴趣和功能交付。所选体系结构的每一个支持者（以
及其他人）都必须同意该软件体系结构具有优于其他候选体系结构的独特优势。因此，明智
的软件架构师应当在软件团队（和利益相关者）的成员之间建立共识，已实现最终软件产品
的体系结构构想 [Wri11]。

业界最常见的体系结构评审技术包括：基于经验的推理，原型评估，场景评估（第 8 章）
以及使用检查单。很多体系结构评审在项目生命周期早期进行。在基于构件的体系结构设计
（第 11 章）中，增加新的构件或包之后同样需要进行体系结构评审。进行体系结构评审时，
软件工程师面临的最普遍的问题之一是体系结构工作产品的丢失或不完整，从而给进行体系
结构评审带来困难。

10.7.2　基于模式的体系结构评审

正式技术评审（第 16 章）可以应用于软件体系结构，并提供一种用于管理系统质量属
性，发现错误并避免不必要的工作的方法。然而，在较短的工作周期，紧迫的期限，不稳
定的需求以及小规模的团队的情况下，一种名为基于模式的体系结构评审（Pattern-Based
Architecture Review，PBAR）的轻量级体系结构评估过程可能是最优的选择。

PBAR 是一种基于体系结构模式[⊖]的评估方法，其利用模式和质量属性之间的关系进行评估。PBAR 是设计所有开发人员和其他利益相关者的面对面审查会议。一位在体系结构、体系结构模式、质量属性以及应用领域具有专业知识的外部评审员也应当参加审查会议。系统的架构师是首选的主持人。

PBAR 应当在第一个工作原型或可运行系统框架[⊖]完成后进行。PBAR 包含以下的迭代步骤 [Har11]：

1. 通过遍历相关用例（第 8 章）来讨论和确定系统最重要的质量属性。
2. 结合需求讨论系统的体系结构图。
3. 协助评审员确定所使用的体系结构模式，并将系统结构和模式结构相匹配。
4. 使用现有文档和以前的用例评估体系结构和质量属性来判断每个模式对系统质量属性的影响。
5. 识别和讨论设计中使用的体系结构模式所带来的质量问题。
6. 对会议中发现的问题进行简短总结，并对可运行系统框架进行适当的修改。

PBAR 非常适合小型的敏捷开发团队，并且只需要相对较少的额外项目时间和精力。PBAR 的准备和评审时间较短，因此可以适应不断变化的需求和较短的构建周期，同时有助于提高团队对系统体系结构的理解。

10.7.3 体系结构的一致性检查

随着软件的进程从设计阶段进入构造阶段，软件工程师们必须努力确保已构造且不断演化的系统满足其预期的体系结构。很多因素（如需求冲突、技术困难、截止日期的压力）会导致系统偏离其预定的体系结构。如果不定期检查体系结构的一致性，那么不受控制的偏差会导致体系结构侵蚀并影响系统的质量 [Pas10]。

静态体系结构一致性分析（Static Architecture-Conformance Analysis，SACA）评估已完成的系统是否和其体系结构模型相符合。用于对系统体系结构进行建模的形式化语言（如 UML）描述了系统构件的静态组织以及构件间的交互。项目管理者通常用体系结构模型来计划和分配工作任务和评估实施进程。

10.8 小结

软件体系结构提供了待构建软件的整体视图。它描绘了软件构件的结构和组织形式，构件的性质以及构件之间的连接。软件构件包括程序模块和由程序操作的各种数据表示。因此，数据设计是软件体系结构设计不可或缺的一部分。体系结构突出了早期的设计决策，并提供了一种考虑不同候选系统结构优点的机制。

通过使用源自流行敏捷开发方法的现有技术的集成体系结构设计框架，体系结构设计可以和敏捷开发方法相结合。一旦体系结构开发完成，就可以对其进行评估以确保符合业务目标，软件需求和质量属性。

软件工程师可以使用多种不同的体系结构风格和模式，并且一个体系结构类型可能适用

⊖ 体系结构模式是针对具有一组特定条件或约束的体系结构设计问题的通用解决方案。第 14 章将更详细讨论地讨论模式。

⊖ 可运行系统框架包含一个基准体系结构，该基准体系结构支持要求具有业务案例中的最高优先级和最具挑战性的质量属性功能。

多种不同的体系结构风格和模式。每种体系结构风格都描述一个系统类别，其中包含一组执行系统所需功能的构件；一组负责构件间通信、协调及合作的连接件；定义构件如何组合并构成系统的约束；可以帮助设计师理解系统整体特性的语义模型。

一般来说，体系结构设计包括 4 个不同的步骤。首先，系统必须在其上下文中被表示。也就是说，设计师需要定义与软件交互的外部实体及其交互性质。一旦上下文被确定，设计师应当定义一系列顶层抽象（即原型）来表示系统行为或功能的关键元素。在抽象定义之后，设计开始逐渐被实现。在相应的体系结构上下文环境中定义和表示构件。最终，开发体系结构的特定实例，以便在现实环境中验证设计。

习题与思考题

10.1 用一个房屋或建筑物的结构来比喻，与软件体系结构进行对照分析。经典建筑结构与软件体系结构的原则上有什么相似之处？又有什么区别？

10.2 举出 2～3 个例子，说明 10.3.1 节中提到的每一种体系结构风格的应用。

10.3 10.3.1 节中提到的一些体系结构风格具有层次性，而另外一些则没有。列出每种类型的体系结构风格。没有层次的体系结构风格如何实现？

10.4 在软件体系结构讨论中，经常会遇到体系结构风格、体系结构模式及框架（本书中没有讨论）等术语。研究并描述这些术语之间的不同。

10.5 选择一个你熟悉的应用软件，回答 10.3.3 节中关于控制与数据的所有问题。

10.6 研究 ATAM（使用 [Kaz98]）并对 10.7.1 节提出的 6 个步骤进行详细讨论。

10.7 如果还没有完成习题 8.3，请先完成它。使用本章描述的设计方法开发 PHTRS 的软件体系结构。

10.8 使用 10.1.4 节中的体系结构决策模板为习题 10.7 中 PHTRS 的某一个体系结构决策撰写文档。

10.9 选取一个你熟悉的移动 App，使用 10.4 节中的体系结构考虑要素（经济性、易见性、隔离性、对称性、应急性）来对其进行评估。

10.10 列出习题 10.7 中你完成的 PHTRS 体系结构的优缺点。

构件级设计

要 点 概 览

概念：完整的软件构件是在体系结构设计过程中定义的。但是没有在接近代码的抽象层次上表示内部数据结构和每个构件的处理细节。构件级设计定义了数据结构、算法、接口特征和分配给每个软件构件的通信机制。

人员：软件工程师完成构件级设计。

重要性：需要在构造软件之前就确定该软件是否可以工作。为了保证设计的正确性，以及与早期设计表示的一致性，构件级设计需要以一种可以评审设计细节的方式来表示软件。

步骤：数据、体系结构和接口的设计表示构成了构件级设计的基础。每个构件的类定义或者处理说明都被转化为一种详细设计，该设计采用图形或基于文本的形式来详细说明内部的数据结构、局部接口细节和处理逻辑。

工作产品：每个构件的设计都以图形、表格或基于文本的表示法表示，这是构件级设计阶段产生的主要工作产品。

质量保证措施：采用设计评审机制。对设计执行检查以确定数据结构、接口、处理顺序和逻辑条件是否都正确。

体系结构设计第一次迭代完成之后，就应该开始构件级设计。在这个阶段，全部数据和软件的程序结构都已经建立起来。其目的是把设计模型转化为可运行软件。但是现有设计模型的抽象层次相对较高，而可运行程序的抽象层次较低。这种转化具有挑战性，因为可能会在软件过程后期引入难以发现和改正的微小错误。构件级设计在体系结构设计和编码之间架起桥梁。

构件级设计可以减少在编码阶段引入的错误数量。当设计模型被转化为源代码时，必须遵循一系列设计原则，以保证不仅能够完成转化任务，而且不在开始时就引入错误。

11.1 什么是构件

通常来讲，构件是计算机软件中的一个模块化的构造块。再正式一点，OMG 统一建模语言规范 [OMG03a] 是这样定义构件的：系统中模块化的、可部署的和可替换的部件，该部件封装了实现并对外提供一组接口。

正如第 10 章的讨论，构件存在于软件体系结构中，并且构件在完成所建系统的需求和目标的过程中起着重要作用。由于构件驻留于软件体系结构的内部，因此它们必须与其他的构件和存在于软件边界以外的实体（如其他系统、设备和人员）进行通信和合作。

关键概念

内聚性
构件
基于构件的开发
内容设计
耦合
依赖倒置原则
指导方针
接口分离原则
Liskov 替换原则
面向对象的观点
开闭原则
过程相关的观点
传统构件
传统的观点
WebApp 构件

对于术语构件的实际意义，软件工程师可能有不同的见解。在接下来的几节中，我们将了解关于"什么是构件以及在设计建模中如何使用构件"的三种重要观点。

11.1.1 面向对象的观点

在面向对象软件工程环境中，一个构件包括一个协作类集合⊖。构件中的每个类都得到详细阐述，以包括所有属性和与其实现相关的操作。作为设计细化的一部分，必须定义所有与其他设计类相互通信协作的接口。为此，设计师需要从分析模型开始，详细描述分析类（对于构件而言，该类与问题域相关）和基础设施类（对于构件而言，该类为问题域提供支持性服务）。

回想一下，分析建模和设计建模都是迭代式过程。细化原始的分析类可能需要额外的分析步骤，紧接着设计建模步骤来表示细化的设计类（即构件的细节）。为了说明设计细化过程，考虑为一个高级印刷店构造软件。软件的目的是收集前台的客户需求，对印刷业务进行定价，然后把印刷任务交给自动生产设备。在需求工程中得到了一个名为 PrintJob 的分析类。

分析过程中定义的属性和操作在图 11-1 的上方给出了注释。在体系结构设计中，PrintJob 被定义为软件体系结构的一个构件，用简化的 UML 符号⊖表示的该构件显示在图 11-1 中部靠右的位置。需要注意的是，PrintJob 有两个接口：computeJob 和 initiateJob。computeJob 具有对任务进行定价的功能，initiateJob 能够把任务传给生产设备。这两个接口在图下方的左边给出（即所谓的棒棒糖式符号）。 207

构件级设计将由此开始。必须对 PrintJob 构件的细节进行细化，以提供指导实现的充分信息。最初的 PrintJob 分析类被逐步细化，以充实将 PrintJob 类实现为 PrintJob 构件所需的全部属性和操作。正如图 11-1 右下部分的描述，细化后的设计类 PrintJob 包含实现构件所需要的更多的属性信息和更广泛的操作描述。computeJob 和 initiateJob 接口隐含着与其他构件（图中没有显示出来）的通信和协作。例如，computePageCost() 操作（computeJob 接口的组成部分）可能与包含任务定价信息的 PricingTable 构件进行协作。checkPriority() 操作（initiateJob 接口的组成部分）可能与 JobQueue 构件进行协作，用来判断当前等待生产的任务类型和优先级。

对于体系结构设计组成部分的每个构件都要实施细化。一旦完成细化，要对每个属性、每个操作和每个接口进行更进一步的细化。对适合每个属性的数据结构必须予以详细说明。另外还要说明实现与操作相关的处理逻辑的算法细节，在本章的后半部分将对这种过程设计活动进行讨论。最后是实现接口所需机制的设计。对于面向对象软件，还包含对实现系统内部对象间消息通信机制的描述。

11.1.2 传统的观点

在传统软件工程环境中，一个构件就是程序的一个功能要素，程序由处理逻辑、实现处理逻辑所需的内部数据结构以及能够保证构件被调用和实现数据传递的接口构成。传统构件也称为模块，作为软件体系结构的一部分，它扮演如下 3 个重要角色之一：（1）控制构件，协调问题域中所有其他构件的调用；（2）问题域构件，完成客户需要的全部功能或部分功能；（3）基础设施构件，负责完成问题域中所需的支持处理的功能。

⊖ 在某些情况下，一个构件可能只包含一个类。
⊖ 不熟悉 UML 的读者可以参考附录 1。

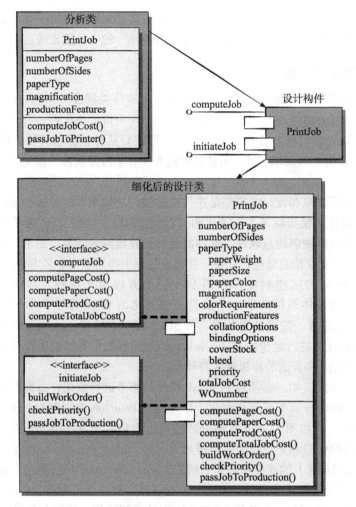

图 11-1   设计构件的细化

与面向对象的构件类似,传统的软件构件也来自分析模型。不同的是,在这种情况下,是以分析模型中的构件细化作为导出构件的基础。构件层次结构上的每个构件都被映射为某一层次上的模块(10.6 节)。一般来讲,控制构件(模块)位于层次结构(体系结构)顶层附近,而问题域构件则往往位于层次结构的底层。为了获得有效的模块化,在构件细化的过程中采用了功能独立性的设计概念(第 9 章)。

为了说明传统构件的细化过程,我们再来考虑为一个高级印刷店构造的软件。一个分层的体系结构如图 11-2 所示。图中每个方框都表示一个软件构件。带阴影的方框在功能上相当于 11.1.1 节讨论的为 PrintJob 类定义的操作。然而,在这种情况下,每个操作都被表示为如图 11-2 所示的能够被调用的单独模块。其他模块用来控制处理过程,因此这些模块就是前面提到的控制构件。

在构件级设计中,图 11-2 中的每个模块都要被细化。需要明确定义模块的接口,即每个经过接口的数据或控制对象都需要被明确说明。还需要定义模块内部使用的数据结构。采用第 9 章讨论的逐步求精方法设计完成模块中相关功能的算法。有时候需要用状态图表示模块行为。

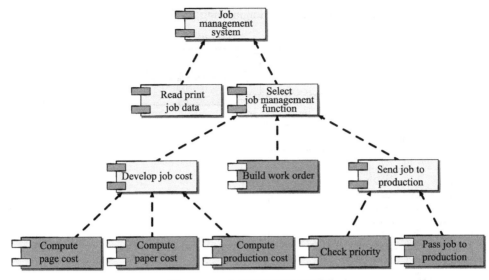

图 11-2　一个传统系统的结构图

为了说明这个过程，考虑 ComputePageCost 模块。该模块的目的在于根据用户提供的规格说明来计算每页的印刷成本。为了实现该功能需要以下数据：文档的页数、文档的印刷份数、单面或者双面印刷、颜色、纸张大小。这些数据通过该模块的接口传递给 ComputePageCost。ComputePageCost 根据任务量和复杂度，使用这些数据来决定一页的印刷成本——这是一个通过接口将所有数据传递给模块的功能。每一页的印刷成本与任务量成反比，与任务的复杂度成正比。

由于每个软件构件都已经被细化，关注点转移到具体的数据结构的设计以及操作数据结构的程序设计上。图 11-3 给出了使用改进的 UML 建模符号描述的构件级设计。其中 ComputePageCost 模块通过调用 getJobData 模块（它允许所有相关数据都传递给该构件）和数据库接口 accessCostDB（它能够使该模块访问存放所有印刷成本的数据库）来访问数据。接着，对 ComputePageCost 模块进一步细化，给出算法和接口的细节描述（图 11-3）。其中，算法的细节可以由图中显示的伪代码或者 UML 活动图来表示。接口被表示为一组输入和输出的数据对象或者数据项的集合。设计细化的过程一直进行下去，直到能够提供指导构件构造的足够细节为止。但是，不要忘记必须容纳构件的体系结构以及服务于多个构件的全局数据结构。

11.1.3　过程相关的观点

11.1.1 节和 11.1.2 节提到的关于构件级设计的面向对象观点和传统观点，都假定从头开始设计构件。也就是说，设计者必须根据从需求模型中导出的规格说明创建新构件。当然，还有另外一种方法。

在过去的 40 年间，软件工程已经开始强调使用已有构件或设计模式来构造系统的必要性。为了做到这一点，软件工程师在设计过程中可以使用已经验证过的设计或代码级构件目录。当设计完软件体系结构后，软件工程师就可以从目录中选出构件或者设计模式，并用这些构件或设计模式来组装体系结构。由于这些构件是根据复用思想来创建的，因此其接口的完整描述、要实现的功能和需要的通信与协作等对于设计者来说都是可以得到的。在 11.4.4 节将讨论基于构件的软件工程（Component-Based Software Engineering，CBSE）的优点和缺点。

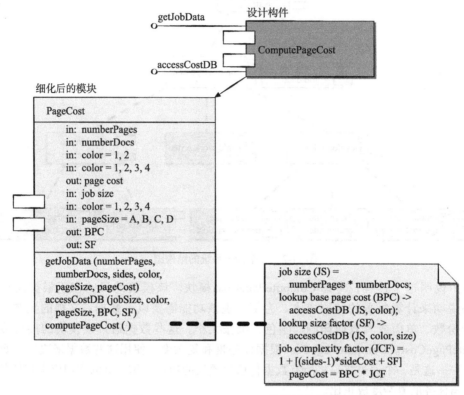

图 11-3   ComputePageCost 的构件级设计

11.2   设计基于类的构件

正如前面提到的，构件级设计利用了需求模型（第 8 章）开发的信息和体系结构模型（第 10 章）表示的信息。选择面向对象软件工程方法之后，构件级设计主要关注需求模型中问题域特定类的细化和基础设施类的定义和细化。这些类的属性、操作和接口的详细描述是开始构造活动之前所需的设计细节。

11.2.1   基本设计原则

有四种适用于构件级设计的基本设计原则，在使用面向对象软件工程方法时会广泛采用这些原则。使用这些原则的根本动机在于，使得产生的设计在发生变更时能够适应变更并且减少副作用的传播。设计者以这些原则为指导进行软件构件的开发。

开闭原则（Open-Closed Principle，OCP）。"模块（构件）应该对外延具有开放性，对修改具有封闭性" [Mar00]。这段话似乎有些自相矛盾，但是它却体现出优秀的构件级设计应该具有的最重要特征之一。简单地说，设计者应该采用一种无须对构件自身内部（代码或者内部逻辑）做修改就可以（在构件所确定的功能域内）进行扩展的方式来说明构件。为了达到这个目的，设计者需要进行抽象，在那些可能需要扩展的功能与设计类本身之间起到缓冲区的作用。

例如，假设 SafeHome 安全功能使用了对各种类型安全传感器进行状态检查的 Detector

类。很有可能随着时间的推移，安全传感器的数量和类型都会增长。如果内部的处理逻辑用一系列 if-then-else 的结构来实现，其中每个这样的结构都负责一个不同的传感器类型，那么对于新增加的传感器类型，就需要增加额外的内部处理逻辑（依然是另外的 if-then-else 结构），而这显然违背 OCP 原则。

图 11-4 中给出了一种遵循 OCP 原则实现 Detector 类的方法。对于各种不同的传感器，Sensor 接口都向 Detector 构件呈现一致的传感器视图。如果要添加新类型的传感器，那么对 Detector 类（构件）无须进行修改，这很好地遵守了开闭原则。

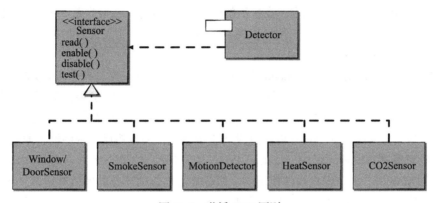

图 11-4　遵循 OCP 原则

SafeHome　OCP 的应用

[场景] Vinod 的工作间。

[人物] Vinod 和 Shakira，SafeHome 软件工程团队成员。

[对话]

Vinod：我刚刚接到 Doug（团队经理）的一个电话，他说市场营销人员想增加一个新的传感器。

Shakira（假笑）：哎呀，别再加了。

Vinod：是啊……你永远不会相信这些家伙都提出了什么。

Shakira：确实令我很吃惊。

Vinod（大笑）：他们称之为小狗焦虑传感器（doggie angst sensor）。

Shakira：那是什么装置？

Vinod：这个装置是为了那些想把宠物留在彼此相邻很近的公寓、门廊或房屋里的人设计的。狗叫致使邻里生气和抱怨，有了这种传感器，如果狗的叫声超过一定时间（比如一分钟），传感器就会向主

人的手机发送特殊的警报信号。

Shakira：你在开玩笑吗？

Vinod：不是，Doug 想知道在安全功能中加入这个功能需要多长时间。

Shakira（想了想）：不用多长时间……瞧（她给 Vinod 看图 11-4），我们分离出在 sensor 接口背后的实际的传感器类。只要我们有小狗传感器的规格说明，那么把它加入其中就是一件简单的事情了。我们要做的就是为其创建一个合适的构件……哦，类。根本不用改变 Detector 构件。

Vinod：好的，我将告诉 Doug 这不是什么大问题。

Shakira：告诉 Doug，直到下一个版本发布之前，我们都要集中精力完成小狗焦虑传感器的事情。

Vinod：这不是件坏事，而如果他想让你做，你可以马上实现吗？

208
≀
212

Shakira：是啊，我们的接口设计使得我可以毫无困难地完成它。

[213] Vinod（想了想）：你听说过开闭原则

（OCP）吗？

Shakira（耸了耸肩膀）：没有。

Vinod（微笑）：不成问题。

Liskov 替换原则（Liskov Substitution Principle，LSP）。"子类可以替换它们的基类"[Mar00]。最早提出该设计原则的 Barbara Liskov[Lis88] 建议，将从基类导出的类传递给构件时，使用基类的构件应该仍然能够正确完成其功能。LSP 原则要求源自基类的任何子类必须遵守基类与使用该基类的构件之间的隐含约定。在这里的讨论中，"约定"既是前置条件——构件使用基类前必须为真，又是后置条件——构件使用基类后必须为真。当设计者创建了导出类，这些子类必须遵守前置条件和后置条件。

依赖倒置原则（Dependency Inversion Principle，DIP）。"依赖抽象，而非具体实现"[MarR00]。正如我们在 OCP 中讨论的那样，抽象可以比较容易地对设计进行扩展，又不会导致大量的混乱。构件依赖的其他具体构件（不是依赖像接口这样的抽象类）越多，扩展起来就越困难。记住，代码是最具体的，如果设计者跳过设计直接编码，那就违反了依赖倒置原则。

接口分离原则（Interface Segregation Principle，ISP）。"多个客户专用接口比一个通用接口要好"[Mar00]。多个客户构件使用一个服务器类提供的操作的实例有很多。ISP 原则建议设计者应该为每个主要的客户类型都设计一个专用的接口。只有那些与特定客户类型相关的操作才应该出现在该客户的接口说明中。如果多个客户要求相同的操作，则这些操作应该在每个专用的接口中都加以说明。

例如，假设 FloorPlan 类用在 SafeHome 的安全和监视功能中（第 10 章）。对于安全功能，FloorPlan 只在配置活动中使用，并且使用 placeDevice()、showDevice()、groupDevice()、removeDevice() 等操作实现在建筑平面图中放置、显示、分组和删除传感器。SafeHome 监视功能除了需要这四个有关安全的操作之外，还需要特殊的操作 showFOV()、showDeviceID() 来管理摄像机。因此，ISP 建议为来自 SafeHome 功能的两个客户端构件定义专用的接口。安全接口应该只包括 palceDevice()、showDevice()、groupDevice()、removeDevice() 四种操作。监视接口应该包括 placeDevice()、showDevice()、groupDevice()、removeDevice()、showFOV() 和 showDeviceID() 六种操作。

尽管构件级设计原则提供了有益的指导，但构件自身不能够独立存在。在很多情况下，单独的构件或者类被组织到子系统或包中。于是我们很自然地就会问这个打包活动是如何进行的。在设计过程中如何正确组织这些构件？ Martin 在 [Mar00] 中给出了在构件级设计中可以应用的另外一些打包原则，下面介绍这些原则。

发布 / 复用等价性原则（Reuse/Release Equivalency Principle，REP）。"复用的粒度就是 [214] 发布的粒度"[Mar00]。当类或构件被设计为可复用时，在可复用实体的开发者和使用者之间就建立了一种隐含的约定关系。开发者承诺建立一个发布管理系统，用来支持和维护实体的各种老版本，同时用户逐渐地将其升级到最新版本。明智的方法是将可复用的类分组打包成能够管理和控制的包，并作为一个更新的版本，而不是对每个类分别进行升级。设计可复用的构件不仅需要好的技术设计，也需要高效的配置控制机制（第 22 章）。

共同封装原则（Common Closure Principle，CCP）。"一同变更的类应该合在一起"[Mar00]。类应该根据其内聚性进行打包。也就是说，当类被打包成设计的一部分时，它们应该处理相同的功能或者行为域。当某个域的一些特征必须变更时，只有相应包中的类才有可能需要修改。这样可以进行更加有效的变更控制和发布管理。

共同复用原则（Common Reuse Principle，CRP）。"不能一起复用的类不能被分到一组"[Mar00]。当包中的一个或者多个类变更时，包的发布版本号也会发生变更。所有那些依赖已经发生变更的包的类或者包，都必须升级到最新版本，并且都需要进行测试以保证新发布的版本能够无故障运转。如果类没有根据内聚性进行分组，那么这个包中与其他类无关联的类有可能会发生变更，而这往往会导致进行不必要的集成和测试。因此，只有那些一起被复用的类才应该包含在一个包中。

11.2.2　构件级设计指导方针

除了 11.2.1 节中讨论的原则之外，在构件级设计的进程中还可以使用一系列实用的设计指导方针。这些指导方针可以应用于构件、构件的接口，以及对于最终设计有着重要影响的依赖和继承特征等方面。Ambler[Amb02b] 给出了如下的指导方针。

构件。对那些已经被确定为体系结构模型一部分的构件应该建立命名约定，并对其做进一步的精细化处理，使其成为构件级模型的一部分。体系结构构件的名字源于问题域，并且对于考虑体系结构模型的所有利益相关者来说都是有意义的。例如，无论技术背景如何，FloorPlan 这个类的名称对于任何读到它的人来说都是有意义的。另一方面，基础设施构件或者细化后的构件级类应该被命名为能够反映其实现意义的名称。例如，对一个作为FloorPlan 实现一部分的链表进行管理时，操作 manageList() 是一个合适的名称，因为即使是非技术人员也不会误解这个名称⊖。

在详细设计层面使用固有模式帮助识别构件的特性也很有价值。例如，<<infrastructure>>可以用来标识基础设施构件，<<database>> 可以用来标识服务于一个或多个设计类或者整个系统的数据库，<<table>> 可以用来标识数据库中的表。 |215|

接口。接口提供关于通信和协作的重要信息（也可以帮助我们实现 OCP 原则）。然而，接口表示的随意性会使构件图趋于复杂化。Ambler[Amb02c] 建议：（1）当构件图变得复杂时，在较正式的 UML 框和虚箭头记号方法中使用接口的棒棒糖式记号；（2）为了保持一致，接口都放在构件框的左边；（3）即使其他的接口也适用，也只表示出那些与构件相关的接口。这些建议意在简化 UML 构件图，使其易于查看。

依赖与继承。为了提高可读性，依赖关系自左向右，继承关系自底（导出类）向上（基类）。另外，构件之间的依赖关系通过接口来表示，而不是采用"构件到构件"的依赖来表示。遵照 OCP 的思想，这种方法使得系统更易于维护。

11.2.3　内聚性

在第 9 章中，我们将内聚性描述为构件的"专一性"。在为面向对象系统进行构件级设计时，内聚性意味着构件或者类只封装那些相互关联密切，以及与构件或类自身有密切关系的属性和操作。Lethbridge 和 Laganiére[Let04] 定义了许多不同类型的内聚性（按照内聚性的级别排序⊜）。

功能内聚。主要通过操作来体现。当一个模块完成一组且只有一组操作并返回结果时，

⊖　市场人员或者客户代表（非技术性人员）不太可能检查详细的设计信息。

⊜　一般而言，内聚性等级越高，构件就越容易实现、测试和维护。

就称此模块是功能内聚的。

　　分层内聚。由包、构件和类来体现。高层能够访问低层的服务，但低层不能访问高层的服务。例如，如果警报响起，SafeHome 的安全功能需要打出一个电话。可以定义如图 11-5 所示的一组分层包，带阴影的包中包含基础设施构件。访问都是从 Control panel 包向下进行的。

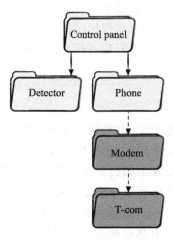

图 11-5　分层内聚

　　通信内聚。访问相同数据的所有操作被定义在一个类中。一般说来，这些类只着眼于数据的查询、访问和存储。

　　那些体现出功能、分层和通信等内聚性的类和构件，相对来说易于实现、测试和维护。设计者应该尽可能获得这些级别的内聚性。然而，需要强调的是，讲求实效的设计和实现问题有时会迫使设计者选择低级别的内聚性。

──────── **SafeHome**　内聚性的应用 ────────

[场景] Jamie 的工作间。

[人物] Jamie 和 Ed，SafeHome 软件工程团队成员，他们正在实现监视功能。

[对话]

Ed：我已经完成了 camera（摄像机）构件的初步设计。

Jamie：希望快速评审一下吗？

Ed：我想……但实际上，你最好输入一些信息。（Jamie 示意他继续。）

Ed：我们起初为 camera 构件定义了 5 种操作。看……

　　determineType() 给出用户摄像机的类型。

　　translateLocation() 允许用户删除设计图上的摄像机。

displayID() 得到摄像机 ID，并将其显示在摄像机图标附近。

displayView() 以图形化方式给出用户摄像机的视角范围。

displayZoom() 以图形化方式给出用户摄像机的放大率。

Ed：我分别进行了设计，并且它们非常易于操作。所以我认为，将所有的显示操作集成到一个称为 displayCamera() 的操作中——它可以显示 ID、视角和放大率等，是一个不错的主意。你不这样认为吗？

Jamie（扮了个鬼脸）：我不敢肯定。

Ed（皱眉）：为什么？所有这些小操作是很令人头疼的！

Jamie：问题是将它们集成到一起后，我们

将失去内聚性。你知道的，displayCamera()
操作不是专一的。

Ed（略有不快）：那又怎样？这样做使得
我们最多只需不到 100 行的源代码。我
想实现起来也比较简单。

Jamie：如果销售人员决定更改我们显示
视角域的方式怎么办？

Ed：我马上跳到 displayCamera() 操作，
并进行这种改变。

Jamie：那么引起的副作用怎么办？

Ed：什么意思？

Jamie：也就是说你做了修改，但是不经

意之间产生了 ID 的显示问题。

Ed：我没有那么笨。

Jamie：可能没有，但是如果两年以后某
些支持人员必须做这种改变怎么办。他
可能并不像你一样理解这个操作，谁知
道呢，也许他很粗心。

Ed：所以你反对？

Jamie：你是设计师，这是你的决定，只
要确信你理解了低内聚性的后果。

Ed（想了想）：可能我们要设计一个单独
的显示操作。

Jamie：好主意。

11.2.4　耦合

在前面关于分析和设计的讨论中，我们知道通信和协作是面向对象系统中的基本要素。
然而，这个重要（必要）特征存在一个黑暗面。随着通信和协作数量的增长（也就是说，随
着类之间的联系程度越来越强），系统的复杂性也随之增长了。同时，随着系统复杂度的增
长，软件实现、测试和维护的困难也随之增大。

耦合是类之间彼此联系程度的一种定性度量。随着类（构件）之间的相互依赖越来越多，
类之间的耦合程度亦会增加。在构件级设计中，一个重要的目标就是尽可能保持低耦合。

有多种方法来表示类之间的耦合。Lethbridge 和 Laganiére[Let01] 定义了一组耦合分类。
例如，内容耦合发生在当一个构件"暗中修改其他构件的内部数据"[Let01] 时。这违反了
基本设计概念中的信息隐蔽原则。控制耦合发生在当操作 A 调用操作 B，并且向 B 传递了
一个控制标记时。接着，控制标记将会指引 B 中的逻辑流程。这种耦合形式的主要问题在
于，B 中的一个不相关变更往往能够导致 A 所传递控制标记的意义也必须发生变更。如果忽
略这个问题，就会引起错误。外部耦合发生在当一个构件和基础设施构件（例如，操作系统
功能、数据库容量、无线通信功能等）进行通信或协作时。尽管这种类型的耦合是必要的，
但是在一个系统中应该尽量将这种耦合限制在少量的构件或者类范围内。

软件必须进行内部和外部的通信。因此，耦合是必然存在的。然而，设计者应该尽可能
降低耦合，并且在不可避免出现高耦合的情况下，要充分理解高耦合的后果。

216
～
218

SafeHome　　耦合的应用

[场景] Shakira 的工作间。

[人物] Vinod 和 Shakira，SafeHome 软件
工程团队成员，他们正在实现安全功能。

[对话]

Shakira：我曾经有一个非常好的想法，
但之后我又考虑了一下，觉得好像并没

有那么好。最后我还是放弃了，不过我
想最好和你讨论一下。

Vinod：当然可以，是什么想法？

Shakira：好的，每个传感器能够识别一
种警报条件，对吗？

Vinod（微笑）：这就是我们称它为传感器

的一个原因啊，Shakira。

Shakira（恼怒）：你讽刺我！你应该好好学习一下处理人际关系的技巧。

Vinod：你刚才说什么？

Shakira：我指的是……为什么不为每个传感器都创建一个名为 makeCall() 的操作，该操作能够直接和 OutgoingCall（外呼）构件协作，也就是通过 OutgoingCall 构件的接口实现协作？

Vinod（沉思着）：你的意思是让协作发生在 ControlPanel 之类的构件之外？

Shakira：是的，但接着我又对自己说，这将意味着每个传感器对象都会与 OutgoingCall 构件相关联，而这意味着与外部世界的间接耦合……我想这样会使事情变得复杂。

Vinod：我同意，在这种情况下，让传感器接口将信息传递给 ControlPanel，并且让其启动外呼，这是一个比较好的主意。此外，不同的传感器将导致不同的电话号码。在信息改变时，你并不希望传感器存储这些信息，因为如果发生变化……

Shakira：感觉不太对。

Vinod：耦合设计方法告诉我们这是不对的。

Shakira：无论如何……

11.3 实施构件级设计

在本章的前半部分，我们已经知道构件级设计本质上是精细化的。设计者必须将需求模型和体系结构模型中的信息转化为一种设计表示，这种表示提供了用来指导构建（编码和测试）活动的充分信息。在将构件级设计应用于面向对象系统时，下面的步骤表示出构件级设计典型的任务集。

步骤 1：标识出所有与问题域相对应的设计类。使用需求模型和体系结构模型，正如 11.1.1 节中所描述的那样，每个分析类和体系结构构件都要细化。

步骤 2：确定所有与基础设施域相对应的设计类。在需求模型中并没有描述这些类，并且在体系结构设计中也经常忽略这些类，但是此时必须对它们进行描述。如前所述，这种类型的类和构件包括 GUI（图形用户界面）构件（通常为可复用构件）、操作系统构件以及对象和数据管理构件等。

步骤 3：细化所有未作为可复用构件获取的设计类。细化要求详细描述实现类所需要的所有接口、属性和操作。在实现这个任务时，必须考虑采用设计的启发式规则（如构件的内聚和耦合）。

步骤 3a：在类或构件协作时说明消息的细节。需求模型中用协作图来显示分析类之间的相互协作。在构件级设计过程中，某些情况下有必要通过对系统中对象间传递消息的结构进行说明来表现协作细节。尽管这是一个可选的设计活动，但是它可以作为接口规格说明的前提，这些接口显示了系统构件之间通信和协作的方式。

图 11-6 给出了前面提到的印刷系统的一个简单协作图。ProductionJob、WorkOrder 和 JobQueue 这三个对象相互协作，为生产线准备印刷作业。图中的箭头表示对象间传递的消息。在需求建模时，消息说明如图 11-6 所示。然而，随着设计的进行，消息通过下列方式的扩展语法来细化 [Ben02]：

```
[guard condition] sequence expression (return value) :=
message name (argument list)
```

其中，[guard condition] 采用对象约束语言（Object Constraint Language，OCL）[⊖]来书写，并且说明了在消息发出之前应该满足什么样的条件集合；sequence expression 是一个表明消息发送序号的整数（或其他样式的表明发送顺序的指示符，如 3.1.2）；(return value) 是由消息唤醒的操作返回的信息名；message name 确定被唤醒的操作，(argument list) 是传递给操作的属性列表。

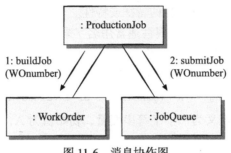

图 11-6   消息协作图

220

步骤 3b：为每个构件确定适当的接口。在构件级设计中，一个 UML 接口是"一组外部可见的（即公共的）操作。接口不包括内部结构，没有属性，没有关联……"[Ben10a]。更正式地讲，接口就是某个抽象类的等价物，该抽象类提供了设计类之间的可控连接。图 11-1 给出了接口细化的实例。实际上，为设计类定义的操作可以归结为一个或者多个抽象类。抽象类（接口）内的每个操作应该是内聚的，也就是说，它应该展示那些关注一个有限功能或者子功能的处理。

参照图 11-1，initiateJob 接口由于没有展现出足够的内聚性而受到争议。实际上，它完成了三个不同的子功能：建立工作单，检查任务的优先级，并将任务传递给生产线。接口设计应该被重构。一种方法就是重新检查设计类，并定义一个新类 WorkOrder，该类的作用就是处理与装配工作单相关的所有活动。操作 buildWorkOrder() 成为该类的一部分。类似地，我们可能需要定义包括操作 checkPriority() 在内的 JobQueue 类。ProductionJob 类包括给生产线传递生产任务的所有相关信息。initiateJob 接口将采用图 11-7 所示的形式。initiateJob 接口现在是内聚的，只关注一个功能。与 ProductionJob、WorkOrder 和 JobQueue 相关的接口同样都是专一的。

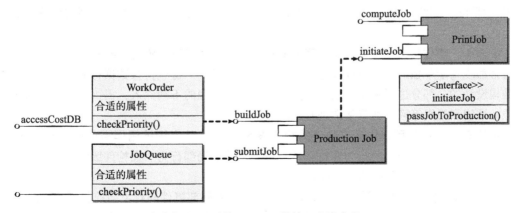

图 11-7   重构 PrintJob 的接口和类定义

⊖ 附录 1 简要地讨论了对象约束语言。

步骤 3c：**细化属性，并且定义实现属性所需要的数据类型和数据结构**。通常，描述属性的数据类型和数据结构需要在实现时所采用的程序设计语言的语境中进行定义。UML 采用下面的语法来定义属性的数据类型：

```
name:type-expression = initial-value{property-string}
```

其中，`name` 是属性名，`type-expression` 是数据类型，`initial-value` 是创建对象时属性的取值，`property-string` 用于定义属性的特征或特性。

在构件级设计的第一轮迭代中，属性通常用名字来描述。再次参考图 11-1，PrintJob 的属性列表只列出了属性名。然而，随着设计的进一步细化，我们将使用 UML 的属性格式注释来定义每个属性。例如，以下列方式来定义 `paperType-weight`：

```
paperType-weight: string = "A" {contains 1 of 4 values-A, B, C, or D}
```

这里将 `paperType-weight` 定义为一个字符串变量，初始值为 A，可以取值为集合 {A, B, C, D} 中的一个值。

如果某一属性在多个设计类中重复出现，并且其自身具有比较复杂的结构，那么最好是为这个属性创建一个单独的类。

步骤 3d：**详细描述每个操作中的处理流**。这可能需要使用基于程序设计语言的伪代码或者用 UML 活动图来完成。每个软件构件都需要应用逐步求精概念（第 9 章）通过很多次迭代进行细化。

第一轮迭代中，将每个操作都定义为设计类的一部分。在任何情况下，操作应该确保具有高内聚性的特征；也就是说，一个操作应该完成单一的目标功能或者子功能。接下去的一轮迭代，只是完成对操作名的详细扩展。例如，图 11-1 中的操作 computePaperCost() 可以采用如下方式进行扩展：

```
computePaperCost(weight, size, color): numeric
```

这种方式说明 computPageCost() 要求属性 weight、size 和 color 作为输入，并返回一个数值（实际上是一个金额）作为输出。

如果实现 computePaperCost() 的算法简单而且易于理解，则没有必要开展进一步的设计细化。软件编码人员将会提供实现这些操作的必要细节。但是，如果算法比较复杂或者难于理解，此时则需要进一步的设计细化。图 11-8 给出了 computePaperCost() 操作的 UML 活动图。当活动图用于构件级设计的规格说明时，通常都在比源码更高的抽象层次上表示。

步骤 4：**描述持久数据源（数据库和文件）并确定管理数据源所需要的类**。数据库和文件通常都凌驾于单独的构件设计描述之上。在多数情况下，这些持久数据存储最初都作为体系结构设计的一部分进行说明，然而，随着设计细化过程的不断深入，提供关于这些持久数据源的结构和组织等额外细节常常是有用的。

步骤 5：**开发并且细化类或构件的行为表示**。UML 状态图被用作需求模型的一部分，以表示系统的外部可观察的行为和更多的分析类个体的局部行为。在构件级设计过程中，有些时候有必要对设计类的行为进行建模。

对象（程序执行时的设计类实例）的动态行为受到外部事件和对象当前状态（行为方式）的影响。为了理解对象的动态行为，设计者必须检查设计类生命周期中所有相关的用例，这些用例提供的信息可以帮助设计者描述影响对象的事件，以及随着时间流逝和事件的发生对

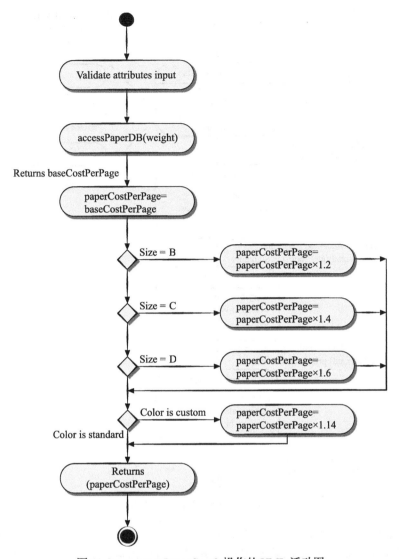

图 11-8 computePaperCost() 操作的 UML 活动图 [223]

象所处的状态。图 11-9 描述了使用 UML 状态图 [Ben10a] 表示的（由事件驱动的）状态之间的转换。

从一种状态到另一种状态的转换（用圆角矩形来表示），都表示为如下形式的事件序列：

`Event-name (parameter-list) [guard-condition] / action expression`

其中，`event-name` 确定事件，`parameter-list` 包含了与事件相关的数据，`guard-condition` 采用对象约束语言 OCL 书写，并描述了事件发生前必须满足的条件，`action expression` 定义了状态转换时发生的动作。

参照图 11-9，针对状态的进入和离开两种情形，每个状态都可以定义 entry/（进入状态）和 exit/（离开状态）两个动作。在大多数情况下，这些动作与正在建模的类的相关操作相对应。do/ 指示符提供了一种机制，用来显示伴随此种状态的相关活动，而 include/ 指示符则提供了通过在状态定义中嵌入更多状态图细节的方式进行细化的手段。

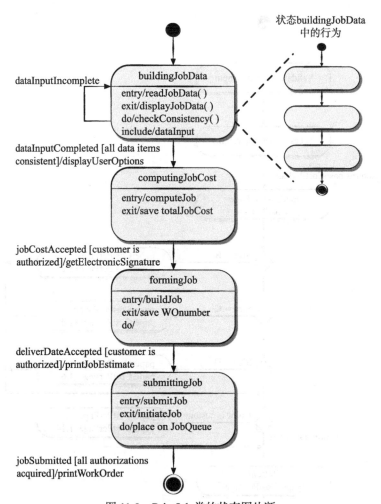

图 11-9   PrintJob 类的状态图片断

需要注意的重要一点是，行为模型经常包含一些在其他设计模型中不明显的信息。例如，通过仔细查看图 11-9 中的状态图可以知道，当得出印刷任务的成本和进度数据时，PrintJob 类的动态行为取决于用户对此是否批准。如果没有得到允许（警戒条件确保用户有权审核），印刷工作就不能提交，因为不可能到达 submittingJob 状态。

步骤 6：细化部署图以提供额外的实现细节。部署图（第 9 章）被用作体系结构设计的一部分，采用描述符形式来表示。在这种表示形式中，主要的系统功能（经常表现为子系统）都表示在容纳这些功能的计算环境中。

在构件级设计过程中，应该对部署图进行细化，以表示主要构件包的位置。然而，一般在构件图中不单独表示构件，这样做的原因是避免图的复杂性。某些情况下，部署图在这个时候被细化成实例形式。这意味着要对指定的硬件和使用的操作系统环境加以说明，也需要确定构件包在这个环境中的位置。

步骤 7：重构每个构件级设计表示，并且总是考虑其他可选方案。纵观全书，我们始终强调设计是一个迭代过程。创建的第一个构件级模型总没有迭代多次之后得到的模型那么全面、一致或精确。在进行设计工作时，重构是十分必要的。

另外，设计者不能眼光狭隘。设计中经常存在其他的设计方案，在没有决定最终设计模型之前，最好的设计师会考虑所有（或大部分）的方案，运用第 9 章和本章介绍的设计原则和概念开发其他的可选方案，并且仔细考虑和分析这些方案。

11.4 专用的构件级设计

现在，已有多种编程语言以及多种方式可用于创建实现一个体系结构设计所需的构件。本章描述的原则提供设计构件的通用原则。许多软件产品要求使用专用的程序开发环境，使得这些软件产品可以部署在目标终端用户设备（例如手机或者数码助理设备）上。在本节中，我们将概述一些专用的构件设计技术。

224 ~ 225

11.4.1 WebApp 的构件级设计

在基于 Web 的系统和应用中，内容和功能之间的界限常常是模糊的。因此，有必要考虑什么是 WebApp 构件。

在本章中，WebApp 构件是：（1）定义良好的聚合功能，为最终用户处理内容，或提供计算或数据处理；（2）内容和功能的聚合包，提供最终用户所需的功能。因此 WebApp 的构件级设计通常包括内容设计元素和功能设计元素。

构件级内容设计关注内容对象，以及包装后展示给 WebApp 最终用户的方式。构件级内容设计的形式应该适合创建的 WebApp 的特性。在很多情况下，内容对象不需要被组织成构件，它们可以被分别实现。但是，随着 WebApp、内容对象以及它们之间相互关系的规模和复杂度的增长，在更好的参考和设计方法下组织内容是十分必要的[⊖]。此外，如果内容显示出高度的动态性（如一个在线拍卖网站的内容），那么建立一个包含内容构件的、清晰的结构模型是非常重要的。

"购物车"是一个很好的构件示例，这个购物车构件可以是电子商务 WebApp 的一部分。购物车为客户在结账前提供了一种方便的途径，用于保存和查看已经被选中的物品。客户可以在电子商务情景下使用一个交易订单为所有选中的物品付钱。一个被精心设计过的购物车构件可以在多个网上商店复用，只要简单修改它的内容模型即可。

WebApp 功能可以作为一系列构件交付，这些构件与信息体系结构并行开发，以确保它们的一致性。之前描述的购物车构件同时包含内容元素和算法元素。你可以在设计开始时就考虑需求模型和初始的信息体系结构。接着，检查功能如何影响用户和应用的交互，信息是如何呈现的，用户任务是如何完成的。

在体系结构设计中，往往将 WebApp 的内容和功能结合在一起来创建应用系统的功能体系结构。在这里，功能体系结构代表的是 WebApp 的功能域，并且描述了 WebApp 中的关键功能构件以及这些构件是如何进行交互的。

11.4.2 移动 App 的构件级设计

移动 App 通常使用多层体系结构，包括用户界面层、业务层和数据层。如果设计者正在为一个基于 Web 的瘦客户端构建移动 App，那么只有那些实现用户界面所需的构件才会驻留在移动设备上。在移动设备上，一些应用可能包含用于实现业务层和数据层需求的构件，这些层会受到设备物理特性的限制。

226

⊖ 内容构件可以在其他的 WebApp 中复用。

首先考虑用户界面层，重要的一点是，较小的显示区域要求设计者必须更加仔细地选择要显示的内容（文本和图形）。这样可能有助于为特定的用户组定制不同内容，且仅显示每组所需要的内容。业务层和数据层通常是由 Web 或云服务构件来实现的。如果提供业务和数据服务的构件完全驻留在移动设备上，那么连接问题并不是需要重点关注的问题。设计时必须考虑在网络连接间断（或丢失）时，构件如何访问当前应用驻留在网络服务器上的数据。

将桌面应用移植到移动设备上时，需要对业务层构件进行检查，看它们是否满足新平台所需的非功能性需求（例如，安全性、性能、可访问性）。目标移动设备可能缺乏必要的处理器速度、内存或显示性能。在第 13 章将更详细地介绍移动 App 的设计。

一个移动应用构件的典型示例是为手机或平板电脑设计的单窗口全屏用户界面。经过精心的设计，可以让移动 App 感知移动设备的显示器特性并且动态调整显示外观，确保文本、图像以及界面控制元素可以在多种不同的屏幕上正确展示。这使得移动 App 可以在不同的平台上用类似的方式运作，而不需要重新编程。

11.4.3 设计传统构件

传统软件构件的构件级设计基础在 20 世纪 60 年代早期已经形成，在 Edsgar Dijkstra（[Dij65]，[Dij76b]）及他人的著作（如 [Boh66]）中又得到了进一步的完善。传统的软件构件在问题域内实现一个功能或子功能，或者在基础设施领域内实现某种能力。通常，这些传统构件被称为函数、模块、流程或者子程序。传统构件封装数据的方式和面向对象构件不一样。当开发新的软件产品时，多数程序员经常使用函数库以及数据结构模板。

20 世纪 60 年代末，Dijkstra 等人提出，所有的程序都可以建立在一组限定好的逻辑构造上。这组逻辑构造强调"对功能域的维护"。也就是说，每个逻辑构造都有一个可预测的逻辑结构，每个逻辑构造从流程的顶端进入，从底端退出，使读者很容易遵循程序流程。

这些构造包括顺序型、条件型和重复型。顺序型实现了任何算法规格说明中的核心处理步骤，条件型允许根据逻辑情况选择处理的方式，重复型允许循环。这三种构造是结构化程序设计的基础，而结构化程序设计是一种重要的构件级设计技术。

结构化的构造使得软件的过程设计只采用少数可预测的逻辑结构。复杂性度量（第 23 章）表明，使用结构化的构造降低了程序复杂性，从而增加了可读性、可测试性和可维护性。使用有限数量的逻辑构造也促进了一个心理学家称为组块（Chunking）的人类理解过程。要理解这一过程，可以考虑阅读英文的方式。读者不是阅读单个字母，而是辨认由单词或短语构成的模式或是字母块。结构化的构造就是一些逻辑块，读者可以用它来辨认模块的过程元素，而不必逐行阅读设计或是代码，当遇到了容易辨认的逻辑模式时，理解力就得到了提高。

无论是对于应用领域还是对于技术复杂度，任何程序都可以只用这三种结构化的构造来设计和实现。然而，需要注意的是，教条地使用这些构造在实践中有时会遇到困难。

11.4.4 基于构件的开发

在软件工程领域，复用既是老概念，也是新概念。在计算机发展的早期，程序员就已经复用概念、抽象和过程，但是早期的复用更像是一种临时的方法。今天，复杂的、高质量的计算机系统往往必须在短时间内开发完成，所以就需要一种更系统的、更有组织性的复用方法来协助这样的快速开发。

基于构件的软件工程 (Component-Based Software Engineering，CBSE) 是一种强调使用可复用的软件构件来设计与构造计算机系统的过程（见图 11-10）。考虑到这种描述，很多问题出现了。仅仅将多组可复用的软件构件组合起来，就能够构造出一个复杂的系统吗？这种工作能够以一种高效和节省成本的方式完成吗？能否建立恰当的激励机制来鼓励软件工程师复用而不是重复开发？管理团队是否也愿意为构造可复用软件构件过程中的额外开销买单？能否以使用者易于访问的方式构造复用所必需的构件库？已有的构件可以被需要的人找到并使用吗？大家渐渐地发现了这些问题的答案，而且这些问题的答案都是"可以"。

图 11-10 基于构件的软件设计

图 11-10 展示基于构件的软件工程的原则性步骤。设计者从系统需求开始并且不断精化需求，直到可以从中识别出需要的构件。开发者在构件仓库中搜索，查看相应的构件是否已经存在。每个构件有自己的前置条件和后置条件。识别出其后置条件与系统匹配的构件，并且检查每个构件的前置条件。如果前置条件也满足，该构件就被选择用于构建当前系统。如果没有现成的构件，开发必须决定是否要修改需求或者修改最接近于原始需求的构件。这通常是一个迭代过程，直到混合使用现成构件或者新构件完成体系结构设计。

考虑开发自动驾驶车辆的任务，无论是在现实生活中或是在电子游戏中。通常这类复杂系统软件需要结合多种可复用构件，这些构件提供不同模块化服务。通常自动驾驶系统包含多种不同构件：管理障碍物检测的构件，规划或导航构件，管理决策的人工智能构件，某种控制车辆移动和制动的构件。因为这类构件可能会被用在多种不同的车辆上，所以在构件库中包含它们是合理的。

由于基于构件的软件工程会利用现有的构件，因此这种方法会缩短开发时间，提高软件质量。实践者 [Vit03] 通常认为基于构件的软件工程有下列的优势：
- 缩短交付周期。用现成的构件库构建完整的应用要快得多。
- 更好的投资回报率（ROI）。购买现成的构件而不是重新开发相同功能的构件有时会节省资源。
- 分摊开发构件的成本。在不同的应用中复用构件可以让多个项目分摊开发成本。
- 提高软件质量。构件在不同的应用中被测试且复用。
- 基于构件的应用有较好的可维护性。经过精心的工程实践，使用新的或者增强过的构件替换废弃构件是相对容易的。

在基于构件的软件工程中使用构件不是没有风险。下面列出了部分风险 [Kau11]：
- 构件选择的风险。对于黑盒构件，开发者很难预测构件的行为，或者开发者可能会将需求映射到错误的构件。
- 构件集成的风险。构件之间缺乏互操作性标准，这就经常需要开发者为构件编写"包装代码"以提供适合的接口。
- 质量风险。未知的设计假设使得部分构件更难测试，这会影响系统的安全性、性能以及可靠性。
- 安全风险。以非预期的方式使用系统，以及以未经测试的组合方式集成构件而造成系统脆弱。

- **系统演进风险。** 更新之后的构件可能和用户的需求不兼容或者包含其他未文档化的特性。

广泛的构件复用面临的一个挑战是体系结构不匹配 [Gar09a]——构件所假设的使用条件和真实的运行环境不匹配[⊖]。这些假设通常关注构件控制模型，构件连接的本质（接口），体系结构基础设施本身，以及构造过程的本质。

如果利益相关者的设想得到了明确记载，那么在早期就能发现体系结构不匹配。此外，风险驱动过程模型的使用强调了早期体系结构原型的定义，并且指出了不匹配的区域。如果不采取一些诸如封装或适配器[⊖]的机制，往往很难修复体系结构的不匹配。有时甚至需要通过完全重新设计构件接口或者通过构件本身来消除耦合问题。

11.5   构件重构

设计概念，如抽象、隐蔽、功能独立、细化和结构化程序设计、面向对象的方法、测试、软件质量保证（SQA），所有这些都有助于创建易于重构的软件构件。大多数开发者会同意为了提高质量而重构构件是一个好的实践。但是开发者通常很难说服管理人员，重要的是消耗资源修改运行正常的构件，而不是在构件上添加新的功能。

在本书中，我们专注于增量式的系统构件的设计和交付。尽管没有量化的关系来描述代码变更对体系结构质量的影响，但大多数软件工程师会同意，随着时间的推移，大量对系统的变更会导致代码中产生有问题的结构。不能解决这些问题会增加和软件系统相关的技术债务（第9章）。减少这些技术债务往往涉及体系结构重构，开发者通常认为体系结构重构既高投入又高风险。设计者不能简单地将大的构件分解成一些较小的构件，除非这么做会有利于提高内聚性，降低耦合，从而可以减少技术债务。

大型软件系统通常包含几千个构件。利用数据挖掘技术识别出重构的时机对这项工作是十分有利的。基于和体系结构问题相关的通用设计准则，自动化工具可以分析系统构件，并且为开发者提供重构的建议。但是依然由开发者和他们的管理者决定接受哪些重构建议，以及否决哪些重构建议 [Lin16]。

结果表明许多容易产生错误的构件在体系结构上是相关的。这些有缺陷的体系结构连接会使得缺陷在构件中传播，并且导致很高的维护成本。如果能自动识别出系统中的技术债务以及相关的维护成本，开发者和管理者就更加乐于花时间重构这些构件。完成这类任务需要检查系统构件的变更历史 [Xia16]。例如，如果两个或者三个构件总是同时检出代码库进行修改，很有可能表明这些构件共同包含一个设计缺陷。

11.6   小结

构件级设计过程包含一系列活动，这些活动逐渐降低了软件表示的抽象层次。构件级设计最终在接近于代码的抽象层次上描述软件。

根据所开发软件的特点，可以采用三种不同的观点来进行构件级设计。面向对象的观点

⊖ 这可能是由于多种形式的耦合造成的，应当尽可能避免这种耦合。

⊖ 适配器是一个软件装置，通过将服务请求转换成原始接口可以访问的形式，客户端可以通过和需求不兼容的接口来访问构件。

注重细化来自问题域和基础设施域的设计类。传统的观点细化三种不同的构件或模块：控制模块、问题域模块和基础设施模块。在这两种观点中，都需要应用那些能够得到高质量软件的基本设计原则和概念。从过程相关的观点考虑时，构件级设计利用了可复用的软件构件和设计模式，这些都是基于构件级的软件工程的关键要素。

在进行类的细化时，有许多重要的原则和概念可以指导设计者，包括开闭原则、依赖倒置原则，以及耦合性和内聚性概念等，这些都可以指导工程师构造可测试、可实现和可维护的软件构件。在这种情况下，为了实施构件级设计，需要细化类，这可通过以下方式达到：详细描述消息细节，确定合适的接口，细化属性并定义实现它们的数据结构，描述每个操作的处理流程，在类或构件层次上表示行为等。在任何情况下，设计迭代（重构）都是重要活动。

传统的构件级设计需要足够详细地表示出程序模块的数据结构、接口和算法，以指导用编程语言书写的源代码的生成。为此，设计者采用某种设计表示方法来表示构件级详细信息，可以使用图形、表格，也可以使用文本格式。

WebApp 的构件级设计既要考虑内容，也要考虑功能，因为它是由一个基于 Web 系统发布的。构件级的内容设计关注展示给 WebApp 最终用户的内容对象及这些内容对象的包装方式。WebApp 的功能设计关注处理功能，这些处理功能可以操作内容、执行计算、查询和访问数据库，并建立与其他系统的接口。所有的构件级设计原则和指导方针都适用于此。

移动 App 的构件级设计通常使用多层体系结构，包括用户界面层、业务层和数据层。如果移动 App 通常需要执行移动设备上的业务层和数据层的构件设计，那么该设备的物理硬件特性限制将成为设计上的重要约束。

结构化程序设计是一种过程设计思想，它限制描述算法细节时使用的逻辑构造的数量和类型。结构化程序设计的目的是帮助设计师定义简单的算法，使算法易于阅读、测试和维护。

基于构件的软件工程在特定的应用领域内标识、构建、分类和传播一系列软件构件。这些构件经过合格性检验和适应性修改，集成到新系统中。对于每个应用领域，应该在建立了标准数据结构、接口协议和程序体系结构的环境中设计可复用构件。

习题与思考题

11.1 术语"构件"有时很难定义。请首先给出一个一般的定义，然后针对面向对象软件和传统软件给出更明确的定义，最后选择三种你熟悉的编程语言来说明如何定义构件。

11.2 为什么传统软件中必要的控制构件在面向对象的软件中一般是不需要的？

11.3 用自己的话描述 OCP。为什么创建用作构件之间接口的抽象很重要？

11.4 用自己的话描述 DIP。如果设计人员过于依赖具体构件，会出现什么情况？

11.5 选择三个你最近开发的构件，并评估每个构件的内聚类型。如果要求定义高内聚的主要优点，那么主要优点会是什么？

11.6 选择三个你最近开发的构件，并评估每个构件的耦合类型。如果要求定义低耦合的主要优点，那么主要优点会是什么？

11.7 完成：（1）一个细化的设计类；（2）接口描述；（3）该类中包含的某一操作的活动图；（4）前几章讨论过的某个 SafeHome 类的详细状态图。

11.8 什么是 WebApp 构件？

11.9 从一个小的软件构件中选择代码，并使用活动图来描述它。

11.10 在构件级设计的评审过程中，为什么"组块"很重要？

用户体验设计

要 点 概 览

概念： 用户体验（UX）设计是通过在产品及其用户之间创建可用的、可访问的并且令人愉悦的交互来提高用户对产品满意度的过程。

人员： 软件工程师在经验丰富的利益相关者的协助下，设计用户体验和用户交互过程。

重要性： 不管软件展示了什么样的计算能力、发布了什么样的内容及提供了什么样的功能，如果软件不方便使用、常导致用户犯错或者不利于完成目标，你是不会喜欢这个软件的。由于用户体验塑造了用户对于软件的感觉，因此，它必须是令人满意的。

步骤： 用户界面设计首先要识别用户、任务和环境需求。这些通过信息体系结构构成了创建屏幕布局以及导航路径的基础。

工作产品： 用户角色和用户场景是根据客户的需求来创建的，低保真的原型和数字接口的原型以迭代的方式进行开发、评估和修改。

质量保证措施： 原型的开发是通过用户测试驱动的，测试驱动的反馈将用于原型的下一次迭代修改。

我们生活在充满高科技产品的世界里，几乎所有这些产品，诸如消费电子产品、工业设备、汽车产品、企业系统、军事系统、移动 App、WebApp、电子游戏和虚拟现实等，都需要人参与交互。如果要使一个产品取得成功，它就必须提供良好的用户体验。产品需要展示出良好的可用性，可用性是指用户在使用高科技产品所提供的功能和特性时，对使用的容易程度和有效程度的定量测量。当产品的指定用户包括在特殊适用范围内的残障人士时，产品应该包含可访问性考虑因素，如辅助技术。

[233]

在计算时代的前 30 年，可用性并不是软件开发者主要关心的。Donald Norman[Nor88] 在其关于设计的经典书籍中曾经主张（对待可用性的）态度改变的时机已经到来："为了使技术适应人类，必须要研究人类。但我们现在倾向于只研究技术。结果是，人们不得不顺从技术。而现在是时候扭转这个趋势，使技术适应人类了。"

随着技术专家对人类交互的研究，出现了两个主要的问题。第一，定义一组黄金规则（12.2 节）。这些规则可以应用于所有与人交互的技术产品。第二，定义一组交互机制，使软件设计人员建立起可以恰当实现黄金规则的系统。这些机制消除了机器与人交互方面的一些难题，我们统一称之为用户界面。但即便是在今天，我们还是会遇到这样的用户界面：难学、难用、令人迷惑、不直观。在很多情况下，它们让人感到十分沮丧。然而，

关键概念

可访问性
可访问性指导
命令标记
客户旅程图
错误处理
黄金规则
帮助设施
信息体系结构
界面分析
界面一致性
界面设计
国际化
记忆负担
响应时间
情节故事板
任务分析
可用性指导
用户体验分析
用户界面设计
用户场景
可视化设计

仍然有人在花费时间和精力去创建这样的界面，看起来，创建者并不是有意制造麻烦。

用户体验设计是一组渐进的过程，可帮助开发团队和项目利益相关者专注于为软件产品的用户提供良好的体验。UX 设计比用户界面设计和可用性或可访问性工程要广泛。若要使其有效，则它必须在项目生命周期的早期开始。等到项目结束时才添加用户界面功能的开发人员不太可能为用户提供良好的体验。

在本章中，我们将重点关注用户体验设计中的用户界面设计问题。希望对 UX 进行更详细了解的读者应该阅读 Shneiderman [Shn16]、Nielsen [Nei93] 和 Norman [Nor13] 的书籍。

12.1　用户体验设计元素

用户体验设计试图保证不将未经开发团队以及其他利益相关者明确决定的方面包含在软件最终的候选版本中。这意味着在开发过程的每个步骤中都要考虑到所有合理的用户操作和期望。为了使设计良好用户体验的任务更加易于管理，Garret [Gar10] 建议将其分解为构件元素：策略，范围，结构，框架和界面。这些构件元素和子组件之间的关系如图 12-1 所示。

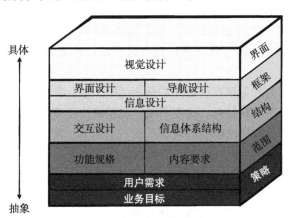

图 12-1　用户体验设计元素

对于软件产品开发，Garrett 的 UX 设计组织可以解释如下：

策略： 确定所有构成用户体验设计基础工作的用户需求和客户业务目标（12.4 节）。

范围： 包括实现与项目策略一致的一系列特性所需的功能和内容（例如，信息、媒体、服务）要求。

结构： 包括交互设计（例如，系统如何响应用户操作（12.1.2 节））和信息体系结构（例如，内容元素的组织（12.1.1 节））。

框架： 由三部分组成，即信息设计（例如，以使用户易于理解的方式呈现内容）、界面设计（例如，布置界面屏幕对象以允许用户使用系统功能（12.5 节））、导航设计（例如，允许用户遍历信息体系结构的一组屏幕元素）。

界面： 向用户呈现视觉设计或已完成项目的外观（12.1.4 节）。

UX 设计的几个跨领域方面是软件工程师特别感兴趣的：信息体系结构、用户交互设计、可用性工程和可视化设计。

12.1.1　信息体系结构

作为体系结构设计师，你必须确定信息（内容）体系结构和软件体系结构。术语信息体系结构常用于表示可以更好地组织、标记、导航和搜索内容对象的结构。内容体系结构着重于构造用于展示和导航的内容对象（或复合对象，如屏幕或窗口小部件）的方式。软件体系结构提供了构建应用程序以管理用户交互，处理内部处理任务，效果导航和呈现内容的方式。

体系结构设计（第 10 章）与软件产品的目标，要呈现的内容，将要访问的用户以及已建立的导航原理相关。在大多数情况下，体系结构设计与界面设计，美学设计和内容设计并行进行。由于软件体系结构可能会对导航产生重大影响，因此在此设计操作期间做出的决定将影响导航设计期间进行的工作。在许多情况下，都需要一名专家来帮助项目利益相关者组织内容项，以便产品用户能高效地吸收和遍历产品。

12.1.2 用户交互设计

交互设计着重于产品与其用户之间的交互界面。几年前，用户与计算机系统交互的唯一方法是在键盘上键入输入，并在某种显示屏上读取输出。如今，输入和输出的模式千差万别，其中可能包括语音输入，计算机语音生成，触摸输入，3D 打印输出，沉浸式增强现实体验以及用户在其环境中的传感器跟踪。我们需要这样的设备才能为用户提供更多的控制计算机系统的方式。通常，这些设备可以融合进产品，从而为用户提供自然而愉悦的用户体验。

产品设计的利益相关者应该在创建用户故事（第 7 章）中定义用户交互，以便于描述用户如何使用软件产品来实现其目标。这表明用户交互设计还应该包括用于说明如何在此类系统中呈现信息以及如何使用户能够理解该信息的一个方案。重要的是要记住，用户界面的目的是提供足够的信息，帮助用户决定下一步该做什么以实现其目标，以及如何去做。

我们将在 12.5 节中更详细地描述用户界面设计过程，但最初，用户交互设计人员在设计用户界面时必须问一些重要问题[⊖]：

- 用户如何用鼠标、手指或手写笔直接与界面交互？
- 外观（如颜色、形状、大小）如何为用户提供有关用户交互功能的线索？
- 提供什么信息使用户在执行操作之前知道会发生什么？
- 是否设置了任何限制以帮助用户防止错误的发生？
- 错误消息是否为用户提供了纠正问题或解释错误发生原因的方法？
- 一旦执行动作，用户会得到什么反馈？
- 界面元素的大小是否合理以便于交互？
- 应该使用什么熟悉的或标准的格式来显示信息和接受输入？

12.1.3 可用性工程

可用性工程是 UX 设计工作的一部分，它定义了软件产品的人机交互部分的规范、设计和测试内容。该工程着重于设计具有高可用性的人机界面。可用性工程提供了结构化的方法，来解决界面设计中的效率和美观问题。诸如用户友好性之类的术语在这里没有提供太多的指导，因为这通常都是一个非常主观的判断。如果开发人员专注于使产品易于学习、易于使用并且易于记忆，那么可以对可用性进行量化评估和测试来进行提升。

⊖ 详见 https://www.usability.gov/what-and-why/interaction-design.html。

可访问性是可用性工程的另一方面，开发人员在设计用户与软件交互的时候应该考虑到这一点。可访问性是指为有特殊需要的人（如视觉障碍、听觉障碍、老年人、认知障碍者）提供感知，理解，导航和与计算机产品交互的方式的程度。可访问性设计的目的是提供可以消除交互障碍的硬件或软件工具，这些障碍可能会阻碍用户成功完成软件所支持的任务。可用性和可访问性将在 12.7 节中详细讨论。

12.1.4 可视化设计

可视化设计也称为美学设计或图形设计，这是一种艺术尝试，可以为用户体验设计的技术方面提供补充。没有它，软件产品可能会实现其作用，但是可能并不吸引人。有了它，产品就可以将用户吸引到一个深层次的、知识性的世界。

但是什么是美？俗话说"情人眼里出西施"。当考虑用于游戏或者移动应用的美学设计时，这句话尤其合适。为了执行有效的美学设计，你应该返回作为需求模型一部分开发的用户层次结构（第 8 章），然后考虑："谁是产品的用户，他们想要什么'外观'？"

图形设计考虑了 Web 或者移动应用外观和感觉的各个方面。图形设计从屏幕布局开始，然后从各方面进行考虑，包括全局配色方案、输入字体、大小和样式、使用辅助媒体（如音频、视频和动画）以及应用程序相关的所有其他美学元素。并非每个软件工程师都具有艺术才能，如果你属于此类，请雇用经验丰富的图形设计师进行美学设计工作。

▍SafeHome 图形设计 ▍

[场景] Doug Miller 的办公室，首次 SafeHome 布局界面原型审查后。

[人物] Doug Miller，软件工程项目经理；Vinod Raman，SafeHome 软件工程团队成员。

[对话]

Doug： 你对新的房间布局设计印象如何？

Vinod： 我喜欢它，但更重要的是，我们的客户喜欢它。

Doug： 你从我们借来的图形设计师那里获得了多少帮助？

Vinod： 实际上很多。Marg 非常注重页面布局，并为应用程序屏幕建议了一个很棒的图形主题，比我们自己想的要好得多。

Doug： 那非常好，还有其他问题吗？

Vinod： 我们仍然必须创建一个备用屏幕，以考虑到某些视障用户的可访问性问题，但是对于我们所拥有的任何应用程序设计，我们都必须这样做。

Doug： 我们也可以用 Marg 来做这项工作吗？

Vinod： 是的，她对于可用性和可访问性有很好的理解。

Doug： 好的，我会协调好市场营销部，然后再借用她一段时间。

237

12.2 黄金规则

Theo Mandel 在其关于界面设计的著作 [Man97] 中提出了三条黄金规则：

1. 把控制权交给用户。
2. 减轻用户的记忆负担。
3. 保持界面一致。

这些黄金规则实际上构成了一系列用户界面设计原则的基础，这些原则可以指导软件设计的重要方面。

12.2.1 把控制权交给用户

在重要的、新的信息系统的需求收集阶段，曾经征求一位关键用户对于窗口图形界面相关属性的意见。

该用户严肃地说："我真正喜欢的是一个能够理解我想法的系统，它在我需要去做以前就知道我想做什么，并使我可以非常容易地完成。这就是我想要的，我也仅此一点要求。"

你的第一反应可能是摇头和微笑，但是，沉默了一会儿后，你会觉得该用户的想法绝对没有什么错。她想要一个对其要求能够做出反应并帮助她完成工作的系统。她希望去控制计算机，而不是被计算机控制。

设计者施加的大多数界面约束和限制都是为了简化交互模式。但是，这是为了谁呢？

在很多情况下，设计者为了简化界面的实现可能会引入约束和限制，其结果可能是界面易于构建，但会妨碍用户使用。Mandel[Man97] 定义了一组设计原则，允许用户掌握控制权：

以不强迫用户进入不必要的或不希望的动作的方式来定义交互模式。 交互模式就是界面的当前状态。例如，如果在短信应用程序菜单中选择了自动更正，则软件会持续执行自动更正。我们没有理由强迫用户停留在自动更正模式，用户应该能够几乎不需做任何动作就可以进入和退出该模式。

提供灵活的交互。 由于不同的用户有不同的交互偏好，因此应该提供选择机会。例如，软件可能允许用户通过键盘命令、鼠标移动、数字笔、触摸屏或语音识别命令等方式进行交互。但是，每个动作并非要受控于每一种交互机制。例如，使用键盘命令（或语音输入）来画一幅复杂形状的图形是有一定难度的。

允许用户交互被中断和撤销。 即使陷入一系列动作之中，用户也应该能够中断动作序列去做某些其他事情（而不会失去已经做过的工作）。用户也应该能够"撤销"任何动作或者任何线性动作序列。

[238]

当技能水平高时可以使交互流线化并允许定制交互。 用户经常发现他们重复地完成相同的交互序列，因此，值得设计一种"宏"机制，使得高级用户能够定制界面以方便交互。

使用户与内部技术细节隔离开来。 用户界面应该能够将用户移入应用的虚拟世界中，用户不应该知道操作系统、文件管理功能或其他隐秘的计算技术。

设计应允许用户与出现在屏幕上的对象直接交互。 当用户能够操纵完成某任务所必需的对象，并且以一种该对象好像是真实存在的方式来操纵它时，用户就会有一种控制感。例如，允许用户将文件拖到"回收站"的应用界面，即是直接操纵的一种实现。

12.2.2 减轻用户的记忆负担

一个经过精心设计的用户界面不会加重用户的记忆负担，因为用户必须记住的东西越多，和系统交互时出错的可能性也就越大。只要可能，系统应该"记住"有关的信息，并通过有助于回忆的交互场景来帮助用户。Mandel[Man97] 定义了一组设计原则，使得界面能够减轻用户的记忆负担。

减少对短期记忆的要求。 当用户陷于复杂的任务时，短期记忆的要求会很强烈。界面的设计应该尽量不要求记住过去的动作、输入和结果。可行的解决办法是通过提供可视的提示，让用户能够识别过去的动作，而不是必须记住它们。

建立有意义的默认设置。 初始的默认集合应该对一般的用户有意义，但是，用户应该能够说明个人的偏好。然而，"重置"（reset）选项应该是可用的，这使用户可以重新定义初始默认值。

定义直观的快捷方式。 当使用助记符来完成系统功能时（如用 <Ctrl+C> 激活复制功能），助记符应该以容易记忆的方式联系到相关动作（例如，使用要激活任务的第一个字母）。

界面的视觉布局应该基于真实世界的象征。 例如，一个账单支付系统应该使用支票簿和支票登记簿来指导用户的账单支付过程，而房间布局应用程序应该允许用户从可视化目录中拖动家具，并使用触摸屏将其布置在屏幕上。这使得用户能够依赖于很容易理解的可视化提示，而不需记住复杂难懂的交互序列。

239

以一种渐进的方式揭示信息。 界面应该以层次化方式进行组织，即关于某任务、对象或行为的信息应该首先在高抽象层次上呈现。更多的细节应该在用户表明兴趣后再展示。

▍SafeHome▕ 违反用户界面的黄金规则

[场景] Vinod 的工作间，用户界面设计启动在即。

[人物] Vinod 和 Jamie，SafeHome 软件工程团队成员。

[对话]

Jamie： 我已经在考虑监控功能的界面了。

Vinod（微笑）：思考是好事。

Jamie： 我认为我们可以将其简化。

Vinod： 什么意思？

Jamie： 如果我们完全忽略住宅平面图会怎么样？它倒是很华丽，但是会带来很多开发工作量。我们只要询问用户要查看的指定摄像机，然后在视频窗口显示视频就可以了。

Vinod： 房主如何记住有多少个摄像机以及它们都安装在什么地方呢？

Jamie（有点不高兴）：他是房主，应该知道。

Vinod： 但是如果不知道呢？

Jamie： 应该知道。

Vinod： 这不是问题的关键……如果忘记了呢？

Jamie： 哦，我应该提供一张可操作的摄像机及其位置的清单。

Vinod： 那也有可能，但是为什么要有一份清单呢？

Jamie： 好的，无论用户是否有这方面的要求，我们都提供一份清单。

Vinod： 这样更好。至少用户不必特意记住我们给他的东西了。

Jamie（想了一会儿）：但是你喜欢住宅平面图，不是吗？

Vinod： 哈哈。特别是我们正在相关产品中创建房间布局应用程序时。

Jamie： 你认为市场营销人员会喜欢哪一个？

Vinod： 你在开玩笑，是吗？

Jamie： 不。

Vinod： 哦……华丽的那个……他们喜欢迷人的……他们对简单的不感兴趣。

Jamie：（叹口气）好吧，也许我应该为两者都设计一个原型。

Vinod： 好主意……我们就让客户来决定。

12.2.3 保持界面一致

用户应该以一致的方式展示和获取信息，这意味着：（1）按照贯穿所有屏幕显示的设计规则来组织可视信息；（2）将输入机制约束到有限的集合，在整个应用中得到一致的使用；（3）从任务到任务的导航机制要一致地定义和实现。Mandel[Man97] 定义了一组帮助保持界面一致性的设计原则：

240 　　　**允许用户将当前任务放入有意义的环境中。**很多界面使用数十个屏幕图像来实现复杂的交互层次。提供指示器（例如，窗口标题、图标、一致的颜色编码）帮助用户知晓当前工作环境是十分重要的。另外，用户应该能够确定他来自何处以及存在哪些转换到新任务的途径。

　　在完整的产品线内保持一致性。一个应用系列（即一个产品线）都应采用相同的设计规则，以保持所有交互的一致性。

　　如果过去的交互模型已经建立起了用户期望，除非有不得已的理由，否则不要改变它。一个特殊的交互序列一旦变成事实上的标准（如使用 <Alt+S> 来存储文件），则用户在遇到每个应用时均会如此期望。如果改变这些标准（如使用 <Alt+S> 来激活缩放比例），将导致混淆。

　　本节和前面几节讨论的界面设计原则为软件工程师提供了基本指南。在下面几节中，我们将学习用户体验设计过程。

12.3　用户界面的分析和设计

　　尽管 UX 设计工作不仅仅与用户界面有关，但用户界面的设计是了解 UX 流程比较好的开始。用户界面的分析和设计全过程始于创建不同的系统功能模型（从外部看时对系统的感觉）。首先将完成系统功能的任务分为面向人的和面向计算机的，然后考虑那些应用到界面设计中的各种设计问题。可以使用各种工具来建造原型并最终实现设计模型，最后由最终用户从质量的角度对结果进行评估。

12.3.1　用户界面分析和设计模型

　　分析和设计用户界面时要考虑四种模型：工程师（或者软件工程师）建立用户模型；软件工程师创建设计模型；最终用户在脑海里对界面产生印象，称为用户的心理模型或系统感觉；系统的实现者创建实现模型。不幸的是，这 4 种模型可能相差甚远。界面设计人员的任务就是消除这些差距，导出一致的界面表示。

　　用户模型确立了系统最终用户的轮廓（profile），为了建立有效的用户界面，"开始设计之前，必须对预期用户加以了解，包括年龄、性别、身体状况、教育水平、文化和种族背景、动机、目标以及性格"[Shn16]。此外，可以将用户分类：新手，对系统有了解的间歇用户或对系统有了解的经常用户。许多 UX 设计人员喜欢构建用户配置文件或个人信息（12.4.2 节），以捕获有关每一类用户的已知信息。

　　用户的心理模型（系统感觉）是最终用户在脑海里对系统产生的印象，例如，请某个餐
241 厅评级移动 App 的用户来描述其操作，那么系统感觉将会引导用户的回答，准确的回答取决于用户的经验（新手只能做简要的回答）和用户对应用领域软件的熟悉程度。一个对餐厅评级应用程序有深刻了解但只使用这种系统几次的用户，可能比已经使用该系统好几个星期的新手对该应用程序的功能描述回答得更详细。

　　实现模型组合了计算机系统的外在表现（界面的观感），结合了所有用来描述系统语法和语义的支撑信息（书、手册、录像带、帮助文件）。当系统实现模型和用户心理模型相一

致的时候，用户通常就会对软件感到很舒服，使用起来就很有效。为了将这些模型融合起来，所开发的设计模型必须包含用户模型中的一些信息，实现模型必须准确地反映界面的语法和语义信息。

12.3.2 过程

用户界面的分析和设计过程是迭代的，可以用类似于第 4 章讨论过的过程模型表示。如图 12-2 所示，用户界面分析和设计过程开始于螺旋模型的内部，且包括四个不同的框架活动 [Man97]：（1）界面分析和建模；（2）界面设计；（3）界面构建；（4）界面验证。图 12-2 中的螺旋意味着每个活动都将多次出现，每绕螺旋一周表示需求和设计的进一步细化。在大多数情况下，构建活动涉及原型开发——这是唯一实用的确认设计结果的方式。

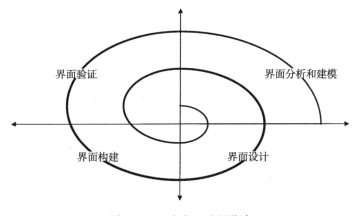

图 12-2　用户交互过程设计

界面分析活动的重点在于那些与系统交互的用户的轮廓。记录技能级别、业务理解以及对新系统的一般感悟，并定义不同的用户类别。对每个用户类别进行需求引导。本质上，软件工程师试图去理解每类用户的系统感觉（12.4.2 节）。

一旦定义好了一般需求，就将进行更详细的任务分析。标识、描述和细化（通过绕螺旋的多次迭代）用户为了达到系统目标而执行的任务。12.4.3 节将对任务分析进行更详细的讨论。最后，用户环境的分析着重于物理工作环境的特征（例如地理位置、采光、位置约束）。

作为分析动作的一部分而收集的信息被用于创建界面的分析模型。使用该模型作为基础，设计活动便开始了。

界面设计的目标是定义一组界面对象和动作（以及它们的屏幕表示），使用户能够以满足系统所定义的每个使用目标的方式完成所有定义的任务。界面设计将在 12.5 节详细讨论。

界面构建通常开始于创建可评估使用场景的原型。随着迭代设计过程的继续，用户界面开发工具可用来完成界面的构造。

界面确认着重于：（1）界面正确地实现每个用户任务的能力，适应所有任务变化的能力以及达到所有一般用户需求的能力；（2）界面容易使用和学习的程度；（3）作为工作中的得力工具，用户对界面的接受程度。

如我们已经提到的，本节描述的活动是以迭代方式开展的。因此，不需要在第一轮就试图刻画所有的细节（对分析或设计模型而言）。后续的过程将细化界面的任务细节、设计信息和运行特征。

12.4　用户体验分析[⊖]

所有软件工程过程模型的一个重要原则是：在试图设计一个解决方案之前，最好对问题有所理解。在用户体验的设计中，理解问题就意味着了解：（1）通过界面和系统交互的人（最终用户）；（2）最终用户为完成工作要执行的任务；（3）作为界面的一部分而显示的内容；（4）任务处理的环境。在接下来的几节中，为了给设计任务建立牢固的基础，我们来检查用户体验分析的每个成分。

243

12.4.1　用户研究

在担忧技术上的问题之前，用户界面这个词完全有理由要求我们花时间去理解用户。之前，我们提到每个用户对于软件都存在心理映像，而这可能与其他用户的心理映像存在着差别。另外，用户的心理映像可能与软件工程师的设计模型相距甚远。设计师能够将得到的心理映像和设计模型聚合在一起的唯一办法就是努力了解用户，同时了解这些用户是如何使用系统的。为了完成这个任务，可以利用各种途径（用户访谈、销售输入、市场输入、支持输入）获得的信息。

许多 UX 开发人员喜欢创建客户旅程图（图 12-3），作为概述其软件产品目标和计划的一种方式。客户旅程图显示了用户如何体验软件产品，就像他们在真实旅行中的接触点（里程碑）、障碍和监视其进度的方式一样。Christensen [Chr13] 建议按照以下步骤创建客户旅程图：

1. 聚集利益相关者。找到所有受影响的各方，以确保在客户旅程图中包含不同的观点。

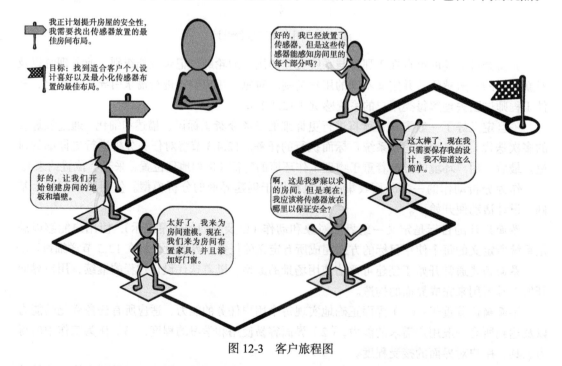

图 12-3　客户旅程图

---

2. 进行研究。收集用户在使用软件产品并定义客户阶段时可能会遇到的所有事情（思想，感觉，行为，动机，期望，目标，需求，痛点，障碍，问题）的所有信息。客户阶段将成为你的接触点，并在图 12-3 中显示为标记的正方形。 `244`

3. 建立模型。创建接触点（用户与产品之间的任何交互），渠道（交互设备或信息流）以及客户（用户）采取行动的可视化模型。

4. 优化设计。招聘一名设计师，使得交付的产品具有视觉吸引力，并且确保能够清楚地确定客户阶段。

5. 找出问题。注意用户体验中的各种问题或者出现摩擦或痛苦的地方（信息重叠或阶段之间的过渡不佳的地方）。

6. 实施你的发现。指派责任方解决发现的问题和痛点。

12.4.2 用户建模

在前面几章中，我们提到过用户故事描述了参与者（在用户界面设计中，参与者通常是某个人）和系统的交互方式。作为任务分析的一部分，用户故事经过优化设计，成为正式的用例，用来显示最终用户如何完成指定的相关工作任务。在大多数情况下，用例采用第一人称并以非正式形式（一段简单的文字）来书写。例如，假如一家小的软件公司想专门为公司室内设计师开发一个计算机辅助设计系统。为了更好地理解他们是如何工作的，实际的室内设计师应该描述特定的设计功能。在室内设计师被问到"如何确定室内家具摆放位置"的时候，室内设计师写下了如下非正式的用例描述：

我从勾画房间的平面图、窗户与门的尺寸和位置开始设计。我非常关心射入房间的光线，关心窗外的风景（如果它很漂亮，就会吸引我的注意力），关心无障碍墙的长度，关心房间内活动空间的通道大小。我接下来会查看客户和我选取的家具清单……接着，我会为客户画出一个房屋的透视图（三维图画），让客户感受到房间看起来应该是什么样的。

这个用户故事从其中一个用户的角度给出了计算机辅助设计系统中一项重要工作任务的基本描述。从这个描述中，软件工程师能够提炼出任务、对象和整个交互流程。另外，系统中能够使得室内设计师感到愉悦的其他特征也被构思出来。例如，可以将房屋中每一扇窗户的风景都拍摄成一张数码相片。在画房屋透视图时，可以通过窗户来展示真实的外部景象。但是，如果有不止一种类型的用户，那么为根据用户故事描述的系统定义不止一组用户目标是非常重要的。

用户体验设计师经常创建虚拟的用户角色来总结针对不同类型的用户所做的各种假设。用户角色是假设的一组用户的目标和行为的表示，角色通常是综合与用户访谈期间收集的数据生成的。图 12-4 显示了一个用户角色的示例。角色通常用来提高产品设计师从目标用户的角度来看待和设计产品的能力 [Hil17]。 `245`

Lene Nielsen [Nie13] 描述了在创建和使用角色来指导用户体验设计过程中发生的四个任务：

- **数据收集和分析**。利益相关者需要收集尽可能多的产品用户提出的信息，以确定用户组，并且开始分析每个组的需求。
- **描述角色**。开发人员需要确定创建多少个角色是合理的，如果他们将创建多个角色，那么需要确定哪个角色是重点关注的。开发人员创建并命名每个角色，而且需要包括其教育程度，生活方式，价值观，目标，需求，局限性，欲望，态度和行为方式等详细信息。

	在中西部一个小城市担任初级教师。 今年38岁，拥有初级教育硕士学位。 喜欢开放式设计概念以及别致的室内设计。	曾经使用过计算机，但是对虚拟现实的经验很少，而且容易产生眩晕。 想要通过设计偏好来翻新房屋并增加房屋的安全功能，但是在可视化布局以及视线要求方面需要帮助。
伊丽莎白		

图 12-4　用户角色示例

- **开发场景**。场景是描述相关角色将如何使用所开发的产品的用户故事，他们可能专注于客户旅程中描述的接触点和障碍点。如果他们是实际的用户，他们应该展示如何使用系统资源来解决问题。
- **被利益相关者接受**。通常，这是通过使用复审或者称为认知演练的演示验证场景来完成的（脚注）。利益相关者承担角色定义的角色，并使用系统原型在场景中进行工作。

246

SafeHome　用户界面设计的用例

[场景] Vinod 的工作间，用户界面设计正在进行。

[人物] Vinod 和 Jamie，SafeHome 软件工程团队成员。

[对话]

Jamie：我拦住我们的市场部联系人，让她写了一份监视界面的用户故事。

Vinod：站在谁的角度来写？

Jamie：当然是房主，还会有谁？

Vinod：还有系统管理员这个角色。即使是房主担任这个角色，这也是一个不同的视角。"管理员"启动系统，配置零件，布置平面图，放置摄像机……

Jamie：当房主想看视频时，我只是让她扮演房主的角色。

Vinod：好的，这只是监视功能界面主要行为之一。但是，我们也应该调查一下系统管理员的行为。

Jamie（有些不悦）：你是对的。

（Jamie 离开去找销售人员。几个小时以后她回来了。）

Jamie：我真走运，找到了市场部联系人，我们一起使用房主的角色完成了系统管理员的用户故事。我们应该把"管理"定义为可以应用所有其他 SafeHome 功能的一个功能。这是我们提出的用例。

（Jamie 给 Vinod 看这个用户故事。）

用户故事：我想能够在任何时候设置和编辑系统的布置方案。当我启动系统时，我选择某个管理功能。系统询问我是否要建立一个新的系统布置方案，或者询问我是否编辑已有的方案。如果我选择了一个新建方案，系统呈现一个绘画屏幕，在网格上可以画出建筑平面图。为了绘画简便，应该提供墙壁、窗户和门的图标。我只是将图标伸展到合适的长度。系统将把长度显示为英尺或者米（我可以选择度量系统）。我能够从传感器和

（脚注）认知演练是一种评估方法，该方法通过让用户描述自己使用系统表现来完成用户目标时的决策过程，来评估系统中的明示或暗示的指令是否支持人们处理任务以及预期系统"后续步骤"的方法。

摄像机库中进行选择，并且将它们放置在平面图中。我标记每个传感器和摄像机，或者系统自动进行标记。我可以通过合适的菜单对传感器和摄像机进行设置。如果选择编辑，就可以移动传感器和摄像机，添加新的或删除已有的传感器和摄像机，编辑平面图并编辑摄像机和传感器的设置。在每种情形下，我希

望系统能够进行一致性检查并且帮助我避免出错。

Vinod（看完脚本之后）：好的，对于绘画程序，可能有一些有用的设计模式（第14章）或可复用的图形用户界面构件。我打赌，通过使用可复用构件，我们可以实现某些或大部分管理员界面。

Jamie：同意！我马上进行查看。

12.4.3　任务分析

用户目标是通过软件产品来完成一项或者多项任务。为此，软件用户界面必须提供允许用户实现其目标的机制。任务分析的目标就是给出下列问题的答案：

- 在指定环境下用户将完成什么工作？
- 用户工作时将完成什么任务和子任务？
- 在工作中用户将处理什么特殊的问题域对象？
- 工作任务的顺序（工作流）如何？
- 任务的层次关系如何？

247

为了回答这些问题，软件工程师必须利用本书前面所讨论的分析技术，只不过在此种情况下，要将这些技术应用到用户界面。

在第 8 章中，我们讨论了逐步求精（也称为功能分解或者逐步细化），把它作为一种细化处理任务的机制，而这些任务是软件完成某些期望功能所要求的。界面设计的任务分析采用了一种详细阐述的办法来辅助理解用户界面必须采纳的用户活动。

首先，工程师必须定义完成系统或应用程序目标所需的任务，并对任务进行划分。例如，考虑前面讨论的为室内设计师开发的计算机辅助设计系统。通过观察工作中的室内设计师，软件工程师了解到，室内设计由一系列的主要活动组成：家具布置（在前面用户故事设计中提到过）、结构和材料的选择、墙壁和窗户装饰物的选择、（向客户）展示、计算成本、购物。其中任何一个都可以被细化成一系列的子任务。例如，使用用例中的信息，可以将家具布置任务细化为下面的子任务：（1）根据房屋的尺寸画出平面图；（2）将门窗放置在合适的位置；（3a）使用家具模型在平面图上描绘相应比例的家具轮廓；（3b）使用饰件模板在平面设计图上勾勒相应比例的饰件；（4）移动家具和饰件轮廓线到达理想的位置；（5）标记所有的家具和饰件轮廓；（6）标出尺寸以显示其位置；（7）为用户勾画透视图。可以应用类似的方法对其他主任务进行细化。

上面的每个子任务都可以进一步细化。其中子任务 1～6 可以通过在用户界面中操纵信息和执行各种动作来完成。另一方面，子任务 7 可以在软件中自动完成，并且几乎不用直接与用户交互⊖。界面的设计模型应该以一种与用户模型（典型室内设计师的轮廓图）和系统感觉（室内设计师期望系统自动提供）相一致的方式来配合这些任务。

⊖　但是，事实并非如此。室内设计师可能指定绘制的透视图，缩放比例，颜色以及其他信息。与绘制工程透视渲染相关的用例将提供解决此任务需要的信息。

12.4.4　工作环境分析

Hackos 和 Redish [Hac98] 以这种方式讨论工作环境分析，"人们不能孤立地完成任务。他们会受到周围活动的影响，如工作场所的物理特征，使用设备的类型，与其他人的工作关系等。"在某些应用中，计算机系统的用户界面被放在"用户友好"的位置（例如，合适的亮度、良好的显示高度、简单方便的键盘操作），但有些地方（例如，工厂的地板和飞机座舱）亮度可能不是很适合，噪声也可能是个问题，也许不能选择使用键盘、鼠标或触摸屏，显示方位也不甚理想。界面设计师可能会受到某些因素的限制，这些因素会减弱易用性。

除了物理的环境因素之外，工作场所的文化氛围也起着作用。可否采用某种方式（例如，每次交互所用时间、交互的准确性）来度量系统的交互？在提供一个输入前，两个或多个人员是否一定要共享信息？如何为系统用户提供支持？在界面设计开始之前，应该对上述问题和更多的相关问题给予回答。

12.5　用户体验设计

与所有的迭代过程一样，分析与设计之间没有明确的界限。图 12-5 说明了在用户研究和设计之间，设计和构造之间循环的实际过程。重要的是创建增量原型并通过实际用户进行测试。

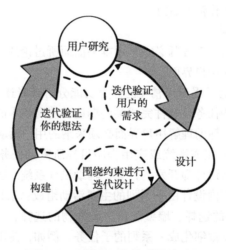

图 12-5　迭代的用户体验设计过程

Google 已为 UX 设计 [Kna16]，[Goo18]，[DXL18] 定义了 5 天的冲刺训练。下面概述了这些步骤，并为每个步骤分配了一天的时间：

理解。围绕用户研究进行，在该活动中，团队收集有关软件产品要解决的问题（用户需求和业务目标）的信息。一种方法是由领域专家就业务方案，竞争产品以及用户个人资料等主题进行一系列简短的演讲（10 ~ 15 分钟的演示）。这些信息将在白板上获取（例如，作为客户旅程图、角色或者用户任务工作流），并保留下来以便参考。

草图。为各个团队成员（包括所有利益相关者）提供了讨论并解决在理解阶段发现的问题所需的空间和时间。这部分最好用可视化草图的形式呈现，纸制图纸和便笺易于生成，易于修改并且成本非常低。在这个阶段会产生很多想法，因为参与者的想法在创建解决方案时不受限制。

决策。每个利益相关者展示其解决方案草图，然后团队投票决定在随后的原型设计活动中应用的解决方案。如果投票后没有达成明确的共识，那么开发团队可能会综合考虑预算，用户资料，可用资源（人力和技术资源）以及产品业务目标构成等的限制。

原型。在这一阶段创建的原型可能是基于草图阶段选择方案的最小可行产品，又或是基于希望在验证阶段与潜在用户一起评估的客户旅程图或情节故事的一部分。将该原型作为检验假设情况而进行的实验，这意味着在构建原型时，团队应基于用户故事来开发测试用例，此时无须为此用户界面原型创建功能齐全的后端。最好使用简单的工具（如 Keynote⊖）构建数字原型。在某些情况下，如果原型工具不可用，可能需要使用开发人员之一创建的纸质原型来向用户提供屏幕序列。

验证。观察用户试用设计原型是发现其 UX 设计中主要问题的最佳方法，这可以让你立刻开始迭代设计。在 UX 设计中，开发团队中的每个人都会参与验证讨论，而不仅仅是 UX 专家或测试用例设计人员。这对于通过让产品决策者实时获得用户反馈来获得潜在的学习机会是至关重要的。在 12.7 节中，我们将更多地讨论原型审查和用户测试。

12.6 用户界面设计

界面设计的一个重要步骤是定义界面对象和作用于对象上的动作。为了完成这个目标，需要使用类似于第 9 章介绍的方法来分析用户场景，也就是说，撰写用例的描述。名词（对象）和动词（动作）被分离出来，形成屏幕对象和系统行为列表。

一旦完成了对象和动作的定义及迭代细化，就可以将它们按类型分类。目标、源和应用对象都被标识出来。将源对象（如传感器图标）拖放到目标对象（如屏幕位置）上，这意味着该动作是将传感器放置在房间平面上。应用对象代表应用中特有的数据，它们并不作为屏幕交互的一部分被直接操纵。例如，用于模拟房间传感器覆盖范围的代码也同样允许测试通过屏幕放置传感器。当将传感器对象放置在屏幕上时，该代码通过某种类型的逻辑链接与每个传感器相连，但是代码本身不会因为用户的拖放等交互操作而改变。

当设计者满意地认为已经定义了所有的重要对象和动作（对一次设计迭代而言）时，便可以开始进行屏幕布局。与其他界面设计活动一样，屏幕布局是一个交互过程，其中包括：图标的图形设计和放置、屏幕描述性文字的定义、窗口的规格说明和标题，以及各类主要和次要菜单项的定义等。如果一个真实世界的隐喻适合于该应用，则在此时进行说明，并以补充隐喻的方式来组织布局。

12.6.1 应用界面设计步骤

为了对如何应用上述设计步骤创建用户界面原型提供简明的例证，我们考虑 SafeHome 系统（在前面几章讨论过）的一个用户场景。下面是界面的初步用户故事（由房主写的）描述。

初步用户故事：我希望通过互联网在任意的远程位置都能够访问 SafeHome 系统。使用运行在移动设备上的浏览器软件（当正处于工作或者旅行状态时），我可以决定警报系统的状态、启动或关闭系统、重新配置安全区以及通过预先放置的摄像机观察住宅内的不同房间。

为了远程访问 SafeHome，我需要提供标识符和密码，这些定义了访问的级别（如并非所有用户都可以重新配置系统）并提供安全保证。一旦确认了身份，我就可以检查系统状态，

⊖ 详见 https://keynotopia.com/。

并通过启动或关闭 SafeHome 系统改变状态。通过显示住宅的平面图，观察每个安全传感器，显示每个当前配置区域以及修改区域（必要时），可以重新配置系统。通过有策略地放置摄像机以观察房屋内部。通过对每个摄像机进行摇动和变焦以提供房屋内部的不同视角。

基于这个用户故事，确定房主的任务、对象和数据项如下：

- 访问 SafeHome 系统。
- 输入 ID 和**密码**实现远程访问。
- 检查**系统状态**。
- 启动或关闭 SafeHome 系统。
- 显示**平面图**和**传感器**位置。
- 显示平面图上的**区域**。
- 改变平面图上的**区域**。
- 显示建筑平面图上的**摄像机位置**。
- 选择用于观察的**摄像机**。
- 观察**视频图像**（每秒 4 帧）。
- 摇动或变焦**视频摄像机**。

从房主的这个任务清单中抽取出对象和动作。所提到的大部分对象都是应用对象。然而，**摄像机位置**（源对象）被拖放到**摄像机**（目标对象）以创建**视频图像**（视频显示的窗口）。

为视频监控设计的屏幕布局初步草图如图 12-6 所示[⊖]。为了调用视频图像，需选择显示在监控窗口中的建筑平面图上的摄像机位置图标 C。在这种情况下，起居室中的摄像机位置被拖放到屏幕左上部分的摄像机图标处，此时，视频图像窗口出现，显示来自位于起居室中的摄像机的流视频。变焦和摇动控制条用于控制视频图像的放大和方向。为了选择来自另一个摄像机的图像，用户只需简单地将另一个不同的摄像机位置图标拖放到屏幕左上区域的摄像机图标上即可。

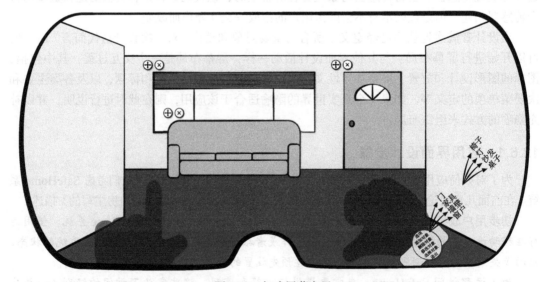

图 12-6　初步屏幕布局

⊖ 注意，这与前面各章中功能的实现有些不同，这可能被认为是基于新房间布局应用的第一稿设计。

所显示的布局草图需以菜单条上每个菜单项的扩展来补充，指明视频监控模式（状态）有哪些可用的动作。在界面设计过程中，将创建用户场景中提到的房主的每个任务的一组完整草图。

12.6.2　用户界面设计模式

图形用户界面已经变得如此普遍，以至于涌现出各式各样的用户界面设计模式。设计模式是一种抽象，描述了特定的、界限明确的设计问题的解决方案。

作为经常碰到的界面设计问题的一个例子，考虑用户必须一次或多次输入日历日期这种情况，有时候需要提前输入月份。对于这个简单的问题，有很多可能的解决方案，为此也提出了很多种不同的模式。Laakso[Laa00] 提出了一种称为 CalendarStrip 的模式，此模式生成一个连续、滚动的日历，在这个日历上，当前日期被高亮度显示，未来的日期可以在日历上选择。这个日历隐喻在用户中具有很高的知名度，并提供了一种有效的机制，可以在上下文中设置未来的日期。

在过去的几十年间，人们已经提出了很多用户界面设计模式[⊖]。在第 14 章中有关于用户界面设计模式的更为详尽的论述。此外，Punchoojit [Pun17] 提供了许多关于移动设备用户界面设计模式的系统综述（例如，缩放、侧边栏访问、在上下文中显示信息、控制和构型等）。

12.7　设计评估

一旦建立好可操作的用户界面原型，必须对其进行评估，以确定满足用户的需求。评估可以从非正式的"测试驱动"（比如用户可以临时提供一些反馈）到正式的设计研究（比如向一定数量的最终用户发放评估问题表，采用统计学的方法进行评估）。

用户界面评估的循环如图 12-7 所示。完成设计模型后就开始建立第一级原型；用户对该原型进行审查[⊖]，直接向设计者提供有关界面功效的建议，如采用正式的评估技术（如问卷调查、分级评分表），这样设计者就能从调查结果中得到需要的信息（比如，80% 的用户不喜欢其中保存数据文件的机制）；针对用户的意见对设计进行修改，完成下一级原型。评估过程不断进行下去，直到不再需要修改为止。我们将在第 21 章中讨论针对图形用户界面的专用原型检查和测试技术。

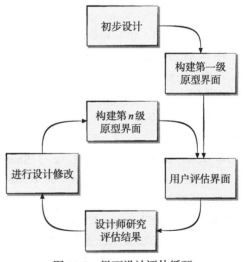

图 12-7　界面设计评估循环

⊖　关于用户界面设计模式的有效建议可以访问 https://www.interaction-design.org/literature/article/10-great-sites-for-ui-design-patterns。

⊖　重要的是，要注意人类工程学和界面设计方面的专家也可能会对界面进行审查。这些审查称为启发评估或认知演练。

12.7.1 原型审查

原型开发方法是有效的，但是否可以在建立原型以前就对用户界面的质量进行评估呢⊖？如果能够及早地发现和改正潜在的问题，就可以减少评估循环执行的次数，从而缩短开发时间。界面设计模型（用户故事，情节故事板，角色等）完成以后，就可以运用下面的一系列评估标准 [Mor81] 对设计进行早期评审：

1. 系统及其界面的需求模型或书面规格说明的长度和复杂性在一定程度上体现了用户学习系统的难度。
2. 指定用户任务的个数以及每个任务动作的平均数在一定程度上体现了系统的交互时间和系统的总体效率。
3. 设计模型中动作、任务和系统状态的数量体现了用户学习系统时所要记忆内容的多少。
4. 界面风格、帮助设施和错误处理协议在一定程度上体现了界面的复杂度和用户的接受程度。

| SafeHome | 界面设计评审 |

[场景] Doug Miller 的办公室。

[人物] Doug Miller，SafeHome 软件工程团队经理；Vinod Raman，SafeHome 产品软件工程团队成员。

[对话]

Doug：Vinod，你和你的团队是否有可能评审 SafeHomeAssured.com 电子商务的界面原型？

Vinod：是的……我们所有人都从技术角度对它进行了仔细检查，而且我还做了一些记录。

昨天我将这些记录发给了 Sharon（SafeHome 电子商务外包供应商 WebApp 团队的经理）

SafeDoug：你和 Sharon 可以在一起详细讨论一下……给我一份重要问题的总结。

Vinod：总的来说，他们已经做得很好了，没有遇到什么阻力。但是，这是一个典型的电子商务界面，具有高雅的美学设计、合理的布局设计。他们已经完成了所有重要功能……

Doug（可怜地微笑）：但是？

Vinod：是的，有些小问题。

Doug：例如……

Vinod（给 Doug 看界面原型的序列情节故事板）：这是一些显示在主页上的主要功能菜单。

> **学习 SafeHome**
> **描述你的住宅**
> **获得 SafeHome 构件建议**
> **购买 SafeHome 系统**
> **获得技术支持**

问题并不在于这些功能，它们都没有问题，但是抽象级别不太合适。

Doug：它们是主要功能，对吗？

Vinod：没错。但是有这样一个问题，你可以通过输入构件列表来购买系统，如果你不想描述房屋，就没有必要描述。我建议在主页上创建 4 个菜单选项：

> **学习 SafeHome**
> **确定你所需要的 SafeHome 系统**
> **购买 SafeHome 系统**
> **获得技术支持**

当你选择了"确定你所需要的 SafeHome

⊖ 一些软件工程师更喜欢开发低保真用户界面（UI）的原型，称为纸质原型，该原型允许相关人员在投入任何编程资源之前测试 UI 概念，具体过程参见：http://www.paperprototyping.com/ what_examples.html。

系统"时，你会有下面的选项：

选择 SafeHome 构件

获得 SafeHome 构件建议

如果你是一个有经验的用户，那么你将从一组分好类的下拉菜单中选择构件，包括传感器、摄像机、控制面板等。如果需要帮助，可以请求系统提供建议，

那时系统需要你描述一下你的房间。我认为这样更合理。

Doug： 我同意。关于这个问题你和 Sharon 谈过了吗？

Vinod： 没有，我想先和市场部讨论一下，然后我会给她打电话。

12.7.2　用户测试

一旦第一个交互原型完成以后，设计者就可以收集到一些定性和定量的数据以帮助进行界面评估。为了收集定性的数据，可以进行问卷调查，使用户能够评估界面原型。如果需要得到定量数据，就必须进行某种形式的定期研究分析。观察用户与界面的交互，记录以下数据：在标准时间间隔内正确完成任务的数量、使用动作的频率、动作顺序、观看屏幕的时间、错误的数目和类型、错误恢复时间、使用帮助的时间、标准时间段内查看帮助的次数。这些数据可以用于指导界面修改。

253
∼
255

我们将在第 21 章中详细讨论测试虚拟环境的任务。然而，有关用户界面评估方法的详细论述已超出了本书的范围，有兴趣的读者可以参考 [Gao 14]，[Hus 15]，[Hac98] 和 [Sto05] 等文献。

12.8　可用性和可访问性

无论是为 Web、移动设备、传统的软件应用、消费产品设计的用户界面，还是为工业设备设计的用户界面，都应该展示出可用性栏里所讲的特性。Dix[Dix99] 认为工程师设计的移动界面必须能够回答用户三个主要问题：我在哪里？我现在能做什么？我去过哪里和我能够去哪里？这些问题的答案使用户理解交互环境并且使应用更为有效。

信息栏　可用性

在一篇关于可用性的见解深刻的论文中，Larry Constantine[Con95] 提出了一个与可用性主题非常相关的问题："用户究竟想要什么？"他给出了下面的回答。

"用户真正想要的是好的工具。所有的软件系统，从操作系统和语言到数据录入和决策支撑应用软件，都是工具。最终用户希望从为其设计的工具中得到的东西，与我们希望从所使用工具中得到的是一样的。他们想要易于学习并能够为自己的工作提供帮助。同时，他们想要的系统应该能提高工作效率，不会欺骗或困扰

他们，不会使他们易于犯错或难于完成工作。"

Constantine 指出，系统的可用性并非取决于设计美学、交互技术的发展水平或者内置的界面智能等方面，而是当界面的体系结构适合于将要使用这些界面的用户的需求时，才能获得可用性。

正式的可用性定义往往令人有些迷惑。Donahue 和他的同事 [Don99] 给出了如下的定义："可用性是一种衡量计算机系统好坏的度量……便于学习；帮助初学者记住他们已经学到的东西；降低犯错的

可能；使用户更加有效率，并且让他们对系统感到满意。"

确定你所建系统是否可用的唯一办法就是进行可用性评估和测试。观察用户与系统的交互，同时回答下列问题 [Con95]：

- 在没有连续的帮助或用法说明的情况下，系统是否便于使用？
- 交互规则是否能够帮助一个知识渊博的用户工作得更加高效？
- 随着用户的知识不断增多，交互机制是否能变得更灵活？
- 系统是否已经过调试，使之适应其运行的物理环境和社会环境？
- 用户是否意识到系统的状态？在工作期间，用户是否能够知道其所处的位置？

- 界面是否是按照一种合理并且一致的方式来构建的？
- 交互机制、图标和过程是否在整个界面中一致？
- 交互是否能够提前发现错误并帮助用户修正它们？
- 界面是否能够容错？
- 交互是否简单？

如果上述每个问题的回答都是肯定的，那么可以认为这个系统是可用的。

可用性好的系统带来的诸多好处在于 [Don99]：提高销售量和用户满意度、具有竞争优势、在媒体中获得良好的评价、获得良好的口碑、降低支持成本、提升最终用户生产力、降低培训费用、减少文档开销、减少来自不满意用户的投诉。

12.8.1　可用性准则

软件产品的用户界面是它的"第一印象"。不管它的内容、处理能力、服务以及应用自身的整体效益如何，一个设计糟糕的用户界面将会使潜在的用户失去信心。事实上，用户甚至可能转向使用别的应用，因为几乎在每个主题领域内，Web 和移动 App 的竞争都是十分激烈的，用户界面应当迅速"抓住"潜在用户。

当然，常规应用和移动 App 之间具有重要的差异。由于小型移动设备（如智能手机）的物理限制，移动界面设计师必须以集中的方式来压缩交互。然而，本节讨论的基本原则仍然适用。

Bruce Tognozzi [Tog01] 定义了一组可用性更高的基本的设计原则⊖。

预测。应用应当能够预测出用户的下一个动作。例如，假设用户已经请求了一个内容对象，此对象显示出针对最新版本操作系统的打印机驱动程序信息。WebApp 的设计者应该预测出用户可能会请求下载该驱动程序，并且直接提供下载的导航辅助。

传达。界面应该能够传达由用户启动的任何活动的状态。传达可以是直接的（例如一条文本消息），也可以是间接的（例如，在打印机中移动的纸张表明打印机正在工作）。

一致。导航控制、菜单、图标和美学风格（如颜色、形状和布局）的使用应该在整个应用系统中保持一致。例如，如果一个移动 App 在显示屏的底部使用一组四个图标（用来表示主要功能），这些图标应该出现在每个屏幕上，并且不应移动到顶部来显示。图标的含义在应用范围内应该是不言而喻的。

自律。界面应该辅助用户在整个应用中移动，但也应该坚持使用已经为应用建立起来的导航习惯，以这样的方式来辅助用户。例如，对内容的导航应该受到用户 ID 和密码的访问

⊖　Tognozzi 的原始准则已经过修改和扩展，可以在本书中使用。有关这些准则的进一步讨论，请参见 [Tog01]。

控制，而不应该提供能使用户改变这种控制的导航机制。

效率。应用的设计和界面应该优化用户的工作效率，而不是优化设计与构建应用程序的开发人员的效率，也不是优化运行系统的客户 / 服务器环境的效率。Tognozzi[Tog01] 在讨论这一问题时写道："这个简单的事实就是，为什么对于参与软件项目的每个人来说，认识到提高用户生产率的重要性及理解开发有效率的应用和提高用户效率的根本区别是非常重要的。"

257

灵活性。界面应该足够灵活，既能够使其中一些用户直接完成任务，也能够使另一些用户以一种比较随意的方式浏览应用。在每种情况下，界面能够使用户认识到自己在哪里，并且给用户提供撤销错误及从选错的导航路径返回的功能。

关注点。界面（及界面表示的内容）应该关注用户正在完成的任务。这个概念对移动App 来说格外重要，如果设计师试图做得太多会使得界面变得非常杂乱。

人机界面对象。对于 WebApp 和移动 App，已经开发了大量可复用的人机界面对象库。使用这些对象库。能被最终用户"看到的、听到的、接触到的以及用别的方式感知到的"[Tog01] 任何界面对象都能从任何一个对象库中获得。

缩短等待时间。应用不应该让用户等待内部操作的完成（例如，下载一个复杂的图形图像），而应该利用多任务处理方式，从而使用户继续他的处理工作，看起来就像前面的操作已经完成一样。除了减少等待时间，如果有延迟事件发生，则必须通知用户，从而使用户知道正在发生的事情，包括：（1）在选中选项后，如果应用没有立即做出响应，则应该提供声音反馈；（2）显示一个动态时钟或进度条表示处理工作正在进行中；（3）当处理过程很长时，提供娱乐活动（例如动画或文本演示）。

学习能力。应用应将用户的学习时间减到最少，并且一旦用户已经学习过了，当再次访问此应用时，将所需要的再学习时间减到最少。一般而言，界面应该侧重于简单、直观的设计，将内容和功能分类组织，这样对于用户来说很直观。

隐喻。只要隐喻适合应用和用户，使用交互隐喻的界面就更容易学习和使用。隐喻是一个好主意，因为它们反映了现实世界的经验。只要确保你选择的隐喻方式为最终用户所熟知即可，所以隐喻应该采用用户熟悉的图片和概念，但是并不要求是现实生活的精确再现。

易读性。界面展示的所有信息对于老人和年轻人都应该是易读的。界面设计者应该着重选择易读的字形式样、字体大小以及可以增强对比效果的背景颜色。

跟踪状态。在合适的时候，应该跟踪和保存用户状态，使得用户能够退出系统，稍后返回系统时又能回到退出的地方。一般而言，可设计 cookies 来存储状态信息。然而，cookies是一种备受争议的技术，选择别的设计方案也许对某些用户来说更合适。

可视化导航。设计合理的界面提供了这样的设想，"用户待在同一个地方，工作被带到他们面前"[Tog01]。使用这种方法后，导航就不再是用户关心的事情了，用户检索内容对象，并选择功能，这些功能都是通过界面显示并执行的。

258

Nielsen 和 Wagner[Nie96] 提出了一些实际可行的界面设计指导原则（基于他们对重要WebApp 的重新设计），这些原则很好地补充了本节前面提出的准则：

- 不要迫使用户阅读大量的文本信息，特别是当文本的内容是解释 WebApp 的操作，或者是辅助导航时。
- 除了不可避免的操作外，不要让用户进行滚动操作。
- 设计不应该依赖于浏览器的功能来辅助导航。

- 美学效果绝不应该取代功能性。
- 不要强迫用户搜索显示如何链接到其他内容或服务。

好的界面设计能够提高用户对网站提供的内容或服务的理解程度，它并不一定要有闪烁的动画，但总应该是结构良好的，且具有符合人机工程学的声音。关于可用性评估的其他建议可以在 [Gao14] 和 [Hus15] 中找到。

12.8.2 可访问性准则

随着用户界面设计的发展时，几乎总会遇到以下四个问题：系统响应时间、用户帮助设施、错误信息处理和命令标记。所有这些都会导致所有用户（不仅是有特殊需要的用户）的可访问性问题。不幸的是，许多设计人员往往很晚才注意到这些问题（有时在操作原型已经建立起来后才发现有问题），这往往会导致不必要的反复、项目拖延及用户的挫折感，最好的办法是在设计的初期就将这些作为设计问题加以考虑，因为此时修改比较容易，代价也低。

应用的可访问性。随着计算应用变得无处不在，软件工程师必须确保界面设计中包含使有特殊要求的用户易于访问的机制。对于那些实际上面临挑战的用户（和软件工程师）来说，由于道义、法律和业务等方面的原因，可访问性是必要的。有多种可访问性指导方针（如 [W3C18]）——很多都是为 WebApp 设计的，但这些方针经常也能应用于所有软件——为设计界面提供了详细的建议，以使界面能够达到各种级别的可访问性。其他指南（如 [App13]，[Mic13a] 和 [Zan18]）对于"辅助技术"提供了专门的指导，这些技术用来解决那些在视觉、听觉、活动性、语音和学习等方面有障碍人员的需要。

响应时间。系统响应时间包括两个重要的属性：时间长度和可变性。如果系统响应时间过长，用户就会感到焦虑和沮丧。系统时间的可变性是指相对于平均响应时间的偏差，在很多情况下这是最重要的响应时间特性。即使响应时间比较长，响应时间的低可变性也有助于用户建立稳定的交互节奏。例如，稳定在 1 秒的命令响应时间比从 0.1 秒到 2.5 秒不定的响应时间要好。在可变性到达一定值时，用户往往比较敏感，他们总是关心界面背后是否发生了异常。

帮助设施。几乎所有计算机交互式系统的用户都时常需要帮助。现代软件均提供联机帮助，用户可以不离开用户界面就解决问题。

错误处理。通常，交互式系统给出的出错消息和警告应具备以下特征：

1. 以用户可以理解的语言描述问题；
2. 应提供如何从错误中恢复的建设性意见；
3. 应指出错误可能导致哪些不良后果（比如破坏数据文件），以便用户检查是否出现了这些情况（或者在已经出现的情况下进行改正）；
4. 应伴随着视觉或听觉上的提示；
5. 永远不应该把错误归咎于用户。

菜单和命令标记。键入命令曾经是用户和系统交互的主要方式，并广泛用于各种应用。现在，面向窗口的界面采用点击（point）和选取（pick）方式，减少了用户对键入命令的依赖。但许多高级用户仍然喜欢面向命令的交互方式。在提供命令或菜单标签交互方式时，必须考虑以下问题：

- 每个菜单选项是否都有对应的命令？

- 以何种方式提供命令？有三种选择：控制序列（如 Alt+P）、功能键或键入命令。
- 学习和记忆命令的难度有多大？命令忘了怎么办？
- 用户是否可以定制和缩写命令？
- 在界面环境中菜单标签是否是自解释的？
- 子菜单是否与主菜单项所指功能相一致？
- 有适合于应用系列内部的命令使用约定吗？

国际化。软件工程师和他们的经理往往会低估建立一个适应不同国家和不同语言需要的用户界面所应付出的努力和技能。用户界面经常是为一个国家和一种语言所设计的，在面对其他国家时只好应急对付。设计师面临的挑战就是设计出"全球化"的软件。也就是说，用户界面应该被设计成能够容纳需要交付给所有软件用户的核心功能。本地化特征使得界面能够针对特定的市场进行定制。

软件工程师有多种国际化指导方针（如 [IBM13]）可以使用。这些方针解决了宽度设计问题（例如，在不同的市场情况下屏幕布局可能是不同的），以及离散实现问题（例如，不同的字母表可能生成特定的标识和间距需求）。对于几十种具有成百上千字母和字符的自然语言的管理，已经提出的 Unicode 标准 [Uni03] 就是用来解决这个挑战性问题的。

12.9　传统软件 UX 和移动性

本章前面曾经提到所有的用户界面设计首先要确定用户、任务和环境需求。一旦确定了用户任务，就可以创建和分析用户场景（用例），并定义一组界面对象和活动。

需求模型包含的信息构成了创建屏幕布局的基础，屏幕布局描述图标的图形设计和位置、描述性屏幕文本的定义、窗口标题定义及规格说明、主菜单和子菜单项目的规格说明。接着使用工具创建原型，并最终实现用户界面模型。

在设计可移动性时，开发人员需要更加注意屏幕尺寸和用户交互设备的差异。软件产品的移动设备用户更有可能期望根据自己的喜好轻松定制产品，并在他们使用该应用的时候利用其位置的变化。我们将在第 13 章中重点介绍针对移动设备的设计。

12.10　小结

用户界面可以说是计算机系统或产品的最重要元素。糟糕的界面设计可能会严重地阻碍用户挖掘系统的计算能力，也会阻碍用户挖掘应用程序的信息内容。事实上，即使应用具有良好设计和可靠实现，糟糕的界面也可能导致该系统失败。

三个重要的原则可用于指导有效的用户界面设计：（1）把控制权交给用户；（2）减少用户的记忆负担；（3）保持界面一致性。为了得到符合这些原则要求的界面，必须实施有组织的设计过程。

用户界面的开发首先从一系列的分析任务开始。用户分析确定了各类最终用户的角色概况，并且使用了从各种业务和技术资源收集来的信息。用户分析允许开发人员创建客户旅程图，以可视化方式表示产品目标。任务分析定义了用户任务和行为，其中使用了细化或面向对象的方法、用户用例的应用、任务和对象的细化、工作流分析和层级任务表示等，来获得对人机交互的充分理解。环境分析可厘清界面必须操作的物理结构和社会结构。

在分析了使用场景之后，将创建界面对象和相应的操作，并为创建屏幕布局提供了基础，屏幕布局描述了图形的设计和图标的放置、描述性屏幕文字的定义、窗口的规格说明和

261　标题以及主菜单和子菜单项规格说明。另外可以创建一个情节故事来完成特定的用户任务，该故事说明了为产品开发的屏幕导航的内容。诸如响应时间、命令和动作结构、错误处理和帮助设施等设计问题应该在细化设计模型时考虑。很多实现工具可以用于创建供用户评估的原型。

像传统软件的界面设计一样，移动 App 界面的设计体现了用户界面的组织结构和屏幕的布局，是对交互模式的定义，也是对导航机制的描述。在设计布局和界面控制机制时，界面设计原则和界面设计工作流为移动 App 设计者提供了向导。

用户界面是软件的窗口。在很多情况下，界面塑造了用户对系统质量的感知。如果这个"窗口"污点斑斑、凹凸不平或破损不堪，用户也许会选择其他更有效的计算机系统。界面的可用性和可访问性问题也可能导致用户找到更能满足其需求和期望的替代产品。

习题与思考题

12.1　描述一下你操作过的最好和最差的系统界面，采用本章介绍的相关概念对其进行评价。

12.2　考虑下面几个交互应用（或者导师布置的应用）：

　　a. 桌面发布系统

　　b. 计算机辅助设计系统

　　c. 室内设计系统（如 12.4.2 节所描述的）

　　d. 大学课程自动注册系统

　　e. 图书管理系统

　　f. 基于网络的公共选举投票系统

　　g. 家庭银行系统

　　h. 导师布置的交互应用

　　对上面给出的每个系统，开发用户模型、设计模型、心理模型和实现模型。

12.3　选择习题 12.2 中所列的任何一个系统，对其进行详细任务分析。

12.4　选择习题 12.2 中所列的任何一个系统，为其创建客户旅程图。

12.5　继续做习题 12.2，为你所选择的应用定义界面对象和动作。确定每个对象类型。

12.6　为你在习题 12.2 中选择的系统，开发一组屏幕布局并将它们组织到情节故事板中。

12.7　使用 Keynote 之类的原型工具为你在习题 12.6 中创建的情节故事创建交互式原型。

12.8　对于在习题 12.3、习题 12.4 和习题 12.5 中所完成的任务分析设计模型和分析任务，描述你采用的用户帮助设施。

12.9　举例说明为什么反应时间变动是一个问题。

12.10　开发一种能自动集成错误消息和用户帮助设施的方法。即系统能自动识别错误类型，并提供帮助窗口，给出改正错误的建议。进行合理且完整的软件设计，其中要考虑到合适的数据结构和算法。

12.11　开发一界面评估问卷调查，其中包括 20 个适用于大多数界面的通用问题。由 10 名同学完成你们所有人使用的交互系统的问卷调查。汇总你们的结果，并在班上做介绍。

移 动 设 计

要 点 概 览

概念：移动设计包括的技术性活动和非技术性活动有：建立移动应用（包含移动 App、WebApp、虚拟现实以及移动游戏）的外观和感觉，创建用户界面的美学布局，建立用户交互的规则，定义总体的体系结构，开发体系结构中的内容和功能，并设计移动 App 的内部导航。

人员：软件工程师、平面设计师、内容开发者、安全专家以及其他利益相关者都参加移动设计模型的创建。

重要性：设计工作允许你创建模型，并对该模型进行质量评估，同时在内容和代码生成、测试及在大多数最终用户参与之前对该模型进行改进。设计是形成移动应用质量的重要环节。

步骤：移动设计包括 6 个主要步骤，这些步骤由需求建模阶段所获取的信息驱动。本章中将对这些步骤进行描述。

工作产品：设计模型包括内容、美学、体系结构、界面、导航及构件级设计问题，它是移动设计的主要工作产品。

质量保证措施：要对设计模型的每个元素进行评估，尽力发现错误、不一致或遗漏。另外，应考虑若干个可选的解决方案，并对当前设计模型有效实现的程度进行评估。

移动设备，包括智能手机、平板电脑、可穿戴设备、手持游戏设备以及其他专业化的产品，已经掀起了下一波计算浪潮。根据 Pew 研究中心 [Pew18] 的调查，在美国 77% 的人拥有智能手机，而 50% 的人拥有平板电脑。移动计算已经成为主流。

Jakob Nielsen[Nie00] 在他的有关 Web 设计的权威著作中这样写道："本质上，设计有两种基本方法：表达自我的艺术设想和为客户解决问题的工程设想。"在移动开发发展的前 10 年，艺术设想是很多开发者选择的方式。他们以一种特别的方式进行设计，并且通常是在生成 HTML 时才进行设计。设计从艺术想象力发展而来，而艺术想象力本身又是随着 Web 页面结构的出现而发展的。

即使在今天，还有很多开发者使用移动应用向孩子们宣传"有限设计"。他们认为移动市场的直接性和易变性削弱了形式化设计，即设计是随着对应用系统的构造（编码）而演化的，并且应该花费较少的时间创建详细的设计模型。这种论述有其优点，但是只适用于相对简单的应用。当内容和功能变得复杂时，当移动应用的规模包含成百上千的内容对象、函数和分析类时，当应用的成功对于业务成功具有直接影响时，就不能轻视设计，也不该轻视设计。这种情况将使我们考虑 Nielsen 提出的第二种途

关键概念

美学设计
体系结构设计
挑战
云计算
构件级设计
内容体系结构
内容设计
内容对象
环境感知 App 设计
  最佳实践
  误区
  金字塔
  质量
图形设计
移动体系结构
移动开发生命周期

264

径——"为客户解决实际问题的工程设想"。

13.1   挑战

尽管不同的移动设备有许多相同的产品功能，用户却会对自己的移动产品所附带的功能有不同的看法。一些用户希望自己的计算机能有移动设备的功能，另一些用户则关注移动设备给他们带来的自由，而乐于接受移动设备上类似软件产品功能的局限性，还有一些用户依旧期待在传统计算机上或一些娱乐设备上不可能实现的独特体验。良好的用户体验可能比任何移动产品本身所含有的技术质量更为重要。

关键概念

模型-视图-控
制器（MVC）
导航设计
质量检查单
技术因素
用户界面设计
WebApp 体系结构

13.1.1   开发因素

与所有的计算机设备一样，移动平台也因其所交付软件的不同而不同——操作系统（例如安卓或苹果系统）与能够提供广泛功能的成百上千的移动 App 的一小部分相结合。现在新的工具允许那些几乎没有经过正规培训的个人去开发或者销售应用产品，与大型软件开发团队开发出来的其他应用一样。

尽管业余爱好者可以开发出应用，但是很多软件工程师认为在目前构造的软件中，移动 App 属于最具挑战性的软件之列 [Voa12]。移动平台很复杂，安卓操作系统和苹果操作系统的代码都超过 1200 万行。移动设备通常都有迷你浏览器，这种浏览器不能展示网页上的全部内容。不同的移动设备通常根据开发环境选择不同的操作系统和平台。移动设备的未来趋势就是比个人计算机更小巧，屏幕尺寸更加多元化。这就需要将更多的注意力放在用户界面设计的问题上，包括如何限制某些内容的显示。除此之外，移动 App 的设计必须考虑到间歇性网络连接中断、电池寿命的限制以及其他设备约束[Whi08]。

移动应用运行时，移动计算环境中的系统构件可能会改变其自身的位置。为了保持游牧网络的连接性，就必须开发用于发现设备、交换信息、维护安全性和通信完整性以及同步动作的协调机制。

此外，软件工程师还必须权衡移动 App 的表现力和利益相关者的安全性问题，以此来确认一个合适的设计方案。为了尽可能节约电池电量，开发者必须努力发现新的算法（或者调整现有的算法）以达到高效节能。开发者可能也需要创建中间件来实现不同型号的移动设备在同一个移动网络里的互相通信 [Gru00]。

软件工程师应该充分利用设备的特性和环境感知的应用来精心实现用户体验。非功能性需求（例如，安全保密性、性能、可用性）有点不同于 WebApp 或者桌面应用。而在安全性和移动产品设计的其他元素之间也总是存在着权衡取舍。用户期望它们能够在大量不同的物理环境下运行，因此这对于移动软件产品的测试（第 21 章）增加了一些挑战。可移植性则是软件工程师面临的另一重挑战，因为当前存在着数个流行的设备平台，为多个设备平台开发和支持应用程序的代价非常昂贵 [Was10]。

13.1.2   技术因素

通过给手机、数码相机、电视等日常设备增加 Web 功能所耗费的低成本正在改变着人

⊖ 参见 http://www.devx.com/SpecialReports/Article/37693。
⊖ 游牧网络与移动设备或服务器的连接会不断变化。

们获取信息和使用网络服务的途径 [Sch11]。以下是移动 App 需要解决的许多技术因素：

多元化的硬件和软件平台。移动 App 运行在具有大量不同层次功能的不同的平台上（包括移动平台和固定平台），这是寻常的事情。这些差异存在的部分原因是设备之间的可用硬件和软件是各不相同的，这增加了开发的成本和时间，同样也使得配置管理（第 22 章）变得更加困难。

多种开发框架和程序设计语言。当前的移动 App 是在至少 5 种流行的开发框架（安卓、苹果、Xamarin、Windows、AngularJS）的基础上使用多种不同的程序设计语言（HTML5、JavaScript、Java、Swift、C#）来进行编写的 [Was10]。几乎很少有移动设备允许在设备上直接开发。相反，移动应用开发者通常使用在桌面开发系统上运行的模拟器进行开发。这些模拟器有可能精确地反映出设备自身的局限性，但也有可能不能。瘦客户端应用往往比专门设计运行在移动设备上的应用更容易移植到多个设备上。 266

多种具有不同规则和工具的应用商店。每一个移动平台都有自己的应用商店和接入应用标准（例如，苹果⊖、谷歌⊜、微软⊜和亚马逊®都发布了他们自己的标准）。针对多个平台的移动产品的研发必须是分开进行的，并且每个版本都需要有自己的标准。

极短的开发周期。移动产品的市场竞争非常激烈，因此软件工程师在建立移动 App 时通常采用敏捷开发过程，以此来尽力减少开发周期 [Was10]。

用户界面的限制以及传感器与照相机之间交互的复杂性。与个人计算机相比，移动设备拥有更小尺寸的屏幕、更丰富的交互可能性（例如触摸、手势、摄像等等）和基于环境感知的使用场景。用户界面的风格和外观通常是由特定平台的开发工具的性质而决定的 [Rot02]。允许智能设备与智能空间进行交互，这一行为提供了创建个性化、网络化、高保真应用平台的发展潜力，这些可被理解为将智能手机与车载娱乐信息系统进行合并⑤。

环境的有效利用。用户期望移动 App 能够基于设备的物理位置及其可利用的网络功能提供个性化的用户体验。用户界面设计和相关环境感知应用将在 13.4 节进行更加详细的讨论。

电源管理。电池寿命通常是移动 App 最重要的限制约束之一。背光、存储器读写、无线网络连接的使用、专业硬件设备的利用以及处理器速度都会影响到电池的使用，这些都是软件开发者需要考虑的因素 [Mei09]。

安全保密性、隐私模式和策略。无线网络通信很难不被人窃听。事实上，阻止针对自动应用的中间人攻击®对于用户的安全性来说是至关重要的 [Bos11]。如果移动设备丢失或者被人下载了恶意应用程序，那么存储在设备上的数据就会被盗窃。那些用来提高移动 App 安全保密及隐私方面可信度的软件策略通常降低了应用的可用性和用户之间相互交流的自发性 [Rot02]。 267

计算和存储限制。使用移动设备来控制家庭环境和安全服务是人们关注的一个领域。当

⊖ https://developer.apple.com/appstore/guidelines.html

⊜ http://developer.android.com/distribute/googleplay/publish/preparing.html

⊜ http://msdn.microsoft.com/en-us/library/ff941089%28v=vs.92%29.aspx

⑩ https://developer.amazon.com/apps-and-games/app-submission/android

⑤ 在汽车环境中使用时，智能设备应该能够限制对可能分散驾驶员注意力的服务的访问，并允许在车辆移动时进行免提操作 [Bos11]。

⑥ 这些攻击涉及第三方拦截两个可信源之间的通信，并假冒一方或双方。

允许移动 App 在它们的环境中与设备和服务进行交互时，移动设备将会很容易因为海量的信息而不堪重负（例如存储、处理速度、能量消耗）[Spa11]。开发人员可能需要寻找减少处理器与内存资源占用的编程技巧和方法。

依赖外部服务的应用。构建瘦移动客户端意味着应用需要依靠 Web 服务提供商和云存储设施，这增加了人们对数据或服务的可访问性与安全性的担忧 [Rot02]。

测试的复杂性。完全在设备上运行的移动产品可以使用传统的软件测试方法（第 19、20章）或使用在个人计算机上运行的模拟器上进行测试。瘦客户端移动 App 的测试尤其具有挑战性。虽然它们面临许多同样在 WebApp 中出现的挑战，但是它们还存在与通过互联网网关和电话网络进行数据传输有关的其他问题。移动 App 的测试将在第 21 章进行详细讨论。

13.2 移动开发生命周期

Burns[Bur16] 和她的微软同事描述了包含 5 个主要阶段的迭代式移动软件开发生命周期（SDLC）的建议：

起始。确定移动产品的目标、特征和功能，以确定第一个增量或可行性原型的范围和规模。开发人员和利益相关者必须留意人员性、社会性、文化性以及组织性的活动，它们可能会揭露用户需求隐藏的方面并影响所提议移动产品的业务目标和功能。

设计。设计包括体系结构设计、导航设计、界面设计以及内容设计。开发人员使用屏幕模型和纸质原型来定义应用程序的用户体验，以此协助创建适当的用户界面设计。该设计也需考虑不同的屏幕尺寸和功能，以及每个目标平台的功能。

开发。开发人员为移动软件进行编码，其中包含功能性以及非功能性部分。测试人员创建并执行测试用例，并随着产品的发展进行可用性和可访问性评估。

稳固。大多数移动产品都会经历一系列原型：可行性原型，它旨在作为一个概念证明，证明整个应用程序中也许只存在一条完整的逻辑路径；alpha 原型，它包含最小可行产品的功能；beta 原型，它已基本完成并包含大部分通过测试的功能；最后是候选发布版，它包含所有必需的功能，所有计划的测试均已完成，并且可供产品所有者审查。

部署。一旦稳定后，移动产品将由应用商店进行审查，并可以出售和下载。对于仅供公司内部使用的应用，产品所有者审查可能是部署前所需的全部工作。

移动开发利用了敏捷的螺旋工程过程模型。不像使用瀑布模型完成移动开发，这些阶段并不需要按顺序完成。随着开发人员和利益相关者对用户需求和产品业务目标有更好的理解，他们将不断重复上述这些阶段。

SafeHome | **制定移动设备需求**

[**场景**] 会议室，确定 SafeHome WebApp 移动版本需求的第一次会议。

[**人物**] Jamie Lazar，软件团队成员；Vinod Ramon，软件团队成员；Ed Robbins，软件团队成员；Doug Miller，软件工程项目经理；三名市场营销部成员；一名产品工程代表；一名主持人。

[**对话**]

主持人（指着白色写字板）：这就是当前存在于 WebApp 中的住宅安全功能的对象和服务列表。

Vinod（打断）：我的理解是人们希望通过移动设备访问 SafeHome 功能……包括住宅安全功能？

市场营销部负责人：是的，就是这样……我们必须增加这个功能，并尝试使其可以感知环境，帮助实现个性化的用户体验。

主持人：什么场景下的环境感知？

市场营销部负责人：当人们在开车回家的路上时，他们可能希望使用智能手机，而不是控制面板，要避免登录网站。或者他们可能不希望所有的家庭成员都可以访问其手机系统的主控制面板。

主持人：你考虑了特殊的移动设备吗？

市场营销部负责人：嗯，所有的智能手机都可以。我们有一个 WebApp 版本快要完成了，为什么不让所有的手机上都使用这个 WebApp 呢？

Jamie：不太可行。如果我们采用移动手机浏览器的方法，我们或许可以重用许多 WebApp 的功能。但是请注意，智能手机的屏幕尺寸变化多样，并且它们可能不都具有相同的触摸功能。因此，我们至少需要创建一个考虑到不同设备功能的移动网站。

Ed：也许我们首先应该建立网站的移动版本。

市场营销部负责人：可以，但移动网站方案不是我们的初衷。

Vinod：似乎每个移动平台也都有自己的独特开发环境。

产品代表：我们可以将移动 App 开发限制在一种或两种类型的智能手机上吗？

市场营销部负责人：我认为可行。如果我没弄错的话，现在的智能手机市场是以两种智能手机平台为主。

Jamie：还要考虑安全问题。我们要确保外来人员无法入侵系统，攻破、劫持或者发生更糟的事情。而且手机也可能比笔记本电脑更容易丢失或被盗。

Doug：说得对。

市场营销部负责人：但是，我们仍然需要相同的安全级别……确保可以阻止外来人员利用偷来的手机进入。

Ed：说起来容易，做起来难……

主持人（打断）：我们不要担心这些细节。（Doug，作为会议的记录人，做了相应的注释）

主持人：以此为起点，我们能否确认在移动 App 中需要哪些 WebApp 安全功能元素，哪些需要重新开发？这样我们就能够决定可以支持多少移动平台，进而向前推进这个项目。

（小组接下来花费了 20 分钟提炼和扩展住宅安全功能的详细内容。）

13.2.1　用户界面设计

　　移动设备用户希望能够用最短的时间来学习并掌握一个移动 App。为了达到这个目标，移动 App 设计者应在不同的平台上使用统一的图标和布局。此外，对于在移动设备屏幕上显示个人信息，设计者必须对用户的隐私期望保持敏感。触摸和手势界面以及先进的语音输入和人脸识别正在迅速走向成熟 [Shu12]，并已成为用户界面设计师工具箱的一部分。

　　为所有人提供访问权限所产生的法律和道德压力表明：移动设备界面需要考虑品牌差异、文化差异、计算体验差异以及老年用户和残疾人用户（例如，视觉障碍、听觉障碍、行动不便者）。可用性差就意味着用户不能完成他们的任务或者不满意结果。这也表明，在每个可用性领域中（用户界面、外部辅助界面和服务界面），以用户为中心的设计活动的重要性。可访问性是一个重要的设计问题，采用以用户为中心的设计时设计人员必须将其考虑在内。

　　为了满足利益相关者对于可用性的期望，移动 App 开发者应该尝试回答这些问题以评估设备的外部表现：

- 用户界面在多个应用中是否一致？
- 设备是否能与不同的网络服务相互协作？
- 在目标市场中，就利益相关者的价值观⊖而言，设备是否能被大众所认可？

Eisenstein[Eis01] 声称，运用抽象的、与平台无关的模型来描述用户界面极大地促进了移动设备多平台用户界面一致性和可用性的发展。有三种模型特别有用。平台模型描述了所支持平台的约束条件。表示模型描述了用户界面的外观。任务模型是用户满足其任务目标所需要执行的任务的结构化表示。在最好的情况下，基于模型的设计（第 9 章）涉及包含模型的数据库创建，并具为为多个设备自动生成用户界面的工具支持。利用基于模型的设计技术还可以帮助设计人员识别并适应移动计算中存在的独特环境以及环境变化。没有用户界面的抽象描述，移动用户界面的开发可能容易出错并耗费更多的时间。

信息栏 | **移动 App 用户界面设计注意事项**

设计选择会影响性能，应在用户界面设计过程的早期进行检查。Ivo Weevers[Wee11] 给出了一些移动 App 用户界面设计实践，这些实践被证明有助于设计移动应用。

- **定义用户界面的品牌标志**。使自己的应用区别于竞争对手的应用。使品牌的核心标志性元素具有最好的响应，因为用户会反复使用它们。
- **注重产品的结合**。确定平台目标。平台对于应用和公司的成功至关重要，并非所有平台都具有相同的用户数。
- **确定核心用户案例**。利用要求利益相关者对其需求进行优先排序的技术来减少冗余的需求列表，以使用移动设备上可用的受限资源。
- **优化用户界面流程和元素**。用户不喜欢等待。找出用户的工作流程中潜在的瓶颈，出现延迟时确保给出用户进度指示。就用户的利益而言，确保屏幕元素的显示时间是合理的。

- **定义缩放规则**。当要显示的信息太多，屏幕无法容纳时，确定将要使用的选项。管理功能、美观性、可用性和性能，使其保持持续的平衡。
- **使用性能仪表盘**。使用仪表盘来根据产品的当前完成状态进行沟通（例如，已完成的用户案例的数量），还要沟通当前产品相对于目标的性能参数，也许还会与竞争对手进行比较。
- **用户界面设计技巧的关键**。理解布局、图形和动画的使用对性能产生的影响是很重要的。元素显示的渲染和程序执行的交错结合手法可能会很有帮助。

13.2.2 经验教训

de Sá 和 Carrico[Des08] 认为开发传统软件和开发移动应用程序之间有着重要的区别。软件工程师不能继续使用他们已经使用过的传统技术，并期望能够成功应用在移动应用开发上。他们提出了三种设计移动应用程序的方法：

⊖ 品牌喜好、伦理偏好、道德偏好、认知信念。

　　使用场景。如第 12 章所述，开发者必须考虑相关环境因素（位置、用户和设备）以及相关场景之间的转换（例如，用户从卧室移动到厨房或使用手指代替手写笔）。de Sá 和 Carrico 已经确定了一组用户场景开发中应该考虑的变量类型——位置和设置、运动和姿势、设备和用法、负载和干扰以及用户的喜好。 |271|

　　人种观察⊖。这是一种广泛使用的方法，用来收集所设计的软件产品的具有代表性的用户信息。随着用户场景的改变，观察他们通常是很困难的，因为观察者必须跟随用户很长一段时间，而这可能引发隐私问题⊜。一个复杂的因素就是，有时用户在私人场合和公开场合完成任务的方式是不同的。随着场景的变化，可能需要观察同一用户完成不同场景下的任务，同时记录用户对于变化的反应。

　　低保真度的纸质原型（如卡片或便条）。在用户界面设计中，这是一种成本效益高的可用性评估方法，可以在任何编程之前使用。这些原型在尺寸和重量上要相似，并允许在各种情况下使用，这一点很重要。同样重要的是，草图或文本显示的尺寸必须真实，并且最终产品要保持高质量。开发者必须为用户界面部件（如按钮或滚动条）的位置和大小进行设计，以致当用户通过缩放扩展屏幕时它们不会消失。开发者也需要在低保真原型（例如，使用彩色笔或图钉）中模拟交互类型（例如，手写笔、操纵杆、触摸屏），以检查放置位置和易用性。在布局和放置问题解决后，也可以创建后续的原型以在目标的移动设备上运行。

信息栏　移动 App 设计误区

　　Joh Koester[Koe12] 列出了移动 App 设计实践中应该避免的一些情况。

- **功能复杂**。避免在应用中添加太多的功能、在屏幕上添加太多的部件。简单利于理解。简单是适合市场的。

- **前后矛盾**。为了避免这种情况，应在设置页面导航、菜单使用、按钮、选项卡和其他用户界面元素的标准时保持统一的外观和风格。

- **设计过度**。设计移动 App 时要有狠心。删除不必要的元素和多余的图形。不要试图添加仅仅是因为你觉得应该添加的元素。

- **加载过慢**。用户不关心设备的限制因素，他们只希望快速查看。尽可能进行预加载。去除不需要的东西。

- **废话连篇**。冗长的文字菜单和屏幕展示表明这是一个没有经过用户测试的移动 App，开发者也没有花费足够的时间理解用户的任务。

- **非标准的交互**。以平台为目标的原因之一就是利用用户在平台上完成事情的体验方式。标准存在于使用过程之中。这需要在可能的情况下，满足应用在不同设备上展示相同的外观和操作行为的需求，以达到平衡。

- **帮助和常见问题回答**。加入在线帮助不是修复设计不佳的用户界面的方式。确认你已经和目标用户一起测试了应用，并修复了所发现的缺陷。 |272|

⊖　人种观察是通过观察用户在工作环境中的行为来确定用户任务本质的一种手段。

⊜　当无法直接观察时，要求用户填写匿名问卷可能就足够了。

13.3 移动体系结构

服务计算[⊖]和云计算[⊖]使得基于新型体系结构的大规模分布式应用得以快速开发
[Yau11]。这些计算模式可以更容易、更经济地创建不同设备（如笔记本电脑、智能手机和平
板电脑）上的应用。这两种模式允许资源外包或将信息技术管理的信息转移给服务提供商，
而同时减轻资源限制在某些移动设备上的影响。面向服务的体系结构提供了移动开发所需要
的体系结构风格（例如 REST）[⊜]、标准协议（例如 XML®、SOAP®）和接口（例如 WSDL）[Ⓐ]。
云计算可以方便、按需地通过网络访问可配置的计算资源（服务器、存储、应用程序和服务）
共享池。

服务计算使移动 App 开发人员避免了将服务源代码集成到运行在移动设备上的客户端的
需求。取而代之的是，服务在提供商的服务器上运行，并与通过消息传递协议利用它的应用保
持松耦合状态。服务通常会提供 API，这样我们就可以把它当作一个抽象的黑盒子来处理。

云计算响应网络内任意地方、任意时间的客户
端（用户或程序）对所需计算能力的请求。云计算的
体系结构有三层，每一层都可以称为一个服务（见
图 13-1）。软件即服务层（SaaS）包括由第三方服
务提供商提供的软件构件和应用。平台即服务层
（PaaS）提供了一个协同开发平台，协助地理上分散
的团队成员进行设计、实施和测试。基础设施即服务
层（IaaS）为云计算提供虚拟计算资源（存储、处理
能力、网络连接）。

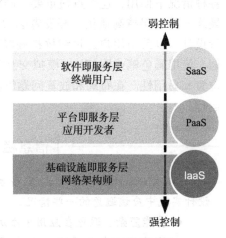

移动设备可以从任何位置在任何时间访问云服
务。身份盗窃和服务劫持风险的存在使得移动服务和
云计算提供商需要采用严格的安全工程技术（第 18
章）来保护他们的用户。

图 13-1 云计算层次图

Taivalsaari[Tai12] 指出，利用云存储可以让世界各地数以百万计的任何移动设备或软件
功能很容易地获得更新。事实上，虚拟化整个移动用户体验，使所有应用软件都从云端下载
是可能实现的。

13.4 环境感知 App

环境允许基于移动设备的位置和移动设备具有的功能性来创建新的应用软件。它还能
帮助调整个人计算机的应用来适应移动设备（例如，当家庭卫生保健工作人员到达患者房间
时，他所携带的移动设备能自动下载患者的信息）。

⊖ 服务计算侧重于体系结构设计，并通过服务发现和组合实现应用程序的开发。
⊜ 云计算注重通过灵活、可扩展的资源虚拟化和负载平衡，向用户有效地提供服务。
⊜ 表现层状态转移（REST）描述了一种网络化的 Web 体系结构样式，其中资源表示（例如 Web 页面）将客户
端置于新的状态。客户端使用每个资源表示更改或传输状态。
⑭ 可扩展标记语言（XML）用于存储和传输数据，而 HTML 用于显示数据。
㊎ 简单对象访问协议（SOAP）是在计算机网络中实现 Web 服务时交换结构化信息的规范。
Ⓐ 网络服务描述语言（WSDL）是一种基于 XML 的语言，用于描述 Web 服务以及如何访问它们。

采用适应性高、与环境相关的界面是一种很好的处理设备局限性的方法（例如，屏幕尺寸和内存）。为了更好地开发环境感知的用户交互，需要相应的软件体系结构的支持。

在早期的环境感知应用的讨论中，Rodden[Rod98] 指出：移动计算通过提供允许设备感知自身位置、时间和周围物体的功能，将现实世界和虚拟世界连接在一起。该设备可以如警报传感器一样在一个固定的位置，也可以嵌入到独立的设备中，或者由人随身携带。因为设备可用于个人、团体或大众，所以它必须监测并识别用户的存在和身份，以及用户所依赖或准许的相关环境属性（即使这个用户是另外一台设备）。

为了实现环境感知，移动系统一定要从各种不确定的、快速变动的异构数据源中生成可靠的信息。由于噪声、误差、磨损和气候的原因，通过梳理多个传感器的数据来提取相关的环境信息是具有挑战性的。在相关环境感知系统中，基于事件的通信对高度抽象的连续性数据流的管理来说是非常适合的 [Kor03]。

在普遍存在的计算环境中，大部分用户使用大量不同的设备工作。由于移动工作实践的需求，设备的配置要足够灵活以便能经常性地进行改变。对于软件基础设施来说，支持不同类型的交互（例如，手势、声音和笔）并将它们存储在可以轻松共享的抽象存储中是至关重要的。

有些时候，用户可能期望使用多个设备同时作用于一个产品（例如，使用触屏设备来编辑文档的图像，同时使用键盘来编辑文档的文本）。整合众多不总是连接到网络并具有各种限制的移动设备是很具有挑战性的 [Tan01]。需要连接网络的多人游戏都不得不面对这样的问题，它们需要在设备上存储游戏状态并共享其他游戏玩家设备上实时更新的信息。

13.5 Web 设计金字塔

在 Web 工程的背景下，什么是设计？这个简单的问题可能比想象的更难于回答。Pressman 和 Lowe [Pre08] 是这样讨论这个问题的：

> 创建有效的设计通常需要各种技术。有时，对于小项目，开发者可能需要成为多面手。对于比较大的项目，借鉴专家的专业知识是明智且可行的，例如 Web 工程师、平面设计师、内容开发者、程序员、数据库专家、信息架构师、网络工程师、安全专家及测试人员。借鉴这些技术，可以评估创建的模型质量，在产生内容和代码、进行测试以及大量的终端用户参与之前，对模型进行改进。如果分析是建立 *WebApp* 质量，那么设计就是真正地嵌入质量。

要根据 WebApp 性质的不同，而适当混合各种技术。图 13-2 描述了 WebApp 的设计金字塔，金字塔的每一层都表示一种设计动作，这些设计动作将在后面的章节中介绍。

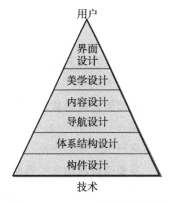

图 13-2　WebApp 的设计金字塔

13.5.1　WebApp 界面设计

当用户与基于计算机的系统交互时，要应用一套基本原则和重要的设计准则。这些已在第 12 章讨论过了[⊖]。虽然 WebApp 提出了一些特殊的用户界面设计上的挑战，但是基本原则

⊖　12.1 节致力于用户界面设计部分的用户体验设计。如果你还没有读过，现在可以去读。

和方针仍然是适用的。

WebApp 界面设计的挑战之一是，用户的进入点不明确。即用户可能从主页进入 WebApp，或者可能链接到 WebApp 体系结构的一些较低层。在某些情况下，可以通过将用户路由到主页的方式来设计 WebApp，但是如果不想这样做，那么 WebApp 设计必须提供包含全部内容对象的界面导航特征，这样就可以不考虑用户是如何进入系统的。

WebApp 界面的目标是：（1）建立一致性的窗口，用户由此进入界面提供的内容和功能；（2）通过一系列与 WebApp 的交互指导用户；（3）组织用户可用的导航选项和内容。为了获得一致的界面，首先要用可视化设计（12.1 节）去建立一致的外观。这包括很多特点，但必须强调布局和导航机制的形式。为了指导用户交互，可以适当借鉴隐喻[⊖]，使用户能直观地理解界面。为了实现导航选项，可以选择网页中位置固定的导航菜单，可以选择使用户识别为导航元素的图标，也可以选择链接到内容主题或 WebApp 功能的图像。值得注意的是，在内容层次的每个级别上都应提供一种或多种导航机制。

275
~
276
每个网页中能够用来支持非功能性的美学设计、导航特征、信息内容及指导用户功能的"空间"都是有限的，应该在美学设计期间对这种空间的"开发"进行规划。

13.5.2　美学设计

美学设计，又称可视化设计或是平面设计，是一种艺术工作。它是对 Web 设计在技术方面的补充。我们在 12.1.4 节中讨论可视化设计。页面布局是美学设计的一个方面，它会影响 WebApp 的有用性（和可用性）。

设计网页布局时没有绝对的规则。但是，很多一般的布局指导原则还是值得考虑的：

不要担心留下空白空间。我们不建议把网页中的每一寸空间都排满信息。如果非要这样做，用户寻找有用信息或要素会很困难，并会造成很不舒服的视觉混乱。

重视内容。毕竟，内容是用户浏览网页的根本原因。Nielsen[Nie00] 建议，典型的 Web 网页应用的 80% 应该是内容，剩余的资源为导航和其他要素。

按照从左上到右下的顺序组织布局元素。绝大多数用户浏览网页的方式与看书没有什么不同——从左上到右下[⊖]。如果布局元素有特定的优先级，应该将高优先级的元素放在页面空间的左上部分。

在页面内按导航、内容和功能安排布局。在几乎所有的事情中，人们都会寻找事实上已有的模式。如果 Web 页中没有可辨别的模式，用户的挫败感会增加（由于需要对所需要的信息进行不必要的查找）。

不要通过滚动条扩展空间。虽然滚动经常是需要的，但大多数的研究表明，用户还是不喜欢用滚动条。通常最好通过减少网页内容或者多页显示必要的内容。

在设计布局时，考虑分辨率和浏览器窗口的尺寸。设计应该能够确定布局元素占用可用空间的百分比，而不是在布局中规定固定的尺寸 [Nie00]。随着越来越多的具有不同屏幕尺寸移动设备的使用，这个概念变得越来越重要。

⊖ 在上下文中，隐喻是一种可以在界面上下文中建模的展示（从用户的真实体验中提取）。一个简单的例子可以是一个滑块开关，它用于控制 .mp4 文件的听觉音量。

⊖ 这一规则也有基于文化和语言的例外，但它适用于大多数用户。

13.5.3　内容设计

我们在 12.1.1 节中首次引入了内容设计。在 WebApp 设计中，内容对象与传统软件中的数据对象关系更加紧密。内容对象具有的属性，包括特定的内容信息（通常在 WebApp 需求建模期间定义）的属性和指定为设计成分的实现属性。

例如，考虑为 SafeHome 电子商务系统开发的分析类 ProductComponent。分析类的属性 description 在这里被描述为一个设计类，名为 CompDescription。这个类包括 5 个内容对象：[277] MarketingDescription、Photograph、TechDescription、Schematic 和 Video，如图 13-3 中最底下一行的阴影部分所示。内容对象所包含的信息被标注成对象的属性。例如，Photograph（一个 .jpg 格式的图示）包含属性 horizontal dimension、vertical dimension 和 border style。

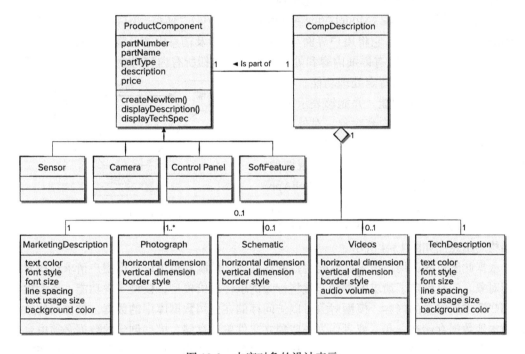

图 13-3　内容对象的设计表示

UML 的关联和聚合符号⊖可以用来表示内容对象之间的关系。例如，图 13-3 所示的 UML 关联表明一个 CompDescription 类对象用于描述一个 ProductComponent 类实例；一个 CompDescription 类实例由所示的 5 个内容对象组成。然而，所示的多重性符号表明 Schematic 类实例和 Video 类实例是可选的（值可能为 0），一个 MarketingDescription 类实例和一个 TechDescription 类实例是必需的，会用到一个或多个 Photograph 类实例。

13.5.4　体系结构设计

体系结构设计与已建立的 WebApp 的目标、展示的内容、将要访问它的用户和已经建立的导航原则紧密相关。体系结构设计者必须确定内容体系结构和 WebApp 体系结构。内容体 [278] 系结构⊖着重于内容对象（诸如网页的组成对象）的表现和导航的组织方式。WebApp 体系结

⊖　附录 1 中都讨论了这些表示。

⊖　信息体系结构一词也可用于表示能够更好地组织、标记、导航和搜索内容对象的结构。

构描述应用将以什么组织方式来管理用户交互、操纵内部处理任务、实现导航及展示内容。

在大多数情况下，体系结构设计与界面设计、美学设计和内容设计并行进行。由于WebApp 的体系结构对导航的影响很大，因此在设计活动中做出的决定会影响导航设计阶段的工作。

WebApp 体系结构描述了使基于 Web 的系统或应用达到其业务目标的基础结构。Jacyntho 和他的同事 [Jac02b] 对这一结构的基本特性做了如下描述：

创建应用程序应该考虑到不同层所关注的方面不同，特别是，应用程序数据应该与网页的内容（导航节点）分开，而这些内容又应该与界面的外观（页面）清楚地分开。

作者建议采用三层设计体系结构，使界面与导航及应用程序行为相分离。他们认为，保持界面、应用程序和导航分离可以简化实现并增加复用性。

模型－视图－控制器（Model-View-Controller，MVC）[⊖]体系结构 [Kra88] 是一种流行的WebApp 体系结构模型，它将用户界面与 WebApp 功能及信息内容分离。模型（有时称"模型对象"）包括应用的所有详细内容和处理逻辑，还包括所有内容对象、对外部数据或信息源的访问，以及应用的特定处理功能；视图包括所有界面的特定功能，并能够表示内容和处理逻辑，包括所有内容对象、对外部数据或信息源的访问，以及最终用户所需要的所有处理功能；控制器管理对模型和视图的访问，并协调两者间的数据流。在 WebApp中，"视图由控制器进行更新，更新数据来自基于用户输入的模型" [WMT02]。MVC 体系结构的示意图如图 13-4 所示。

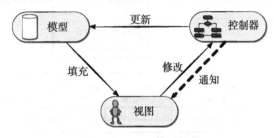

图 13-4   MVC 体系结构

根据此图可知，用户请求或数据由控制器处理。控制器也可以根据用户请求选择合适的视图对象。一旦确定了请求的类型，就将行为请求传递给模型，模型实现功能，或者检索满足用户请求所需要的内容。模型对象可以访问存储在公司数据库中的数据，被访问的数据可以与本地数据存储在一起，或者作为一些独立文件单独存储。模型创建的数据必须由合适的视图对象对其进行格式化和组织，然后从应用服务器传回到客户端浏览器，并显示在客户的计算机上。

很多情况下，在实现应用程序的开发环境中定义 WebApp 的体系结构。感兴趣的读者请查阅 [Fow03]，其中深入讨论了开发环境及其在 WebApp 体系结构设计中的作用。

13.5.5 导航设计

一旦建立了 WebApp 的体系结构并确定了体系结构的构件（页面、脚本、applet 和其他处理功能），设计人员就应定义导航路径，使用户可以访问 WebApp 的内容和功能。为了完成这一任务，要为网站的不同用户确定导航语义，并且定义实现导航的机制（语法）。

像很多 WebApp 设计活动一样，在进行导航设计时，要首先考虑用户层次和为每一类用户（角色）创建的相关用例（第 8 章）。每一类角色使用 WebApp 的方式或多或少会有所区

⊖ 应该注意的是，MVC 实际上是为 Smalltalk 环境（见 www.Smalltalk.org）开发的一种体系结构设计模式，可以用于任何交互式应用程序。

别，因而会有不同的导航要求。另外，为每一类角色设计的用例会定义一组类，这组类包含
一个或多个内容对象，或者包含 WebApp 功能。当用户与 WebApp 进行交互时，会接触到
一系列的导航语义单元（Navigation Semantic Unit，NSU）——"信息和相关的导航结构的
集合，它们相互协作共同完成相关的用户请求的一部分"[Cac02]。NSU 描述了每个用例的
导航需求。本质上，NSU 显示了每个角色如何在内容对象或 WebApp 功能之间移动。

NSU 由一组导航元素组成，其中，导航元素也称作导航通路（Way of Navigating，
WoN）[Gna99]。对于特定类型的用户来说，为了达到导航目的，WoN 展示了最佳的导航路
径。每个 WoN 由一组相关的导航节点（Navigational Node，NN）组成，这些导航节点通过
导航链接连接起来，在某些情况下，导航链接可能就是另一个 NSU。因此，可以将 WebApp
的总体导航结构组织为 NSU 的层次结构。

为了举例说明 NSU 的开发，考虑**选择 SafeHome 部件**用例。

用例：选择 SafeHome 部件

WebApp 会推荐<u>产品部件</u>（例如，控制面板、传感器、摄像机）及每个<u>房间</u>和<u>外部入口</u>
的其他特征（例如，用软件实现的基于个人计算机的功能）。进行选择时，如果所选择的部
件存在，WebApp 就会提供。我们会得到每个产品部件的<u>描述信息和价格信息</u>。选择了不同
的部件之后，WebApp 会创建并显示一份<u>材料清单</u>。可以给材料清单取一个名字，并保存起
来供将来参考（见用例**保存配置**）。

在用例描述中标有下划线的项代表类和内容对象，它们将被合并为一个或多个 NSU，
使得新客户可以执行**选择 SafeHome 部件**用例中描述的场景。

图 13-5 描述了用例**选择 SafeHome 部件**所隐含的导航的部分语义分析。使用前面介绍
的术语，此图也显示了 SafeHomeAssured.com WebApp 的导航通路（WoN）。重要的问题域
类与选中的内容对象（在此例中，名为 CompDescription 的内容对象包是 ProductComponent
类的属性）一同显示。这些项就是导航节点。每一个箭头代表一个导航链接⊖，并且采用用户
触发行为进行标注，这些行为引发了链接。

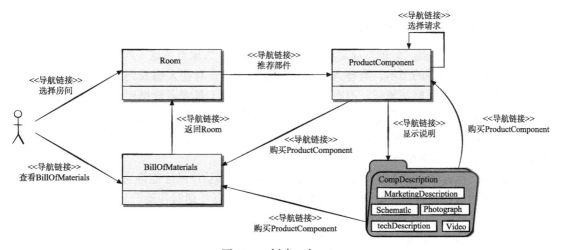

图 13-5 创建一个 NSU

WebApp 设计者可以为每个与用户角色相关的用例都创建一个 NSU。例如，

⊖ 这些链接有时称为导航语义链接（Navigation Semantic Link，NSL）[Cac02]。

SafeHomeAssured.com 的新客户可能有三个不同的用例，这三个用例都将访问不同的信息及 WebApp 功能，这就需要为每个用例都创建一个 NSU。

在导航设计的初始阶段，应对 WebApp 的内容体系结构进行评估，为每个用例确定一个或多个 WoN。如上面所说的那样，一个 WoN 标识了导航节点（如内容）和使它们之间能够导航的链接，然后将 WoN 组织到 NSU 中。

随着设计进行，下一项任务就是定义导航机制。大多数网站会利用以下一个或多个导航来实现每个 NSU：单独的导航链接，水平或垂直导航条（列表），标签或者一个完整的站点地图入口。如果定义了站点地图，则应该可以从每个页面访问它。WebApp 设计者也需要组织站点地图本身，以便 WebApp 信息的结构能够清晰地显现。

除了选择导航机制外，设计人员还应该建立合适的导航习惯和帮助。例如，为了使图标和图形链接呈现"可点击"的状态，图标和图形的边缘应成斜角，使其呈现出三维效果。应该考虑设计听觉和视觉反馈，提示用户导航选项已选择。对于基于文本的导航，应该用颜色来显示导航链接，并给出链接已经访问的提示。使导航设计用户友好的设计习惯有很多，这些仅仅是其中的一小部分。

13.6　构件级设计

移动应用提供了更加成熟的处理功能，这些功能能够：（1）执行本地化的处理，从而动态地产生内容和导航能力；（2）提供适于应用的业务领域的计算或数据处理能力；（3）提供高级的数据库查询和访问；（4）建立与外部协作系统的数据接口。为了实现这些（及许多其他）能力，工程师必须设计和创建程序构件，这些构件在形式上与传统软件构件相同。

第 11、12 章讨论的设计方法几乎不需要任何修改，就可以适用于移动应用构件。实现环境、编程语言、设计模式、框架和软件可能会有些不同，但是，总的设计方法是一样的。为了节约成本，设计人员可以设计移动构件，使其可以在几个不同的移动平台上使用而无须修改。

13.7　移动性与设计质量

每个人都对什么是"好的"移动应用有自己的看法，大家看待这一问题的角度也相差甚远。有些人喜欢闪烁的图示，有些人则喜欢简单的文本；有些人想看到丰富的内容，而有些人只是渴望看到简略的陈述；有些人喜欢高级的分析工具或者数据库访问，而有些人只是需要一些简单应用。实际上，比起从技术角度讨论移动应用的质量，用户对于"好"的理解（以及基于这种理解而接受或拒绝移动应用）可能更重要。移动设计质量属性实际上与 WebApp 质量特征基本相同。

但是如何认识移动产品的质量呢？具有哪些特性的移动产品才能得到最终用户的好评？同时，在质量方面，具有哪些技术特点才能使工程师可以长期对移动产品进行修正性维护、适应性维护、增强性维护及支持？

实际上，第 9 章讨论的软件质量的所有技术特征和第 15 章介绍的通用质量属性都适用于移动应用。然而，其中一些最相关的通用特性——可用性、功能性、可靠性、效率及可维护性——为评估移动系统的质量提供了有用基础。Andreou[And05] 指出，最终用户对于移动 App 的满意度取决于 6 个重要的质量因素：功能性、可靠性、易用性、效率、可维护性及可移植性。

Olsina 和他的同事 [Ols99] 设计了一个"质量需求树",定义了一组可产生高质量移动产品的技术属性,包括可用性、功能性、可靠性、效率和可维护性[⊖]。图 13-6 总结了他们的工作。在图中提及的标准对于长期从事设计、构造和维护移动产品的工程师是有帮助的。

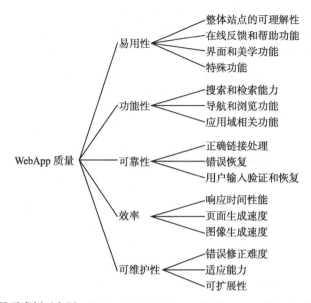

图 13-6 质量需求树(来源:Olsina, Luis, Lafuente, Guillermo and Rossi, Gustavo, "Specifying
Quality Characteristics and Attributes for Web Sites," Proceedings of the 1st International
Conference on Software Engineering Workshop on Web Engineering, ACM, Los Angeles,
May 1999.)

283

Offutt[Off02] 对图 13-6 描述的 5 个质量属性进行了扩展,补充了下面的属性。

安全性。移动产品已经和重要的公司及政府数据库高度集成。电子商务应用系统提取并存储敏感的客户信息。由于这些及许多其他原因,移动产品的安全性在很多情况下变得极为重要。安全性的关键度量标准是移动 App 及其服务器环境拒绝非授权访问和阻挡恶意攻击的能力。对于安全工程的讨论将在第 18 章进行。关于 WebApp 和移动 App 安全性的更多信息可以参考 [Web13]、[Pri10]、[Vac06] 和 [Kiz05]。

可用性。如果不可用,即使是最好的移动产品也不能满足用户的要求。从技术的角度来看,可用性是对基于 Web 的移动资源的可用时间占总时间的百分比的一种度量。但是 Offutt[Off02] 认为,"使用仅限于在一种浏览器或平台上可用的特性"会使移动产品在那些具有不同浏览器或平台的配置中变得不可用,用户会毫无例外地转向其他地方。

可扩展性。移动产品和其服务环境能否扩展来处理 100 个、1000 个、10 000 个或 100 000 个用户?应用和为其提供接口的系统能不能承受访问数量上的巨大波动?响应速度是否会因此而剧降(或者完全停止)?设计能够成功调节负载(例如,相当多的最终用户)的移动环境很重要,而且会变得越来越重要。

投放市场时间。虽然投放市场时间并不是真正的技术方面的质量属性,它仅仅是从商业角度考虑的一种质量度量。但是,市场上的第一个移动产品往往能够吸引非常多的最终用户。

内容质量。在互联网上查找信息的人可以获得数亿的网页。即使是目标明确的 Web 查

⊖ 这些质量属性与第 9 章和第 15 章中的属性非常相似。这意味着质量特性对所有软件都是通用的。

找也会得到大量内容。要从这么多的信息源中选择需要的信息，用户如何评价移动产品所展示内容的质量（例如，准确性、精确性、完整性、适时性）呢？这是数据科学试图解决的问题的一部分，数据科学的基础知识在将本书的附录 2 中进行介绍。

Tillman[Til00] 提出了评价内容质量的一组有用标准：能否很容易地判断内容的范围和深度，确保满足用户的要求？是否容易识别内容作者的背景和权威性？能否确定内容的通用性？最后的更新时间及更新内容是什么？内容和其位置是否稳定（即它是否一直保存在引用的 URL 处）？内容是否可信？内容是否独特？也就是说，移动产品能否给使用它的用户带来一些特别的好处？内容对于目标用户群体是否有价值？内容的组织是否合理？是否有索引？是否容易选取？这些问题只是设计移动产品时应该考虑的问题中的一小部分。

284

信息栏 移动产品——质量检查单

下面的检查单列出了一组问题来帮助软件工程师和最终用户评估总体的移动产品质量。

- 内容、功能和导航选项能否按照用户的喜好来定制？
- 内容和功能能否按照用户通信所用的带宽进行定制？应用是否以可接受的方式处理了弱信号或丢失信号的情况？
- 内容、功能和导航选项是否可以根据用户的偏好设为环境感知？
- 是否充分考虑了目标设备上的电源可用性？

- 图形、媒体（音频、视频）和其他网络或云服务是否得到了适当的使用？
- 总体页面设计是否容易阅读和导航？应用是否考虑到屏幕大小的差异？
- 用户界面是否符合目标移动设备采用的显示和交互标准？
- 应用是否满足用户可靠性，安全性和隐私的预期？
- 为确保应用程序保持最新状态，已制定了哪些规定？
- 移动产品是否已在所有目标用户环境和所有目标设备上进行过测试？

13.8 移动设计的最佳实践

对于移动产品的研发，以及像苹果的 iOS [⊖] 或谷歌的 Android [⊖] 等特殊平台上的应用研发，它们都是有若干准则[⊜]的。Schumacher[Sch09] 已经收集了许多最佳实践的想法并发布了一些特别适用于移动应用和 Web 页面的观点。在设计移动触屏应用软件时，Schumacher 列出了如下一些重要的因素。

- **确定受众**。应用开发要融入用户心目中的期望和背景。有经验的用户希望快速地做事。缺乏经验的用户在第一次使用应用时会期望有手把手指导的熟悉过程。
- **根据使用环境进行设计**。考虑用户在使用移动产品时将如何与现实世界互动是非常重要的。和你离开办公室前检查天气相比，在飞机上观看电影需要不同的用户界面。
- **在简单和懒惰之间有一条很好的界线**。相比于简单地移除在较大设备上运行的应用程序用户界面上的功能，在移动设备上创建直观的用户界面更加困难。用户界面应

⊖ 参见 https://developer.apple.com/design/human-interface-guidelines/。

⊜ 参见 http://developer.android.com/guide/components/index.html。

⊜ 参见 http://www.w3.org/TR/mwabp/。

该提供使用户做出下一个决定的所有信息。 |285|

- **将平台作为优势**。触摸屏导航不直观，所有新用户必须学习。但是如果用户界面设计者坚持使用已有的平台标准，那么学习任务将会比较容易完成。
- 使醒目的滚动条和选择项更加突出。可触摸设备上的滚动条很难定位，因为它们太小。确保菜单或图标的边界足够宽，使得颜色变化可以吸引用户的注意力。在使用颜色编码时，确保前景色和背景色之间有足够的对比度，让视觉障碍用户也能够区分它们。
- **提高高级功能被用户发现的概率**。包含在移动产品中的热键和其他快捷键可以使有经验的用户更快速地完成任务。可以通过包含在用户界面的可视化设计线索来增加这些功能被用户发现的可能性。
- **使用明确和一致的标签**。不考虑特定平台所使用的标准，小部件的标签应该被所有应用系统的用户识别。谨慎地使用缩写，尽量避免使用。
- **巧妙的图标不应以牺牲用户的理解而设计**。图标有时仅仅对于他们的设计师来说是有意义的。用户必须能够快速了解它们的含义。很难保证图标在所有的语言和用户组中都有意义。提高识别度的一个好策略是在一个新的图标下面添加一个文本标签。
- **支持用户期望的个性化**。移动设备用户希望能够个性化设置一切。至少，开发者应该尽力允许用户设置其位置（或自动地检测到），并选择在该位置可利用的内容选项。提示用户哪些功能可以进行个性化设置以及如何进行设置是非常重要的。
- **在移动设备上长滚动条形式优于多个屏幕的显示**。有经验的移动设备用户希望所有信息都展示在一个单一的输入画面上，即使不得不利用滚动条。新手往往会迅速变得经验丰富并厌恶多屏幕输入。

开发多个设备平台的本地应用可能是昂贵和费时的。在移动设备上通过使用 Web 开发人员熟悉的技术（例如，JavaScript、CSS 和 HTML）创建使用 Web 浏览器进行访问的移动产品可以减小开发成本。

我们不能保证桌面程序或 WebApp 可以很容易地实现为移动产品。然而，许多用于创建桌面应用的敏捷软件工程实践（第 3 章）可以用来创建独立的移动应用或移动客户端软件，许多用来创建优质 WebApp 的做法也可以用来创建移动产品使用的 Web 服务。

最重要的体系结构设计决策往往是能否建立一个瘦客户端或富客户端。模型 – 视图 – 控制器体系结构（13.3 节）普遍应用于移动产品中。因为移动体系结构可能对导航有很大的影响，所以在设计行为期间做出的决定将会影响导航设计期间工作的进展。体系结构设计必须 |286| 考虑到设备资源（存储、处理器速度和网络连接）。设计应包括提供可发现服务和可移动设备的相关内容。

可用性测试和部署测试存在于每个原型开发周期。着眼于安全问题的代码审查应作为实现流程中的一部分。这些代码审查应根据系统设计活动来确定相应的安全目标和威胁。安全性测试是系统测试的常规部分（第 20 章）。

13.9 小结

就功能性、可靠性、可用性、效率、安全性、可维护性、可扩展性、可移植性而言，移动产品质量的定义是在设计过程中引入的。一个好的移动产品应基于以下设计目标：简单、普遍性、个性化、灵活性和本地化。

界面设计描述了用户界面的结构和组织，包括对屏幕布局的表现、互动模式的定义以及导航机制的描述。另外，一个良好的移动产品界面将提升品牌的影响力并聚焦在它的目标设备平台上。一套核心用户案例用来修剪应用中不必要的特性，以管理其资源需求。环境感知设备利用发现服务来帮助定制个性化的用户体验。

内容设计是非常重要的，并要考虑到屏幕和移动设备的其他限制因素。美学设计也叫平面设计，描述了移动产品的"外观和感觉"，包括配色方案、平面布置、图形的使用及相关的美学判定。美学设计同样必须考虑设备的局限性。

体系结构设计标识出移动产品的超媒体结构全貌，包括内容体系结构和移动产品体系结构。确定移动 App 中有多少功能留在移动设备上、有多少功能由 Web 或云服务来提供是至关重要的。

导航设计代表着内容对象和所有移动产品功能之间的导航流程。导航语法由目标移动装置上的可用部件定义，语义通常由移动平台确定。内容分块必须考虑间歇性的服务中断以及用户需求的快速性能。

构件设计开发实现了用于构建一个完整的移动产品功能部件所需的详细处理逻辑。第 12 章中描述的设计技术也许可以应用于移动产品构件工程。

习题与思考题

13.1 解释为什么决定为多个设备开发移动 App 可能是一个昂贵的设计决策。有没有一种办法可以减轻支持错误平台的风险？

13.2 在本章中我们列出了许多移动产品的质量特性，选择你认为最重要的三个质量特性，说明为什么这三个特性应该在移动设计工作中受到重视。

13.3 你是项目规划公司（Project Planning Corporation，一个开发生产力软件的公司）的移动 App 设计师。你想要实现相当于一个数字三环活页夹的应用系统，可以让平板电脑用户组织和整理几种用户自定义标签下的电子文档。例如，厨房改造项目可能需要一个 PDF 目录、一个 JPG 或 DFX 设计图纸、一个 Word 方案和橱柜选项卡下保存的 Excel 电子表格。一旦设计完成后，活页夹及其标签页的内容可以存储在平板电脑或一些云存储上。此应用需要提供 5 个关键功能：活页夹和标签页的定义；从网络位置或设备获取电子文档；活页夹管理功能；标签页显示功能；允许便利贴添加到任意页面的笔记功能。为这个三环应用开发设计图形界面并作为图纸原型进行实现。

13.4 你曾使用过的最美观的移动 App 是什么？它为什么美观？

13.5 为习题 13.3 描述的三环应用创建用户案例。

13.6 使三环应用成为环境感知的移动 App 可能要考虑什么？

13.7 反思习题 13.3 描述的 ProjectPlanning 三环应用，为第一个工作原型选择开发平台。讨论你为什么做出这样的选择。

13.8 做一些额外的 MVC 体系结构研究，对于习题 13.3 描述的三环应用，论证其是否是一个合适的移动 App 体系结构。

13.9 描述 3 个有希望添加到 SafeHome 移动 App 的环境感知功能。

13.10 你为一个远程学习公司 FutureLearning Corporation 设计 WebApp。你想实现一个基于互联网的能够将课程内容发布给学生的"学习引擎"。此学习引擎为发布任何科目的学习内容（内容设计者将准备合适的内容）提供了基础结构。为学习引擎开发界面设计原型。

基于模式的设计

要 点 概 览

概念: 对于清晰描述的一组问题,基于模式的设计通过查找一组已被证明有效的解决方案来创建新的应用。每个问题及其解决方案都用一个设计模式来描述,事实上,在此之前曾有其他软件工程师在设计其他应用时,已经遇到了这个问题并实现了解决方案,因此将这个设计模式编入目录并做了检验。

人员: 软件工程师在遇到一个新的应用问题时,通过搜索一个或多个模式存储库来寻找相关的解决方案。

重要性: 你是否听说过"重复发明轮子"这样的话?这种情况在软件开发领域一直都存在,既浪费时间也浪费精力。通过使用已经存在的设计模式,可以获得特定问题的已被证明的解决方案。随着每种模式的应用,解决方案被集成到完整的设计方案中,所构建的应用就向着完整的设计又迈进了一步。

步骤: 为了划分要解决的一系列问题的层次,需要检查需求模型。将问题空间分割,可以确定与软件功能和特性相关的问题子集。还可以对这些问题进行如下分类:体系结构、构件级、算法、用户界面等。一旦定义了问题子集,就查找一个或多个模式库,以确定在适当的抽象层次上是否有设计模式存在。

工作产品: 开发的设计模型用来描述体系结构、用户界面以及构件级的细节。

质量保证措施: 由于每个设计模式都要被转化成设计模型的一些要素,因此要对工作产品进行评审,以检查清晰性、正确性、完整性、与需求的一致性以及工作产品之间的一致性。

我们每个人都遇到过设计问题,并且会想:是否已经有人研究出这个问题的解决方案?对这个问题的回答几乎总是肯定的!问题是要找到解决方案,确保此方案适合解决所遇到的问题,理解限制此解决方案应用方式的约束,最后将建议的解决方案应用到软件开发的设计环境中。

但是,如果以某种方式规范解决方案会怎么样呢?如果有某种描述问题的标准方式(使人们可以查找),并用有组织的方法来描述问题的解决方案结果会如何呢?结果是可以用标准化的模板来规范和描述软件问题,并提出问题(连同约束)的解决方案。所谓设计模式,是用来描述问题以及解决方案的规范化方法,在某种程度上允许软件工程界获取设计知识,使解决方案能够得到重用。

软件模式的前身不是由计算机科学家首先提出来的,而是由建筑师 Christopher Alexander 提出来的,他发现在设计建筑物时总会遇到一系列重复的问题,于是他把这些重复出现的问题以及解决方案定义为模式,可

289

以用下面的方式来描述模式 [Ale77]："每个模式都描述了在我们所处环境内反复出现的问题，然后描述该问题的核心解决方案，这样你就可以几百万次地重复使用该解决方案，而不必用同样的方式重复工作两次。"Gamma[Gam95]、Buschmann[Bus07] 以及他们的许多同事首次在著作中将 Alexander 的思想引入到软件领域⊖。现在已经有很多模式存储库，基于模式的设计可以用于很多不同的应用领域。

14.1　设计模式

设计模式可以描述为"表示特定上下文、问题和解决方案三者之间关系的三部分规则"[Ale79]。对于软件设计，上下文使读者理解问题所发生的环境，以及在此环境中什么样的解决方案才适合。一组需求（包括限制和约束）起到影响因素的作用，会影响如何在此问题的上下文中对问题进行解释以及如何有效地应用解决方案。

有理由认为大多数问题都有多种解决方案，但是只有适合问题所处环境的解决方案才是有效的。影响因素促使设计者去选择某一特定的解决方案。目的是提供一个最能满足影响因素的解决方案，即使这些影响因素是矛盾的。最后要说明的是，每种解决方案都有各自的结果，这些结果可能会影响软件的其他方面，并且在较大的系统中，对于要解决的其他问题，这些结果本身又可能会成为影响因素的一部分。

一个有效的设计模式：（1）捕获有界问题的特定解决方案；（2）提供经过实践验证的解决方案；（3）识别问题的不明显解决方法；（4）识别设计和其它体系结构元素之间的关系；（5）在方法和实用性方面都很出色。

[290]

设计模式可以使你免于"重复发明轮子"，更糟的是，发明的"新轮子"不是很圆，对于其使用目的来说太小，对于行驶的路面来说太窄。如果能有效地使用设计模式，你一定会成为更好的软件设计师。

14.1.1　模式的种类

软件工程师对设计模式感兴趣甚至着迷的原因之一是人类天生善于模式识别。如果不是这样，我们就会停滞在空间和时间中——不能吸取经验，不愿冒险前进，因为我们无法识别那些可能引起高风险的情况，而且让我们发疯的是，世界似乎没有规律或逻辑一致性。幸运的是，不会有这些情况发生，因为在现实生活的各个方面，实际上，我们都能识别模式。

在现实中，我们识别的模式来自人生经验。我们可以立即识别并从本质上理解模式的含义，而且清楚如何使用它。有些模式可以使我们深入了解重复出现的现象。例如，你正在下班回家的州际公路上，导航系统或是收音机通知你，在相反方向的路上发生了一起严重事故。你距离事故发生地点 4 公里，但是已经看到交通放缓，这种模式称为 RubberNecking。行车道的人慢慢向你的方向移动过来，以便看清楚高速路的对面究竟发生了什么事情。RubberNecking 模式很明显会产生可以预料的结果（交通堵塞），但它只是描述现象而已。用模式的术语来说，称为无生产力（nongenerative）的模式，因为它只是描述问题和背景，但不提供明确的解决方案。

考虑软件设计模式时，我们总是力图识别和记载有生产力（generative）的模式。也就是说，我们识别能描述系统中重要的和可重复方面的模式，这样的模式在影响因素（对于给定

⊖　早期关于软件模式的讨论确实存在，但这两本经典书籍是第一个对该主题进行集中论述的。

的上下文是独一无二的）内为我们提供了一种方式来构造重要的和可重复的方面。在理想的环境下，一组有生产力的设计模式能够用于"产生"一个应用系统或一个基于计算机的系统，其体系结构能够使系统适应变更。有时我们称之为生产性，"就是连续应用几种模式，每种模式都封装自己的问题和影响因素，更大的解决方案是以一些较小的解决方案的形式间接地表现出来的" [App00]。

设计模式所涉及的抽象和应用的范围很广。体系结构模式描述了很多可以用结构化方法解决的设计问题。数据模式描述了重现的面向数据的问题以及用来解决这些问题的数据建模解决方案。构件模式（也认为是设计模式）涉及与开发子系统和构件相关的问题、它们之间相互通信的方式以及它们在一个较大的体系结构中的位置。界面设计模式描述公共用户界面问题及具有影响因素（包括最终用户的具体特征）的解决方案。WebApp 模式解决构建 WebApp 时遇到的问题，而且往往包括很多前面提到的一些其他模式。移动模式通常描述在开发移动平台的解决方案时遇到的问题。在较低的抽象层，习惯用语（idioms）描述如何在特定的编程语言环境下实现软件构件的全部或部分特定算法或数据结构。不要强行使用一个模式，即使它解决了当前问题。如果环境和影响因素是错误的，那么就寻找其他模式。

Gamma 和他的同事[Gam95] 在关于设计模式的具有重大影响的书中，着眼于与面向对象设计相关的三种模式：创建型模式、结构型模式及行为型模式。

| 信息栏 | 创建型模式、结构型模式和行为型模式 |

大量适合于创建型、结构型和行为型的设计模式已经出现，并可以在网上找到。下面是每种类型的模式示例。可以通过链接 www.wikipedia.org 获得每个模式的全面描述。

创建型模式

- 抽象工厂模式：集中决定实例化什么工厂。
- 工厂方法模式：集中创建某一特定类型的对象，并从几种实现中选择其中的一种。
- 生成器模式：将一个复杂对象的构建与其表示相分离，使得同样的构建过程可以创建不同的表示。

结构型模式

- 适配器模式：将一个类的接口转换成客户希望的另外一个接口。
- 聚集模式：是组合模式的一个版本，采用将产物聚集在一起的方法。
- 复合模式：复合模式就是一个具

有同样接口的处理对象的树结构模式。

- 容器模式：创建对象的唯一目的就是装载其他对象并管理它们。
- 代理模式：一个类的作用是作为另一个类的接口。
- 管道和过滤器：是一个过程链，每个过程的输出是下一个过程的输入。

行为型模式

- 责任链模式：对命令对象进行处理，或者通过逻辑包含的处理对象传递给其他对象进行处理。
- 命令模式：命令对象把行动和参数封装起来。
- 迭代器模式：迭代器用于按顺序访问一个聚集对象中的元素，而不必暴露其底层表示。
- 中介者模式：对于子系统中的一组接口，提供一个统一的接口。
- 访问者模式：将算法从一个对象中

⊖ Gamma 和他的同事 [Gam95] 在模式文献中通常被人们称为"四人帮"（Gang of Four，GoF）。

分离出来的方法。

● 层次访问者模式：提供一种方式，访问层次数据结构（例如树）上的每个节点。

创建型模式着眼于对象的"创建、组合及表示"，并且提供了一种机制，使对象实例在一个系统内更容易生成，并坚持"在一个系统内创建的对象类型及数量方面的约束"[Maa07]。结构型模式着眼于如何将类和对象组织和集成起来，以创建更大结构的问题和解决方案。行为型模式解决与对象间任务分配以及影响对象间通信方式有关的问题。

14.1.2 框架

模式本身可能不足以开发一个完整的设计。在某些情况下，可能需要为设计工作提供与实现相关的体系结构基础设施，称为框架。框架是可重用的"微型体系结构"，是可以应用其他设计模式的基础。也就是说，可以选择"一个可重用的微型体系结构，此体系结构在某种上下文中为一系列软件抽象提供了通用的结构和行为……并在给定的领域内规定了这些结构和行为之间的协作和使用"[Amb98]。

框架不是体系结构模式，而是一个具有"插入点"（也称为钩子和插槽）集合的体系结构，可以适应特定的问题域。插入点使得软件工程师能够在体系结构内集成特定问题的类或功能。在面向对象的环境下，框架是相互协作的类的集合。

Gamma 和他的同事 [Gam95] 指出模式比框架更抽象。框架可以"用代码表示"，而模式通常与代码无关。框架通常包含多个模式，因此是比模式更大的体系结构元素。最后，框架位于特定的应用领域，而模式可以应用于遇到待解决问题的任何领域。

框架设计师认为，在限定的应用领域内，可重用的微型体系结构适用于所有软件的开发。为了实现最大效率，框架可以不进行任何修改而直接使用。可能还需要增加更多的设计元素，但设计师只能通过插入点来充实框架。

14.1.3 描述模式

基于模式的设计开始于识别要构建的应用中的模式，然后进行查找，确定别人是否已经论述过这个模式，最后采用适合当前问题的模式。其中第二个任务常常是最困难的。那么怎样才能找到所需要的模式呢？

对这个问题的回答取决于以下四个方面的有效交流，即模式要解决的问题、所在的环境、环境的影响因素及所提出的解决方案。为了清楚无误地交流这些信息，需要描述模式的标准格式或模板。虽然已经提出了一些不同的模式模板，但几乎所有的模式模板都包含Gamma 和他的同事 [Gam95] 所建议的主要内容。简化的模式模板如下所示。

信息栏　设计模式模板

模式名称——以简短但富于表现力的名字描述模式的本质。

问题——描述模式处理的问题。

动机——提供问题的实例。

环境——描述问题所在的环境，包括应用领域。

影响因素——列出影响问题解决方式的全部影响因素，包括必须要考虑的限制和约束的讨论。

解决方案——提供问题解决方案的详

细描述。

目的——描述模式以及模式所做的工作。

协作——描述其他模式对解决方案的贡献。

效果——描述实现模式时必须考虑的可能要做的折中以及使用模式的效果。

实现——在实现模式时，确定应该考虑的特殊问题。

已知应用——提供了设计模式在实际应用中的使用实例。

相关模式——相关设计模式的交叉索引。

应该仔细选择设计模式的名称。基于模式的设计的关键技术难题之一是在成千上万的候选模式中无法找到现有的模式。有意义的模式名称非常有助于搜索"正确"的模式。

模式模板为描述设计模式提供了标准化的方法。每个模板项都表现了要查找的设计模式的特征（例如通过数据库查找），从而能够找到合适的模式。

14.1.4　机器学习和模式发现

软件模式可以描述为已知问题的最佳实践解决方案。对开发者而言，在创建或维护一个软件系统时，在软件设计中实现设计模式的位置是非常有用的信息。遗憾的是，这种有用信息由于原开发人员糟糕的文档实践而丢失了。近几年，利用自动化技术来识别现有软件产品中存在但未记录的新模式引发了人们的极大兴趣 [Alh12]。

一种实现方式是创建一个人工智能（Artificial Intelligence，AI）系统，该系统可以在检查许多相似的软件系统之后识别设计模式。相同的软件模式可以以多种方式实现。机器学习[⊖]技术可以提供一种方法来教系统识别软件源码中的模式。机器学习系统使用"好的"和"坏的"示例的特定量化标准，反复检查一个既包含好的软件模式又包含坏的软件模式示例的训练集。这个过程一直持续，直到系统学会识别训练集中大多数好的模式。这些训练集通常来自互联网上可获取的大型开源软件系统 [Zan15]。

一经训练，这个工具就可以用来在训练集外的新系统中定位软件模式。将软件模式收集到模式库中，以便使用。理想情况下，可以在此模式库中搜索适用于开发人员需要解决问题的软件模式 [Amp13]。

14.2　基于模式的软件设计

任何领域的顶级设计人员都具有一种神奇的能力，他们能看出表明问题特征的模式，并将相应的多个模式组合起来形成解决方案。在整个设计过程中，（当模式符合设计要求时）应该利用一切机会去寻找现成的设计模式，而不是去创建新模式。

14.2.1　不同环境下基于模式的设计

基于模式的设计不是脱离现实的。前面所讨论的体系结构设计、构件级设计及用户界面设计（第 10～12 章）的概念和技术都是与基于模式的方法联合使用的。

第 9 章所提到的一系列质量指导方针和属性可以作为所有软件设计决策的基础。决策本身是受许多基本设计概念（例如，关注点分离、逐步求精、功能独立）和最佳实践（例如，

⊖　机器学习是一种人工智能技术，它使用统计技术来允许系统从样例中学习并提高自身性能，而无须显式编程。对这个课题感兴趣，想了解更多细节的读者请参见 [Kub17]。

技术、建模表示方法）影响的。这些基本设计概念是利用经过了几十年演变的启发法获得的；作为构造的基础，最佳实践使设计更容易实施，也更为有效。

图 14-1 描述了基于模式的设计的步骤。软件设计师从描述系统抽象表示的需求模型（明确的或隐含的）开始工作。需求模型描述问题集合、建立上下文并明确主要影响因素。需求模型只是用抽象的方式暗示了设计，但并不能明确表示设计。

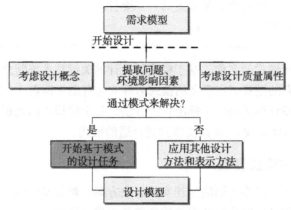

图 14-1　不同环境下基于模式的设计

当软件设计师开始工作时，牢记质量属性（第 9 章）总是很重要的。这些属性建立了评估软件质量的方法，但对实际获得软件质量的帮助很小。因此，要应用成熟的技术把需求模型中的抽象表示转化成更具体的形式，这就是软件设计。为了完成这项任务，应利用可以得到的体系结构设计、构件级设计及用户界面设计方法和建模工具，但只有当问题、环境及系统影响因素没有既有解决方案时才这样做。如果解决方案已经存在，就直接使用！这就意味着应用了基于模式的设计方法。

14.2.2　用模式思考

基于模式的设计意味着"一种新的思考方式"[Sha05]，这种方式是从考虑环境（全局）开始的。在评价环境时，需要提炼出要解决问题的层次结构。其中的一些问题是全局性质的，其他问题要解决的是软件的特定性质和功能。影响因素会影响所有这些问题以及要提出的解决方案的性质。

为了使设计者用模式思考，Shalloway 和 Trott[Sha05] 提出了下面的方法⊖：

1. 保证理解全局——将要构建的软件所处的环境。需求模型表达了这一点。

2. 检查全局，提取在此抽象层上表示的模式。

3. 从"全局"模式开始设计，为将来的设计工作建立环境或体系结构。

4. "在环境的内部工作" [Sha05] 是在更低的抽象层上寻找有助于设计方案的模式。

5. 重复步骤 1 ～步骤 4，直到完成完整的设计。

6. 通过使每个模式适应将要构建的软件细节对设计进行优化。

理解各个模式不是独立的实体是很重要的。处于高抽象层的设计模式常常影响较低抽象层的其他模式的应用方式。另外，模式间也经常相互协作。这意味着，当选择一个体系结构模式时，会对所选择的构件级设计模式有很大影响。同样，当选择一个特定的用户界面设计

⊖　基于 Christopher Alexander [Ale79] 的工作。

模式时，有时不得不使用与之协作的其他模式。

举例说明，考虑一下 WebApp SafeHomeAssured.com。如果想要考虑全局，这个 WebApp 必须考虑如下问题：如何提供关于 SafeHome 产品和服务的信息？如何将 SafeHome 产品和服务卖给顾客？如何建立基于网络的监控，并对已安装的安全系统进行控制？以上每个基本问题都可以进一步细化为一系列更小的子问题。

例如，如何通过因特网进行销售？这个问题就隐含着电子商务（E-commerce）模式，电子商务模式本身又包含着许多较低抽象层上的模式。电子商务模式（也可能是一个体系结构模式）意味着建立客户账户、展示要销售的产品、选择购买的产品等。因此，如果用模式思考，重要的是，要确定是否存在建立账户的模式。在问题所处的环境下，如果建立账户（SetUpAccount）是一个可以使用的可行模式，那么这个模式可能要与其他模式进行协作，例如建立输入表单（BuildInputForm）、管理表单输入（ManageFormsInput）及验证表单条目（ValidateFormsEntry）。每个模式都描述了要解决的问题以及可能应用的解决方案。

14.2.3　设计任务

使用基于模式的设计思想时，实施的设计任务如下：

1. **检查需求模型，并开发问题的层次结构**。通过分离问题、环境及相关的影响因素，描述每个问题及子问题。然后，从宏观问题（在较高的抽象层）到更小的子问题（在较低的抽象层）依次进行处理。

2. **针对问题域，确定是否已经开发了可靠的模式语言**。模式语言包含一组模式，每个模式都使用标准化模板（14.1.3 节）进行描述，并且相互关联以展示这些模式如何协作解决跨应用领域的问题。SafeHome 软件组应该去寻找专门为家庭安全产品开发的模式语言。如果不能找到这一级别的模式语言，软件组就应该将 SafeHome 软件问题划分成一系列通用问题域（例如，数字设备监控问题，用户界面问题，数字视频管理问题），并查找合适的模式语言。

3. **从宏观问题开始设计，确定是否存在适用的一个或多个体系结构模式**。如果一个体系结构模式是可用的，那么一定要检查所有相互协作的模式。如果这个模式合适，就对所提出的设计方案进行修改，并构建一个充分代表此模式的设计模型元素。例如，SafeHomeAssured.com WebApp 的宏观问题是用电子商务（E-commerce）模式（14.2.2 节）解决的。这个模式为解决电子商务的需求提出了一个特定的体系结构。

4. **利用为体系结构模式所提供的协作，检查子系统或构件级问题，并查找合适的模式解决这些问题**。有必要在其他模式库及与体系结构解决方案相对应的模式列表中进行查找。如果找到了合适的模式，就对所提出的设计方案进行修改，并构建一个充分代表此模式的设计模型元素。一定要应用步骤 7。 297

5. **重复步骤 2～步骤 4，直到所有的宏观问题都得到了解决**。即从全局开始，并逐渐在更详细的层次上解决问题。

6. **如果已经分离出了用户界面设计问题（几乎总是这种情况），那么为了找到合适的模式，查找多个用户界面设计模式库**。用类似于步骤 3～步骤 5 的方式继续进行。

7. **不考虑抽象层的情况下，如果模式语言、模式库或单个的模式是存在的，那么将要解决的问题和现存的模式进行比较**。检查环境和影响因素，以确保模式提供的解决方案与问题相吻合。

8. 当从模式推导出设计后，使用设计质量标准作为参考，对设计进行优化。

虽然上面列举的设计方法从根本上来说是自顶向下的，但 Gillis[Gil06] 指出"它更有组织、更多是归纳而不是演绎、更多是自底向上而不是自顶向下。"另外，基于模式的设计方法必须与其他软件设计概念和技术配合使用。

14.2.4 建立模式组织表

随着基于模式的设计的发展，对来自许多模式语言和模式库中的候选模式进行组织和分类是很麻烦的。为了方便对候选模式的评估进行组织，Microsoft[Mic13b] 建议创建一张模式组织表，其一般格式如图 14-2 所示。

	数据库	应用	实现	基础设施
数据 / 内容				
问题陈述	模式名称		模式名称	
问题陈述		模式名称		模式名称
问题陈述	模式名称			模式名称
体系结构				
问题陈述		模式名称		
问题陈述		模式名称		模式名称
问题陈述				
构件级				
问题陈述		模式名称	模式名称	
问题陈述				模式名称
问题陈述		模式名称	模式名称	
用户界面				
问题陈述		模式名称	模式名称	
问题陈述		模式名称	模式名称	
问题陈述		模式名称	模式名称	

图 14-2 模式组织表（来源：摘自 Microsoft，"Prescriptive Architecture：Integration and Patterns，"MSDN，May 2004。）

通过采用图 14-2 所示的形式，模式组织表可以作为电子表格模型实现。问题陈述的简单列表分为数据 / 内容、体系结构、构件级以及用户界面问题，显示在左（阴影）列。上面一行列出了数据库、应用、实现和基础设施这四种模式类型。表格里注明了候选模式的名称。

为了提供组织表的条目，需要在模式语言和模式库中查找解决单个问题陈述的模式。当找到一个或多个候选模式时，找到问题陈述所对应的行，以及模式类型对应的列，填入模式名称。模式的名称作为超链接填入，链接到包含此模式完整描述的 Web 地址 URL。

14.2.5 常见设计错误

在使用基于模式的设计时，会发生很多常见的错误。在某些情况下，没有足够的时间去理解根本问题、问题所在环境及影响因素，所以可能会选择看似正确但并不适合解决方案的模式。一旦选择了错误的模式，就会拒绝正视自己的错误，并强行适应模式。在另外的情况下，你所选择的模式没有考虑到问题的某些影响因素，导致了所选择的模式不理想或者是错误的。有时，只照着字面的意思去应用模式，而没有针对具体问题对模式进行修改。

这些错误能够避免吗？在大多数情况下，答案是"肯定的"。好的设计师会寻找其他意见，并欢迎对其工作进行评审。评审技术在第 16 章讨论，对于要解决的软件问题，评审技术有助于确保应用基于模式的设计能够得到高质量的解决方案。

14.3 体系结构模式

如果房屋建造者决定建造一个具有旧式建筑风格的中央门厅式建筑，那么可以应用的建筑风格就是唯一的。建筑风格的细节（例如，壁炉的数目，房屋的外观以及门窗的位置等）可以有变化，但是一旦房屋的整体结构确定下来了，那么设计的风格就随之确定了[⊖]。

体系结构模式与房屋建筑结构有点区别。例如，每户（以及每户的建筑风格）都要使用厨房（Kitchen）模式。厨房模式以及与它合作的其他模式会涉及的问题有：食物的存储与准备，完成这些任务所需的工具，以及这些与工作流程相关的工具在房间中的放置规则等。另外，该模式还会涉及的问题有：厨房台面、照明、墙壁开关、中心岛、室内地面等问题。显然，对于一个厨房，会存在多种设计，通常取决于环境和影响因素。但是，可以在厨房模式所建议的"解决方案"的环境内构思每个设计。

软件体系结构可能有处理例如并发、持久性和分布式等问题的多个体系结构模式。选择一个在特定领域具有代表性的体系结构模式之前，必须评估它在以下方面的适合程度：应用系统、总体的体系结构风格、模式指定的环境及影响因素。

14.4 构件级设计模式

构件级设计模式可以提供通过验证的解决方案，这些解决方案可以解决从需求模型中提取的一个或多个子问题。在很多情况下，这种类型的设计模式关注系统的某些功能元素。例如，SafeHomeAssured.com 应用必须解决下面的设计子问题：我如何得到 SafeHome 设备的产品规格说明及相关信息？

在陈述了必须要解决的子问题后，现在应该考虑影响解决方案的环境和影响因素。通过研究合适的需求模型用例，会发现消费者通过使用 SafeHome 设备（例如安全传感器或摄像机）的规格说明来获取信息，但是，只有选择了电子商务功能后才能使用与规格说明有关的其他信息（例如定价）。

子问题的解决方案包括搜索。因为搜索是一个很常见的问题，所以有很多与搜索有关的模式就并不奇怪。通过检查大量模式库，会找到如下的模式，以及每个模式解决的问题：

AdvanceSearch：用户必须在大量选项里找到特定项。

HelpWizard：用户在查找与网站有关的某一主题或者当用户想要在网站找到某一特定网页时需要帮助。

SearchArea：用户必须找到一个网页。

SearchTips：用户需要知道如何控制搜索引擎。

SearchResults：用户必须处理搜索结果列表。

SearchBox：用户必须找到一项或特定的信息。

对于 SafeHomeAssured.com 而言，产品的数目并不是特别大，且每个产品有一个相对简单的分类，所以 AdvanceSearch 和 HelpWizared 也许不必要。同样，搜索很简单，不需要 SearchTips。下面给出了关于 SearchBox 的部分描述。

⊖ 这意味着将有一个中央门厅和走廊，房间在门厅的左右两侧，房屋将有两（或更多）层，卧室在楼上，等等。一旦决定采用旧式建筑风格的中央大厅，这些"规则"就确定了。

SearchBox

（根据 www.welie.com/patterns/showPattern.php?patternID=search 整理。）

问题：用户需要找到一项信息或特定信息。

动机：在任何情况下，关键词搜索都作用于组织成网页的内容对象集合。

环境：用户不使用导航去获取信息或内容，而是在包含很多网页的内容里直接搜索。所有网站都有主导航系统。用户可能想在一个类里搜索一项，也可能想进一步指定一个查询。

影响因素：网站有主导航系统。用户可能想在一个类里搜索一项，也可能通过简单的布尔运算符进一步指定一个查询。

解决方案：搜索功能是由搜索标签、关键词字段、筛选程序（如果适用）以及"搜索"按钮构成的。按回车键和点击搜索按钮的功能是一样的。同时在一个单独的网页上提供了搜索提示和示例。进入这个网页的链接就放在搜索功能的旁边。编辑搜索词的编辑框足够容纳3个典型的用户查询（通常约 20 个字符）。如果筛选条件多于两个，可以用组合框，否则用单选按钮。

搜索结果显示在新的网页上，这个网页上有清除标签，而且至少含有"搜索结果"或类似的信息。位于网页顶部的带有输入关键词的搜索功能可以重复执行，使用户知道关键词是什么。

14.1.3 节描述了模式的其他条目。

接下来，模式要描述如何访问、表示、匹配搜索结果等。在此基础上，SafeHome 团队需要设计实现搜索的构件，或（更可能）去获取现有的可重用构件。

SafeHome 应用模式

[场景] SafeHomeAssured.com 通过因特网实现传感器控制的软件增量设计的非正式讨论。

[人物] Jamie（负责设计）和 Vinod（Safe-Home Assured.com 首席系统架构师）。

[对话]

Vinod：摄像机控制界面的设计进展得怎样？

Jamie：还好，没有太多问题。我已经完成了大部分连接实际传感器的功能，开始考虑用户界面，从远程设备实际推拉摇移摄像机，但我不能肯定我没弄错。

Vinod：你想到了什么？

Jamie：嗯，要求是这样的，摄像机控制器需要高交互性——当用户移动控制器时，摄像机也要尽快移动。所以，我在想用一组按钮排列成普通的摄像机的样子，但当用户点击按钮时，就控制了摄像机。

Vinod：嗯。是的，它会工作，但我不确定会正确地工作——每次点击一个控制按钮时，你需要等待整个客户－服务器通信程序实现，所以你无法得到快速反馈的良好体验。

Jamie：我也是这么想的，这也是我不喜欢这种方法的原因，但我不确定是否还有别的做法。

Vinod：为什么不用交互设备控制（InteractiveDeviceControl）模式？

Jamie：那是什么？我没听说过。

Vinod：你所描述的问题基本上就是这个模式。它提出的解决方案基本上是建立服务器与设备的控制连接，通过发送控制命令完成，而不用发送通常的 HTTP 请求。它还可以指导你如何用一些简单的 AJAX 技术实现连接。一些简单的客户端 Java 脚本就可以直接和服务器通信并发送命令，让用户尽快完成任务。

Jamie：太棒了！那正是我需要用来解决这件事的方法。在哪能找到它？

Vinod：可以在联机库中得到。这里有网址。

Jamie：我会去查查看。

Vinod：是的，但是要记得去检查模式的

结果字段。我似乎记得有关安全问题的某些事情需要特别小心。因为你建立了一个单独的控制通道，所以绕过了通常的网络安全机制。

Jamie：有道理！我可能还没有想到那一点！谢谢。

14.5　反模式

设计模式提供经过验证的解决方案，解决从需求模型中提取的一个或多个问题。反模式描述了设计问题的一些常用解决方案，这些方案通常对软件质量有负面影响。换句话说，它们描述了设计问题的不好的解决方案，或者至少描述了将设计模式应用于错误环境的后果。反模式可以提供工具来帮助开发者识别这些问题何时存在，并可以提供详细的计划，以扭转根本问题的原因，并为这些问题实现更好的解决方案 [Bro98]。反模式可以在开发者寻找方法来重构软件产品以提高软件质量时，为他们提供有价值的指导。此外，技术评审员（第 16章）可以使用它们来发现关注的领域。

Brown 和他的同事 [Bro98] 对模式和反模式的描述进行了以下比较。设计模式通常是自底向上编写的。设计模式描述从对问题的重复解决方案开始，然后添加要应用该解决方案时的影响因素、征兆和环境因素。反模式是自顶向下编写的。一个反模式描述一个反复出现的设计问题，或一个糟糕的开发实践，然后列出其征兆和负面影响。它还可以包含推荐的过程，以减少反模式中记录的负面影响。下例展示了 Blob 反模式。

301
≀
302

Blob

（根据 http://antipatterns.com/briefing/sld024.htm 整理）

问题：具有大量属性、操作（或两者兼备）的单个类。

征兆和后果：

- 封装在单个类中的不相关属性和操作的不同集合。
- 属性和操作的整体缺乏内聚性是 Blob 的典型特征。
- 单个控制器类以及相关的简单数据对象类。
- 单个控制器类像过程主程序一样封装了整个功能。
- Blob 限制了在不影响其他对象功能的情况下修改系统的能力。
- 对系统中其他对象的修改也可能影响 Blob 类。
- Blob 类通常过于复杂，难以复用和测试。
- Blob 类加载到内存的代价可能会很高，并且会耗费过多的资源。

典型原因：

- 缺少面向对象的体系结构。
- 团队可能缺少适当的抽象技能。
- 缺少已定义的软件体系结构。
- 缺少支持体系结构设计的编程语言。
- 在迭代项目中，开发者倾向于对现有类添加少量功能。

- 在需求分析阶段定义系统体系结构常常会导致出现 Blob。

  解决方案：

  - 解决方案涉及进行某种形式的重构。
  - 关键是使行为远离 Blob。
  - 给其他数据对象重新分配行为，以使 Blob 不那么复杂。

对反模式的完整讨论超出了本书的范围。下面的信息栏中展示了几个具有多彩的描述性名
[303] 称的反模式。我们猜你会发现许多反模式的名称是在学习编程时被告知要避免的开发实践。

信息栏　挑选的反模式

已经识别出很多不同的反面设计模式，可以帮助开发者进行重构决策。可以通过链接 https://en.wikipedia.org/wiki/Anti-pattern 来获得每个模式的详细描述。

- **大泥球**（Big ball of mud）：无法识别结构的系统。
- **烟囱系统**（Stovepipe system）：几乎无法维护的不相关构件的集合。
- **船锚**（Boat anchor）：在系统中保留无用的部分。
- **熔岩流**（Lava flow）：保留不需要（冗余或低质量）的代码，因为移除它的代价太高或会带来不可预估的后果。

- **意大利面式代码**（Spaghetti code）：结构难以理解的程序，特别是由于滥用代码结构。
- **拷贝粘贴式编程**（Copy and paste programming）：多次复制已有代码，而不是创建通用解决方案。
- **银弹**（Silver bullet）：认为喜欢的技术解决方案能解决更大的过程或问题。
- **转换编程法**（Programming by permutation）：通过连续地修改代码以观察它是否工作的方式来解决问题。

14.6　用户界面设计模式

近年来，人们已经提出了数百个用户界面 (UI) 模式，大部分模式属于 Tidwell[Tid11] 和 vanWelie[Wel01] 所描述的 10 类模式之一。几个有代表性的类别（用一个简单的例子讨论⊖）如下：

整个用户界面（Whole UI）。为最高级结构及整个用户界面的导航提供设计指导。

模式：	Top-level navigaion
概述：	用于网站或应用程序完成一些主要功能。提供了一个高级菜单，通常与徽标或图形标识一起出现。通过菜单可以直接导航到系统的主要功能。
详细资料：	主要功能（一般仅限于 4 ～ 7 个功能名）用一条水平的文字横列在显示器的上部（也可能是垂直纵列格式）。每个功能名提供到达相应的功能或信息源的链接。通常使用后面讨论的 Bread Crumbs 模式。

⊖ 这里使用一个扼要的模式模板。完整的模式描述（以及数十个其他模式）可以在 [Tid11] 和 [Wel01] 中找到。

导航元素： 每个功能或内容的名称代表连接相应功能或内容的链接。

页面布局（Page layout）。处理一般的页面组织（网站）或是不同的屏幕显示（交互式应用程序）。

304

模式：	Card stack
概述：	当必须按任意顺序选择与特征或功能相关的一些特定子功能或内容分类时，使用该模式。该模式提供了大量的选项卡，用鼠标点击可以选择，每个选项卡代表特定的子功能或内容分类。
详细资料：	选项卡是容易理解的隐喻，且易于用户操作。每个选项卡的格式可能有些不同。一些选项卡可能需要输入信息，会有按钮或其他导航机制；另一些选项卡可能是提供信息的；该模式可结合 Drop-Down List、Fill-in-the-Blanks 等其他模式一起使用。
导航元素：	用鼠标点击标签，就会显示相应的选项卡。选项卡的导航功能也可能同时出现，但是通常情况下，这些只是初始化与选项卡数据相关的功能，并不连接到其他显示。

电子商务（E-commerce）。针对网站，这些模式能实现电子商务应用的重复元素。

模式：	Shopping cart
概述：	列出了要购买的选项清单。
详细资料：	列出项目、数量、产品代码、可供性（有现货、无现货）、价格、交付信息、运费及其他相关的购买信息。同时也提供了编辑功能（例如，删除、修改数量）。
导航元素：	包括继续购买或前往结账。

前面提到的每个模式的例子（每一类的所有模式）都有一个完整的构件级设计，包括设计类、属性、操作以及界面等。如果想进一步了解，请参见 [Cho16]、[Gas17]、[Kei18]、[Tid11]、[Hoo12] 及 [Wel01]。反模式的作用及其对 UX 设计的影响参见 [Sch15] 和 [Gra18]。

14.7　移动设计模式

在本章中，你已经了解了不同类型的模式以及如何对它们进行分类。从本质上说，移动 App 都是关于界面的。在许多情况下，移动用户界面模式 [Mob12] 表示为各种不同类别的应用程序的一组"最佳的"屏幕图像。典型的例子可能包括如下内容：

登录屏幕： 如何从一个特定的位置登录到屏幕，发表评论，并在社交网络中与朋友和粉丝分享评论？

305

地图： 如何在当前应用程序上下文中显示地图来解决一些其他的问题？例如，查找一个餐厅并且在市区中定位它的位置。

漂浮选单： 如何表示实时产生或作为用户操作结果的一条消息或信息（来自应用程序或另一个用户）？

注册流程： 如何提供一种简单的方式来登录或注册信息或功能？

自定义选项卡导航： 如何表示出各种不同的内容对象，使用户可以选择一个自己想要的对象？

邀请：如何告诉用户必须参与一些活动或对话？典型的例子可能包括使用对话框、工具提示或自播放视频演示。

有关移动用户界面模式的更多信息可参见 [Nei14]、[Hoo12]、[McT16]、[Abr17] 和 [Pun17]。除了用户界面模式之外，Meier 和他的同事 [Mei12] 还为移动 App 提出了许多更通用的模式描述。

14.8 小结

设计模式为描述问题及其解决方案提供了一种机制，允许软件工程组织获取可重用的设计知识。一个模式描述了一个问题，使用户能够理解问题所处的环境，并列出了影响因素，用来表明在环境中是如何解释这个问题的，以及是如何应用解决方案的。在软件工程的工作中，我们识别有生产力的模式，并将其制成文档。该模式用来描述一个系统的重要且可重复的方面，当给定环境是唯一的影响因素时，可提供一种方式来构建这个可重复的方面。

体系结构模式描述了广泛的设计问题，这些问题是用结构化方法来解决的。数据模式描述了面向递归数据的问题以及解决这些问题的数据模型解决方案。构件模式（也称设计模式）解决与子系统和构件开发相关的问题，还有相互之间通信的方式，以及它们在一个较大的体系结构中的位置。软件反模式描述导致软件产品质量低下的常见解决方案。界面设计模式描述常见的用户界面问题以及在影响因素（包括最终用户的具体特征）内的解决方案。移动模式解决了移动界面的独特性质和功能以及移动平台特有的控制元素问题。

框架提供了模式所在的基础结构，而习惯用语描述了特定程序设计语言对于全部或部分指定算法和数据结构的实现细节。标准化的表格或模板用来描述模式。模式语言包含模式集，每个模式都使用一个标准化的模板来描述，这些模式之间相互关联来显示它们如何协作解决应用领域中的问题。

基于模式的设计与体系结构、构件级以及用户界面设计方法联合使用。这种设计方法从检查需求模型开始，分解问题、定义环境并描述影响因素。接下来，查找问题领域的模式语言，以确定已被分解问题的模式是否存在。一旦找到了适合的模式，就可用作设计指南。

习题与思考题

14.1 讨论设计模式的 3 个 "部分"，对于每个部分从软件以外的其他领域提供具体的例子。

14.2 模式和反面模式之间的区别是什么？

14.3 体系结构模式与构件级模式有什么区别？

14.4 什么是框架？框架与模式的区别在哪里？什么是习惯用语？习惯用语与模式的区别是什么？

14.5 用 14.1.3 节描述的设计模式模板，为老师提出的一个模式开发完整的模式描述。

14.6 为你熟悉的一项运动开发一个简要模式语言。你可以从处理环境、系统影响因素、教练和球队必须解决的主要问题开始。你只需要指定模式名称，并用一句话来描述每个模式。

14.7 Christopher Alexander 说，简单地通过把可执行部分加在一起，不能实现好的设计。你认为他说的是什么意思？

14.8 用 14.2.3 节提到的基于模式的设计任务为 12.3.2 节中的 "室内设计系统" 开发一个简要设计。

14.9 为在习题 14.8 中用到的模式建立一个基于模式的组织表。

14.10 用 14.1.3 节介绍的设计模式模板为 14.3 节提到的厨房模式开发一个完整的模式描述。

Software Engineering: A Practitioner's Approach, Ninth Edition

质量与安全

本书的这一部分将学习用来管理和控制软件质量的原理、概念和技术。在后面几章中会涉及下列问题：

- 高质量软件的一般特征是什么？
- 如何评审质量？如何有效地进行质量评审？
- 什么是软件质量保证？
- 软件测试需要应用什么策略？
- 使用什么方法才能设计出有效的测试用例？
- 有没有确保软件正确性的可行方法？
- 如何管理和控制软件开发过程中经常发生的变更？
- 使用什么标准和尺度评估需求模型、设计模型、源代码以及测试用例的质量？
- 如何确保在软件生命周期中解决了产品的安全问题？

回答了这些问题，就为保证生产出高质量软件做好了准备。

质 量 概 念

要 点 概 览

概念：究竟什么是软件质量？答案不是想象中的那样简单，当你看到它时你知道质量是什么，可是，它却不可捉摸，难以定义。但是对于计算机软件，质量是必须定义的，这正是本章要讲的。

人员：软件过程所涉及的每个人（软件工程师、经理和所有利益相关者）都对质量负有责任。

重要性：你可以把事情一次做好，或者重新做一遍。如果软件团队在所有软件工程活动中强调质量，就可以减少很多必需的返工，结果是降低了成本，更为重要的是缩短了上市时间。

步骤：为实现高质量软件，必须具备四项活动：已验证的软件工程过程和实践，扎实的项目管理，全面的质量控制，具有质量保证基础设施。

工作产品：满足客户需要的、准确而可靠地运行的、为所有使用者提供价值的软件。

质量保证措施：通过检查所有质量控制活动的结果来跟踪质量，通过在交付前检查错误，在发布到现场后检查缺陷来衡量质量。

随着软件日益融入人们生活的方方面面，提高软件质量的鼓声真的要擂响了。截至 20 世纪 90 年代，大公司认识到由于软件达不到承诺的特性和功能，每年浪费的钱财多达数十亿美元。更严重的是，政府和产业界开始日益担心严重的软件缺陷有可能使重要的基础设施陷入瘫痪，从而使花费超过数百亿美元。世纪之交，CIO 杂志一篇标题为"停止每年浪费 780 亿美元"的文章，对"美国企业在不能如预期那样工作的软件上花费数十亿美元"[Lev01] 这一事实感到失望。遗憾的是，至少有一项在 2014 年进行的软件质量实践的状态调查表明，维护和软件演化活动占软件开发总成本的 90% [Nan14]。由于没有充分的测试就急于发布产品而导致的糟糕的软件质量一直困扰着软件行业。

[310]

现如今，软件质量仍然是个问题，但是应该责备谁？客户责备开发人员，认为草率的做法导致软件质量低。开发人员责备客户（和其他项目利益相关者），认为交工日期的不合理以及连续不断的变更使开发人员在还没有完全验证时就交付了软件。谁说的对？都对，这正是问题所在。本章把软件质量作为一个概念，考查在软件工程实践中为什么软件质量值得认真考虑。

关键概念
质量的成本
足够好
责任
机器学习
管理措施
质量
质量困境
质量维度
质量因素
量化质量评估
风险
安全

15.1 什么是质量

Robert Persig [Per74] 在他的神秘之书 *Zen and the Art of Motorcycle Maintenance* 中就我

们称为"质量"的东西发表了看法：

> 质量……你知道它是什么，也不知道它是什么。这样说是自相矛盾的，但没有比这更好的说法了——这样说更有质量。但是当要试图说明质量是什么时，除了我们知道的这些之外，就会变得很糟糕！没有什么好谈论的……显而易见某些东西好于其他东西……但是，好在什么地方呢？……所以就任凭金属的轮子一圈又一圈地转动，而找不到摩擦力在哪里。质量到底是什么？什么是质量？

的确，什么是质量？

在更为实用的层面上，哈佛商学院的 David Garvin[Gar84] 给出了建议："质量是一个复杂多面的概念"，可以从 5 个不同的观点来描述。先验论观点（如 Persig）认为质量是马上就能识别的东西，却不能清楚地定义。用户观点是从最终用户的具体目标来考虑的。如果产品达到这些目标，就是有质量的。制造商观点是从产品原始规格说明的角度来定义质量。如果产品符合规格说明，就是有质量的。产品观点认为质量是产品的固有属性（比如功能和特性）。最后，基于价值的观点根据客户愿意为产品支付多少钱来评测质量。实际上，质量涵盖所有这些观点，或者更多。

设计质量是指设计师赋予产品的特性。材料等级、公差和性能等规格说明决定了设计质量。如果产品是按照规格说明书制造的，那么使用较高等级的材料，规定更严格的公差和更高级别的性能，产品的设计质量就能提高。

在软件开发中，设计质量包括设计满足需求模型规定的功能和特性的程度。符合质量关注的是实现遵从设计的程度以及所得到的系统满足需求和性能目标的程度。

但是，设计质量和符合质量是软件工程师必须考虑的唯一问题吗？ Robert Glass [Gla98] 认为它们之间比较"直观的"关系符合下面的公式：

用户满意度＝合格的产品＋好的质量＋按预算和进度安排交付　　311

总之，Glass 认为质量是重要的。但是，如果用户不满意，其他任何事情也就都不重要了。DeMarco [DeM98] 同意这个观点，他认为："产品的质量是一个函数，该函数确定了它在多大程度上使这个世界变得更好。"这个质量观点的意思就是：如果一个软件产品能给最终用户带来实质性的益处，那么他们可能会心甘情愿地忍受偶尔的可靠性或性能问题。现代关于软件质量的观点要求关注客户满意度以及与产品需求的一致性 [Max16]。

15.2　软件质量

高质量的软件是一个重要目标，即使最疲倦的软件开发人员也会同意这一点。但是，如何定义软件质量呢？在最一般的意义上，软件质量可以这样定义：在一定程度上应用有效的软件过程，创造有用的产品，为生产者和使用者提供明显的价值。

毫无疑问，对上述定义可以进行修改、扩展以及无休止的讨论。针对本书的论题来说，该定义强调了以下三个重要的方面：

1. 有效的软件过程为生产高质量的软件产品奠定了基础。过程的管理方面所做的工作是检验和平衡，以避免项目混乱（低质量的关键因素）。软件工程实践允许开发人员分析问题、设计可靠的解决方案，这些都是生产高质量软件的关键所在。最后，诸如变更管理和技术评审等普适性活动与其他部分的软件工程活动密切相关。

2. 有用的产品是指交付最终用户要求的内容、功能和特征，但最重要的是，以可靠、无误的方式交付这些东西。有用的产品总是满足利益相关者明确提出的那些需求，另外，也要满足一些高质量软件应有的隐性需求（例如可用性）。

3. 通过为软件产品的生产者和使用者增值，高质量软件为软件组织和最终用户群体带来了收益。软件组织获益是因为高质量的软件在维护、改错及客户支持方面的工作量都降低了，从而使软件工程师减少了返工，将更多的时间花费在开发新的应用上，软件组织因此而获得增值。用户群体也得到增值，因为应用所提供的有用的能力在某种程度上加快了一些业务流程。最后的结果是：（1）软件产品的收入增加；（2）当应用可支持业务流程时，收益更好；（3）提高了信息可获得性，这对商业来讲是至关重要的。

15.2.1   质量因素

312 在软件工程文献中已经提出了数个软件质量模型和标准。David Garvin [Gar84] 写道，质量是一个要从多方面考虑的现象，需要使用多个视角来评估。McCall 和 Walters [McC77] 提出了一种思考和组织影响软件质量因素的有用方法。这些软件质量因素侧重于软件产品的 3 个重要方面：操作特性、承受变更的能力以及对新环境的适应能力，如图 15-1 所示。McCall 的质量因素为处理软件提供了一个基础，通过关注软件产品所提供的整体用户体验来提供高水平的用户满意度。除非开发人员确保需求规范是正确的，并且在软件开发过程的早期消除了缺陷 [Max16]，否则这是不可能实现的。

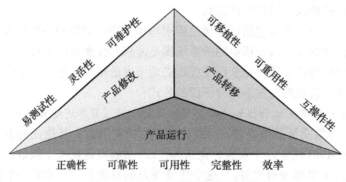

图 15-1   McCall 的软件质量因素

ISO 25010 质量标准是最新的标准（2011 年制定，2017 年修订）[⊖]。这个标准定义了两个质量模型。使用质量模型描述了考虑在特定语境中使用产品时（例如，由人在特定平台上使用产品）适用的 5 个特征。产品质量模型描述了 8 个特性，它们关注计算机系统的静态和动态特性。

使用质量模型

- **有效性**。用户实现目标的准确性和完整性。
- **效率**。为了完全达到用户目标和预期的准确性而花费的资源。
- **满意度**。有用、信任、快乐、舒适。
- **远离风险**。缓解经济、健康、安全和环境风险。
- **语境覆盖**。完整性、灵活性。

产品质量模型

- **功能适应性**。完整、正确、适当。

⊖ ISO 25010 可在以下网址找到 https://www.iso.org/standard/35733.html。

- **性能效率**。时间、资源利用、容量。
- **兼容性**。共存、互操作性。
- **可用性**。适当性、易学性、可操作性、错误保护、美观性、可访问性。
- **可靠性**。成熟度、可用性、容错性、可恢复性。
- **安全性**。保密性、完整性、可审核性、真实性。
- **可维护性**。模块化、可复用性、可修改性、可测试性。
- **可移植性**。适应性、可安装性、可替换性。

在使用模型中加入质量有助于强调客户满意度在软件质量评估中的重要性。产品质量模型指出了评估软件产品功能性和非功能性需求的重要性 [Max16]。

15.2.2　定性质量评估

15.2.1 节中提出的质量维度和因素关注软件产品的整体，可以作为表征应用质量的通用指标。软件团队可以提出一套质量特征和相关的问题以调查软件满足每个质量因素的程度⊖。例如，ISO 25010 将可用性定义为一个重要的质量因素。当要求评审用户界面和评估可用性时，该如何进行？

尽管 15.2.1 节中提到的为质量因素开发定量度量的方法很诱人，但是你也可以创建一个简单的属性检查清单，它提供了判断因素是否存在的可靠指标。你可以从 ISO 25010 中建议的可用性子特征开始：适当性、易学性、可操作性、错误保护、美观性和可访问性。你和你的团队可能决定创建一个用户问卷和一组用户执行的结构化任务。你可以在用户执行这些任务时观察他们，并在他们结束时让他们完成问卷。我们将在第 21 章详细讨论可用性测试。

为了进行评价，需要说清楚界面具体的、可测量的（或至少是可识别的）属性。你的任务可能集中在回答以下问题：

- 用户能够多快确定是否可以使用软件产品来帮助他们完成任务？（适当性）
- 用户学会如何使用完成任务所需的系统功能需要多长时间？（易学性）
- 在随后的测试阶段，用户能否回忆起如何使用系统功能，而不必重新进行学习？（易学性）
- 用户使用系统完成任务需要多长时间？（可操作性）
- 系统是否会试图防止用户出错？（错误保护）
- 对于用户界面外观的问题，答案是否给出了满意的回答？（美观性）
- 界面是否符合第 12 章中的黄金规则所规定的预期？（可访问性）
- 用户界面是否符合预期用户所需的可访问性检查清单？（可访问性）

随着界面设计的发展，软件团队将评审设计原型，询问他们所关注的问题。如果对这些问题的大多数回答是"肯定的"，用户界面就具备了高质量。应该为每个待评估的质量因素开发出类似的一组问题。在可用性方面，观察有代表性用户与系统的交互通常是很重要的。对于其他一些质量因素，在自然环境（或至少在生产环境）中测试软件可能是重要的。

15.2.3　定量质量评估

前面几节讨论了一组测量软件质量的定性因素。软件界也力图开发软件质量的精确测

⊖ 这些特征和问题将作为软件评审的一部分进行讨论（第 16 章）。

度，但有时又会为活动的主观性而受挫。Cavano 和 McCall[Cav78] 讨论了这种情形：

主观性和特殊性……适用于软件质量的评定。为了帮助解决这个问题，需要对软件质量有一个更精确的定义，同样，为了客观分析，需要产生软件质量的定量测量方法……既然没有这种事物的绝对知识，就不要期望精确测量软件质量，因为每一种测量都有部分不完美。

有的软件设计缺陷可以使用软件度量来检测。该过程包括寻找存在高耦合或不必要的复杂度的代码片段。内部代码属性可以使用软件度量来定量描述。任何时候，当一个代码片段的软件度量值超出了可接受值的范围时，就意味着应该调查存在的质量问题 [Max16]。

第 23 章将提出一组可应用于软件质量定量评估的软件度量。在所有的情况下，这些度量都表示间接的测度。也就是说，我们从不真正测量质量，而是测量质量的一些表现。复杂因素在于所测量的变量和软件质量间的精确关系。

15.3 软件质量困境

在网上发布的一篇访谈 [Ven03] 中，Bertrand Meyer 这样论述我所称谓的质量困境：

如果生产了一个存在严重质量问题的软件系统，你将受到损失，因为没有人想去购买。另一方面，如果你花费无限的时间、极大的工作量和高额的资金来开发一个绝对完美的软件，那么完成该软件将花费很长的时间，生产成本是极其高昂的，甚至会破产。要么错过了市场机会，要么几乎耗尽所有的资源。所以企业界的人努力达到奇妙的中间状态：一方面，产品要足够好，不会立即被抛弃（比如在评估期）；另一方面，又不是那么完美，不需花费太长时间和太多成本。

315

软件工程师应该努力生产高质量的系统，在这一过程中如果能采用有效的方法就更好了。但是，Meyer 所讨论的情况是现实的，甚至对于最好的软件工程组织，这种情况也表明了一种两难的困境。当面临质量困境时（每个人总有一天都会碰到），尝试达到平衡——通过足够的努力来产生可接受的质量而不埋没项目。

15.3.1 "足够好"的软件

坦率地说，如果我们准备接受 Meyer 的观点，那么生产"足够好"软件是可接受的吗？对于这个问题的答案只能是"肯定的"，因为软件公司每天都在这么做 [Rod17]。这些公司生产带有已知缺陷的软件，并发布给大量的最终用户。他们认识到，1.0 版提供的一些功能和特性达不到最高质量，并计划在 2.0 版改进。他们这样做时，知道有些客户会抱怨，但他们认识到上市时间胜过更好的质量，只要交付的产品"足够好"。

到底什么是"足够好"？足够好的软件提供用户期望的高质量功能和特性，但同时也提供了其他更多的包含已知错误的难解的或特殊的功能和特性。软件供应商希望广大的最终用户忽视错误，因为他们对其他的应用功能是如此满意。

这种想法可能引起许多读者的共鸣。如果你是其中之一，我只能请你考虑一些论据来反对"足够好"。诚然，"足够好"可能在某些应用领域和几个主要的软件公司起作用。毕竟，如果一家公司有庞大的营销预算，并能够说服足够多的人购买 1.0 版本，那么该公司已经成功地锁定了这些用户。正如前面所指出的，可以认为，公司将在以后的版本提高产品质量。通过提供足够好的 1.0 版，公司垄断了市场。

如果你所在的是一个小公司，就要警惕这一观念，当你交付一个足够好的（有缺陷的）产品时，你是冒着永久损害公司声誉的风险。你可能再也没有机会提供 2.0 版本了，因为异口同声的不良评论可能会导致销售暴跌乃至公司关门。

如果你工作在某个应用领域（如实时嵌入式软件），或者你构建的是与硬件集成的应用软件（如汽车软件、电信软件），那么一旦交付了带有已知错误的软件（也许是一时疏忽），就可能使公司处于代价昂贵的诉讼之中。在某些情况下，甚至可能是刑事犯罪，没有人想要足够好的飞机航空电子系统软件！ Ebert 写道，软件过程模型应该提供明确的标准，来指导开发人员确定对于预期的应用领域，什么是真正的"足够好"[Ebe14]。

因此，如果你认为"足够好"是一个可以解决软件质量问题的捷径，那么要谨慎行事。"足够好"可以起作用，但只是对于少数几个公司，而且只是在有限的几个应用领域[⊖]。 [316]

15.3.2　质量的成本

关于软件成本有这样的争论：我们知道，质量是重要的，但是花费时间和金钱——花费太多的时间和金钱才能达到我们实际需要的软件质量水平。表面上看，这种说法似乎是合理的（见本节前面 Meyer 的评论）。毫无疑问，质量好是有成本的，但质量差也有成本——不仅是对必须忍受缺陷软件的最终用户，而且是对已经开发且必须维护该软件的软件组织。真正的问题是：我们应该担心哪些成本？要回答这个问题，你必须既要了解实现质量的成本，又要了解低质量软件的成本。

质量成本包括追求质量过程中或在履行质量有关的活动中引起的费用以及质量不佳引起的下游费用等所有费用。为了解这些费用，一个组织必须收集度量数据，为目前的质量成本提供一个基准，找到降低这些成本的机会，并提供一个规范化的对比依据。质量成本可分为预防成本、评估成本和失效成本。

预防成本包括：（1）计划和协调所有质量控制和质量保证所需管理活动的成本；（2）为开发完整的需求模型和设计模型所增加的技术活动的成本；（3）测试计划的成本；（4）与这些活动有关的所有培训成本。不要害怕带来相当大的预防成本。请放心，你的投资将带来丰厚的回报。

评估成本包括为深入了解产品"第一次通过"每个过程的条件而进行的活动。评估成本的例子包括：（1）对软件工程工作产品进行技术评审（第 16 章）的成本；（2）数据收集和度量估算（第 23 章）的成本；（3）测试和调试（第 19 ～ 21 章）的成本。

失效成本是那些在将产品交付客户之前若没有出现错误就不会发生的费用。失效成本可分为内部失效成本和外部失效成本。内部失效成本发生在软件发布之前发现错误时，内部失效成本包括：（1）为纠正错误进行返工（修复）所需的成本；（2）返工时无意中产生副作用，必须对副作用加以缓解而发生的成本；（3）组织为评估失效的模型而收集质量数据，由此发生的相关成本。外部失效成本是在产品已经发布给客户之后发现了缺陷时的相关成本。外部成本的例子包括：解决投诉，产品退货和更换，帮助作业支持，以及与保修工作相关的人力成本。不良的声誉和由此产生的业务损失是另一个外部失效成本，这是很难量化但非常现实的。生产了低质量的软件产品时，不好的事情就要发生。

在对拒绝考虑外部失效成本的软件开发者的控告书中，Cem Kaner [Kan95] 是这样说的：

许多外部失效成本（如声誉的损失）都难以量化，因此许多企业在计算其成本效益的权衡时忽视了这些成本。还有一些外部失效成本可以降低（例如，通过提供更便宜、质量更低

⊖　关于"足够好"软件的优缺点的有价值的探讨请参见 [Bre02]。

的产品，售后支持，或向客户收取支持费用），这些都不会增加用户的满意度。质量工程师靠忽视使用不良产品的客户成本，鼓励做出相关的质量决策，这种决策只会欺骗客户，而不会使客户高兴。

317

正如预料的那样，当我们从预防到检查内部失效成本和外部失效成本时，找到并修复错误或缺陷的相关成本会急剧增加。根据 Boehm 和 Basili 收集的数据 [Boe01b] 以及 Cigital Inc[Cig07] 的阐述，图 15-2 说明了这一现象。

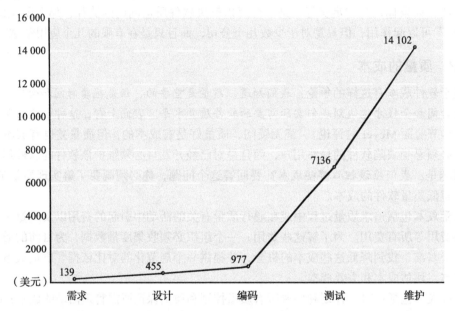

图 15-2 改正错误和缺陷的相对成本（来源：Boehm, Barry and Basili, Victor R.," Software Defect Reduction Top 10 List," IEEE Computer, vol. 34, no. 1, January 2001.）

在代码生成期纠正缺陷的行业平均成本是每个错误大约 977 美元，而在系统测试期，纠正同样错误的行业平均成本是每个错误 7136 美元。[Cig07] 认为，一个大型应用程序在编码期会引入 200 个错误。

根据行业平均水平的数据，在编码阶段发现和纠正缺陷的成本是每个缺陷 977 美元，因此，在本阶段纠正这 200 个"关键"缺陷的总费用大约是 195 400 美元（200×977 美元）。

行业平均水平数据显示，在系统测试阶段发现和纠正缺陷的代价是每个缺陷 7136 美元。在这种情况下，假定该系统测试阶段发现大约 50 个关键缺陷（或者 Cigital 在编码阶段只发现了这些缺陷的 25%），发现和解决这些缺陷的代价将是大约 356 800 美元（50×7136 美元）。这将导致 150 处关键错误未被发现和矫正。在维护阶段发现和解决这些遗留的 150 个缺陷的代价将是 2 115 300 美元（150×14 102 美元）。因此，在编码阶段之后发现和解决这200 个缺陷的代价将是 2 472 100 美元（2 115 300 美元 +356 800 美元）。

即使软件组织所花费的是行业平均水平的一半（大多数企业尚不知道他们的成本！），与

318

早期的质量控制和保证活动（进行需求分析和设计）有关的成本节约也是不得不做的。

SafeHome   质量问题

[场景] Doug Miller 的办公室，SafeHome   软件项目开始。

[人物] Doug Miller（SafeHome 软件工程团队经理）和产品软件工程团队的其他成员。

[对话]

Doug：我正在看一份关于软件缺陷修改成本的行业报告，缺陷修改成本令人警醒。

Jamie：我们已经准备好为每一个功能需求开发测试用例。

Doug：好的，我注意到修复在测试期间发现的一处缺陷要比在编码期间发现并修复一处缺陷花费八倍的工作量。

Vinod：我们正使用结对编程法，所以我们应能捕获编码期间的大多数缺陷。

Doug：我认为你没有抓住重点，软件质量不只是简单地去除编码错误。我们需

要关注项目质量目标，保证不断变更的软件产品满足这些目标。

Jamie：你的意思是可用性、安全性和可靠性那些问题吗？

Doug：是的，我们需要在软件过程中加入检查机制，以监视过程是朝着质量目标方向的。

Vinod：难道我们不能在完成第一个原型之后进行质量检查吗？

Doug：恐怕不能，我们必须在项目早期建立质量文化。

Vinod：你要我们做什么，Doug？

Doug：我认为需要寻找一种使我们能监视 SafeHome 产品质量的技术，让我们考虑一下，明天再讨论这个话题。

15.3.3 风险

本书的第 1 章写道："人们拿自己的工作、自己的舒适、自己的安全、自己的娱乐、自己的决定以及自己的生命在计算机软件上下赌注。最好这是正确的。"这意味着，低质量的软件为开发商和最终用户都增加了风险⊖。前面讨论了这些风险（成本）中的一个，但设计和实现低劣的应用所带来的损失并不总是限于美元和时间，一个极端的例子 [Gag04] 可能有助于说明这一点。

整个 2000 年 11 月份，在巴拿马的一家医院，28 位病人在治疗多种癌症的过程中受到了过量的伽马射线照射。此后数月内，其中 5 例死于辐射病，15 人发展成严重的并发症。是什么造成了这一悲剧？这是因为医院的技术人员对一家美国公司开发的软件包进行了修改，以计算每位病人的辐射剂量的变更值。

为了获取额外的软件功能，三位巴拿马医疗物理学家"调整"了软件，他们被指控犯有二级谋杀罪。同时，这家美国软件公司正在两个国家面临着严重的诉讼。Gage 和 McCormick 评论道：

这不是一个讲给医疗技术人员的警示故事，尽管由于误解或误用了技术，他们要为了免于牢狱之灾而据理力争。这也不是一个关于人类如何受到伤害的故事，或者更糟的是被设计不良或说明不清的软件伤害，尽管这样的例子比比皆是。这是任何一个计算机程序设计者都应当铭记的教训：软件质量问题很重要，不管软件是嵌入汽车引擎中、工厂里的机械手臂中，还是嵌入医院的治疗设备中，这些应用必须做到万无一失，低劣部署的代码可以杀人。

质量低劣导致风险，其中一些风险会非常严重⊖。

⊖ 在一篇名为" And the ' Most Shocking Software Failure ' Award Goes To⋯"的文章中，Chelsea Frischnecht 提供了一些可能出错的简单例子。这篇文章可以在 https://www.tricentis.com/blog/2017/03/01/softwarefail-awards/ 找到。

⊖ 2019 年初，一家大型飞机制造商生产的飞行控制软件出现错误，直接导致了两起空难和 346 人死亡。

15.3.4　疏忽和责任

这种情况太常见了。政府或企业雇用一个较大的软件开发商或咨询公司来分析需求，然后设计和创建一个基于软件的"系统"，用以支撑某个重大的活动。系统可能支持主要的企业功能（例如，养老金管理），或某项政府职能（例如，卫生保健管理或国土安全）。

工作始于双方良好的意愿，但是到了系统交付时，情况已变得糟糕，系统延期，未能提供预期的特性和功能，而且易出错，不能得到客户的认可，接下来就要打官司。

在大多数情况下，顾客称开发商马虎大意（已带到了软件实践中），因此拒绝付款。而开发商则常常声称，顾客一再改变其要求，并在其他方面破坏了开发伙伴关系。无论是哪一种情况，交付系统的质量都会有问题。

15.3.5　质量和安全

随着基于 Web 的系统和移动系统重要性的增加，应用的安全性已变得日益重要。简而言之，没有表现出高质量的软件比较容易被攻击。因此，低质量的软件会间接地增加安全风险，随之而来的是费用和问题。

在 ComputerWorld 的一篇访谈中，作者和安全专家 Gary McGraw 这样评论 [Wil05]：

软件安全与质量息息相关。必须一开始就在设计、构建、测试、编码阶段以及在整个软件生命周期（过程）中考虑安全性、可靠性、可得性、可信性。即使是已认识到软件安全问题的人也会主要关注生命周期的晚些阶段。越早发现软件问题越好。有两种类型的软件问题，一种是隐藏的错误，这是实现的问题。另一种是软件缺陷，这是设计中的构建问题。人们对错误关注太多，却对缺陷关注不够。

要构造安全的系统，就必须注重质量，并必须在设计时开始关注。本书第二部分讨论的概念和方法可以导出减少软件体系结构的"缺陷"。我们将在第 18 章更详细地讨论软件安全工程。

15.3.6　管理活动的影响

软件质量受管理决策的影响往往和受技术决策的影响是一样的。即使最好的软件工程实践也能被糟糕的商业决策和有问题的项目管理活动破坏。

本书第四部分讨论软件过程环境下的项目管理。每个项目任务开始时，项目领导人都要作决策，这些决策可能对产品质量有重大影响。

估算决策。在确定交付日期和制定总预算之前，给软件团队提供项目估算数据是很少见的。反而是团队进行了"健康检查"，以确保交付日期和里程碑是合理的。在许多情况下，存在着巨大的上市时间压力，迫使软件团队接受不现实的交付日期。结果，由于抄了近路，可以获得更高质量软件的活动被忽略掉了，产品质量受到损害。如果交付日期是不合理的，那么坚持立场就是重要的。这就解释了为什么你需要更多的时间，或者也可以建议在指定的时间交付一个（高质量的）功能子集。

进度安排决策。一旦建立了软件项目时间表（第 25 章），就会按照依赖性安排任务的先后顺序。例如，由于 A 构件依赖于 B、C 和 D 构件中的处理，因此直到 B、C 和 D 构件完全测试后，才能安排 A 构件进行测试。项目计划将反映这一点。但是，如果时间很紧，为了做进一步的关键测试，A 必须是可用的。在这种情况下，可能会决定在没有其附属构件（这些附属构件的运行要稍落后于时间表）的情况下测试 A，这样对于交付前必须完成的其他测试，就可以使用 A 了，毕竟，期限正在逼近。因此，A 可能有隐藏的缺陷，只有晚些时候才能发现，质量会受到影响。

面向风险的决策。风险管理（第 26 章）是成功软件项目的关键特性之一。必须知道哪里可能会出问题，并建立一项如果确实出问题时的应急计划。太多的软件团队喜欢盲目乐观，在什么都不会出问题的假设下建立开发计划。更糟的是，他们没有办法处理真的出了差错的事情。结果，当风险变成现实后，便会一片混乱，并且随着疯狂程度的上升，质量水平必然下降。

用 Meskimen 定律能最好地概括软件质量面临的困境：从来没有时间做好，但总是有时间再做一遍。我的建议是，花点时间把事情做好，这几乎从来都不是错误的决定。

15.4 实现软件质量

良好的软件质量不会自己出现，它是良好的项目管理和扎实的软件工程实践的结果。帮助软件团队实现高质量软件的四大管理和实践活动是：软件工程方法、项目管理技术、质量控制活动以及软件质量保证。

321

15.4.1 软件工程方法

如果希望建立高质量的软件，就必须理解要解决的问题。还须能够创造一个符合问题的设计，该设计同时还要具备一些性质，这些性质可以使我们得到具有 15.2 节讨论过的质量维度和因素的软件。

本书第二部分提出了一系列概念和方法，可帮助我们获得对问题合理完整的理解和综合性设计，从而为构建活动建立坚实的基础。如果应用这些概念，并采取适当的分析和设计方法，那么创建高质量软件的可能性将大大提高。

15.4.2 项目管理技术

在 15.3.6 节已经讨论了不良管理决策对软件质量的影响。其中的含义是明确的：如果（1）项目经理使用估算以确认交付日期是可以达到的；（2）进度依赖关系是清楚的，团队能够抵抗走捷径的诱惑；（3）进行了风险规划，这样出了问题就不会引起混乱，软件质量将受到积极的影响。

此外，项目计划应该包括明确的质量管理和变更管理技术。促成良好项目管理实践的技术将在本书第四部分讨论。

15.4.3 机器学习和缺陷预测

缺陷预测 [Mun17] 是识别可能存在质量问题的软件构件的重要方式。缺陷预测模型使用统计技术来检查软件度量和包含已知软件缺陷的软件构件的组合之间的关系。它们是软件开发人员快速识别容易出错的类的高效方法。这可以减少成本和开发时间 [Mal16]。

机器学习是人工智能（AI）技术的一种应用，它为系统提供了无须显式编程就能从经验中学习和改进的能力。换句话说，机器学习关注开发能够访问数据并利用数据进行自学的计算机程序。机器学习技术可以用来自动化发现软件度量和缺陷构件之间的预测关系 [Ort17]、[Li16]、[Mal16]。

机器学习系统处理大量的数据集，这些数据集包含有缺陷的和无缺陷的软件构件的代表性度量组合。这些数据用于优化分类算法。一旦系统通过这种类型的训练构建了一个预测模型，它就可以基于未来软件产品的相关数据进行质量评估和缺陷预测。构建这种类型的分类器是现代数据科学家工作的重要部分。更多关于使用数据科学和软件工程的讨论在本书的附录 2 中。

15.4.4　质量控制

[322]　　质量控制包括一套软件工程活动，以帮助确保每个工作产品符合其质量目标。评审模型以确保它们是完整的和一致的。检查代码，以便在测试开始前发现和纠正错误。应用一系列的测试步骤以发现逻辑处理、数据处理以及接口通信中的错误。当这些工作成果中的任何一个不符合质量目标时，测量和反馈的结合使用使软件团队可以调整软件过程。本书第三部分的其余章节对质量控制活动进行了详细的讨论。

15.4.5　质量保证

　　质量保证建立基础设施，以支持坚实的软件工程方法，合理的项目管理和质量控制活动——如果你打算建立高品质软件，那么所有这些都是关键活动。此外，质量保证还包含一组审核和报告功能，用以评估质量控制活动的有效性和完整性。质量保证的目标是为管理人员和技术人员提供所需的数据，以了解产品的质量状况，从而理解和确信实现产品质量的活动在起作用。当然，如果质量保证中提供的数据出现了问题，那么处理问题和使用必要的资源来解决质量问题是管理人员的职责。软件质量保证将在第 17 章详细论述。

15.5　小结

　　软件正在融入我们日常生活的各个方面，人们对于软件系统质量的关注也逐渐多起来。但是很难给出软件质量的一个全面描述。在这一章，质量被定义为一个有效的软件过程，用来在一定程度上创造有用的产品，为那些生产者和使用者提供适度的价值。

　　这些年来，提出了各种各样的软件质量度量和因素，都试图定义一组属性，如果可以实现，那么我们将实现较高的软件质量。McCall 的质量因素和 ISO 25010 的质量因素建立了很多特性（如可靠性、可用性、维护性、功能性和可移植性）作为质量存在的指标。

　　每个软件组织都面临软件质量困境。从本质上说，每个人都希望建立高质量的系统，但生产"完美"软件所需的时间和工作量在市场主导的世界里根本无法达到。这样问题就转化为，我们是否应该生产"足够好"的软件？虽然许多公司是这样做的，但是这样做有很大的负面影响，必须加以考虑。

　　不管选择什么方法，质量都是有成本的，质量成本可以从预防、评估和失效方面来说。预防成本包括所有将预防缺陷放在首位的软件工程活动。评估成本是与评估软件工作产品以确定其质量的活动有关的成本。失效成本包括失效的内部代价和低劣质量造成的外部影响。

　　软件质量是通过软件工程方法、扎实的管理措施和全面质量控制的应用而实现的——所[323]有这些都是靠软件质量保证基础设施支持的。后续章节将详细讨论质量控制和质量保证。

习题与思考题

15.1　描述在申请学校之前你将怎样评估一所大学的质量。哪些因素重要？哪些因素关键？

15.2　使用 15.2 节提出的软件质量定义，不使用有效的过程来创建能提供明显价值的有用产品，你认为可能吗？解释你的答案。

15.3 使用 15.2.1 节所述 ISO 25010 质量因素中"维护性"的子属性，提出一组问题，探讨是否存在这些属性，仿效 15.2.2 节所示的例子。

15.4 用你自己的话描述软件质量困境。

15.5 什么是"足够好"的软件？说出具体公司的名字，以及你认为运用足够好思想开发的具体产品。

15.6 考虑质量成本的 4 个方面，你认为哪个方面是最昂贵的，为什么？

15.7 进行网络搜索，寻找直接由低劣的软件质量所致"风险"的其他 3 个例子。考虑从 http://catless. ncl.ac.uk/risks 开始搜索。

15.8 质量和安全是一回事吗？请加以解释。

15.9 解释为什么我们许多人仍在沿用 Meskimen 定律，让软件业如此的原因是什么？ 324

评审——一种推荐的方法

要 点 概 览

概念：在开发软件工程工作产品时可能会犯错误，这并不是羞耻的事，只要在产品交付最终用户之前，努力、很努力地发现并纠正错误即可。技术评审是在软件过程早期最有效的查错机制。

人员：软件工程师和同事一起进行技术评审，也叫同行评审。正如我们在第 3 章和第 4 章讨论的那样，与其他利益相关者共同评审有时候是一个明智的做法。

重要性：如果在软件过程的早期发现错误，修改的成本就较低。另外，随着软件过程的推进，错误会随之放大。因此，过程早期留下的没有处理的小错误，可能在项目后期放大成一组严重的错误。最后，通过减少项目后期所需的返工量，评审为项目节省了时间。

步骤：评审步骤因所选评审的方式有所差异。评审一般分 6 个步骤：计划、准备、组织会议、记录错误、进行修改（评审之后做）、验证是否恰当地进行了修改。对不同形式的评审方法，不是所有步骤都会被用到。

工作产品：评审的输出是发现问题和错误的清单。另外，还需要标明工作产品的技术状态。

质量保证措施：首先，选择适合开发文化的评审形式，然后，遵守保证评审成功的指导原则，如果进行的评审有利于得到高质量的软件，说明你做对了。

　　软件评审是软件过程工作流中的"过滤器"。评审太少，工作流就是"脏"的。评审太多，工作流则会很慢。在软件工程过程中的不同阶段进行软件评审，可以起到发现错误和缺陷的作用。软件评审还能够"净化"包括需求和设计模型、源代码和测试数据等软件工程工作产品。使用度量可以确定哪些评审起作用，并强调起作用的评审，同时从工作流中去除无效的评审以加速其过程。

　　在软件工程过程中可以进行的评审有很多种，它们各有各的作用。在休息室里讨论技术问题的非正式会谈就是一种评审方式。将软件体系结构正式介绍给客户、管理层和技术人员也是一种评审方式。但是，本书将重点讨论技术评审，即同行评审，通过举例说明非正式评审、走查和审查。从质量控制的角度出发，技术评审（Technical Review，TR）是最有效的过滤器。由软件工程师（以及其他利益相关者）对项目团队成员进行的技术评审是一种发现错误和提高软件质量的有效手段。

关键概念

隐错
成本效益
缺陷放大
缺陷
错误密度
错误
非正式评审
记录保存
评审报告
技术评审

16.1 软件缺陷对成本的影响

在软件过程的环境中，术语缺陷和故障是同义词。两者都是指在软件发布给最终用户（或软件过程内其他框架活动）后发现的质量问题。在前面几章，我们使用术语错误来描绘在软件发布给最终用户（或软件过程内其他框架活动）之前软件工程师（或其他人）发现的质量问题。

信息栏　隐错、错误和缺陷

软件质量控制的目标是消除软件中存在的质量问题，从广义上讲，这也是一般质量管理的目标。有很多术语可用来描述这些质量问题，如"隐错"（bug）、"故障"（fault）、"错误"（error）或"缺陷"（defect）。它们的含义是相同的吗？还是存在微小的差别呢？

在本书中，我们明确指出了"错误"（指在软件交付给其他利益相关者或最终用户之前发现的质量问题）和"缺陷"（指在软件交付给其他利益相关者或最终用户之后发现的质量问题）的差别⊖。这样区别的原因是"错误"和"缺陷"对经济、商业、心理和人员的影响有很大区别。作为软件工程师，我们期望在客户和最终用户遇到问题之前尽可能多地发现并改正

"错误"。我们同样期望避免"缺陷"，因为"缺陷"（有理由）使软件工作者显得水平低下。

然而要指出的是，本书中描述的"错误"和"缺陷"的差别并不是主流观点。在软件工程领域中，大多数人都认为"缺陷""错误""故障"和"隐错"是没有差别的。也就是说，遇到问题的时间与采用哪个术语描述毫无关系。这个观点中争论的焦点是：有些时候很难明确地区分时间点位于交付之前还是交付之后（如敏捷开发中采用的增量过程）。

不管怎么说，我们都应该认识到：发现问题的时间点是非常关键的。软件工程师应该努力再努力，力图在他们的客户和最终用户遇到问题之前将其发现。

326

正式技术评审（Formal Technical Review，FTR）的主要目标是在软件过程中在错误被传递给另一个软件工程活动或发布给最终用户前找出错误。正式技术评审最明显的优点就是可以早些发现错误，以防止将错误传递到软件过程的后续阶段。

产业界的大量研究表明：设计活动引入的错误占软件过程中出现的所有错误（和最终的所有缺陷）数量的 50% ~ 65%。然而，已经证明，评审技术在发现设计瑕疵（flaw）方面有高达 75% 的有效率 [Jon86]。通过检测和消除大量设计错误，评审过程将极大降低软件过程后续活动的成本。我们知道这一点已经几十年了，但是仍然有许多开发人员不相信评审所用的时间几乎总是少于重写错误代码所需要的时间 [Yad17]。

16.2 缺陷的放大和消除

缺陷放大是近 40 年前提出的概念 [IBM81]，它有助于证明花费在软件评审上的努力是合理的。本质上，缺陷放大提出了以下观点——在软件工程工作流早期（例如在需求建模期

⊖　如果考虑的是软件过程改进，则在过程框架活动之间（如从建模到构造）传递的质量问题同样可以叫作"缺陷"，因为在一个工作产品（如设计模型）"交付"给下一个活动之前就应该发现这个问题。

间）引入的错误和未被发现的错误，可能并且经常会在设计过程中被放大为多个错误。如果未使用有效的评审来发现这些错误，则在编码过程中它们可能会被进一步放大，造成更多的错误。早期引入但未被发现并纠正的单个错误可能在过程的后期放大为多个错误。缺陷传播这一术语被用于描述未被发现的错误对未来开发活动或产品行为的影响 [Vit17]。

随着开发团队推进软件过程，发现和修复错误的成本也随之增加。缺陷放大和缺陷传播会加剧这一简单的事实，因为单个错误可能会在后续流程中变成多个错误。查找和修复单个错误的成本可能很高，但是查找和修复由单个早期错误传播而成的多个错误要花费更高的成本。

为了进行评审，软件工程师必须花费时间和精力，开发组织也必须提供相应费用。然而，缺陷放大和传播的真实性已经表明了我们面临的选择：要么现在付出，否则以后会付出更多。这其实就是 [Xia16] [Vit17] 关于技术债务（第 11 章）的内容。

16.3　评审度量及其应用

技术评审是好的软件工程实践所需要的众多活动之一。每项活动都需要付出人力，由于可用的项目工作量是有限的，因此重要的是软件工程组织要定义一套可以用来评估其工作效率的度量（第 23 章），从而理解每项活动的有效性。

尽管可以为技术评审定义很多度量，但一个相对较小的子集就可以提供有益的见解。可以为所进行的每项评审收集以下评审度量数据：

- **准备工作量** E_p——在实际评审会议之前评审一个工作产品所需的工作量（单位：人时）。
- **评估工作量** E_a——实际评审工作中所花费的工作量（单位：人时）。
- **返工工作量** E_r——修改评审期间发现的错误所用的工作量（单位：人时）。
- **总评审工作量** E_{review}——表示评审工作量的总和：

$$E_{\text{review}}=E_p + E_a + E_r$$

- **工作产品规模 WPS**——被评审的工作产品规模的衡量（例如，UML 模型的数量、文档的页数或代码行数）。
- **发现的次要错误数** $\text{Err}_{\text{minor}}$——发现的可以归为次要错误的数量（要求少于预定的改错工作量）。
- **发现的主要错误数** $\text{Err}_{\text{major}}$——发现的可以归为主要错误的数量（要求多于预定的改错工作量）。
- **发现的错误总数** Err_{tot}——表示发现的错误总数：

$$\text{Err}_{\text{tot}}=\text{Err}_{\text{minor}}+\text{Err}_{\text{major}}$$

- **错误密度**——表示评审的每单位工作产品发现的错误数：

$$\text{错误密度} = \frac{\text{Err}_{\text{tot}}}{\text{WPS}}$$

如何使用这些度量呢？例如，考虑到评审需求模型能发现错误、不一致之处和遗漏，将有可能以一些不同的方式计算错误密度。假设需求模型的描述性材料共有 32 页，其中包含 18 个 UML 图。评审发现 18 处次要错误和 4 处主要错误。因此，$\text{Err}_{\text{tot}} = 22$。错误密度为每个 UML 图约有 1.2 个错误，或者说，每页需求模型约有 0.68 个错误。

如果是对一些不同类型的工作产品（例如，需求模型、设计模型、代码、测试用例）进行评审，则可以通过所有评审所发现的错误总数来计算每次评审发现的错误百分比。此外，也可以计算每个工作产品的错误密度。

在为多个项目收集到许多评审数据后便可利用其错误密度的平均值估计一个新的文档中将发现的错误数。例如，如果需求模型的平均错误密度是每页 0.68 个错误，一个新的需求模型为 40 页，粗略估计，你的软件团队在评审该文档时将能发现大约 27 个错误。如果你只发现了 9 个错误，说明你在开发需求模型方面的工作非常出色，或者说明评审工作做得不够彻底。

328

实时地测量任何技术评审的成本效益都是困难的。只有在评审工作已经完成，已收集了评审数据，计算了平均数据，并测量了软件的下游质量（通过测试）之后，软件工程组织才能够对评审的有效性和成本效益进行评估。

回到前面的例子，需求模型的平均错误密度确定为每页 0.68 个错误。修改一个次要模型错误需要 4 人时（评审后立即修改），修改一个主要需求错误需要 18 人时。对所收集的评审数据进行分析，发现次要错误出现的频度比主要错误出现的频度高 6 倍。因此，可以估计，评审期间查找和纠正需求错误的平均工作量大约为 6 人时。

对于测试过程中发现的与需求有关的错误，查找和纠正的平均工作量为 45 人时（对于错误的相对严重性没有可用数据）。使用提到的平均数，我们得到：

$$每个错误节省的工作量 = E_{testing} - E_{review} = 45 - 6 = 39 \text{ 人时 / 错误}$$

由于在需求模型评审时发现了 22 个错误，因此节省了约 858 人时的测试工作量。而这只是与需求有关的错误，与设计和代码相关的错误将加入到整体效益中。

节省的工作量使交付周期缩短，上市时间提前了。本节中的示例表明这可能是真实的。更重要的是，对软件评审行业数据的收集已有 30 多年，可以用图形的方式定性地加以概括，如图 16-1 所示。

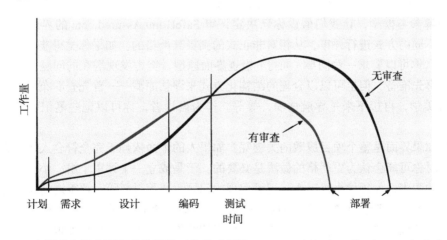

图 16-1 有评审和没有评审时花费的工作量（来源：Fagan, Michael E., "Advances in Software Inspections," IEEE Transactions on Software Engineering, vol. SE-12, no. 7, July 1986, 744-751.）

从图 16-1 可以看到，使用评审时花费的工作量在软件开发的早期确实是增加的，但是评审的早期投入产生了效益，因为测试和修改的工作量减少了。需要注意的是，有评审时开发的发布日期比没有评审时要快。评审不费时间，而是节省时间。

329

16.4 不同形式评审的标准

技术评审可以分为正式评审和非正式评审，或介于这两者之间。选择适合所生产的产品、项目的时间线和做评审工作的人的评审形式。图16-2描述了技术评审的参考模型[Lai02]，该模型中的4个特征有助于决定进行评审的形式。

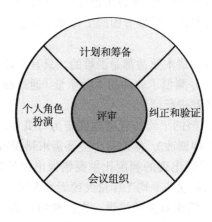

图16-2 技术评审参考模型

参考模型的每个特征都有助于确定评审的形式。在下述条件下评审的形式会提高：（1）明确界定每位评审人员的不同职责，（2）为评审进行充分的计划和准备，（3）为评审定义清晰的结构（包括任务和内部工作产品），（4）评审人员对所做修改的后续跟踪。

该模型中未显示的一个元素是评审本身的频率。如果你使用包含相对较短的迭代周期的敏捷原型模型（第4章），那么你的团队可能会选择非正式评审，因为出现评审的频率会很高。这通常意味着缺陷会被更快、更频繁地发现。

为理解参考模型，让我们假设你已决定评审 SafeHomeAssured.com 的界面设计。你可以以各种不同的方式进行评审，从相对非正式的到极其严格的。如果你觉得非正式的方法更合适，那么你可以要求一些同事（同行）检查界面原型，努力发现潜在的问题。大家认为不需要进行事先准备，但也可以以合理的结构化方式来评估原型——首先查看布局，接下来看是否符合美学，再接下来是导航选项，等等。作为设计者，你可以记些笔记，但不用那么正式。

但是如果界面是整个项目成败的关键呢？如果人的生命依赖于完全符合人体工程学的界面呢？这时你可能会认为更严格的做法是必要的。于是成立一个评审小组，小组中的每个人承担特定的职责，如领导小组工作、记录发现的问题、展示材料等。评审之前每个评审人员将有机会接触工作产品（该例中即为界面原型），花时间查找错误、不一致和疏漏。按照评审之前制定的议程执行一组任务。正式记录评审的结果，评审小组根据评审结果对工作产品的状态做出决议。评审小组的成员可能还要核实是否适当地进行了修改。

本书关注两类广为采用的技术评审：非正式评审和更为正式的技术评审。在每一类中都有一些不同的方法可以选择。这些将在接下来的几节中介绍。

16.5 非正式评审

非正式评审包括：与同事就软件工程产品进行的简单桌面检查，以评审一个工作产品为目的的临时会议（涉及两人以上），或结对编程评审（第 3 章）。

与同事进行的简单桌面检查或临时会议是一种评审。但是，因为没有事先规划或筹备工作，没有会议的议程或组织，没有对发现的错误进行后续的跟踪处理，所以这种评审的有效性大大低于更为正式的方法。但是，简单桌面检查也可以发现一些可能传播到后续软件过程的错误。

提高桌面检查评审效能的一种方法是为软件团队的每个主要的工作产品制定一组简单评审检查单[⊖]。检查单中提出的问题都是常见问题，但有助于指导评审人员检查工作产品。例如，让我们重新就 SafeHomeAssured.com 的界面原型进行桌面检查。设计师和同事使用界面的检查清单来检查原型，而不是在设计者的工作站上简单地操作原型：

- 布局设计是否使用了标准惯例？是从左到右还是从上到下？
- 显示是否需要滚动？
- 是否有效使用了不同的颜色和位置以及字体和大小？
- 所有导航选项或表示的功能是否在同一抽象级别？
- 所有导航选择是否清楚地标明了？

……

331

评审人员指出的任何错误和问题由设计人员记录下来以便在稍后的时间进行解决。桌面检查可以以一个特别的方式安排，或者也可以授权作为良好的软件工程实践的一部分。一般来说，桌面检查评审材料的数量相对较少，总体上花费时间大致在一两个小时。

在第 3 章中以下列方式描述了结对编程：极限编程建议，两个人一起在一台计算机工作站编写一段代码。这提供了一种机制，可以实时解决问题（两人的智慧胜过一人）并获得实时的质量保证。

结对编程（3.5.1 节）的特点是持续的桌面检查。结对编程鼓励在创建工作产品（设计或代码）时进行持续的审查，而不是在某个时候安排评审。好处是即时发现错误，得到更好的工作产品质量。

一些软件工程师认为，结对编程固有的冗余是浪费资源。毕竟，为什么为两个人指派原本一个人就可以完成的工作？对这个问题的回答可以在 16.3 节找到。如果作为结对编程的结果生产出的工作产品的质量明显优于单个人的工作，那么在质量方面的节约足以弥补结对编程带来的"冗余"。

16.6 正式技术评审

正式技术评审（FTR）是一种由软件工程师（以及其他人）进行的软件质量控制活动。FTR 的目标是：（1）发现软件的任何一种表示形式中的功能、逻辑或实现上的错误，（2）验证评审中的软件是否满足其需求，（3）保证软件的表示符合预先指定的标准，（4）获得以统一的方式开发的软件，（5）使项目更易于管理。除此之外，FTR 还提供了培训机会，使初级工程师能够了解软件分析、设计和实现的不同方法。由于 FTR 的进行，使大量人员对软件系统中原本并不熟悉的部分更为了解，因此 FTR 还起到了培训后备人员和促进项目连续性的作用。

⊖ 通过网络搜索可以找到数百种评审检查单。例如可以从以下地址下载一个有用的代码评审检查单：https://courses.cs.washington. edu/courses/cse403/12wi/sections/12wi_code_review_checklist.pdf.

FTR 实际上是一类评审方式，包括走查（walkthrough）和审查（inspection）。每次 FTR 都是以会议形式进行的，只有经过适当的计划、控制和参与，FTR 才能获得成功。在后面的几节中，我们将给出类似于走查的典型正式技术评审指导原则。如果你对软件审查以及走查的其他信息感兴趣，可参见 [Rad02]、[Wie02] 或 [Fre90]。

16.6.1 评审会议

不论选用何种 FTR 方式，每个评审会议都应该遵守以下约束：

- 评审会（通常）应该由 3 ~ 5 人参加。
- 应该提前进行准备，但是占用每人的工作时间应该不超过 2 小时。

332
- 评审会的持续时间应该少于 2 小时。

考虑到这些约束，显然 FTR 应该关注的是整个软件中的某个特定（且较小的）部分。比如说，只走查各个构件或者一小部分构件，不要试图评审整个设计。FTR 关注的范围越小，发现错误的可能性越大。

FTR 关注的是某个工作产品（例如，一部分自包含的需求模型、一份详细的构件设计、一个构件的源代码）。开发这个工作产品的个人（生产者）通知项目负责人"该工作产品已经完成，需要进行评审"。项目负责人与评审负责人取得联系，由评审负责人负责评估该工作产品是否准备就绪，制作产品材料副本，并将这些副本分发给 2 ~ 3 位评审员以便事先做准备。每位评审员应该用 1 ~ 2 个小时来评审该工作产品，通过做笔记或者其他方法熟悉该工作产品。与此同时，评审负责人也应该评审该工作产品，并制定评审会议的日程表，通常会安排在第二天开会。

评审会议由评审负责人、所有评审员和开发人员参加。其中一位评审员还充当记录员的角色，负责（书面）记录在评审过程中发现的所有重要问题。FTR 一般从介绍会议日程并由开发人员做简单的介绍开始。然后由开发人员"走查"该工作产品，并对材料做出解释，而评审员则根据预先的准备提出问题。当发现了明确的问题或错误时，记录员逐一加以记录。但是不要过于严厉地指出错误。可以以提出一个问题的方式使开发人员能够发现错误。

在评审结束时，所有 FTR 与会者必须做出以下决定中的一个：（1）可以不经修改而接受该工作产品，（2）由于严重错误而否决该工作产品（错误改正后必须再次进行评审），（3）暂时接受该工作产品（发现了一些必须改正的小错误，但是不需要再次进行评审）。做出决定之后，所有 FTR 与会者都需要签名，以表示他们参加了此次 FTR，并且同意评审小组所做的决定。

16.6.2 评审报告和记录保存

在 FTR 期间，由一名评审员（记录员）主动记录所有提出的问题。在评审会议结束时要对这些问题进行汇总，并生成一份"评审问题清单"。此外，还要完成一份"正式技术评审总结报告"。评审总结报告中要回答以下 3 个问题：

1. 评审的产品是什么？
2. 谁参与了评审？
3. 发现的问题和结论是什么？

评审总结报告通常只是一页纸的形式（可能还有附件）。它是项目历史记录的一部分，有可能将其分发给项目负责人和其他感兴趣的参与方。

评审问题清单有两个作用：（1）标识产品中存在问题的区域，（2）作为行动条目检查单以指导开发人员进行改正。通常将评审问题清单附在评审总结报告的后面。 |333|

为了保证评审问题清单中的每一条问题都得到适当的改正，建立跟踪规程非常重要。只有做到这一点，才能保证提出的问题真正得到"解决"。方法之一就是将跟踪的责任指派给评审负责人。

16.6.3 评审指导原则

进行正式技术评审之前必须制定评审的指导原则，并分发给所有评审员以得到大家的认可，然后才能依照它进行评审。不受控制的评审通常比没有评审还要糟糕。下面列出了最低限度的一组正式技术评审指导原则：

1. **评审工作产品，而不是评审开发人员**。FTR 涉及他人和自己。如果进行得适当，FTR 可以使所有参与者体会到温暖的成就感。如果进行得不适当，则可能陷入一种审问的气氛之中。应该温和地指出错误，会议的气氛应该是轻松和建设性的，不要试图贬低或羞辱他人。评审负责人应该引导评审会议，确保维护适当的气氛和态度，应立即终止已变得失控的评审。

2. **制定并遵守日程表**。各种类型会议的主要缺点之一就是放任自流。必须保证 FTR 不要离题且按照计划进行。评审负责人负有维持会议程序的责任，在有人转移话题时应该提醒他。

3. **限制争论和辩驳**。当评审员提出问题时，未必所有人都认同该问题的严重性。不要花时间去争论这类问题，这类问题应该被记录在案，留到会后进行讨论。

4. **要阐明问题**，但是不要试图解决所有记录的问题。评审不是一个解决问题的会议，问题的解决应该由开发人员自己或是在别人帮助下放到评审会议之后完成。

5. **做笔记**。有时候让记录员在黑板上做笔记是一种很好的方式，这样，在记录员记录信息时，其他评审员可以推敲措辞，并确定问题的优先次序。

6. **限制参与者人数，并坚持事先做准备**。虽然两个人比一个人好，但 14 个人并不一定就比 4 个人好。应该根据需要将参与评审的人员数量限制到最低，而且所有参与评审的小组成员都必须事先做好准备。

7. **为每个将要评审的工作产品建立检查单**。检查单能够帮助评审负责人组织 FTR 会议，并帮助每位评审员将注意力集中到重要问题上。应该为分析、设计、代码甚至测试等工作产品建立检查单。

8. **为 FTR 分配资源和时间**。为了进行有效的评审，应该将评审作为软件过程中的任务列入进度计划，而且还要为由评审结果所引发的不可避免的修改活动分配时间。 |334|

9. **对所有评审员进行有意义的培训**。培训要强调的不仅有与过程相关的问题，而且还应该涉及评审的心理学方面。

10. **评审以前所做的评审**。听取汇报对发现评审过程本身的问题十分有益，最早被评审的工作产品本身就是评审的指导原则。

由于成功的评审涉及许多变数（如参与者数量、工作产品类型、时间和长度、特定的评审方法等），软件组织应该尝试确定何种方法对自己的特定环境最为适用。

在理想情况下，每个软件工程工作产品都要经过正式技术评审。但在实际的软件项目中，由于资源有限和时间不足，即使意识到评审是一种有价值的质量控制机制，评审也常常被省略。无论如何，所有的 FTR 资源应该分配给那些可能具有错误倾向的工作产品。

SafeHome | 质量问题

[场景] Doug Miller 的办公室，SafeHome 软件项目刚开始的时候。

[人物] Doug Miller（SafeHome 软件工程团队经理）以及软件工程团队的其他成员。

[对话]

Doug：我知道，过去我们没有花时间去为这个项目建立质量计划。但是现在项目已经启动，我们必须考虑质量……对吗？

Jamie：是的。我们已经决定了，在建立需求模型（第8章）的时候，Ed 答应负责为每个需求建立测试规程。

Doug：那太好了，可是我们不会等到测试的时候才来评估质量吧，是不是？

Vinod：不会！当然不会。我们已经将评审的进度安排纳入这个软件增量的项目计划中。我们将通过评审开始质量控制。

Jamie：我有点担心我们没有足够的时间来进行所有的评审。事实上，我也知道会这样。

Doug：嗯。那你觉得该怎么办呢？

Jamie：我认为我们应该选择分析和设计模型中对 SafeHome 最关键的元素进行评审。

Vinod：可是如果我们遗漏了模型中某个部分而没有评审，怎么办？

Jamie：也许……但是，我也不能肯定我们是否有时间对模型中的每个元素进行抽样。

Vinod：Doug，你想让我们怎么做？

Doug：参照极限编程（第3章）。我们结对（两个人）找出每个模型中的元素，并同时进行非正式评审。之后我们将能够明确"关键"元素，以进行更正式的团队评审，但是应将这样的评审减到最少。这样的话，所有的事情都不只一组人员检查过了，但我们仍然可以维持原来的交付日期。

Jamie：就是说我们必须重新调整进度。

Doug：就是这样。在这个项目上质量高于进度。

16.7 产品完成后评估

如果软件团队在将软件交付给最终用户后花些时间评估软件项目的结果，那么他们会学到很多东西。在一个特定项目中应用软件工程过程和实践时，Baaz 和他的同事 [Baa10] 建议使用产品完成后评估（Postmortem Evaluation，PME）作为一种机制来确定什么是对的、什么是错的。

不同于 FTR 专注于特定的工作产品，PME 更像 Scrum 回顾会议（3.4.5节）。PME 检查整个软件项目，重点放在"优点（成绩和正面的经验）和挑战（问题和负面的体验）"[Baa10]。PME 通常以研讨的形式进行，软件团队成员和利益相关者参加研讨，其目的是识别优点和挑战，从这两个方面吸取经验和教训，目标是提出促进过程和实践向前发展的改进意见。许多软件工程师将 PME 文档视为保存在项目档案中最有价值的文档。

16.8 敏捷评审

一些软件工程师不愿在敏捷开发的过程中加入任何形式的评审，这一情况并不奇怪。但是，如果不尽早发现存在的错误或者缺陷，可能会浪费大量的时间和资源。忽略技术债务并不会让它消失。与所有软件开发人员一样，敏捷开发人员也需要尽早（而且经常）发现缺陷。诚然，让敏捷开发人员使用度量可能要更困难一些，但其中一些度量指标也可以比较容易地采集到。

如果我们仔细研究 Scrum 框架（3.4 节），其实会在多处进行非正式和正式评审。在冲刺规划会议期间，在选择下一个冲刺中要包含的用户故事之前，用户故事将根据优先级进行评审和排序。每天的 Scrum 会议是以一种非正式的方式，确保团队成员都能按照相同的优先级工作，并找出可能会影响按时完成冲刺的缺陷。敏捷开发人员经常使用结对编程的模式，这是另一种非正式评审技术。冲刺评审会议通常使用类似于正式技术评审中指导原则的准则作为引导。编程人员走查冲刺所选择的用户故事，并向产品负责人说明所有功能都具备。与FTR 不同的是，产品负责人有是否接受冲刺原型的最终决定权。

回顾我们之前所推荐的过程模型的评估原型部分（4.5 节），该任务也有可能作为一项正式技术评审来进行，并在其中添加开发风险评估。我们前面提到过（16.7 节），冲刺回顾会议与产品完成后评估的会议相似，因为开发团队总是一直在试着汲取经验教训。软件质量保证的一个重要方面就是要能够重复成功并避免重复错误。

336

16.9　小结

每次技术评审的目的都是找出错误和发现可能对将要部署的软件产生负面影响的问题。越早发现并纠正错误，错误传播到其他软件工程工作产品并扩大自身产品错误的可能性就越小，继而导致需要更多的工作来纠正错误的可能性也越小。

为了确定质量控制活动是否在起作用，应该收集一组度量。评审度量的重点放在进行评审需要的工作量、评审中发现的错误的类型和严重程度方面。一旦收集了度量数据，就可以用来评估你所进行的评审的效率。行业数据显示评审能够提供可观的投资回报。

评审形式的参考模型以评审人员承担的职责、计划和筹备、会议结构、纠正的办法和验证为特征，这些特征表明了进行评审的正式程度。非正式评审在性质上是临时的，但仍然可以有效地用于发现错误。正式评审更有条理，最有可能产生高质量软件。

非正式评审的特点是最低限度的规划和准备，并少有记录。桌面检查和结对编程属于非正式评审。

正式技术评审是一个程式化的会议，已证明在发现错误方面是非常有效的。正式技术评审为每个评审人员建立了确定的职责，鼓励计划和事先准备，需要应用规定的评审原则、授权专人做好记录和状态报告。

习题与思考题

16.1　解释错误和缺陷之间的不同。

16.2　为什么我们不能只是等到测试的时候才去发现和纠正所有的软件错误？

16.3　假设需求模型引入了 10 个错误，每个错误按 2∶1 的比例在设计阶段放大，设计阶段引入了另外的 20 个错误，并且这 20 个错误按 1.5∶1 的比例在编码阶段放大，在编码阶段又引入了另外 30 个错误。进一步假设，所有单元测试会发现所有错误的 30%，集成测试将找到剩余错误的 30%，确认测试会发现剩余错误的 50%。若没有进行评审，则会有多少错误发布给最终用户？

16.4　重新考虑习题 16.3 所述情形，但现在假设进行了需求评审、设计评审和代码评审，并且这些步骤能有效地发现所有错误的 60%。那么有多少错误将被发布出去?

16.5 重新考虑习题 16.3 和习题 16.4 所述情形,对于每个已发布的错误,发现和改正错误的成本是 4800 美元,在评审时发现并改正每个错误的成本是 240 美元,通过进行评审可节约多少钱?

16.6 用你自己的话描述图 16-1 的含义。

337 16.7 桌面检查可能造成问题而没有带来好处,你能想到几个实例吗?

16.8 仅当每个参与者都事先进行了准备时,正式技术评审才有效的。你如何识别没有准备好的评审参与者?如果你是评审负责人,你该如何做?

16.9 如何在敏捷过程模型中解决技术债务?

338 16.10 考虑 16.6.3 节提出的所有评审准则,你认为哪一条是最重要的,为什么?

软件质量保证

要 点 概 览

概念：仅仅说"软件质量是重要的"是不够的，还必须：(1) 明确定义"软件质量"的概念；(2) 创建一组活动，这些活动将有助于保证每个软件工程的工作产品表现出高质量；(3) 对每个软件项目实施质量控制和质量保证活动；(4) 使用度量技术来制定软件过程改进的策略，进而提高最终产品的质量。

人员：软件工程过程中涉及的每个人都要对质量负责。

重要性：要么一次做好，要么返工重做。如果软件团队在每个软件工程活动中都强调质量，则会减少必须进行的返工量，进而降低成本，更为重要的是可以缩短面市时间。

步骤：在软件质量保证（SQA）活动启动前，必须按照多个不同的抽象层次来定义"软件质量"。理解了质量的含义之后，软件团队必须确定一组 SQA 活动来过滤掉工作产品中的错误，以免这些错误再继续传播下去。

工作产品：为了制定软件团队的 SQA 策略，需要建立"软件质量保证计划"。在建模、编码阶段，主要的 SQA 工作产品是技术评审的输出（第 16 章）；在测试阶段（第 19～21 章），主要的 SQA 工作产品是制定的测试计划和测试规程。也可能产生其他与过程改进相关的工作产品。

质量保证措施：在错误变成缺陷之前发现它！也就是说，尽量提高缺陷排除效率（第 23 章），进而减少软件团队不得不付出的返工量。

本书中描述的软件工程方法只有一个目标：在计划时间内生产高质量的软件。然而很多读者会遇到这样一个问题：什么是软件质量？

Philip Crosby[Cro79] 在他的有关质量的且颇具影响力的著作中间接地回答了这个问题：

质量管理的问题不在于人们不知道什么是质量，而在于人们自认为知道什么是质量……

每个人都需要质量（当然，是在特定条件下），每个人都觉得自己理解它（尽管人们不愿意解释它），每个人都认为只要顺其自然就可以（毕竟，我们还是做得不错）。当然，大多数人都认为这一领域的问题都是由他人引起的（只要他们肯花时间就能把事情做好）。

的确，质量是一个具有挑战性的概念，我们已经在第 15 章进行了详细论述⊖。

有些软件开发者仍然相信软件质量是在编码完成后才应该开始担心的

⊖ 如果还没有阅读第 15 章，那么现在应该阅读一下。

事。事实绝非如此！软件质量保证（通常称为质量管理）是贯穿整个软件过程的一种普适性活动（第 2 章）。

软件质量保证包含（如图 17-1 所示）：（1）SQA 过程；（2）具体的质量保证和质量控制任务（包括技术评审和多层次测试策略）；（3）有效的软件工程实践（方法和工具）；（4）对所有软件工作产品及其变更的控制（第 22 章）；（5）确保符合软件开发标准的流程（在适用的情况下）；（6）测量和报告机制。

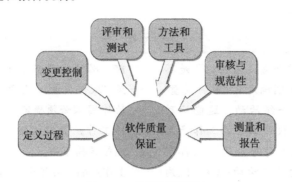

图 17-1   软件质量保证

本章侧重于管理问题和特定的过程活动，以使软件组织确保"在恰当的时间以正确的方式做正确的事情"。

17.1   背景问题

对于任何为他人生产产品的企业来说，质量控制和质量保证都是必不可少的活动。在 20 世纪之前，质量控制只由制造产品的工匠承担。随着时间的推移和大规模生产技术的普及，质量控制开始由生产者之外的其他人承担。

第一个正式的质量保证和控制方案于 1916 年由贝尔实验室提出，此后迅速风靡整个制造业。在 20 世纪 40 年代，出现了更多正式的质量控制方法。这些方法都将测量和持续的过程改进 [Dem86] 作为质量管理的关键要素。

软件开发质量保证的历史和硬件制造质量的历史同步。在计算机发展的早期（20 世纪 50 年代和 60 年代），质量保证只由程序员承担。软件质量保证的标准是 20 世纪 70 年代首先在军方的软件开发合同中出现的，此后迅速传遍整个商业界的软件开发活动 [IEE17]。延伸前述的质量定义，软件质量保证就是为了保证软件高质量而必需的"有计划的、系统化的行动模式"[Sch01]。质量保证责任的范围最好可以用曾经流行的一个汽车业口号来概括："质量是头等重要的工作。"对软件来说含义就是，各个参与者都对软件质量负有责任——包括软件工程师、项目管理者、客户、销售人员和 SQA 小组成员。

SQA 小组充当客户在公司内部的代表。也就是说，SQA 小组成员必须从客户的角度来审查软件。软件是否充分满足第 15 章中提出的各项质量因素？软件工程实践是否依照预先制定的标准进行？作为 SQA 活动一部分的技术规范是否恰当地发挥了作用？SQA 小组的工作将回答上述这些问题以及其他问题，以确保软件质量得到维持。

17.2   软件质量保证的要素

软件质量保证涵盖了广泛的内容和活动，这些内容和活动侧重于软件质量管理，可以归

纳如下 [Hor03]。

标准。IEEE、ISO 及其他标准化组织制定了一系列广泛的软件工程标准和相关文件。标准可能是软件工程组织自愿采用的，或者是客户或其他利益相关者要求采用的。软件质量保证的任务是要确保遵循所采用的标准，并保证所有的工作产品符合标准。

评审和审核。技术评审是由软件工程师执行的质量控制活动（第 16 章），目的是发现错误。审核是一种由 SQA 人员执行的评审，意图是确保软件工程工作遵循质量准则。例如，要对评审过程进行审核，确保以最有可能发现错误的方式进行评审。

测试。软件测试（19 ～ 21 章）是一种质量控制功能，它有一个基本目标——发现错误。SQA 的任务是要确保测试计划适当且实施有效，以便最有可能实现软件测试的基本目标。

错误 / 缺陷的收集和分析。改进的唯一途径是衡量做得如何。软件质量保证人员收集并分析错误和缺陷数据，以便更好地了解错误是如何引入的，以及什么样的软件工程活动最适合消除它们。

变更管理。变更是对所有软件项目最具破坏性的一个方面。如果没有适当的管理，变更可能会导致混乱，而混乱几乎总是导致低质量。软件质量保证将确保进行足够的变更管理实践（第 22 章）。

教育。每个软件组织都想改进其软件工程实践。改进的关键因素是对软件工程师、项目经理和其他利益相关者的教育。软件质量保证组织牵头软件过程改进（第 28 章），也是教育计划的关键支持者和发起者。

供应商管理。可以从外部软件供应商获得三种类型的软件：（1）简易包装软件包（shrink-wrapped package，例如微软的 Office）；（2）定制外壳（tailored shell）[Hor03]——提供可以根据购买者需要进行定制的基本框架结构；（3）合同软件（contracted software）——按客户公司提供的规格说明定制设计和构建。软件质量保证组织的任务是，通过建议供应商应遵循的具体的质量做法（在可能的情况下），并将质量要求作为与任何外部供应商签订合同的一部分，确保高质量的软件成果。

安全防卫。随着网络犯罪和新的关于隐私的政府法规的增加，每个软件组织应制定对策，在各个层面上保护数据，建立防火墙保护移动 App，并确保软件在内部没有被篡改。软件质量保证确保使用适当的过程和技术来实现软件安全（第 18 章）。

安全。因为软件几乎总是人工设计系统（例如，汽车或飞机应用系统）的关键组成部分，所以潜在缺陷的影响可能是灾难性的。软件质量保证可能负责评估软件失效的影响，并负责启动那些减少风险所必需的步骤。

风险管理。尽管分析和减轻风险（第 26 章）是软件工程师考虑的事情，但是软件质量保证组应确保风险管理活动适当进行，且已经建立风险相关的应急计划。

除了以上这些问题和活动，软件质量保证还确保将质量作为主要关注对象的软件支持活动（如维护、求助热线、文件和手册）可以高质量地进行和开展。

17.3 软件质量保证的过程和产品特征

当我们开始讨论软件质量保证时，值得注意的是，在一个软件环境中运行良好的 SQA 步骤和方案可能在另一个软件环境中出现问题。即使在采用一致软件工程方法[⊖]的同一个公

⊖ 例如，CMMI 定义的过程和实践（第 28 章）。

司，不同的软件产品也可能表现出不同水平的质量 [Par11]。

解决这一困境的方法是在理解软件产品具体的质量需求之后，选取可以用来达到那些需求的过程和具体的 SQA 活动和任务。软件工程研究所的 CMMI 和 ISO 9000 标准是最常用的软件过程框架，两者各提出一套"语法和语义"[Par11]，以引导软件工程实践，从而提高产品质量。通过选择框架要素以及使这些要素与某特定产品的质量要求相匹配，软件组织"协调"使用两个模型，而不是实例化一个框架的全部。

17.4　软件质量保证的任务、目标和度量

软件质量保证是由多种任务组成的，这些任务是与两种不同的人群相联系的——这两种人群分别是做技术工作的软件工程师和负有质量保证计划、监督、记录、分析和报告责任的软件质量保证组。

如图 17-2 所示，现代软件质量保证通常是数据驱动的。产品的利益相关者定义目标和质量测度，确定问题领域，度量相关指标，并确定是否需要更改过程。软件工程师通过采用可靠的技术方法和措施，进行技术评审，并进行计划周密的软件测试来解决质量问题（和执行质量控制活动）。

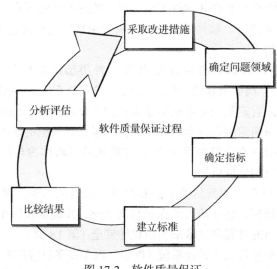

图 17-2　软件质量保证

17.4.1　软件质量保证的任务

软件质量保证组的行动纲领是协助软件团队实现高品质的最终产品。软件工程研究所推荐一套质量保证活动，即质量保证计划、监督、记录、分析和报告。这是一些由独立的软件质量保证组执行（和完成）的活动：

编制项目质量保证计划。该计划作为项目计划的一部分，并经所有利益相关者评审。软件工程组和软件质量保证组进行的质量保证活动都受该计划支配。该计划确定要进行的评估、要进行的审核和评审、适用于项目的标准、错误报告和跟踪的规程、软件质量保证组产出的工作产品以及将提供给软件团队的反馈意见。

参与编写项目的软件过程描述。软件团队选择完成工作的过程。软件质量保证组审查该过程描述是否符合组织方针、内部软件标准、外部要求的标准（例如 ISO-9001），以及是否

与软件项目计划的其他部分一致。

评审软件工程活动，以验证其是否符合规定的软件过程。软件质量保证组识别、记录和跟踪偏离过程的活动，并验证是否已做出更正。

审核指定的软件工作产品以验证是否遵守作为软件过程一部分的那些规定。质量保证工作小组审查选定的产品，识别、记录并跟踪偏差，验证已经做出的更正，并定期向项目经理报告其工作成果。

确保根据文档化的规程记录和处理软件工作和工作产品中的偏差。在项目计划、过程描述、适用的标准或软件工程工作产品中可能会遇到偏差。

记录各种不符合项并报告给高层管理人员。跟踪不符合项，直到解决。

除了这些活动，软件质量保证组还协调变更的控制和管理（第22章），并帮助收集和分析软件度量。

| SafeHome | 软件质量保证 |

[场景] Doug Miller 的办公室，SafeHome 软件项目开始。

[人物] Doug Miller（SafeHome 软件工程团队经理）和产品软件工程团队的其他成员。

[对话]

Doug: 非正式评审进行得怎么样了？

Jamie: 我们正在进行项目关键部分的非正式评审，这一部分在测试之前采用结对编程方法，进展比预想的要快。

Doug: 好的，可是我想让 Bridget Thorton 的 SQA 组来审查我们的工作产品，以保证项目是在遵循我们的软件过程，且是符合我们的质量目标的。

Venod: 他们不是在做大部分的测试吗？

Doug: 是的，但 QA 要比测试做更多的事。我们需要保证文档和代码是一致的，并且保证在集成新构件时不引入错误。

Jamie: 我真的不想由于他们发现的问题而被评头论足。

Doug: 别担心，审核的重点是要检查我们的工作产品是否符合需求，以及活动的过程。我们只会使用审核结果努力改善过程和软件产品。

Venod: 我相信这将花费更多的时间。

Doug: 从长远来看，当我们尽早发现缺陷时，这将会节省时间，如果早期发现缺陷，修复缺陷也能花费更低的成本。

Jamie: 那么，这听起来是好事。

Doug: 同样重要的是确定哪些活动引入了缺陷，将来增加评审任务来捕获这些缺陷。

Venod: 这将帮助我们确定我们是否足够仔细地对评审活动进行了抽样。

Doug: 我认为长远来看 SQA 活动将使我们成为更好的团队。

17.4.2　目标、属性和度量

执行上节所述的软件质量保证活动，是要实现一套务实的目标。

需求质量。需求模型的正确性、完整性和一致性将对所有后续工作产品的质量有很大的影响。软件质量保证必须确保软件团队严格评审需求模型，以达到高水平的质量。

设计质量。软件团队应该评估设计模型的每个元素，以确保设计模型显示出高质量，并且设计本身符合需求。SQA 应该找出能反映设计质量的属性。

代码质量。源代码和相关的工作产品（例如其他说明资料）必须符合本地的编码标准，

[345] 并具有易于维护的特点。SQA 应该找出那些能合理分析代码质量的属性。

质量控制有效性。软件团队应使用有限的资源，在某种程度上最有可能得到高品质的结果。SQA 分析用于评审和测试上的资源分配，评估其分配方式是否最为有效。

对于所讨论的每个目标，表 17-1 [Hya96] 标出了现有的质量属性。可以使用度量数据来标明所示属性的相对强度。

表 17-1 软件质量的目标、属性和度量（来源：摘自 Hyatt, L. and Rosenberg, L., "A Software Quality Model and Metrics for Identifying Project Risks and Assessing Software Quality," NASA SATC, 1996。）

目 标	属 性	度 量
需求质量	歧义	模糊修饰词的数量（例如：许多、大量、与人友好）
	完备性	TBA 和 TBD 的数量
	可理解性	节 / 小节的数量
	易变性	每项需求变更的数量
		变更所需要的时间（通过活动）
	可追溯性	不能追溯到设计 / 代码的需求数
	模型清晰性	UML 模型数
		每个模型中描述文字的页数
		UML 错误数
设计质量	体系结构完整性	是否存在现成的体系结构模型
	构件完备性	追溯到结构模型的构件数
		过程设计的复杂性
	接口复杂性	挑选一个典型功能或内容的平均数
		布局是否合理
	模式	使用的模式数量
代码质量	复杂性	环路复杂性
	可维护性	设计要素
	可理解性	内部注释的百分比
		变量命名约定
		可重用构件的百分比
	可重用性	可重用构件的百分比
	文档	可读性指数
质量控制效率	资源分配	每个活动花费的人员时间百分比
	完成率	实际完成时间与预算完成时间之比
	评审效率	参见评审度量
	测试效率	发现的错误及关键性问题数
		改正一个错误所需的工作量
[346]		错误的根源

17.5 软件质量保证的形式化方法

前面几节讨论了软件质量是每个人的工作，可以通过出色的软件工程实践以及通过应用技术评审、多层次的测试策略、更好地控制软件工作产品和所做的变更、应用可接受的软件

工程标准和过程框架来实现。此外，质量可定义成一组质量属性，并使用各种指标和度量进行（间接）测量。

在过去的 30 年中，软件界有一群人——虽然不多但是很坚决——指出软件质量保证应该采用一种更为形式化的方法。一段计算机程序相当于一个数学对象，每一种程序设计语言都有一套定义严格的语法和语义，而且软件需求规格说明也有严格的方法。如果需求模型（规格说明）和程序设计语言都以严格的方式表示，就可以采用程序正确性证明来说明程序是否严格符合其规格说明。

程序正确性证明并不是什么新的思路。Dijkstra [Dij76a] 和 Linger、Mills 和 Witt [Lin79]以及其他很多人都倡导程序正确性证明，并将它与结构化程序设计概念的使用联系在一起。虽然一些软件工程研究人员对形式化方法很感兴趣，但是在 2018 年商业开发人员还是很少使用形式化方法。

17.6 统计软件质量保证

统计质量保证反映了一种在产业界不断增长的趋势：质量的量化。对于软件而言，统计质量保证包含以下步骤：

1. 收集软件的错误和缺陷信息，并进行分类。
2. 追溯每个错误和缺陷形成的根本原因（例如，不符合规格说明、设计错误、违背标准、缺乏与客户的交流）。
3. 使用 Pareto 原则（80% 的缺陷可以追溯到所有可能原因中的 20%），将这 20%（重要的少数）原因分离出来。
4. 一旦找出这些重要的少数原因，就可以开始纠正引起错误和缺陷的问题。

统计质量保证这个比较简单的概念代表的是创建自适应软件过程的一个重要步骤，在这个过程中要进行修改，以改进那些引入错误的过程元素。

17.6.1 一个普通的例子

举一个例子来说明统计方法在软件工程工作中的应用。假定软件开发组织收集了为期一年的错误和缺陷信息，其中有些错误是在软件开发过程中发现的，另外一些缺陷则是在软件交付给最终用户之后发现的。尽管发现了数以百计的不同问题，但所有问题都可以追溯到下述原因中的一个或几个： 347

- 不完整或错误的规格说明（IES）。
- 与客户交流中所产生的误解（MCC）。
- 故意违背规格说明（IDS）。
- 违反程序设计标准（VPS）。
- 数据表示有错（EDR）。
- 构件接口不一致（ICI）。
- 设计逻辑的错误（EDL）。
- 不完整或错误的测试（IET）。
- 不准确或不完整的文档（IID）。
- 将设计转换为程序设计语言实现时的错误（PLT）。
- 不清晰或不一致的人机界面（HCI）。

- 其他（MIS）。

为了使用统计质量保证方法，需要建一张如表 17-2 所示的表格。表中显示 IES、MCC 和 EDR 即是"重要的少数"，它们导致的错误占错误总数的 53%。但是需要注意，在只考虑严重错误时，应该将 IES、EDR、PLT 和 EDL 作为"重要的少数"。一旦确定了这些重要的少数原因，软件开发组织就可以开始采取改正行动了。例如，为了改正 MCC 错误，软件开发者可能要采用需求收集技术（第 7 章），以提高与客户交流和规格说明的质量。为了改正 EDR 错误，开发者可能要使用工具进行数据建模，并进行更为严格的数据设计评审。

表 17-2   统计 SQA 的数据集

错误	总计		严重		中等		微小	
	数量	百分比	数量	百分比	数量	百分比	数量	百分比
IES	205	22%	34	27%	68	18%	103	24%
MCC	156	17%	12	9%	68	18%	76	17%
IDS	48	5%	1	1%	24	6%	23	5%
VPS	25	3%	0	0%	15	4%	10	2%
EDR	130	14%	26	20%	68	18%	36	8%
ICI	58	6%	9	7%	18	5%	31	7%
EDL	45	5%	14	11%	12	3%	19	4%
IET	95	10%	12	9%	35	9%	48	11%
IID	36	4%	2	2%	20	5%	14	3%
PLT	60	6%	15	12%	19	5%	26	6%
HCI	28	3%	3	2%	17	4%	8	2%
MIS	56	6%	0	0%	15	4%	41	9%
总计	942	100%	128	100%	379	100%	435	100%

[348]

值得注意的是，改正行动主要是针对"重要的少数"。随着这些"重要的少数"被不断改正，新的"重要的少数"将提到改正日程上来。

已经证明统计软件质量保证技术确实使质量得到了提高（例如 [Rya11]、[Art97]）。在某些情况下，应用这些技术后，软件组织已经取得每年减少 50% 缺陷的好成绩。

统计 SQA 及 Pareto 原则的应用可以用一句话概括：**将时间用于真正重要的地方，但是首先你必须知道什么是真正重要的！**

17.6.2   软件工程的六西格玛

六西格玛是目前产业界应用最广泛的基于统计的质量保证策略。20 世纪 80 年代在摩托罗拉公司最先普及的六西格玛策略"是一种业务管理策略，旨在通过最小化过程中的变化和缺陷原因来提高过程输出的质量。它是全面质量管理（Total Quality Management, TQM）方法的一个子集，侧重于应用统计来降低成本和提高质量"[Voe18]。"六西格玛"一词来源于六个标准偏差——每百万个操作发生 3.4 个偏差（缺陷），它意味着非常高的质量标准。六西格玛方法学有三个主要的核心步骤：

- 定义：通过与客户交流的方法来定义客户需求、可交付的产品及项目目标。
- 测量：测量现有的过程及其产品，以确定当前的质量状况（收集缺陷度量信息）。
- 分析：分析缺陷度量信息，并挑选出重要的少数原因。

如果某个现有软件过程是适当的，只是需要改进，则六西格玛还需要另外两个核心步骤：

- 改进：通过消除缺陷根本原因的方式来改进过程。
- 控制：控制过程以保证以后的工作不会再引入缺陷原因。

这些核心步骤和附加步骤有时被称为 DMAIC（定义、测量、分析、改进和控制）方法。

如果某组织正在建立一个软件过程（而不是改进现有的过程），则需要增加下面两个核心步骤：

- 设计：设计过程，以达到：（1）避免缺陷产生的根本原因；（2）满足客户需求。
- 验证：验证过程模型是否确实能够避免缺陷，并且满足客户需求。

上述步骤有时称为 DMADV（定义、测量、分析、设计和验证）方法。

关于六西格玛的全面讨论不是本书重点，有兴趣的读者可参考 [Voe18]、[Pyz14] 和 [Sne18]。

349

17.7　软件可靠性

毫无疑问，计算机程序的可靠性是其整个质量的重要组成部分。如果某个程序经常且反复地不能执行，那么其他软件质量因素是不是可接受就无所谓了。

与其他质量因素不同，软件可靠性可以通过历史数据和开发数据直接测量和估算出来。按统计术语所定义的软件可靠性是："在特定环境和特定时间内，计算机程序正常运行的概率" [Mus87]。举个例子来说，如果程序 X 在 8 小时处理时间内的可靠性估计为 0.999，也就意味着，如果程序 X 执行 1000 次，每次运行 8 小时处理时间（执行时间），则 1000 次中正确运行（无失效）的次数可能是 999 次。

无论何时谈到软件可靠性，都会涉及一个关键问题：术语失效（failure）一词是什么含义？在有关软件质量和软件可靠性的任何讨论中，失效都意味着与软件需求的不符。但是这一定义是有等级之分的。失效可能仅仅是令人厌烦的，也可能是灾难性的。有的失效可以在几秒钟之内得到纠正，有的则需要几个星期甚至几个月的时间才能纠正。让问题更加复杂的是，纠正一个失效事实上可能会引入其他的错误，而这些错误最终又会导致其他的失效。

17.7.1　可靠性和可用性的测量

早期的软件可靠性测量工作试图将硬件可靠性理论中的数学公式外推来进行软件可靠性的预测。大多数与硬件相关的可靠性模型依据的是由于"磨损"而导致的失效，而不是由于设计缺陷而导致的失效。在硬件中，由于物理磨损（如温度、腐蚀、振动的影响）导致的失效远比与设计缺陷有关的失效多。不幸的是，软件恰好相反。实际上，所有软件失效都可以追溯到设计或实现问题上，磨损（第 1 章）在这里根本没有影响。

硬件可靠性理论中的核心概念以及这些核心概念是否适用于软件，对这个问题的争论仍然存在。尽管在两种系统之间尚未建立不可辩驳的联系，但是考虑少数几个同时适用于这两种系统的简单概念却很有必要。

当我们考虑基于计算机的系统时，可靠性的简单测量是平均失效间隔时间（Mean Time Between Failure，MTBF）$^{\ominus}$：

$$MTBF=MTTF+MTTR$$

$\ominus$　需要注意的是，MTBF 和相关测量是基于 CPU 时间，而不是时钟时间。

其中，MTTF（Mean Time To Failure）和 MTTR（Mean Time To Repair）分别是平均失
效时间和平均维修时间[⊖]。

许多研究人员认为 MTBF 是一个远比第 23 章讨论的其他与质量有关的软件度量更有用
的测量指标。简而言之，最终用户关心的是失效，而不是总缺陷数。由于一个程序中包含的
每个缺陷所具有的失效率不同，因此总缺陷数难以表示系统的可靠性。例如，考虑一个程
序，已运行 3000 处理器小时没有发生故障。该程序中的许多缺陷在被发现之前可能有数万
小时都不会被发现。隐藏如此之深的错误的 MTBF 可能是 30 000 甚至 60 000 处理器小时。
其他尚未发现的缺陷，可能有 4000 或 5000 处理器小时的失效率。即使第一类错误（那些具
有长时间的 MTBF）都去除了，对软件可靠性的影响也是微不足道的。

然而，MTBF 可能会产生问题的原因有两个：（1）它突出了失效之间的时间跨度，但不
会为我们提供一个凸显的失效率；（2）MTBF 可能被误解为平均寿命，即使这不是它的含义。

可靠性的另一个可选衡量指标是失效率（Failures In Time，FIT）——一个部件每 10 亿
机时发生多少次失效的统计测量。因此，1 FIT 相当于每 10 亿机时发生一次失效。

除可靠性测量之外，还应该进行可用性测量。软件可用性是指在某个给定时间点上程序
能够按照需求执行的概率。其定义为：

$$可用性 = \frac{MTTF}{MTTF + MTTR} \times 100\%$$

MTBF 可靠性测量对 MTTF 和 MTTR 同样敏感。而可用性测量在某种程度上对 MTTR
较为敏感，MTTR 是对软件可维护性的间接测量。当然，可用性的某些方面与失效无关。例
如，计划停机时间（起支持作用）也会导致软件不可用。有关软件可靠性测量的更广泛讨论
可参见 [Laz11]。

17.7.2   使用人工智能对可靠性进行建模

一些软件工程师认为数据科学是人工智能技术在解决软件工程问题中的应用。人工智能
方法尝试做的一件事是为那些所需数据可能不完整的问题提供合理的解决方案。软件可靠性
是指在特定的环境中，在特定的时间段内，软件无失效运行的概率。其实我们永远无法知道
软件产品失效的确切时刻，因为我们永远无法获得计算概率所需的完整数据。

多年来，软件工程师一直在定量决策中使用基于贝叶斯定理[⊖]的统计技术。贝叶斯推理
是一种统计推理方法，当有更多的证据或信息可用时，用贝叶斯定理来更新假设的概率（如
系统可靠性）。即使缺失某些信息，贝叶斯推理仍可以使用历史数据来估计概率的数值。使
用贝叶斯技术可以实时解决超出人类推理能力的概率估算问题 [Tos17]。

15.4.3 节简要讨论了使用机器学习进行主动的失效预测。在交付当前冲刺开发的原型之
前，最好能够预测后续冲刺中的系统失效。利用预测数据分析，例如使用包括 MTBF 的回
归模型来估算在未来的原型中可能出现缺陷的位置和类型 [Bat18]。

遗传算法是一种应用于人工智能和计算的启发式搜索方法。基于自然选择和进化生物学
的理论，它被用来寻找问题的近似最优解。遗传算法可以通过发现历史系统数据中的关系来

⊖ 尽管发生失效后可能需要进行调试（和相关的改正），但在大多数情况下，软件不做任何修改，经过重新启动
就正常工作。

⊖ 贝叶斯定理 $P(A|B) = (P(B|A)*P(A))/P(B)$ 用于计算条件概率。想了解更多详情，参见 http://www.statisticshowto.
com/bayes-theorem-problems/。

建立可靠性模型。这些模型被用来识别将来可能失效的软件构件。有时这些模型是在代码编写之前根据 UML 模型估算出的度量指标来创建的 [Pad17]。对于有兴趣重构软件产品或在其他产品中复用软件构件的开发人员来说，这种类型的工作非常重要。

17.7.3 软件安全

软件安全是一种软件质量保证活动，它主要用来识别和评估可能对软件产生负面影响并促使整个系统失效的潜在灾难。如果能够在软件过程的早期阶段识别出这些灾难，就可以指定软件设计特性来消除或控制这些潜在的灾难。

建模和分析过程可以视为软件安全的一部分。开始时，根据危险程度和风险高低对灾难进行识别和分类。例如，与汽车上的计算机巡航控制系统相关的灾难可能有：（1）产生失去控制的加速，不能停止；（2）踩下刹车踏板后没有反应（关闭）；（3）开关打开后不能启动；（4）减速或加速缓慢。一旦识别出这些系统级的灾难，就可以运用分析技术来确定这些灾难发生的严重性和概率⊖。为了达到高效，应该将软件置于整个系统中进行分析。例如，一个微小的用户输入错误（人也是系统的组成部分）有可能会被软件错误放大，产生将机械设备置于不正确位置的控制数据，此时当且仅当外部环境条件满足时，机械设备的不正确位置将引发灾难性的失效。失效树分析、实时逻辑及 Petri 网模型等分析技术 [Eri15] 可以用于预测可能引起灾难的事件链，以及事件链中的各个事件出现的概率。

一旦完成了灾难识别和分析，就可以进行软件中与安全相关的需求规格说明了。在规格说明中包括一张不希望发生的事件清单，以及针对这些事件所希望产生的系统响应。这样就指明了软件在管理不希望发生的事件方面应起的作用。

尽管软件可靠性和软件安全彼此紧密相关，但是弄清它们之间的微妙差异非常重要。软件可靠性使用统计分析的方法来确定软件失效发生的可能性，而失效的发生未必导致灾难或灾祸。软件安全则考察失效导致灾难发生的条件。也就是说，不能在真空中考虑失效，而是要在整个计算机系统及其所处环境的范围内加以考虑。

软件安全的全面讨论超出了本书的范围，对软件安全和相关系统问题有兴趣的读者可参考 [Fir13]、[Har12a] 和 [Lev12]。

17.8　ISO 9000 质量标准⊖

质量保证体系可以定义为：用于实现质量管理的组织结构、责任、规程、过程和资源 [ANS87]。创建质量保证体系的目的是帮助组织以符合规格说明的方式，保证组织的产品和服务满足客户的期望。这些体系覆盖了产品整个生命周期的多种活动，包括计划、控制、测量、测试和报告，并在产品的开发和制造过程中改进质量等级。ISO 9000 标准以通用的术语描述了质量保证体系要素，能够适用于任何行业——不论提供的是何种产品或服务。

某个公司要注册成为 ISO 9000 质量保证体系中的一种模式，该公司的质量体系和实施情况应该由第三方的审核人员仔细检查，查看其是否符合标准以及实施是否有效。成功注册之后，这个公司将获得由审核人员所代表的注册登记实体颁发的证书。此后每半年进行一次

⊖ 这个方法与第 26 章介绍的风险分析方法类似，主要区别是它注重技术问题，而不是项目相关的问题。

⊖ 本节由 Michael Stovsky 编写，根据 "Fundamentals of ISO 9000" 改编，这是由 R. S. Pressman & Associates, Inc. 为音像教程 "Essential Software Engineering" 开发的工作手册。使用已得到授权。

监督审核，以保证该公司的质量体系持续符合标准。

ISO 9001:2015 中描述的质量要求涉及管理者责任、质量体系、合同评审、设计控制、文件和资料控制、产品标识与可追溯性、过程控制、检验和试验、纠正及预防措施、质量记录的控制、内部质量审核、培训、服务以及统计技术等主题。软件组织要登记为 ISO 9001:2015 认证，就必须针对上述每个方面的质量要求（以及其他方面的质量要求）制定相关的政策和规程，并且有能力证明组织活动的确是按照这些政策和规程实施的。希望进一步了解有关 ISO 9001:2015 信息的读者可参考 [ISO14]。

[353]

信息栏 ISO 9001:2015 标准

下面的大纲定义了 ISO 9001:2015 标准的基本要素。与标准有关的详细信息可从国际标准化组织（www.iso.ch）及其他网络信息源（如 www.praxiom.com）找到。

- 建立质量管理体系的要素。
  - 建立、实施和改进质量体系。
  - 制定质量方针，强调质量体系的重要性。
- 编制质量体系文件。
  - 描述过程。
  - 编制操作手册。
  - 制定控制（更新）文件的方法。
  - 制定记录保存的方法。
- 支持质量控制和质量保证。
  - 提高所有利益相关者对质量重要性的认识。
  - 注重客户满意度。
  - 制定质量计划来描述目的、职责

和权力。
  - 制定所有利益相关者间的交流机制。
- 为质量管理体系建立评审机制。
  - 确定评审方法和反馈机制。
  - 制定跟踪程序。
- 确定质量资源（包括人员、培训、基础设施要素）。
- 建立控制机制。
  - 针对计划。
  - 针对客户需求。
  - 针对技术活动（如分析、设计、试验）。
  - 针对项目监测和管理。
- 制定补救措施。
  - 评估质量数据和度量。
  - 为持续的过程和质量改进制定措施。

17.9 软件质量保证计划

SQA 计划为软件质量保证提供了一张路线图。该计划由 SQA 小组（如果没有 SQA 小组，则由软件团队）制定，作为各个软件项目中 SQA 活动的模板。

IEEE 已经公布了 SQA 计划的标准 [IEE17]。该标准建议 SQA 计划应包括：（1）计划的目的和范围；（2）SQA 覆盖的所有软件工程工作产品的描述（例如，模型、文档、源代码）；（3）应用于软件过程中的所有适用的标准和习惯做法；（4）SQA 活动和任务（包括评审和审核）以及它们在整个软件过程中的位置；（5）支持 SQA 活动和任务的工具和方法；（6）软件配置管理（第 22 章）的规程；（7）收集、保护和维护所有 SQA 相关记录的方法；（8）与产品质量相关的组织角色和责任。

[354]

17.10 小结

软件质量保证是在软件过程中的每一步都进行的普适性活动。SQA 包括：对方法和工具进行有效应用的规程、对诸如技术评审和软件测试等质量控制活动的监督、变更管理规程、保证符合标准的规程以及测量和报告机制。

为了正确地进行软件质量保证，必须收集、评估和发布有关软件工程过程的数据。基于统计的 SQA 有助于提高产品和软件过程本身的质量。软件可靠性模型将测量加以扩展，能够由所收集的缺陷数据推导出相应的失效率并进行可靠性预测。

总之，应该注意 Dunn 和 Ullman 所说的话 [Dun82]："软件质量保证就是将质量保证的管理规则和设计规范映射到适用的软件工程管理和技术空间上。"质量保证的能力是成熟的工程学科的尺度。当成功实现上述映射时，其结果就是成熟的软件工程。

习题与思考题

17.1 有人说"差异控制是质量控制的核心"，既然每个程序都与其他程序互不相同，我们应该寻找什么样的差异？应该如何控制这些差异？

17.2 如果客户不断改变他想做的事情，是否还有可能评估软件质量？

17.3 质量和可靠性是两个相关的概念，但在许多方面却有根本的不同，请就此进行讨论。

17.4 一个程序能否是正确但不可靠的？请加以解释。

17.5 一个程序能否是正确但不是高质量的？请加以解释。

17.6 为什么软件工程小组与独立的软件质量保证小组之间的关系经常是紧张的？这种紧张关系是否是正常的？

17.7 假设赋予你改进组织中软件质量的职责，你要做的第一件事是什么？然后呢？

17.8 除了可以统计错误和缺陷之外，还有哪些可以统计的软件特性是具有质量意义的？它们是什么？能否直接测量？

17.9 可靠性的平均失效间隔时间 (MTBF) 概念仍然不断受到批评，请解释为什么。

17.10 给出两个安全性至关重要的计算机控制系统。并为每个系统列出至少三项与软件失效直接相关的灾难。

软件安全性工程[⊖]

要 点 概 览

概念: 软件安全性工程包含一组可以在开发过程中提高软件安全性的技术。

人员: 尽管软件工程师不需要成为安全专家,但是他们需要与安全专家合作。安全专家可以是软件团队的成员,也可以是单独的专业团队的成员,也可以是外部顾问。

重要性: 媒体不断报道由黑客组织、竞争对手企业、敌对国家还是其他危险分子所发起的黑客事件。这些事件对关键基础设施、金融机构、医疗保健以及现代生活的各个方面产生了重大影响。

步骤: 可以采取许多步骤来确保软件安全。我们将在本章讨论其中的一些内容,并提供相关资源的链接,以供进一步探索。

工作产品: 在安全软件工程过程中开发了许多工作产品。最终的工作产品就是使用安全软件工程实践所开发的软件。

质量保证措施: 我们接下来讨论提高软件安全性方法的所有内容,无论是在组织级别还是项目级别,都可以并且应该由利益相关者进行评审。此外,如果发现安全开发过程还有欠缺,则可以对其进行改进。

停下来看看周围,你在哪里可以看到使用了软件?当然,它在你的笔记本电脑、平板电脑和手机中。冰箱、洗碗机等家电呢?你的车、金融交易(例如 ATM、网上银行、金融软件、税务软件)、电力供应商呢?它们绝对会使用到软件。你有可穿戴设备吗?也许是一个 fit-bit 手环,也许你使用过一些医疗设备,例如心脏起搏器。最重要的是:软件无处不在,它有时在我们身边,它有时在我们身上,甚至有时会在我们体内。每个软件产品都有可能被黑客入侵,有时会带来可怕的后果。这就是我们作为软件工程师需要关注软件安全的原因。

18.1 软件安全性工程的重要性

软件安全不仅仅是通过防火墙、强口令和加密来保护软件运行。它也和从一开始就采用更安全的软件开发方式有关。现有的技术可以帮助我们开发更加安全的软件。

在本章中,我们将介绍一些可以帮助我们实现更安全软件的模型和技术。我们将从查看安全过程模型开始。然后,我们将研究特定的过程活动,包括需求工程、误用或滥用例、安全性风险分析、威胁建模、攻击面、安全编码和测量等活动。我们还将考虑安全过程改进模型。最后,我

关键概念

攻击模式
攻击面
成熟度模型
测量
误用例和滥用例
需求工程
安全编码
安全开发生命周期活动
安全性生命周期模型
安全性过程改进
安全性风险分析
软件安全性工程的重要性
威胁建模,优先级划分和缓解

356

⊖ 由卡耐基・梅隆大学软件工程研究所 Nancy Mead 提供。

们将总结并提供参考文献列表，以便读者可以更深入地研究上述主题。

软件安全性工程研究是一个非常活跃的领域。在本书中，我们仅概述支持实际应用的方法和工具。有很多书籍（例如 [Mea16]、[Shu13] 和 [Hel18]）和其他专门介绍软件安全性工程的资源，我们将会介绍其中一些内容。

18.2 安全生命周期模型

微软（Microsoft）安全开发生命周期（Security Development Lifecycle，SDL）[Mea16] [Mic18] 是行业领先的软件安全过程。SDL 是微软于 2004 年发起的在整个公司范围内强制执行的一项政策，使微软在其软件和企业文化中嵌入了安全性和隐私性。SDL 在开发过程的早期引入了安全性和隐私性，并贯穿开发过程的所有阶段，它无疑是最广为人知和广泛使用的安全性开发生命周期模型。

微软定义了一系列原则，称为设计安全、缺省安全、部署安全和通信（SD3 + C），以帮助确定哪些方面需要安全措施。具体如下 [Mic10]：

- **安全设计**

安全体系结构、设计和结构。开发人员认为安全性问题是软件开发基本体系结构设计的一部分。他们评审详细设计可能存在的安全问题，并设计和开发针对所有威胁的缓解措施。

威胁建模和缓解。创建威胁模型，并在所有设计和功能规格说明中提供缓解威胁的方法。

消除漏洞。在评审后，代码中没有会对软件的预期使用构成重大风险的已知安全漏洞。评审包括使用分析和测试工具来消除不同类型的漏洞。

提升安全性。不推荐使用安全性较低的旧版协议和代码，并在可能的情况下为用户提供与行业标准一致的安全替代方案。

- **缺省安全**

最小权限。所有构件都以最少的权限运行。

深度防御。构件不能依赖于单一的威胁缓解解决方案，否则当该方案失败时，用户将处于暴露状态。

保守的缺省设置。开发团队应意识到产品的受攻击面，并使其在缺省配置下最小化。

避免危险的缺省更改。应用程序不对操作系统或安全设置进行任何会降低主机的安全性的缺省更改。在某些情况下，例如对于安全产品，可让软件程序增强主机的安全设置。最常见的违反该原则的操作是要么在未通知用户的情况下打开防火墙端口，要么在没有告知用户可能风险的情况下引导用户打开防火墙端口。

缺省情况下，关闭不常用的服务。如果少于 80% 的程序用户使用某个功能，则缺省情况下不应激活该功能。测量产品中 80% 的使用率通常很困难，因为程序是为许多不同的角色设计的。考虑某个功能是否用于处理所有角色的核心 / 主要使用场景是一种有用的方法。如果确实如此，则可将该功能称为 P1 功能。

- **部署安全**

部署指南。规范的部署指南概述了如何安全地部署程序的每个功能，包括为用户提供信息，使他们能够评估激活非缺省选项的安全风险（因此而增加的攻击面）。

分析和管理工具。安全分析和管理工具使管理员能够确定和配置软件发布的最佳安全级别。

补丁部署工具。用于辅助部署补丁的部署工具。

- **通信**

安全响应。开发团队对安全漏洞的报告快速做出响应，并传达有关安全更新的信息。

社区参与。开发团队主动与用户沟通，回答有关安全漏洞、安全更新或安全领域所发生变化的问题。

安全软件开发过程模型如图 18-1 所示。

培训	需求	设计	实施	验证	发布	响应
核心安全培训	确定安全性需求 创建质量门/Bug栏 安全和隐私风险评估	确定设计要求 分析攻击面 威胁建模	使用批准的工具 弃用不安全的功能 静态分析	动态分析 模糊测试 攻击面评审	事件响应计划 最终安全评审 发布存档	执行事件响应计划

图 18-1 微软安全软件开发过程模型（来源：摘自 Shunn，A. et al. Strengths in Security Solutions,
Software Engineering Institute, Carnegie Mellon University, 2013。可通过以下链接获取
http://resources.sei.cmu.edu/library/asset-view.cfm? assetid=77878。）

微软 SDL 文档描述了架构师、设计人员、开发人员和测试人员需要为 16 个推荐实践所做的工作。微软收集的数据显示：在实施 SDL 后，漏洞数量显著减少，从而只需要更少的补丁程序，由此大大节省了成本。我们建议通过浏览 SDL 网站以了解有关这些实践的更多信息。自从 SDL 问世以来，已出现了大量与 SDL 模型相关的论文、书籍、培训材料等[⊖]。

18.3 安全开发生命周期活动

与生命周期模型无关的另一种方法是软件安全性的接触点 [McG06]，它认为活动（接触点）很重要，而不是模型。这些活动可以纳入任何生命周期模型中，因此被认为是过程无关的。随后，接触点构成了 BSIMM 的基础，BSIMM 是一种成熟度模型，将在本章后续部分讨论。一些组织认为接触点是安全软件开发中应执行的最小活动集。图 18-2 显示了接触点的图示版本。在此图中，建议的安全性活动出现在相应的软件开发活动或生命周期阶段上：

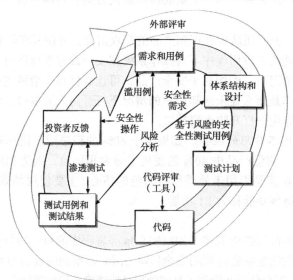

图 18-2 软件安全接触点

⊖ 最近，微软已经展示了如何将 SDL 活动与敏捷开发方法集成在一起：https://www.microsoft.com/zh-cn/SDL/
Discover/sdlagile.aspx。

考虑到 SDL 和接触点，我们将介绍一些与之相关的重要安全软件开发活动。 359

18.4　安全需求工程

尽管安全性需求是安全软件开发的重要组成部分，但实践中，它们经常被忽视。当存在安全性需求时，它们通常是从通用安全功能列表中复制过来的插件。在需求工程中很少需要获得更好的安全性需求集 [All08]。

需求工程实践中通常解决所需的用户功能。因此，从用户的角度出发，往往会对系统的功能给予充分关注，但对系统不应执行操作的关注却很少 [Bis02]。用户期望系统是安全的，这些假设需要在开发软件系统之前纳入软件系统的安全性需求，而不是在之后。通常，用户对安全性的假设会被忽视，因为系统功能是其主要关注点。

除了安全性生命周期模型外，还有许多针对安全性需求的过程模型。它们包括：核心安全需求工件 [Mof04]、软件成本压缩（Software Cost Reduction，SCR）[Hei02]，SQUARE（System QUAlity Requirements Engineering，系统质量需求工程）[Mea05] 和安全需求工程过程（Security Requirements Engineering Process，SREP）[Mel06]。在本节的剩余部分，我们将 SQUARE 作为安全性生命周期模型的典型实例。

18.4.1　SQUARE

SQUARE 是一种典型的安全需求工程过程模型，但重要的是要记住，如果已经有了一个开发过程模型（例如第 4 章中介绍的模型），则可以选择一些 SQUARE 步骤来增强现有的模型。无须开发一个全新的过程来解决软件开发活动中的安全问题。我们建议在术语表中添加安全性定义；进行风险分析，包括通过误用例或威胁模型来识别潜在攻击；开发缓解策略；并对候选安全需求进行分类和优先级排序。

SQUARE 过程模型提供了对软件密集型系统安全性需求的获取、分类和优先级排序。其重点是在开发生命周期的早期阶段纳入安全性的概念。它也可以用于已部署的系统和那些正在进行改进和修改的系统。SQUARE 过程如表 18-1 所示，随后将对每个步骤进行简要说明。

18.4.2　SQUARE 过程

SQUARE 过程最好由项目的需求工程师和安全专家来实施，并得到管理层和利益相关者的支持。接下来我们看一下各个步骤⊖。

步骤 1：在定义上达成一致。 为了避免语义上的混乱，此步骤是安全需求工程设计的前提条件。对于一个给定的项目，团队成员倾向于根据他们先前的经验给出定义，但是这些定义常常彼此不同 [Woo05]。例如电气和电子工程师协会（Institute for Electrical and Electronics Engineers，IEEE）和软件工程知识体系（Software Engineering Body of Knowledge，SWEBOK）都提供了一系列定义供选择或定制 [SWE14]。

步骤 2：确定资产和安全目标。 此步骤发生在项目的组织级别，是支持软件开发所必需的。不同的利益相关者通常会关注不同的资产，因此有不同的目标。例如，人力资源的利益相关者可能会关注维护人事档案的机密性，而研究领域的利益相关者可能会关注确保研究项目的信息不会被访问、修改或窃取。

⊖　如需深入了解，请参见 SEPA 9/e 网站上的可用资源。

表 18-1 SQUARE 过程

编号	步骤	输入	技术	参与者	输出
1	在定义上达成一致	IEEE 和其他标准中的候选定义	结构化访谈、小组座谈	利益相关者、需求团队	商定的定义
2	确定资产和安全目标	定义、候选资产和目标、商业驱动因素、政策和程序、示例	简易工作会议、调查、访谈	利益相关者、需求工程师	资产和安全目标
3	开发工作以支持安全需求定义	潜在的工件（例如场景、误用例、模板、表单）	工作会议	需求工程师	所需的工件：场景、误用例、模型、模板、表单
4	执行（安全）风险评估	误用例、场景、安全目标	风险评估方法、针对组织风险承受能力的预期风险分析、包括威胁分析	需求工程师、风险专家、利益相关者	风险评估结果
5	选择获取技术	目标、定义、候选技术、利益相关者的专业意见、组织风格、文化、所需的安全级别、成本收益分析等	工作会议	需求工程师	选定的获取技术
6	获取安全需求	工件、风险评估结果、所选择的技术	加速需求方法、联合应用开发、访谈、调查、基于模型的分析、可重用需求类型列表、文档评审	需求工程师协助利益相关者	初始的安全要求
7	根据级别（系统、软件等）以及是需求还是其他类型的约束对需求进行分类	初始需求、体系结构	使用一组标准类别的工作会议	需求工程师、其他需要的专家	分好类的需求
8	对需求进行优先级排序	需求分类和风险评估结果	优先级排序方法，例如层次分析法（Analytical Hierarchy Process, AHP）、分诊、双赢等	需求工程师协助利益相关者	排好序的需求
9	检查需求	排好序的需求、候选正式检查技术	Fagan 和同行评审等检查方法	检验团队	初步选择的需求、决策过程和基本原理的文档

步骤 3：开发工件。此步骤对于支持所有后续的安全需求工程活动是必不可少的。通常，组织没有支持需求定义所需的关键文档，或者它们可能不是最新的。这意味着可能会花费大量时间进行回溯以尝试获取文档，否则团队将不得不更新文档，然后再进行下一步。

步骤 4：执行风险评估。此步骤需要风险评估方法方面的专家、利益相关者的支持以及安全需求工程师的支持。有多种风险评估方法，但是无论选择哪种方法，风险评估的结果都将有助于识别优先级高的安全风险。

步骤 5：选择获取技术。当有不同的利益相关者时，这一步骤将变得很重要。当利益相关者具有不同的文化背景时，更正式的获取技术（例如：加速需求法 [Hub99]，联合应用设计 [Woo89] 或结构化访谈）可以有效地解决沟通问题。在其他情况下，需求获取可能仅是与主要利益相关者坐下交谈，以试图了解利益相关者安全方面的需求。

步骤 6：获取安全需求。此步骤包括使用所选技术的实际获取安全需求的过程。大多数需求获取技术都提供了详细指导。该步骤建立在先前步骤中所开发的工件上。

步骤 7：对需求进行分类。此步骤使安全需求工程师可以区分基本需求、目标（期望需求）和可能存在的体系结构约束。此分类还有助于随后的优先级排序活动。

步骤 8：确定需求优先级。此步骤取决于先前的步骤，并且还可能涉及进行成本收益分析，以确定哪些安全需求相对于其成本有较高的回报。当然，确定优先级还可能取决于安全漏洞的其他后果，例如生命损失、声誉损失和消费者信心的损失。

360 ~ 362

步骤 9：检查需求。如第 16 章所述，可以在不同的正式性程度上完成评审活动。在检查完成后，项目团队应具有一组初始的按优先排序的安全需求，这些安全需求可以在项目后续阶段中进行修订。

18.5 误用例、滥用例及攻击方式

误用（或滥用）例可以帮助我们以与攻击者相同的方式观察软件。通过考虑负面事件，可以更好地了解如何开发安全软件。可以将误用例视为攻击者发起的用例。

误用例的目标之一是预先确定软件应对潜在攻击的方式 [Sin00]。我们还可以使用误用例和正常用例共同进行威胁和危害分析 [Ale03]。

我们建议通过头脑风暴的方式创建误用例。安全专家和行业专家（subject matter experts，SMEs）一起合作可以迅速覆盖很多问题。在头脑风暴期间，软件安全专家会向开发人员提出许多问题，以帮助确定系统可能存在漏洞的地方。这涉及仔细查看所有用户界面，并考虑开发人员认为不可能发生的事件，但实际上攻击者可能导致这些事件发生。

这里有一些需要考虑的问题：系统如何区分有效输入数据和无效输入数据？它是否可以判断请求是来自合法应用程序还是恶意应用程序？内部人员是否会导致系统发生故障吗？尝试回答此类问题有助于开发人员分析他们的假设并预先解决问题。

误用例可以采用表格或图的形式。图 18-3 提供了一个误用例的示例，示例中展示了恶意软件 DroidCleaner 如何使用名为 K-9 的开源电子邮件应用程序成功攻击手机。此示例摘录自一个更大的报告，感兴趣的读者可以进行进一步的研究 [Ali14]。

在该误用例中，用户将电子邮件保留在电话的外部存储区。攻击者可以通过破坏操作系统来访问手机的存储空间。攻击者获得手机访问权限的一种常用方法是，诱使用户安装特洛伊木马，在安装过程中，用户在不经意间授予了驱动器访问权限。然后，攻击者可以使用该

特洛伊木马来下载文件，包括电子邮件内容文件。

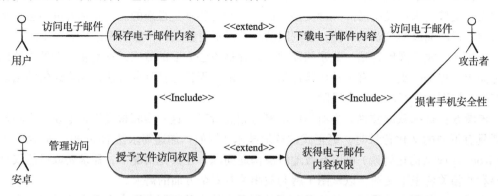

图 18-3　误用例（被 DroidCleaner 利用）：智能手机所存储电子邮件中的数据被窃取

攻击模式可以通过提供创建攻击的蓝图来提供一些帮助。例如，缓冲区溢出是一种安全漏洞。攻击者试图利用缓冲区溢出漏洞的步骤相似 [OWA16]。攻击模式可以记录这些步骤（例如时间、资源、技术）以及软件开发人员可以用来阻止或缓解攻击成功的实践 [Hog04]。当尝试开发误用和滥用例时，攻击模式能有所帮助。

误用例在生成时需要进行优先级排序。此外，他们需要在成本和收益之间取得适当的平衡。项目预算可能不允许软件团队同时实施所有已定义的缓解策略。在这种情况下，可以进行优先级排序并增量式实施缓解策略。团队还可以排除某些极不可能发生的情况。

有关误用和滥用例的模板出现在许多参考资料中。它们可以是文本或图表的方式，并可能会有相应的支撑工具。Sindre 和 Opdahl [Sin01] 以及 Alexander [Ale02] 的材料提供了很好的模板来源。

18.6　安全性风险分析

已经提出了各种各样的安全性风险评估方法。典型的例子包括：SEI CERT 的安全性工程风险分析（Security Engineering Risk Analysis，SERA）方法⊖和 NIST 风险管理框架（Risk Management Framework，RMF）⊖。

RMF 已经成为一种广泛使用的方法，可以为用户提供指导。RMF 的安全性风险分析步骤如下：

- 根据影响分析，对信息系统以及该系统处理、存储和传输的信息进行**分类**。
- 根据安全性分类为信息系统**选择**一组初始的安全性控制基线；对风险和自身情况进行组织上的评估，根据需要裁剪和补充安全性控制基线。
- **实施**安全控制，并描述如何在信息系统及其操作环境中使用这些控制。
- 使用适当的评估程序**评估**安全控制，以确保控制正确实施、按预期运行及产生满足系统安全性需求的期望结果。
- 确定信息系统操作对组织的运行和资产、个人或其他组织（包括国防）带来的风险，如果风险是可以接受的，那么**授权**信息系统操作。
- 持续**监视**信息系统中的安全控制，包括：评估控制有效性、记录对系统或其操作环

⊖　参见 https://resources.sei.cmu.edu/library/asset-view.cfm? assetid=485410。

⊖　参见 https://csrc.nist.gov/publications/detail/sp/800-37/rev-1/final。

境的更改、对相关更改进行安全性影响分析，并向指定的组织负责人报告系统的安全状态。

请务必注意，NIST 还提供了一组可供选择的安全控制集，从而简化了风险评估工作。最近，对 RMF 进行了修改以包括对隐私的关注。

18.7 威胁建模、优先级排序和缓解

威胁建模方法（threat modeling method，TMM）是一种创建软件系统抽象表示的方法，旨在识别攻击者的能力和目标，使用该抽象来生成系统必须缓解的可能威胁并进行分类 [Shu16]。

STRIDE（6 种威胁类别的首字母缩写）代表了多种威胁建模方法 [Mea18]，并且是最完善的 TMM，代表了目前的最佳实践。STRIDE 的核心要求将系统分解为各种元素，评估每个元素受到威胁的漏洞，然后缓解这些威胁 [Her06]。在实践中，典型的 STRIDE 实施包括使用数据流图（data flow diagrams，DFDs）⊖对系统建模，将 DFD 中元素映射到 6 种威胁类别，通过检查清单或威胁树确定特定威胁，并记录威胁和对应预防步骤 [Sca15]。STRIDE 可以手动实施，当然也可以使用免费的微软安全开发生命周期（SDL）威胁建模工具 [Mic17]。表 18-2 列出了 6 种威胁类别对应的安全性属性。

表 18-2 威胁类别和安全属性

威胁	安全性属性
假冒 (Spoofing)	身份验证
篡改 (Tampering)	完整性
否认 (Repudiation)	不可否认
信息泄露 (Information disclosure)	机密性
拒绝服务 (Denial of service)	可用性
提升权限 (Elevation of privilege)	授权

365

DFD 旨在通过使用标准符号以图形方式表示数据存储（如数据库、文件、注册表）、进程（如 DLL，Web 服务）、数据流（如函数调用、远程过程调用）和外部实体（如人、其他系统）[Sho14]。一旦完成，每一个系统元素又可以与一个或多个相关的威胁类别关联，如表 18-3 所示。

表 18-3 DFD 系统元素的威胁类别

元素	假冒	篡改	否认	信息泄露	拒绝服务	提升权限
数据流		×		×	×	
数据存储		×		×	×	
处理	×	×	×	×	×	×
外部实体	×		×			

在下一阶段，典型的 STRIDE 用户将通过检查清单（可能是威胁树的形式）来检查与 DFD 元素和相应威胁类别关联的特定威胁。此类检查清单可通过 STRIDE 参考书或工具获取。

一旦发现威胁，就可以制定相应的缓解策略并确定优先级。通常，优先级排序基于成本

⊖ 有关数据流图的简要教程可以从 https://ratandon.mysite.syr.edu/cis453/notes/DFD_over_Flowcharts.pdf 下载。

和价值的考虑。考虑实施缓解策略的成本固然重要，但同样重要的是，还要考虑不实施缓解策略的成本，这体现在价值上。请记住，已意识到的风险导致的成本不仅是用美元表示的，而且还可能导致声誉损失、信任损失甚至生命损失。

18.8　攻击面

通过以下方式定义攻击面[⊖]：

攻击面描述了攻击者可以进入系统的所有不同地方，以及他们可以将数据取出的地方。应用程序的攻击面是：

1. 数据 / 命令进入和离开应用程序的所有路径总和。
2. 保护这些路径的代码（包括资源连接和身份验证、授权、活动日志、数据验证和编码）。
3. 应用程序中使用的所有有价值的数据，包括秘密和密钥、知识产权、关键业务数据、个人数据和 PII。
4. 保护这些数据的代码（包括加密和校验和、访问审计、数据完整性和操作安全控制）。[OWA18]

OWASP 基金会 [OWA18] 指出，攻击层分析是：

旨在供开发人员在设计和更改应用程序时理解和管理应用程序安全风险，并由应用程序安全专家进行安全风险评估。这里的重点是保护应用程序免受外部攻击——它没有考虑对系统用户或操作员的攻击（如恶意软件注入、社会工程攻击），并且对内部威胁关注较少，尽管它们在基本原理上是相同的。内部攻击面很可能与外部攻击面不同，并且某些用户可能具有很多访问权限。

攻击面分析涉及确定需要评审和测试系统的哪些部分的安全漏洞。攻击面分析的重点是掌握应用程序中的风险区域，使开发人员和安全专家意识到应用程序的哪些部分容易受到攻击，找到使其最小化的方法，并注意攻击面何时以及如何发生变化，和从风险角度来看这意味着什么。

18.9　安全编码

安全编码即以不会因编码错误而引入漏洞的方式进行编码。毫不奇怪，大多数软件漏洞是由草率和错误的编码行为而造成的，其中很多可以轻易避免。

例如，缓冲区溢出是一种最著名和最常见的由编码错误导致的情况。OWASP[⊖] 将其描述如下：

当程序试图将超出缓冲区容量的数据写入其中时，或者程序试图将数据写入超出缓冲区的内存区域时，就会出现缓冲区溢出。在这种情况下，缓冲区是一段连续内存，分配给该缓冲区以存放字符串或整数数组等内容。在已分配内存块的边界之外进行写操作可能会损坏数据、使程序崩溃或导致恶意代码的执行。

缓冲区溢出只是可能导致漏洞的一个编码错误的示例。幸运的是，现在存在许多编码规

⊖ 参见 https://github.com/OWASP/CheatSheetSeries/blob/master/cheatsheets/Attack_Surface_Analysis_Cheat_Sheet. md。

⊖ 参见 https://www.owasp.org/index.php/Buffer_overflow_attack。

范提供了安全编码的指导。SEI/CERT 网站⊖提供了十大安全编码实践的列表：

1. **验证输入**。验证来自所有不受信任数据源的输入。
2. **注意编译器警告**。使用编译器可用的最高警告级别编译代码，并通过修改代码消除警告。
3. **安全策略的体系结构和设计**。在创建软件体系结构和软件设计中实施并强化安全策略。
4. **保持简单**。保持设计尽可能简单和尽可能小。
5. **默认拒绝**。访问的决策建立在允许的基础上，而不是基于排除。
6. **坚持最小权限原则**。每个进程都应以完成作业所需的最少权限集来执行。
7. **清理发送到其他系统的数据**。对传递给复杂子系统（如命令行解释器、关系数据库和商用成品（Complex Off-The-Shelf, COTS）构件）的所有数据进行清理。
8. **实行深度防御**。通过多种防御策略管理风险。
9. **使用有效的质量保证技术**。
10. **采用安全编码规范**。

SEI CERT 和其他公司也提供安全的编码规范⊜。除使用安全编码规范外，还应检查是否存在导致漏洞的编码错误。这自然地成为正常代码检查和评审过程的补充（第 16 章）。静态分析工具⊜用于自动分析代码，是用于检测由于编码错误导致漏洞的另一种机制。

18.10　测量

设计适当的软件安全措施是一个困难的问题，对此存在不同的观点。一方面，可以查看遵循的开发过程，并评估生成的软件是否可能是安全的。另一方面，可以查看漏洞和成功入侵的发生率，并进行测量，以评估软件安全性。但是，这两种测量方法都不能让我们100%地确定软件是安全的。当添加支持软件（如操作系统或外部可互操作系统）时，软件安全性的测量变得更加困难。尽管如此，已经取得了一些进展。

软件质量的测度有助于测量软件安全性。具体来说，漏洞总是指向软件缺陷。尽管并非所有软件缺陷都是安全问题，但是软件漏洞通常是由某种缺陷导致的，包括需求、体系结构或代码方面的缺陷。因此，诸如缺陷和漏洞计数 [Woo14] 之类的测度很有用。微软则使用诸如攻击面分析之类的措施，并尝试将攻击面（可能损害软件的地方）保持最小。

正如成熟度模型的使用（例如第 28 章中的 CMMI）表明将产生更高质量的软件，成熟的安全开发过程（如 BSIMM®所强调的）将产出更安全的软件。在某些情况下，应鼓励组织确定与他们相关的特有安全度量集。BSIMM 和 SAMM®都提到了这一点。

需要特别注意的是，各种成熟度模型所隐含的测量特征都不完美。如果我们遵循良好的安全软件开发过程，是否可以确保软件安全？并不能！如果我们发现了很多漏洞，是否意味着已经找到了大多数漏洞，或者说这是一款特别糟糕的软件，因此还将找到很多漏洞？这些问题没有简单的答案。但是，要评估漏洞和相关的软件安全性，我们必须收集数据，以便可以随时间的推移可以分析模式。如果我们不收集有关软件安全性的数据，我们将永远无法测

⊖　参见 https://wiki.sei.cmu.edu/confluence/display/seccode/Top+10+Secure+Coding+Practices。

⊜　参见 https://wiki.sei.cmu.edu/confluence/display/seccode/SEI+CERT+Coding+Standards。

⊜　可在 https://en.wikipedia.org/wiki/List_of_tools_for_static_code_analysis 中找到商用工具列表。

⊠　参见 https://www.bsimm.com/。

㊄　参见 https://www.owasp.org/index.php/OWASP_SAMM_Project。

量其改进情况。

表 18-4 和 18-5 提供了有关如何在生命周期每个阶段评估软件安全性的示例。完整的表格和讨论可以在 [Mea17] 和 [Alb10] 中找到。

表 18-4 生命周期各阶段测度的示例

生命周期阶段	软件安全性测度示例
需求工程	在特定的需求互动中所反映出的与软件安全性原则相关的比例（假设已选择对于给定开发项目必不可少的安全性原则）
	在加入规格说明中之前，经过分析的安全需求（风险、可行性、成本收益、性能折中）的比例
	使用攻击模式、误用和滥用例及其他特定手段进行威胁建模和分析的安全性需求比例
体系结构和设计	使用攻击面分析和测量的体系结构和设计构件的比例
	使用体系结构风险分析的体系结构和设计构件的比例
	被安全设计模式覆盖的高价值安全控制的比例

表 18-5 基于 7 条证据原则的测度示例

原 则	描 述
风险	显现和潜在威胁的数量，已分类
	按威胁类别报告的事件
	发生每类威胁的可能性
	每类威胁对财务和人身安全可能造成的影响
	供应链中分包合同的级别数（换句话说，分包商又进行了分包，此活动的深度是多少？）
信任依赖	供应商的级别数
	不同级别供应商之间的层次和同级依赖关系
	按级别划分的供应链中（经过审查的）受信任供应商的数量

18.11 安全过程改进和成熟度模型

一般而言，许多过程改进和成熟度模型都可用于软件开发，例如能力成熟度模型集成（Capability Maturity Model Integration，CMMI）[一]。对于网络安全成熟度，CMMI 研究所提供了一种更新产品——网络能力成熟度管理平台（Cyber Capability Maturity Management platform）[二]。OWASP 提供了软件保障成熟度模型（Software Assurance Maturity Model，SAMM）[三]。SAMM 是一个开放框架，可帮助组织制定和实施针对组织所面临的特定风险量身定制软件安全策略。

对这些模型的全面讨论超出了本书的范围。以下通过 SAMM 的总体目标来进行简要介绍。

- 评估组织现有的软件安全实践。
- 在定义明确的迭代中建立平衡的软件安全保障程序。
- 展示对安全保证程序的具体改进。
- 定义并衡量整个组织中与安全相关的活动。

最著名的专门针对软件安全性的成熟度模型可能是内建安全成熟度模型（Building Security in Maturity Model，BSIMM）。BSIMM 会定期发布，通常每年或每两年发布一

[一] 参见 https://cmmiinstitute.com/。

[二] 参见 https://cmmiinstitute.com/products/cybermaturity。

[三] 参见 https://www.owasp.org/index.php/OWASP_SAMM_Project。

次。BSIMM 模型及其最新的评估结果的总结可从 BSIMM 网站下载[⊖]。BSIMM 开发者称，
BSIMM 是提供给创建和执行软件安全方案的人员使用的。

使用这里提到的所有成熟度模型（和其他成熟度模型）都能受益，并且模型的基本元素
可以免费获取。但是，有时评估是由外部实体进行的。可以进行内部自我评估并定义相关的
改进计划，但这需要专门的资源和精力。或者，有些组织提供评估程序，从而提供软件组织
中优势和需要改进领域的外部视图。

18.12 小结

所有软件工程师都应了解开发安全软件所需的知识。无论使用哪种过程模型，提高软件
产品安全性所需的步骤都与软件过程中的每个活动相关。

尽管仍然存在许多尚待解决的问题，并且需要进一步研究相关技术，但现在已经有很多
可用的资源来应对这一挑战。对于软件过程中通常会发生的每个活动，请尝试加入安全性方 370
面。可以评估诸如微软 SDL 和 SQUARE 等模型，以确定可以将哪些步骤引入开发过程中。

为风险分析活动增加安全性，尤其是当使用 NIST 提供的详细指南时。鉴于已经存在许
多安全编码标准，任何人都可以学习如何安全地编码。检查代码是否还存在漏洞。了解如
何识别安全漏洞、确定优先级并制定缓解措施。对代码执行静态分析测试。访问 OWASP 和
BSIMM 等网站，以了解软件安全性工程的成熟度模型。

随着软件变得无处不在，漏洞和黑客数量也在增加。我们将尽一切努力阻止这种趋势，
已经有许多工具可以解决这一问题。未能解决软件安全性的后果很严重，而开发安全软件的
收益非常巨大。

习题与思考题

18.1 软件团队可以采取哪些最重要的措施来提高软件安全性？

18.2 如果建议组织采取一项活动来提高软件安全性，那应该是什么？如果建议进行多项活动，那应
 该是哪些？那么考虑到不太可能一次实施所有活动，这些活动的优先级排序是什么？

18.3 如何将软件安全性纳入现有过程模型或新的过程模型中？

18.4 与同事坐下交谈，确定正在开发的某个软件项目的安全风险。提出缓解策略并确定其优先级。

18.5 你是否正在收集用于（或可调整用途以用于）帮助测度软件安全性的测量数据？如果不是，是否
 存在可以轻松收集的数据可用于此目的？

18.6 使用互联网查找创建网络钓鱼攻击模式所需的详细信息。

18.7 说明如果等到系统完成以后再解决安全风险，可能会遇到的一些问题。

18.8 使用互联网来确定一次身份盗用给消费者带来的平均损失。

18.9 以手机上使用的一个移动应用为例，列出开发人员在开发此类应用程序时应考虑的 3～5 种安
 全风险。

18.10 确定付费钱包类移动应用的安全需求。 371

⊖ 参见 https://www.bsimm.com/。

第19章

Software Engineering: A Practitioner's Approach, Ninth Edition

软件测试——构件级

软件构件测试包含一种策略，该策略描述了作为测试一部分执行的步骤，计划并执行这些步骤的时间，以及需要多少工作量、时间和资源。在测试策略中，软件构件测试实现了一系列构件测试策略，这些策略涉及测试计划、测试用例设计、测试执行以及结果数据的收集和评估。本章考虑了构件测试的策略和方法。

为了有效，构件测试策略应该具有足够的灵活性，以促进测试方法的定制；同时又必须足够严格，以支持在项目进行过程中对项目进行合理策划和追踪管理。构件测试仍然是各个软件工程师的责任。谁进行测试，工程师如何相互交流结果以及测试何时结束取决于开发团队采用的软件集成方法和设计理念。

这些"途径和思想"就是我们所谓的策略和方法，也是本章将讨论的主题。在第20章中，我们讨论集成测试技术，这些技术通常会最终确定团队开发策略。

19.1 软件测试的策略性方法

测试是可以事先计划并可以系统地进行的一系列活动。因此，应该为软件过程定义软件测试模板，即将特定的测试用例设计技术和测试方法放到一系列的测试步骤中去。

关键概念

基本路径测试
黑盒测试
边界值分析
类测试
控制结构测试
环路复杂性
调试
等价类划分
独立测试组
集成测试
接口测试
面向对象测试
脚手架
系统测试
测试方法
测试策略
单元测试
确认测试
验证
白盒测试

文献中已经提出了许多软件测试策略 [Jan16] [Dak14] [Gut15]。这些策略为软件开发人员提供了测试模板，且具备下述一般特征：

- 为完成有效的测试，应该进行有效的、正式的技术评审（第 16 章）。通过评审，许多错误可以在测试开始之前排除。
- 测试开始于构件层，然后向外"延伸"到整个基于计算机系统的集成中。
- 不同的测试技术适用于不同的软件工程方法和不同的时间点。
- 测试由软件开发人员和（对大型项目而言）独立的测试组执行。
- 测试和调试是不同的活动，但任何测试策略都必须包括调试。

软件测试策略结合了一套策略，这套策略提供必要的低级测试，可以验证小段源代码是否正确实现，也提供高级测试，用来确认系统的主要功能是否满足用户需求。软件测试策略必须为专业人员提供工作指南，同时，为管理者提供一系列的里程碑。由于测试策略的步骤往往是在软件完成的最后期限的压力开始呈现时才刚刚进行，因此，测试的进度必须是可测量的，并且应该让问题尽可能早地暴露。

19.1.1 验证与确认

软件测试是通常所讲的更为广泛的主题——验证与确认（Verification and Validation，V&V）的一部分。验证是指确保软件正确地实现某一特定功能的一系列活动，而确认指的是确保开发的软件可追溯到客户需求的另外一系列活动。Boehm[BOE81] 用另一种方式说明了这两者的区别： |373|

验证："我们在正确地构建产品吗？"

确认："我们在构建正确的产品吗？"

验证与确认的定义包含很多软件质量保证活动（第 19 章）[⊖]。

验证与确认包含一系列广泛的 SQA 活动：正式技术评审、质量和配置审核、性能监控、仿真、可行性研究、文档评审、数据库评审、算法分析、开发测试、易用性测试、合格性测试、验收测试和安装测试。虽然测试在验证与确认中起到了非常重要的作用，但很多其他活动也是必不可少的。

测试确实为软件质量的评估（更实际地说是错误的发现）提供了最后的堡垒。但是，测试不应当被看作安全网。正如人们所说的那样："你不能测试质量。如果开始测试之前质量不佳，那么当你完成测试时质量仍然不佳。"在软件工程的整个过程中，质量已经被包含在软件之中了。方法和工具的正确运用、有效的正式技术评审、坚持不懈的管理与测量，这些都形成了在测试过程中所确认的质量。

19.1.2 软件测试组织

对每个软件项目而言，在测试开始时就会存在固有的利害关系冲突。要求开发软件的人员对该软件进行测试，这本身似乎是没有恶意的。毕竟，谁能比开发者本人更了解程序呢？遗憾的是，这些开发人员感兴趣的是急于显示他们所开发的程序是无错误的，是按照客户的需求开发的，而且能按照预定的进度和预算完成。这些利害关系会影响软件的充分测试。

⊖ 应该注意的是，对于哪种类型的测试构成"验证"存在很大的分歧。一些人认为，所有测试都是验证，而确认是对需求进行评审和认可时进行的，也许更晚一些——是在系统投入运行时由用户进行的。另外一些人则将单元和集成测试（第 19 章和第 20 章）视为验证，将高阶测试（第 21 章）视为确认。

从心理学的观点来看，软件分析和设计（连同编码）是建设性的任务。软件工程师分析、建模，然后编写计算机程序及其文档。与其他任何建设者一样，软件工程师也为自己的"大厦"感到骄傲，而蔑视企图拆掉大厦的任何人。当测试开始时，有一种微妙的但确实存在的企图，即试图摧毁软件工程师所建造的大厦。以开发者的观点来看，可以认为（心理学上）测试是破坏性的。因此，开发者精心地设计和执行测试，试图证明其程序的正确性，而不是注意发现错误。遗憾的是，错误仍然是存在的，而且，即使软件工程师没有找到错误，客户也会发现它们！

上述讨论通常会使人们产生下面的误解：（1）软件开发人员根本不应该做测试；（2）应当让那些无情的、爱挑毛病的陌生人做软件测试；（3）测试人员仅在测试步骤即将开始时参与项目。这些想法都是不正确的。

软件开发人员总是要负责程序各个单元（构件）的测试，确保每个单元完成其功能或展示所设计的行为。在多数情况下，开发者也进行集成测试。集成测试是一个测试步骤，它将给出整个软件体系结构的构建（和测试）。只有在软件体系结构完成后，独立测试组才开始介入。

独立测试组（Independent Test Group，ITG）的作用是为了避免开发人员进行测试所引发的固有问题。独立测试可以消除利益冲突。独立测试组的成员毕竟是依靠找错误来获得报酬的。

然而，软件开发人员并不是将程序交给独立测试组就可以一走了之。在整个软件项目中，开发人员和测试组要密切配合，以确保进行充分的测试。在测试进行的过程中，必须随时可以找到开发人员，以便及时修改发现的错误。

从分析与设计到计划和制定测试规程，ITG 参与整个项目过程。从这种意义上讲，ITG 是软件开发项目团队的一部分。然而，在很多情况下，ITG 直接向软件质量保证组织报告，由此获得一定程度的独立性。如果 ITG 是软件工程团队的一部分，那么这种独立性将是不可能获得的。

19.1.3　宏观

可以将软件过程看作图 19-1 所示的螺旋。开始时系统工程定义软件的角色，从而引出软件需求分析，在需求分析中建立了软件的信息域、功能、行为、性能、约束和确认标准。沿着螺旋向内，经过设计阶段，最后到达编码阶段。为开发计算机软件，沿着流线螺旋前进，每走一圈都会降低软件的抽象层次。

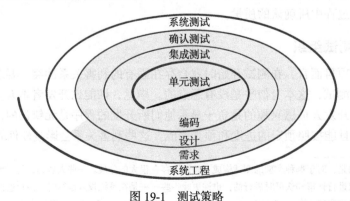

图 19-1　测试策略

软件测试策略也可以放在螺旋模型中来考虑（图 19-1）。单元测试起始于螺旋的旋涡中心，侧重于以源代码形式实现的每个单元（例如，构件、类或 WebApp 内容对象）。沿着螺旋向外就是集成测试，这时的测试重点在于软件体系结构的设计和构建。沿着螺旋向外再走一圈就是确认测试，在这个阶段，依据已经建立的软件，对需求（作为软件需求建模的一部分而建立）进行确认。最后到达系统测试阶段，将软件与系统的其他成分作为一个整体来测试。为了测试计算机软件，沿着流线向外螺旋前进，每转一圈都拓宽了测试范围。

以过程的观点考虑整个测试过程，软件工程环境中的测试实际上就是按顺序实现四个步骤，如图 19-2 所示。最初，测试侧重于单个构件，确保它起到了单元的作用，因此称之为单元测试。单元测试充分利用测试技术，运行构件中每个控制结构的特定路径，以确保路径的完全覆盖，并最大可能地发现错误。接下来，组装或集成各个构件以形成完整的软件包。集成测试处理并验证与程序构建相关的问题。在集成过程中，普遍使用关注输入和输出的测试用例设计技术（尽管也使用检验特定程序路径的测试用例设计技术来保证主要控制路径的覆盖）。在软件集成（构建）完成之后，要执行一系列的高阶测试。必须评估确认准则（需求分析阶段建立的）。确认测试为软件满足所有的功能、行为和性能需求提供最终保证。

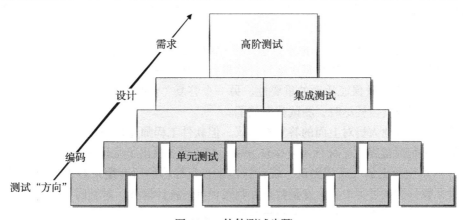

图 19-2　软件测试步骤

最后的高阶测试步骤已经超出软件工程的边界，属于更为广泛的计算机系统工程范围（第 21 章中讨论）。软件一旦确认，就必须与其他系统成分（如硬件、人、数据库）结合在一起。系统测试验证所有成分都能很好地结合在一起，且能满足整个系统的功能和性能需求。

SafeHome　准备测试

[场景] Doug Miller 的办公室，继续构件级设计，并开始特定构件的构建。

[人物] Doug Miller，软件工程经理；Vinod、Jamie、Ed 和 Shakira，SafeHome 软件工程团队成员。

[对话]

Doug：在我看来，我们似乎是没有花费太多的时间讨论测试。

Vinod：对，但我们都有点忙。另外，我们一直在考虑这个问题……实际上，远不止考虑。

Doug（微笑）：我知道，大家都在超负荷地工作，不过我们还得全面考虑。

Shakira：在对构件开始编码之前，我喜欢设计单元测试，因此，那是我一直尽力去做的。我有一个相当大的测试文件，一旦完成了构件编码工作，就运行这个测试文件。

Doug: 那是极限编程（敏捷软件开发过程，见第 3 章）概念，不是吗？

Ed： 是的。尽管我没有亲自使用极限编程，但可以肯定，在建立构件之前设计单元测试是个好主意，这种单元测试的设计会给我们提供所需要的所有信息。

Jamie： 我一直在做这件事情。

Vinod： 我负责集成，因此，每当别人将构件传给我，我就将其集成到部分已集成的程序中，并运行一系列的集成测试。

（参见 20.3 节有关回归测试的讨论）我一直忙于为系统中的每个功能设计适当的测试集。

Doug（对 Vinod）： 你多长时间运行一次测试？

Vinod： 每天…… 直到系统被集成…… 嗯，直到我们计划交付的软件增量被集成。

Doug： 你们已经走在我前面了。

Vinod（大笑）： 在软件业务中，抢先就是一切，老板。

19.1.4 测试完成的标准

375
～
377

每当讨论软件测试时，就会引出一个典型的问题："测试什么时候才算做完？怎么知道我们已做了足够的测试？"非常遗憾的是，这个问题没有确定的答案，只是有一些实用的答复和早期的尝试可作为经验指导。

对上述问题的一个答复是：你永远也不能完成测试，这个担子只会从你（软件工程师）身上转移到最终用户身上。用户每次运行计算机程序时，程序就在经受测试。这个严酷的事实突出了其他软件质量保证活动的重要性。另一个答复（有点讽刺意味，但无疑是准确的）是：当你的时间或资金耗尽时，测试就完成了。

尽管很少有专业人员对上面的答复有异议，但软件工程师还是需要更严格的标准，以确定充分的测试何时能做完。统计质量保证方法（17.6 节）提出了统计使用技术 [Rya11]：运行从统计样本中导出的一系列测试，统计样本来自目标群的所有用户对程序的所有可能执行。通过在软件测试过程中收集度量数据并利用现有的统计模型，对于回答'测试何时做完'这种问题，还是有可能提出有意义的指导性原则的。

19.2 规划和记录保存

许多策略可用于测试软件。其中的一个极端是，软件团队等到系统完全建成后再对整个系统执行测试，以期望发现错误。虽然这种方法很有吸引力，但效果不好，可能得到的是有许多缺陷的软件，致使所有的利益相关者感到失望。另一个极端是，无论系统的任何一部分在何时建成，软件工程师每天都在进行测试。

多数软件团队选择介于这两者之间的测试策略。这种策略以渐进的观点对待测试，以个别程序单元的测试为起点，逐步转移到方便于单元集成的测试（有的时候每天都进行测试），最后随着构建系统的演化过程最终完成整个系统的测试。本章的其余部分将重点讨论构件级测试和测试用例设计。

单元测试侧重于软件设计的最小单元（软件构件或模块）的验证工作。利用构件级设计描述作为指南，测试重要的控制路径以发现模块内的错误。测试的相对复杂度和这类测试发现的错误受到单元测试约束范围的限制。单元测试侧重于构件的内部处理逻辑和数据结构。这种类型的测试可以对多个构件并行执行。

如果忽视了一些重要问题，即使最好的策略也会失败。Tom Gilb[GIL95] 提出，只有软件测试人员解决了下述问题，软件测试策略才会获得成功：（1）早在开始测试之前，就要以量化的方式规定产品需求；（2）明确地陈述测试目标；（3）了解软件的用户并为每类用户建立用户描述；（4）制定强调"快速周期测试"[⊖]的测试计划；（5）建立能够测试自身的"健壮"软件（防错技术在 9.3 节讨论）；（6）测试之前，利用有效的正式技术评审作为过滤器；（7）实施正式技术评审以评估测试策略和测试用例本身；（8）为测试过程建立一种持续的改进方法（第 28 章）。 378

这些原则也反映在敏捷软件测试中。在敏捷开发中，需要在第一次冲刺会议之前制定测试计划，并由利益相关者进行审查。该计划仅列出了大致的时间表，要使用的标准和工具。当创建实现每个用户案例所需的代码时，利益相关者将开发并审查测试用例及其使用说明。测试结果将尽快与所有团队成员共享，以允许对现有和将来的代码开发进行更改。因此，许多团队选择将测试记录保存在在线文档中。

测试记录不必烦琐。测试用例可以记录在 Google Docs 电子表格中，该电子表格简要描述了测试用例，包含指向要测试的需求的指针，测试用例数据的预期输出或成功标准，允许测试人员指示测试是否通过或失败，以及测试用例的运行日期，并且应该给为什么测试无法帮助调试留出评论处。这种类型的在线表单可以根据需要查看以进行分析，且容易在团队会议上进行总结。测试用例的设计问题在 19.3 节中讨论。

19.2.1 "脚手架"的作用

构件测试通常被认为是编码阶段的附属工作。可以在编码开始之前或源代码生成之后进行单元测试的设计。设计信息的评审可以指导建立测试用例，发现错误，每个测试用例都应与一组预期结果联系在一起。

由于构件并不是独立的程序，需要不同类型的"脚手架"来创建测试框架。作为测试框架的组成部分，必须为每个测试单元开发驱动程序和桩程序。单元测试环境如图 19-3 所示。在大多数应用中，驱动程序只是一个"主程序"，它接收测试用例数据，将这些数据传递给（将要测试的）构件，并打印相关结果。桩程序的作用是替换那些从属于被测构件（或被其调用）的模块。桩程序或"伪程序"使用从属模块的接口，可能做少量的数据操作，提供入口的验证，并将控制返回到被测模块。

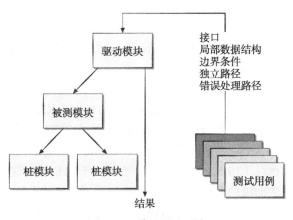

图 19-3　单元测试环境

⊖ Gilb[Gil95] 建议软件团队"学习对用户可用性进行快速周期测试（项目工作量的 2%），至少在'可试验性'方面增强功能性或提高质量。"从这些快速周期测试得到的反馈可用于控制质量级别和相应的测试策略。

驱动程序和桩程序都意味着测试开销。也就是说，两者都必须编写代码（通常并没有使用正式的设计），但并不与最终的软件产品一起交付。若驱动程序和桩程序保持简单，实际开销就会比较低。遗憾的是，在只使用"简单"的"脚手架"软件的情况下，许多构件是不能完成充分的单元测试的，因此，完整的测试可以延迟到集成测试这一步（这里也要使用驱动程序和桩程序）。

19.2.2 高效测试

穷举测试要求通过被测构件处理顺序的所有输入值和测试用例的可能组合都被测试（例如，考虑在计算机象棋游戏中的移动生成器）。在某些情况下，这将需要创建几乎无限个数据集。穷举测试通常是不值得的，因为单独测试不能用来证明一个构件是正确实现的。在某些情况下，没有资源进行全面的单元测试。在这种情况下，测试人员应该选择对项目成功至关重要的模块，以及那些复杂性度量表明容易出错的模块，把它们作为单元测试的重点。19.4 节至 19.6 节中讨论了一些完成良好测试所需的最大限度地减少测试用例的技术。

信息栏   穷举测试

考虑 100 行的 C 语言程序。一些基本的数据声明之后，程序包含两个嵌套循环，依靠输入指定的条件，每个循环执行 $1 \sim 20$ 次。在内部循环中，需要 4 个 if-then-else 结构。这个程序中大约有 10^{14} 个可能的执行路径！

为了说明这个数字代表的含义，我们假设已经开发了一个神奇的测试处理器（"神奇"意味着没有这样的处理器存在）

来做穷举测试。在 1 毫秒内，处理器可以开发一个测试用例、执行测试用例并评估测试结果。若处理器每天工作 24 小时，每年工作 365 天，要对这个程序做完穷举测试，需要工作 3170 年。不可否认，这将对大多数的开发进度造成巨大障碍。

因此，可以肯定地说，对于大型软件系统，穷举测试是不可能的。

19.3 测试用例设计

在开发构件代码之前设计单元测试用例是一个好主意。这样可以确保所开发的代码能够通过测试或至少通过已经想到的测试。

图 19-4 对单元测试进行了概要描述。测试模块的接口是为了保证被测程序单元的信息能够正常地流入和流出（19.5.1 节）；检查局部数据结构以确保临时存储的数据在算法的整个执行过程中能维持其完整性；执行控制结构中的所有独立路径（基本路径）以确保模块中的所有语句至少执行一次（19.4.2 节）；测试边界条件确保模块在到达边界值的极限或受限处理的情形下仍能正确执行（19.5.3 节）。最后，要对所有的错误处理路径进行测试。

对穿越模块接口的数据流的测试要在任何其他测试开始之前进行。若数据不能正确地输入和输出，则其他测试都是没有意义的。另外，应该在单元测试期间执行局部数据结构，并确定对全局数据的局部影响（可能的话）。

在单元测试期间，选择测试的执行路径是最基本的任务。设计测试用例是为了发现因错误计算、不正确的比较或不适当的控制流而引起的错误。

图 19-4　单元测试

边界测试是最重要的单元测试任务之一。软件通常在边界处出错，也就是说，错误行为往往出现在处理 n 维数组的第 n 个元素，或者 i 次循环的第 i 次调用，或者遇到允许出现的最大、最小数值时。使用刚好小于、等于或大于最大值和最小值的数据结构、控制流和数值作为测试用例就很有可能发现错误。

好的设计要求能够预置出错条件并设置异常处理路径，以便当错误确实出现时重新确定路径或彻底中断处理。Yourdon[YOU75] 称这种方法为防错法（antibugging）。遗憾的是，存在的一种趋势是在软件中引入异常处理，然而却从未对其进行测试。要确保设计的测试能执行每个错误处理路径。如果不这样做，在调用该路径时可能会失败，从而使本就糟糕的情况变得更糟。

在评估异常处理时，应能测试下述的潜在错误：（1）错误描述难以理解；（2）记录的错误与真正遇到的错误不一致；（3）在异常处理之前，错误条件就引起了操作系统的干预；（4）异常条件处理不正确；（5）错误描述没有提供足够的信息，对确定错误产生原因没有帮助。

SafeHome　设计独特的测试

[场景] Vinod 的工作间。

[人物] Vinod 与 Ed，SafeHome 软件工程团队成员。

[对话]

Vinod：这些是你打算用于测试操作 passwordValidation 的测试用例吗？

Ed：是的，它们应该能覆盖用户进入时所有可能输入的密码。

Vinod：让我看看……你提到正确的密码是 8080，对吗？

Ed：嗯。

Vinod：你指定密码 1234 和 6789 是要测试在识别无效密码方面的错误？

Ed：对，我也测试与正确密码相接近的密码，如 8081 和 8180。

Vinod：那是可行的。但是我并不认为运行 1234 和 6789 两个输入有多大意义。这两个输入是冗余的……它们在测试同样的事情，不是吗？

Vinod：确实是这样。倘若输入 1234 不能发现错误，换句话说，操作 password Validation 注意到它是一个无效密码，那么输入 6789 也不可能显示任何新的东西。

Ed：我明白你的意思。

Vinod：我不是吹毛求疵，只是我们做测试的时间有限，因此，好的方法是运行最有可能发现新错误的测试。

Ed：没问题……我再想想。

19.3.1   需求和用例

在需求工程（第 7 章）中，我们建议通过与客户合作来开始需求收集过程，以此生成用户故事，开发人员可以将其精化为正式的用例和分析模型。这些用例和模型可以用来指导系统地创建测试用例，这些测试用例能够很好地测试每个软件构件的功能需求，并提供良好的总体测试覆盖率 [Gut15]。

对于许多非功能性需求（例如，可用性或可靠性），分析工件并没有为测试用例的创建提供太多的见解。在这里，用户故事中包含的客户接受声明可以成为编写与构件相关的非功能性需求的基础。测试用例开发人员根据他们的专业经验使用额外的信息来量化验收标准，使其具有可测试性。测试非功能性需求可能需要使用集成测试方法（第 20 章）或其他专用测试技术（第 21 章）。

测试的主要目的是帮助开发人员发现以前未知的缺陷。执行证明构件能够正确运行的测试用例通常不够好。正如我们前面提到的（19.3 节），编写测试用例来演练构件的错误处理能力非常重要。但是如果我们要发现新的缺陷，那么编写测试用例来测试构件有没有做它不应该做的事情（例如，在没有权限的情况下访问特权数据源）也是很重要的。这些可以被正式表示为反需求[⊖]，并且可能需要专门的安全测试技术（21.7 节）[Ale17]。这些所谓的反向测试用例也应该被包括在内，以确保构件的行为符合客户的期望。

19.3.2   可追溯性

为了确保测试过程是可审核的，每个测试用例都需要追溯到特定的功能性或非功能性需求或反需求。通常，非功能性需求要可追溯到特定的业务或体系结构需求。许多敏捷开发人员抵制可追溯性的概念，认为这是开发人员不必要的负担。但是许多测试过程的失败都可以追溯到丢失的可追溯路径、不一致的测试数据或不完整的测试覆盖率 [Rem14]。回归测试（在 20.3 节中讨论）需要重新测试选定的构件，这些构件可能会受到与之协作的其他软件构件变更的影响。虽然这在集成测试中更经常被认为是一个问题（第 20 章），但确保测试用例可追溯到需求是重要的第一步，需要在构件测试阶段完成。

19.4   白盒测试

白盒测试有时也称为玻璃盒测试或结构化测试，是一种测试用例设计方法，它利用作为构件级设计的一部分所描述的控制结构来生成测试用例。利用白盒测试方法导出的测试用例可以：（1）保证一个模块中的所有独立路径至少被执行一次；（2）对所有的逻辑判定均需测试取真（true）和取假（false）两个方面；（3）在上下边界及可操作的范围内执行所有循环；（4）检验内部数据结构以确保其有效性。

19.4.1   基本路径测试

基本路径测试是由 Tom McCabe[McC76] 首先提出的一种白盒测试技术。基本路径测试方法允许测试用例设计者计算出过程设计的逻辑复杂性测量，并以这种测量为指导来定义执行路径的基本集。执行该基本集导出的测试用例保证程序中的每一条语句至少执行一次。

⊖   在创建滥用例时，有时会描述反需求，这些案例从恶意用户的角度描述用户故事，也是威胁分析的一部分（在第 18 章中进行讨论）。

在介绍基本路径方法之前，必须介绍一种简单的控制流表示方法，称为流图（或程序图）⊖。仅当构件的逻辑结构复杂时才应该绘制流图。该流图可以使你更轻松地跟踪程序路径。

为了说明流图的使用，考虑图 19-5a 所示的过程设计表示。这里，流程图用于描述程序的控制结构。图 19-5b 将这个流程图映射为相应的流图（假设流程图的菱形判定框中不包含复合条件）。在图 19-5b 中，圆称为流图结点（flow graph node），表示一个或多个过程语句。处理框序列和一个菱形判定框可以映射为单个结点。流图中的箭头称为边或连接，表示控制流，类似于流程图中的箭头。一条边必须终止于一个结点，即使该结点并不代表任何过程语句（例如表示 if-then-else 结构的流图符号）。由边和结点限定的区域称为域。计算域时，将图的外部作为一个域。

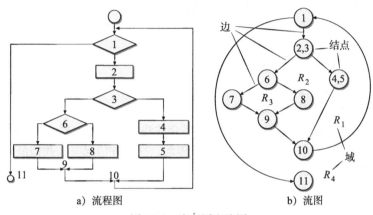

a) 流程图   b) 流图

图 19-5 流程图和流图

独立路径是任何贯穿程序的、至少引入一组新处理语句或一个新条件的路径。当按照流图进行描述时，独立路径必须沿着至少一条边移动。这条边在定义该路径之前未被遍历。例如，图 19-5b 所示流图的一组独立路径如下：

路径 1: 1-11
路径 2: 1-2-3-4-5-10-1-11
路径 3: 1-2-3-6-8-9-10-1-11
路径 4: 1-2-3-6-7-9-10-1-11
注意，每条新的路径引入一条新边，路径
1-2-3-4-5-10-1-2-3-6-8-9-10-1-11
不是一条独立路径，因为它不过是已提到路径的简单连接，而没有引入任何新边。

路径 1、2、3 和 4 构成图 19-5b 所示流图的基本集合。也就是说，若设计测试以强迫执行这些路径（基本集合），则可以保证程序中的每条语句至少执行一次，且每个条件的取真和取假都被执行。应该注意，基本集合不是唯一的。事实上，对给定的过程设计，可以导出很多不同的基本集合。

如何知道要找出多少路径？环复杂性的计算提供了答案。环复杂性是一种软件度量，它为程序的逻辑复杂度提供了一个量化的测度。用在基本路径测试方法的环境下时，环复杂性

⊖ 事实上，不使用流图也可以执行基本路径测试方法，但是，流图是用于理解控制流和解释方法的一种有用表示。

的值定义了程序基本集合中的独立路径数，并提供了保证所有语句至少执行一次所需测试数量的上限。

环复杂性以图论为基础，并提供了非常有用的软件度量。可以通过以下三种方法之一来计算环复杂性。

1. 流图中域的数量与环复杂性相对应。

2. 对于流图 G，环复杂性 $V(G)$ 定义如下：

$$V(G) = E - N + 2$$

其中 E 为流图的边数，N 为流图的结点数。

3. 对于流图 G，环复杂性 $V(G)$ 也可以定义如下：

$$V(G) = P + 1$$

其中 P 为包含在流图 G 中的判定结点数。

再回到图 19-5b 中的流图，环复杂性可以通过上述三种算法来计算。

1. 该流图有 4 个域。

2. $V(G) = 11$（边数）$- 9$（结点数）$+ 2 = 4$。

3. $V(G) = 3$（判定结点数）$+ 1 = 4$。

因此，图 19-5b 中流图的环复杂性是 4。

更重要的是，$V(G)$ 的值提供了组成基本集合的独立路径的上界，并由此得出覆盖所有程序语句所需设计和运行的测试数量的上界。因此，在这种情况下，我们最多需要定义四个测试用例来执行每个独立的逻辑路径。

SafeHome 使用环复杂性

[场景] Shakira 的工作间。

[人物] Vinod 和 Shakira，SafeHome 软件工程团队成员，他们正在为安全功能准备测试计划。

[对话]

Shakira： 看，我知道应该对安全功能的所有构件进行单元测试，但是，如果考虑所有必须测试的操作的数量，工作量就太大了，我不知道……可能我们应该放弃白盒测试，将所有的构件集成在一起，开始执行黑盒测试。

Vinod： 你估计我们没有足够的时间做构件测试、检查操作，然后集成，是不是？

Shakira： 第一次增量测试的最后期限离我们很近了……是的，我有点担心。

Vinod： 你为什么不对最有可能出错的操作执行白盒测试呢？

Shakira（愤怒地）：我怎么能够准确地知

道哪个是最易出错的呢？

Vinod： 环复杂性。

Shakira： 嗯？

Vinod： 环复杂性。只要计算每个构件中每个操作的环复杂性。看看哪些操作的 $V(G)$ 具有最高值。那些操作就是最有可能出错的操作。

Shakira： 怎么计算 $V(G)$ 呢？

Vinod： 那相当容易。这里有本书说明了怎么计算。

Shakira（翻看那几页）：好了，这计算看上去并不难。我试一试。具有最高 $V(G)$ 值的就是要做白盒测试的候选操作。

Vinod： 但还要记住，这并不是绝对的，那些 $V(G)$ 值低的构件还是可能有错的。

Shakira： 好吧。但这至少降低了必须进行白盒测试的构件数。

384 ~ 385

19.4.2 控制结构测试

19.4.1 节所描述的基本路径测试是控制结构测试技术之一。虽然基本路径测试简单且高效，但其本身并不充分。本节简单讨论控制结构测试的其他变体，这些技术拓宽了测试的覆盖率并提高了白盒测试的质量。

条件测试 [Tai89] 通过检查程序模块中包含的逻辑条件进行测试用例设计。数据流测试 [Fra93] 根据程序中变量的定义和使用位置来选择程序的测试路径。

循环测试是一种白盒测试技术，完全侧重于循环构建的有效性。可以定义 2 种不同的循环 [Bei90]：简单循环和嵌套循环（图 19-6）。

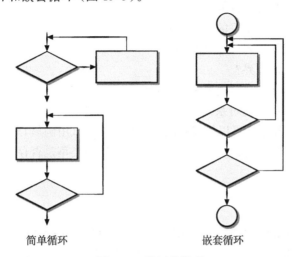

简单循环　　　　　　　　　　　嵌套循环

图 19-6　循环的类型

简单循环。下列测试集可用于简单循环，其中，n 是允许通过循环的最大次数。

1. 跳过整个循环。
2. 只有一次通过循环。
3. 两次通过循环。
4. m 次通过循环，其中 $m < n$。
5. $n-1$、n、$n+1$ 次通过循环。

嵌套循环。若将简单循环的测试方法扩展应用于嵌套循环，则可能的测试数将随着嵌套层次的增加而成几何级数增长。这将导致不切实际的测试数量。Beizer[Bei90] 提出了一种有助于减少测试数的方法。

1. 从最内层循环开始，将其他循环设置为最小值。
2. 对最内层循环执行简单循环测试，而使外层循环的迭代参数（例如循环计数）值最小，并对范围以外或不包括在内的值增加其他测试。
3. 由内向外构造下一个循环的测试，但使其他外层循环具有最小值，并使其他嵌套循环为"典型"值。
4. 继续上述过程，直到测试完所有的循环。

19.5　黑盒测试

黑盒测试也称行为测试或功能测试，侧重于软件的功能需求。黑盒测试使软件工程师能设计出可以测试程序所有功能需求的输入条件集。黑盒测试并不是白盒测试的替代品，而是作为发现其他类型错误的辅助方法。

黑盒测试试图发现以下类型的错误：（1）不正确或遗漏的功能；（2）接口错误；（3）数据结构或外部数据库访问错误；（4）行为或性能错误；（5）初始化和终止错误。

与白盒测试不同，白盒测试在测试过程的早期执行，而黑盒测试倾向于应用在测试的后期阶段。黑盒测试故意不考虑控制结构，而是侧重于信息域。设计黑盒测试要回答下述问题：

- 如何测试功能的有效性？
- 如何测试系统的行为和性能？
- 哪种类型的输入会产生好的测试用例？
- 系统是否对特定的输入值特别敏感？
- 如何分离数据类的边界？
- 系统能承受什么样的数据速率和数据量？
- 特定类型的数据组合会对系统运行产生什么样的影响？

通过运用黑盒测试技术，可以生成满足下述准则的测试用例集 [Mye79]：能够减少达到合理测试所需的附加测试用例数，并且能够告知某些错误类型是否存在，而不是仅仅知道与特定测试相关的错误。

19.5.1 接口测试

接口测试用于检查程序构件是否以正确的顺序和数据类型接受传递给它的信息，并以正确的顺序和数据格式返回信息 [Jan16]。接口测试通常被认为是集成测试的一部分。因为大多数构件不是独立的程序，所以确保将构件集成到不断演化的程序中时不会破坏构建是非常重要的。这就是使用桩和驱动程序（19.2.1 节）对构件测试人员变得重要的地方。

桩和驱动程序有时会结合测试用例，以传递给构件或被构件访问。在其他情况下，可能需要在构件内部插入调试代码，以检查传递的数据是否被正确接收（19.3 节）。在其他情况下，测试框架应该包含检查从构件返回的数据是否被正确接收的代码。一些敏捷开发人员更喜欢使用不断演化的程序的生产版本的副本进行接口测试，并添加一些调试代码。

388

19.5.2 等价类划分

等价类划分是一种黑盒测试方法，它将程序的输入划分为若干个数据类，从中生成测试用例。理想的测试用例可以单独发现一类错误（例如，所有字符数据处理不正确），否则在观察到一般的错误之前需要运行许多测试用例。

等价类划分的测试用例设计是基于对输入条件的等价类进行评估。利用上节引入的概念，若对象可以由具有对称性、传递性和自反性的关系连接，则存在等价类 [Bei95]。等价类表示输入条件的一组有效的或无效的状态。通常情况下，输入条件要么是一个特定值、一个数据域、一组相关的值，要么是一个布尔条件。可以根据下述指导原则定义等价类。

1.若输入条件指定一个范围，则可以定义一个有效等价类和两个无效等价类。

2.若输入条件需要特定的值，则可以定义一个有效等价类和两个无效等价类。

3.若输入条件指定集合的某个元素，则可以定义一个有效等价类和一个无效等价类。

4.若输入条件为布尔值，则可以定义一个有效等价类和一个无效等价类。

通过运用设计等价类的指导原则，可以为每个输入域数据对象设计测试用例并执行。选择测试用例以便一次测试一个等价类的尽可能多的属性。

19.5.3 边界值分析

大量错误发生在输入域的边界处，而不是发生在输入域的"中间"。这是将边界值分析（Boundary Value Analysis，BVA）作为一种测试技术的原因。边界值分析选择一组测试用例检查边界值。

边界值分析是一种测试用例设计技术，是对"等价划分"的补充。BVA 不是选择等价类的任何元素，而是在等价类"边缘"上选择测试用例。BVA 不是仅仅侧重于输入条件，它也从输出域中导出测试用例 [Mye79]。

BVA 的指导原则在很多方面类似于等价划分的原则。

1. 若输入条件指定为以 a 和 b 为边界的范围，则测试用例应该包括 a 和 b，略大于和略小于 a 和 b。
2. 若输入条件指定为一组值，则测试用例应当执行其中的最大值和最小值，以及略大于和略小于最大值和最小值的值。
3. 指导原则 1 和 2 也适用于输出条件。例如，工程分析程序要求输出温度和压强的对照表，应该设计测试用例创建输出报告，输出报告可生成所允许的最大（和最小）数目的表项。
4. 若内部程序数据结构有预定义的边界值（例如，表具有 100 项的定义限制），则一定要设计测试用例，在其边界处测试数据结构。

大多数软件工程师会在某种程度上凭直觉完成 BVA。通过运用这些指导原则，边界测试会更加完全，从而更有可能发现错误。

19.6 面向对象测试

考虑面向对象软件时，单元的概念发生了变化。封装是类和对象定义的驱动力，也就是说，每个类和类的每个实例包装了属性（数据）和操纵这些数据的操作。封装好的类通常是单元测试的重点。但是，类中的操作（方法）是最小的可测试单元。由于一个类可以包括很多不同的操作，并且一个特定的操作又可以是很多不同类的一部分，因此，必须改变应用于单元测试的策略。

你已经不可能独立地测试单一的操作了（独立地测试单一的操作是单元测试的传统观点），而是要将其作为类的一部分进行操作。例如，考虑在一个类层次中，为超类定义了操作 X，并且很多子类继承了此操作。每个子类都使用操作 X，但是此操作是在为每个子类所定义的私有属性和操作的环境中应用的。由于使用操作 X 的环境具有微妙的差异，因此，有必要在每个子类的环境中测试操作 X。这就意味着单独测试操作 X（传统的单元测试方法）在面向对象的环境中是无效的。

19.6.1 类测试

面向对象（object-oriented，OO）软件的类测试等同于传统软件的单元测试。面向对象软件的类测试与传统软件的单元测试是不同的是，传统软件的单元测试倾向于关注模块的算法细节和流经模块接口的数据，而面向对象软件的类测试由封装在类中的操作和类的状态行为所驱动的。

为简要说明这些方法，考虑一个银行应用，其中 Account 类有下列操作：open()、setup()、deposit()、withdraw()、balance()、summarize()、creditLimit() 及 close()[Kir94]。其中，每个操作均可应用于 Account 类，但问题的本质隐含了一些限制（例如，账号必须在其他操作可应用之前打开，在所有操作完成之后关闭）。即使有了这些限制，仍存在很多种操作排列。一个 Account 对象的最小行为的生命历史包含以下操作：

390

open•setup•deposit•withdraw•close

这表示 Account 的最小测试序列。然而，可以在这个序列中发生大量其他行为：

open•setup•deposit•[deposit|withdraw|balance|summarize|creditLimit]^n•withdraw•close

可以随机产生一些不同的操作序列，例如：

测试用例 r_1：open•setup•deposit•deposit•balance•summarize•withdraw•close
测试用例 r_2：open•setup•deposit•withdraw•deposit•balance•creditLimit•withdraw•close

执行这些序列和其他随机顺序测试，以检查不同类实例的生命历史。使用等价类测试（在 19.5.2 节中）可以减少需要的测试用例数量。

SafeHome   类测试

[场景] Shakira 的工作间。

[人物] Jamie 与 Shakira，SafeHome 软件工程团队成员，负责安全功能的测试用例设计。

[对话]

Shakira：我已经为 Detector 类（图 11-4）开发了一些测试，你知道，这个类允许访问安全功能的所有 Sensor 对象。你熟悉它吗？

Jamie（笑）：当然，它允许你加入"小狗焦虑症"传感器。

Shakira：而且是唯一的一个。不管怎么样，它包含 4 个操作的接口：read()、enable()、disable() 和 test()。在传感器可读之前，它必须被激活。一旦激活，就可以进行读和测试，且随时可以中止它，除非正在处理警报条件。因此，我定义了检查其行为生命历史的简单测试序列（向 Jamie 展示下述序列）。

#1: enable•test•read•disable

Jamie：不错。但你还得做更多的测试！

391   **Shakira**：我知道。这里有我提出的其他

测试序列。

（向 Shakira 展示下述序列）

#2: enable•test•[read]^n•test•disable
#3: [read]^n
#4: enable•disable•[test | read]

Jamie：看我能否理解这些测试序列的意图。#1 通过一个正常的生命历史，属于常规使用。#2 重复 read() 操作 n 次，那是一个可能出现的场景。#3 在传感器激活之前尽力读取它……那应该产生某种错误信息，对吗？#4 激活和中止传感器，然后尽力读取它，这与 #2 不是一样的吗？

Shakira：实际上不一样。在 #4 中，传感器已经被激活，#4 测试的实际上是disable() 操作是否像其预期的一样有效工作。disable() 之后，read() 或 test() 应该产生错误信息。若没有，则说明disable() 操作中有错误。

Jamie：太棒了，记住这 4 个测试必须应用于每一类传感器，因为所有这些操作根据其传感器类型可能略有不同。

Shakira：不用担心，那是计划之中的事。

19.6.2 行为测试

在第 8 章中，我们已讨论过用状态图表示类的动态行为模型。类的状态图可用于辅助生成检查类（以及与该类的协作类）的动态行为的测试序列。图 19-7[Kir94] 给出了前面讨论的 Account 类的状态图。根据该图，初始变换经过了 Empty acct 状态和 Setup acct 状态，该类实例的绝大多数行为发生在 Working acct 状态。Withdrawal（Final）和 Close 操作使得 Account 类分别向 Nonworking acct 状态和 Dead acct 状态发生转换。

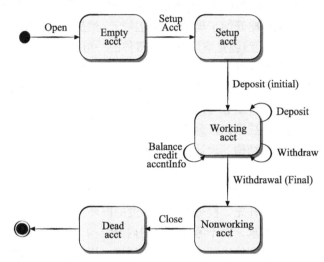

图 19-7 Account 类的状态转换图（来源：Kirani, Shekhar and Tsai, W. T.,"Specification and Verification of Object-Oriented Programs,"Technical Report TR 94-64, University of Minnesota, December 1994, 79.）

将要设计的测试应该覆盖所有的状态，也就是说，操作序列应该使 Account 类能够向所有可允许的状态转换：

测试用例 s_1：open•setupAccnt•deposit (initial)•withdraw (final)•close

下面将其他测试序列加入最小测试序列中：

测试用例 s_2：open•setupAccnt•deposit(initial)•deposit•balance•credit• withdraw (final)•close

测试用例 s_3：open•setupAccnt•deposit(initial)•deposit•withdraw•accntInfo• withdraw (final)•close

可以设计更多的测试用例以保证该类的所有行为已被充分检查。在该类的行为与一个或多个类产生协作的情况下，可以用多个状态图来追踪系统的行为流。

可以通过"广度优先"[McG94] 的方式来遍历状态模型。在这里，广度优先意味着一个测试用例检查单个转换，之后在测试新的转换时，仅使用前面已经测试过的转换。

考虑银行系统中的一个 CreditCard 对象。CreditCard 对象的初始状态为 undefined（即未提供信用卡号）。在销售过程中一旦读取信用卡，对象就进入了 defined 状态，即属性 card number、expiration date 以及银行专用的标识符被定义。当信用卡被发送以请求授权时，它处于 submitted 状态，当接收到授权时，它处于 approved 状态。可以通过设计使转换发生的测试用例来测试 CreditCard 对象从一个状态到另一个状态的转换。对这种测试类型的广度优先方法在检查 undefined 和 defined 之前不会检查 submitted 状态。若这样做了，它就使用了

392

尚未经过测试的转换，从而违反了广度优先准则。

19.7   小结

软件测试在软件过程中所占的技术工作量比例最大。不考虑所构建软件的类型，系统测试计划、运行和控制策略从考虑软件的小元素开始，逐渐面向整个软件。

软件测试的目标是发现错误。对于传统软件，这个目标是通过一系列测试步骤达到的。单元测试和集成测试（在第20章中讨论）侧重于验证模块的功能以及将模块集成到程序结构中。面向对象软件的测试策略开始于类中操作的执行，然后转到以集成为目的的基于线程的测试（在20.4.1节中讨论）。线程是响应输入或事件的一组类。

测试用例应该可以追溯到软件需求。每一个测试步骤都在一系列系统的有助于测试用例设计的测试技术的辅助下实现。在每一个测试步骤中，软件被考虑的抽象层次都被拓宽了。测试用例设计的主要目标是设计最有可能发现软件错误的测试用例集。为达到这个目标，可采用两种不同的测试用例设计技术：白盒测试和黑盒测试。

白盒测试侧重于程序控制结构。设计测试用例以保证测试期间程序中所有的语句至少被执行一次，且所有的逻辑条件都得到检查。基本路径测试是一种白盒测试技术，利用程序图（或图矩阵）生成保证覆盖率的线性无关的测试集。条件和数据流测试进一步检查程序逻辑，

393 循环测试作为白盒测试技术的补充，检查不同复杂度的循环。

黑盒测试用来确认功能需求，而不考虑程序的内部结构。黑盒测试技术侧重于软件的信息域，通过划分程序的输入域和输出域来设计测试用例，以提供完全的测试覆盖。等价划分将输入域划分为有可能检查软件特定功能的数据类。边界值分析则检查程序在可接受的限度内处理边界数据的能力。

与测试（测试是一种系统的、有计划的活动）不同的是，调试必须被看作一种技术。从问题的症状显示开始，调试活动要去追踪错误的原因。测试有时可以帮助找到错误的根本原因。但是最有价值的往往是其他软件工程师的建议。

习题与思考题

19.1   用自己的话描述验证与确认的区别。两者都要使用测试用例设计方法和测试策略吗？

19.2   列出一些可能与独立测试组（ITG）的创建相关的问题。ITG与SQA小组由相同的人员组成吗？

19.3   为什么具有较高耦合度的模块难以进行单元测试？

19.4   在所有情况下，单元测试都是可能的或是值得做的吗？提供实例来说明你的理由。

19.5   你能够想出19.1.1节中没有讨论的其他测试目标吗？

19.6   选择一个你最近设计和实现的构件。设计一组测试用例，保证利用基本路径测试执行所有的语句。

19.7   Myers[Mye79]用以下程序作为对测试能力的自我评估：某程序读入3个整数值，这3个整数值表示三角形的3条边。该程序打印信息以表明三角形是不规则的、等腰的或等边的。开发一组测试用例测试该程序。

19.8   设计并实现习题19.7描述的程序（适当时使用错误处理）。从该程序中导出流图并用基本路径测试方法设计测试，以保证程序中的所有语句都被测试到。执行测试用例并显示结果。

19.9   至少给出3个例子，在这些例子中，黑盒测试能够给人"一切正常"的印象，而白盒测试可能发现错误。再至少给出3个例子，在这些例子中白盒测试可能给人"一切正常"的印象，而黑盒测试可能发现错误。

394 19.10   用自己的话描述为什么在面向对象系统中类是最小的合理测试单元。

软件测试——集成级

要 点 概 览

概念：集成测试以对逐渐增加的软件功能进行测试的方式组装构件，目的是在组装软件时发现错误。

人员：在测试的早期阶段，软件工程师完成所有的测试。然而，随着测试过程的进行，除其他利益相关者外，测试专家也可能介入。

重要性：必须利用严格的技术来设计测试用例，确保构件已正确集成到完整的软件产品中。

步骤：利用"白盒"测试用例设计技术执行内部程序逻辑，利用"黑盒"测试用例设计技术确认软件需求。

工作产品：设计一组测试用例使其不仅测试内部逻辑、接口、构件协作，还测试外部需求并形成文档。定义期望结果并记录实际结果。

质量保证措施：当开始测试时，改变视角，努力去"破坏"软件！规范地设计测试用例，并对测试用例进行周密的评审。

单个开发人员可以在不需要其他团队成员的情况下测试软件构件。对于集成测试，情况并非如此，构件必须正确地与其他团队成员开发的构件进行交互。集成测试暴露了尚未融合为真正团队的软件开发小组的很多弱点。集成测试给软件工程师带来了一个有趣的难题，他们本质上是建设者。实际上，所有测试都要求开发人员放弃对刚开发的软件"正确性"的先入之见，而要努力设计测试用例以"破坏"该软件。这意味着当代码作为最新软件增量的一部分进行测试并发现其存在错误时，团队成员需要能够接受其他团队成员的建议。

Beizer [Bei90] 描述了一个所有测试人员都面临的"软件神话"。他写道："有这样一个神话，若我们确实擅长编程，就应当不会有错误……由于我们并不擅长所做的事，因此有错误存在。若不擅长，就应当感到内疚。"

测试应该灌输内疚感吗？测试真的是摧毁性的吗？这些问题的回答是"不"！

在本书的开始，我们就强调过，软件只是基于计算机大型系统的一部分。最终，软件要与其他系统成分（如硬件、人和信息）相结合，并执行系统测试（一系列集成测试和确认测试）。这些测试已超出软件过程的范围，而且不仅仅由软件工程师执行。然而，软件设计和测试期间所采取的步骤可以大大提高在大型系统中成功地集成软件的可能性。

在本章中，我们将讨论适用于大多数软件应用的集成测试策略相关技术。软件测试策略将在第 21 章详细说明。

关键概念

人工智能
黑盒测试
自底向上集成
持续集成
簇测试
基于缺陷的测试
集成测试
多类划分测试
模式
回归测试
基于场景的测试
冒烟测试
基于线程的测试
自顶向下集成
确认测试
白盒测试

395

20.1 软件测试基础

测试的目标是发现错误，并且好的测试发现错误的可能性较大。Kaner、Falk 和 Nguyen[Kan93] 提出 "好" 的测试具有以下属性：

好的测试具有较高的发现错误的可能性。为达到这个目标，测试人员必须理解软件并尝试设想软件怎样才能失败。

好的测试是不冗余的。测试时间和资源是有限的，执行与另一个测试有同样目标的测试是没有意义的。每个测试都应该有不同的目标（即使是细微的差别）。

好的测试应该是 "最佳品种" [Kan93]。在一组具有类似目的的测试中，时间和资源的有限性会迫使只运行最有可能发现所有类别错误的测试。

好的测试应该既不太简单也不太复杂。尽管将一系列测试连接为一个测试用例有时是可能的，但潜在的副作用会掩盖错误。通常情况下，应该独立执行每个测试。

任何工程化的产品（以及大多数其他东西）都可以采用以下两种方式之一进行测试：（1）了解已设计的产品要完成的指定功能，可以执行测试以显示每个功能是可操作的，同时，查找在每个功能中的错误；（2）了解产品的内部工作情况，可以执行测试以确保 "所有的齿轮吻合" ——即内部操作依据规格说明执行，而且对所有的内部构件已进行了充分测试。第一种测试方法采用外部视角，也称为黑盒测试。第二种方法采用内部视角，也称为白盒测试[⊖]。两者都可用于集成测试 [Jan16]。

20.1.1 黑盒测试

黑盒测试指的是通过与其他构件和其他系统执行构件接口来进行的集成测试。它检查系统的功能方面，而不考虑软件的内部逻辑结构。相反，黑盒测试的重点在于确保构件可以在较大的软件构造中正确执行，当由其前置条件指定的输入数据和软件环境正确时，将按照其后置条件指定的方式运行。当然，确保在不满足其前置条件的情况下，构件可以正常运行也很重要（例如，它可以处理错误的输入而不会崩溃）。

黑盒测试基于用户故事（第 7 章）中说明的需求。一旦定义了构件接口，测试用例的作者就不需要等待编写构件实现代码。单个用户故事定义的功能可能需要编写几个相互协作的构件才能实现。确认测试（20.5 节）通常根据终端用户的可见输入操作和可观察到的输出行为来定义黑盒测试用例，而无须了解构件本身是如何实现的。

20.1.2 白盒测试

白盒测试有时也称为玻璃盒测试或结构化测试，是一种集成测试的方法，它使用作为构件级设计的一部分所描述的控制结构的实现信息来生成测试用例。软件的白盒测试基于对程序实现细节和数据结构实现细节的仔细检查。只有在构件级设计（或源代码）完成后，才能设计白盒测试。程序逻辑的详细信息必须可获取。白盒集成测试关注软件的逻辑路径以及构件间的协作。

乍一看，好像是全面的白盒测试将获得 "100% 正确的程序"。我们需要做的只是识别所有的逻辑路径、开发相应的测试用例、执行测试用例并评估结果，即生成测试用例来彻底地测试程序逻辑。遗憾的是，穷举测试存在某种逻辑问题，即使对于小程序，可能的逻辑路

⊖ 术语功能测试和结构测试有时分别用于代替黑盒测试和白盒测试。

径的数量也可能非常大。然而，不应该觉得白盒测试不切实际而抛弃这种方法。一旦构件开始集成，测试人员应选择数量合理的重要逻辑路径进行测试。构件集成后，还应该测试重要数据结构的有效性。

397

20.2　集成测试

软件界的初学者一旦完成所有模块的单元测试之后，可能会问一个似乎很合理的问题：如果每个模块都能单独工作得很好，那么为什么要怀疑将它们放在一起时的工作情况呢？当然，这个问题涉及"将它们放在一起"的接口连接。数据可能在穿过接口时丢失；一个模块可能对另一个模块产生负面影响；子功能联合在一起并不能达到预期的功能；单个模块中可以接受的不精确性在连接起来之后可能会扩大到无法接受的程度；全局数据结构可能产生问题。遗憾的是，问题还远不止这些。

集成测试是构建软件体系结构的系统化技术，同时也是进行一些旨在发现与接口相关的错误的测试。其目标是利用已通过单元测试的构件建立设计中描述的程序结构。

常常存在一种非增量集成的倾向，即利用"一步到位"的方式来构造程序。所有的构件都事先连接在一起，全部程序作为一个整体进行测试。结果往往是一片混乱！会出现一大堆错误。由于在整个程序的广阔区域中分离出错的原因是非常复杂的，因此改正错误也会比较困难。采用一步到位的方式进行集成是一种注定要失败的懒惰策略。

增量集成与"一步到位"的集成方法相反。程序以小增量的方式逐步进行构建和测试，这样错误易于分离和纠正，更易于对接口进行彻底测试，而且可以运用系统化的测试方法。增量集成和按照进展进行测试是一种更节约成本的策略。在本章的其余部分中，我们将讨论几种常见的增量集成测试策略。

20.2.1　自顶向下集成

自顶向下集成测试是一种构建软件体系结构的增量方法。模块（在本书中也称为构件）的集成顺序为从主控模块（主程序）开始，沿着控制层次逐步向下，以深度优先或广度优先的方式将从属于（和间接从属于）主控模块的模块集成到结构中去。

参见图 20-1，深度优先集成是首先集成位于程序结构中主控路径上的所有构件。主控路径的选择有一点武断，也可以根据特定应用的特征（例如，实现一个用例所需的构件）进行选择。例如，选择最左边的路径，首先集成构件 M_1、M_2 和 M_5。其次，集成 M_8 或 M_6（若 M_2 的正常运行是必需的），然后集成中间和右边控制路径上的构件。广度优先集成首先沿着水平方向，将属于同一层的构件集成起来。如图 20-1 中，首先将构件 M_2、M_3 和 M_4 集成起来，其次是下一个控制层 M_5、M_6，依此类推。集成过程可以通过下列 5 个步骤完成：

1. 主控模块用作测试驱动模块，用直接从属于主控模块的所有模块代替桩模块。

398

2. 依靠所选择的集成方法（深度优先或广度优先），每次用实际模块替换一个从属桩模块。

3. 集成每个模块后都进行测试。

4. 在完成每个测试集之后，用实际模块替换另一个桩模块。

5. 可以执行回归测试（在本节的后面讨论）以确保没有引入新的错误。

回到第 2 步继续执行此过程，直到完成了整个程序结构的构建。

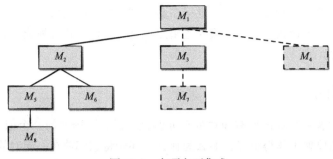

图 20-1   自顶向下集成

自顶向下集成策略是在测试过程的早期验证主要控制点或决策点。在能够很好分解的程序结构中，决策发生在层次结构的较高层，因此会首先遇到。如果主控问题确实存在，尽早地发现是有必要的。若选择了深度优先集成方法，可以实现和展示软件的某个完整功能。较早的功能展示可以增强所有利益相关者的信心。

20.2.2 自底向上集成

自底向上集成测试，顾名思义，就是从原子模块（程序结构的最底层构件）开始进行构建和测试。自底向上的集成消除了对复杂桩模块的需求。由于构件是自底向上集成的，在处理时所需要的从属于给定层次的模块总是存在的，因此，没有必要使用桩模块。自底向上集成策略可以利用以下步骤来实现：

1. 连接低层构件以构成完成特定子功能的簇（有时称为构造）。
2. 编写驱动模块（测试的控制程序）以协调测试用例的输入和输出。
3. 测试簇。
4. 去掉驱动程序，沿着程序结构向上逐步连接簇。

遵循这种模式的集成如图 20-2 所示。连接相应的构件形成簇 1、簇 2 和簇 3，利用驱动模块（图中的虚线框）对每个簇进行测试。簇 1 和簇 2 中的构件从属于模块 M_a，去掉驱动模块 D_1 和 D_2，将这两个簇直接与 M_a 相连。与之相类似，在簇 3 与 M_b 连接之前去掉驱动模块 D_3。最后将 M_a 和 M_b 与构件 M_c 连接在一起，依此类推。

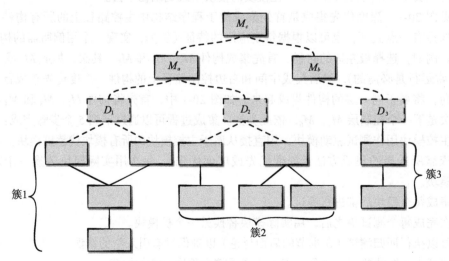

图 20-2   自底向上集成

随着集成的向上进行，对单独的测试驱动模块的需求减少。事实上，若程序结构的最上两层是自顶向下集成的，则驱动模块的数量可以大大减少，而且簇的集成得到了明显简化。

20.2.3 持续集成

持续集成是每天一次或者多次将构件合并到不断演化的软件增量中的方法。对于遵循敏捷开发实践的团队来说，这是常见的做法，例如 XP（3.5.1 节）或 DevOps（3.5.2 节）。如果团队尝试始终将正在编写的程序作为持续交付的一部分，则集成测试必须快速有效地进行。有时很难使用持续集成工具来维护系统 [Ste18]。维护和持续集成问题将在 22.4 节中详细讨论。

冒烟测试是一种集成测试方法，当敏捷团队使用较短的增量构件时间开发软件产品时，可以使用冒烟测试。冒烟测试以滚动或者持续集成策略为特点。每天对软件进行重新构造（添加新构件）并进行冒烟测试。它是时间关键项目的决定性机制，允许软件团队频繁地对项目进行评估。大体上，冒烟测试方法包括下列活动。|400|

1. 将已经转换为代码的软件构件集成到构造（build）中。一个构造包括所有的数据文件、库、可复用的模块以及实现一个或多个产品功能所需的工程化构件。

2. 设计一系列测试以暴露影响构造正确地完成其功能的错误。其目的是发现极有可能造成项目延迟的业务阻塞（show stopper）错误。

3. 每天将该构造与其他构造及整个软件产品（以其当前的形式）集成起来进行冒烟测试。这种集成方法可以是自顶向下的，也可以是自底向上的。

每天频繁的测试让管理者和专业人员都能够对集成测试的进展做出实际的评估。McConnell[MCO96] 是这样描述冒烟测试的：

冒烟测试应该对整个系统进行彻底的测试。它不一定是穷举的，但应能暴露主要问题。冒烟测试应该足够彻底，以使得若构造通过测试，则可以假定它足够稳定以致能经受更彻底的测试。

当应用于复杂的、时间关键的软件工程项目时，冒烟测试提供了下列好处：

- **降低集成风险**。冒烟测试是每天进行的，能较早地发现不相容性和业务阻塞错误，从而降低了因发现错误而对项目进度造成严重影响的可能性。

- **提高最终产品的质量**。由于这种方法是面向构建（集成）的，因此，冒烟方法既有可能发现功能性错误，也有可能发现体系结构和构件级设计错误。若较早地改正了这些错误，产品的质量就会更好。

- **简化错误的诊断和修正**。与所有的集成测试方法一样，冒烟测试期间所发现的错误可能与新的软件增量有关，也就是说，新发现的错误可能来自刚加入构造中的软件。

- **易于评估进展状况**。随着时间的推移，更多的软件被集成，也更多地展示出软件的工作状况。这就提高了团队的士气，并使管理者对项目进展有较好的把握。

在某些方面，冒烟测试类似于回归测试（在 20.3 节中讨论），这有助于确保新添加的构件不会干扰先前测试过的已有构件的行为。为此，在添加新构件之前，重新使用部分测试用例来测试已有软件构件是一个好主意。重新运行测试用例所需的工作并非微不足道，可以使用自动化测试来减少重新创建和重新运行这些测试用例所需的时间和精力 [Net18]。关于自动测试的完整讨论超出了本章的范围，但是可以在本书补充的网页上找到代表性工具的 |401|

链接[⊖]。

20.2.4   集成测试工作产品

软件集成的总体计划和特定的测试描述应该在测试规格说明中文档化。这项工作产品包含测试计划和测试规程，并成为软件配置的一部分。测试可以分为若干个阶段和处理软件特定功能及行为特征的若干个增量构造来实施。例如，SafeHome 安全系统的集成测试可以划分为以下测试阶段：用户交互，传感器处理，通信功能及警报处理。

每个集成测试阶段都刻画了软件内部广泛的功能类别，而且通常与软件体系结构中特定的领域相关，因此，对应于每个阶段建立了相应的软件增量。

集成的进度、脚手架软件的开发（19.2.1 节）以及相关问题也在测试计划中讨论。确定每个阶段的开始和结束时间，定义单元测试模块的"可用性窗口"。在制定项目进度计划时，必须考虑进行集成的方式，以便在需要时相关构件是可用的。脚手架软件（桩模块及驱动模块）的简要描述侧重于可能需要特殊工作的特征。最后，描述测试环境和资源。特殊的硬件配置、特殊的仿真器和专门的测试工具或技术也是需要讨论的问题。

紧接着需要描述的是实现测试计划所必需的详细测试规程。描述集成的顺序以及每个集成步骤中对应的测试，其中也包括所有的测试用例（带注释以便后续工作参考）和期望的结果列表。在敏捷开发中，当开发用于实现用户故事的代码时，就会出现这种级别的测试用例描述，以便在代码可以进行集成时就能对其进行测试。

实际测试结果、问题或特例的历史要记录在测试报告中，附在测试规格说明后面。通常最好将测试报告放在共享的 Web 文档中，允许所有利益相关者查看最新的测试结果和软件增量的当前状态。这部分包含的信息在软件维护期间很重要（4.9 节）。

20.3   人工智能与回归测试

每当加入一个新模块作为集成测试的一部分时，软件发生变更，建立了新的数据流路径，可能出现新的输入 / 输出（I/O），还可能调用新的控制逻辑。这些变更所带来的副作用可能会使原来可以正常工作的功能产生问题。在集成测试策略的环境下，回归测试是重新执行已测试过的某些测试子集，以确保变更没有传播不期望的副作用。每次对软件进行重大更改（包括集成新构件）时，都应执行回归测试。回归测试有助于保证变更（由于测试或其他原因）不引入无意识行为或额外的错误。

回归测试可以手工进行，方法是重新执行所有测试用例的子集，或者利用捕捉 / 回放工具自动进行。捕捉 / 回放工具使软件工程师能够为后续的回放与比较捕捉测试用例和测试结果。回归测试套件（将要执行的测试子集）包含以下三种测试用例：

- 能够测试软件所有功能的具有代表性的测试样本。
- 额外测试，侧重于可能会受变更影响的软件功能。
- 侧重于已发生变更的软件构件测试。

随着集成测试的进行，回归测试的数量可能变得相当庞大，因此，应将回归测试套件设计成只包括涉及每个主要程序功能的一个或多个错误类的测试。

Yoo 和 Harman[Yoo13] 讨论了在回归测试套件中，使用人工智能（AI）确定测试用例的

⊖   参见本书的网站。

可能性。在添加新构件后，软件工具可以检查软件增量中构件之间的依赖性，并自动生成测试用例以用于回归测试。另一种可能性是使用机器学习技术来选择测试用例集，以优化构件协作错误的发现过程。这项工作很有前景，但是仍然需要大量的人工交互来检查测试用例和推荐它们的执行顺序。

SafeHome 回归测试

[场景] Doug Miller 的办公室，集成测试正在进行中。

[人物] Doug Miller，软件工程经理；Vinod、Jamie、Ed 和 Shakira，SafeHome 软件工程团队成员。

[对话]

Doug： 在我看来，在集成新构件之后，我们没有花足够的时间来重新测试软件构件。

Vinod： 你说的对，但是我们测试新构件与协作构件之间的交互还不够吗？

Doug： 不一定。有时，构件会意外地对其他构件使用的数据进行更改。我知道我们很忙，但是及早发现这些问题很重要。

Shakira： 我们有一个正在使用的测试用例仓库。也许我们可以使用自动化测试框架随机选择一些测试用例来运行。

Doug： 这是一个开始。但是我们也许应该在选择测试用例时更具策略性。

Ed： 我认为我们可以使用我们的测试用例/需求跟踪表，并检查我们的 CRC 卡模型。

Vinod： 我一直在使用持续集成，这意味着一旦某一开发人员将构件传递给我，我就会集成这个构件。我尝试在部分集成的程序上运行一系列回归测试。

Jamie： 我一直在尝试为系统中的每个功能设计一组适当的测试。也许我应该为 Vinod 标记一些更重要的测试，以用于回归测试。

Doug（问 Vinod）： 你将多久运行一次回归测试用例？

Vinod： 每天我集成一个新构件时都会使用回归测试用例……直到我们决定完成了软件增量。

Doug： 让我们尝试一下使用 Jamie 创建的回归测试用例，然后看看情况如何。

20.4 面向对象环境中的集成测试

由于面向对象软件没有明显的层次控制结构，所以传统的自顶向下和自底向上集成策略（20.2节）已没有太大意义。另外，由于"组成类的构件之间的直接和非直接的交互"[Ber93]，因此每次将一个操作集成到类中（传统的增量集成方法）往往是不可能的。

面向对象系统的集成测试有两种不同的策略：基于线程的测试和基于使用的测试[Bin99]。第一种是基于线程的测试，将响应系统的一个输入或一个事件所需要的一组类集成到一起。每个线程单独集成和测试，并应用回归测试确保不产生副作用。基于线程的测试是一种重要的面向对象软件集成测试策略。线程是响应输入或事件的类的集合。

第二种集成策略是基于使用的测试，通过测试那些很少使用服务类的类（称为独立类）开始系统的构建。测试完独立类之后，测试使用独立类的下一层类（称为依赖类）。按照这样的顺序逐层测试依赖类，直到整个系统构建完成。基于使用的测试关注那些不会与其他类大量协作的类。

在进行面向对象系统的集成测试时，脚手架软件的使用也发生了变化。驱动模块可用于低层操作的测试和整组类的测试。驱动模块也可用于代替用户界面，以便在界面实现之前就可以进行系统功能的测试。桩模块可用于类间需要协作但其中的一个或多个协作类还未完全实现的情况。

簇测试是面向对象软件集成测试中的一个步骤。这里，借助试图发现协作错误的测试用例来测试（通过检查 CRC 和对象关系模型所确定的）协作的类簇。

20.4.1 基于故障的测试用例设计$^\ominus$

在面向对象系统中，基于故障的测试目标是设计测试以使其最有可能发现似乎可能出现的故障（以下称为似然故障）。由于产品或系统必须符合客户需求，因此完成基于故障的测试所需的初步计划是从分析模型开始的。基于故障的测试的策略是假设一组看似合理的故障，然后生成测试以证明每个假设。测试人员查找似然故障（即系统的实现中有可能产生错误的方面）。为了确定这些故障是否存在，需要设计测试用例以检查设计或代码。

当然，这些技术的有效性依赖于测试人员如何理解似然故障。若在面向对象系统中真正的故障被理解为"没有道理"的，则这种方法实际上并不比任何随机测试技术好。然而，若分析模型和设计模型可以洞察有可能出错的事物，则基于故障的测试可以花费相当少的工作量而发现大量的错误。

集成测试寻找的是操作调用或信息连接中的似然错误。在这种环境下，可以发现三种错误：非预期的结果，使用了错误的操作/消息，以及不正确的调用。为确定函数（操作）调用时的似然故障，必须检查操作的行为。

集成测试适用于属性，同样也适用于操作。对象的"行为"通过赋予属性值来定义。测试应该检查属性以确定不同类型的对象行为是否存在合适的值。

集成测试试图发现用户对象而不是服务对象中的错误，这一点很重要。用传统的术语来说，集成测试的重点是确定调用代码而不是被调用代码中是否存在错误。以操作调用为线索，这是找出调用代码的测试需求的一种方式。

多个类的划分测试方法与单个类的划分测试方法类似，单个类的划分测试方法如在19.6.1 节讨论的那样。然而，可以对测试序列进行扩展，以包括那些通过发送给协作类的消息而激活的操作。另一种划分测试方法基于特殊类的接口。参看图 20-3，Bank 类从 ATM 类和 Cashier 类接收消息，因此，可以通过将 Bank 类中的操作划分为服务于 ATM 类的操作和服务于 Cashier 类的操作对其进行测试。

Kirani 和 Tsai[Kir94] 提出了利用下列步骤生成多类随机测试用例的方法：

1. 对每个客户类，使用类操作列表来生成一系列随机测试序列。这些操作将向其他服务类发送消息。

2. 对生成的每个消息，确定协作类和服务对象中的相应操作。

3. 对服务对象中的每个操作（已被来自客户对象的消息调用），确定它传送的消息。

4. 对每个消息，确定下一层被调用的操作，并将其引入到测试序列中。

为便于说明 [Kir94]，考虑 Bank 类相对于 ATM 类的操作序列（图 20-3）：

verifyAcct•verifyPIN•[[verifyPolicy•withdrawReq]|depositReq|acctInfoREQ]^n

---

$\ominus$ 20.4.1 节和 20.4.2 节是从 Brain Marick 发布在因特网新闻组 comp.testing 上的文章中摘录的，已得到作者的许可。有关该主题的详细信息参见 [Mar94]。应该注意，20.4.1 节和 20.4.2 节讨论的技术也适用于传统软件。

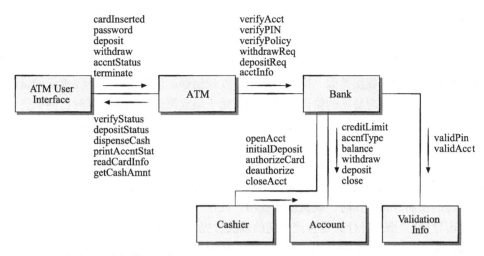

图 20-3 银行应用的类协作图（来源：Kirani, Shekhar and Tsai, W. T., "Specification and Verification of Object-Oriented Programs," Technical Report TR 94-64, University of Minnesota, December 4, 1994, 72.）

Bank 类的一个随机测试用例可以是

测试用例 r_3：verifyAcct•verifyPIN•depositReq

为考虑涉及该测试的协作者，考虑与测试用例 r_3 中提到的操作相关的消息。为了执行 verifyAcct() 与 verifyPIN()，Bank 类必须与 ValidationInfo 类协作。为了执行 depositReq()，Bank 类必须与 Account 类协作。因此，检查这些协作的新测试用例为

测试用例 r_4：verifyAcct [Bank:validAcctValidationInfo]•verifyPIN
[Bank: validPinValidationInfo]•depositReq [Bank: depositaccount]

20.4.2 基于场景的测试用例设计

基于故障的测试忽略了两种主要类型的错误：（1）不正确的规格说明；（2）子系统间的交互。当出现了与不正确的规格说明相关的错误时，产品并不做客户希望的事情，而是有可能做错误的事情或漏掉重要的功能。但是，在这两种情况下，质量（对需求的符合性）均会受到损害。当一个子系统的行为创建的环境（例如事件、数据流）使另一个子系统失效时，则出现了与子系统交互相关的错误。

基于场景的测试将发现当任何参与者与软件进行交互时发生的错误。基于场景的测试关心用户做什么，而不是产品做什么。这意味着捕获用户必须完成的任务（通过用例），然后在测试时使用它们及其变体。这与线程测试非常相似。

场景可以发现交互错误。为了达到这个目标，测试用例必须比基于故障的测试更复杂且更切合实际。基于场景的测试倾向于用单一测试检查多个子系统（用户并不限制自己一次只用一个子系统）。

当开始集成面向对象系统时，测试用例的设计变得更为复杂。在这个阶段必须开始类间协作的测试。为说明"类间测试用例生成"[Kir94]，我们扩展 19.6 节中讨论的银行例子，让它包括图 20-3 中的类与协作。图中箭头的方向指明消息传递的方向，标注则指明作为消息隐含的协作的结果而调用的操作。

与单个类的测试相类似，类协作测试可以通过运用随机和划分方法、基于场景测试及行

406

为测试来完成。

20.5　确认测试

　　像所有其他测试步骤相类似，确认测试尽力发现错误，但是它侧重于需求级的错误，即那些对最终用户而言显而易见的错误。确认测试始于集成测试的结束，那时已测试完单个构件，软件已组装成完整的软件包，且接口错误已被发现和改正。在进行确认测试或系统级测试时，不同类型软件之间的差别已经消失，测试便集中于用户可见的动作和用户可识别的系统输出。

　　确认可用几种方式进行定义，但是，其中一个简单（尽管粗糙）的定义是当软件可以按照客户合理的预期方式工作时，确认就算成功。在这一点上，喜欢吹毛求疵的软件开发人员可能会提出异议："谁或者什么是合理预期的裁决者呢？"如果已经开发了软件需求规格说明文档，那么此文档就描述了每个用户故事、所有用户可见的软件属性，以及客户对每一项的接受准则。客户的确认准则就形成了确认测试方法的基础。

　　软件确认是通过一系列表明软件功能与软件需求相符合的测试而获得的。测试计划列出将要执行的测试类，测试规程定义了特定的测试用例，设计的特定测试用例用于确保软件满足所有的功能需求，具有所有的行为特征，所有内容都准确无误且正确显示，达到所有的性能需求，文档是正确的、可用的，且满足其他需求（如可移植性、兼容性、错误恢复和可维护性）。如果发现了与规格说明的偏差，则要创建缺陷列表。并且必须确定（利益相关者可以接受的）解决缺陷的方法。第 21 章讨论了针对这些非功能需求的测试方法。

　　确认过程的一个重要成分是配置评审。评审的目的是确保所有的软件配置元素已正确开发、编目，且具有改善支持活动的必要细节。有时将配置评审称为审核（audit），这将在第 22 章详细讨论。

SafeHome　**准备确认**

[场景] Doug Miller 的办公室，构件级设计及这些构件的构建工作正继续进行。

[人物] Doug Miller，软件工程经理；Vinod、Jamie、Ed 和 Shakira，SafeHome 软件工程团队成员。

[对话]

Doug： 我们将在三个星期内准备好第一个增量的确认，怎么样？

Vinod： 大概可以吧。集成进展得不错。我们每天执行冒烟测试，找到了一些 bug，但还没有我们处理不了的事情。到目前为止，一切都很好。

Doug： 跟我谈谈确认。

Shakira： 可以。我们将使用所有的用例作为测试设计的基础。目前我还没有开始，

但我将为我负责的所有用例开发测试。

Ed.： 我这里也一样。

Jamie： 我也一样。但是我们已经将确认测试与 α 测试和 β 测试一起考虑了，不是吗？

Doug： 是，事实上我一直考虑请外包商帮我们做确认测试。在预算中我们有这笔钱……它将给我们新的思路。

Vinod： 我认为确认测试已经在我们的控制之中了。

Doug： 我确信是这样，但 ITG（独立测试组）能用另一种眼光来看这个软件。

Jamie： 我们的时间很紧了，Doug，我没有时间培训新人来做这项工作。

Doug： 我知道，我知道。但 ITG 仅根据需

求和用例来工作，并不需要太多的培训。

Vinod：我仍然认为确认测试已经在我们的控制之中了。

Doug：我知道，Vinod，但在这方面我将强

制执行。计划这周的后几天与ITG见面。让他们开始工作并看他们有什么意见。

Vinod：好的，或许这样做可以减轻工作负荷。

在确认级或系统级，类连接的细节消失了。面向对象软件的确认关注用户可见的动作和用户可以辨别的来自系统的输出。为了辅助确认测试的导出，测试人员应该拟定用例（第7章和第8章），用例是需求模型的一部分，提供了最有可能发现用户交互需求方面错误的场景。传统的黑盒测试方法（第19章）可用于驱动确认测试。另外，测试人员可以选择从对象–行为模型（面向对象分析（OOA）的一部分）导出测试用例。

408

20.6 测试模式

模式作为描述特定设计问题解决方案的一种机制，其使用已经在第15章讨论过了。但模式也可以用于提出其他软件工程解决方案——此处为软件测试。测试模式描述常见的测试问题和解决方案，可以辅助软件工程师处理这些问题。

在过去10年间，大多数软件测试已是一项专门的活动。如果测试模式有助于软件测试团队对软件测试进行更有效的交流、理解采用特定测试方法的动机，以及将测试用例的设计作为一种演化活动，以使每次迭代都产生更完整的测试用例，那么测试模式就达到了预期的目的。

测试模式可以采用与设计模式（第15章）同样的方式进行描述。文献（例如[BIN99]、[Mar02]）中已提出了几十种测试模式。下面的三种测试模式（仅以摘要的形式给出）是较有代表性的例子。

模式名称：结对测试

摘要：一种面向过程的模式，结对测试描述了一种与结对编程（第3章）类似的技术。在这种测试模式中，两个测试人员一起设计并执行一系列测试，可以应用于单元测试、集成测试或确认测试活动中。

模式名称：独立测试接口

摘要：在面向对象系统中需要对每个类进行测试，包括"内部类"（不向使用它们的外部构件暴露任何接口的类）。独立测试接口模式描述如何创建"一个测试接口，该测试接口可用于描述一些类（这些类仅对某个内部构件可见）的特定测试"[Lan01]。

模式名称：场景测试

摘要：一旦已经执行了单元测试与集成测试，就需要确定软件是否能够以让用户满意的方式执行。场景测试描述一种从用户的角度测试软件的技术。在这个层次上的失败表明软件不能满足用户的可见需求[Kan01]。

对测试模式的全面讨论超出了本书的范围。对于这个重要主题的其他信息，有兴趣的读者可以参见[Bin99]、[Mar02]和[Tho04]。

20.7 小结

集成测试构建软件体系结构，同时进行测试以发现与软件构件接口相关的错误。其目标

是利用已通过单元测试的构件建立设计中描述的程序结构。

有经验的软件开发人员经常说："测试永无止境，它只不过是从软件工程师转移到用户。客户每次使用程序时都是一次测试。"通过运用测试用例设计，软件工程师可以取得更完全的测试，因此可以在"客户的测试"开始之前，发现和改正尽可能多的错误。

Hetzel[Het84] 将白盒测试描述为"小型测试"。他的意思是，本章所考虑的白盒测试一般应用于小的程序构件（例如模块或一小组模块）。而黑盒测试放宽了测试的焦点，可以将其称为"大型测试"。

黑盒测试基于用户故事或其他分析模型表示中说明的需求。测试用例的作者不需要等待构件实现代码的编写，只要他们理解所测试构件的功能。确认测试通常使用黑盒测试用例来完成，黑盒测试用例产生终端用户可见的输入操作和可观察到的输出行为。

白盒测试需要仔细检查所测试构件的程序实现细节和数据结构实现细节。只有在构件级设计（或源代码）完成后，才能设计白盒测试。白盒集成测试关注软件的逻辑路径以及构件间的协作。

面向对象软件的集成测试可以通过基于线程或基于使用的策略来完成。基于线程的测试将为了响应一个输入或事件而相互协作的一组类集成在一起。基于使用的测试从那些不使用服务类的类开始，以分层的方式构建系统。集成测试用例设计方法也使用随机测试和划分测试。另外，基于场景和从行为模型中生成的测试可用于测试类及其协作关系。测试序列追踪类间协作的操作流。

面向对象系统的确认测试是面向黑盒的测试，可以应用传统软件中所讨论的黑盒方法来完成。然而，基于场景的测试在面向对象系统的确认中占优势，使用例成为确认测试的主要驱动者。

回归测试是在对软件系统进行任何更改之后重新执行所选测试用例的过程。每当新构件或变更加入软件增量中时，都应执行回归测试。回归测试有助于保证变更不引入无意识行为或额外的错误。

测试模式描述了常见的测试问题和可以帮助我们处理这些问题的解决方案。如果测试模式有助于软件测试团队对软件测试进行更有效的交流、理解采用特定测试方法的动机，以及将测试用例的设计作为一种演化活动，以使每次迭代都产生更完整的测试用例，那么测试模式就达到了预期的目的。

习题与思考题

20.1   项目的进度安排是如何影响集成测试的？

20.2   谁应该完成确认测试——是软件开发人员还是软件使用者？说明你的理由。

20.3   穷举测试（即便对非常小的程序）是否能够保证程序 100% 正确？

20.4   为什么"测试"应该从需求分析和设计开始？

20.5   非功能性需求（例如安全性或性能）是否应作为集成测试的一部分进行测试？

20.6   若现有类已进行了彻底的测试，为什么我们还是必须对从现有类实例化的子类进行重新测试？

20.7   基于线程和基于使用的集成测试策略有什么不同？

20.8   为本书讨论的 SafeHome 系统开发一个完整的测试策略，并以测试规格说明的方式形成文档。

20.9   选择一个 SafeHome 系统用户故事，作为基于场景测试的基础，并构建一组对该用户故事进行集成测试所需的集成测试用例。

20.10   对于在习题 20.9 中编写的测试用例，确定将构件添加入程序时，用于回归测试的测试用例子集。

软件测试——专门的移动性测试

要 点 概 览

概念： 移动性测试相关活动的唯一目标是揭示移动 App 在内容、功能、易用性、导航性、性能、容量和安全性等方面的错误。

人员： 软件工程师和其他的项目利益相关者（经理、客户和最终用户）都应参加移动性测试。

重要性： 如果移动 App 的用户遭遇到错误或困难，他们便会到别处寻求所需的个性化的内容和功能。

步骤： 移动性测试过程要从关注移动 App 用户的可见方面开始，一直进行到有关所用技术和基础设施的测试。

工作产品： 往往首先要制定移动 App 的测试计划。为每个测试步骤开发一套测试用例，并且保存测试结果以供将来使用。

质量保证措施： 虽然无法确定已经完成了每一个所要做的测试，但可以肯定测试已发现了错误（并且已纠正了那些错误）。此外，如果已经制定了测试计划，便可以进行检查，以确保所有计划的测试均已完成。

推动着移动 App 项目的紧迫感也波及所有移动性项目之中。利益相关者担心会错过营销机会，纷纷催促将移动 App 引入其目标市场。然而诸如性能测试和安全性测试这样的一些技术活动往往被安排在开发过程的后期阶段，因而常常是匆忙地结束。本应在测试阶段实施的可用性测试却被推迟到交付之前进行。这样就会导致灾难性错误。为避免出现这种情况，开发团队成员必须确保每一项工作产品都具有高质量，否则用户将转向其他竞争产品 [Soa11]。

使用可执行的测试用例无法单独测试移动 App 的需求和设计模型。你和你的团队应该进行技术评审（第 16 章），检查可用性（第 12 章）以及移动 App 的性能和安全性。

在制定移动 App 的测试策略时，要问的几个重要问题是 [Sch09]：

- 在你和用户一起测试之前，是否必须建立功能齐全的原型？
- 你应该利用用户设备进行测试还是提供测试设备？
- 在测试中你应该拥有什么设备和用户组？
- 实验室测试和远程测试之间的权衡是什么？

在本章的整个讲述中，我们会涉及以上每个问题。

21.1 移动测试准则

完全在移动设备上运行的移动 App 可以使用传统的软件测试方法（第

关键概念

可访问性测试
α 测试
β 测试
兼容性测试
内容测试
文档测试
国际化
负载测试
基于模型的测试
导航测试
性能测试
实时测试
恢复测试
安全性测试
压力测试
测试 AI 系统
测试准则
移动 App 测试策略
WebApp 测试策略
可用性测试

19 章和第 20 章）进行测试。也可以在个人计算机上使用模拟运行的方式测试。当测试瘦客户端移动 App[⊖]时，情况会变得更加复杂。它们表现出许多与 WebApp 中相同的测试挑战（20.2 节），除此之外，瘦客户端移动 App 测试还必须考虑互联网网关和电话网络进行数据传输相关的问题 [Was10]。

通常，用户希望移动应用程序能够感知环境，并提交基于设备的物理位置，以及与可用的网络功能相关的个性化用户体验。使用每个可能的设备和网络配置在一个动态的特定网络环境中测试移动 App，是非常困难甚至是不可能的。

人们期望移动 App 能够提供桌面应用程序所具有的复杂功能和可靠性。但是移动 App 常驻于具有相对有限资源的移动平台。下列准则为移动 App 的测试提供了基础 [Kea07]：

- 在测试以确定瓶颈之前了解网络和设备环境（21.6 节）。
- 在不受控制的实际测试条件下进行测试（现场测试，21.8 节）。
- 选择适当的自动化测试工具（21.11 节）。
- 利用加载设备平台矩阵法确定最为关键的硬件 / 平台测试组合（21.8 节）。
- 至少检查一次在所有可能的平台上的端对端功能流（21.10 节）。
- 使用实际设备进行性能测试、图形用户界面（GUI）测试和兼容性测试（21.8 节和 21.11 节）。
- 测量性能只在无线通信和用户负载的实际条件下进行（21.8 节）。

21.2 测试策略

移动应用程序的测试策略采用所有软件测试的基本原则。然而，移动 App 的独特性质要求考虑以下问题：

- **用户体验测试**。用户在开发过程的早期就参与进来，以确保移动 App 在支持的所有设备上都能达到利益相关者对易用性和可访问性的期望（21.3 节）。
- **设备兼容性测试**。测试人员验证移动 App 是否可以在所有必需的硬件和软件组合上正常工作（21.9 节）。
- **性能测试**。测试人员检查移动设备特有的非功能性需求（例如下载时间、处理器速度、存储容量和电源可用性)(21.8 节)。
- **连接性测试**。测试人员确保移动 App 可以访问任何需要的网络或 Web 服务，并且可以容忍网络很差或访问被中断（21.6 节）。
- **安全性测试**。测试人员确保移动 App 不会损害用户的隐私或安全需求（21.7 节）。
- **自然环境测试**。在全球各种网络环境中，在实际的用户设备和真实的条件下进行测试（21.9 节）。
- **认证测试**。测试人员确保移动 App 符合分发机构制定的标准。

仅使用技术手段不能保证移动 App 在商业上的成功。如果这些 App 在运行中失灵，或是未能达到预期的使用效果，那么用户将会很快遗弃这些 App。回顾测试工作所具有的两个重要目标是很有意义的，那就是：（1）为在开发活动早期阶段发现缺陷而制定测试用例；（2）验证其具有重要的质量属性。移动 App 应具有的质量属性是基于国际标准 ISO 2050：2011 [ISO17]

⊖ 瘦客户端应用通常是在移动设备上运行的用户界面软件（或 Web 浏览器软件），并使用基于互联网应用程序或基于云数据存储的网络接口。

提出的那套软件产品的质量属性，包括功能性、可靠性、易用性、效率、可维护性和可移植性（第 17 章）。

制定移动 App 测试策略既要了解软件测试知识，又需理解移动设备及其网络基础设施特性所面临的挑战 [Kho12a]。除了具有常规软件测试方法的全面知识（第 19 章和第 20 章）以外，移动 App 的测试人员还应该对电信原理有很好的理解，并且要认识到移动操作系统平台的差异和功能。对于这些基础知识，必须要有另外的知识对其加以补充，包括：对不同类型移动测试的深入理解（例如，移动 App 测试、移动手持终端设备的测试、移动网站测试），模拟器的使用，测试自动化工具以及远程数据存取服务（RDA）。上述专题都将在本章后面的小节中陆续讨论。 |414|

21.3　用户体验测试相关问题

在功能相同的多种产品充满市场的情况下，用户自然会挑选易于使用的移动 App，其中用户界面及其交互机制是移动 App 用户的可见部分。移动 App 提供的用户体验质量测试能满足用户的期望，这是非常重要的。

哪些移动 App 的可用性特征成为测试的重点？这会涉及哪些特定目标？第 12 章和第 13 章中讨论的许多评估软件用户界面的可用性规程可以用来评估移动 App。同样许多用于评估 Web App 质量的策略（21.5 节）也可用来测试移动 App 的用户界面部分。人们还构建了更多良好的移动 App 的用户界面，这些并不是简单地从现有的桌面应用中缩放用户界面的尺寸而得到的。

21.3.1　手势测试

由于当前移动设备中普遍存在触摸屏，因此，开发人员已添加了多种触摸手势（例如，轻扫、缩放、滚动、选择等）作为扩展用户交互的可能性，这些手势不会造成屏幕损耗。图 21-1 显示了在移动 App 上常见的几种手势。然而不幸的是，手势密集界面带来了大量的评审和测试挑战。

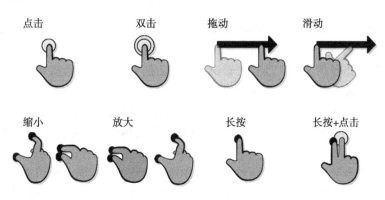

图 21-1　移动 App 手势

有时纸上原型会作为设计的一部分，但这并不能充分地评审手势的充分性和有效性。当测试开始后，使用自动化工具测试触摸或手势界面操作是很难的。屏幕大小和分辨率以及之前的用户操作都会影响到屏幕上对象的位置，使得准确的手势测试变得困难。即使进行了测试，手势也很难被准确地记录下来进行重现。 |415|

相反，测试人员需要开发测试框架程序，使其完成模拟手势测试的功能。但是这些做法都是既昂贵又费时的。

视障用户的可访问性测试是具有挑战性的，因为手势界面通常不提供任何触觉反馈和听觉反馈。对于智能手机之类的无处不在的设备，手势的可用性和可访问性测试是非常重要的。当手势操作无效时，测试设备的操作就更加重要。

理想情况下，用户故事或用例可以写得足够详细，使其可作为测试脚本的基础。补充有代表性的用户是非常重要的，包括所有目标设备在内都要进行补充，当使用移动 App 测试手势时，要考虑屏幕差异。最后，测试人员应确保手势符合为移动设备或平台设定的标准和环境。

21.3.2   虚拟键盘输入

由于激活虚拟键盘时可能会遮挡部分显示屏，因而应测试移动 App 以确保当用户键入时重要的屏幕信息不会被隐藏，这是十分重要的。如果必须隐藏屏幕信息以测试移动 App 的能力，则要让用户轻触页面，但并不丢失输入的信息 [Sch09]。

通常虚拟键盘比个人计算机的键盘小，因此很难用十个手指按键。由于键本身较小，难以准确敲击，而且并不提供触觉反馈，因此必须测试移动 App 以确保它易于纠错，并且在键入错误词语时不致导致崩溃。

预测技术（即自动完成部分词语的输入）往往使用虚拟键盘来帮助用户加快输入。如果考虑要使移动 App 面向全球市场，针对用户选择的自然语言，测试输入词语完成后的正确性是十分重要的。同样重要的是测试任何机制的可用性，以允许用户可以不顾建议的做法。

通常虚拟键盘测试是在可用性实验室中进行的，但有些则应该在自然环境下进行。如果虚拟键盘测试发现了重要的问题，那么唯一的选择是确保移动 App 可以接受设备的输入，而不用虚拟键盘输入（如人工输入或语音输入）。

21.3.3   语音输入和识别

在手忙和眼忙的情况下，语音输入已成为一种常用的提供输入和命令的方法。语音输入可以采用几种形式，其中每个过程都带有所需的不同级别的编程复杂性。当消息记录只用于后期回放时，电子语音信箱输入便可以起作用了。离散字识别可以让用户从具有数量不多选项的菜单中，以口语提出选项。连续语音识别的目的是将口述语音直接转化为有意义的文本串。每一种语音的输入都将对其自身的测试构成挑战。

根据 Shneiderman[Shn09] 的理论，来自噪声环境的干扰会妨害各种形式语音的输入和处理。与指向屏幕对象或按键相比，使用语音命令来控制设备会给用户带来更大的认知负担。用户必须想出正确的字和词，以便移动 App 执行所需的动作。当屏幕上显示出一个对象时，用户只是要辨认出适合的屏幕对象，并将其选中即可。然而语音识别系统的广度和准确性还在迅速发展。在很多移动 App 中，语音识别很可能成为通信的主要形式。

测试语音输入和识别的质量和可靠性时，应考虑环境条件和个体语音变化。移动 App 的用户和系统处理输入的部分都会出错。应测试移动 App 以确保不正确的输入不会造成移动 App 或设备崩溃。应该考虑大量的用户人群和环境，以保证将差错率限制在可接受的范围之内。记录错误也是重要的，这可以帮助开发人员提高移动 App 处理语音输入的能力。

21.3.4　警报和异常条件

当移动 App 在实时环境中运行时，有许多因素在影响着它的行为。例如，当用户在使用移动 App 时，可能丢失无线网络信号，或是传入文本消息、电话呼叫，还可能接收到日历警报。

这些因素可能破坏移动 App 用户的工作流，然而大多数用户会允许弹出警报或是中断，因此，移动 App 测试环境必须能够模拟这些警报和条件。此外，在实际设备的工作环境中，应该测试移动 App 处理警报和条件的能力（21.9 节）。

移动 App 测试应该注重与警报和弹出消息相关的可用性问题。测试应该检查警报的清晰度和环境，检查这些事件在设备显示屏上出现位置的适当性，并且当涉及外语时，要验证一种语言翻译成另一种语言的正确性。

在各种移动设备上，由于网络或环境的变化，可能会引发许多不同的警报和条件，虽然许多异常处理过程可以用软件测试工具进行模拟，但在开发环境中，不能仅仅依靠模拟测试。这里再次强调实际设备在自然条件下测试移动 App 的重要性。

许多基于计算机的系统必须从故障中恢复并在几乎没有停机的情况下恢复处理。在某些情况下，系统必须能够容错。也就是说，处理错误一定不能导致整个系统功能停止。在其他情况下，必须在指定的时间内纠正系统失效，否则会造成严重的经济损失。

恢复测试是一种系统测试，它强制使软件以各种方式失效，并验证恢复是否被正确执行。如果恢复是自动的（由系统本身执行），则会评估重新初始化、检查点机制、数据恢复和重新启动的正确性。如果恢复需要人工干预，则评估平均修复时间（MTTR）以确定其是否在可接受的范围内。

|417|

21.4　Web 应用测试

许多 Web 测试实践也适用于测试瘦客户端移动 App 和交互式仿真。WebApp 测试策略采用所有软件测试所使用的基本原理，并建议使用面向对象系统所使用的策略和战术。下面的步骤对此方法进行了总结：

1. 对 WebApp 的内容模型进行评审，以发现错误。
2. 对接口模型进行评审，保证其适合所有的用例。
3. 评审 WebApp 的设计模型，发现导航错误。
4. 测试用户界面，发现显示和导航机制中的错误。
5. 每个功能构件都经过单元测试。
6. 对贯穿体系结构的导航进行测试。
7. 在各种不同的环境配置下实现 WebApp，并测试 WebApp 对于每一种配置的兼容性。
8. 进行安全性测试，试图攻击 WebApp 或其所处环境的弱点。
9. 进行性能测试。
10. 通过可监控的终端用户群对 WebApp 进行测试，评估他们与系统的交互结果是否有错误。

由于许多 WebApp 不断演化，因此 WebApp 测试是支持人员所从事的一项持续活动，他们使用回归测试，这些测试是从首次开发 WebApp 时所开发的测试中导出的。21.5 节中介绍了 WebApp 测试的方法。

21.5　Web 测试策略

　　测试是为了发现（并最终改正）错误而运行软件的过程。这个首次在第 20 章介绍的基本原理对 WebApp 也是一样的。事实上，由于基于 Web 的系统及应用位于网络上，并与很多不同的操作系统、浏览器（或其他个人通信设备）、硬件平台、通信协议及"暗中的"应用进行交互作用，因此错误的查找是一个重大的挑战。

　　图 21-2 将 WebApp 的测试过程与 WebApp 的设计金字塔（第 13 章）相并列。需要注意的是，当测试流从左到右、从上到下移动时，首先测试 WebApp 设计中的用户可见元素（金字塔的顶端元素），之后对内部结构的设计元素进行测试。

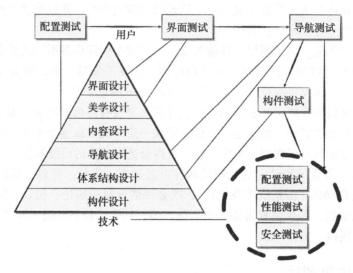

图 21-2　测试过程

SafeHome | WebApp 测试

[场景] Doug Miller 的办公室。

[人物] Doug Miller，SafeHome 软件工程团队经理；Vinod Raman，SafeHome 产品软件工程团队的成员。

[对话]

Doug：对于 SafeHomeAssured.com 电子商务 WebApp 0.0 版，你是怎样看的？

Vinod：外包供应商已经做了很好的工作。Sharon（供应商的开发经理）告诉我，他们正在按我们说的进行测试。

Doug：我希望你和团队的其他人能够对电子商务网站做一点非正式的测试。

Vinod（作苦相）：我想我们将雇用第三方测试公司对 WebApp 进行确认测试。我

们仍然在致力于推出产品软件。

Doug：我们将雇用测试供应商进行性能测试和安全性测试，并且我们的外包供应商已经在进行测试了。只是想从另外一种角度看看是否会有帮助，况且，我们想控制成本，所以……

Vinod（叹息）：你在期待什么？

Doug：我想确信界面和所有的导航都是可靠的。

Vinod：我想我们可以从每个主要界面功能的用例开始。

　　学习 SafeHome

　　详细说明你需要的 SafeHome 系统

　　购买一套 SafeHome 系统

取得技术支持

Doug：很好。但是，要走通所有的导航路径，才能得出结论。

Vinod（浏览记录用例的笔记本）：是的，当你选择"详细说明你需要的 SafeHome 系统"时，此系统将使你：

　　选择 SafeHome 构件

　　获得 SafeHome 构件建议

我们要当心每一条路径的语义。

Doug：测试时，需要检查出现在每一个导航节点的内容。

Vinod：当然，还有功能元素。谁在测试可用性？

Doug：哦，测试供应商将配合可用性测试。我们已经雇用了一个市场调查公司列出 20 个进行可用性研究的典型用户，但是，如果你发现了任何可用性问题……

Vinod：我会转给他们。

Doug：谢谢！ Vinod。

21.5.1　内容测试

WebApp 内容中的错误可以小到印刷错误，也可以大到不正确的信息、不合适的组织、或者违背知识产权法。内容测试试图在用户碰到这些问题及很多其他问题之前就发现它们。

内容测试具有三个重要的目标：（1）发现基于文本的文档、图形表示和其他媒体中的语法错误（例如，印刷错误、文法错误）；（2）发现当导航发生时所展现的任何内容对象中的语义错误（即信息的准确性和完备性方面的错误）；（3）发现展示给最终用户的内容的组织或结构方面的错误。

内容测试结合了评审和可运行的测试用例的生成。尽管技术评审不是测试的一部分，但应执行内容评审，以确保内容的质量，并发现语义错误。可运行的测试用于发现内容错误，这些错误可被跟踪到动态导出的内容（这些内容由从一个或多个数据库中获取的数据驱动）。

为了达到第一个目标，可以使用自动的拼写和语法检查。然而，很多语法上的错误会逃避这种工具的检查，而必须由审查人员（测试人员）人为发现。实际上，大型网站会借助专业稿件编辑器，以发现印刷错误、语法错误、内容一致性错误、图形表示错误和交叉引用错误。

语义测试关注每个内容对象所显示的信息。评审人员（测试人员）必须回答以下问题

- 信息确实准确吗？
- 信息简洁扼要吗？
- 内容对象的布局对于用户来说容易理解吗？
- 嵌入在内容对象中的信息易于发现吗？
- 对于从其他地方导出的所有信息，是否提供了合适的引用？
- 显示的信息是否是内部一致的？与其他内容对象中所显示的信息是否一致？
- 内容是否具有攻击性？是否容易误解？或者是否会引起诉讼？
- 内容是否侵犯了现有的版权或商标？
- 内容是否包括补充现有内容的内部链接？链接正确吗？
- 内容的美学风格是否与界面的美学风格相矛盾？

418
〜
420

对于大型的 WebApp（包含成百上千个内容对象）来说，要获得所有这些问题的答案可能是一项令人生畏的任务。然而，不能发现语义错误将动摇用户对 WebApp 的信任，并且会导致基于 Web 的 App 的失败。

21.5.2 界面测试

界面测试检查用户界面的交互机制，并从美学角度对用户界面进行确认。界面测试的总体测试策略是：（1）发现与特定的界面机制相关的错误（例如，未能正确执行菜单链接的错误，或者输入数据格式的错误）；（2）发现界面实现导航语义方式的错误、WebApp 的功能性错误或内容显示错误。除了面向 WebApp 的详细设计说明以外，这里记录的界面策略可应用于所有类型的客户 / 服务器软件。为了实现此策略，必须启动下面的一些战术步骤：

- 对界面要素进行测试，确保设计规则、美学和相关的可视化内容对用户有效，且没有错误。
- 采用与单元测试类似的方式测试单个界面机制。例如，设计测试用例对所有的表单、客户端脚本、动态 HTML、脚本、流内容及应用的特定界面机制（例如，电子商务应用中的购物车）进行测试。
- 对于特殊的用户类，在用例或导航语义单元（NSU，第 13 章）的环境中测试每一种界面机制。
- 与选择用例及 NSU 有所不同，此方法要对所有界面进行测试，发现界面的语义错误。正是在这个阶段，进行一系列的可用性测试。
- 在多种环境（例如，浏览器）中对界面进行测试，确保其兼容性。

21.5.3 导航测试

用户在 WebApp 中旅行的过程与访问者在商店或博物馆中漫步的过程很相似。可走很多路径，可以有很多站，可学习和观看很多事情，启动很多活动，并且可以做决策。如我们所讨论的那样，每个访问者到来时都有一系列的目标，在这个意义上，导航过程是可预测的。同时，导航过程又可能是无法预测的，因为访问者受到他所看到的或学到的某件事的影响，可能选择一条路径或启动一个动作，而这对于最初的目标并不是典型的路径或动作。导航测试的工作是：（1）确保允许 WebApp 用户经由 WebApp 游历的机制都是功能性的；（2）确认每个导航语义单元（NSU）都能够被合适的用户类获得。

实际上，导航测试的第一个阶段在界面测试期间就开始了。对导航机制（链接及所有类型的锚、重定向[⊖]、书签、框架和框架集、站点地图以及内部搜索工具的准确性）进行测试，以确保每个机制都能执行其预期功能。前面已经提到的某些测试可以由自动工具执行（例如，链接检查），而另外一些要手工设计和执行。导航测试的目的始终是确保在 WebApp 上线之前发现导航功能方面的错误。

每个 NSU（第 13 章）由一系列连接导航节点（例如，网页、内容对象或功能）的导航路径（称为"用户旅程"）定义。作为一个整体，每个 NSU 允许用户获得特殊的需求，这种特殊的需求是针对某类用户，由一个或多个用例定义的。导航测试应检查每个 NSU，以确保能够获得这些需求。如果我们在 WebApp 的分析或设计中没有创建 NSU，则可以将用例应用于导航测试用例的设计。在测试每个 NSU 或用例时，要回答下面的问题：

- 此 NSU 是否没有错误地全部完成了？
- 在为此 NSU 定义的导航路径的上下文中，（为一个 NSU 定义的）每个导航节点是否都是可达的？

⊖ 当服务器请求转发到一个不存在的 URL 时。

- 如果使用多条导航路径都能完成此 NSU，每条相关的路径是否都已经被测试？
- 如果使用用户界面提供的指导来帮助导航，当导航进行时，它们方向正确并可理解吗？
- 是否具有返回到前一个导航节点及导航路径开始位置的机制（不同于浏览器的"回退"箭头）？
- 大型导航节点（即一个长的网页）中的导航机制工作正常吗？
- 如果一个功能在一个结点上运行，并且用户选择不提供输入，那么 NSU 的剩余部分能完成吗？
- 如果一个功能在一个结点上运行，并且在功能处理时发生了一个错误，那么 NSU 能完成吗？
- 在到达所有节点之前，是否有办法终止导航，然后又能返回到导航被终止的地方并从那里继续？
- 从站点地图可以到达每个节点吗？节点的名字对最终用户有意义吗？
- 如果可以从某外部的信息源到达 NSU 中的一个节点，那么有可能推移到导航路径的下一个节点吗？有可能返回到导航路径的前一个节点吗？
- 运行 NSU 时，用户知道他在内容体系结构中所处的位置吗？

422

如同界面测试和可用性测试，导航测试应该由尽可能多的不同的支持者进行。测试的早期阶段由 Web 工程师进行，但后来的测试应该由其他的项目利益相关者、独立的测试团队进行，最后应该由非技术用户进行，目的是彻底检查 WebApp 导航。

21.6　国际化

国际化是一个创建软件产品的过程，它使得在多个国家、操着各种语言来使用产品成为可能，而不需做任何工程的改变。本地化是调整软件应用以适应全球各地区使用情况的过程，通过添加各地的特定需求和把产品文本部件翻译为适用的语言来实现。除了语言差异以外，本地化还应考虑到不同国家的货币、不同的文化、税收和标准（包括技术标准和法律等）[Sla12]。因此，若要在世界许多地区投放和使用移动 App，则在这些方面进行测试显然是非常有必要的。

每个国家为实施本地化计划构建内部测试设施是非常昂贵的，相比之下，对每个国家本地供应商的外包测试则是较为划算的 [Reu12]。但是，采用外包方式时，在移动 App 开发团队和实施本地化测试的供应商之间会有通信水平下降的风险。

众包（Crowdsourcing）[⊖]在很多在线社区都很流行。Reuveni[Reu12] 建议在开发环境之外，众包可以供分布于全球的本地化测试人员使用。要做到这一点，发现声誉高且有成功业绩的社区是非常重要的。易于使用的实时平台使社区成员可与项目决策者沟通。为了保护知识产权，只有愿意签署保密协议且可信的社区成员才允许参加测试。

21.7　安全性测试

任何基于计算机的系统，如果管理敏感信息或导致可能对个人造成不当伤害（或受益）的行为，都将成为不当行为或非法渗透的目标。渗透涉及广泛的活动：为了好玩试图渗透系

⊖　众包是一种分布式问题解决模型，其中社区成员影响着指派给小组的问题解决方案。

统的黑客、心怀不满试图进行报复的员工和试图谋取非法个人利益的不良分子。

安全测试试图验证系统中内置的保护机制实际上是否能保护系统免受不当渗透。如果有足够的时间和资源，彻底的安全测试将最终渗透到系统中。系统设计者的作用是使渗透成本高于将所获得信息的价值。第18章中更详细地讨论安全性保证和安全性工程。

移动安全性是一个复杂的主题，在有效地完成安全性测试之前，必须要对该主题有充分的了解⊖。移动 App 和其所处的客户端和服务器端环境对于一些人来说是很有吸引力的攻击目标，这些人包括：外部的电脑黑客，对单位不满的员工，不诚实的竞争者，以及其他想偷窃敏感信息、恶意修改内容、降低性能、破坏功能或者给个人、组织或业务制造麻烦的人。

安全性测试用于探查在某些方面所存在的弱点，比如客户端环境、当数据从客户端传到服务器并从服务器再传回客户端时所发生的网络通信及服务器端环境。这些领域中的每一个都可能会受到攻击。发现可能被怀有恶意的人利用的弱点，这是安全性测试人员的任务。

在客户端，弱点通常可以追溯到早已存在于浏览器、电子邮件程序或通信软件中的缺陷。在服务器端，薄弱环节包括拒绝服务攻击和恶意脚本，这些恶意脚本可以被传到客户端，或者用来使服务器操作丧失能力。另外，服务器端数据库能够在没有授权的情况下被访问（数据窃取）。

为了防止这些（和很多其他）攻击，可以使用防火墙（firewalls）、鉴定（authentication）、加密（encryption）和授权（authorization）技术。应该设计安全性测试，探查每种安全性技术来发现安全漏洞。

在设计安全性测试时，需要深入了解每一种安全机制的内部工作情况，并充分理解所有网络技术。如果移动 App 或 WebApp 是业务关键的，用来维护敏感的数据，或者很可能成为电脑黑客的目标，则将安全性测试外包给擅长于此的供应商是一个好主意。

21.8 性能测试

对于实时和嵌入式系统，软件仅提供所需功能，却不满足性能需求是不能接受的。性能测试的目的是在集成系统环境中测试软件运行时的性能。性能测试贯穿于整个测试过程的所有步骤。即使在单元测试阶段，也可以在进行测试时评估单个模块的性能。但是，直到所有的系统元素都完全集成之后，才能确定系统的真正性能。

你的移动 App 要花好几分钟下载内容，而竞争者的 App 下载相似的内容只需几秒钟，没有什么比这更让人感到不安了；你正设法登录到一个 WebApp，却收到"服务器忙"的信息，建议你过一会儿再试，没有什么比这更让人感到烦恼了；移动 App 或 WebApp 对某些情形能够立即做出反应，而对某些情形却似乎进入了一种无限等待状态，没有什么比这更让人感到惊慌了。所有这些事件每天都在 Web 上发生，并且所有这些都是与性能相关的。

使用性能测试来发现性能问题，这些问题可能是由以下原因产生的：服务器端资源缺乏、不合适的网络带宽、不适当的数据库容量、不完善或不强大的操作系统能力、设计糟糕的 WebApp 功能以及可能导致客户 - 服务器性能下降的其他硬件或软件问题。性能测试的目的是双重的：（1）了解系统如何对负载（即用户的数量、事务的数量或总的数据量）做出反

⊖ 由 Bell 等人 [Bel17]、Sullivan 和 Liu[Sul11] 及 Cross[Cro07] 编写的书籍提供了有关该主题的有用信息。

应；（2）收集度量数据，这些数据将促使修改设计，从而使性能得到改善。

性能测试经常与压力测试结合在一起，通常需要硬件和软件工具。也就是说，需要以严格的方式测度资源利用率（例如处理器周期）。外部检测工具可定期监测执行间隔、记录事件（如中断），并对机器状态进行采样。通过检测系统，测试人员可以发现导致性能下降和潜在系统故障的情况。

至少在终端用户看来，移动 App 性能的某些方面很难测试。网络负载、网络接口硬件的变化以及类似的问题很难在客户端或浏览器级别进行测试。移动性能测试旨在模拟真实的负载情况。设计移动性能测试来模拟现实世界的负载情形。随着同时访问 App 用户数量的增加，在线事务数量或数据量（下载或上载）也随之增加，性能测试将帮助回答下面的问题：

- 服务器响应时间是否降到了值得注意的或不可接受的程度？
- 在什么情况下（就用户、事务或数据负载来说），性能变得不可接受？
- 哪些系统构件应对性能下降负责？
- 在多种负载条件下，对用户的平均响应时间是多少？
- 性能下降是否影响系统的安全性？
- 当系统的负载增加时，App 的可靠性和准确性是否会受影响？
- 当负载大于服务器容量的最大值时会发生什么情况？
- 性能下降是否对公司的收益有影响？

为了得到这些问题的答案，要进行两种不同的性能测试：（1）负载测试，在多种负载级别和多种组合下，对真实世界的负载进行测试。（2）压力测试，将负载增加到强度极限，以此来确定 App 环境能够处理的容量。

负载测试的目的是确定 WebApp 和其服务器环境如何响应不同的负载条件。在进行测试时，下面变量的排列定义了一组测试条件：

> N，并发用户的数量
>
> T，每单位时间的在线事务数量
>
> D，每次事务服务器处理的数据负载

每种情况下，在系统正常的操作范围内定义这些变量。当每种测试条件运行时，收集下面的一种或多种测量数据：平均用户响应时间，下载标准数据单元的平均时间，或者处理一个事务的平均时间。应对这些测量进行检查，以确定性能的急剧下降是否与 N、T 和 D 的特殊组合有关。

负载测试也可以用于为 WebApp 用户估计建议的连接速度。以下面的方式计算总的吞吐量 P：

$$P = N \times T \times D$$

例如，考虑一个大众体育新闻站点。在某一给定的时刻，2 万个并发用户平均每两分钟提交一次请求（事务 T）。每一次事务需要 WebApp 下载一篇平均长度为 3KB 的新文章，因此，可如下计算吞吐量：

$$P = (20\,000 \times 0.5 \times 3\text{KB})/60 = 500\text{KB/s} = 4\text{Mb/s}$$

因此，服务器的网络连接将不得不支持这种数据传输速度，应对其进行测试，以确保它能够达到所需要的数据传输速度。

对移动 App 进行压力测试是要在极限运行条件下力图查找错误。此外，压力测试还提供了一种机制，在不损害安全性的情况下观察移动 App 的运行水平是否会降低。极限活动

425

包括：（1）在同一设备平台上运行几个移动 App；（2）感染带病毒的或是恶意的系统软件；（3）尝试接管设备并使其传播垃圾邮件；（4）使移动 App 处理数量极大的事务；（5）在设备上存储异常大量的数据。遇到这些情况时，检查移动 App 以确保资源密集型服务（例如流媒体）得到妥善处理。

21.9 实时测试

许多移动和实时应用程序具有时间依赖性和异步性，这给测试增加了新的可能会带来困难的因素——时间。测试用例设计人员不仅要考虑传统的测试用例，还要考虑事件处理（即中断处理）、数据的时间以及处理数据任务（进程）的并行性。在许多情况下，当实时系统处于某一种状态时提供的测试数据会被正确地处理，而当系统处于其他不同状态时提供相同的数据则可能导致错误。此外，实时软件与其硬件环境之间存在的密切关系也会导致测试问题。软件测试必须考虑硬件故障对软件处理的影响，这样的故障很难真实地模拟。

许多移动 App 的开发商主张进行自然环境测试，或是在用户的本地环境中使用移动 App 资源的生产发布版本进行测试 [Soa11]。伴随着移动 App 的演变，自然环境测试是要敏捷地响应变更 [Ute12]。

自然环境测试的特征包括不利的和不可预测的环境、过时的浏览器和插件、独特的硬件以及不完善的联通性（无线网络和动态载流）。为了反映真实情况，测试人员的人口统计学特征应该与目标用户的特征及他们的设备特征相匹配。此外，应该包括涉及少量用户的用例、不太流行的浏览器以及各式各样的移动设备。自然环境测试总是会带有不可预测性，并且测试计划必须适应测试的进展。为了解更多的信息，可参见 Rooksby 和他的同事在他们论文中关于自然环境测试的成功策略 [Roo09]。

移动 App 往往是为多种设备开发的，并且可用于不同的环境和不同的位置。加权设备平台矩阵（Weighted Device Platform Matrix，WDPM）有助于确保测试范围覆盖移动设备的各种组合和各种不同的环境。加权设备平台矩阵也可协助进行设备/环境组合的优先排序，以便于优先做最重要的测试。

为多个设备和操作系统建立加权设备平台矩阵（表 21-1）的步骤是：（1）矩阵的纵列给出各种重要的操作系统；（2）矩阵的横行是各种目标设备；（3）矩阵的第二行和第二列分配了排名次序（如 0～10），这是为了表明每个操作系统和每种设备的相对重要性；（4）计算每对排名次序数的乘积，并填入矩阵（矩阵中有的排名次序对可能是无效组合）。

表 21-1 设备平台加权矩阵

	排名	操作系统 1	操作系统 2	操作系统 3
		3	4	7
设备 1	7	无效组合	28	49
设备 2	3	9	无效组合	无效组合
设备 3	4	12	无效组合	无效组合
设备 4	9	无效组合	36	63

应调整测试工作，使对于正在考虑的每个环境变量而言，具有最高评级的设备/平台组合得到最多的关注[⊖]。在表 21-1 中设备 4 和操作系统 3 就具有最高评级，因此，在测试过程

⊖ 环境变量是与当前连接或当前事务相关的变量，移动 App 将用来指导其可见的用户行为。

中将会获得最优先的关注。

由于在设备中实现的是硬件和固件的组合，这使得实际移动设备具有固有的局限性。如果潜在的设备平台范围很大，那么执行移动 App 测试将是昂贵且耗时的。

设计移动设备时并没有考虑到测试。有限的处理能力和存储容量可能不允许装载所需的诊断软件以记录测试用例性能。而模拟设备则往往更易于管理，也更易于获取测试数据。每个移动网络（全球有数百个）均采用自己独特的基础设施。模拟器经常无法模拟网络服务的效果和时序，当移动 App 在实际设备上运行时，可能观察不到用户发现的问题。

创建自用测试环境的过程是昂贵且易于出错的。基于云计算的测试可以提供标准化的基础设施和预配置的软件映像，使得移动 App 团队不必担心找不到服务器或是无处购买软件和测试工具的许可证 [Goa14]。云服务提供商为测试人员的访问提供可扩展性，并为用户准备好虚拟实验室，其中有操作系统库、测试管理工具和执行管理工具，以及为生成能够准确反映现实生活的测试环境所需的存储器 [Tao17]。

基于云的测试并不是没有潜在的问题，例如在使用云方法时，存在缺少标准、安全性隐患问题、数据布局和完整性问题、不完备的基础设施支持、服务的不当应用以及性能问题等，但这些也仅仅是开发团队所面临的一些共性挑战。

最后，监测与移动设备上的移动 App 的使用特别相关的功耗是很重要的。与监测网络信号相比，从移动设备传输信息会消耗更多的电能。与加载网页或发送短信相比，处理流媒体会消耗更多的电能。因此，准确评估功耗必须在自然条件下的实际设备上进行实时监测。

21.10 测试 AI 系统

正如我们在第 13 章中所讨论的，移动用户希望移动 App、虚拟现实系统和电子游戏等产品具有环境感知能力。无论是软件产品对用户环境做出反应 [Abd16]，还是根据过去的用户行为自动调整用户界面 [Par15]，还是在游戏场景下提供真实的非玩家角色（NPC）[Ste16]，这些都涉及人工智能（AI）技术。这些技术经常依赖于机器学习、数据挖掘、统计、启发式编程或基于规则的系统，这些技术不在本书的讨论范围之内。测试这些系统存在的问题时，有一些常见的问题可以通过我们所讨论过的技术来解决。

人工智能技术利用从人类专家那里获得的信息，或者从保存在某种数据存储中的大量观察中总结出来的信息进行研究。这些数据需要以某种方式进行组织，以便在软件产品需要环境感知或自适应性时能够有效地访问和更新它们。在软件中利用这些数据辅助决策的启发式方法通常由用户在用例或从统计数据分析中获得的公式中进行描述。使这些系统难以测试的部分原因是大量的数据交互需要由软件来说明，但这些交互的出现很难预测。软件工程师通常需要依靠仿真和基于模型的技术来测试人工智能系统。

21.10.1 静态测试和动态测试

静态测试是一种软件验证技术，它关注评审而不是可执行的测试。重要的是要确保专家（了解应用程序领域的利益相关者）同意开发人员在 AI 系统中表示及使用信息的方式。像所有软件验证技术一样，重要的是要确保程序代码能够表示 AI 的规范，这意味着用例中输入和输出之间的映射会反映在代码中。

AI 系统的动态测试是一种确认技术，它通过测试用例来运行源代码。其目的是证明 AI 系统符合专家指定的行为。在进行知识发现或数据挖掘时，该程序可能被设计用于发现专家还不知道的新关系。专家必须对这些新关系进行验证，才能将其用于安全攸关的软件产品中 [Abd16][Par15]。

21.9 节中讨论的许多实时测试问题适用于 AI 系统的动态测试。即使使用自动生成的模拟测试用例，也无法测试软件在自然环境下遇到的所有可能事件的组合。通常需要建立一种机制，允许用户指定何时对程序的决策不满意，并收集有关程序状态的信息，以便开发人员将来采取纠正措施。

21.10.2　基于模型的测试

基于模型的测试（Model-based Testing，MBT）是一种黑盒测试技术，它使用需求模型（特别是用户故事）中的信息作为生成测试用例的基础 [DAC03]。在很多情况下，基于模型的测试技术使用形式化表示方法，如 UML 状态图———一种行为模型（第 8 章），作为测试用例设计的基础$^\ominus$。MBT 技术需要以下 5 个步骤。

1. **分析软件的已有行为模型或创建一个行为模型**。回忆一下，行为模型指明软件是如何响应外部事件或刺激的。为了创建行为模型，我们需要执行第 8 章所讨论的步骤：（1）评价所有的用例，以完全理解系统内的交互顺序；（2）标识驱动交互顺序的事件，并理解这些事件如何与特定的对象相关；（3）为每个用例创建交互顺序；（4）构造系统的 UML 状态图（例如，见图 8-8）；（5）评审行为模型，验证其精确性和一致性。

2. **遍历行为模型，并标明促使软件在状态之间进行转换的输入**。输入将触发事件，使转换发生。

3. **评估行为模型，并标注当软件在状态之间转换时所期望的输出**。回想一下，每个转换都由一个事件触发，作为转换的结果，某些方法会被调用并产生输出。对于步骤 2 所指定的每个输入（用例）集合，指定所期望的输出，以说明它们在行为模型中的特点。

4. **运行测试用例**。可以手工执行测试，也可以创建测试脚本并使用测试工具执行测试。

5. **比较实际结果和期望结果，并根据需要进行调整**。

MBT 可帮助我们发现软件行为中的错误，因此，它在测试事件驱动的应用（例如环境感知的移动 App）时也非常有用。

21.11　测试虚拟环境

对软件开发者而言，预见用户如何实际使用程序几乎是不可能的。软件使用指南（使用手册）可能会被错误理解；可能会使用令用户感到奇怪的输入动作组合；测试者看起来很明显的输出对于工作现场的用户却是难以理解的。用户体验设计师非常清楚在原型设计过程的早期从真正的用户中获得反馈的重要性，以避免创建用户不喜欢的软件。

验收测试是客户在验收开发人员提供的软件之前，为发现产品错误而进行的一系列特定测试。验收测试由最终用户而不是软件工程师进行，它的范围从非正式的"测试驱动"到有计划地、系统地进行一系列脚本化的测试。

当为客户开发定制软件产品时，由该客户对所有需求进行一系列验证是较为合理的。如果软件是一种虚拟仿真或游戏，作为产品开发供多个客户使用，那么让每个用户都进行正式的验收测试是不切实际的。多数软件开发者使用称为 α 测试和 β 测试的过程，以期查找到似

$\ominus$　当软件需求是用决策表、语法或 Markov 链表示时，也可以使用基于模型的测试 [DAC03]。

乎只有最终用户才能发现的错误。

α 测试是由有代表性的最终用户在开发者的场所进行。软件在自然设置下使用，开发者站在用户的后面观看，并记录错误和使用问题。α 测试在受控的环境下进行。

β 测试在一个或多个最终用户场所进行。与 α 测试不同，开发者通常不在场。因此，β测试是在不为开发者控制的环境下"现场"应用软件。最终用户记录测试过程中遇见的所有问题（现实存在的或想象的），并定期报告给开发者。接到 β 测试的问题报告之后，开发人员对软件进行修改，然后准备向最终用户发布软件产品。

21.11.1　可用性测试

可用性测试评价用户在多大程度上能够与 App 进行有效交互，以及 App 在多大程度上指导用户行为、提供有意义的反馈、并坚持一致的交互方法。可用性检查和测试不是集中在某交互目标的语义上，而是要确定 App 界面在多大程度上使用户的生活变得轻松[⊖]。|430|

可用性测试可以由开发人员设计，但是通常由最终用户进行测试。可用性测试可能发生在多种不同的抽象级别：（1）对特定的界面机制（例如，表单）的可用性进行评估；（2）对完整虚拟接口（包括界面机制、数据对象及相关的功能）的可用性进行评估；（3）考虑整个虚拟世界应用程序的可用性。

可用性测试的第一步是确定一组可用性类别，并对每一类可用性建立测试目标。下面的测试类别和目标（以问题的形式书写）举例说明了这种方法[⊜]：

交互性。交互机制（例如，下拉菜单、按钮、指针）容易理解和使用吗？

布局。导航机制、内容和功能放置的方式是否能让用户很快地找到它们？

可读性。文本是否很好地编写，并且是可理解的[⊜]？图形表示是否容易理解？

美学。布局、颜色、字体和相关的特性是否使 App 易于使用？用户对 App 的外观是否"感觉舒适"？

显示特性。App 是否使屏幕的大小和分辨率得到了最佳使用？

时间敏感性。是否能够及时使用或获取重要的要素、功能和内容？

反馈。用户是否收到关于其操作的有意义反馈？显示系统消息时，用户的工作是否可中断且可恢复？

个性化。App 是否能够适应多种用户或个别用户的特殊要求？

帮助。用户是否易于访问帮助和其他支持选项？

可访问性。残疾人是否可以使用该 App？

可信性。用户是否可以控制如何共享个人信息？该 App 是否会在未经用户许可的情况下使用个人信息？

对于上面每一种可用性，都需要设计一系列测试。在某些情况下，"测试"可以是对 App 屏幕显示的可视化审查；而在有些情况下，可以重新执行界面的语义测试，但在下面的实例中，可用性是极为重要的。

作为一个例子，我们考虑对交互和界面机制进行可用性评估。可以对以下界面功能的列

⊖　这种问题常用术语"用户友好性"来表示。当然，问题在于一个用户对于"友好"界面的感觉可能根本不同于另一个用户。

⊜　有关可用性的其他信息参见第 12 章。

⊜　FOG 可读性指数和其他工具可以用来定量地评估可读性。

表进行可用性评审和测试：动画、按钮、颜色、控件、图形、标签、菜单、消息、导航、选择机制、文本和 HUD ⊖（抬头显示器）。评估每个要素时，可以由执行测试的用户对其进行定性分级。图 21-3 描述了用户可能选择的一系列评估"级别"。这些级别可以应用于每个单独的要素、完整的 App 屏幕显示或者整个 App。

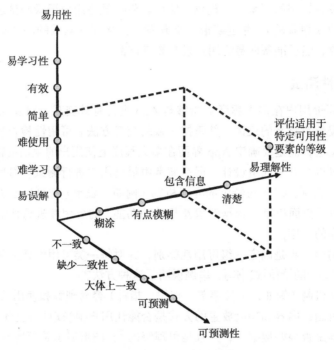

图 21-3　可用性的定性评估

21.11.2　可访问性测试

可访问性测试是这样一个过程：验证所有人均可使用计算机系统，而不考虑任何用户特殊需求的程度。计算机可访问性通常需要考虑的特殊需求是：视觉、听觉、运动和认知障碍 [Zan18]。随着人们年龄的增长，这些需求中的许多都会发生变化。作为专业人员，如果所开发的虚拟环境严重依赖于通过触控交互的图形界面访问系统，则做得并不好 [Dia14]。这些问题只需切换到语音激活的个人助理（如 Alexa 或 Siri）即可解决。想象一下，在不使用视觉、听觉、触觉或语言的情况下，尝试操作智能手机。

我们在第 13 章中讨论了设计可访问软件产品的准则 ⊖。有效的设计策略应确保使用多个信息通道来呈现与用户的所有重要交互。以下是一些有关可访问性测试关注领域的示例 [Zan18] [Dia14]：

- 确保所有非文本屏幕对象也都由基于文本的描述表示。
- 验证没有专门使用颜色用于向用户传达信息。

⊖ 移动应用程序和游戏经常提供图形显示，其中包含用户状态，系统消息，导航日期和菜单选项，作为设备屏幕显示或 HUD 的一部分。

⊖ 以下是美国司法部使用的软件可访问性检查清单的示例：https://www.Justice.gov/crt/software-accessibility-checklist。

431
~
432

- 展示老年人或有视觉障碍的用户可以使用高对比度和放大选项。
- 确保已实现语音输入作为替代方案，以适应可能无法操作键盘、小键盘或鼠标的用户。
- 展示可以避免闪烁、滚动和自动更新内容，以适应阅读困难的用户。

基于云的移动软件很可能会在用户日常需要完成的许多事情中占主导地位（例如银行业务、税务准备、饭店预订和旅行规划），因此，对于可访问软件产品的需求只会增长。除了专家评审和可访问性自动化评估工具外，全面的可访问性测试策略将有助于确保满足每个用户的需求，无论他们提出什么挑战。

21.11.3 可玩性测试

可玩性是用户／玩家进行游戏或模拟的有趣程度，最初被认为是电子游戏开发的一部分。游戏的可玩性受游戏质量的影响：可用性、故事情节、策略、机制、真实性、图形和声音。虚拟／增强现实的出现，提供了娱乐或学习机会（例如，模拟故障排除），因此，将可玩性测试作为由移动 App 创建的虚拟环境可用性测试的一部分是有意义的 [Vel16]。

专家评审可以作为可玩性测试的一部分，但除非专家用户是你的目标用户组，否则可能无法获得移动 App 要在市场上获得成功所需的反馈。专家评审应该作为由终端用户代表进行的可玩性测试的补充，就像我们在 β 测试或验收测试中所做的那样。在一个典型的游戏测试中，用户可能会得到关于使用应用程序的基本说明，然后开发人员会站到一边，观察玩家在不被打扰的情况下使用游戏的情况。在玩家完成游戏测试后，可能会被要求完成一项关于他们体验的调查 [Hus15]。

开发人员可以记录游戏过程，也可以只是记录下他们观察到的情况。开发人员将寻找玩家在游戏过程中不知道接下来该做什么的地方（这通常是以玩家的动作突然停止为标志的）。当此类事件发生时，开发人员应注意玩家在 App 工作流中的位置。当游戏测试结束时，开发人员可以讨论为什么玩家被卡住以及如何摆脱困境（她做了什么）。这表明可玩性测试也可能有助于评估虚拟环境的可访问性。

433

21.12 测试文档和帮助设施

可用性测试一词造成一种假象：大量的测试用例是为检查计算机程序和它们所管理的数据做准备的。但是，帮助设施或文档中的错误与数据或源代码中的错误一样，它们都会影响程序的验收。完全按照用户指南或帮助设施进行操作，但得到的结果或行为却与文档的描述不符，没有什么比这种情况更让人沮丧了。因此，文档测试应该是所有软件测试计划中有意义的一部分。

文档测试可分为两个阶段进行。第一阶段为技术评审（第 16 章），检查文档编辑的清晰性；第二阶段是现场测试（live test），结合实际程序使用文档。

令人意外的是，对文档的现场测试竟可以采用与前面讨论的许多黑盒测试方法相似的技术，包括：基于图的测试可用于描述程序的使用；等价类划分和边界值分析方法可用于定义各种输入类和相关的交互操作；MBT 则可用于确保文档规定的行为和实际行为的吻合。因而程序的用法可以贯穿全部文档而得到追踪。

信息栏 文档测试

在测试文档和帮助设施时，应该回答下列问题：

- 该文档准确地描述了如何完成每种使用模式吗？
- 每种交互序列的描述是否准确？
- 实例准确吗？
- 术语、菜单描述以及系统响应与实际程序一致吗？
- 在文档中能够比较容易地得到指导吗？
- 利用该文档可以容易地完成疑难解答吗？
- 该文档的目录和索引是否健壮、准确和完整？
- 该文档的设计（布局、字体、缩进、图表）有助于信息的理解与快速吸收吗？
- 所有显示给用户的软件错误信息在该文档中有更详细的描述吗？对看到错误信息后所采取的行动有明确的描述吗？
- 如果提供超文本链接，链接是否准确和完整？
- 如果提供超文本链接，导航设计是否适合信息获取？

回答这些问题唯一可行的方法是让独立的第三方（如选定的用户）在程序使用的环境下测试该文档。应该记录所有的差异，确定模糊或薄弱的地方，以方便可能的重写。

21.13 小结

移动 App 测试的目标在于对多种移动 App 的质量进行检测，以找出错误或是发现可能导致质量事故的问题。测试会集中于若干质量元素，如内容、功能、结构、可用性、使用环境、导航性、性能、电能管理、兼容性、互操作性、容量和安全性。在完成移动 App 设计后，将进行评审和可用性评估，在应用实现后和在实际设备上部署时，就要进行测试。

移动 App 测试策略检查每个质量维度，从考察内容、功能或导航"单元"开始。一旦单独的单元都已经被确认，重点就转到测试整个移动 App。为了完成这项工作，很多测试是由用户的视角导出的，并由用例所包含的信息所驱动。编写移动 App 测试计划，并确定测试步骤、工作产品（例如，测试用例）以及评估测试结果的评价机制。测试过程包含若干个不同类型的测试。

内容测试（或评审）关注的是各类内容。其目的在于检查那些影响将内容展示给最终用户的错误。因移动设备限制而导致的性能问题也必须是检查的内容。界面测试检查交互机制和由移动 App 所提供的用户体验。这样做的目的是发现当移动 App 不考虑设备、用户或是位置等条件时所导致的错误。

导航测试基于用例，是作为建模活动的一部分而导出的。针对部署移动 App 所用的体系结构框架内的导航设计，以测试用例来运行每个场景。构件测试检查移动 App 中的内容和功能单元。

性能测试包括一系列测试，当对服务器端资源容量的要求增加时，评估移动 App 的响应时间及可靠性。

安全性测试包含了许多针对移动 App 或其环境中漏洞的测试。安全性测试的目的是查找在设备操作环境中或访问的网络服务中存在的安全性漏洞。

　　最后，移动 App 测试应该解决的性能问题包括：耗电量、处理速度、内存限制、从故障中的恢复能力以及连通性问题等。

习题与思考题

21.1　在某些情况下，是否可以忽略在实际设备上所作的移动 App 测试？

21.2　全部移动测试策略都是以用户可见元素开始的，并且向技术元素发展。这种说法是否合理？这个策略是否有例外？　435

21.3　描述对 App 所做的与用户体验测试有关的步骤。

21.4　安全性测试的目标是什么？谁来进行这种测试活动？

21.5　假如你正在开发一个访问网上药店的移动 App（YourCornerPharmacy.com），为的是满足老年人的购药需求。药店可提供典型功能，而且还为每位客户维护数据库，以便提供药物信息并且对可能的药物间潜在互作用提出警告。针对这一移动 App 讨论特定的可用性测试。

21.6　假定你已实现了网络服务，为 YourCornerPharmacy.com 提供了药物互作用检查功能（参考习题 21.5）。探讨将要在移动设备上实施的构件级的测试类型，以保证移动 App 正常地使用这项功能。

21.7　在生产环境中测试移动 App 时遇到的每一种配置都可能做到吗？如果不可能，应如何选择一组合理的测试配置？

21.8　描述 YourCornerPharmacy 药店（习题 21.5）的移动 App 可能要进行的安全性测试，谁应执行这种测试？

21.9　与界面机制相关的测试和界面语义测试之间的区别是什么？

21.10　导航语法测试和导航语义测试之间的区别是什么？　436

软件配置管理

要 点 概 览

概念： 开发计算机软件时会发生变更。因为变更的发生，所以需要有效的管理变更。软件配置管理（Software Configuration Management, SCM）也称为变更管理，是一系列管理变更的活动。

人员： 参与软件过程的每个人在某种程度上都参与变更管理，但是有时候也设专人来管理 SCM 过程。

重要性： 如果你不控制变更，那么变更将控制你。这绝不是一件好事。一个未受控制的变更流可以很容易地将一个运行良好的软件项目带入混乱。结果会影响软件质量并且会推迟软件交付。

步骤： 在构建软件时会创建很多工作产品，因此每个工作产品都需要唯一标识。一旦成功完成标识，就可以建立版本和变更控制机制。

工作产品： 软件配置管理计划（Software Configuration Management Plan）定义变更管理的项目策略。变更导致被更新的软件产品必须被重新测试和记录文档，这不会破坏项目进度或软件产品的生产版本。

质量保证措施： 当每个工作产品都可以标识、跟踪、控制、追踪和分析时，当每个需要知道变更的人员都通知到时，你就做对了。

在开发计算机软件时，变更是不可避免的。而且，对于共同研发项目的软件开发团队来说，变更导致了混乱。如果变更之前没有经过分析，变更实现时没有做相应的记录，没有向需要了解变更的人员报告变更，或没有以一种能够改进质量并减少错误的方式控制变更，都会产生混乱。Babich[Bab86] 提出了一种可以最大限度地减少混乱、提高生产率，并减少错误数量的方法，他写道："配置管理是对软件开发团队正在构建的软件的修改进行标识、组织和控制的技术，其目标是使错误量减少到最小，并使生产率最高。"

软件配置管理（SCM）是在整个软件过程中应用的一种普适性活动。典型的 SCM 工作流如图 22-1 所示。变更可能随时出现，SCM 活动用于：（1）标识变更；（2）控制变更；（3）保证恰当地实施变更；（4）向其他可能的相关人员报告变更。

明确地区分软件支持和软件配置管理是很重要的。软件支持（第 27 章）是一组发生在软件已经交付给客户并投入运行后的软件工程活动。而软件配置管理则是在软件项目开始时就启动，并且只有当软件被淘汰时才终止的一组跟踪和控制活动。

软件工程的主要目标是当发生变更时，使变更更容易地被接受，并减少变更发生时所花

关键概念

基线
变更控制
移动性和敏捷变更管理
变更管理过程
配置审核
配置管理元素
配置对象
内容管理
持续集成
标识
集成和发布
中心存储库
SCM 过程
软件配置项
状态报告
版本控制

费的工作量。本章将探讨使得我们能够管理变更的具体活动。

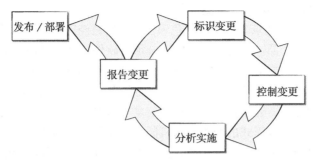

图 22-1 软件配置管理工作流

22.1 软件配置管理概述

软件过程的输出信息可以分成三个主要类别：（1）计算机程序（源代码和可执行程序）；（2）描述计算机程序的文档（针对不同的软件开发人员和客户）；（3）数据或内容（包含在程序内部和外部）。在 Web 设计或游戏开发中，管理多媒体内容项变更的要求可能比管理软件或文档变更的要求更高。在软件过程中产生的所有信息项统称为软件配置。

随着软件工程工作的进行，软件配置项（Software Configuration Item，SCI）的层次结构就产生了。每一项可以是单个 UML 图一样小或者和完整的设计文档一样大的命名信息元素。如果每个 SCI 只是简单地产生了其他的 SCI，则几乎不会产生混乱。不幸的是，另一个变量进入过程中，就意味着变更。变更可以因为任意理由随时发生。事实上，正如系统工程第一定律（First Law of System Engineering）[Ber80] 所述：不管你处在系统生命周期的什么阶段，系统都可能发生变更，并且在整个生命周期中将会持续不断地提出变更的要求。

这些变更的起因是什么？这个问题的答案就像变更本身一样多变。无论如何，有 4 种基本的变更源：

- 新的业务或市场条件，引起产品需求或者业务规则的变更。
- 新的客户需要，要求修改信息系统产生的数据、产品提供的功能或基于计算机的系统提供的服务。
- 企业改组、扩大或缩小规模，导致项目优先级或软件工程团队结构的变更。
- 预算或进度的限制，导致系统或产品的重定义。

软件配置管理是一组用于在计算机软件的整个生命周期内管理变更的活动。SCM 可被视为应用于整个软件过程的软件质量保证活动。在下面的几节中，我们将描述能够帮助我们管理变更的主要 SCM 任务和重要概念。

22.1.1 SCM 场景[⊖]

典型的配置管理（Configuration Management，CM）工作场景涉及几个利益相关者：负责软件小组的项目经理、负责 CM 规程和方针的配置管理员、负责开发和维护软件产品的软件工程师以及使用软件产品的客户。在本场景中，我们假定由 4 个人组成的敏捷团队正在开

⊖ 本节摘自 [Dar01]。已经得到卡耐基·梅隆大学软件工程研究所的同意，允许翻印由 Susan Dart [Dar01] 编写的 "Spectrum of Functionality in CM Systems"（©2001 by Carnegie Mellon University）。

发一个约 15000 行代码的小型软件。(注意,也可以组建更小或更大团队的场景,但是,实际上每个这样的项目都面临着一个问题,就是 CM。)

在操作级别上,SCM 场景包括多种角色和任务。项目经理或团队领导的职责是保证在确定的时间框架内开发出产品。因此,项目经理必须对软件的开发进展情况进行监控,找出问题,并对问题做出反应。这可通过建立和分析软件系统状态报告并执行对系统的评审来完成。

配置管理员(在小团队中可能是项目经理)的职责不仅是保证代码的创建、变更和测试要遵循相应的规程和方针,还要使项目的相关信息容易得到。为了实现维护代码变更控制的技术,配置管理员可以引入正式的变更请求机制,来评估开发团队提出的变更,并确保这些变更被产品负责人接受。配置管理员还要收集软件系统各个构件的统计信息,比如能够确定系统中哪些构件有问题的信息。

软件工程师的目标是高效地工作。必须有一种机制来确保对同一构件的同步更改能够被正确的追踪、管理和执行。也就是说,软件工程师在代码的创建和测试以及编写支持文档时不做不必要的相互交流;但同时,软件工程师们又要尽可能地进行有效的沟通和协调。特别是,软件工程师可以使用相应的工具来协助开发一致的软件产品;软件工程师之间可以通过相互通报任务要求和任务完成情况来进行沟通和协调;通过合并文件,可以使变更在彼此的工作中传播。对于同时有多个变更的构件,要用某种机制来保证具有某种解决冲突和合并变更的方法。依据系统变更原因日志和究竟如何变更的记录,历史资料应该保持对系统中所有构件的演化过程的记录。软件工程师有他们自己创建、变更、测试和集成代码的工作空间。在特定点,可以将代码转变成基线,并从基线做进一步的开发,或生成针对其他目标机的变体。

客户只是使用产品。由于产品处于 CM 控制之下,因此,客户要遵守请求变更和指出产品缺陷的正式规程。

理想情况下,在本场景中应用的 CM 系统应该支持所有的角色和任务。也就是说,角色决定了 CM 系统所需的功能。项目经理可以把 CM 看作是一个审核机制;配置管理员可以把 CM 看作控制、跟踪和制定方针的机制;软件工程师可以把 CM 看作变更、构建以及访问控制的机制;而用户可以把 CM 看作质量保证机制。

22.1.2 配置管理系统的元素

在 Susan Dart 关于软件配置管理的内容全面的白皮书 [Dar01] 中,她指明了开发软件配置管理系统时应该具备 4 个重要元素:

- **构件元素**是一组具有文件管理系统(如数据库)功能的工具,使我们能够访问和管理每个软件配置项。
- **过程元素**是一个动作和任务的集合,它为所有参与管理、开发和使用计算机软件的人员定义了变更管理(以及相关活动)的有效方法。
- **构建元素**是一组自动软件构建工具,用以确保装配了正确的有效构件(即正确的版本)集。
- **人员元素**是由实施有效 SCM 的软件团队使用的一组工具和过程特性(包括其他 CM 元素)。

以上这些元素(将在后面几节中详细讨论)并不是相互孤立的。例如,随着软件过程的演化,可能会同时用到构件元素和构建元素;过程元素可以指导多种与 SCM 相关的人员活动,因此也可以将其认为是人员元素。

22.1.3 基线

变更是软件开发中必然会出现的事情。客户希望修改需求，开发者希望修改技术方法，而管理者希望修改项目策略。为什么要修改呢？答案其实十分简单，随着时间的流逝，所有的软件参与者会得到更多的知识（关于他们需要什么、什么方法最好、如何既能完成任务又能赚钱）。大多数软件变更都是合理的，所以抱怨是没有意义的。倒不如说，要确保你有适当的机制来处理它们。

基线是一个软件配置管理概念，它能够帮助我们在不严重阻碍合理变更的条件下控制变更。IEEE（IEE17）是这样定义基线的：

已经通过正式评审和批准的规格说明或产品，它可以作为进一步开发的基础，并且只有通过正式的变更控制规程才能修改它。

在软件配置项成为基线之前，可以较快地且非正规地进行变更。然而，一旦成为基线，虽然可以进行变更，但是必须应用特定的、正式的规程来评估和验证每次变更。

在软件工程范畴中，基线是软件开发中的里程碑，其标志是在正式技术评审中（第16章）已经获得批准的一个或多个软件配置项的交付。例如，某设计模型的元素已经形成文档并通过评审，错误已被发现并得到纠正，一旦该模型的所有部分都经过了评审、纠正和批准，该设计模型就成为基线。任何对程序体系结构（在设计模型中已形成文档）的进一步变更只能在每次变更被评估和批准之后进行。虽然可以在任意细节层次上定义基线，但最常见的软件基线如图 22-2 所示。

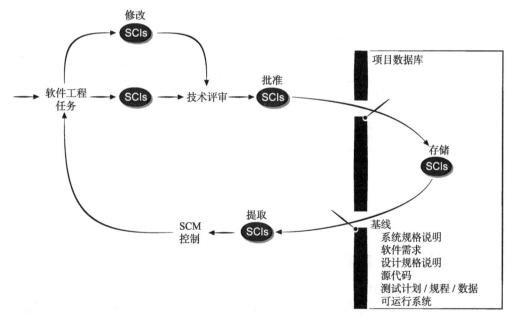

图 22-2　基线化的 SCI 和项目数据库

图 22-2 也说明了基线的形成过程。软件工程任务可能会产生一个或多个 SCI，在这些 SCI 经过评审并被批准之后，就可以将它们放置到项目数据库（也称为项目库或软件中心存储库，见 22.5 节）中。要确保项目数据库被维护在一个集中的、受控的位置。当软件团队中的成员想要修改某个基线 SCI 时，必须将该 SCI 从项目数据库中拷贝到工程师的私有工作区中。但是，这个被提取出的 SCI 只有在遵循 SCM 控制（在本章后面将讨论）的条件下才

可以进行修改。图 22-2 中的箭头说明了某个已成为基线的 SCI 的修改路径。

22.1.4 软件配置项

软件配置项是在软件工程过程中创建的信息。在极端情况下，大型规格说明中的一节或大型测试用例集中的一个测试用例都可以看作一个 SCI。再实际点，一个 SCI 可以是工作产品的全部或部分（例如，一份文档、一整套测试用例、一个已命名的程序构件、一份多媒体内容资产，或者是一个软件工具）。

在现实中，是将 SCI 组织成配置对象，这些配置对象具有自己的名字，并且按类别存储在项目数据库中。配置对象具有一个名称和多个属性，并通过关系来表示与其他配置对象的"关联"。在图 22-3 中，分别定义了配置对象 DesignSpecification、DataModel、ComponentN、SourceCode 和 TestSpecification 的组成部分。但是，每个对象都通过箭头与其他对象相关联。弧形箭头表示组合关系。也就是说，DataModel 和 ComponentN 是 DesignSpecification 的组成部分。双向箭头说明对象之间的内在联系，如果 SourceCode 对象发生变更，软件工程师通过查看内在联系能够确定哪些对象（和 SCI）可能受到影响[⊖]。

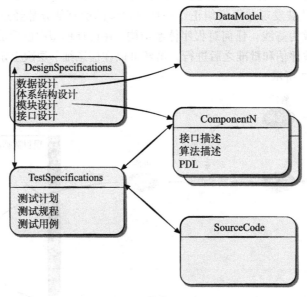

图 22-3 配置对象

22.1.5 依赖性和变更管理

7.2.6 节介绍了可追溯性内容和可追溯矩阵的应用。可追溯矩阵是记录需求依赖性、体系结构决策（10.5 节）和缺陷原因（17.6 节）的一种方法。应当这些依赖性需求，当检验到变更时，它将会影响并指导测试用例的选择，还应将其用于回归测试（20.3 节）。de Sousa 和 Redmiles 认为，将依赖性管理视为影响管理[⊖]有助于开发人员关注所做的变更是如何影响其工作的 [Sou08]。

影响分析既关注组织级行为，也关注个人活动，影响管理还包括两项补充内容：（1）确

⊖ 这些关系在数据库中定义，数据库（中心存储库）的结构将在 22.2 节讨论。

⊖ 影响管理将在 22.5.2 节中进一步讨论。

保软件开发者利用策略使他人对自己影响最小化；（2）鼓励软件开发者使用策略使自己对他人影响最小化。注意，最重要的是当一个开发者尝试将他的工作对其他人的影响最小化时，也会降低工作效率，同时其他人必须把对他的工作的影响最小化 [Sou08]。

最重要的是维护软件工作产品，确保开发者在 SCI 中觉察到了依赖性。当对 SCM 存储库进行检入 / 检出时，以及当批准如 22.2 节讨论的变更时，开发者必须建立原则。

22.2 SCM 中心存储库

SCM 中心存储库是一组机制和数据结构，它使软件团队可以有效地管理变更。通过保证数据完整性、信息共享和数据集成，它具有数据库管理系统的一般功能，此外，SCM 中心存储库还为软件工具的集成提供了中枢，它是软件过程流的核心。它能够使软件工程工作产品强制实施统一的结构和格式。

为了实现这些功能，我们用术语元模型（meta-model）来定义中心存储库。元模型决定了在中心存储库中信息如何存储、如何通过工具访问数据、软件工程师如何查看数据、维护数据安全性和完整性的能力如何，以及将现有模型扩展以适应新需求时的容易程度如何等。

22.2.1 一般特征和内容

中心存储库的特征和内容可以从两个方面来理解：中心存储库存储什么，以及中心存储库提供什么特定服务。中心存储库中存储的表示类型、文档和工作产品的详细分类如图 22-4 所示。

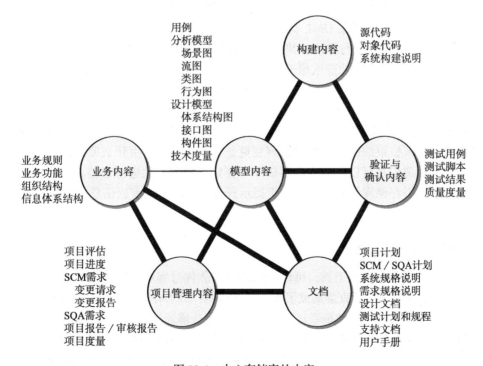

图 22-4 中心存储库的内容

一个健壮的中心存储库能够提供两种不同类型的服务：（1）期望从任何一个复杂的数据库管理系统得到相同的服务类型；（2）特定于软件工程环境的服务类型。

作为软件工程团队的中心存储库，应该：（1）集成或直接支持过程管理功能；（2）支持在中心存储库中管理 SCM 功能的特定规则和维护数据；（3）提供与其他软件工程工具的接口；（4）能够存储各种数据对象（例如，文本、图形、视频、音频）。

22.2.2 SCM 特征

444　　为了支持 SCM，中心存储库必须能够维护与许多不同版本软件相关的 SCI。更重要的是，它还必须提供将这些 SCI 组装成特定版本配置的机制。中心存储库工具集需要支持以下特征。

版本控制。随着项目的进展，每个工作产品都可能有很多版本（22.5.2 节）。中心存储库必须能保存所有版本，以便有效地管理产品发布，并允许开发者在测试和调试过程中返回到早先的版本。

中心存储库必须能控制各种类型的对象，包括文本、图形、位图、复杂文档及一些特殊对象，如屏幕、报告定义、目标文件、测试数据和结果等。在成熟的中心存储库中可以按任意粒度跟踪对象版本，例如，可以跟踪单个数据定义或一组模块。

依赖性跟踪和变更管理。中心存储库要管理所存储的配置对象之间的各种关系。这些关系包括：企业实体与过程之间的关系、应用系统设计各部分之间的关系、设计构件与企业信息体系结构之间的关系、设计元素与其他可交付工作产品之间的关系等。其中有些仅仅是关联关系，而有些则是依赖关系或强制关系。

保持追踪这些关系的能力对中心存储库中存储信息的完整性以及基于中心存储库的可交付工作产品的生成是至关重要的，而且这是中心存储库概念对软件开发过程改进最主要的贡献之一。例如，如果修改了某 UML 类图，则中心存储库能够检测出是否有相关联的类、接口描述和代码构件也需要进行修改，并且能够提醒开发者哪些 SCI 受到了影响。

需求跟踪。这种特殊的功能依赖于相关管理，并可以跟踪由特定需求规格说明产生的所有设计构件、体系结构构件以及可交付产品（正向跟踪）。此外，还能够用来辨别指定的工作产品是由哪个需求产生的（反向跟踪）。

配置管理。配置管理设施能够跟踪表示特定项目里程碑或产品发布的一系列配置。

审核跟踪。审核跟踪使我们能够了解变更是在什么时候、由什么原因以及由谁完成等信息。变更的根源信息可以作为中心存储库中特定对象的属性进行存储。每当设计元素进行了修改时，中心存储库触发机制有助于提示开发人员或创建审核信息条目（如变更理由）的工具。

22.3 版本控制系统

版本控制结合了规程和工具，可以用来管理在软件过程中所创建的配置对象的不同版本。版本控制系统实现或者直接集成了 4 个主要功能：（1）存储所有相关配置对象的项目数据库（中心存储库）；（2）存储配置对象所有版本（或能够通过与先前版本间的差异来构建任何一个版本）的版本管理功能；（3）使软件工程师能够收集所有相关配置对象和构造软件特定版本的制作功能；（4）版本控制和变更控制系统通常还有问题跟踪（也叫作错误跟踪）功能，使团队能够记录和跟踪与每个配置对象相关的重要问题的状态。

445　　很多版本控制系统都可以建立变更集——构建软件特定版本所需要的所有变更（针对某些基线配置）的集合。Dart [Dar91] 写道：变更集"包含了对全部配置文件的所有变更、变更的理由、由谁完成的变更以及何时进行的变更等详细信息"。

可以为一个应用程序或系统标识很多已命名的变更集，这样就使软件工程师能够通过指定必须应用到基线配置的变更集（按名称）来构建软件的一个版本。为了实现这个功能，就要运用系统建模方法。系统模型包括：（1）一个模板，该模板包含构件的层次结构，以及构建系统时构件的"创建次序"；（2）构建规则；（3）验证规则[⊖]。

在过去几年中，对于版本控制，人们已经提出了很多不同的自动化方法[⊖]，这些方法的主要区别在于构建系统特定版本和变体属性时的复杂程度以及构建过程的机制。

22.4 持续集成

SCM 中的最佳实践包括：（1）保持小数量的代码变体；（2）尽早并经常测试；（3）尽早并经常集成；（4）使用工具进行自动化测试、构建和代码集成。持续集成（Continuous Intergration，CI）对遵循 DevOps 工作流（3.5.3 节）的敏捷开发者而言十分重要。CI 还通过确保每个变更都能及时集成到项目源代码中，并自动编译和测试，为 SCM 增加价值。CI 为开发团队提供以下几个具体的优势 [Mol12]：

加速反馈。集成失败时立即通知开发人员，在执行的变更数量较少时可以进行修复。

提高质量。在必要时构建和集成软件可以为所开发产品的质量提供信心。

降低风险。因为设计故障会在早期被发现并修复，尽早集成构件避免了集成阶段长的风险。

改进报告。提供附加信息（例如，代码分析度量）允许更精确的配置状态统计。

随着软件组织开始向更敏捷的软件开发过程转变，CI 正成为一项关键技术。最好使用专门化的工具[⊜]完成 CI。CI 允许项目经理、质量保证管理员和软件工程师通过减少缺陷逃出开发团队之外的可能性来提高软件质量。通过在软件项目时间线的早期进行更便宜的修复，尽早捕获缺陷总是会降低开发成本。

22.5 变更管理过程

软件变更管理过程定义的一系列任务具有 4 个主要目标：（1）统一标识软件配置项；（2）管理一个或多个软件配置项的变更；（3）便于构建应用系统的不同版本；（4）在配置随时间演化时，确保能够保持软件质量。

能够取得上述 4 个目标的过程不应过于原则和抽象，也不要太烦琐，这个过程应该具有使软件团队能够解决一系列复杂问题的特色：

- 软件团队应该如何标识软件配置的离散元素？
- 组织应该如何管理程序（及其文档）的多个已有版本，从而使变更能够高效地进行？
- 组织应该如何在软件发布给客户之前和之后控制变更？
- 组织应该如何估算变更影响并有效地管理变更？
- 应该由谁负责批准变更并给变更确定优先级？

⊖ 为了评估构件的变更将怎样影响其他构件，可能需要查询系统模型。

⊖ Github（https://github.com/）、Perforce（https://www.perforce.com/）和 Apache Subversion（也称为 SVN，http://subversion.apache.org/）是流行的版本控制系统。

⊜ CI 工具包括：Puppet（https://puppet.com/）、Jenkins（https://jenkins.io/）和 Hudson（http://hudsonci.org/）等。TravisCI（https://travisci.org/）是一个用于同步 Github 上项目的 CI 工具。

- 我们如何保证能够正确地完成变更？
- 应该采用什么机制去评价那些已经发生了的变更？

上述问题引导我们定义了 5 个 SCM 任务：标识、变更控制、版本控制、配置审核和报
告，如图 22-5 所示。

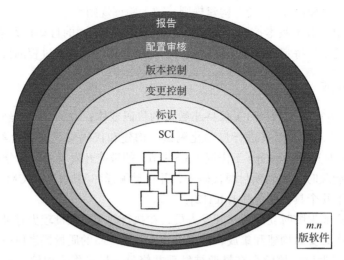

图 22-5 SCM 过程的层次

图中，SCM 任务可以看作一个同心圆的层次结构。软件配置项（SCI）在它们的有效生
存期内都要从内到外经历各个层次，最终成为某应用程序或系统的一个或多个版本软件配
置的组成部分。当一个 SCI 进入某层时，该 SCM 过程层次所包含的活动可能适用，也可能
不适用。例如，在创建一个新的 SCI 时，必须对其进行标识，但是，如果对该 SCI 没有任
何变更请求，那就不必应用变更控制层的活动，而直接将该 SCI 指定给软件的特定版本（版
本控制机制开始起作用了）。为了进行配置审核，要维护 SCI 记录（SCI 的名称、创建日期、
版本标识等），并将这些记录报告给那些需要知道的人员。下面，我们将更详细地介绍每个
SCM 过程层次。

22.5.1 变更控制

对于大型的软件工程项目，不受控制的变更会迅速导致混乱。对于这种大型项目，变更
控制应该将人为制定的规程与自动工具结合起来。变更控制过程如图 22-6 所示，提交一个
变更请求之后，要对其进行多方面的评估：技术指标、潜在副作用、对其他配置对象和系
统功能的整体影响，以及变更的预计成本。评估的结果形成变更报告，由变更控制授权人
（Change Control Authority，CCA，对变更的状态及优先级做出最终决策的人或小组）使用。
对每个被批准的变更，需要建立工程变更工单（Engineering Change Order，ECO），ECO 描
述了将要进行的变更、必须要考虑的约束以及评审和审核的标准。

可以将要进行变更的对象放到一个目录中，该目录只能由实施变更的软件工程师单独
控制。完成变更之后，版本控制系统（如 CVS）可以更新原始文件。或者，可以将要进行变
更的对象从项目数据库（中心存储库）中"检出"，进行变更，并应用适当的 SQA 活动，然
后，再将对象"检入"到数据库，并应用适当的版本控制机制（22.3 节）构建该软件的下一个
版本。

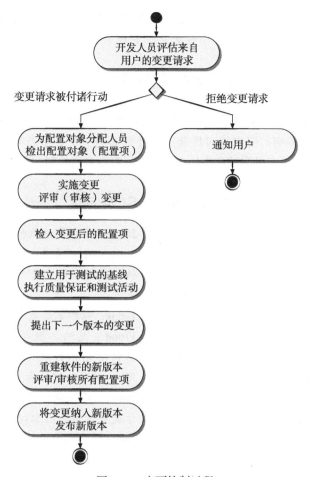

图 22-6　变更控制过程

　　以上版本控制机制与变更控制过程集成在一起,实现了变更管理的两个主要元素——访问控制和同步控制。访问控制负责管理哪个软件工程师有权限访问和修改某个特定的配置对象;同步控制协助保证两个不同的人员完成的并行变更不会被相互覆盖。

　　你可能开始对图 22-6 描述的变更控制过程所蕴含的繁文缛节感到不适,这种感觉是很正常的。没有适当的防护措施,变更控制可能会阻碍进展,也可能会产生不必要的烦琐手续。大多数拥有变更控制机制的软件开发者(不幸的是,很多人没有)通过许多控制环节来避免上面提到的这些问题。

　　在 SCI 成为基线之前,只需要进行非正式的变更控制。还在讨论之中的配置对象(SCI)的开发者可以进行任何变更,只要项目和技术需求证明这些变更是适当的(只要变更不会影响到开发者工作范围之外的系统需求)。一旦配置对象经过正式技术评审并被批准,它就会成为基线⊖。一旦 SCI 成为基线,就可以实现项目级变更控制了。这时,若要进行变更,开发者必须得到项目管理者的批准(如果变更是“局部的”),如果该变更影响到其他 SCI,则必须得到 CCA 的批准。在某些情况下,开发者无须生成正式的变更请求、变更报告和

　　⊖　也可能因为其他理由创建基线。例如,当“每日构建”基线创建后,在给定时间提交的所有构件都将变成下一日工作的基线。

ECO，但是，必须对每个变更进行评估，并对所有的变更进行跟踪和评审。

当交付软件产品给客户时，正式的变更控制就开始实施了，正式的变更控制规程如图 22-6 所示。

CCA 在控制的第二层和第三层中扮演着主动的角色。CCA 可以是一个人（项目经理），也可以是很多人（例如，来自软件、硬件、数据库工程、支持、市场等方面的代表），这取决于软件项目的规模和性质。CCA 的作用是从全局的观点来评估变更对 SCI 之外事物的影响。变更将对硬件产生什么影响？变更将对性能产生什么影响？变更将怎样改变客户对产品的感觉？变更将对产品的质量和可靠性产生什么影响？还有很多其他问题都需要 CCA 来处理。

449
~
450

SafeHome | SCM 问题

[场景] Doug Miller 的办公室，SafeHome 软件项目开始之初。

[人物] Doug Miller（SafeHome 软件工程团队经理）、Vinod Raman、Jamie Lazar 以及产品软件工程团队的其他成员。

[对话]

Doug： 我知道时间还早，但是我们应该开始讨论变更管理了。

Vinod（笑着说）：很难。今天早上市场部打电话来，有几个需要"重新考虑"的地方。都不是主要的，但这只是刚刚开始。

Jamie： 在以前的项目中，我们的变更管理就非常不正式。

Doug： 我知道，但是这个项目规模更大、更显眼，使我想起……

Vinod（不断点头）：我们已经被"家庭照明控制"项目中不受控制的变更折腾得要命……想起延期就……

Doug（皱着眉）：我不愿意再经历这样的恶梦。

Jamie： 那我们该做什么？

Doug： 在我看来，应该做三件事。第一件，我们必须建立（或借用）一个变更控制过程。

Jamie： 你的意思是如何请求变更吗？

Vinod： 是的。但也包括如何评估变更，如何决定何时进行变更（如果由我们决定），以及如何记录变更所产生的影响。

Doug： 第二件，我们必须获得一个适用于变更控制和版本控制的 SCM 工具。

Jamie： 我们可以为所有的工作产品创建一个数据库。

Vinod： 在这里叫 SCI，绝大部分好用的工具都不同程度地支持这个功能。

Doug： 这是一个良好的开端，现在我们必须……

Jamie： 嗯，Doug，你说过是三件事的……

Doug（笑着说）：第三件，我们必须使用工具，而且无论如何大家都要遵守变更管理过程。行吗？

22.5.2 影响管理

每次变更发生时，我们都必须考虑软件工作产品的依赖性网络，影响管理（impact management）涉及正确理解这些依赖关系，以及控制它们对其他软件配置项（及其负责人）的影响。

影响管理依靠 3 种动作来实现 [Sou08]。首先，影响网络识别出软件团队（及其他利益相关者）中可能引发变更或受到软件变更影响的人员数目。软件体系结构的清晰定义（第 10

章）对于生成影响网络很有帮助。其次，正向影响管理（forward impact management）评估
自身变更对影响网络上的成员的影响，然后告知受到变更影响的成员。最后，反向影响管理
（back impact management）检查其他团队成员所做的变更及其对自己工作的影响，从而体现
减轻影响的机制。

451

22.5.3　配置审核

标识、版本控制和变更控制帮助软件开发者维持秩序，否则情况可能将是混乱和不断变
化的。然而，即使最优秀的控制机制也只能在 ECO 建立之后才可以跟踪变更。我们如何能
够保证变更的实现是正确的呢？答案分两个方面：（1）技术评审；（2）软件配置审核。

技术评审（在第 16 章中已经详细讨论过）关注的是配置对象在修改后的技术正确性。
评审者要评估 SCI，以确定它与其他 SCI 是否一致、是否有遗漏或是否具有潜在的副作用。
除了那些非常微不足道的变更之外，应该对所有变更进行技术评审。

作为技术评审的补充，软件配置审核针对在评审期间通常不被考虑的特征对配置对象进
行评估。软件配置审核要解决以下问题：

1. 在 ECO 中指定的变更已经完成了吗？引起任何额外的修改了吗？
2. 是否已经进行了技术评审来评估技术正确性？
3. 是否遵循了软件过程，是否正确地应用了软件工程标准？
4. 在 SCI 中"显著标明"所做的变更了吗？ 是否说明了变更日期和变 更 者？配置对象
的属性反映出该变更了吗？
5. 是否遵循了 SCM 规程中标注变更、记录变更和报告变更的规程？
6. 是否已经正确地更新了所有相关的 SCI ？

在某些情况下，这些审核问题将作为技术评审的一部分。但是，当 SCM 是正式活动
时，配置审核将由质量保证小组单独进行。这种正式的配置审核还能够保证将正确的 SCI
（按版本）集成到特定的版本构建中，并且能够保证所有文档都是最新的，且与所构建的版
本是一致的。

22.5.4　状态报告

配置状态报告（Configuration Status Reporting，CSR，有时称为状态账目）是一项 SCM
任务，它解答下列问题：（1）发生了什么事？（2）谁做的？（3）什么时候发生的？（4）会影
响其他哪些事情？

配置状态报告的信息流如图 22-6 所示。至少为每个配置对象开发一个"需要了解"的
列表，并使其保持更新。在发生变更时，确保通知到列表中的每个人。每当赋予 SCI 新的标
识或更改其标识时，就会产生一个 CSR 条目；每当 CCA 批准一个变更（即创建一个 ECO）
时，就会产生一个 CSR 条目；每当进行配置审核时，其结果要作为 CSR 任务的一部分提出
报告。CSR 的结果可以放置到一个联机数据库中或 Web 站点上，以便软件开发者或维护人
员可以按照关键词分类来访问变更信息。此外，定期生成的 CSR 报告使管理者和开发人员
可以评估重要的变更。

452

22.6　移动性和敏捷变更管理

在本书的前面部分，我们讨论了 WebApp 和移动 App 的特殊属性，以及用来构建它们

的特殊方法[⊖]。游戏开发人员和所有敏捷开发团队都面临类似的挑战。这些应用程序区别于传统软件的主要区别就是无处不在的变更。

移动开发者和游戏开发者通常采用迭代和增量过程模型，用到了很多敏捷软件开发（第4章）的原理。采用这种方法，通过客户驱动，软件工程团队通常可以在很短的时间内开发出增量。后续开发的增量只是对内容和功能的扩充，而每个增量都很可能要进行变更，这样可以使内容更丰富、使用更容易、界面更美观、导航栏更好、性能更高、安全性更强。因此，在 App 和游戏的敏捷开发中，变更是有所不同的。

如果你是 App 或游戏软件开发团队中的一员，那么你一定会与变更打交道，但是一般的敏捷团队都回避那些过程复杂、过于原则和抽象以及形式化的东西，而人们通常认为（虽然不确切）软件配置管理就具有这些特征。解决这个矛盾并不是要否定 SCM 原则、方法和工具，而是要使它们满足移动项目的特定要求。

22.6.1 变更控制

传统软件变更控制的工作过程（22.5.1 节）对于 WebApp 和移动软件开发来说通常太冗长了。按照大部分游戏和 App 开发项目所接受的敏捷方式来完成变更请求、变更报告以及工程变更工单的顺序是不太可能的。那么我们该如何管理对内容和功能方面所提出的连续不断的变更请求呢？

游戏和移动开发中一直坚守的信念是"编码并马上运行"，为了实现此信念下的高效变更管理，就必须修改常规的变更控制过程。可以将每个变更归为以下 4 种类型中的一种：

Ⅰ类——纠正了一个错误或增加了局部内容 / 功能的内容 / 功能变更。

Ⅱ类——对其他内容对象或功能构件具有影响的内容或功能变更。

Ⅲ类——对整个应用具有重大影响的内容或功能变更（例如，主要功能的扩充，重要内容的增加或减少，导航中必需的重要变更）。

Ⅳ类——使一类或多类用户能够立即注意的重要设计变更（例如，界面设计或导航方法的变更）。

对请求的变更进行了分类之后，就可以按照图 22-7 中所示的算法来处理，这种方法对于 App 和游戏都是适用的。

453

图中，Ⅰ类和Ⅱ类变更可以看作是非正式的，并且可以按敏捷方式进行处理。对于Ⅰ类变更，由 Web 工程师评估该变更的影响，但不需要任何外部的评审或文档。在实施变更时，配置中心存储库工具只需执行标准的检入和检出过程。对于Ⅱ类变更，评审该变更对相关对象的影响是 Web 工程师的职责（也可以要求负责这些对象的开发者进行评审）。如果该变更不会引起对其他对象的大量修改，则修改时就不需要其他评审和文档。如果需要做大量修改，就必须做进一步评估和计划。

Ⅲ类和Ⅳ类变更也可以按敏捷方式进行处理，但是需要一些描述文档和较正式的评审过程。变更描述（描述变更并对变更所产生的影响进行简要估算）适用于Ⅲ类变更。将变更描述分发给 Web 工程团队的所有成员，由这些成员对其进行评审以更好地估算其影响。对于Ⅳ类变更也要进行变更描述，但在这种情况下，所有的利益相关者都要进行评审。

⊖ 文献 [Pre08] 有关于 Web 工程方法的综合介绍。

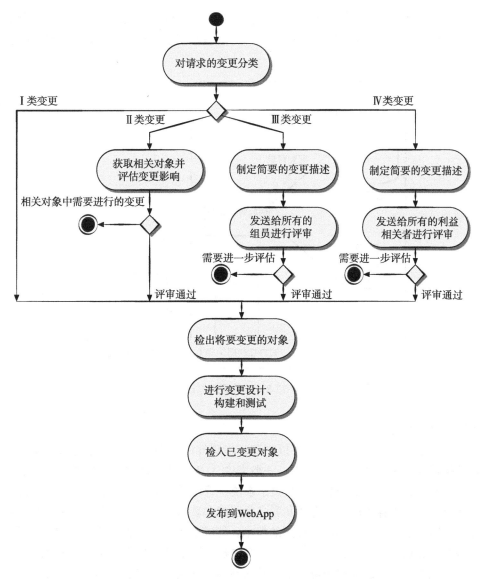

图 22-7　对 WebApp 的变更管理

22.6.2　内容管理

在某种意义上，内容管理和配置管理是相关的，因为内容管理系统（Content Management System，CMS）确定了如何（从大量 App 和游戏配置对象中）获取现有内容、如何按照能够提交给最终用户的方式构造现有内容，以及在客户端环境下显示这些内容的过程（有适当的工具支持）。

在创建动态应用时最常用到内容管理系统。App 和游戏能够"动态地"创建页面。也就是说，软件会响应用户通过改变屏幕上显示的信息来执行的操作。用户的动作可能会导致 App 查询服务端的数据库，然后形成响应信息，并展示给用户。

例如，某音乐商店（例如，Apple iTunes）提供了成百上千的音轨用于销售。当用户查询一个音轨时，可以查询数据库并获得有关该艺术家、CD（例如，它的封面图片或图形）、音乐内容及音乐试听片段等信息，并配置到标准的内容模板中。最终页面是在服务器端创建的，然后传送到客户端，由最终用户进行验证。比较有代表性的 WebApp 内容管理系统如图 22-8 所示。

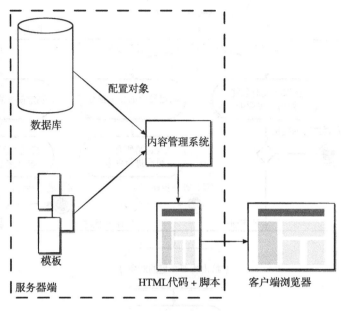

图 22-8   内容管理系统

22.6.3   集成和发布

内容管理系统对于构建 Web 服务以创建环境感知的移动 App 和在运行时更新游戏级场景，以及构建动态 Web 页面非常有用。一般来说，CMS 通过调用三个集成的子系统为最终用户"配置"内容，这三个子系统是收集子系统、管理子系统和发布子系统 [Boi04]。

收集子系统。内容指的是内容开发者必须创建和获取的数据和信息。收集子系统包含用来创建和获取内容的所有活动以及必要的技术，能够实现：（1）将内容转变成标记语言（例如，HTML、XML）可以表示的形式；（2）将内容组织成可以在客户端有效显示的信息包。

内容创建和获取（经常称为游戏创作或关卡设计）通常是和其他开发活动并行出现的，并且经常是由非技术开发人员处理。该活动结合了创新和研究的元素，并且通过工具支持使得内容作者可以在 App 或游戏内部以标准化的方式刻画内容。

一旦有了内容，就要对其进行转换以满足 CMS 的需求。这就意味着从原始内容中剥离不必要的信息（例如，冗余的图形表示）、改变内容格式以满足该 CMS 的需求，并将结果映射到一个能够管理和发布的信息结构中。

管理子系统。收集到内容之后，就必须将其分类保存到中心存储库中，以备随后的获取和使用，而且还要对它进行标注，以确定：（1）当前状态（例如，内容对象是已经实现还是正在开发）；（2）内容对象的正确版本；（3）相关的内容对象。配置管理是由此子系统执行的。因此，管理子系统实现了包含下列元素的中心存储库：

- 内容数据库。为存储所有内容对象所创建的信息结构。
- 数据库功能。使 CMS 能够实现以下功能：查找特定的内容对象（或对象的种类），保存和检索内容对象，以及管理为内容所创建的文件结构。

- 配置管理功能。支持内容对象标识、版本控制、变更管理、变更审核和报告的功能元素和相关工作流。

除了上述元素之外，管理子系统还实现了管理功能，包括对元数据的管理，以及对控制整个内容结构及支持方式的规则的管理。

发布子系统。必须从中心存储库中提取内容，将内容转换为适于发布的形式，然后进行格式化以便传送到客户端屏幕显示。发布子系统通过一系列模板来完成这些任务。每个模板对应一个功能，每个功能都可以使用下面三个元素（构件）之一来构造一次发布 [Boi02]：

- 静态元素。不需要进一步处理的文本、图形、媒体和脚本可以直接传送到客户端。
- 发布服务。调用特殊的检索服务和格式化服务功能来定制所需内容（使用预先制定的规则），完成数据转换，以及创建适当的导航链接。
- 外部服务。访问外部的企业信息基础设施，如企业数据或"内部"App。

包含以上三个子系统的内容管理系统可以适用于大多数的 Web 和移动项目。但是，CMS 的基本理论和功能适用于所有的动态应用程序。

22.6.4 版本控制

随着 App 和游戏的演化过程中要经历很多增量，因此可能同时存在多个不同的版本。最终用户通过互联网可以访问某个版本（当前正在运行的应用）；另一个版本（下一个应用增量）可能正处于部署之前测试的最后阶段；而正在开发的第三个版本在内容、界面美观以及功能上都有较大的改变。所以必须清晰地定义配置对象，以便各个配置对象与相应的版本相关联。如果没有某种类型的控制，开发人员和内容创建者可能会覆盖其他人的变更。

很有可能你也经历过类似的情况。为了避免这种情形，就应该建立版本过程。

1. 应该建立 App 或游戏项目的中心存储库。中心存储库中将保存所有配置对象（内容、功能构件及其他）的当前版本。
2. 每位开发者应该创建自己的工作目录。目录中包含了那些在特定时期内正在创建或修改的对象。
3. 所有开发者工作站的时钟应该同步。当两个开发者进行更新的时间非常接近时，这样做可以避免覆盖冲突。
4. 当开发新的配置对象或更改现有的对象时，必须将这些对象存入中心存储库。版本控制工具可以管理来自每位 Web 开发者工作目录的所有检入和检出操作。当中心存储库发生变更时，该工具也可以为所有相关部分提供自动的电子邮件更新。
5. 向中心存储库存入或取出对象时，自动创建带有时间戳的日志信息。这样可以提供有用的审核信息，这些信息还可以作为有效报告的一部分。

版本控制工具能够维护应用的不同版本，如果需要还能够恢复早先的版本。

22.6.5 审核和报告

为了提高开发的敏捷性，在开发游戏或 App 时不强调审核和报告功能[⊖]。但是，不能两者都被完全忽视。向中心存储库检入或检出的所有对象都被记录在日志中，任何时刻都可以评审这个日志。还可以创建完整的日志报告，这样团队的所有成员都可以得到指定时间期限

⊖ 这一点在开始变化。现在人们逐渐强调将 SCM 作为应用程序安全的一个元素 [Fug14]。通过提供跟踪和报告对每个应用对象所做的每个变更的机制，变更管理工具能提供有价值的保护，以防止恶意的变更。

内的变更日志。此外，每当向中心存储库检入或检出对象时，还可以自动发送电子邮件进行通知（发给那些感兴趣的开发者和利益相关者）。

22.7　小结

软件配置管理是应用于整个软件过程的普适性活动。SCM 标识、控制、审核和报告修改总是发生在软件开发过程中及交付给客户之后。软件过程中产生的所有信息都应该作为软件配置的一部分，要适当地对配置进行组织，这样才能进行有序的变更控制。

软件配置由一组相关联的对象（也称为软件配置项）构成，这些对象是某些软件工程活动所产生的结果。除了文档、程序和数据外，用于创建软件的开发环境也应该属于配置管理。应该将所有的 SCI 存放在中心存储库中，中心存储库具有保证数据完整性的机制和数据结构，可以支持其他软件工具，支持软件团队所有成员之间的信息共享，还具有版本控制和变更控制功能。

一旦开发的配置对象通过了评审，它就会成为基线。对基线对象的变更将导致该对象新版本的创建。可以通过分析所有配置对象修订的历史记录来跟踪程序的演化过程。基本对象和复合对象可以形成对象池，通过对象池可以构建不同的版本。版本控制就是管理这些对象的一组规程和工具。

变更控制是一种过程活动，它能够在对配置对象进行变更时保证质量和一致性。变更控制过程从变更请求开始，然后决定是否拒绝该变更请求，最后，对将要变更的 SCI 进行可控制的更新。

配置审核是一种 SQA 活动，它有助于确保进行变更时仍能维护质量。状态报告为那些需要知道变更的人提供了每次变更的信息。

App 或游戏的配置管理和传统软件的 SCM 在很多方面是相似的。但是，每个核心的 SCM 任务都应该尽可能简化，而且必须能够达到内容管理的特殊规定。

习题与思考题

22.1　为什么"系统工程第一定律"会成立？变更的主要理由有 4 个，对每个理由都举出几个特例。

22.2　实现高效 SCM 系统必需的 4 个元素是什么？简要介绍每个元素。

22.3　假定你是某个小项目的负责人，你会为项目定义什么基线？如何控制它们？

22.4　设计一个项目数据库（中心存储库）系统，使软件工程师能够存储、交叉引用、跟踪、更新和变更所有重要的软件配置项。数据库应该如何处理同一程序的不同版本？源代码的处理会与文档的处理有所不同吗？两个开发者应该如何避免同时对同一个 SCI 执行不同的修改？

22.5　研究某现有的 SCM 工具，然后大概描述它是如何实现版本控制和配置对象控制的。

22.6　研究某现有的 SCM 工具，并描述它实现版本控制的方法。此外，阅读 2 ~ 3 篇有关 SCM 的文章，并描述用于版本控制的不同数据结构和引用机制。

22.7　设计一个用在配置审核中的检查表。

22.8　SCM 审核和技术评审有什么区别？它们的作用可以归纳为一种评审吗？请说明正反两方面的观点。

22.9　简要描述传统软件的 SCM 与 WebApp 或移动 App 的 SCM 之间有何不同。

22.10　描述持续集成工具对敏捷软件开发人员的价值。

软件度量和分析

要 点 概 览

概念：软件过程度量和项目度量是定量的测量，这些测量能使你更深入地了解软件过程的功效，以及使用该过程作为框架进行开发项目的功效。产品度量帮助软件工程师认识他们所开发软件的设计和构建。

人员：软件度量由软件管理者来分析和评估。软件工程师利用产品度量创建高质量的软件。

重要性：如果不进行测量，就只能根据主观评价进行判断。软件工程师需要客观标准来帮助指导数据、体系结构、界面和构件的设计。如果进行测量，可以发现趋势（好的或坏的），可以更好地进行估算，并且随着时间的推移，软件能够获得真正的改进。

步骤：设计计划用于过程、项目和产品的测度和度量。收集度量，然后根据历史数据进行分析。使用分析结果以获得对过程、项目和产品的理解。

工作产品：一组软件度量，它们提供了对过程深入透彻的认识和对项目的理解。

质量保证措施：定义几个度量，然后使用它们去获得对软件过程、项目和产品质量的理解。应用一致而简单的测量计划来保障，但该计划绝对不能用于对个人表现的评估、奖励或惩罚。

测量是任何工程过程的一个关键环节。将测量应用于软件过程，目的是持续改进软件过程。也可以将测量应用于整个软件项目，辅助进行估算、质量控制、生产率评估及项目控制。我们使用测量来更好地理解所创建模型的属性，评估所构建的工程产品或系统的质量。

软件工程师可以使用测量来帮助评估工作产品的质量，并在项目进行时帮助进行策略决策。但是，与其他工程学科不同，软件工程并不是建立在基本的物理定量定律上。直接测量（例如，电压、质量、速度或温度）在软件世界是不常见的。由于软件测量与度量经常是间接得到的，因此存在公开争论。

从软件过程以及使用该过程进行开发的项目出发，软件团队主要关注生产率度量和质量度量——前者是对软件开发"输出"的测量，它是投入的工作量和时间的函数，后者是对所生产的工作产品"适用性"的测量。为了进行计划和估算，需要了解历史数据。以往项目的软件开发生产率是多少？开发出来的软件质量怎么样？怎样利用以往的生产率数据和质量数据推断现在的生产率和质量？这些数据如何帮助我们更精确地计划和估算？

关键概念

数据科学
缺陷排除效率（DRE）
目标
指标
测度
测量
度量
  争论
  属性
  设计度量
  制定大纲
  面向功能
  基于 LOC 的度量
  私有和公有过程
  生产率

460

测量是一个管理工具，如果能正确地使用，它将为你提供洞察力。因此，测量能够帮助项目管理者和软件团队制定出使项目成功的决策。

在本章，我们提出了产品开发时能用于评估产品质量的测度（measure）。我们还提出了可用于帮助管理软件项目的测度。这些测度提供了软件过程（分析，设计，测试）的有效性的实时指示，以及所开发软件的总体质量。

关键概念
项目
面向规模
软件质量
源代码
测试
软件分析

23.1 软件测量

数据科学⊖关注的是测量、机器学习以及基于这些测量方法对未来事件的预测。测量将数字或符号赋予现实世界中的实体属性。为达到这个目标，需要一个包含统一规则的测量模型。尽管测量理论（例如，[Kyb84]）及其在计算机软件中的应用（例如，[Zus97]）等主题超出了本书的讨论范围，但是，为软件开发的度量建立一个基本框架和一组基本原则是值得的。

23.1.1 测度、度量和指标

尽管测量（measurement）、测度（measure）和度量（metric）这三个术语常常可以互换使用，但需要注意它们之间的细微差别是很重要的。当收集了一个数据点时（例如，在一个软件构件中发现的错误数），就已建立了一个测度。收集一个或多个数据点（例如，考察一些构件评审和单元测试，以收集每个单元测试错误数的测度）就产生了测量。软件度量以某种方式（例如，每次评审发现错误的平均数，或每个单元测试所发现错误的平均数）与单个测度相关。

软件工程师收集测度并开发度量以便获得指标。一个指标是一个度量或多个度量的组合，它提供了对软件过程、软件项目或产品本身的深入理解。

23.1.2 有效软件度量的属性

尽管已提出了数百种计算机软件度量，但不是所有的度量都为软件工程师提供了实用的支持。一些度量所要求的测量太复杂，一些度量太深奥以致现实世界很少有专业人员能够理解，另一些度量则违背了高质量软件的直观概念。经验表明，应该仅使用直观且易于计算的度量。如果必须进行数十个"计数"，并且需要复杂的计算，则该度量不太可能被广泛采用。

Ejiogu[Eji91]定义了一组有效软件度量所应具有的属性。导出的度量及导出度量的测度应该是容易学习的，且其计算不应该需要过多的工作量或时间。度量应该满足工程师对所考虑的产品属性的直观看法（例如，测度模型内聚的度量在数值上应随内聚等级的增长而增长）。度量产生的结果应该总是无歧义的。度量的数学计算应该使用不会导致奇异单位组合的测度。例如，项目组成员使用多种编程语言就会导致可疑的单位组合，这样就没有直观的说服力。度量应该基于需求模型、设计模型或程序结构本身，而不应该依赖于变化多样的编程语言的语法或语义。度量应该提供信息以产生高质量的最终产品。

23.2 软件分析

关于软件度量和软件分析之间的差异存在一些混淆。软件度量用于测量产品或过程的质

⊖ 本书的附录2包含了面向软件工程师的数据科学的介绍。

量或性能。关键绩效指标（Key Performance Indicators，KPI）是用于跟踪绩效并在其值落在预定范围内时触发补救措施的度量。但是，怎么才能知道度量是有意义的呢？

软件分析是对软件工程数据或统计数据的系统性计算分析，可为管理人员和软件工程师提供有意义的见解，并使其团队能够做出更好的决策 [Bus12]。重要的是，所提供的见解为开发人员提供及时、可行的建议。例如，了解目前软件产品中的缺陷数量不如了解缺陷数量比上个月增加 5% 更为重要。分析可帮助开发人员预测预期的缺陷数量、在何处对其进行测试以及修复所需的时间。这使管理人员和开发人员可以创建增量计划，使用这些预测来确定预期的完成时间。为了提供对大型项目和产品数据集的实时见解，需要使用能够处理工程度量和测量的大规模动态数据集的自动化工具 [Men13]。

Buse 和 Zimmermann [Bus 12] 认为分析可以帮助开发人员为以下问题做出以下决定：

- **测试目标**。帮助集中回归测试和集成测试资源。
- **重构目标**。帮助做出有关如何避免巨额技术债务开销的战略决策。
- **发布计划**。帮助确保将市场需求和软件产品的技术功能都被考虑在内。
- **了解客户**。在产品工程期间，帮助开发人员获得有关客户在实际使用产品时的可操作的信息。
- **判断稳定性**。帮助管理人员和开发人员监控原型的演化状态并预测未来的维护需求。
- **检查目标**。帮助团队确定单个检查活动的价值、频率和范围。

进行软件分析工作所需的统计技术（数据挖掘、机器学习、统计建模）超出了本书讨论范围。附录 2 中简要讨论了其中一些技术。在本章的其余部分中，我们将重点介绍软件度量的使用。

23.3 产品指标

在过去 40 年中，许多研究人员试图开发出单一的度量值，以为软件复杂性提供全面的测量。Fenton[Fen94] 将这种研究描绘为"寻找不可能的圣杯"。尽管已提出了许多复杂性测量 [Zus90]，但每种方法都对什么是复杂性以及哪些系统属性导致复杂性持有不同的看法。作为类比，我们考虑用来评价汽车吸引力的度量，一些观察者可能强调车身设计，另一些会强调机械特性，还有一些鼓吹价格、性能、燃料经济性或汽车报废时的回收能力。由于这些特性中的任意一个都有可能和其他特性不一致，因此，很难为"吸引力"制定一个单一值。对计算机软件而言，会出现同样的问题。

然而，仍有必要去测量和控制软件的复杂度。如果一个度量的单一值难以获取，那么可能应该开发针对不同内部程序属性（例如，有效模块化、功能独立性和第 9 章论及的其他属性）的测度。这些测量和由此产生的度量可用作需求模型和设计模型的独立指标。但是新问题再次出现，Fenton[Fen94] 说道："尝试去寻找刻画许多不同属性的测度是危险的，其危险性在于，测度不可避免地必须满足有冲突的目标。这与测量的代表性理论是相反的。"尽管 Fenton 所说的是正确的，但许多人提出，在软件过程的早期阶段执行的产品测量为软件工程师评估质量[⊖]提供了一致和客观的机制。

⊖ 虽然文献中对具体度量的评论是常见的，但许多评论关注深奥的问题而忽略了现实世界中度量的主要目标：帮助软件工程师建立一种系统、客观的方法，来获得对其工作的深入理解，并最终提高产品的质量。

SafeHome · 关于产品度量的辩论

[场景] Vinod 的工作间。

[人物] Vinod、Jamie、Ed, SafeHome 软件工程团队的成员，他们正在进行构件级设计和测试用例设计。

[对话]

Vinod：Doug（Doug Miller, 软件工程经理）告诉我，我们都应该使用产品度量，但他有点含糊，又说他不强迫这件事情，是否采用由我们自己决定。

Jamie：那好。我们没有时间做测量工作，我们都在为维持进度而奋战。

Ed：我同意 Jamie 的观点。我们的确面临这个问题，我们没时间。

Vinod：是的，我知道，但是使用产品度量可能会有一些好处。

Jamie：我并不怀疑这个问题，Vinod，这是时间问题，我没有任何剩余时间来做产品度量。

Vinod：但是，如果测量能节省你的时间，那又怎么样呢？

Ed：你错了，就像 Jamie 所说的那样，需

要时间……

Vinod：不，等等，如果它能节省我们的时间，那又怎么样呢？

Jamie：你说呢？

Vinod：返工……正是这样。如果我们使用的一个度量有助于我们避免一个主要的或一个中等的问题，那它就节省了返工一部分系统所需要的时间，我们节省了时间。不是吗？

Ed：我想这有可能，但你能保证某个产品度量能帮助我们找到问题吗？

Vinod：你能保证它不能帮助我们找到问题吗？

Jamie：那你计划怎么办？

Vinod：我认为我们应该选择一些设计度量，可能是面向类的，将它们作为我们所开发的每个评审过程的一部分。

Ed：我确实不太熟悉面向类的度量。

Vinod：我花一些时间查查，然后给一些建议。怎么样，你们这些家伙？

（Ed 和 Jamie 淡漠地点点头）

23.3.1　需求模型的度量

软件工程的技术工作开始于需求模型的创建阶段。在这个阶段将产生需求并建立设计的基础。因此，我们非常希望产品度量能提供对分析模型质量的深入理解。

尽管文献中很少出现分析和规格说明度量，但对项目估算（25.6 节）度量（例如，用例点或功能点）进行改造并将其应用于这个环境中是有可能的。这些度量以预测结果系统的规模为目的来研究需求模型。规模有时是（但不总是）设计复杂性的指示器，而且总是编码、集成和测试工作量增加的指示器。通过测量需求模型的特征，可以定量了解其特征和完整性。

传统软件。Davis 和其同事 [Dav93] 提出了用于评估需求模型和相应的需求规格说明质量的一系列特征：确定性（无歧义性）、完整性、正确性、可理解性、可验证性、内部与外部一致性、可达性、简洁性、可跟踪性、可修改性、精确性和可复用性。另外，他们注意到，高质量的规格说明是电子存储的、可执行的，或至少是可解释的、对比较重要之处加了注释的，另外还应是稳定的、版本化的、有条理的、附有交叉索引的并且是适度说明的。

尽管在本质上上述许多特征似乎是可以定性的，但每个特征实际上都可以用一个或多个度量来表示。例如，假设在一个规格说明中有 n_r 个需求，则有

$$n_r = n_f + n_{nf}$$

其中，n_f 为功能需求的数量，n_{nf} 为非功能（如性能）需求的数量。

为确定需求的确定性（无歧义性），Davis 等人提出了一种度量，这种度量基于评审者对每项需求解释的一致性：

$$Q_1 = \frac{n_{ui}}{n_r}$$

其中，n_{ui} 是所有评审者都有相同解释的需求数目。Q_1 的值越接近 1，则规格说明的歧义性越低。其他特征以类似的方式进行计算。

移动软件。所有移动项目的目标都是向最终用户交付内容和功能的结合体。很难将那些用于传统软件工程项目的测度和度量直接转化并应用于移动应用。但是，可以开发一些在需求收集活动期间可以确定的测度，这些测度可以作为创建移动应用度量的基础。在这些测度中，可以收集的内容如下：

静态页面的数量。静态页面复杂性较低，构建这些页面所需的工作量通常少于动态页面。这项测量提供了一个标志着应用整体规模和开发应用所需工作量的指标。

动态页面的数量。动态页面复杂性较高，构建这些页面所需的工作量高于静态页面。这项测量提供了一个标志着应用整体规模和开发应用所需工作量的指标。

465

永久数据对象的数量。随着永久数据对象（如数据库或数据文件）数量的增加，移动 App 的复杂性增大，实现应用所需的工作量也会成比例增加。

通过界面连接的外部系统的数量。随着界面连接需求的增多，系统的复杂性和开发工作量随之增加。

静态内容对象的数量。这些对象的复杂度相对较低，构建这些对象的工作量通常少于动态页面。

动态内容对象的数量。这些对象的复杂度相对较高，构建这些对象的工作量高于静态页面。

可执行功能的数量。随着可执行功能（例如脚本或小程序）数量的增加，建模和构建的工作量会随之增加。

例如，使用这些度量可以定义一个度量标准，以反映移动 App 所需的最终用户的定制程度，并使它与项目花费的工作量以及评审和测试中发现的错误关联起来。为此，做以下定义：

$$N_{sp} = 静态页面数量$$
$$N_{dp} = 动态页面数量$$

那么，定制指数定义为

$$C = \frac{N_{dp}}{N_{dp} + N_{sp}}$$

C 的取值范围是 0 ～ 1。随着 C 值的增大，应用的定制水平将成为一个重大的技术问题。

类似的度量也可以计算出来，并将其与项目测度（例如，花费的工作量、发现的错误和缺陷、已建立的模型或文档）关联起来。如果这些度量标准的值与项目测度一起存储在数据库中（在完成多个项目之后），那么应用需求测度和项目测度之间的关系将为项目评估任务提供指标。

23.3.2 常规软件的设计度量

很难想象一架新飞机、一个新计算机芯片或一座新办公楼可以在没有定义设计测度、没有确定设计质量各方面的度量的指导下开展设计。然而，基于软件的复杂系统设计通常是在没有测量的情况下进行的。更具有讽刺性的事实是，软件的设计度量是可以得到的，但绝大多数软件工程师却一直不知道它们的存在。

体系结构设计度量侧重于程序体系结构（第 10 章）的特征，它强调体系结构和体系结构内模块或构件的有效性。这些度量从某种意义上来讲是"黑盒"的，它并不需要特定软件构件的内部运作知识。度量可以提供对与体系结构设计相关的结构化数据和系统复杂性的理解。

466

Card 与 Glass[Car90] 定义了三种软件设计复杂度测度：结构复杂度、数据复杂度和系统复杂度。

对于层次体系结构（例如，调用 – 返回体系结构），模块 i 的结构复杂度的定义方式如下：

$$S(i) = f_{\text{out}}^2(i)$$

其中，$f_{\text{out}}(i)$ 是模块 i 的扇出数[⊖]。

数据复杂度 $D(i)$ 提供了模块 i 的内部接口复杂度的指示，定义如下：

$$D(i) = \frac{v(i)}{f_{\text{out}}(i)+1}$$

其中，$v(i)$ 是传入传出模块 i 的输入和输出变量的个数。

最后，系统复杂度 $C(i)$ 定义为结构复杂度和数据复杂度的总和：

$$C(i) = S(i) + D(i)$$

系统的总体体系结构复杂度会随着每个复杂度值的增加而增加。这样集成与测试工作量增加的可能性也较大。

Fenton[Fen91] 提出了一些简单的形态（即外形）度量，使不同的程序体系结构能够用一组简单的尺度进行比较。参考图 23-1 中的调用 – 返回体系结构，可以定义下述度量：

$$规模 = n+a$$

其中，n 为结点数，a 为弧数。对于图 23-1 所示的体系结构：

规模 $=17 + 18 = 35$

深度 $=4$，深度是从根结点到叶结点的最长路径

宽度 $=6$，宽度是体系结构任一层次的最多结点数

弧与结点的比例定义为 $r = a/n$，它给出了体系结构的连接密度，且对体系结构的耦合性提供了一个简单的指示。对于图 23-1 中的体系结构，$r=18/17=1.06$。

美国空军司令部 [USA87] 基于计算机程序可测量的设计特征，开发了一组软件质量指标。利用类似于 IEEE 标准 982.1-2005[IEE05] 中提出的概念，使用从数据和体系结构设计中取得的信息，导出了一个范围是 0 ～ 1 的设计结构质量指标（Design Structure Quality Index, DSQI）（详细信息参见：[USA87] 和 [Cha89]）。

467

⊖ 扇出数定义为直接隶属于模块 i 的模块数量。也就是直接被模块 i 调用的模块数量。

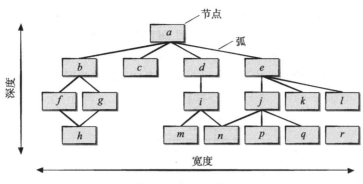

图 23-1　形态度量

23.3.3　面向对象软件的设计度量

关于面向对象设计，有很多东西是主观的——有经验的设计者"知道"如何去刻画面向对象系统以使之有效地实现客户需求。但是，当面向对象设计模型的规模和复杂性增加时，更客观地看待设计特征对有经验的设计者（可获得更为深入的理解）和新手（可获得质量指标，否则这些指标是得不到的）都是有益的。

在讨论面向对象系统的软件度量时，Whitmire[Whi97] 描述了面向对象设计的 9 个独特的且可测量的特性。规模是通过对面向对象实体（如类或操作）的静态计数，结合继承树的深度来测的。复杂性是通过检查面向对象设计的类如何互相关联来看待结构化特征。耦合性是面向对象设计成分间的物理连接（例如，类间的协作数量或对象间传递的消息数）。充分性是"一个抽象（类）拥有其所需特征的程度及需要具备的特性"[Whi97]。完备性是指类所传递的一系列特性是否能够完全表示问题域。内聚性是检查所有的操作是否能一起工作以达到单一的、明确定义的目标。原始性是指某操作的原子性程度，即操作不能由包含在类中的其他操作序列构造而成。相似性是两个或多个类在其结构、功能、行为或目的方面的相似程度。易变性测量将发生变更的可能性。

实际上，面向对象系统的产品度量不仅可以应用于设计模型，也可以应用于分析模型。在本节接下来的部分中，我们将探讨在类层次和操作层次上提供质量指标的度量。另外，还要探讨适用于项目管理和测试的度量。

其中一个被广泛引用的面向对象软件度量集是由 Chidamber 和 Kemerer [Chi94]⊖ 提出的。他们提出了 6 个面向对象系统的基于类的设计度量⊜，通常称为 CK 度量套件。

每个类的加权方法（Weighted Methods per Class, WMC）。假定为类 C 的 n 个方法定义的复杂度分别为 c_1, c_2, …, c_n，所选择的特定复杂度度量（例如，环复杂度）应该规范化，以便方法的额定复杂度取值为 1.0。

$$WMC=\sum c_i$$

其中，$i = 1, …, n$。方法的数目及其复杂度是实现和测试类所需工作量的合理指标。此外，方法数目越多，继承树越复杂（所有的子类继承其父类的方法）。最后，对于给定类，随着方法数目的增长，它可能越来越特定于应用，由此限制了潜在的复用。因此，WMC 应保持合理的低值。

⊖　Harrison，Counsell 和 Nithi 提出了另一套面向对象的度量 [Har98b]。希望有兴趣的读者了解他们的工作。

⊜　Chidamber 和 Kemerer 使用术语方法（method）而不是操作（operation）。本节反映了这些术语的使用。

继承树的深度（Depth of the Inheritance Tree, DIT）。这个度量为"从结点到树根的最大长度"[Chi94]。参看图 23-2，所显示类层次的 DIT 值为 4。随着 DIT 的增大，低层次的类有可能将继承很多方法。当试图预测类行为时，这将带来潜在困难。较深的类层次（DIT 值大）将导致较大的设计复杂性。从正面来讲，较大的 DIT 值意味着许多方法可以复用。

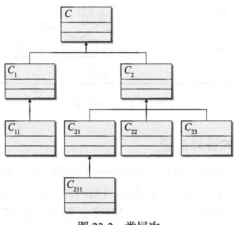

图 23-2　类层次

子女的数量（Number of Children, NOC）。在类层次中，直接从属于某类的子类称为子女。如图 23-2 所示，类 C_2 有 3 个子女——子类 C_{21}、C_{22} 和 C_{23}。随着子女数量的增长，复用也会增加。但是，当 NOC 增大时，如果有些子女不是父类的合适成员，则父类所表示的抽象可能削弱。当 NOC 增大时，测试（需要在其运行环境中检查每个子女）的工作量将也随之增加。

对象类之间的耦合（Coupling Between Object classes, CBO）。CRC 模型（第 8 章）可用于确定 CBO 的值。本质上，CBO 是在 CRC 索引卡上所列出类的协作数量[注]。当 CBO 增大时，类的可复用性将有可能减小。CBO 的高值也使修改及随之而来的测试变得更为复杂。通常，每个类的 CBO 值应该保持适当的低值。这与传统软件中减少耦合性的一般性指导原则是一致的。

对类的响应（Response For a Class, RFC）。类的响应集是"该类的某对象接收到消息，继而做出响应时可能执行的一组方法"[Chi94]。RFC 是响应集中的方法数。当 RFC 增大时，由于测试序列（第 20 章）增加，测试的工作量也随之增加。同样，当 RFC 增大时，类的整体设计复杂性也随之增加。

方法中缺少内聚（Lack of Cohesion in Method, LCOM）。类 C 中的每个方法访问一个或多个属性（也称为实例变量），LCOM 是访问一个或多个相同属性的方法数量[注]。若没有方法访问相同的属性，则 LCOM=0。为说明 LCOM ≠ 0 的情形，考虑一个具有 6 个方法的类，其中 4 个方法有一个或多个属性是共同的（它们访问共同属性），因此，LCOM = 4。若 LCOM 的值高，则方法可能通过属性相互耦合，这增加了类设计的复杂性。虽然有些情况下 LCOM 取高值有其理由，但是，我们总是希望保持高内聚，也就是使 LCOM 保持低值[注]。

⊖ CRC 索引卡是手工开发的。在可靠地确定 CBO 之前，必须评估其完整性和一致性。

⊜ 该正式定义较为复杂，详见 [Chi94]。

⊜ 在一些情况下，LCOM 度量提供了有用的见解，但是在其他情况下可能具有误导性。例如，让耦合封装在一个类中在整体上提高了系统的内聚性。因此，至少在这种意义上，较高的 LCOM 确实说明类具有较高的内聚性，而不是较低的内聚性。

| SafeHome | CK 度量的应用 |

[场景] Vinod 的工作间。

[人物] Vinod、Jamie、Shakira 和 Ed，SafeHome 软件工程团队的成员，他们正在进行构件级设计和测试用例设计。

[对话]

Vinod： 你们看过我周三发的关于 CK 度量集的描述吗？做过一些测量吗？

Shakira： 不是太复杂。正如你建议的那样，我退回 UML 类和顺序图，并得到 DIT、RFC 和 LCOM 的粗略值。我没找到 CRC 模型，因此不能计算 CBO。

Jamie（笑）：你没找到 CRC 模型是因为它在我这里。

Shakira： 这就是我喜欢这个团队的原因——大家能很好地沟通。

Vinod： 我做了计算……你们为 CK 度量做过计算吗？

（Jamie 和 Ed 肯定地点点头）

Jamie： 我有 CRC 卡，所以我看了 CBO。

大部分类看上去相当一致，有一个例外我已经做了标记。

Ed： 有些类的 RFC 值相当高，相对于平均值……或许我们应该看看能否对它们进行简化。

Jamie： 可能行，也可能不行。我仍然担心时间，我不想修改那些能正常工作的类。

Vinod： 我同意这个观点。或许我们应该查找至少有两个或更多的 CK 度量值不太好的类，有两项不利就得改。

Shakira（查看 Ed 的具有较高 RFC 值的类列表）：看这个类，它的 LCOM 和 RFC 的值都高，是两项不利吧？

Vinod： 我认为是这样……由于复杂性，实现和测试都是困难的。也许值得设计两个不同的类来实现同样的行为。

Jamie： 你认为修改它将节省时间吗？

Vinod： 从长远的眼光来看，是这样。

23.3.4　用户界面的设计度量

尽管在人机界面设计方面有许多重要文献（第 12 章），但是，有关界面质量和易用性度量的信息却比较少。值得指出的是，尽管 UI 指标可能在某些情况下是有用的，但终裁者应该是基于 GUI 原型的用户输入。Nielsen 和 Levy[Nie94] 谈道："若一个人仅基于用户观点选择界面（设计），他就有相当大的机会获得成功。用户的平均任务性能和他们对 GUI 的主观满意度是紧密相关的。"

接下来，我们提供设计度量的代表性例子，这些度量可能适用于网站、基于浏览器的应用程序和移动应用程序。其中许多度量适用于所有用户界面。值得注意的是，这些度量还没有被验证，因此应该审慎地使用。

471

界面度量。 对于 WebApp，可以考虑下面的界面度量：

建议的度量	描　　述
布局恰当性	界面上实体的相对位置
布局复杂度	界面定义的不同区域①的数量
布局区域复杂度	每个区域不同链接的平均数
识别复杂度	在进行导航或数据输入之前用户必须查看的不同项的平均数
识别时间	用户为给定任务选择恰当活动的平均时间（单位：秒）
输入工作量	具体功能所需的敲键平均数

（续）

建议的度量	描　述
鼠标选中工作量	每个功能鼠标选中的平均数
选择复杂度	每个页面能选择链接的平均数
内容获取时间	每个 Web 页面文本单词的平均数
记忆负担	为实现特定目的用户所必须记住的不同数据项的平均数

① 不同区域指的是一个在布局显示范围内的区域，它能够完成一些具体的相关功能（例如，菜单栏、静态图形显示、内容域、动画显示）。

美学（平面设计）度量。本质上，美学设计依赖于定性的判断，通常不遵守测量和度量的规则。然而，Ivory 及其同事 [Ivo01] 提出的一组测度可能在评估美学设计的影响时有用。该度量集如下：

建议的度量	描　述
单词个数	一个页面中出现的单词总数
主体（Body）文本百分比	主体文本与显示文本（即 Header 部分）的单词百分比
强调主体文本百分比	强调（如粗体、大写）的主体文本的比例
文本定位数量	左对齐文本位置变动次数
文本群数量	用颜色、边框、破折号或列表等强调的文本域
链接数量	页中的总链接数
页面大小	页面总字节数（包括元素、图形、样式表）
图形百分比	页面图形的字节数量的百分比
图形数	页中图形的个数（不包含脚本、applet 和对象中的图形）
颜色数	采用的颜色总数
字体数	采用的字体总数（即字体类型＋规模＋粗体＋斜体）

内容度量。该类度量强调内容复杂度和内容对象的聚集。相关内容可以参考文献 [Men01]。这些度量包括：

建议的度量	描　述
页面等待	以不同的连接速度下载页面所需的平均时间
页面复杂度	页面使用的不同类型的媒体的平均数量，不包括文本
图形复杂度	每页图形的平均数
音频复杂度	每页音频的平均数
视频复杂度	每页视频的平均数
动画复杂度	每页动画的平均数
扫描图形复杂度	每页扫描图形的平均数

导航度量。该类度量处理导航过程的复杂度 [Men01]。通常来说，它们只可应用于静态的 WebApp，不包含动态产生的链接和页面。

建议的度量	描　述
页面链接复杂度	每页链接的数量
连通性	内部链接的总数，不包括动态产生的链接
连通密度	连通性除以页面个数

利用建议度量的子集可能会得到一些经验关系。根据这些经验关系，WebApp 开发团队

可以基于复杂度的预测估计来评估技术质量和预计工作量。该领域的工作还有待将来完成。

23.3.5　源代码的度量

Halstead 的 "软件科学" 理论 [Hal77] 提出了计算机软件的第一个分析 "定律" [脚注标记]。Halstead 利用可以在代码生成后导出的或一旦设计完成之后可以估算得到的一组基本测度，给出了用于计算机软件开发的定量定律。软件科学使用的一组基本测度如下：

n_1 = 在程序中出现的不同操作符的数量

n_2 = 在程序中出现的不同操作数的数量

N_1 = 出现的操作符总数

N_2 = 出现的操作数总数

473

Halstead 利用这些基本测度开发了一些表达式，这些表达式可用于度量整个程序的长度、算法的最小潜在信息量、实际信息量（指定一个程序所需的比特数）、程序层次（一种软件复杂性测度）、语言级别（对给定语言为一常量）和其他特征（例如，开发工作量、开发时间，甚至软件中的预计缺陷数）。

Halstead 表明，长度 N 可以估算如下：

$$N = n_1 \log_2 n_1 + n_2 \log_2 n_2$$

而程序的信息量可以定义为：

$$V = N \log_2 (n_1 + n_2)$$

应该注意，V 随着编程语言的不同而不同，它表示说明一个程序所需要的信息量（以比特计数）。

理论上，一个特定算法必定存在一个最小信息量。Halstead 将信息量比率 L 定义为程序最简洁形式的信息量与实际程序的信息量之比。实际上，L 一定总是小于 1 的。根据基本测度，信息量比率可以表示为：

$$L = \frac{2}{n_1} \times \frac{n_2}{N_2}$$

Halstead 的工作有必要通过实验验证，而且大量的研究已针对软件科学进行。此项工作的讨论超出了本书的范围，进一步信息参见 [Zus90]、[Fen91] 和 [Zus97]。

23.4　测试的度量

测试度量分为两大类：（1）尝试预测在不同测试级别所需测试数量的度量；（2）侧重于给定构件的测试覆盖率的度量。大部分度量都侧重于测试过程而不是测试的技术特征本身。一般来讲，测试者必须依靠分析、设计和代码度量来指导测试用例的设计与执行。

体系结构设计度量提供了与集成测试相关的难易信息以及对专用测试软件（如桩和驱动）的需求。环复杂度（一种构件级设计度量）是基本路径测试（第 19 章描述的测试用例设计方法）的核心。此外，环复杂度还可用来定位要进行广泛单元测试的候选模块。环复杂度高的模块可能比环复杂度低的模块更易于出错。因此，测试人员应该在将这些模块集成到系统之前花费超过平均值的工作量以发现该模块中的错误。

[脚注标记]　应该注意，Halstead 的 "定律" 已经引起了很多争议，许多人认为其基本理论有缺点。但是，人们已经进行了对特定编程语言的实验验证（例如，[Fel89]）。

从 Halstead 测度（23.3.5 节）导出的度量也可用来估算测试工作量。利用程序信息量 V 的定义和程序层次 PL，可以计算 Halstead 工作量 e：

$$PL = \frac{1}{(n_1/2)(N_2/n_2)}$$

$$e = \frac{V}{PL}$$

分配给模块 k 的工作量占整体测试工作量的百分比可以用下式进行估算：

$$测试工作量百分比\ (k) = \frac{e(k)}{\Sigma e(i)}$$

其中 $e(k)$ 计算的模块 k 的测试工作量，分母之和是系统所有模块的 Halstead 工作量的总和。

面向对象测试可能非常复杂。基于所测量的特性，度量可以帮助我们将"可疑的"线程、场景和类的包作为测试资源的目标。在 23.3.3 节提到的面向对象设计度量为设计质量提供了一种指标，它也为检查一个面向对象系统所需要的测试工作量提供了通用的指标。

Binder[Bin94b] 提出了一组对面向对象系统的"可测试性"具有直接影响的设计度量。该度量考虑了封装和继承方面。

方法缺少内聚（Lack of Cohesion in Method, LCOM）[⊖]。LCOM 的值越高，为保证方法不会产生副作用，需要测试的状态越多。

公有与保护属性的百分比（Percent Public and Protected, PAP）。公有属性是从其他类继承的，因此对这些类是可见的。保护属性对子类的方法是可访问的。该度量指明类的公有属性或保护属性的百分比。PAP 的高值增加了类间副作用的可能性，由于公有和保护属性导致较高的潜在耦合[⊖]。必须设计保证发现这些副作用的测试。

对数据成员的公有访问（Public Access to Data Member, PAD）。这个度量指明可以访问另一个类属性的类（或方法）的数量，这违背了封装。PAD 的高值导致类间的潜在副作用，必须设计保证发现这些副作用的测试。

根类的数量（Number of Root Class, NOR）。该度量是在设计模型中描述的不同类层次的计数。必须为每个根类和相应的类层次开发一组测试。当 NOR 增大时，测试工作量也随之增加。

扇入（Fan-IN, FIN）。当用于面向对象环境时，在继承层次中的扇入是多继承的指示。FIN > 1 指示类从多个根类中继承属性和操作。应该尽可能避免 FIN > 1 的情况。

子女数（Number of Children, NOC）和**继承树的深度**（Depth of the Inheritance Tree, DIT）[⊜]。如第 18 章所讨论的，对每个子类，必须重新测试超类的方法。

23.5 维护的度量

本章所介绍的所有软件度量均可用于新软件的开发和现有软件的维护。然而，人们已提

⊖ 有关 LCOM 的说明，请参见 23.3.3 节。

⊖ 有些人提倡的设计中没有一个属性是公共属性或私有属性，即 PAP =0。这意味着必须通过方法在其他类中访问所有属性。

⊜ 有关 NOC 和 DIT 的说明，请参见 23.3.3 节。

出了专门针对维护活动的度量。

IEEE 标准 982.1-2005[IEE05] 提出了一种软件成熟度指标（Software Maturity Index，SMI），它提供了对软件产品稳定性的指示（基于产品每次发布所发生的变更）。可以确定以下信息：

M_T = 当前发布的模块数量

F_c = 当前发布中已变更的模块数量

F_a = 当前发布中已增加的模块数量

F_d = 当前发布中已删除前一发布中的模块数量

软件成熟度指标用下列方式计算：

$$\text{SMI} = \frac{M_T - (F_a + F_c + F_d)}{M_T}$$

当 SMI 的值接近 1.0 时，产品开始稳定。SMI 也可用于软件维护活动计划的度量。产生软件产品的某个发布的平均时间可以与 SMI 联系起来，且可以为维护工作量开发一个经验模型。

23.6　过程和项目度量

过程度量的收集涉及所有的项目，要经历相当长的时间，目的是提供能够引导长期的软件过程改进（第 28 章）的一组过程指标。项目度量使得软件项目管理者能够：（1）评估正在进行中的项目的状态；（2）跟踪潜在的风险；（3）在问题造成不良影响之前发现它们；（4）调整工作流程或任务；（5）评估项目团队控制软件工作产品质量的能力。

测量数据由项目团队收集，然后被转换成度量数据在项目期间使用。测量数据也可以传送给那些负责软件过程改进的人员。因此，很多相同的度量既可用于过程领域，又可用于项目领域。

软件过程度量用于战略目的，而软件项目测量则用于战术目的。也就是说，项目管理者和软件项目团队通过使用项目度量及从中导出的指标，可以改进项目工作流程和技术活动。

改进任何过程的唯一合理方法就是测量该过程的特定属性，再根据这些属性建立一组有意义的度量，然后使用这组度量提供的指标来导出过程改进策略（第 28 章）。但是在讨论软件度量及其对软件过程改进的影响之前，必须注意，过程仅是众多"改进软件质量和组织性能的控制因素"中的一种 [Pau94]。 |476|

在图 23-3 中，过程位于三角形的中央，连接了三个对软件质量和组织绩效有重大影响的因素。其中，人员的技能和动力 [Boe81] 被认为是对质量和绩效影响最大的因素，产品复杂性对质量和团队绩效也有相当大的影响，过程中采用的技术（即软件工程方法和工具）也有一定的影响。

另外，过程三角形位于环境条件圆圈内，环境条件包括：开发环境（如集成的软件工具）、商业条件（如交付期限、业务规则）、客户特征（如交流和协作的难易程度）。

软件过程的功效只能间接地测量。也就是说，根据从过程中获得的结果来导出一组度量。这些结果包括：在软件发布之前发现的错误数的测度，提交给最终用户并由最终用户报告的缺陷的测度，交付的工作产品（生产率）的测度，花费的工作量的测度，花费时间的测度，与进度计划是否一致的测度，以及其他测度。也可以通过测量特定软件工程任务的特性来导出过程度量。例如，测量第 1 章中所描述的普适性活动和一般软件工程活动所花费的工作量和时间。

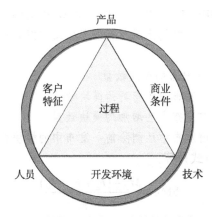

图 23-3　软件质量和组织有效性的决定因素

在大多数软件项目中，项目度量的第一次应用是在估算阶段。那些从以往项目中收集的度量可以作为当前软件工作的工作量及时间估算的基础。随着项目的进展，将所花费的工作量及时间的测量与最初的估算值（及项目进度）进行比较。项目管理者可以使用这些数据来监控项目的进展。

随着技术工作的启动，其他项目度量也开始有意义了。生产率可以根据创建的模型、评审时间、功能点以及交付的源代码行数来测量。此外，对每个软件工程任务中发现的错误也要进行跟踪。在软件从需求到设计的演化过程中，需要收集技术度量来评估设计质量，并提供若干指标，这些指标将会影响代码生成及测试所采用的方法。

项目度量的目的是双重的。首先，利用度量能够对开发进度进行必要的调整，以避免延迟，并减少潜在的问题和风险，从而使开发时间减到最短。其次，项目度量可用于在项目进行过程中评估产品质量，必要时可调整技术方法以提高质量。

随着质量的提高，缺陷会越来越少。随着缺陷数的减少，项目所需的修改工作量也会减少，从而降低项目的总体成本。

软件过程度量对于组织提高其过程成熟度的整体水平能够提供很大的帮助。不过，与其他所有度量一样，软件过程度量也可能被误用，产生的问题比它们所能解决的问题更多。Grady [Gra92] 提出了一组"软件度量规则"。管理者和开发者在制定过程度量大纲时，这些规则都适用：

- 解释度量数据时使用常识，并考虑组织的敏感性。
- 向收集测量和度量的个人及团队定期提供反馈。
- 不要使用度量去评价个人。
- 与开发者和团队一起设定清晰的目标，并确定为达到这些目标需要使用的度量。
- 切勿用度量去威胁个人或团队。
- 指出问题区域的度量数据不应该被"消极地"看待，这些数据仅仅是过程改进的指标。
- 不要在某一个别的度量上纠缠，而无暇顾及其他重要的度量。

随着一个组织更加得心应手地收集和使用过程度量，简单的指标获取方式会逐渐被更精确的称为统计软件过程改进（Statistical Software Process Improvement，SSPI）的方法所取代。

本质上，SSPI 使用软件失效分析方法来收集在应用软件、系统或产品的开发及使用过程中所遇到的所有错误及缺陷[⊖]信息。

⌈478⌉

SafeHome 建立度量方法

[场景] SafeHome 软件项目即将启动，在 Doug Miller 的办公室。

[人物] Doug Miller，SafeHome 软件工程团队经理；Vinod Raman 和 Jamie Lazar，产品软件工程团队成员。

[对话]

Doug：在项目工作开始之前，我想你们应该定义并收集一组简单的度量。首先，必须确定目标。

Vinod（皱着眉头）：以前，我们从来没有做过这些，并且……

Jamie（打断他的话）：基于时间线的管理已经讨论过了，我们根本没有时间。度量到底有什么好处？

Doug（举手示意停止发言）：大家且慢，停一下。正因为我们以前从来没有做过度量，所以现在更要开始做。并且我说的度量工作根本不会占用很多时间，事实上，它只会节省我们的时间。

Vinod：为什么？

Doug：你看，随着我们的产品更加智能化，变得支持情景感知、移动端等，我们将要做更多的内部软件工程工作。我们需要了解软件开发的过程，并改进过程，使我们能够更好地开发软件。要实现这一点，唯一的方法就是测量。

Jamie：但是我们的时间很紧迫，Doug。我不赞同太多琐碎的文字工作，我们需要时间来完成工作，而不是收集数据。

Doug：Jamie，工程师的工作包括收集数据、评估数据、使用评估结果来改进产品和过程。我错了吗？

Jamie：不，但是……

Doug：如果我们限定要收集的测量数不超过 5 个或 6 个，并集中关注质量方面，那会怎么样？

Vinod：没有人能够反对高质量……

Jamie：对，但是，我不知道，我仍然认为这是不必要的。

Doug：在这个问题上，请听我的！关于软件度量你们了解多少？

Jamie（看着 Vinod）：不多。

Doug：这是一些 Web 参考资料，花几个小时读完。

Jamie（微笑着）：我还认为你说的这件事不会花费任何时间。

Doug：花费在学习上的时间绝对不会浪费，去做吧！然后我们要建立一些目标，提几个问题，定义我们需要收集的度量。

23.7　软件测量

物理世界中的测量可以分为两种方法：直接测量（如螺栓的长度）和间接测量（如螺栓的"质量"，通过统计废品数量来测量）。软件度量也可以这样来划分。

软件过程的直接测量包括花费的成本和工作量。产品的直接测量包括产生的代码行（LOC）、运行速度、存储容量以及某段时间内报告的缺陷；产品的间接测量包括功能、质量、复杂性、效率、可靠性、可维护性，以及许多在第 15 章中谈到的其他"产品特性"。

⌈479⌉

⊖　在本书中，错误（error）是指软件工程工作产品中的瑕疵（flaw），这些瑕疵在交付给最终用户之前已经被发现。而缺陷（defect）是指交付给最终用户之后才发现的瑕疵。应该注意，其他人并没有进行这样的区分。

　　构造软件所需的成本和工作量、产生的代码行数以及其他直接测量都是相对容易收集的，只要事先建立特定的测量协议即可。但是，软件的质量和功能、效率或可维护性则很难获得，只能间接地测量。

　　我们已将软件度量范围分为过程度量、项目度量和产品度量。注意，产品度量对个人来讲是私有的，常常将它们合并起来生成项目度量，而项目度量对软件团队来说是公有的。再将项目度量联合起来可以得到整个软件组织公有的过程度量。但是，一个组织如何将来自不同个人或项目的度量结合起来呢？

　　为了说明这个问题，看一个简单的例子。两个不同项目团队中的人将他们在软件过程中发现的所有错误进行了记录和分类。然后，将这些个人的测量结合起来就产生了团队的测量。在软件发布前，团队 A 在软件过程中发现了 342 个错误，团队 B 发现了 184 个错误。所有其他情况都相同，那么在整个过程中哪个团队能更有效地发现错误呢？由于不了解项目的规模或复杂性，所以不能回答这个问题。不过，如果度量采用规范化的方法，就有可能产生在更大的组织范围内进行比较的软件度量。

　　面向规模的软件度量是通过对质量和生产率的测量进行规范化后得到的，而这些测量都是根据开发过的软件的规模得到的。如果软件组织一直在做简单记录，就会产生一个如图 23-4 所示的面向规模测量的表。该表列出了在过去几年中完成的每一个软件开发项目及其相关的测量数据。查看 alpha 项目的数据（图 23-4）：花费了 24 人月的工作量，成本为 168 000 美元，产生了 12 100 行代码。需要提醒大家的是，表中记录的工作量和成本涵盖了所有软件工程活动（分析、设计、编码及测试），而不仅仅是编码。有关 alpha 项目更进一步的信息包括：产生了 365 页文档，在软件发布之前发现了 134 个错误，在软件发布给客户之后运行的第一年中遇到了 29 个缺陷，有 3 个人参加了 alpha 项目的软件开发工作。

项目	代码行	工作量	成本（千美元）	文档页数	错误	缺陷	人员
alpha	12 100	24	168	365	134	29	3
beta	27 200	62	440	1224	321	86	5
gamma	20 200	43	314	1050	256	64	6
⋮	⋮	⋮	⋮	⋮	⋮		

图 23-4　面向规模的度量

480

　　为了得到能和其他项目同类度量进行比较的度量，你可以选择代码行作为规范化值。根据表中包含的基本数据，每个项目都能得到一组简单的面向规模的度量：

- 每千行代码（KLOC）的错误数
- 每千行代码（KLOC）的缺陷数
- 每千行代码（KLOC）的成本
- 每千行代码（KLOC）的文档页数

此外，还能计算出其他有意义的度量：

- 每人月错误数
- 每人月千行代码数
- 每页文档的成本

面向规模的度量是否是软件过程测量的最好方法，对此并没有普遍一致的观点。大多数争议都围绕着使用代码行（LOC）作为关键的测量是否合适。LOC 测量的支持者声称：LOC 是所有软件开发项目的"产物"，并且很容易进行计算；许多现有的软件估算模型都是使用 LOC 或 KLOC 作为关键的输入；而且已经有大量的文献和数据都涉及 LOC。另一方面，反对者则认为，LOC 测量依赖于程序设计语言；当考虑生产率时，这种测量对设计得很好但较短的程序会产生不利的评价；它们不适用于非过程语言；而且在估算时需要一些可能难以得到的信息（例如，计划人员必须在分析和设计远未完成之前，就要估算出将产生的 LOC）。

对于面向功能的度量，例如功能点（Function Point，FP）或用例点（在第 25 章中进行讨论），其支持和反对的争论也是类似的。面向功能的软件度量以功能（由应用程序提供）测量数据作为规范化值。功能点是根据软件信息域的特性及复杂性来计算的。

与 LOC 测量一样，功能点测量也是有争议的。支持者认为 FP 与程序设计语言无关，对于使用传统语言和非过程语言的应用系统来说，它都是比较理想的，而且它所依据的数据是在项目开发初期就可能得到的数据。因此，FP 是一种更有吸引力的估算方法。反对者则声称这种方法需要某种"熟练手法"，因为计算的依据是主观的而非客观的数据，信息域（及其他方面）的数据可能难以在事后收集。而且，FP 没有直接的物理意义，它仅仅是一个数字而已。

人们发现，基于功能点的度量和基于 LOC 的度量都是对软件开发工作量和成本的比较精确的预测。但是，为了使用 LOC 和 FP 进行估算（第 25 章），还必须建立一个历史信息基线。随着时间的推移，正是这些历史数据可以让你判断特定度量在将来项目中的价值。

面向规模的度量（例如 LOC）和面向功能的度量经常用来导出生产率度量，这总会引起关于这些数据使用的争论。一个小组的 LOC/ 人月（或功能点 / 人月）应该与另一个小组的类似数据进行比较吗？管理者应该使用这些度量来评价个人绩效吗？对这些问题都斩钉截铁地回答"不！"原因是生产率受很多因素的影响，难以比较，进行比较很容易产生误判。

在过程度量和项目度量中，主要应该关心生产率和质量——软件开发"输出量"（作为投入的工作量和时间的函数）的测量以及对生产的工作产品"适用性"的测量。

为了进行过程改进和项目计划，必须掌握历史情况。在以往的项目中，软件开发的生产率是多少？生产的软件质量如何？怎样利用以往的生产率数据和质量数据推断现在的生产率和质量？如何利用这些数据帮助我们改进过程，以及更精确地规划新的项目？

23.8 软件质量的度量

系统、应用或产品的质量取决于描述问题的需求、建模解决方案的设计、导出可执行程序的编码以及执行软件来发现错误的测试。软件是一个复杂的实体。随着工作产品的开发，错误也会产生。过程度量就是要改进软件过程，以便更有效地发现错误。

可以使用测量来获知需求与设计模型的质量、源代码的质量以及构建软件时所创建的测试用例的质量。为了做到这种实时的评价，必须应用产品度量来客观而不是主观地评估软件工程工作产品的质量。

随着项目的进展，项目经理也必须评估质量。将软件工程师个人收集的私有度量结合起来，可以提供项目级的结果。虽然可以收集到很多质量的测量数据，但在项目级上最主要的还是测量错误和缺陷。从这些测量中导出的度量能够提供一个指标，表明个人及小组在软件质量保证和控制活动上的效力。

度量，如每功能点的工作产品错误数、评审时每小时发现的错误数、测试时每小时发现的错误数，使我们能够深入了解度量所隐含的每项活动的功效。有关错误的数据也能用来计算每个过程框架活动的缺陷排除效率（Defect Removal Efficiency，DRE）。DRE 将在本节后续部分讨论。

尽管有很多关于软件质量的测量指标，但是正确性、可维护性、完整性和可用性为项目团队提供了有用的指标。Gilb[Gil88] 分别给出了它们的定义和测度。

正确性。正确性是软件完成所要求的功能的程度。缺陷（正确性缺失）是指在程序发布后经过了全面使用，由程序用户报告的问题。为了进行质量评估，缺陷是按标准时间段来计数的，典型的时间是一年。最常用的关于正确性的测量是每千行代码（KLOC）的缺陷数，这里的缺陷是指已被证实不符合需求的地方。

可维护性。可维护性是指遇到错误时程序能够被修改的容易程度，环境发生变化时程序能够适应的容易程度，以及用户希望变更需求时程序能够被增强的容易程度。还没有直接测量可维护性的方法，只能采用间接测量。有一种简单的面向时间的度量，称为平均变更时间（Mean-Time-To-Change，MTTC）。平均变更时间包括分析变更请求、设计合适的修改方案、实现变更并进行测试以及把该变更发布给全部用户所花费的时间。

完整性。这个属性测量的是一个系统对安全性攻击（包括偶然的和蓄意的）的抵抗能力。为了测量完整性，必须定义另外两个属性：危险性和安全性。危险性是指一个特定类型的攻击在给定的时间内发生的概率（能够估算或根据经验数据导出）。安全性是指一个特定类型的攻击被击退的概率（能够估算出来或根据经验数据得到）。系统的完整性可以定义为：

$$\text{可靠性} = \Sigma(1 - (\text{危险性} \times (1 - \text{安全性})))$$

例如，假设危险性（发生攻击的可能性）是 0.25，安全性（击退攻击的可能性）是 0.95，则系统的完整性是 0.99（很高）；另一方面，假设危险性是 0.5，击退攻击的可能性仅是 0.25，则系统的完整性只有 0.63（低得无法接受）。

可用性。可用性力图对"使用的容易程度"进行量化，可以根据第 12 章中给出的特性来测量。

在被建议作为软件质量测量的众多因素中，上述 4 个因素仅仅是一个样本。

缺陷排除效率（Defect Removal Efficiency，DRE）是在项目级和过程级都有意义的质量度量。质量保证及质量控制活动贯穿于所有过程框架活动中，DRE 本质上就是对质量保证及质量控制动作中滤除缺陷的能力的测量。

把项目作为一个整体来考虑时，可按如下方式定义 DRE：

$$\text{DRE} = \frac{E}{E + D}$$

其中，E 是软件交付给最终用户之前发现的错误数，D 是软件交付之后发现的缺陷数。

DRE 最理想的值是 1，即在软件中没有发现缺陷。实际上，D 的值大于 0，但 DRE 仍可能接近于 1。对于一个给定的 D 值，随着 E 的增加，DRE 的整体数值越来越接近于 1。实际上，随着 E 的增加，D 的最终值会降低（错误在变成缺陷之前已经被滤除了）。如果将 DRE 作为一个度量，提供关于质量控制及质量保证活动的滤除能力的衡量指标，那么 DRE 就能促使软件项目团队采用先进的技术，力求在软件交付之前发现尽可能多的错误。

在项目内部，也可以使用 DRE 来评估一个团队在错误传递到下一个框架活动或软件工程任务之前发现错误的能力。例如，需求分析创建了一个需求模型，而且对该模型进行了评审来发现和改正其中的错误。那些在评审过程中未被发现的错误传递给了设计（在设计中它们可能被发现，也可能没有被发现）。在这种情况下，我们将 DRE 重新定义为：

$$DRE_i = \frac{E_i}{E_i + E_{i+1}}$$

其中，E_i 是在软件工程活动 i 中发现的错误数；E_{i+1} 是指在软件工程活动 $i+1$ 中发现的而在软件工程活动 i 中没有被发现的错误的数量。

软件团队（或软件工程师个人）的质量目标是使 DRE_i 接近于 1，即错误应该在传递到下一个活动或动作之前被滤除。如果从分析阶段进入设计阶段时，DRE 的值较低，就需要花些时间去改进正式技术评审的方式了。

SafeHome | 基于度量的质量方法

[场景] Doug Miller 的办公室，在首次召开软件度量会议两天之后。

[人物] Doug Miller，SafeHome 软件工程团队经理；Vinod Raman 和 Jamie Lazar，产品软件工程团队成员。

[对话]

Doug： 关于过程度量和项目度量，你们都有所了解了吧。

Vinod 和 Jamie 都点头。

Doug： 无论采用何种度量，都要建立目标，这总是正确的。那么，你们的目标是什么？

Vinod： 我们的度量应该关注质量。实际上，我们的总体目标是使得上一个软件工程活动传递给下一个软件工程活动的错误数最少。

Doug： 并且确保随同产品发布的缺陷数尽可能接近于 0。

Vinod（点头）： 当然。

Jamie： 我喜欢将 DRE 作为一个度量。我认为我们可以将 DRE 用于整个项目的度量。同样，当从一个框架活动转到下一个框架活动时，也可以使用它。DRE 促使我们在每一步都去发现错误。

Vinod： 我觉得还要收集我们用在评审上的小时数。

Jamie： 还有我们花费在每个软件工程任务上的总工作量。

Doug： 可以计算出评审与开发的比率，这可能很有趣。

Jamie： 我还想跟踪一些用例方面的数据，如建立一个用例所需的工作量，构建软件来实现一个用例所需的工作量，以及……

Doug（微笑）： 我想我们要保持简单。

Vinod： 应该这样，不过你一旦深入到度量中，就可以看到很多有趣的事。

Doug： 我同意，但在我们会跑之前要先走，坚持我们的目标。收集的数据限制在 5 到 6 项，准备去做吧。

23.9 制定软件度量大纲

美国卡内基·梅隆大学软件工程研究所（SEI）已经开发了一套用于制定"目标驱动的"软件度量大纲的综合指导手册 [Par96b]。手册中给出了以下步骤：（1）明确你的业务目标；（2）厘清你要了解或学习的内容；（3）确定你的子目标；（4）确定与子目标相关的实体和属性；（5）确定你的测量目标；（6）识别可量化的问题和相关的指标，你将使用它们帮助你达到测量目标；（7）明确你要收集的为构成指标所包含的数据元素；（8）定义将要使用的测量，这些定义要具有可操作性；（9）清楚实现测量需要做的操作；（10）准备一份实施测量的计划。关于这些步骤的详细讨论最好参见 SEI 的手册。但是，通过以下示例说明一下关键问题。

因为软件支持业务功能，它分为基于计算机的系统或产品，或者本身就是产品，因此针对业务所定义的目标几乎总是可以向下追溯到软件工程层次上的特定目标。例如，考虑 SafeHome 产品。软件工程师和业务管理者协同工作，制定出一组按优先级排列的业务目标：

1. 提高客户对产品的满意度。

2. 使产品更易于使用。

3. 缩短将新产品推向市场的时间。

4. 使产品支持更容易。

5. 提高整体收益率。

软件组织审查每个业务目标并提出问题："我们管理、执行或支持什么活动？在这些活动中我们要改进什么？"为了回答这些问题，SEI 建议创建一个"实体－问题表"。在这个表中，列出所有在软件过程中受软件组织管理或影响的事物（实体）。实体的例子包括开发资源、工作产品、源代码、测试用例、变更请求、软件工程任务及进度安排。对列出的每个实体，软件人员都要提出一组评估其定量特征（例如，大小、成本、开发时间）的问题。创建实体－问题表引出了这些问题，从而又导出了一组子目标，这些子目标与已创建的实体和已完成的部分软件过程活动紧密相关。

考虑第 4 个目标：使产品支持更容易。由这个目标可以引出下列问题 [Par96b]：

● 客户的变更请求中包含及时评估变更并实现变更所需要的信息吗？

● 积压的变更请求有多少？

● 根据客户的需要，我们修正缺陷的响应时间能接受吗？

● 是否遵循了变更控制过程（第 22 章）？

485

● 是否及时实施了高优先级的变更？

根据这些问题，软件组织可以导出下面的子目标：提高变更管理过程的效能。然后，确定与该子目标相关的软件过程实体和属性，明确与这些实体和属性相关的测量目标。

SEI[Par96b] 对目标驱动测量方法中的步骤 6 ～ 10 给出了详细指导。本质上是将测量目标细化为问题，这些问题进一步细化为实体和属性，然后将这些实体和属性细化为度量。

在绝大多数软件开发组织中，软件人员都不到 20 人。期望这样的组织能制定出全面的软件度量大纲是不合理的，多数情况下也是不现实的。但是，建议各种规模的软件组织[○]都进行测量，然后使用从中导出的度量来帮助他们改进其软件过程，提高所开发产品的质量，缩短开发时间，这样的要求是合理的。

小型组织一开始先不要关注测量，而是要从结果入手。软件小组通过表决确定一个需要改进的目标，例如，"减少评估和实现变更请求的时间"。根据这个目标，小型组织可以选择下列易于收集的测量：

● 从提出请求到评估完成所用的时间（小时或天），t_{queue}。

● 进行评估所用的工作量（人时），W_{eval}。

● 从完成评估到把变更工单派发到员工所用的时间（小时或天），t_{eval}。

○ 对于已经采用了敏捷软件开发过程（第 3 章）的团队来说，这项讨论同样具有指导意义。

- 实现变更所需的工作量（人时），W_{change}。
- 实现变更所需的时间（小时或天），t_{change}。
- 在实现变更过程中发现的错误数，E_{change}。
- 将变更发布给客户后发现的缺陷数，D_{change}。

一旦从大量变更请求中收集到了这些测量数据，就能计算出从变更请求到变更实现所用的总时间，以及初始排队、评估、派发变更和实现变更所占用时间的百分比。类似地，还可以计算出评估和实现变更所需工作量的百分比。这些度量也可以根据质量数据 E_{change} 和 D_{change} 来评估。从这些百分比数据还可以清楚地看出变更请求过程在什么地方延迟了，从而进行过程改进，以减少 t_{queue}、W_{eval}、t_{eval}、W_{change} 和 E_{change}。此外，缺陷排除效率又可以用以下公式计算：

$$\text{DRE} = \frac{E_{\text{change}}}{E_{\text{change}} + D_{\text{change}}}$$

将 DRE 同变更所用的时间和总工作量进行比较，可以看出质量保证活动对变更所需时间和工作量的影响。

大多数软件开发者还没有进行测量，更可悲的是，他们中的大多数人根本没有开始测量的愿望。正如本章前面所提到的，这是文化的问题。试图收集过去从来没有人收集过的测量数据常常会遇到阻力。备受折磨的项目经理会问："为什么我们要做这些？"超负荷工作的开发者会抱怨"我看不出这样做有什么用。"测量软件工程过程及其生产出来的产品（软件）为什么这么重要？答案其实很明显。如果不进行测量，就无法确定你是否在改进。如果你没有在改进，就会导致失败。

23.10　小结

测量能使管理者和开发者改进软件过程，辅助进行软件项目的计划、跟踪及控制，评估所生成的产品（软件）的质量。对过程、项目及产品的特定属性的测量可用来计算软件度量。分析这些度量可以获得指导管理及技术行为的指标。

过程度量能使一个组织从战略角度深入了解软件过程的功效。项目度量是战术性的，能使项目管理者实时地改进项目的工作流程及技术方法。

测量会带来企业文化的改变。如果开始进行度量，那么数据收集、度量计算和度量分析是必须完成的三个步骤。通常，目标驱动方法有助于一个组织关注自身业务的正确度量。

面向规模的度量和面向功能的度量在业界都得到了广泛应用。面向规模的度量以代码行作为其他测量（如人月或缺陷）的规范化因子。很少有产品度量是直接针对软件测试和维护提出的。然而，许多其他产品度量可用于指导测试过程，且作为评估计算机程序可维护性的机制。

软件度量为产品内部属性的质量评估提供了一种定量方法，从而可以使软件工程师在产品开发出来之前进行质量评估。度量为创建有效的需求模型、设计模型、可靠的代码和严格的测试提供必要的理解。

软件质量度量（如生产率度量）关注的是过程、项目和产品。一个组织通过建立并分析质量度量基线，能够纠正那些引起软件缺陷的软件过程区域。

为在现实世界中有用，软件度量必须是简单的、可计算的、有说服力的、一致的和客观

486

的。它应该与程序设计语言无关，且能为软件工程师提供有效的反馈。

习题与思考题

23.1 软件系统 X 有 24 个功能需求和 14 个非功能需求。需求的确定性及完备性是什么？

23.2 某个主要的信息系统有 1140 个模块，其中 96 个模块完成控制和协调功能，490 个模块的功能依赖于前面的处理。该系统大约处理 220 个数据对象，每个对象平均有 3 个属性。存在 140 个唯一的数据库项和 90 个不同的数据库段。且 600 个模块有单一的入口和出口点。计算这个系统的 DSQI 值。

23.3 类 X 具有 12 个操作。在面向对象系统中，所有操作的环复杂度已计算出来，模块复杂度的平均值为 4。对于类 X，操作 1～12 的复杂度分别为 5、4、3、3、6、8、2、2、5、5、4、4。计算每个类的加权方法度量。

23.4 一个遗留系统有 940 个模块，最新版本中需要变更其中的 90 个模块，此外，加入 40 个新模块，移除 12 个旧模块。计算这个系统的软件成熟度指标。

23.5 为什么有些软件度量是"私有的"？给出 3 个私有度量的例子，并给出 3 个公有度量的例子。

23.6 产品交付之前，团队 A 在软件工程过程中发现了 342 个错误，团队 B 发现了 184 个错误。对于项目 A 和 B，还需要做什么额外的测量，才能确定哪个团队能够更有效地排除错误？你建议采用什么度量来帮助做出判定？哪些历史数据可能有用？

23.7 某 Web 工程团队已经开发了一个包含 145 个网页的电子商务 WebApp。在这些页面中，有 65 个是动态页面，即根据最终用户的输入而在内部生成的页面。那么，该应用的定制指数是多少？

23.8 一个 WebApp 及其支持环境没有被充分地加强来抵御攻击。Web 工程师估计击退攻击的概率只有 30%。系统不包含机密或有争议的信息，因此危险性概率只有 25%。那么，该 WebApp 的完整性是多少？

23.9 在项目结束时，已确定在建模阶段发现了 30 个错误，在构建阶段发现了 12 个可追溯到建模阶段未发现的错误。这两个阶段的 DRE 是多少？

23.10 软件团队将软件增量交付给最终用户。在第一个月的使用中，用户发现了 8 个缺陷。在交付之前，软件团队在正式技术评审和所有测试任务中发现了 242 个错误。那么在使用 1 个月之后，项目总的缺陷排除效率（DRE）是多少？

软件项目管理

在本书的这一部分，将学习计划、组织和监控软件项目所需要的管理技术。在下面的章节中，我们将讨论以下问题：

- 在软件项目进行期间，为什么要对人员、过程和问题进行管理？
- 如何使用软件度量来管理软件项目和软件过程？
- 软件团队如何可靠地估算软件项目的工作量、成本和工期？
- 采用什么技术来系统地评估影响项目成功的风险？
- 软件项目经理如何选择软件工程工作任务集？
- 如何编制项目进度计划？
- 为什么维护和支持对于软件工程管理人员和实践人员都如此重要？

回答了这些问题后，就为管理软件项目做好了较充分的准备，便可以在可用资源受限的情况下，按时交付高质量产品。

项目管理概念

要 点 概 览

概念： 虽然很多人在悲观的时候接受 Dilbert⊖ 的"管理"观点，但是在构建基于计算机的系统和产品时管理仍然是一项非常必要的活动。在软件从初始概念演化为全面运营部署的过程中，项目管理涉及对人员、过程和所发生事件的计划和监控和协调。

人员： 在软件项目中，每个人都或多或少做着"管理"工作。但是，管理活动的范围却各不相同。

重要性： 构建计算机软件是一项复杂的任务，尤其是当它涉及很多人员长期共同工作的时候。这就是为什么需要管理软件项目。

步骤： 理解 4P——人员（People）、产品（Product）、过程（Process）和项目（Project）。必须将人员组织起来以有效地完成软件工作。必须了解产品的范围和需求。必须选择适合于人员和产品的过程。必须估算完成工作任务的工作量和工作时间，从而制定项目计划。即使对于敏捷项目管理也是如此。

工作产品： 项目计划随着项目活动的开始而创建和发展。该计划是一份实时文档，它定义将要进行的过程和任务，安排工作人员，确定评估风险、控制变更和评价质量的机制。

质量保证措施： 在按时并在预算内交付高质量的产品之前，你不可能完全肯定项目计划是正确的。不过，作为项目经理，鼓励软件人员协同工作以形成一支高效的团队，并将他们的注意力集中到客户需求和产品质量上，这肯定是正确的。

Meiler Page-Jones [Pag85] 在其关于软件项目管理论著的序言中对进展得不顺利的软件项目作出了以下评价："我常常恐惧地看到，管理者们徒劳地与恶梦般的项目斗争着，在根本不可能完成的最后期限的压力下苦苦挣扎，或者是在交付了用户极为不满意的系统之后，又继续花费大量的时间去维护它。"

Page-Jones 所描述的正是源于一系列管理和技术问题的症状。不过，如果在事后再剖析一下每个项目，很有可能发现一个共同的问题：项目管理太弱或不存在项目管理。

在本章以及第 25～28 章中，将给出进行有效的软件项目管理的关键概念。本章考虑软件项目管理的基本概念和原则。第 25 章讨论用于估算成本和创建实际（但灵活的）进度表的技术。第 26 章介绍进行有效的风险监测、风险缓解和风险管理的管理活动。第 27 章考虑产品支持问题，并

关键概念

敏捷团队
协调和沟通
关键实践
人员
问题分解
产品
项目
软件范围
软件团队
利益相关者
团队负责人
W⁵HH 原则

490

⊖ 尝试在 Dilbert 网站（http://dilbert.com/）上搜索术语管理。

讨论处理部署系统的维护时将遇到的管理问题。最后，第 28 章讨论了研究和改进团队的软件工程过程的技术。

24.1　管理涉及的范围

有效的软件项目管理集中于 4P，即人员、产品、过程和项目，它们的顺序不是任意的。任何管理者如果忘记了软件工程工作是人的智力密集的劳动，他就永远不可能在项目管理上取得成功；任何管理者如果在项目开发早期没有鼓励利益相关者之间的广泛交流，他就冒着为错误的问题构建了"良好的"解决方案的风险；对过程不在意的管理者可能冒着把有效的技术方法和工具插入真空中的风险；没有建立可靠的项目计划就开始工作的管理者将危及产品的成功。在发生变化时不准备修改计划的管理者注定失败。

24.1.1　人员

从 20 世纪 60 年代起人们就一直在讨论要培养有创造力、高技术水平的软件人员。实际上，"人的因素"的确非常重要，美国卡内基·梅隆大学的软件工程研究所（SEI）认识到这一事实——"每个组织都需要不断地提高他们的能力来吸引、发展、激励、组织和留住那些为实现其战略业务目标所需的劳动力"[Cur09]，并开发了一个人员能力成熟度模型（People-CMM）。

人员能力成熟度模型中针对软件人员定义了以下关键实践域：人员配备、沟通与协调、工作环境、业绩管理、培训、报酬、能力素质分析与开发、个人事业发展、工作组发展以及团队精神或企业文化培养等。People-CMM 成熟度达到较高水平的组织，更有可能实现有效的软件项目管理实践。

24.1.2　产品

在制定项目计划之前，应该首先确定产品的目标和范围，考虑可选的解决方案，识别技术和管理上的限制。如果没有这些信息，就不可能进行合理的（精确的）成本估算，也不可能进行有效的风险评估和适当的项目任务划分，更不可能制定可管理的项目进度计划来给出意义明确的项目进展标志。

作为软件开发者，必须与其他利益相关者一同定义产品的目标和范围。在很多情况下，这项活动是作为系统工程或业务过程工程的一部分开始的，并一直持续到作为软件需求工程的第一步（第 7 章）。确定产品的目标只是识别出产品的总体目标（从利益相关者的角度），而不用考虑如何实现这些目标。这些通常采取用户故事或正式用例的形式。而确定产品的范围，是要标识出产品的主要数据、功能和行为特性，而且更为重要的是，应以量化的方式界定这些特性。

了解产品的目标和范围之后，就要开始考虑备选的解决方案。虽然这一步并不讨论细节，但可以使管理者和参与开发的人员根据给定的约束条件选择"最好"的方案，约束条件包括产品交付期限、预算限制、可用人员、技术接口以及其他各种因素。

24.1.3　过程

软件过程（第 2 ~ 4 章）提供了一个框架，在该框架下可以制定软件开发的综合计划。一小部分框架活动适用于所有软件项目，不用考虑其规模和复杂性。即使是敏捷开发人员，也要遵循变化友好型过程（第 3 章），对软件工程工作施加一些约束。多种任务集合（每一种集合都由任务、里程碑、工作产品以及质量保证点组成）使得框架活动适合于不同软件项目的特性和项目团队的需求。最后是普适性活动——如软件质量保证、软件配置管理、测量，这些活动覆盖了过程模型。普适性活动独立于任何一个框架活动，且贯穿于整个过程之中。

24.1.4 项目

我们实施有计划的、可控制的软件项目的主要理由是：这是我们知道的管理复杂事物的唯一方法。然而，软件团队仍需要努力。在对 1998 ~ 2004 年的 250 个大型软件项目的一份研究中，Capers Jones[Jon04] 发现，"大约有 25 个项目被认为是成功的，达到了他们的计划、成本和质量目标；大约有 50 个项目延迟或超期在 35% 以下；而大约有 175 个项目经历了严重的延迟和超期，或者没有完成就中途夭折了。"虽然现在软件项目的成功率可能已经有所提高，但项目的失败率仍然大大高于它的应有值⊖。

为了避免项目失败，软件项目经理和开发产品的软件工程师必须避免一些常见的警告信号，了解实施成功的项目管理的关键因素，还要确定计划和监控项目的一目了然的方法 [Gha14]。这些问题将在 24.5 节及后续的章节中讨论。

492

24.2 人员

人们开发计算机软件，并取得项目的成功，是由于他们受过良好的训练并得到了激励。我们所有人，从高级工程副总裁到基层开发人员，常常认为人员是不成问题的。虽然管理者常常表态说人员是最重要的，但有时他们言行并不一致。本节将分析参与软件过程的利益相关者，并研究组织人员的方式，以实现有效的软件工程。

24.2.1 利益相关者

参与软件过程（及每一个软件项目）的利益相关者可以分为以下 5 类：
- 高级管理者（产品负责人）负责定义业务问题，这些问题往往对项目产生很大影响。
- 项目（技术）管理者（Scrum 主管或团队负责人）必须计划、激励、组织和控制软件开发人员。
- 人员拥有开发产品或应用软件所需的技能。
- 客户阐明待开发软件的需求，包括关心项目成败的其他利益相关者。
- 最终用户是软件发布成为产品后直接与软件进行交互的人。

每个软件项目都有上述人员的参与⊖。为了获得高效率，项目团队必须以能够最大限度地发挥每个人的技术和能力的方式进行组织，这是团队负责人的任务。

24.2.2 团队负责人

项目管理是人员密集型活动，因此，胜任开发的人却常常有可能是拙劣的团队负责人。他们完全不具备管理人员的技能。正如 Edgemon 所说："很不幸但却经常是这样，人们似乎

⊖ 看到这些统计数据，人们很自然会问计算机的影响力又为何持续呈指数增长。我们认为，部分原因是：相当数量的"失败"项目在刚开始时就是构想拙劣的，客户很快就失去了兴趣（因为他们所需要的并不像他们当初认为的那样重要），进而取消了这些项目。

⊖ 开发 WebApp、移动 App 或游戏时，其他非技术人员可能会参与内容创作。

碰巧落在项目经理的位置上，也就意外地成为项目经理"[Edg95]。共享领导通常可以帮助团队更好地执行任务，但是团队负责人通常会独揽决策权，无法为团队成员提供完成任务所需的自主权 [Hoe16]。

James Kouzes 多年来一直在撰写关于不同技术领域的高效领导能力的文章。他列举了从模范技术领导者身上发现的五种做法 [Kou14]：

以身作则。 领导者必须按他们所说的那样去做。他们通过共同牺牲来展现自己为团队和项目所做的贡献（例如，成为每晚最后一个回家的人或花时间成为软件应用方面的专家）。

共启愿景。 领导者意识到他们无法在没有追随者的情况下领导。激励团队成员将他们的个人抱负和团队目标联系起来是十分重要的。这意味着在设定目标过程中尽早让利益相关者参与。

挑战现状。 领导者必须主动寻找创新方法，来改进自身的工作和团队的工作。通过帮助团队成员从失败中吸取教训的同时经常创造一些小成功，来鼓励他们去尝试和冒险。

使他人行。 通过建立信任和促进关系来培养团队的协作能力。通过分享决策和目标设定来提高团队的胜任感。

鼓舞人心。 庆祝个人的成就。通过庆祝团队内外的共同目标和胜利来建立团体（团队）精神。

另一种看待成功的项目领导者的方式可能是建议他们采用解决问题型的管理风格。软件项目经理应该专注于理解待解决的问题，协调利益相关者的想法，让团队里的每一个人都知道（通过语言，更重要的是通过行动），质量始于他们每个人，他们的投入和贡献是宝贵的。

24.2.3　软件团队

几乎可以说有多少开发软件的组织，就有多少种软件开发人员的组织结构。不管怎么说，组织结构不能轻易改变。至于组织改变所产生的实际的和行政上的影响，并不在软件项目经理的责任范围内。但是，对新的软件项目中所直接涉及的人员进行组织，则是项目经理的职责。

"最好的"团队结构取决于组织的管理风格、团队里的人员数目与技能水平，以及问题的总体难易程度。Mantei[Man81] 提出了规划软件工程团队结构时应该考虑的 7 个项目因素：（1）待解决问题的难度；（2）开发程序的规模，以代码行或者功能点来度量；（3）团队成员需要共同工作的时间（团队生存期）；（4）能够对问题做模块化划分的程度；（5）待开发系统的质量要求和可靠性要求；（6）交付日期的严格程度；（7）项目所需的友好交流的程度。

无论团队如何组织，每个项目经理的目标都是帮助建立一支有凝聚力的团队。DeMarco 和 Lister[DeM98] 在其论著 *Peopleware* 中寻找有"凝聚力"的团队：他们这样写道：

一个有凝聚力的团队是一组团结紧密的人，他们的整体力量大于个体力量的总和……

一旦团队开始具有凝聚力，成功的可能性就大大提高。这个团队可以变得不可阻挡，成为成功的象征……他们不需要按照传统的方式进行管理，也不需要去激励。他们已经有了动力。

DeMarco 和 Lister 认为，同一般的团队相比，有凝聚力的团队成员具有更高的生产率和更大的动力。他们拥有统一的目标和共同的文化，而且在很多情况下，"精英意识"使得他们独一无二。

但是，并非所有的团队都具有凝聚力。事实上，很多团队都受害于 Jackman[Jac98] 称之

493

494

为"团队毒性"的东西。她定义了5个"培育潜在含毒团队环境"的因素：（1）狂乱的工作氛围；（2）引起团队成员间产生摩擦的重大挫折；（3）"碎片式的或协调很差"的软件过程；（4）在软件团队中没有清晰的角色定义；（5）"接连不断地重蹈覆辙"。

为了避免狂乱的工作环境，项目经理应该确保团队可以获取完成工作所需的所有信息；而且，主要目标一旦确定下来，除非绝对必要，否则不应该修改。给予软件团队尽可能多的决策权，这样能使团队避免挫败。通过理解将要开发的产品和完成工作的人员，以及允许团队选择过程模型，可以避免选择不适当的软件过程（如不必要的或繁重的工作任务，或没有很好地选择工作产品）。团队本身应该建立自己的责任机制（技术评审[⊖]是实现此目标的极好方式），并规定一系列当团队成员未能完成任务时的纠正方法。最后，避免失败的关键是建立基于团队的信息反馈方法和解决问题的技术。

很多软件组织倡导将敏捷软件开发（第3章）作为解决软件项目工作中诸多困扰的一剂良方。回顾一下，敏捷方法学倡导的是：通过尽早地逐步交付软件来使客户满意；组织小型的充满活力的项目团队；采用非正式的方法；交付最小的软件工程工作产品；以及总体开发简易性。

小型的充满活力的项目团队，也称为敏捷团队，这种团队采纳了很多成功的软件项目团队的特性（在上一节内容中谈到的），避免了很多产生问题的毒素 [Hoe16]。同时，敏捷方法学强调团队成员的个人能力与团队协作精神相结合，这是团队成功的关键因素。对此，Cockburn 和 Highsmith [Coc01a] 这样写道：

如果项目成员足够优秀，那么他们几乎可以采用任何一种过程来完成任务。如果项目成员不够优秀，那么没有任何一种过程可以弥补这个不足。"人员胜过过程"阐明的正是这样的含义。然而，如果缺乏用户和主管人员的支持，也可以毁掉一个项目，即"政策胜过人员"。缺乏支持可以阻止最好的人员完成任务。

在软件项目中，为了充分发挥每个团队成员的能力，并培养有效的合作，敏捷团队是自组织的。

很多敏捷过程模型（如 Scrum）赋予了敏捷团队很大的自主权，可以制定完成项目所需的项目管理和技术决策。将计划制定工作压缩到最低程度，并且允许团队自己选择适用的手段（例如，过程、方法和工具），只受业务需求和组织标准的限制。在项目进展过程中，自组织团队关注的是在特定的时间点使项目获益最大的个人能力。

为了做到这一点，敏捷团队召开日常团队例会，对当天必须完成的工作进行协调和同步控制。基于在团队例会中获取的信息，团队能使他们所采用的手段不断适应持续增加的工作。当每一天过去的时候，连续的自组织和协作使团队朝着软件逐步接近的完工的目标前进。

24.2.4 协调和沟通问题

使软件项目陷入困境的原因很多。许多开发项目规模很大，导致复杂性高、混乱、难以协调团队成员间的关系。不确定性是经常存在的，它会引起困扰项目团队的一连串的变更。互操作性已经成为许多系统的关键特性。新的软件必须与已有的软件通信，并遵从系统或产品所施加的预定义约束。

⊖ 技术评审在第16章详细讨论。

现代软件的这些特征（规模、不确定性和互操作性）确实都存在。为了有效地处理这些问题，必须建立切实可行的方法来协调工作人员之间的关系。为了做到这一点，需要建立团队成员之间以及多个团队之间的正式的和非正式的交流机制。正式的交流机制是通过"文字、各级会议及其他相对而言非交互的和非个人的交流渠道"[Kra95] 来实现的。非正式的交流机制则更加个人化。软件团队的成员在遇到特别情况时交流意见，出现问题时请求帮助，而且在日常工作中彼此之间互相影响。

SafeHome　团队结构

[场景] SafeHome 软件项目启动之前，Doug Miller 的办公室。

[人物] Doug Miller，SafeHome 软件工程团队经理；Vinod Raman，Jamie Lazar 及其他产品软件工程团队成员。

[对话]

Doug：你们看过市场销售部准备的有关 SafeHome 的基本信息了吗？

Vinod（一边看着同事，一边点头）：是的，但我们有很多问题。

Doug：过一会儿再讨论这些问题。我们先来讨论一下应该如何组织一个团队，哪些人应该负责……

Jamie：Doug，我对敏捷方法非常感兴趣，我想我们应该是一个自组织的团队。

Vinod：我同意。给定一个我们都能胜任的严格的期限和某些不确定性（笑），看起来是一种正确的方式。

Doug：我赞同，但是你们知道如何操作吗？

Jamie（边笑边说，好像在背诵什么）：我们做出战术决定，确定由谁做、做什么、什么时间做。但按时交付产品是我们的责任。

Vinod：还有质量。

Doug：很正确，但是记住还有约束。市场部决定要生产的软件的增量，当然这要征求我们的意见。

Jamie：还有？

Doug：还有，要使用 UML 作为我们的建模方法。

Vinod：但要保持无关的文档减到最少。

Doug：那谁和我联络？

Jamie：我们确定 Vinod 作为技术负责人，因为他的经验最丰富。因此，Vinod 是你的联络人，但你应该自由地与每个人交流。

Doug（大笑）：别担心，我会的。

496

24.3　产品

从软件项目一开始，软件项目经理就面临着进退两难的局面。需要定量地估算成本和有组织地计划项目的进展，但却没有可靠的信息可以使用。虽然对软件需求的详细分析可以提供估算所需的信息，但需求分析常常需要数周甚至数月的时间才能完成。更糟糕的是，需求可能是不固定的，随着项目的进展经常会发生变化。然而，计划总是"眼前"就需要的！

不管喜欢与否，从项目一开始，就要研究应该开发哪些产品以及要解决哪些问题。至少，我们要建立和界定产品的范围。

24.3.1　软件范围

软件项目管理的第一项活动是确定软件范围。软件范围是通过回答下列问题来定义的：

项目环境：要开发的软件如何适应于大型的系统、产品或业务环境，该环境下要施加什么约束？

信息目标：软件要产生哪些客户可见的数据对象作为输出？需要什么数据对象作为输入？

功能和性能：软件要执行什么功能才能将输入数据变换成输出数据？软件需要满足什么特殊的性能要求？

软件项目范围在管理层和技术层都必须是无歧义的和可理解的。对软件范围的描述必须是界定的。也就是说，要明确给出定量的数据（例如，并发用户数、邮件列表的长度、允许的最大响应时间）；说明约束和限制（例如，产品的成本要求会限制内存的大小），并描述其他的调节因素（例如，期望的算法能被很好地理解，并采用 Java 实现）。即使在最不稳定的情况下，也需要考虑原型的数量并设定第一个原型的范围。

24.3.2 问题分解

问题分解，有时称为问题划分或问题细化，它是软件需求分析（第 7、8 章）的核心活动。在确定软件范围的活动中，并不试图去完全分解问题，只是分解其中的两个主要方面：（1）必须交付的功能和内容（信息）；（2）所使用的过程。它可以通过用功能列表，或用例，或敏捷工作中的用户故事来实现。

在面对复杂的问题时，人们常常采用分而治之的策略。简单地说，就是将一个复杂的问题划分成若干更易处理的小问题。这是项目计划开始时所采用的策略。在开始估算（第 25 章）前，必须对软件范围中所描述的软件功能进行评估和细化，以提供更多的细节。因为成本和进度估算都是面向功能的，所以对功能进行某种程度的分解是很有益的。同样，为了对软件生成的信息提供合理的解释，要将主要的内容对象或数据对象分解为各自的组成部分。

24.4 过程

刻画软件过程的框架活动（第 1 章）适用于所有软件项目。问题是项目团队要选择一个适合于待开发软件的过程模型。对于很多项目团队来说，第 4 章推荐的过程模型可能是一个好的起点。

团队必须决定哪种过程模型最适合于：（1）需要该产品的客户和从事开发工作的人员；（2）产品本身的特性；（3）软件团队所处的项目工作环境。选定过程模型后，项目团队可以基于这组过程框架活动来制定一个初步的项目计划。一旦确定了初步计划，过程分解就开始了。也就是说，必须制定一个完整的计划，来反映框架活动中所需完成的工作任务。在下面的几小节中，我们将对这些活动进行简单的研究，更详细的信息将在第 25 章中给出。

24.4.1 合并产品和过程

项目计划开始于产品和过程的合并。团队要完成的每一项功能都必须通过针对软件组织而定义的一系列框架活动来完成。过程框架为项目计划建立骨架。通过分配适用于项目的任务集来对过程框架进行调整。假定软件组织采用了在第 1 章中讨论的通用框架活动——沟通、策划、建模、构建和部署。

团队成员完成任何一项功能时，都要应用各个框架活动。实质上，这产生了一个类似于图 24-1 所示的矩阵。产品的每个主要功能（图中列出了在第 2 章讨论的健身应用软件的各项功能）或用户故事显示在第一列，框架活动显示在第一行。软件工程工作任务（针对每个框架活动）列在后续的行中[Θ]。项目经理（及其他团队成员）的工作是估算每个矩阵单元的资源需求，与每个单元相关的任务的起止日期，以及每项任务所产生的工作产品。这些活动将在第25章中考虑。

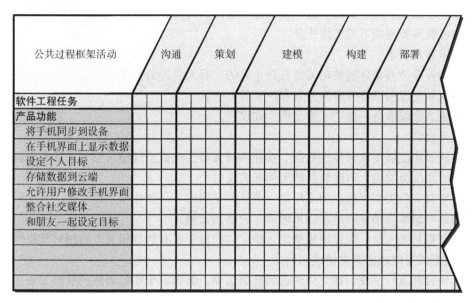

公共过程框架活动	沟通	策划	建模	构建	部署
软件工程任务					
产品功能					
将手机同步到设备					
在手机界面上显示数据					
设定个人目标					
存储数据到云端					
允许用户修改手机界面					
整合社交媒体					
和朋友一起设定目标					

图 24-1 合并问题和过程

24.4.2 过程分解

软件团队在选择最适合项目的软件过程模型时，应该具有很大的灵活性。一旦选定了过程模型，项目团队可以根据需要灵活地确定过程模型中应包含的软件工程任务。较小的项目如果与以前开发过的项目相似，则可以采用单一的冲刺方法。如果时间要求太紧，不可能完成所有功能，这时增量策略可能是最好的。同样，如果项目具有其他特性（如需求的不确定性、突破性的新技术、难以相处的客户、重要构件复用的潜力等），可能就要选择其他过程模型[Θ]。

一旦选定了过程模型，就要根据所选的过程模型对过程框架做适应性修改。但在所有情况下，前面讨论过的通用框架活动都可以使用。它既适用于线性模型，也适用于迭代和增量模型、演化模型，甚至是并发模型或构件组装模型。过程框架是不变的，是软件组织进行所有工作的基础。

但实际的工作任务是不同的。当项目经理问"我们如何完成这个框架活动"时，就意味着过程分解开始了。例如，一个小型的比较简单的项目在沟通活动中可能需要完成下列工作任务：

1. 列出需澄清的问题清单。
2. 与利益相关者会面商讨需澄清的问题。
3. 通过列举用户故事共同给出范围陈述。

Θ 应当指出，根据很多适应性标准，工作任务必须适合于项目的特定需要。

Θ 回想一下，项目特性和软件团队的结构也密切相关（24.2.3 节）。

498
~
499

    4. 和所有相关人员一起评审范围陈述，确定每个用户故事对利益相关者的重要性。

    5. 根据需要修改范围陈述。

    这些事件可能在不到 48 小时的时间内发生。这是一种过程分解方式，这种方式适用于小型的比较简单的项目。

    现在，考虑一个更复杂的项目，它的范围更广，具有更重要的商业影响。这样一个项目在**沟通**中可能需要完成下列工作任务：

    1. 评审客户需求。

    2. 计划并安排与全体利益相关者召开正式的、有人主持的会议。

    3. 研究如何说明推荐的解决方案和现有的方法。

    4. 为正式会议准备一份"工作文档"和议程。

    5. 召开会议。

    6. 共同制定能够反映软件的数据、功能和行为特性的微型规格说明。这通常是通过从用户的角度出发建立描述软件的用例来实现的。

    7. 评审每一份微型规格说明或用例，确认其正确性、一致性和无歧义性。

    8. 将这些微型规格说明组装起来形成一份范围文档。

    9. 和所有相关人员一起评审用例集，确定它们对于所有利益相关者的相对重要性。

    10. 根据需要修改范围文档或用例。

    两个项目都执行了我们称之为**沟通**的框架活动，但第一个项目团队的软件工程工作任务只是第二个项目团队的一半。

24.5 项目

    为了成功地管理软件项目，我们必须了解可能会出现什么毛病，以便能避免这些问题。在一篇关于软件项目的优秀论文中，John Reel[REE99] 定义了若干预示信息系统项目正处于危险状态的信号。有些时候，软件人员不理解客户的需要，这导致产品范围定义得很糟糕。在一些项目中，变更没有得到很好的管理。有时，所选的技术发生了变化，或者业务需求改变了，或者失去了赞助。管理者可能设定了不切实际的最后期限，或者最终用户抵制这个新系统。有些情况下，项目团队不具有所需的技能。最后还可能是，有些开发人员似乎从来没有从自己的错误中学习。

    在讨论特别困难的软件项目时，疲惫不堪的从业人员常常提及"90-90 规则"：系统前面 90% 的任务会花费所分配总工作量和时间的 90%，系统最后 10% 的任务也会花费所分配总工作量和时间的 90%[Zah94]。导致该 90-90 规则的根源就在上一段列出的"信号"中。

    这太消极了！成功的软件项目有什么特征？ Ghazi [Gha14] 和她的同事指出了成功的软件项目中存在的几个特征，这些特征也存在于大多数精心设计的过程模型中。

500

    1. 所有利益相关者都接受明确且易于理解的需求。

    2. 用户在整个开发过程中积极不断地参与。

    3. 项目经理具备需要的领导能力，且能和团队分享项目愿景。

    4. 在利益相关者的参与下制定项目计划和进度表，以达到用户目标。

    5. 团队成员具备所需技能且敬业。

    6. 开发团队的成员具有相容的个性，喜欢在协作环境下工作。

    7. 监控并维护所估算的切实可行的计划和预算。

8. 理解并满足客户需求。

9. 团队成员的工作满意度高。

10. 工作产品能反映期望的范围和质量。

24.6　W^5HH 原则

Barry Boehm[Boe96] 在其关于软件过程和项目的优秀论文中指出："你需要一个组织原则，对它进行缩减来为简单的项目提供简单的（项目）计划。"Boehm 给出了一种方法，该方法描述项目的目标、里程碑、进度、责任、管理和技术方法以及需要的资源。他称之为 W^5HH 原则。这种方法通过提出一系列问题，来导出对关键项目特性以及项目计划的定义：

为什么（Why）要开发这个系统？ 所有利益相关者都应该了解软件工作的商业理由是否有效。该系统的商业目的值得花费这些人力、时间和金钱吗？

将要做什么（What）？ 定义项目所需的任务集。

什么时候（When）做？ 团队制定项目进度，标识出何时开展项目任务以及何时到达里程碑。

某功能由谁（Who）负责？ 规定软件团队每个成员的角色和责任。

他们的机构组织位于何处（Where）？ 并非所有角色和责任均属于软件团队，客户、用户和其他利益相关者也有责任。

如何（How）完成技术工作和管理工作？ 一旦确定了产品范围，就必须定义项目的管理策略和技术策略。

每种资源需要多少（How much）？ 对这个问题，需要在对前面问题回答的基础上通过估算（第 25 章）而得到。

Boehm 的 W^5HH 原则可适用于任何规模和复杂度的软件项目。给出的问题为你和你的团队提供了很好的计划大纲。

501

24.7　关键实践

Airlie Council⊖ 提出了一组"基于性能管理的关键软件实践"。这些实践一直"被高度成功的软件项目和组织（它们的'底线'性能大大优于产业界的平均水平）普遍采用，并被认为的确是关键的"[Air99]。这些实践仍然适用于现代对所有软件项目的绩效管理 [All14]。

关键实践⊖包括：基于度量的项目管理（第 23 章），成本及进度的经验估算（第 25 章），获得价值跟踪（第 25 章），根据质量目标跟踪缺陷（第 19 ～ 21 章），以人为本的管理（第 24 章）。每一项关键实践都贯穿于本书的第四部分。

24.8　小结

软件项目管理是软件工程的普适性活动。它先于任何技术活动之前开始，且持续贯穿于整个计算机软件的建模、构建和部署之中。

4P——人员、产品、过程和项目，对软件项目管理具有重大的影响。必须将人员组织成

⊖　Airlie Council 由美国国防部特许的软件工程专家小组组成，帮助制定有关软件项目管理和软件工程的最佳实践的指导方针。

⊖　这里只记录了和"项目完整性"有关的关键实践。

有效率的团队，激励他们完成高质量的软件工作，并协调他们实现有效的沟通。产品需求必须在客户与开发者之间进行交流，划分（分解）成各个组成部分，并分配给软件团队。过程必须适合于人员和问题。选择通用过程框架，采用合适的软件工程范型，并挑选工作任务集合来完成项目的开发。最后，必须采用确保软件团队能够成功的方式来组织项目。

在所有软件项目中，最关键的因素是人员。可以按照多种不同的团队结构来组织软件工程师，从传统的控制层次到"开放式范型"团队。可以使用多种协调和沟通技术来支持团队的工作。一般而言，技术评审和非正式的人与人交流对开发者最有价值。

项目管理活动包括测量与度量、估算与进度安排、风险分析、跟踪和控制。这些主题将在以后几章中进一步探讨。

502

习题与思考题

24.1   基于本章给出的信息和自己的经验，列举出能够增强软件工程师能力的"10条戒律"。即列出10条指导原则，使得软件人员能够在工作中发挥其全部潜力。

24.2   SEI的人员能力成熟度模型（People-CMM）定义了培养优秀软件人员的"关键实践域"（KPA）。你的老师将为你指派一个关键实践域，请你对它进行分析和总结。

24.3   描述3种现实生活中的实际情况，其中客户和最终用户是相同的人。也描述3种他们是不同人的情况。

24.4   高级管理者所做的决策会对软件工程团队的效率产生重大影响。请列举5个实例来说明这一点。

24.5   在一个信息系统组织中，你被指派为项目经理。你的工作是开发一个应用程序，该程序类似于你的团队已经做过的项目，只是规模更大而且更复杂。需求已经由用户写成文档。你会选择哪种团队结构？为什么？你会选择哪（些）种软件过程模型？为什么？

24.6   你被指派为一个小型软件产品公司的项目经理。你的工作是开发一个有突破性的产品，该产品结合了虚拟现实的硬件和高超的软件。家庭娱乐市场的竞争非常激烈，因而完成这项工作的压力很大。你会选择哪种团队结构？为什么？你会选择哪些软件过程模型？为什么？

24.7   你被指派为一个大型软件产品公司的项目经理。你的工作是管理该公司已被广泛使用的移动健身软件的新版本的开发。由于竞争激烈，因此已经规定了紧迫的最后期限，并对外公布。你会选择哪种团队结构？为什么？你会选择哪些软件过程模型？为什么？

24.8   在一个为遗传工程领域服务的公司中，你被指派为软件项目经理。你的工作是管理一个软件新产品的开发，该产品能够加速基因分类的速度。这项工作是面向研究及开发的，但其目标是在下一年度内生产出产品。你会选择哪种团队结构？为什么？你会选择哪些软件过程模型？为什么？

24.9   要求开发一个小型应用软件，它的作用是分析一所大学开设的每一门课程，并输出课程的平均成绩（针对某个学期）。写出该问题的范围陈述。

503
24.10   你认为对于一个软件项目的人员管理来说，什么是最重要的？

制定可行的软件计划

要 点 概 览

概念：软件项目计划包括5项主要活动——估算、进度安排、风险分析、质量管理计划和变更管理计划。

人员：软件项目经理和软件小组的其他成员。

重要性：你需要评估要完成多少任务以及完成工作的时间线。许多软件工程的任务是并行的，并且一个任务中的工作结果可能会对另一个任务的工作产生深远的影响。如果不建立进度安排表，这些相互依赖的关系会很难理解。

步骤：软件工程活动和任务被抽象为根据项目范围来调整产品功能和限制。问题被分解、估算、评估风险，然后产生项目计划。

工作产品：一个灵活的计划包括生成一个简单的表，描述要完成的任务和要实现的功能，以及完成每一项所需的成本、工作量和时间。项目的进度安排也基于这些信息建立。

质量保证措施：这很困难。因为一直要等到项目完成时，你才能真正知道。不过，如果你使用系统化的计划方法，那么你就可以确信你已经为项目做了最好的估算。

软件项目管理从一组统称为项目计划的活动开始。在项目启动之前，软件团队应该估算将要做的工作、所需的资源，从开始到完成所需要的时间。这些活动一旦完成，软件团队就应该制定项目进度计划。在项目进度计划中，要定义软件工程任务及里程碑，指定每一项任务的负责人，详细说明对项目进展有较大影响的任务间的相互依赖关系。

曾经有一位热情的青年工程师受命为一个自动制造业应用项目开发代码。选择他的原因非常简单，因为在整个技术小组中他是唯一对汇编语言的 IN 和 OUT 指令有所了解的人，但是却根本不懂软件工程，更不用说项目进度安排和跟踪了。

他的老板告知年轻人该项目必须在两个月之内完成。他想好了解决方法，就开始编写代码。两周之后，老板将他叫到办公室询问项目进展情况。

"非常顺利，"工程师以年轻人的热情回答道，"这个项目远比我想象的简单，我差不多已经完成了 75% 的任务。"

老板笑了，然后鼓励这个青年工程师继续努力工作，准备好一周后再汇报工作进度。

一周之后老板将年轻人叫到办公室，问道："现在进度如何？"

"一切顺利，"年轻人回答说，"但是我遇到了一些小麻烦。我会排除

504

这些困难，很快就可以回到正轨上来。"

"你觉得在最后期限之前能完成吗？"老板问道。

"没问题，"工程师答道，"我差不多已经完成 90% 了。"

如果你在软件领域中工作过几年，你一定可以将这个故事写完。毫不奇怪，青年工程师[一]在整个项目工期内始终停留在 90% 的进度上，实际上直到交付期限之后一个月（在别人的帮助下）才完成。

在过去的 50 年间，这样的故事在不同的软件开发者中已经重复了成千上万次，这是为什么呢？

25.1　对估算的看法

制定计划需要你做一个初始约定，即使这个"约定"很可能被证明是错误的。无论在什么时候进行估算，都是在预测未来，自然要接受一定程度的不确定性。

估算是一门艺术，更是一门科学，这项重要的活动不能以随意的方式进行。现在已经有了估算时间和工作量的实用技术。由于估算是所有项目计划活动的基础，而项目计划提供了通往成功的软件工程的路线图。因此，没有估算就着手开发将会使我们陷入盲目。

对软件工程工作的资源、成本及进度进行估算时，需要经验，需要了解有用的历史信息（例如，过程和产品度量）。当只存在定性的信息时，还要有进行定量预言的勇气。估算具有与生俱来的风险[二]，正是这种风险导致了不确定性。项目复杂性、项目规模和结构不确定程度都会影响估算的可靠性。

项目的复杂性对计划固有的不确定性有很大影响。但是，复杂性是一个相对量，受人员在以往工作中对它的熟悉程度的影响。一个高级的电子商务应用对于首次承担开发工作的程序员来说可能极其复杂。但是，当 Web 工程团队第十次开发电子商务 WebApp 时，会认为这样的工作很普通。现在已经提出了很多软件复杂性的定量测量方法 [Zus97]，但他们很少被用于实际项目。但是，其他更主观的复杂性评估方法（例如，25.6 节中描述的功能点复杂度校正系数）可以在早期的策划过程中建立。

项目规模是另一个能影响估算精确度和功效的重要因素。随着规模的扩大，软件各个元素之间的相互依赖迅速上升[三]。问题分解作为一种重要的估算方法，会由于问题元素的细化仍然难以完成而变得更加困难。用 Murphy 法则来解释："凡事只要有可能出错，那就一定会出错。"这意味着如果有更多事情可能失败，则这些事情一定失败。

结构的不确定程度也影响着估算的风险。这里，结构是指需求已经被固化的程度、功能被划分的容易程度以及必须处理的信息的层次特性。

历史信息的有效性对估算的风险有很大影响。通过回顾过去，你能仿效做过的工作，并改进出现问题的地方。如果能取得以往项目的全面软件度量（第 23 章），估算会有更大的保证，合理安排进度以避免重走过去的弯路，总体风险就会降低。

如果对项目范围不够了解，或者项目需求经常改变，不确定性和估算风险就会非常高。作为计划人员，你和客户都应该认识到经常改变软件需求意味着成本和进度上的不稳定性。

---

[505]

　　⊖　你可能觉得惊奇，但这个故事是我自己经历过的事（RSP）。

　　⊜　第 26 章介绍了系统的风险分析技术。

　　⊜　当问题的需求发生变化时，"范围的蔓延"使得问题的规模常常会扩大。而项目规模的扩大会对项目的成本和进度有几何级数的影响（Michael Mah，personal communication）。

不过，你不应该被估算所困扰。现代软件工程方法（例如，演化过程模型）采用迭代开发方法。在这类方法中，当客户改变需求时，应该能够重新审查估算（在了解更多信息后），并进行修正。

25.2　项目计划过程

软件项目计划的目标是提供一个能使管理人员对资源、成本及进度做出合理估算的框架。此外，估算应该尝试定义"最好的情况"和"最坏的情况"，使项目的结果能够限制在一定范围内。项目计划是在计划任务中创建的，尽管它具有与生俱来的不确定性，软件团队还是要根据它来着手开发。因此，随着项目的进展，必须不断地对计划进行调整和更新。在下面几节中，将讨论与软件项目计划有关的每一项活动。

506

┤任务集　项目计划任务集├

1. 规定项目范围
2. 确定可行性
3. 分析风险（第 26 章）
4. 确定需要的资源
   a. 确定需要的人力资源
   b. 确定可复用的软件资源
   c. 识别环境资源
5. 估算成本和工作量
   a. 分解问题
   b. 使用规模、功能点、过程任务

或用例等方法进行两种以上的估算。
   c. 调和不同的估算
6. 制定项目进度计划（25.11 节）
   a. 建立一组有意义的任务集合
   b. 定义任务网络
   c. 使用进度计划工具制定时间表
   d. 定义进度跟踪机制
7. 重复步骤 1 ～ 6，为每个原型创建详细的进度安排，并定义每个原型的范围。

25.3　软件范围和可行性

软件范围描述了将要交付给最终用户的功能和特性、输入和输出数据、作为使用软件的结果呈现给用户的"内容"，还界定了系统的性能、约束条件、接口和可靠性。范围可以由最终用户开发的一组用例⊖来定义。

在开始估算之前，首先要对用例中描述的功能进行评估，在某些情况下，还要进行细化，以提供更多的细节。由于成本和进度的估算都是面向功能的，因此一定程度的功能分解常常是有益的。性能方面的考虑通常限制处理时间和响应时间的需求。

一旦确定了软件范围（并征得用户的同意），人们自然会问：我们能够开发出满足范围要求的软件吗？这个项目可行吗？软件工程师常常匆忙越过这些问题（或是被不耐烦的管理者或其他利益相关者催促着越过这些问题），不料竟会一开始就注定要陷入这个项目的泥潭中。你必须进一步确定在可用的技术、资金、时间和其他资源的框架下，是否能够建立系统。项目的可行性很重要，但是考虑业务需求更为重要。建立没人想要的高科技系统或产品并没有好处。

⊖　在本书的第二部分中，已经详细讨论了用例。用例从用户的角度出发来描述用户与软件交互的交互场景。

25.4 资源

定义范围后，必须估算用于构建具备用例集所描述的特性和功能的软件所需的资源。
图 25-1 描述了三类主要的软件工程资源——人员、可复用的软件构件及开发环境（硬件和
软件工具）。对每类资源，都要说明以下四个特征：资源描述、可用性说明、何时需要资源
以及使用资源的持续时间。最后两个特性可以看成是时间窗口。对于一个特定的时间窗口，
必须在最早的使用时间建立资源的可用性。

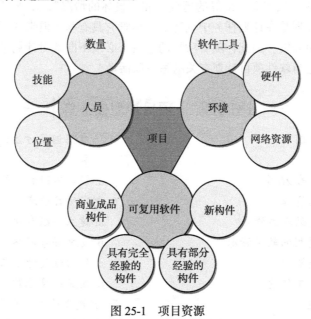

图 25-1 项目资源

25.4.1 人力资源

计划人员首先评估软件范围，选择完成开发所需的技能，还要指定组织中的职位（例
如，管理人员、高级软件工程师）和专业（例如，电信、数据库、电子商务）。对于一些比
较小的项目（几个人月），只要向专家做些咨询，或许一个人就可以完成所有的软件工程任
务。而对于一些较大的项目，软件团队的成员可能分散在多个不同的地方，因此，要详细说
明每个人所处的位置。

只有在估算出开发工作量（如多少人月）后，才能确定软件项目需要的人员数量。估算
工作量的技术将在本章后面讨论。

25.4.2 可复用软件资源

基于构件的软件工程（CBSE）[注]强调可复用性，即创建并复用软件构件块，这种构件块
通常称为构件。为了容易引用，必须对这些构件进行分类；为了容易应用，必须使这些构件
标准化；为了容易集成，必须对这些构件进行确认。

具有讽刺意味的是，在计划阶段，人们往往忽视可复用软件构件，直到软件过程的开发
阶段，它才变成最重要的关注对象。最好尽早确定软件资源的需求，这样才能对各种候选方

⊖ 在第 11 章中对 CBSE 作了简要介绍。

案进行技术评估，及时获取所需的构件。同样重要的是，考虑购买成品软件产品（假设它满足所有利益相关者的需求）是否比从头开始构建定制软件产品的成本更低。

25.4.3 环境资源

支持软件项目的环境通常称为软件工程环境（Software Engineering Environment，SEE），它集成了硬件和软件。硬件提供支持（软件）工具的平台，而这些（软件）工具是采用良好的软件工程实践来获得工作产品所必需的⊖。由于在大多数软件组织中，很多人都需要使用 SEE，因此必须详细规定需要硬件和软件的时间窗口，并且验证这些资源是可用的。

当软件团队构建基于计算机的系统（集成特定的硬件和软件）时，可能需要使用其他工程团队开发的硬件元素。例如，在为制造单元中使用的机器人装置开发软件时，可能需要特定的机器人（例如，机器人焊接工）作为确认测试步骤的一部分；在开发高级排版软件项目的过程中，在某个阶段可能需要一套高速数字印刷系统。作为计划的一部分，必须指定每一个硬件元素。

25.5 数据分析和软件项目估算

软件的成本及工作量估算从来都没有成为一门精确的科学。因为变化的因素太多——人员、技术、环境和行政，都会影响软件的最终成本和开发所用的工作量。不过，软件项目估算还是能够从一种"神秘的"技巧变成一系列系统化的步骤，在可接受的风险范围内提供估算结果。为得到可靠的成本和工作量估算，我们有很多选择：

1. 把估算推迟到项目的后期进行（显然，在项目完成之后就能得到 100% 精确的估算）。〔509〕
2. 根据已经完成的类似项目进行估算。
3. 使用比较简单的分解技术，生成项目的成本和工作量估算。
4. 使用一个或多个经验模型来进行软件成本和工作量的估算。

遗憾的是，不论多吸引人，第一种选择都是不现实的。成本估算必须"预先"给出。不过，应该认识到，你等待的时间越久，了解的就越多。而了解得越多，在估算中出现严重错误的可能性就越小。

如果当前项目与以前的工作非常相似，并且项目的其他影响因素（例如，客户、商业条件、软件工程环境、交付期限）也大致相同，第二种选择就能很好地发挥作用。遗憾的是，过去的经验并不总是能够指明未来的结果。

余下的两种选择对于软件项目估算也是可行的方法。理想的情况是，同时使用这两种选项所提到的技术，相互进行交叉检查。分解技术采用"分而治之"的方法进行软件项目估算，把项目分解成若干主要功能和相关的软件工程活动，以逐步求精的方式对成本和工作量进行估算。

计算机软件的经验估算模型使用由现有项目数据导出的公式来预测工作量，工作量是 LOC 或 FP 的函数⊖。LOC 或 FP 的值采用 25.6.3 节和 25.6.4 节所描述的方法进行估算，但不使用这些节中的表，而是将 LOC 或 FP 的结果值代入到估算模型中 [Whi15]。

典型的经验估算模型是通过对以往软件项目中收集的数据进行回归分析而导出的。这种

⊖ 其他硬件（目标环境）是指在软件交付给最终用户之后，将要运行该软件的计算机。
⊖ 在 25.6.6 节中提出了一个以用例为自变量的经验模型。然而，迄今为止在文献中很少出现。

模型的总体结构表现为下面的形式 [Mat94]：

$$E = A + B \times (e_v)^C \tag{25.1}$$

其中，A、B、C 是经验常数，E 是工作量（以人月为单位），e_v 是估算变量（LOC 或 FP）。除了式（25.1）所表示的关系外，大多数估算模型都有某种形式的项目调整成分，使得 E 能够根据其他的项目特性（例如，问题的复杂性、开发人员的经验、开发环境）加以调整。

经验估算模型可以作为分解技术的补充，在它适用的范围内常常是一种有潜在价值的估算方法。一个基于经验（历史数据）的模型形式如下：

$$d = f(v_i)$$

其中，d 是很多估算值（例如，工作量、成本、项目持续时间）中的一种，v_i 是所选的独立参数（例如，被估算的代码行）。用以支持大多数估算模型的经验数据都是从有限的项目样本中得出的⊖。因此，还没有一种估算模型能够适用于所有类型的软件和开发环境。

理想情况下，应该对估算模型进行调整，以反映当前项目的情况。应该使用从已完成项目中收集的数据对该模型进行检验——方法是将数据代入到模型中，然后将实际结果与预测结果进行比较。如果两者一致性很差，则在使用该模型前，必须对其进行调整和再次检验。

对于每种可行的软件成本估算方法，其效果的好坏取决于估算所使用的历史数据。如果没有历史数据，估算就建立在了不稳定的基础上。在第 23 章中，我们已经考察了一些软件度量的特性，这些度量提供了历史估算数据的基础。本书附录 2 中简要讨论了软件数据分析的概念。

25.6   分解和估算技术

软件项目估算是解决问题的一种方式，在多数情况下，要解决的问题（对于软件项目来说，就是成本和工作量估算）非常复杂，不能作为一个整体考虑。因此，要对问题进行分解，把它分解成一组较小的（同时有望更容易管理的）问题，再定义它们的特性。

在第 24 章中，我们从两个不同的角度讨论了分解方法：问题分解和过程分解。估算时可以使用其中一种或两种分解形式。但在进行估算之前，必须理解待开发软件的范围，并估计其"规模"。

25.6.1   软件规模估算

软件项目估算的准确性取决于许多因素：（1）估算待开发产品的规模的正确程度；（2）把规模估算转换成人员工作量、时间及成本的能力（受可靠软件度量的可用性的影响，这些度量数据来自以往的项目）；（3）项目计划反映软件团队能力的程度；（4）产品需求的稳定性和支持软件工程工作的环境。

由于项目估算的准确程度取决于待完成工作的规模估算，因此规模估算是计划人员面临的第一个主要挑战。在项目计划中，规模是指软件项目的可量化结果。如果采用直接的方法，规模可以用代码行（LOC）来测量。如果选择间接的方法，规模可以用功能点（FP）来表示。规模的估算要考虑项目类型以及应用领域类型、要交付的功能（如功能点数量）、要

⊖   例如，COCOMO（构造性成本模型）最初于 1981 年开发，后来又发布了更新版本 COCOMO Ⅱ 和 COCOMO Ⅲ。可以从以下网站下载有关 COCOMO 模型起源的介绍：http://www.psmsc.com/ UG2016 / Presentations / p10-Clark-COCOMO%20 Ⅲ %20Presentation%20v1.pdf。

交付的构件数量、对现有构件做适用于新系统的修改的程度。 511

25.6.2 基于问题的估算

在第 23 章中，已经描述了代码行和功能点测量，从中可以计算出生产率度量。在软件项目估算中，LOC 和 FP 数据用于两个方面：（1）作为估算变量，度量软件中每个元素的规模；（2）作为基线度量，这些度量数据是从以前的项目中收集起来的，将它们与估算变量结合使用，进行成本和工作量的估算。

LOC 估算和 FP 估算是两种不同的估算技术，但两者有很多相同特性。首先从界定的软件范围陈述入手，尝试将范围陈述分解成一些可分别独立进行估算的功能问题。然后，估算每个功能的 LOC 或 FP（即估算变量）。当然，也可以选择其他元素进行规模估算，例如，类或对象、变更、受影响的业务过程。

然后，将基线生产率度量（例如，LOC/pm 或 FP/pm $^\ominus$）应用于适当的估算变量，导出每个功能的成本或工作量。将所有功能的估算合并起来，即可得到整个项目的总体估算。在收集项目的生产率度量时，一定要划分项目类型。这样才能计算出特定领域的平均值，从而使估算更精确。很多现代应用驻留在网络上，或者是客户机 / 服务器体系结构的一部分。因此，要确保你的估算包含了开发"基础设施"软件所需的工作。

25.6.3 基于 LOC 估算的实例

作为 LOC 和 FP 基于问题估算技术的实例，我们考虑为机械零件计算机辅助设计（CAD）应用开发的软件包。该软件将在笔记本电脑上运行，可以给出初步的软件范围陈述：

机械 CAD 软件接受工程师输入的二维或三维几何数据。工程师通过用户界面与 CAD 系统进行交互并控制它，该用户界面应表现出良好的人机界面设计特征。所有的几何数据和其他支持信息都保存在一个 CAD 数据库中。要开发一些设计分析模块，以产生所需的输出，这些输出要显示在各种不同的设备上。软件必须能够控制外部设备（包括触摸板、扫描仪、激光打印机和大床数字绘图机），并能与外部设备进行交互。

上述关于范围的陈述是初步的——它没有规定边界。必须对每个句子进行补充说明，以提供具体的细节及定量的边界。例如，在开始估算之前，计划人员必须要确定"良好的人机界面设计特征"是什么含义，或"CAD 数据库"的规模和复杂度是怎样的。

假定我们为了进行估算已经做了进一步的细化，确定了该软件包应具有的主要软件功能，如图 25-2 中所示。遵照 LOC 的分解技术，得到如图 25-2 所示的估算表，表中给出了每个功能的 LOC 估算范围。例如，三维几何分析功能的 LOC 估算范围是：乐观值 4600，512 可能值 6900，悲观值 8600。应用式（25.1），得到三维几何分析功能的期望值是 6800LOC。通过类似的方法也可以得到其他估算。对 LOC 估算这一列求和，就得到了该 CAD 系统的 LOC 估算值是 33200。

回顾历史数据可以看出，这类系统的组织平均生产率是 620LOC/pm。如果一个劳动力的价格是每月 8000 美元，则每行代码的成本约为 13 美元。根据 LOC 估算及历史生产率数据，该项目总成本的估算值是 431 000 美元，工作量的估算值是 54 人月 $^\ominus$。不要屈服于诱惑而使用这一结果作为你的项目估算结果。应该再使用其他方法导出另一个结果来。

$\ominus$ 缩写 pm 代表工作量的单位——人月（person-month）。

$\ominus$ 估算单位是千美元和人月。由于受到估算精度的限制，更高的精确度是不必要的，也是不现实的。

功能	LOC 估算
用户接口及控制设备 (UICF)	2300
二维几何分析 (2DGA)	5300
三维几何分析 (3DGA)	6800
数据库管理 (DBM)	3350
计算机图形显示设备 (CGDF)	4950
外部设备控制功能 (PCF)	2100
设计分析模块 (DAM)	8400
总代码行估算	33200

图 25-2 LOC 方法的估算表

SafeHome 估算

[场景] 项目计划开始时，Doug Miller 的办公室。

[人物] Doug Miller，SafeHome 软件工程团队经理；Vinod Raman、Jamie Lazar 及其他产品软件工程团队成员。

[对话]

Doug： 我们需要对这个项目进行工作量估算，然后还要为第一个增量制定微观进度计划，为其余的增量制定宏观进度计划。

Vinod（点头）：好，但是我们还没有定义任何增量。

Doug： 是的，但这正是我们需要估算的原因。

Jamie（皱着眉）：你想知道这将花费我们多长时间吗？

Doug： 这正是我需要的。首先，我们要对 SafeHome 软件进行高层次上的功能分解，接着，我们必须估算每个功能对应的代码行数，然后……

Jamie： 等一下！我们应该怎样来做？

Vinod： 在过去的项目中，我已经做过了。你从用例入手，确定实现每个用例所需要的功能，然后估计每项功能的 LOC 数。最好的方法是让每个人独立去做，然后比较结果。

Doug： 或者你可以对整个项目进行功能分解。

Jamie： 但那将花费很长时间，而我们必须马上开始。

Vinod： 不，事实上这可以在几个小时内完成，就今天早上。

Doug： 我同意，我们不能期望有很高的精确性，只是了解一下 SafeHome 软件的大致规模。

Jamie： 我认为我们应该只估算工作量，仅此而已。

Doug： 这我们也要做。然后用这两种估算进行交叉检查。

Vinod： 我们现在就去做吧……

25.6.4　基于 FP 估算的实例

基于 FP 估算时，问题分解关注的不是软件功能，而是信息域的值。分别对 CAD 软件的输入、输出、查询、文件和外部接口进行估算，参看图 25-1 给出的表。计算 FP 公式中所需的总计：

$$FP_{estimated} = 总计 \times (0.65 + 0.01 \times \sum F_i)$$

在本估算中，假设复杂度加权因子为平均值。表 25-1 给出了该估算的结果，FP 总计值为 320。

表 25-1　估算信息域的值

信息域值	乐观值	可能值	悲观值	估算值	加权因子	FP 值
外部输入数	20	24	30	24	4	96（24*4=96）
外部输出数	12	14	22	14	5	70（14*5=70）
外部查询数	16	20	28	20	5	100（20*5=100）
内部逻辑文件数	4	4	5	4	10	40（4*10=40）
外部接口文件数	2	2	3	2	7	14（2*7=14）
总计						320

为了计算 $\sum F_i$ 的值，表 25-2 中列出的 14 个复杂度加权因子中的每一个都用 0（不重要）到 5（非常重要）之间的值打分。

表 25-2　复杂度加权因子的值

复杂度因子	值
备份和恢复	4
数据通信	2
分布式处理	0
关键性能	4
现有的操作环境	3
联机数据输入	4
多屏幕输入切换	5
主文件联机更新	3
信息域值复杂度	5
内部处理复杂度	5
设计可复用的代码	4
设计中的转换与安装	3
多次安装	5
易于变更的应用设计	5

复杂度因子 $\sum F_i$ 的这些评分之和为 52。所以调整系数为 1.17：

$$(0.65+0.01\times\sum F_i)=1.17$$

最后，得出 FP 的估算值：

$$\mathrm{FP_{estimated}} = 总计 \times (0.65 + 0.01\times\sum F_i) = 375$$

这类系统的组织平均生产率是 6.5FP/pm。如果一个劳动力价格是每月 8000 美元，则每个 FP 的成本约为 1230 美元。根据 FP 估算和历史生产率数据，项目总成本的估算值是 461 000 美元，工作量的估算值是 58 人月。

25.6.5　基于过程估算的实例

最通用的项目估算技术是根据将要采用的过程进行估算，即将过程分解为一组较小的活动、动作和任务，并估算完成每一项所需的工作量。

同基于问题的估算技术一样，基于过程的估算首先从项目范围中抽取出软件功能。接着给出为实现每个功能所必须执行的一系列框架活动。这些功能及其相关的框架活动⊖可以用表格形式给出，类似于图 25-3 所示。

活动 → 任务 → 功能 ↓	客户沟通	策划	风险分析	工程		构建发布		客户评估	合计
				分析	设计	编码	测试		
UICF				0.50	2.50	0.40	5.00	n/a	8.40
2DGA				0.75	4.00	0.60	2.00	n/a	7.35
3DGA				0.50	4.00	1.00	3.00	n/a	8.50
CGDF				0.50	3.00	1.00	1.50	n/a	6.00
DBM				0.50	3.00	0.75	1.50	n/a	5.75
PCF				0.25	2.00	0.50	1.50	n/a	4.25
DAM				0.50	2.00	0.50	2.00	n/a	5.00
合计	0.25	0.25	0.25	3.50	20.50	4.50	16.50		46.00
% 工作量	1%	1%	1%	8%	45%	10%	36%		

图 25-3 基于过程的估算表

513
∼
515

一旦将问题功能与过程活动结合起来，就可以针对每个软件功能，估算出完成各个软件过程活动所需的工作量（如人月），这些数据构成了图 25-3 中表格的中心部分。然后，将平均劳动力价格（即成本 / 单位工作量）应用于每个软件过程活动的估算工作量，就可以估算出成本。

为了说明基于过程估算的使用方法，我们再次考虑 25.6.3 节介绍的 CAD 软件。系统配置和所有软件功能都保持不变，并已在项目范围中说明。

参看图 25-3 中所示的基于过程的估算表，表中对 CAD 软件的每个功能（为了简化做了省略）都给出了其各个软件工程活动的工作量估算（人月）。其中，工程和构建发布活动又被细分为主要的软件工程任务。对客户沟通、策划和风险分析活动，还给出了总工作量的估算，这些数值都列在表格底部的"合计"行中。水平合计和垂直合计为估算分析、设计、编码及测试所需的工作量提供了指标。应该注意，"前期"的工程任务（需求分析和设计）花费了全部工作量的 53%，说明这些工作相对更重要。

516

如果平均一个劳动力的价格是每月 8000 美元，则项目总成本的估算值是 368 000 美元，工作量的估算值是 46 人月。如果需要的话，每个框架活动或软件工程任务都可以采用不同的劳动力价格分别进行计算。

25.6.6 基于用例点估算的实例

正如本书第二部分中提到的，用例能使软件团队深入地了解软件的范围和需求。一旦开

⊖ 为该项目选择的框架活动与第 2 章中讨论的一般性活动有所不同。这些框架活动是客户沟通（CC），策划、风险分析、工程和构建 / 发布。

发出用例,就能够将其用于估算软件项目的计划"规模"。用例没有标识出它所描述的功能和特性的复杂性,用例不能描述涉及很多功能和特性的复杂行为(如交互)。尽管有这些限制,但使用类似于功能点计算(25.6 节)的方式来计算用例点(Use Case Point, UCP)还是可能的。

Cohn(Coh05)指出,用例点的计算必须考虑以下特性:

- 系统中用例的数量和复杂性。
- 系统参与者的数量和复杂性。
- 没有写成用例的各种非功能性需求(如可移植性、性能、可维护性)。
- 项目的开发环境(如编程语言、软件团队的积极性)。

首先,评估每个用例,确定其相对复杂性。简单的用例预示着简单的用户界面、单一的数据库、3 个以下的事务以及可用 5 个以下的类实现。一般性的用例预示着比较复杂的用户界面、2 或 3 个数据库,以及 4 到 7 个事务含有 5 到 10 个类。最后,复杂的用例预示着复杂的用户界面,有多个数据库,使用 8 个以上的事务以及 11 个以上的类。采用这些标准评估每一个用例,将每种类型的用例数量分别乘以一个加权系数 5、10 或 15。将加权后的用例数量求和得到总体的未调整用例权重(Unadjusted Use Case Weight, UUCW)[Nun11]。

接着,评估每个参与者。简单的参与者是一个通过 API 进行通信的自动机(另一个系统、一台机器或设备)。一般性的参与者是一个通过协议或数据存储来通信的自动机。复杂的参与者是人,通过图形用户界面或其他人机接口进行通信。使用这些标准评估每个参与者,将每种类型的参与者的数量分别乘以一个加权系数 1、2 或 3,将加权后的参与者数量求和得到总体的未调整的参与者权重(Unadjusted Actor Weight, UAW)。

考虑技术复杂性因子(TCF)和环境复杂性因子(ECF),对这些未调整值进行修改。有 13 个因子用于估算最终的 TCF,8 个因子用于最终的 ECF 的计算 [Coh05]。一旦确定了这些值,则以下面的方式来计算最终的用例点值:

$$UCP = (UUCW + UAW) \times TCF \times ECF \qquad (25.2)$$

在 25.6.3 节介绍的 CAD 软件包括 3 个子系统组:用户界面子系统(包括 UICF)、工程子系统组(包括 2DGA、3DGA 和 DAM 子系统)及基础设施子系统组(包括 CGDF 子系统和 PCF 子系统)。用户界面子系统由 16 个复杂用例描述。工程子系统组由 14 个一般用例和 8 个简单用例描述。基础设施子系统由 10 个简单用例描述。因此,

$$UUCW = (16 用例 \times 15) + ((14 用例 \times 10) + (8 用例 \times 5)) + (10 用例 \times 5) = 470$$

对用例进行分析可发现有 8 个简单的参与者,12 个一般的参与者,4 个复杂的参与者。因此,

$$UAW = (8 参与者 \times 1) + (12 参与者 \times 2) + (4 参与者 \times 3) = 44$$

对技术和环境进行评估后,确定 TCF 和 ECF 的值:

$$TCF = 1.04 \quad ECF = 0.96$$

利用式(25.2)可得:

$$UCP = (470 + 44) \times 1.04 \times 0.96 = 513$$

以过去的项目数据为依据,开发小组每个 UCP 生产 85 LOC。这样,CAD 项目的总体规模估计为 43600LOC。对投入的工作量或者项目工期也可以做类似的计算。

以 620LOC/pm 作为这类系统的平均生产率,一个劳动力价格是每月 8000 美元,则每行代码的成本约为 13 美元。根据用例估算和历史生产率数据,项目总成本的估算值是 552 000 美元,工作量的估算值大约是 70 人月。

25.6.7 调和不同的估算方法

对于任何估算技术，不管它有多先进，都必须通过与其他方法计算出的估算值进行比较来检查。如果独立创建了两个或三个估算，则需要比较和调节两个或三个成本和工作量估算。如果这些估算都显示出合理的一致性，则有充分的理由相信这些估算是可靠的。另一方面，如果这些分解技术的结果显示不一致，则必须进行进一步的调查和分析。

如果估算值相距甚远，则需要重新评估用于估算的信息。不同估算之间的差别很大，一般能够追溯到以下两个原因之一：（1）计划人员没有充分理解或是误解了项目范围；（2）在基于问题的估算技术中所使用的生产率数据不适合本应用，或者是误用了。应该确定产生差别的原因，再来调和估算结果。

在前面章节中讨论的估算技术导出了多种估算方法，应该对这些估算方法进行调和，以得到对工作量、项目工期或成本的一致估算。对 CAD 软件（25.6.3 节）总工作量的估算，最低值是 46 人月（由基于过程的估算方法得出），最高值是 68 人月（由用例估算方法得出）。四个估算值的平均值是 56 人月。但是，当最高估算值和最低估算值相差 21 人月时，这是最好的方法吗？

518

一种方法可能是基于将高估计值称为悲观值，将低估计值称为乐观值，并将中间值称为最可能值来计算加权平均值。接着，计算三点（估算值）或期望值。可以通过乐观值（s_{opt}）、最可能值（s_m）和悲观值（s_{pess}）估算的加权平均值来计算估算变量（规模）S 的期望值，例如：

$$S = \frac{s_{opt} + 4s_m + s_{pess}}{6} \tag{25.3}$$

其中，"最可能值"估算的权重最大，并遵循概率分布。我们假定实际的规模结果落在乐观值与悲观值范围之外的概率很小。

一旦确定了估算变量的期望值，就应该检查历史的生产数据。这个估算正确吗？对于这个问题唯一合理的答案就是："我们不能保证"。即便如此，常识和经验还是会占优势。

25.6.8 敏捷开发的估算

由于敏捷项目（第 3 章）的需求是通过一组用户故事来定义的，所以在项目计划阶段为每个软件增量开发一个非正式的、比较严谨并有意义的估算方法是可能的。敏捷项目的估算采用分解法，包括下列步骤。

1. 从估算目的出发，分别考虑每个用户场景（由最终用户或其他利益相关者在项目初期建立，等价于一个微型用例）。
2. 将用户故事分解成一组开发它所需要完成的软件工程任务。
3a. 分别估算每一项任务。注意，可以根据历史数据、经验模型或"经验"进行估算。（例如，使用类似计划扑克的技术，7.2.3 节）
3b. 或者可以利用 LOC、FP 或其他某种面向规模的测量（如用例点）来估算场景的"规模"。
4a. 对每项任务的估算结果求和，就得到了对整个用户故事的估算值。
4b. 或者使用历史数据，将用户故事规模的估算值转换成工作量。
5. 将实现给定软件增量的所有用户故事的工作量估算值求和，就得到了该增量的工作量估算。

由于软件增量开发所需的项目时间非常短（一般是 3～6 周），所以该估算方法用于两个目的：（1）确保增量中包含的场景数与可用资源相匹配；（2）在开发增量时，为工作量的分配提供依据。　　　　　　　　　　　　　　　　　　　　　　　　　　　　　519

25.7 项目进度安排

软件项目进度安排（software project scheduling）是一种活动，它通过将工作量分配给特定的软件工程任务，从而将所估算的工作量分配到计划的项目工期内。但要注意的是，进度是随时间而不断演化的。在项目计划早期，建立的是一张宏观进度表，该进度表标识了所有主要的过程框架活动和这些活动所影响的产品功能。随着项目的进展，宏观进度表中的每个条目都会被细化成详细的进度表，这样就标识了特定的（完成一个活动所必须实现的）软件活动和任务，同时也进行了进度安排。

虽然软件延期交付的原因很多，但是大多数都可以追溯到下面列出的一个或多个根本原因上：

- 不切实际的项目最后期限，由软件团队以外的某个人制定，并强加给软件团队的管理者和开发者。
- 客户需求发生变更，而这种变更没有在项目变更进度表上预先安排。
- 对完成该工作所需的工作量和资源数量估计不足。
- 在项目开始时，没有考虑到可预测的和不可预测的风险。
- 出现了事先无法预计的技术难题。
- 出现了事先无法预计的人力问题。
- 由于项目团队成员之间的交流不畅而导致的延期。
- 项目管理者未能发现项目进度拖后，也未能采取措施来解决这一问题。

在软件行业中，人们对过于乐观的（即"不切实际的"）项目最后期限已经司空见惯。从设定项目最后期限的人的角度来看，有时候这样的项目最后期限是合理的。但是常识告诉我们，合理与否还必须由完成工作的人员来判断。

本章讨论的估算方法和本节介绍的进度安排技术，通常都需要在规定的项目最后期限约束下进行。如果最乐观的估算都表明该项目最后期限是不现实的，一个称职的项目管理者应该告知管理层和所有利益相关者，并提出其他替代方案的建议，以减少错过最后期限所造成的损失。

技术性项目（不论它是涉及为电子游戏构建虚拟世界，还是操作系统开发）的现实情况是：在实现大目标之前必须完成数以百计的小任务。这些任务中有些是处于主流之外的，其进度不会影响到整个项目的完成日期。而有些任务却是位于"关键路径"上，如果这些"关键"任务的进度拖后，则整个项目的完成日期就会受到威胁。

项目管理者的职责是确定所有的项目任务，建立相应的网络来描述它们之间的依赖关系，明确网络中的关键任务，然后跟踪关键任务的进展，以确保能够在"某天某时"发现进度延误情况。为了做到这一点，管理者必须建立相当详细的进度表，使得项目管理者能够监督进度，并控制整个项目。满足项目经理建立进度安排和跟踪进度需要的任务不应该是手动执行的。现在有许多出色的进度安排工具，一个好的经理应该使用它们。　　　　　　　520

25.7.1　基本原则

可以从两个不同的角度来讨论软件工程项目的进度安排。第一种情况，计算机系统的最终发布日期已经确定（而且不能更改），软件开发组织必须将工作量分布在预先确定的时间框架内。第二种情况，假定已知大致的时间界限，但是最终发布日期由软件工程开发组织自行确定，工作量是以能够最好地利用资源的方式来进行分配，而且在对软件进行仔细分析之后才决定最终发布日期。但不幸的是，第一种情况发生的频率远远高于第二种情况。

就像软件工程的所有其他领域一样，软件项目进度安排也有很多的基本指导原则：

划分（compartmentalization）。必须将项目划分成多个可以管理的活动和任务。为了实现项目的划分，产品和过程都需要进行分解。

相互依赖性（interdependency）。划分后的各个活动或任务之间的相互依赖关系必须是明确的。有些任务必须按顺序出现，而有些任务则可以并发进行。有些活动只有在其他活动产生的工作产品完成后才能够开始，而有些则可以独立进行。

时间分配（time allocation）。每个要进行进度安排的任务必须分配一定数量的工作单位（例如，若干人日的工作量）。此外，还必须为每个任务指定开始日期和完成日期，任务的开始日期和完成日期取决于任务之间的相互依赖性以及工作方式是全职还是兼职。

工作量确认（effort validation）。每个项目都有预定人员数量的软件团队参与。在进行时间分配时，项目管理者必须确保在任意时段中分配的人员数量不会超过项目团队中的总人员数量。例如，某项目分配了 3 名软件工程师（例如，每天可分配的工作量为 3 人日$^{\ominus}$）。在某一天中，需要完成 7 项并发的任务，每个任务需要 0.5 人日的工作量，在这种情况下，所分配的工作量就大于可供分配的工作量。

确定责任（defined responsibility）。进度计划安排的每个任务都应该指定特定的团队成员来负责。

明确输出结果（defined outcome）。进度计划安排的每个任务都应该有一个明确的输出结果。对于软件项目而言，输出结果通常是一个工作产品（例如，一个模块的设计）或某个工作产品的一部分。通常可将多个工作产品组合成可交付产品。

确定里程碑（defined milestone）。每个任务或任务组都应该与一个项目里程碑相关联。当一个或多个工作产品经过质量评审（第 15 章）并且得到认可时，就标志着一个里程碑的完成。

[521]   随着项目进度的推进，会应用到上述的每一条原则。

25.7.2　人员与工作量之间的关系

许多负责软件开发工作的管理者仍然普遍坚信这样一个神话："即使进度拖后，我们也总是可以在项目后期增加更多的程序员来跟上进度。"不幸的是，在项目后期增加人手通常会对项目产生破坏性的影响，其结果是使进度进一步拖延。后期增加的人员必须学习这一系统，而培训他们的人员正是那些一直在工作着的人，当他们进行教学时，就不能完成任何工作，从而使项目进一步延后。

除去学习系统所需的时间之外，整个项目中，新加入人员将会增加人员之间交流的路径

$\ominus$　实际上，由于与工作无关的会议、病假、休假及其他各种原因，可供分配的工作量要少于 3 人日。但在这里，我们假设员工时间是 100% 可用的。

数量和交流的复杂度。虽然交流对于一个成功的软件开发项目而言绝对是必不可少的，但是每增加一条新的交流路径就会增加额外的工作量，从而需要更多的时间。如果在后期项目必须添加人员，请确保为他们分配高度分隔的工作。

多年以来的经验数据和理论分析都表明项目进度是具有弹性的。即在一定程度上可以缩短项目交付日期（通过增加额外资源），也可以拖延项目交付日期（通过减少资源数量）。

PNR（Putnam-Norden-Rayleigh）曲线[注]表明了一个软件项目中所投入的工作量与交付时间的关系。项目工作量和交付时间的函数关系曲线如图 25-4 所示。图中的 t_o 表示项目最低交付成本所需的最少时间（即花费工作量最少的项目交付时间），而 t_o 左边（即当我们想提前交付时）的曲线是非线性上升的。

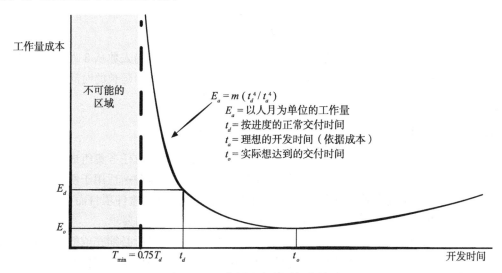

图 25-4　工作量和交付时间的关系

举一个例子，假设一个软件项目团队根据进度安排和现有的人员配置，估算所需要的工作量应为 E_d，正常的交付时间应为 t_d。虽然可以提前交付，但曲线在 t_d 的左侧急剧上升。事实上，PNR 曲线不仅说明了项目的交付时间不能少于 $0.75t_d$，如果想更少，项目会进入"不可能的区域"，并面临着很高的失败风险；还说明了最低成本的交付时间 t_o 应该满足 $t_o = 2t_d$，即拖延项目交付可以明显降低成本，当然，这里的成本必须将与延期相关的营销成本排除在外。

软件方程就是来源于 PNR 曲线，它表明了完成一个项目的时间与投入该项目的人员工作量之间是高度非线性的关系。交付的代码（源程序代码）行数 L 与工作量和开发时间的关系可以用下面的公式表示：

$$L = P \times E^{1/3} \, t^{4/3} \tag{25.4}$$

其中，E 是以人月为单位的开发工作量；P 是生产率参数，它反映了影响高质量软件工程工作的各种因素的综合效果（P 通常在 2000 到 12 000 之间取值）；t 是以月为单位的项目工期。

重新调整这个软件方程，可以得到开发工作量 E 的计算公式：

$$E = \frac{L^3}{P^3 t^4} \tag{25.5}$$

⊖　相关的初始研究参见 [Nor70] 和 [Put78]。

其中，E 是在软件开发和维护的整个生命周期内所需的工作量（按人年计算）；t 是以年为单位的开发时间；引入平均劳动力价格因素（美元 / 人年）之后，开发工作量的计算公式还能够与开发成本相关联。

这一方程式引出了一些有趣的结果。随着项目最后期限越来越紧，将会达到一个点，在该点无论参见项目的人数多少，都无法按进度安排完成工作。在此情况下，需要面对现实，确定新的交付日期。

假设有一个复杂的实时软件项目，估计需要 33 000 源代码行和 12 人年的工作量。如果项目团队有 8 个人，那么项目大约需要 1.3 年的时间完成。但是如果将交付日期延长到 1.75 年，则由式（25.5）所描述的模型所具有的高度非线性特性将得出以下结论：

$$E = \frac{L^3}{P^3 t^4} \approx 3.8 \text{ 人年}$$

这意味着通过将交付日期推迟 6 个月，我们可以将项目团队的人数从 8 人减少到 4 人！这一结果的有效性有待考证，但是其含意却十分清楚：通过在略为延长的时间内使用较少的人员，可以实现同样的目标。

25.8 定义项目任务集

522 ~ 523

无论选择哪一种过程模型，一个软件团队要完成的工作都是由任务集组成的，这些任务集使得软件团队能够定义、开发和最终维护计算机软件。没有能普遍适用于所有软件项目的任务集。适用于大型复杂系统的任务集可能对于相对简单的小型软件项目而言就过于复杂。因此，有效的软件过程应该定义一组任务集来满足不同类型项目的要求。

同第 2 章介绍的一样，任务集中包含了为完成某个特定项目所必须完成的所有软件工程工作任务、里程碑、工作产品以及质量保证过滤器。为了获得高质量的软件产品，任务集必须提供充分的规程要求，但同时又不能让项目团队负担不必要的工作。

在进行项目进度安排时，必须将任务集分布在项目时序图上。任务集应该根据软件团队所决定的项目类型和严格程度而有所不同。许多因素影响任务集的选择。[Pre05] 中描述了很多因素：项目的规模、潜在的用户数量、任务的关键性、应用程序的寿命、需求的稳定性、客户 / 开发者进行沟通的容易程度、可应用技术的成熟度、性能约束、嵌入式和非嵌入式特性、项目人员配置以及再工程因素等。综合考虑这些因素就形成了严格程度（degree of rigor）的指标，它将应用于所采用的软件过程中。

25.8.1 任务集举例

概念开发项目是在探索某些新技术是否可行时发起的。这种技术是否可行尚不可知，但是某个客户（如营销人员）相信其具有潜在的利益。概念开发项目的完成需要应用以下主要任务：

1.1　**确定概念范围**。确定项目的整体范围。

1.2　**初步的概念策划**。确定为承担项目范围所涵盖的工作组织应具有的工作能力。

1.3　**技术风险评估**。评估与项目范围中将要实现的技术相关联的风险。

1.4　**概念证明**。证明新技术在软件环境中的生命力。

1.5　**概念实现**。以可以由客户方进行评审的方式实现概念的表示，而且在将概念推荐给其他客户或管理者时能够用于"营销"目的。

1.6 **客户反应**。向客户索取对新技术概念的反馈,并以特定的客户应用作为目标。

快速浏览以上任务,你应该不会有任何诧异。实际上概念开发项目的软件工程流程(以及其他所有类型的项目)与人们的常识相差无几。

25.8.2 主要任务的细化

上一节中所描述的主要任务(如软件工程活动)可以用来制定项目的宏观进度表。但是,必须将宏观进度表进行细化,以创建详细的项目进度表。细化工作始于将每项主要任务分解为一组子任务(以及相关的工作产品和里程碑)。 524

这里以"任务 1.1 确定概念范围"的任务分解为例。任务细化可以使用大纲格式,但是在这里将使用过程设计语言来说明"确定概念范围"这一活动的流程。

任务定义:任务 1.1 确定概念范围

1.1.1 确定需求、效益和潜在的客户

1.1.2 确定所希望的输出 / 控制和驱动应用程序的输入事件

开始任务 1.1.2

　　1.1.2.1 TR:评审需求的书面描述[⊖]

　　1.1.2.2 导出客户可见的输出 / 输入列表

　　1.1.2.3 TR:与客户一起评审输出 / 输入,并在需要时进行修改

结束任务 1.1.2

1.1.3 为每个主要功能定义功能 / 行为

开始任务 1.1.3

　　1.1.3.1 TR:评审在任务 1.1.2 中得到的输出和输入数据对象

　　1.1.3.2 导出功能 / 行为模型

　　1.1.3.3 TR:与客户一起评审功能 / 行为模型,并在需要时进行修改

结束任务 1.1.3

1.1.4 把需要在软件中实现的技术要素分离出来

1.1.5 研究现有软件的可用性

1.1.6 确定技术可行性

1.1.7 对系统规模进行快速估算

1.1.8 创建"范围定义"

结束任务 1.1 的任务定义

在过程设计语言中标注的这些任务和子任务共同构成了"确定概念范围"这个行动的详细进度表的基础。

25.9 定义任务网络

单个任务和子任务之间在顺序上存在相互依赖的关系。而且,当有多人参与软件工程项目时,多个开发活动和任务并行进行的可能性很大。在这种情况下,必须协调多个并发任务,以保证它们能够在后继任务需要其工作产品之前完成。

任务网络(task network)也称为活动网络(activity network),是项目任务流程的图形表

⊖ TR 表示在此需要进行一次技术审查(第16章)。

示。任务网络是描述任务间依赖关系和确定关键路径的有效机制。有时将任务网络作为向自动项目进度安排工具中输入任务序列和依赖关系的机制。最简单的任务网络形式（创建宏观进度表时使用）只描述了主要的软件工程任务。概念开发项目的任务网络示意图如图 25-5 所示。

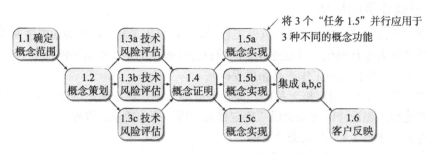

图 25-5　概念开发项目的任务网络

软件工程活动的并发本质导致了在进度安排上有很多要求。由于并行任务是异步发生的，所以项目管理者必须确定任务之间的依赖关系，以保证项目朝着最终完成的方向持续发展。另外，项目管理者应该注意那些位于关键路径（critical path）上的任务。也就是说，为了保证整个项目如期完成，必须保证这些任务能够如期完成。在本章的后面将详细讨论这些问题。

值得注意的是，图 25-5 中所示的任务网络是宏观的。详细的任务网络（详细进度表的前身）中应该对图 25-5 所示的各个活动加以扩展。例如，应该扩展任务 1.1，以表现 25.8.2 节所述的任务 1.1 细化中的所有任务。

25.10　进度安排

软件项目的进度安排与任何其他多任务工程工作的进度安排几乎没有差别。因此，通用的项目进度安排工具和技术不必做太多修改就可以应用于软件项目 [Fer14]。任务之间的依赖关系可以通过任务网络来确定。任务有时也称为项目的**工作分解结构**（Work Breakdown Structure，WBS），可以是针对整个产品，也可以是针对单个功能来进行定义。

项目进度安排工具，可以使软件计划者完成：（1）确定关键路径——决定项目工期的任务链；（2）基于统计模型为单个任务进行"最有可能"的时间估算；（3）为特定任务的时间"窗口"计算"边界时间"[Ker17]。

25.10.1　时序图

在创建软件项目进度表时，计划者可以从一组任务（工作分解结构）入手。如果使用自动工具，就可以采用任务网络或者任务大纲的形式输入工作分解结构，然后再为每一项任务输入工作量、工期和开始日期。此外，还可以将某些任务分配给特定的人员。

输入信息之后，就可以生成时序图（timeline chart），也叫作甘特图（Gantt chart）。可以为整个项目建立一个时序图，也可以为各个项目功能或各个项目参与者分别建立各自的时序图 [Toc18]。

图 25-6 给出了时序图的格式，该图描述了字处理（Word-Processing，WP）软件产品中**确定概念范围**这一任务的软件项目进度安排。所有的项目任务（针对"确定概念范围"）都在

左边栏中列出。水平条表示各个任务的工期，当同一时段中存在多个水平条时，就代表任务之间的并发性，菱形表示里程碑。

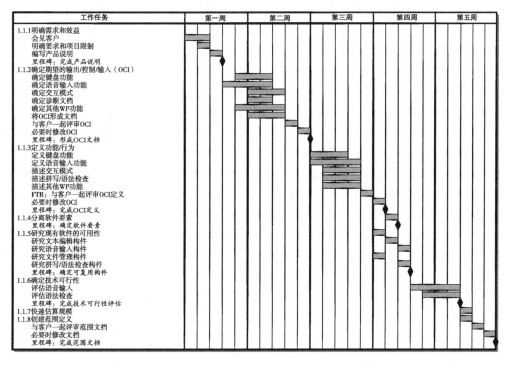

图 25-6　一个时序图的例子

输入了生成时序图所需的信息之后，大多数软件项目进度安排工具都能生成项目表（project table）——列出所有项目任务的表格，项目表中列出了各个任务计划的开始与结束日期、实际开始日期与结束日期以及各种相关信息（图 25-7）。通过项目表与时序图，项目管理者就可以跟踪项目的进展情况。

527

工作任务	计划开始	实际开始	计划完成	实际完成	人员分配	工作量分配	备注
1.1.1 明确要求和效益							
会见客户	wk1, d1	wk1, d1	wk1, d2	wk1, d2	BLS	2 p-d	范围定义需要更多的
明确要求和项目约束	wk1, d2	wk1, d2	wk1, d2	wk1, d2	JPP	1 p-d	工作量 / 时间
编写产品说明	wk1, d3	wk1, d3	wk1, d3	wk1, d3	BLS/	1 p-d	
里程碑：完成产品说明	wk1, d3	wk1, d3	wk1, d3	wk1, d3			
1.1.2 确定期望的输出 / 控制 / 输入（OCI）							
确定键盘功能	wk1, d4	wk1, d4	wk2, d2		BLS	1.5 p-d	
确定语音输入功能	wk1, d3	wk1, d3	wk2, d2		JPP	2 p-d	
确定交互模式	wk2, d1		wk2, d3		MLL	1 p-d	
编写诊断文档	wk2, d1		wk2, d2		BLS	1.5 p-d	
确定其他 WP 功能	wk1, d4	wk1, d4	wk2, d3		JPP	2 p-d	
将 OCI 形成文档	wk2, d1		wk2, d3		MLL	3 p-d	
FTR：与客户一起评审 OCI	wk2, d3		wk2, d3		all	3 p-d	
必要时修改 OCI	wk2, d4		wk2, d4		all	3 p-d	
里程碑：形成 OCI 文档	wk2, d5		wk2, d5				
1.1.3 定义功能 / 行为							

图 25-7　一个项目表的例子

25.10.2　跟踪进度

如果制定正确，项目进度表应该成为一个能够确定在项目进展过程中跟踪和控制任务及里程碑的线路图。项目跟踪可以通过以下方式实现：

- 定期举行项目状态会议，由项目团队中的各成员分别报告进度和存在的问题。
- 评估在软件工程过程中所进行的所有评审的结果。
- 判断正式的项目里程碑（图 25-6 中的菱形）是否在预定日期内完成。
- 比较项目表（图 25-7）中列出的各项任务的实际开始日期与计划开始日期。
- 与开发人员进行非正式会谈，获取他们对项目进展及可能出现的问题的客观评估。
- 跟踪项目速度，这是查看开发团队清除用户故事待定项速度的一种方式（3.5 节）。

实际上，有经验的项目管理者会使用所有这些跟踪技术。

软件项目管理者通过施加控制来管理项目资源、处理问题和指导项目参与者。如果一切顺利（即项目在预算范围内按进度进行，评审结果表明的确取得了实际进展，达到了各个里程碑），则几乎不必施加控制。但是如果出现问题，项目管理者就必须施加控制，以便尽快解决问题。当诊断出问题之后，可能需要增加额外的资源来解决问题：雇用新员工或者重新安排项目进度。

在面对交付期限的巨大压力时，有经验的项目管理者有时会使用一种称为时间盒（time-boxing）[Jal04] 的项目进度安排与控制技术。时间盒方法认为完整的产品可能难以在预定时间内交付。

接着，对与每个增量相关的任务实行时间盒技术。也就是按该增量的交付日期向后进行推算来调整各个任务的进度。将各个任务放入相应的"盒子"中，当一个任务触及其时间盒边界时（±10% 的范围内），则该项任务停止，下一任务开始。

时间盒通常和敏捷增量过程模型（第 4 章）一起使用，并为每个增量交付制定一个进度计划。这些任务成为增量进度计划的一部分，并在增量开发进度计划中进行分配。它们可以输入到进度计划软件（如微软公司的 Project）中，用于跟踪和控制。

对时间盒方法的最初反应通常是消极的："如果工作尚未完成，我们该如何继续？"这个问题的答案在于完成工作的方式。当遇到时间盒的边界时，很可能已经完成了任务的 90%[⊖]，余下 10% 的工作尽管重要，但是可以推迟到下一个增量中或在以后需要时再完成。项目朝着交付日期推进，而不是"卡"在某项任务上。

SafeHome　跟踪进度

[场景] Doug Miller 的办公室，SafeHome 软件项目开始之前。

[人物] Doug Miller（SafeHome 软件工程团队经理）、Vinod Raman、Jamie Lazar 以及产品软件工程团队的其他成员。

[对话]

Doug（看着 PPT）：第一个 SafeHome 增量的进度表看起来比较合理，但是，我们很难跟踪项目进展情况。

Vinod（看上去非常担心）：为什么？大部分工作产品的任务都是按天来安排进度的，并且我们保证并没有过度分配资源。

Doug：一切都好。但是，我们怎样才能确定什么时候能完成第一个增量的分析模型呢？

Jamie：任务是迭代的，所以很难。

Doug：我知道，但是……好吧，例如，就拿"确定分析类"来说，你们认为它是一个里程碑。

Vinod：是啊。

Doug：是谁做的决定？

Jamie（很生气）：谁做的有什么关系？

⊖ 爱冷嘲热讽的人也许会想起一句谚语："系统的前 90% 需要 90% 的时间，完成剩下的 10% 也要用 90% 的时间。"

Doug：Jamie，这样不太好。我们必须安排 TR（技术评审，第 16 章），可是你还没做呢。例如，成功完成对分析模型的评审就是一个合理的里程碑。清楚了吗？

Jamie（皱着眉）：好吧，回到制图板。

Doug：完成修正不能超过 1 个小时……现在其他人可以开始了。

529

25.11 小结

在项目开始之前，软件项目计划人员必须先估算 3 件事：花费多长时间，需要多少工作量，涉及多少人员。此外，计划人员还必须预测所需要的资源（硬件和软件）及蕴涵的风险。

范围陈述能够帮助计划人员使用一种或多种技术进行估算，这些技术主要分为两大类：分解和经验建模。分解技术需要划分出软件的主要功能，接着估算：（1）LOC 的数量；（2）信息域内的选择值；（3）用例的数量；（4）实现每个功能所需的人月数；（5）每个软件工程活动所需的人月数。经验技术使用根据经验导出的关于工作量和时间的公式来预测这些项目数值。可以使用自动工具来实现特定的经验模型。

对项目做精确估算时，一般至少要用到上述 3 种技术中的两种。通过对不同技术产生的估算值进行比较和调和，计划人员更有可能得到精确的估算。软件项目估算永远不会是一门精确的科学，但是，把可靠的历史数据与系统化的技术结合起来能够提高估算的精确度。

计划活动是软件项目管理的重要组成部分，而进度安排是计划活动的首要任务。进度安排与估算方法及风险分析相结合，可以为项目管理者画出一张路线图。

进度安排始于过程分解。根据项目特性，为将要完成的工作选择适当的任务集。任务网络描述了各项工程任务、每一项任务与其他任务之间的依赖关系以及计划工期。任务网络可以用来确定项目的关键路径、时序图以及各种项目信息。以进度表为指导，项目管理者可以跟踪和控制软件工程过程中的每一个步骤。

习题与思考题

25.1 假设你是一家开发家用机器人软件公司的项目经理，你已经承接了为草坪割草机器人开发软件的项目。写一个范围陈述来描述该软件，确定你的范围陈述是"界定的"。如果你对机器人不熟悉，在你开始写作之前先做一些调研工作。还要说明你对所需硬件的设想。或者，你也可以选择其他感兴趣的问题，而不做草坪割草机器人。

25.2 对你在习题 25.1 中描述的机器人软件进行功能分解。估算每个功能的规模（用 LOC）。假定你所在组织的平均生产率是 450LOC/pm，劳动力价格是每人月 7000 美元，使用本章所讲的基于 LOC 的估算技术来估算构建该软件所需的工作量及成本。

25.3 建立一个电子表格模型，实现本章所述的一种或多种估算技术。或者从基于 Web 的资源中获取一个或多个在线估算模型。

530

25.4 有一点似乎很奇怪：成本和进度估算是在软件项目计划期间完成的——在详细的软件需求分析或设计之前进行。你认为为什么会这样？是否存在不需要这样做的情况？

25.5 宏观进度表和详细进度表的区别是什么？是否有可能只依据所制定的宏观进度表来管理一个项目？为什么？

25.6 人员和时间的关系是高度非线性的。使用 Putnam 的软件方程（25.8.2 节）编制一个表，以反映软件项目中人员数量与项目工期之间的关系——该项目需要 50 000 LOC 和 15 人年的工作量（生产率参数为 5000，B=0.37）。假定该软件必须在 24±12 个月的时间期限内交付。

25.7 假定你要为一所大学开发一个联机课程登记系统（Online Course Registration System, OLCRS）。首先从客户的角度（如果你是一名学生就很容易了！）指出一个好系统应该具有的特性。（或者你的老师会为你提供一些初步的系统需求。）按照本章所介绍的估算方法，估算 OLCRS 系统的开发工作量和工期。建议你按如下方式进行：

a. 确定 OLCRS 项目中的并行工作活动。

b. 将工作量分布到整个项目中。

c. 建立项目里程碑。

25.8 为 OLCRS 项目选择适当的任务集。

25.9 为习题 25.8 中描述的 OLCRS 或者你感兴趣的其他软件项目定义任务网络。确保你已给出所有的任务和里程碑，并为每一项任务分配了所估算的工作量和工期。如果可能的话，使用自动进度安排工具来完成这一工作。

531 25.10 使用进度安排工具（如果有条件）或者纸笔（如果需要）制定 OLCRS 项目的时序图。

风险管理

要 点 概 览

概念：风险是软件项目的一个潜在问题——它可能发生也可能不发生。但是，不管发生还是不发生，我们都应该去识别它，评估它发生的概率，估算它的影响，并制定应急计划。

人员：软件过程中涉及的每一个人——管理者、软件工程师和其他利益相关者——都要参与风险分析和风险管理。

重要性：借用一句格言："时刻准备着。"软件开发项目是一项艰巨的任务，很多事情都可能出错，而且很多事情可能经常出错。因此，做好准备（了解风险并采取积极措施去避免或管理风险）是一个优秀的软件项目管理者应具备的基本条件。没有风险管理计划的项目可能会遇到严重的麻烦，如果项目团队以更系统的方式解决开发风险并遵循管理计划，则可以避免不必要的风险。

步骤：第一步，风险识别，即辨别出什么情况下可能会出问题；第二步，分析风险，确定其发生的概率以及发生的危害。了解这些信息之后，就可以按照发生概率和危害程度对风险进行排序。最后，制定计划来管理具有高概率和高影响力的风险。

工作产品：风险缓解、监测和管理（Risk Mitigation, Monitoring and Management, RMMM）计划或一组风险信息表单。

质量保证措施：所要分析和管理的风险，应该经过对人员、产品、过程和项目的彻底研究后再确定。RMMM 计划应该随着项目的进展而修订，以保证所管理的风险是近期可能发生的。风险管理的应急计划应该是符合实际的。

Robert Charette [Cha89] 在关于风险分析与管理的书中给出了风险的定义："风险是关系到未来的事件。"他还指出，之前和当下发生的事情都不应该再成为关注焦点，"……通过改变当下的行为，（我们可以）为充满希望的、更美好的明天创造机会……"这就意味着"风险涉及选择"，而选择本身就具有不确定性。

对于软件工程领域中的风险，Charette 的概念是明确的。未来是项目管理者所应关心的——什么样的风险会导致软件项目的失败？变化也是项目管理者所关心的——客户需求、开发技术、目标环境以及其他相关因素的变化会对项目进度和项目整体状况产生什么影响？最后，项目管理者必须应对各种选择——应该采用什么方法及工具？需要多少人员参与？质量要达到什么程度才是足够的？

技术债务是指由于软件开发活动（比如文档交付、重构）的延迟而产生的不良影响。 这些未解决的技术债务有可能会导致交付的软件产品品质

关键概念

评估
模糊逻辑
游戏化
识别
主动策略
预测
被动策略
细化
风险分类
风险显露度
风险条目检查表
风险表
RMMM
安全和灾难
技术债务

降低，如不稳定、质量差、缺乏支撑性文档、不必要的复杂操作等。技术债务意味着，如果在项目开发过程中尽早解决问题，则可以减少处理技术问题的成本（精力、时间和资源）。就像金融利息一样，技术债务会随着时间而增加，而累积的债务与债务利息的确切数字项目团队无从得知，积累的技术债务正在悄无声息地影响项目的未来 [Fail7]。

　　简单地向敏捷开发转型并不能消除风险带来的影响。Elbanna 和 Sarker [Elb16] 对几个使用敏捷开发的组织进行了调查，他们发现在一些敏捷项目中，似乎有几个无法管理的开发风险。随着开发人员被要求开发更多的新代码，同时又经常忘记去解决一些问题，就会积累技术债务。此外，缺乏经验的敏捷团队还会产生更多的缺陷，这些缺陷比传统开发模型可能产生的缺陷还要多。敏捷团队可能会使用非标准化的项目管理和测试工具，但没有充分记录其决策过程，使得开发人员注定要在将来的项目中重复过去的错误。只要软件开发人员意识到这些风险、制定管理计划并在每一轮冲刺期间对其进行管理，就可以有效控制风险。

26.1　被动风险策略和主动风险策略

　　被动风险策略（reactive risk strategy）被戏称为"印第安纳·琼斯学派的风险管理" [Tho92]。印第安纳·琼斯在以其名字命名的电影中，每当面临无法克服的困难时，总是一成不变地说："不要担心，我会想出办法来的！"印第安纳·琼斯从不担心任何问题，直到风险发生，再做出英雄式的反应。

　　遗憾的是，一般的软件项目管理者并不是印第安纳·琼斯，软件项目团队的成员也不是他可信赖的伙伴。因此，大多数软件项目团队还是仅仅依赖于被动的风险策略。被动策略仅仅是监测可能发生的风险，直到风险发生时才会拿出资源来处理它们。大多数情况下，软件项目团队对风险不闻不问，直到出现了问题项目团队才会采取行动，试图迅速地解决它们。这通常叫作救火模式（fire-fighting mode）。当这样的努力失败后，"危机管理" [Cha92] 接管这一切，这时项目已经处于真正的危险之中了。

　　对于风险管理，更好的是主动风险策略。主动（proactive）风险策略早在研发工作开始之前就已经启动了。识别出潜在的风险，评估它们发生的概率及产生的影响，并按其重要性进行排序。然后，软件项目团队就可以制定一个计划来管理风险。计划的主要目标是规避风险，但并不是所有的风险都能够规避，所以项目团队必须制定一个应急计划，以便在必要时以可控和有效的方式做出反应。主动风险管理是用于减少技术债务的软件工程工具之一。本章后面的相关内容将会讨论风险管理的主动策略。

26.2　软件风险

　　虽然对于软件风险的严格定义还存在很多争议，但一般认为软件风险包含两个特性 [Hig95]：不确定性（uncertainty），指风险可能发生也可能不发生，即没有 100% 会发生的风险$^{\ominus}$；损失（loss），指如果风险发生，就会产生恶性后果，甚至造成损失。进行风险分析时，重要的是量化每个风险的不确定程度和损失程度，所以首先需要对风险进行分类。

　　项目风险（project risk）威胁到项目计划。也就是说，如果发生项目风险，就有可能会拖延项目进度、增加项目成本。项目风险是指预算、进度、人员（员工及组织）、资源、利益相关者、需求等方面的潜在问题以及它们对软件项目的影响。在第 25 章中，项目复杂度、

　　$\ominus$　100% 发生的风险是强加在软件项目上的约束。

规模及结构不确定性也属于项目（和估算）的风险因素。

技术风险（technical risk）威胁到待开发软件的质量及交付时间。如果发生技术风险，开发工作就会变得很困难或者根本无法实施。技术风险是指设计、实现、接口、验证和维护等方面的潜在问题。此外，规格说明书的歧义性、技术的不确定性、技术陈旧以及"前沿"技术的使用也是技术风险因素。技术风险的发生是因为问题比我们所设想的更加难以解决。

商业风险（business risk）威胁到要开发软件的生存能力，且常常会危害到项目或产品。五个主要的商业风险是：（1）开发了一个没有人真正需要的优良产品或系统（市场风险）；（2）开发的产品不再符合公司的整体商业策略（策略风险）；（3）开发了一个销售部门不知道如何去销售的产品（销售风险）；（4）由于组织发展重点的转移或人员的变动而失去了高级管理层的支持（管理风险）；（5）没有得到预算或人员的保证（预算风险）。

应该注意的是，单一的风险分类并不总是行得通的，有些风险根本无法事先预测。

另一种常用的风险分类方式是由 Charette [Cha89] 提出的。已知风险（known risk）是通过仔细评估项目计划、待开发项目的商业及技术环境，以及其他可靠的信息来源（如不现实的交付时间、没有文档化的需求或软件范围、恶劣的开发环境）之后可以发现的风险。可预测风险（predictable risk）是指能够从历史项目的经验（如人员变动、与客户之间缺乏沟通、开发人员精力分散）中推断出来的风险。不可预测风险（unpredictable risk）就像纸牌中的大王，它们可能会真的出现，但很难事先识别。

534

信息栏 风险管理的 7 个原则

美国卡内基·梅隆大学软件工程研究所（Software Engineering Institute，SEI，www.sei.cmu.edu）定义了"实施有效风险管理框架"的 7 个原则：

保持全面观点——在软件所处的系统中，考虑软件风险以及该软件所要解决的业务问题。

采用长远观点——考虑将来可能发生的风险（如软件的变更）并制定应急计划，以保证将来发生的事件是可管理的。

鼓励广泛交流——如果有人提出一个潜在的风险，要重视它；如果以非正式的方式提出一个风险，要考虑它。任何时候都要鼓励利益相关者和用户提出风险。

结合——考虑风险时，必须与软件过程相结合。

强调持续的过程——在整个软件过程中，团队必须保持警惕。随着信息量的增加，要及时更新已识别的风险；随着知识的积累，要及时补充新的风险。

开发共享的产品——如果所有利益相关者共享相同版本的软件产品，将更容易进行风险识别和评估。

鼓励协同工作——在风险管理活动中，要汇聚所有利益相关者的智慧、技能和知识。

26.3 风险识别

风险识别是指系统化地指出对项目计划（估算、进度、资源分配等）造成的威胁。识别出已知风险和可预测风险后，项目管理者首先应该尽量规避风险，并且在必要时控制这些风险。

26.2 节中提出的每一类型的风险还可以划分为一般风险和产品特定风险。一般风险

（generic risk）对每个软件项目而言都是潜在的威胁；而产品特定风险（product-specific risk）则只有那些对当前项目的技术、人员和环境非常了解的人才能识别出来。考虑一般风险是必需的，但最让人头痛的还是产品特定风险。因此，一定要花时间确定尽可能多的产品特定风险。为了识别产品特定风险，必须要经常检查项目计划和软件范围，然后回答这个问题："本产品中有什么特殊的因素可能会威胁到我们的项目计划？"

建立风险条目检查表是风险识别的有效方法。风险条目检查表主要用来识别与下列因素相关的已知风险和可预测风险：

- 产品规模（product size）——与待开发或待修改的软件的总体规模相关的风险。
- 商业影响（business impact）——与管理者或市场所施加的约束相关的风险。
- 利益相关者特征（stakeholder characteristic）——与利益相关者的素质、开发者和利益相关者定期沟通的能力相关的风险。
- 过程定义（process definition）——与软件过程定义的程度以及该过程被开发组织遵守的程度相关的风险。
- 开发环境（development environment）——与用来开发产品的工具的可用性及质量相关的风险。
- 开发技术（technology to be built）——与待开发软件的复杂性及系统所包含技术的"新奇性"相关的风险。
- 人员才干及经验（staff size and experience）——与软件工程师的总体技术水平及项目经验相关的风险。

风险条目检查表可以采用不同的方式来建立。可以针对每个软件项目来回答与上述因素相关的问题。有了这些问题的答案，项目管理者就可以估计风险产生的影响。也可以采用另一种不同的风险条目检查表格式，即仅列出与一般风险有关的特性，然后给出一组"风险因素和驱动因子"[AFC88]以及它们发生的概率。有关性能、支持、成本及进度的驱动因子将在后面进行讨论。

网上有很多针对软件项目风险的检查表（例如[Arn11]、[NAS07]），项目管理者可以利用这些检查表来提高识别软件项目一般风险的洞察力。除了使用检查表，风险模式（[Mil04]、[San17]）也可作为风险识别的方法。

26.3.1 评估整体项目风险

那么，我们如何确定正在开发的软件项目是否存在严重风险呢？

经过对世界各地有经验的软件项目管理人员进行调查，我们得到如下的风险问题[Kei98]，根据各个问题对项目成功的相对重要性，我们对问题进行了排序。

1. 高层软件管理者和客户管理者已经正式承诺支持该项目了吗？
2. 最终用户对项目和待开发的系统或产品热心支持吗？
3. 软件工程团队及其客户充分理解需求了吗？
4. 客户已经完全地参与到需求定义中了吗？
5. 最终用户的期望现实吗？
6. 项目范围稳定吗？
7. 软件工程团队的人员搭配合理吗？
8. 项目需求稳定吗？

9. 项目团队对即将使用的开发技术有经验吗？

10. 项目团队的人员数量满足项目需要吗？

11. 所有的客户或用户对项目的重要性和待开发的系统或产品的需求有共识吗？

如果对这些问题的任何一个回答是否定的，则应启动缓解、监测和管理风险的步骤。这是因为，项目的风险程度与这些问题否定回答的数量成正比。

26.3.2　风险因素和驱动因子

美国空军有一本指南 [AFC88]，其中包含了如何正确地识别和消除软件风险。所用的方法是要求项目管理者识别影响软件风险因素的风险驱动因子，风险因素包括性能、成本、支持和进度。在这里，风险因素是以如下的方式定义的：

- 性能风险（performance risk）——产品能够满足需求且符合其使用目的的不确定程度。
- 成本风险（cost risk）——能够维持项目预算的不确定程度。
- 支持风险（support risk）——开发出的软件易于纠错、修改及升级的不确定程度。
- 进度风险（schedule risk）——能够维持项目进度且按时交付产品的不确定程度。

每一个风险驱动因子对风险因素的影响程度可分为四个级别：可忽略的、轻微的、严重的和灾难的。Boehm [Boe89] 认为：可忽略的风险只会带来不便，减少此类风险影响所需的成本很低；轻微的风险可能会影响次要任务的目标或要求，但不会影响总体任务，减少此类风险影响的成本会更高一些，但基本是可控的；严重的风险将直接影响系统性能、部分或所有的项目要求，甚至会威胁到项目能否成功，减少此类风险影响的成本将很高；灾难性的风险将直接导致任务失败，减少此类风险影响的代价将是难以接受的。

537

26.4　风险预测

风险预测（risk projection）又称风险估计（risk estimation），主要从两个方面进行风险评估：（1）风险发生的可能性或概率；（2）风险发生的后果。项目计划人员、管理人员以及技术人员都要进行以下 4 步风险预测活动：

1. 建立反映风险发生可能性的量表。

2. 描述风险产生的后果。

3. 估算风险对项目及产品的影响。

4. 评估风险预测的总体准确性，以免产生误解。

按上述步骤进行风险预测，可以帮助我们识别风险的优先级。任何软件团队都不可能以同样的严格程度来为每个可能的风险分配资源。通过将风险按优先级排序，软件团队可以把资源分配给那些具有最大影响的风险。

26.4.1　建立风险表

风险表给项目管理者提供了一种简单的风险预测方法[⊖]。风险表示例见图 26-1。

首先，项目管理者在表中第一列列出所有风险（不管风险有多小），可以利用 26.3 节所述的风险条目检查表来完成；在第二列中列出每一个风险的类型（例如，PS 表示产品规模风险，BU 表示商业影响风险）；在第三列中填入各个风险发生的概率，各个风险的概率可以

⊖ 风险表可以采用电子表格模式来实现，使表中的条目易于操作和排序。

首先由团队成员各自估算，然后进行循环投票，直到大家对风险概率的评估值趋于接近。

风险	风险类型	发生概率	影响值	RMMM
规模估算可能很不正确	PS	60%	2	
用户数量大大超出计划	PS	30%	3	
复用程度低于计划	PS	70%	2	
最终用户抵制该系统	BU	40%	3	
交付期限太紧	BU	50%	2	
资金将会流失	CU	40%	1	
用户将会改变需求	PS	80%	2	
技术达不到预期的效果	TR	30%	1	
缺少对工具的培训	DE	80%	3	
人员缺乏经验	ST	30%	2	
人员变动比较频繁	ST	60%	2	

影响值：
1—灾难的　2—严重的　3—轻微的　4—可忽略的

图 26-1　排序前的风险表样本

还有一种方法是借鉴历史项目的风险评估表，查看哪些风险是适用于当前项目的，然后再有针对性地补充本项目的风险。并非每个项目都需要从头开始创建风险评估。敏捷开发人员通常从事类似的项目，通过维护公司范围内共享的风险管理列表可以有效节省管理成本。

下一步是评估每个风险所产生的影响。根据图 26-1 所示的特征评估每个风险因素，并确定其影响类别。将 4 个风险因素（性能、支持、成本及进度）的影响值求平均[⊖]，可得到一个整体的影响值。

完成风险表的前 4 列内容后，就可以按照概率和影响值进行风险排序。高概率、高影响的风险放在表的上方，低概率风险放在表的下方。这样就完成了第一次风险排序。

然后，项目经理可以在表格的某行上定义一条中截线（如图 26-1 所示）。所有在中截线之上的风险都必须进行管理。标有 RMMM 的列中包含了一个指示器，指向为所有中截线之上的风险所建立的风险缓解、监测和管理（Risk Mitigation，Monitoring and Management，RMMM）计划或一组风险信息表单。RMMM 计划和风险信息表单在 26.5 节和 26.6 节中讨论。

风险概率可以通过先个人估计，再达成一个共识值来确定。另外，还有很多其他更复杂的技术来帮助我们确定风险概率（如 [McC09]）。最新研究表明，利用模糊逻辑[⊖]可以确定软件项目容易出现故障的特征。有些项目通常具有多个相互关联的风险因素，这些因素会受到确定或不确定的影响，因此需要使用专业知识和模糊逻辑来帮助我们更好地理解这些复杂风险的本质 [Rod16]。

参看图 26-2，从管理者的角度看，风险的影响和发生的概率是截然不同的。一个具有高影响但发生概率很低的风险因素不应该耗费太多的管理时间，而高影响且发生概率为中到高的风险，以及低影响且高概率的风险，应该首先被列入风险分析中。

⊖　如果某个风险因素对项目来说比较重要，则可以使用加权平均法。

⊖　模糊逻辑是一种逻辑类型，它不仅仅识别简单的真假值（与离散数学课程中的命题逻辑不同），还用数值的大小表示命题接近真实的程度。例如，任何带有条纹的动物都是老虎的说法，可能只有 50% 是真实的。事实证明，模糊逻辑在人工智能领域涉及不完整或不确定信息的决策应用中特别有用。

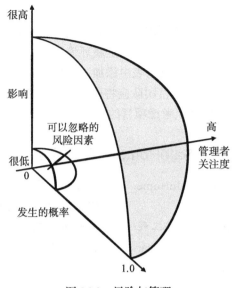

图 26-2　风险与管理

26.4.2　评估风险影响

如果风险真的发生了，那么有 3 个因素可能会影响风险所产生的后果，即风险的本质、范围和时间。风险的本质是指当风险发生时可能带来的问题。例如，如果与客户硬件连接的外部接口很差（技术风险），可能就会妨碍早期的设计和测试，也有可能会影响项目后期的系统集成。风险的范围包括风险的严重性（即风险有多严重）及风险的整体分布情况（项目中有哪些部分受到影响或有多少客户受到损害）。风险的时间是指何时能够感知到风险的影响及风险的影响会持续多久。在大多数情况下，项目管理者希望"坏消息"越早出现越好，但在某些情况下则是越迟越好。

让我们再回到美国空军提出的风险分析方法 [AFC88] 上。下面的步骤可以用来评估风险的整体影响：（1）确定每个风险因素发生的平均概率；（2）根据 26.3.2 节的讨论确定每个因素的影响；（3）按照前面给出的方法填写风险表，并分析其结果。

整体的风险显露度（Risk Exposure，RE）可由下面的公式确定 [HAL98]：
$$RE = P \times C$$
其中，P 是风险发生的概率，C 是风险发生时带来的项目成本。

例如，假设软件团队按如下方式定义了项目风险。

风险识别：事实上，计划可复用的软件构件中只有 70% 将集成到应用中，其他功能必须定制开发。

风险概率：80%（大约）。

风险影响：计划了 60 个可复用的软件构件，如果只能利用 70%，则 18 个构件必须从头开发（除了已经计划开发的定制软件外）。平均每个构件的代码行数是 100，历史数据表明每个代码行的成本是 14 美元，开发构件的总成本（影响）将是 $18 \times 100 \times 14 = 25\,200$ 美元。

风险显露度：$RE = 0.80 \times 25\,200 \approx 20\,200$ 美元。

风险的成本估算完成之后，就可以为风险表中的每个风险计算其风险显露度。所有风险（风险表的中截线之上）的总体风险显露度不仅为项目成本估算提供了依据，还可预测在项

540

目过程的不同阶段所需资源的情况。

这里所述的风险预测和分析方法可以在软件项目进展过程中反复运用[⊖]。项目团队应该定期复查风险表，重新评估每一个风险，以确定新环境是否引起风险概率和影响的变化。这项工作完成后，项目团队可能需要在风险表中添加一些新的风险，删除一些不再有影响的风险，或改变一些风险的相对位置。项目团队应将所有的 RE 与估算的项目成本进行比较。如果 RE 大于项目成本的 50%，则必须考虑项目的可行性。

SafeHome ┃ 风险分析

[场景] Doug Miller 的办公室，SafeHome 软件项目开始之前。

[人物] Doug Miller（SafeHome 软件工程团队经理）、Vinod Raman、Jamie Lazar 以及产品软件工程团队的其他成员。

[对话]

Doug：很高兴今天和大家一起讨论 SafeHome 项目的风险问题。

Jamie：是讨论什么情况下可能会出问题吗？

Doug：是的。这里有几种可能会出问题的类型。（他向每个人展示了 26.3 节中给出的类型。）

Vinod：嗯……你只是要求我们找出风险，还是……

Doug：不，我想让每一个人建立一个风险表，立即动手……

（10 分钟过去了，每个人都在写着。）

Doug：好了，停下来。

Jamie：可是我还没有完成！

Doug：没关系，我们还要对列表进行复查。现在，给列表中的每一个风险指定其发生概率的百分比值，然后按 1（较小的）到 5（灾难的）的取值范围确定其对项目的影响。

Vinod：就是说如果我认为风险的发生跟掷硬币差不多，就给 50% 的概率，如果我认为风险的影响是中等的，就给影响值 3，对吗？

Doug：非常正确。

（5 分钟过去了，每个人都在写着。）

Doug：好了，停下来。现在，我们在白板上建立一组列表，我来写，轮流从你们各自的列表中取出一项。

（15 分钟过去了，列表完成。）

Jamie（指着白板并笑着说）：Vinod，那个风险（指向白板中的一项）很可笑，大家意外选中它的可能性很大，应该删除。

Doug：不，先留着吧。不管有多么不可思议，我们应考虑所有风险。一会儿我们还要精简这个列表。

Jamie：已经有 40 多个风险了，我们究竟怎样才能管理它们呢？

Doug：管理不了。所以将这些风险排序之后，我们还要定义中截线。明天我们继续开会讨论中截线。现在，回去继续工作，工作之余考虑是否还有遗漏的风险。

26.5　风险细化

在项目计划的早期，风险可能只有一个大概的描述。随着时间的推移，我们对项目和风险的了解加深，可以将其细化为一组更详细的风险。在某种程度上，这些风险更易于缓解、

⊖　如果你有兴趣，可阅读 [Ben10b] 中给出的用数学知识处理风险成本的相关内容。

监测和管理。

实现方法之一是按照条件 – 转化 – 结果（Condition-Transition-Consequence，CTC）的格式 [GLU94] 来表示风险，即采用如下方式来描述风险：

给定＜条件＞，则（可能）导致＜结果＞

使用 CTC 格式，26.4.2 节中提到的可复用软件构件的风险可描述为：

给定条件：所有可复用软件构件必须符合特定设计标准，但是某些并不符合。则有结论：计划可复用的软件构件中（可能）只有 70% 集成到应用中，需定制开发剩余 30% 的构件。

可按如下方式对条件进行细化：

子条件 1。某些可复用构件是由第三方开发的，没有其内部设计标准的相关资料。

子条件 2。构件接口的设计标准尚未确定，有可能和某些现有的可复用软件构件不一致。

子条件 3。某些可复用构件的开发语言是目标环境所不支持的。

这些子条件的结论是相同的（即必须定制开发 30% 的软件构件），但细化过程可以帮助我们排除重大风险，使我们更易于分析风险和采取措施。

26.6 风险缓解、监测和管理

这里讨论的所有风险分析活动只有一个目的——辅助项目团队制定处理风险的策略。一个有效的策略必须考虑三个问题：风险规避、风险监测、风险管理及应急计划。

如果软件团队采取主动的方法，最好的策略就是风险规避。这可以通过建立一个风险缓解（risk mitigation）计划来实现。例如，假设频繁的人员变动被标注为项目风险 r_1，基于以往的历史和管理经验，可以估计频繁人员变动的概率 l_1 为 0.70（70%，相当高），并预测影响 x_1 为严重。也就是说，频繁的人员变动将对项目成本及进度有严重的影响。

为了缓解这个风险，项目管理者必须制定一个策略来减少人员变动。可能采取如下的步骤：

- 与现有人员一起探讨人员变动的原因（如恶劣的工作条件、报酬低、竞争激烈的市场环境）。
- 项目开始之前，采取行动缓解我们能够控制的原因。
- 项目启动之后，假设会发生人员变动，当人员离开时，找到能够保证工作连续性的方法。
- 组织项目团队，使得每一个开发活动的信息能被广泛传播和交流。
- 制定工作产品标准，建立相应机制，以确保及时开发所有模型和文档。
- 同等对待所有工作的评审（使每个人能够"跟上进度"）。
- 给每个关键的技术人员都指定一个后备人员。

随着项目的进展，风险监测（risk-monitoring）活动开始了，项目管理者应该监测那些可以表明风险是否正在变高或变低的因素。在人员变动频繁的例子中，应该监测：团队成员对项目压力的普遍态度、团队的凝聚力、团队成员彼此之间的关系、与报酬和利益相关的潜在问题、在公司内及公司外工作的可能性。

除了监测上述因素之外，项目管理者还应该监测风险缓解步骤的效力。例如，前面叙述的风险缓解步骤中要求制定工作产品标准，并建立相应机制以确保能够及时开发工作产品。万一有关键成员离开此项目，应该有一个保证工作连续性的机制。项目管理者应该仔细监测这些工作产品,以保证每一个工作产品的正确性,在项目进行中有新员工加入时,能为他们提供必要的信息。

　　风险管理及应急计划(risk management and contingency planning)是以缓解工作已经失败且风险已经发生为先决条件的。继续前面的例子,假定项目正在进行之中,有一些人宣布将要离开。如果已经按照缓解策略行事,则有后备人员可用,信息已经文档化,有关知识已经在团队中广泛进行了交流。此外,对那些人员充足的岗位,项目管理者还可以暂时重新调整资源(并重新调整项目进度),从而使得新加入团队的人员能够"跟上进度"。同时,应该要求那些将要离开的人员停止所有的工作,并在最后几星期进入"知识交接模式"。比如,准备录制视频知识,建立"注释文档或Wiki",或者与仍留在团队中的成员进行交流。

　　值得注意的是,RMMM步骤会导致额外的项目成本。例如,花时间给每个关键技术人员配备"后备人员"需要费用。因此,风险管理的另一个任务就是评估什么情况下由RMMM步骤所产生的效益高于实现这些步骤所需的成本。通常,项目管理者要进行典型的成本-效益分析。如果特定风险的RE低于缓解风险的成本,不要尝试缓解风险,而是继续监测风险。如果频繁的人员变动风险的缓解步骤经评估将会增加15%的项目成本和工期,而主要的成本因素是"配备后备人员",则管理者可能决定不执行这一步骤。另一方面,如果风险缓解步骤经预测仅增加5%的项目成本和3%的工期,则管理者极有可能将这一步骤付诸实施。

　　对于大型项目,可以识别出30~40种风险。如果为每一个风险制定3~7个风险缓解步骤,则风险管理本身就可能变成一个"项目"!因此,项目管理者可以将Pareto的80-20法则用于软件风险上。经验表明,整个项目80%的风险(即可能导致项目失败的80%的潜在因素)可能是由只占20%的已经识别出的风险所引发的。早期风险分析步骤中所做的工作能够帮助项目管理者确定哪些风险在这20%中(如导致高风险显露度的风险)。因此,某些已经识别、评估和预测过的风险可能并不被纳入RMMM计划之中——这些风险不属于那关键的20%(具有最高项目优先级的风险)。

544　　　有一种说法:"游戏化"⊖是一种鼓励软件开发人员在质量和风险管理等领域遵循流程合规化的方法[Ped 14]。一种典型的游戏化方法是对开发人员实施奖励积分制、徽章制或其他非金钱奖励,并在公司排行榜中公示个人排名。如果可以基于自动数据收集(例如,跟踪提交到软件存储库的次数)来实施这种方法,那么这可能是一种经济有效的途径,以确保团队全员参与监视风险。采取这些措施的目的是防止风险成为灾难[Baj11]。有一条忠告:必须确保团队成员不会因为在整个过程中带来额外的问题而得到奖励,这样他们就可以因减少问题而获得徽章[Bri13]。

　　风险并不仅限于软件项目本身。在软件成功开发并交付给客户之后,仍有可能发生风险。这些风险一般与软件缺陷有关。

　　软件安全和灾难分析(software safety and hazard analysis,例如[Fir15]、[Har12a]、[Lev12])是一种软件质量保证活动(第17章),主要用来识别和评估可能对软件产生负面影响并促使整个系统失效的潜在灾难。如果能够在项目早期识别灾难,那么就可以使用一些软件设计的特性来消除或控制这些潜在的灾难。

　　⊖ Deterding等人将游戏化定义为在非游戏环境中使用游戏设计元素来增加动力和对任务的关注度[Det11]。值得注意的是,该定义并不涉及游戏的玩法,而是在特殊情况下对游戏设计元素的使用。

| SafeHome | 游戏化与风险管理 |

[场景] Doug Miller 的办公室，SafeHome 软件项目开始之前。

[人物] Doug Miller（SafeHome 软件工程团队经理）、Vinod Raman、Jamie Lazar 以及产品软件工程团队的其他成员。

[对话]

Doug： 很高兴今天和大家一起讨论 SafeHome 项目的风险问题，今天请大家头脑风暴一下，如何让所有开发人员参与并监控我们项目的风险。

Jamie： 我一直以为跟踪项目是你的工作。

Doug： 是的，但是开发人员能够比我更快地发现潜在问题，因为是他们在一线战斗。

Vinod： 这个想法很好，为了更好地推动项目发展，我们确实有很多工作要做。

Doug： 的确，如果可以早期就解决的风险发展到后面，我们就更没有时间处理了。

Jamie： 好吧，你想怎么做？

Doug： 我在想，因为你们喜欢游戏，我们也许可以使风险监控更像游戏而不是项目任务。

Jamie： 是的，我的一个朋友在另一家公司工作，向我讲过一种叫作"游戏化"的东西。

Doug： 是的，游戏化很流行，它在质量保证和风险管理等软件过程领域是一种很合理的工具。

Vinod： 那我们该怎么做呢？

Doug： 我之前只是基于仪表盘中的指标来监控项目，以缓解风险。开发人员只是定期检查仪表盘。

Jamie： 那我们是要使用"侦听软件"来跟踪大家检查的次数吗？

Doug： 也不是。当风险触发值显示异常的时候，第一个发现的人，我们可以给予奖励。

Jamie： 我的朋友提到他们使用排行榜来鼓励大家竞争。我们也可以用 Google 电子表格做一个简单的排行榜。

Vinod： 有些游戏带有徽章。我们可以为排行榜中的人颁发徽章。

Doug： 人们会为了所谓的徽章工作吗？

Jamie： 如果可能，他们可以通过兑换徽章获取一定的奖励。

Doug： 什么样的奖励？

Jamie： 也许像是在当前的冲刺中优先选择用户故事，或者如果某人的行为为公司节省了大量返工成本，则可以获得现金奖励。

Doug： 让我想一想，我会考虑一下奖励和排行榜的积分制度。我们明天再见。现在，考虑一下我们开始第一轮冲刺时应该监视的最重要的风险吧。

26.7　RMMM 计划

　　风险管理策略可以包含在软件项目计划中，也可以将风险管理步骤建成一个独立的风险缓解、监测和管理（RMMM）计划。RMMM 计划将所有风险分析工作文档化，项目管理者还可将其作为整个项目计划的一部分。

　　有些软件团队并不建立正式的 RMMM 文档，而是将每个风险分别使用风险信息表单（Risk Information Sheet，RIS）[Wil97] 进行文档化。在大多数情况下，RIS 采用数据库系统进行维护，这样容易完成创建、信息输入、优先级排序、查找以及其他分析。这种方法可能有助于支持风险管理流程的游戏化，也有助于向公司所有软件开发人员共享风险信息表单。

RIS 的格式如图 26-3 所示。

风险信息表单			
风险标识号：P02-4-32	日期：5/9/19	概率：80%	影响：高
描述			
事实上，计划可复用的软件构件中只有 70% 将集成到应用系统中，其他功能必须定制开发。			
细化 / 环境			
子条件 1：某些可复用构件是由第三方开发的，没有其内部设计标准相关资料。 子条件 2：构件接口的设计标准尚未确定，有可能和某些现有的可复用软件构件不一致。 子条件 3：某些可复用构件是采用不支持目标环境的语言开发的。			
缓解 / 监测			
1. 与第三方交流以确定其与设计标准的符合程度。 2. 强调接口标准的完整性，在确定接口协议时应考虑构件的结构。 3. 检查并确定属于子条件 3 的构件数量，检查并确定是否能够获得语言支持。			
管理 / 应急计划 / 触发			
RE 的计算结果为 20 200 美元。在项目应急计划中分配这些费用。修订进度表，假定必须定制开发 18 个附加构件，据此分配人员。 触发：缓解步骤自 7/1/19 起没有效果。			
当前状态			
5/12/19：缓解步骤启动。			
创建者：D. Gagne		受托者：B. Laster	

图 26-3　风险信息表单

　　建立了 RMMM 计划，而且项目已经启动之后，风险缓解及监测步骤也就开始了。正如前面讨论过的，风险缓解是一种问题规避活动，而风险监测则是一种项目跟踪活动，这种监测活动有三个主要目的：（1）评估所预测的风险是否真正发生了；（2）保证正确地实施了各风险的缓解步骤；（3）收集能够用于今后风险分析的信息。在很多情况下，项目中发生的问题可以追溯到不止一个风险，所以风险监测的另一个任务就是试图找到"起源"（在整个项目中是哪些风险引起了哪些问题）。

26.8　小结

　　对软件项目期望很高时，一般都会进行风险分析。不过，即使进行这项工作，大多数软件项目管理者也都是非正式和表面上完成它。花在识别、分析和管理风险上的时间可以从多个方面得到回报：更加平稳的项目进展过程，较高的跟踪和控制项目的能力，在问题发生之前已经做了周密计划而产生的信心。

　　风险分析需要占用大量项目计划的工作量。识别、预测、评估、管理和监测都要花费时间，但这是值得的。引用中国 2500 多年前的军事家孙子的一句话："知己知彼，百战不殆。"对于软件项目管理者而言，这个"彼"指的就是风险。

习题与思考题

26.1　举出 5 个其他领域的例子来说明与被动风险策略相关的问题。

26.2　简述"已知风险"和"可预测风险"之间的差别。

26.3　假如你是某大型软件公司的项目经理，且受命领导一个团队开发一个 VR 硬件和最先进的软件相结合的突破性产品。请为该项目提供一个风险表。

26.4 为图 26-1 所描述的 3 个风险制定风险缓解策略及特定的风险缓解活动。

26.5 为图 26-1 所描述的 3 个风险制定风险监测策略及特定的风险监测活动。确保你所监测的风险因素可以确定风险正在变大或变小。

26.6 为图 26-1 所描述的 3 个风险开发风险管理策略和特定的风险管理活动。

26.7 细化图 26-1 中的 3 个风险，并为每个风险建立风险信息表单。

26.8 假定每个代码行的成本为 16 美元，概率为 60%，重新计算 26.4.2 节中讨论的风险显露度。

26.9 你能否想到一种情况，其中一个高概率、高影响的风险并未纳入 RMMM 计划的考虑之中？

26.10 给出主要关注软件安全和灾难分析的 5 个软件应用领域。 548

软件支持策略

<table>
<tr><td colspan="2" align="center">要 点 概 览</td></tr>
<tr>
<td>

概念: 软件支持包括一组活动, 这些活动包括改正隐错、对软件进行修改以适应环境的变化、根据利益相关者的需求进行增强型开发、以及重新设计软件以获得更好的功能和性能。在这些活动中, 必须确保质量, 同时控制变更。

人员: 在组织层面, 软件工程组织的支持人员执行所有支持活动。用户培训、隐错报告管理、执行保修维修和客户关系持续管理可由其他专业团队处理。

重要性: 软件存在于快速变化的技术和业务环境中。这就是为什么必须对软件进行持续的维护, 并在适当的时候对其实施再工程以保持同步。

步骤: 软件支持包含维护功能, 可以改正

</td>
<td>

缺陷, 对软件进行适应性修改以满足变化的环境, 增强功能以满足客户不断进化的需求。在战略层面, 支持团队与利益相关者合作检查软件产品的现有业务目标, 并对软件产品进行修正以更好地满足当前的业务目标。最后使用再工程的软件演化创建具有更高质量和更易于维护的现有程序的新版本。

工作产品: 产生一系列可维护的和再工程的工作产品 (例如, 用例、分析模型和设计模型、测试规程), 最终的产品是更容易维护和更好地满足用户需求的升级软件。

质量保证措施: 使用应用于每个软件工程过程的相同的软件质量和变更管理实践。

</td>
</tr>
</table>

不管计算机软件的应用领域、规模或复杂性如何, 计算机软件都将随时间而不断演化, 因为变更驱动着这个过程。对于计算机软件, 在很多情况下都会发生变更: 当进行纠错时会发生变更; 当修改某个软件以适应新环境时会发生变更; 当客户要求新的特性或新功能时会发生变更; 将应用系统再工程以适应现代环境时也会发生变更。当开发人员让利益相关者参与需求收集和原型开发时, 软件支持实际上就开始了 (图 27-1)。软件支持活动在系统退出使用时终止。

关键概念

文档重构
正向工程
库存目录分析
可维护性
维护任务
重构
　体系结构
　代码
　数据
发布管理
逆向工程
　数据
　处理
　用户界面
软件演化
软件维护

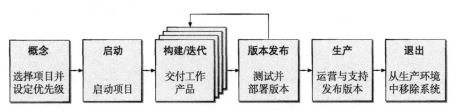

图 27-1　软件原型演化过程模型

在过去的 40 年中, Manny Lehman [如 Leh97a] 及其同事已经对行业级

的软件和系统进行了详细分析，目的是得到软件演化的统一理论（unified theory for software evolution）。这项工作的细节超出了本书的范围，但对其中一些基本规律的简要介绍是值得的 [Leh97b]：

关键概念
软件再工程
软件支持
可支持性

持续变更法则（1974）：由于软件是在真实世界的计算环境中实现的，因此将随着时间不断演化（称为 E 型系统），所以必须持续修改软件，否则这些软件将变得越来越不令人满意。

复杂性增长法则（1974）：随着 E 型系统的不断演化，系统的复杂性也随之增长，除非采取措施使系统保持或降低复杂性。

熟悉度守恒法则（1980）：随着 E 型系统的不断演化，与该系统相关的所有人员（如开发人员、销售人员、用户）都必须始终了解系统的内容和行为，以使得演化过程令人满意。过度的增长会削弱对其内容和行为的掌握程度。因此，在系统的演化过程中，平均增长值是恒定的。

持续增长法则（1980）：在 E 型系统的整个生命期内，其功能内容必须持续增长以满足用户需求。

质量下降法则（1996）：如果 E 型系统没有严格地进行维护，也没有随着操作环境的改变做适应性修改，那么 E 型系统的质量将有所下降。

Lehman 及其同事定义的这些法则是软件工程现实的固有部分。本章将讨论软件支持所面临的挑战以及延长遗留系统的有效生命周期所需要的维护和演化活动。

27.1 软件支持

软件支持可以被视为一项综合活动，其中包括我们在本书中已经讨论过的许多活动：变更管理（第 22 章）、风险管理（第 26 章）、过程管理（第 25 章）、配置管理（第 22 章）、质量保证（第 17 章）和发布管理（第 4 章）。发布管理是将修改后的高质量代码从开发人员的工作区带到最终用户的过程，包括代码变更集成、持续集成、构建系统规格、基础设施即代码（infrastructure-as-code），以及部署和发布 [Ada16]。最终，软件会中止技术支持。图 27-2 提供了一个显示软件产品发布和中止技术支持的时间线示例。

550

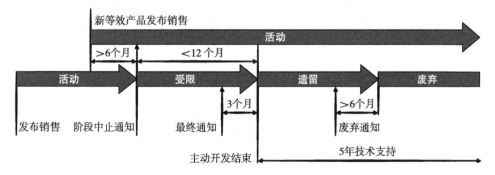

图 27-2　软件发布和中止技术支持范例

为了有效地支持工业级软件，你的组织（或其指定人员）必须能够进行改正、调整和增强，这些都是维护活动一部分。此外，组织还必须提供其他重要的支持活动，包括持续的操作支持、最终用户支持和整个软件生命周期的再工程活动。图 27-3 显示了一种软件发布后的支持模型。

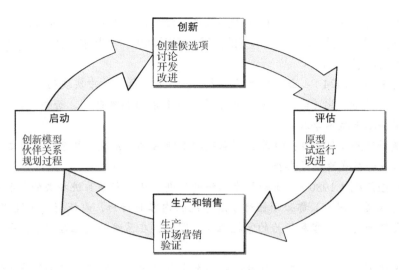

图 27-3   迭代式软件支持模型

软件可支持性的合理定义是：

……在软件系统的整个产品生命周期中支持它的能力。这意味着满足任何必要的需求或要求，但也包括提供设备、支持基础设施、附加软件、设施、操作人员或任何其他资源，以维持软件的运行并能够满足其功能。[SSO08]

从本质上讲，可支持性是在软件过程的分析和设计过程中应考虑的众多质量因素之一。它应该作为需求模型（或规格）的一部分来处理，并随着设计的发展和实施的开始而被考虑。在软件被新产品替换之前，应该考虑软件的维护时间。

例如，本书前面已经讨论过在构件和代码级别使用"防错（antibug）"软件的必要性。在操作环境中遇到缺陷时（没有出错，但会遇到缺陷），软件应包含协助支持人员进行处理的设施。此外，支持人员应该能够访问一个数据库，该数据库包含已经遇到的所有缺陷的特征、原因和解决方法的记录。这将使支持人员能够检查"类似"缺陷，并可能为更快速地诊断和纠正提供一种手段。

尽管应用程序中遇到的缺陷是一个关键的支持问题，但可支持性也要求提供资源来支持日常的最终用户问题。最终用户支持人员的工作是回答用户有关应用程序的安装、操作和使用的询问。

27.2 软件维护

软件维护几乎是在软件交付给最终用户后就立即开始。软件交付给最终用户后，几天后，缺陷报告就有可能送到软件工程组织；几周后，某类用户就可能会提出必须修改软件以适应他们所处环境的特殊要求；几个月后，另一个公司集团在软件发布时认为他们与这个软件毫不相干，但现在意识到该软件可能会给他们带来意想不到的好处，因此他们需要做些改进，使软件可以用于他们的环境。

软件维护所面临的挑战已经开始。软件工程组织面临着不断增长的代码错误修改任务、适应性修改请求及彻底的增强，这些都必须进行策划、安排进度并最终完成。用不了多久，维护队列就已经很长，这意味着修正工作可能会用尽现有的资源。随着时间的推移，软件工程组织会发现自己花在维护现有程序上的资金和时间远比建造新的应用系统多得多。事实上，对于一个软件组织来说，将所有资源的 60% ～ 70% 花费在维护使用了几年的软件产品上是很常见的。

就像在第 22 章中讲到的，所有软件工作都普遍在变更之中进行。开发计算机系统时，变更是不可避免的。因此，软件组织一定要建立评估、控制及进行修改的机制。　552

本书从始至终都一直强调弄清楚问题（分析）和给出结构明确的解决方案（设计）的重要性。实际上，本书第二部分就主要讨论了这两个软件工程活动的机制，第三部分重点介绍了能够保证软件组织正确完成这两个软件工程活动所需要的技术。分析和设计都可以达到一个重要的软件特性，即可维护性。本质上，可维护性（maintainability）是一个定性指标[⊖]，它表明对现有软件进行改正、适应或增强的容易程度。软件工程所涉及的大部分内容都是建造能够表现出高可维护性的系统。

但什么是可维护性？可维护的软件表现为有效的模块性（第 9 章），它采用易于理解的设计模式（第 14 章），开发时采用了明确定义的编码标准及约定，编写的源代码能够自身文档化且易于理解。它应用了大量质量保证技术（本书第三部分），在软件交付之前就已经找出了潜在的维护问题。创建它的软件工程师们已经意识到：实施变更时他们可能已经离开了，因此，软件的设计与实现必须对实施变更的人员"有帮助"。

27.2.1　维护类型

在第 4 章中，我们讨论了图 27-4 所示的四种维护类型。很明显，改正性和适应性维护不会增加新的功能。在完善性维护和预防性维护期间，很可能会在软件中添加新的功能。

在本章中，我们将讨论与软件支持过程相关的三大类软件维护：逆向工程、软件重构和软件演化或再工程。逆向工程是分析软件系统的过程，以识别系统的构件及其相互关系，并以另一种形式或更高抽象层次创建系统的表示（27.2.2 节）。通常，逆向工程用于重新发现　553
系统设计元素，并在修改系统源代码之前重新记录它们。重构是改变一个软件系统的过程，这样它就不会改变它的外部行为，而是改善它的内部结构。重构通常用于提高软件产品的质量，使其更易于理解和维护（27.4 节）。软件的再工程（演化）是指从一个现有的软件系统中生成一个新的系统的过程，该系统具有与使用现代软件工程实践创建的软件相同的质量[Osb90]。27.5 节讨论了再工程和软件演化。

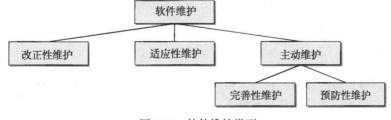

图 27-4　软件维护类型

27.2.2　维护任务

这是一个常见的场景：应用程序已经满足了公司 10 年或 15 年的业务需求。在这段时间

⊖　有些定量测量可以提供可维护性的间接指标（例如 [Sch99]、[SEI02]）。

里，它被多次修正、调整和增强。人们对这项工作抱着最好的意图，但是好的软件工程实践总是被放到一边（排在其他更紧急的事情后面）。现在应用程序是不稳定的，它仍然有效地工作。但每次尝试改变，都会出现意想不到的严重副作用。然而，应用程序必须继续演化。怎么办？

无法维护的软件并不是一个新问题。事实上，对软件演化和再工程（27.5 节）的广泛关注是由软件维护问题引起的，这些问题已经出现了近半个世纪。图 27-5 显示了作为受控软件维护过程的一部分应该完成的一组通用任务。

图 27-5 软件维护任务

敏捷过程模型与我们在第 4 章中描述的 4 周冲刺内交付的增量原型相似。可以说，敏捷开发人员在每一个软件增量中都添加了新的利益相关者的需求，因此处于永久的软件支持模式。然而，重要的是要认识到软件开发不是维护，最好由不同的工程师小组处理这两项任务。Heeager 和 Rose[Heel5] 提出了九种启发式方法来帮助维护变得更加灵活。

1. 使用冲刺来组织维护工作，应当把握好客户满意和开发人员技术需求的平衡。
2. 允许紧急客户需求中断预定的维护冲刺，可以在维护冲刺计划时包含实现这部分需求的时间。
3. 确保经验丰富的开发人员能够指导经验不足的人员（即使是在处理自己的任务时），以促进团队学习。
4. 允许多个团队成员第一时间接收客户需求，并与维护团队成员协调处理。
5. 把握写文档和面对面交流的平衡，合理规划会议时间。
6. 编写非正式的用例以补充用于与利益相关者沟通的文档。
7. 让开发人员交叉测试（包括缺陷修复和新特性实现）。这将使团队成员实现经验共享并提高产品归属感。
8. 确保开发人员能够互相共享知识。这可以激励他们提高技能和知识（允许开发人员学习新事物，提高他们的专业技能，并更均匀地分配任务）。
9. 保持规划会议简短、频繁和重点突出。

27.2.3 逆向工程

在响应任何维护需求之前，软件工程师需要完成的第一项任务是了解需要修改的系统。遗憾的是，正在维护的系统往往质量低下，缺乏合理的文档。这就是技术债务的意义所在。技术债务通常是由于开发人员在添加特性时没有对其进行文档记录或考虑其对软件系统的影响而造成的。

逆向工程可以从源代码中提取设计信息，但是这些信息的抽象层次、文档的完整性以及分析人员能够在多大程度上便利使用的工具，这些都是高度可变的。逆向工程使人联想到一个"魔术通道"：你把一个随意设计的、没有文档记录的源文件输入通道的一端，然后从另一端输出一个完整的计算机程序设计描述（和完整的文档）。不幸的是，这样的魔术通道并不存在。

逆向工程要求开发人员通过检查旧的软件系统（通常是无文档记录的）源代码、编写正在运行的处理、正在使用的用户界面、程序数据结构或相关数据库的规格说明来评估旧的软件系统。

理解数据的逆向工程。数据的逆向工程可以发生在不同的抽象层次，并且通常是第一项再工程任务。在某些情况下，第一个逆向工程活动试图构建一个 UML 类图。在程序层，作为整体再工程工作的一部分，必须对内部程序的数据结构进行逆向工程。在系统层，通常要将全局数据结构（例如，文件、数据库）实施再工程以符合新的数据库管理规范（例如，从平面文件转移到关系数据库系统或面向对象数据库系统）。对现有全局数据结构的逆向工程为引入新的系统范围的数据库奠定了基础。

内部数据结构。针对内部程序数据的逆向工程技术着重于对象的类定义。对程序代码 555 进行检查，组合相关的程序变量以完成类的定义。在大多数情况下，代码中的数据组织建议了几种抽象数据类型。例如，记录结构、文件、列表和其他数据结构通常都给出了类的最初指示。

数据结构。不考虑其逻辑组织及物理结构，数据库允许定义数据对象，并支持在对象间建立关系的方法。因此，当要将一种数据库模式实施再工程使之成为另一种数据库模式时，需要弄清楚现有对象及它们之间的关系。

为了对新数据模型实施再工程，首先要定义现有数据模型，可用下面的步骤 [Pre94]：（1）构造初始的对象模型；（2）确定候选关键字（考察每一个属性，以确定其是否被用来指向另外的记录或另一张表，充当指针的那些属性就是候选关键字）；（3）细化实验性的类；（4）定义一般化关系；（5）使用与 CRC 方法相似的技术找出关联关系。一旦知道了在前面步骤中所定义的信息，则可以通过一系列转换 [Pre94] 将旧的数据库结构映射到新的数据库结构。

理解处理的逆向工程开始于试图弄清楚并抽取出源代码所表示的过程抽象。为了弄清楚过程抽象，需要在不同的抽象级别分析代码：系统级、程序级、构件级、模式级和语句级。

在进行更详细的逆向工程前，必须弄清楚整个应用系统的整体功能。这项工作确定了进一步分析的范围，并对更大系统中应用间的互操作问题有了深入的理解。构成应用系统的每一个程序代表了在更高详细层次上的功能抽象，可以用结构图表示这些功能抽象间的交互作用。每一个构件实现某个子功能，同时也表示某个定义的过程抽象，所以要对每个构件的处理进行描述。在某些情况下，系统、程序和构件的规格说明已经存在，若是这种情况，要对这些规格说明进行评审，以确认是否与现有代码相符[⊖]。

当考虑构件中的代码时，事情变得更复杂。工程师需找到表示通用过程模式的代码段。几乎在每个构件中都是由一个代码段准备（在模块内）要处理的数据，由另一个不同的代码段完成处理工作，然后再由另一个代码段准备构件要输出的处理结果。在每个代码段中，工程师都可能遇到更小的模式，例如，数据确认和范围检查经常出现在为处理准备数据的代码段中。

对于大型系统，通常采用半自动方法完成逆向工程。使用自动化工具帮助软件工程师弄清楚现有代码的语义，然后将该过程的结果传递给重构和正向工程工具以完成再工程过程。 556

用户界面的逆向工程也是维护任务的一部分。高级图形用户界面（GUI）对于计算机产品和各类计算机系统来说都是不可缺少的，因此，用户界面的重新开发已经成为最常见的再工程活动类型之一。但是，在重建用户界面之前，应该先进行逆向工程。

为了能够完全弄清楚现有的用户界面，必须详细说明界面的结构和行为。Merlo 及其同

⊖ 通常，在程序生命历史早期编写的规格说明从未更新过。随着代码被修改，代码不再与规格说明相符。

事 [Mer93] 提出了在用户界面（UI）的逆向工程开始前必须回答的 3 个基本问题：

- 界面必须处理的基本动作（例如，击键和点击鼠标）是什么？
- 系统对这些动作的行为反应的简要描述是什么？
- "替代者" 意味着什么？或更确切地说，在这里，有哪些界面的等价概念是相关的？

对于前两个问题，行为建模符号（第 9 章）可以提供求解方法，创建行为模型所必需的信息多数可以通过观察现有界面的外部表现而得到，但是，还有一些信息必须从代码中抽取。

值得注意的是，替代的 GUI 可能并不是旧界面的精确镜像（实际上，它可能完全不同）。开发新的交互隐喻通常是值得的，例如，旧的 UI 要求用户提供比例因子（范围从 1 到 10），用来放大或缩小图像，再工程后的 GUI 可能使用触摸屏手势来完成相同的功能。

27.3　主动软件支持

我们在第 26 章中描述了被动和主动风险管理之间的区别。我们还将预防性维护和改善性维护描述为主动维护活动（27.2.1 节）。如果软件工程的目标是及时、经济高效地交付满足客户需求的高质量产品，那么软件支持与其他软件工程活动一样，需要使用受管理的工作流程，从而避免不必要的返工。

支持软件即对其进行调整，以满足不断变化的客户需求，并修复最终用户报告的缺陷。这项工作可能需要法律、合同协议，或通过产品质保书。修复软件可能是一个耗时且成本高昂的过程，在客户问题成为紧急情况之前，预测问题并安排响应客户问题所需的工作非常重要。主动软件支持要求软件工程师创建工具和流程，帮助他们在软件问题成为问题之前识别和解决它。主动软件维护和支持的一般过程如图 27-6 所示。

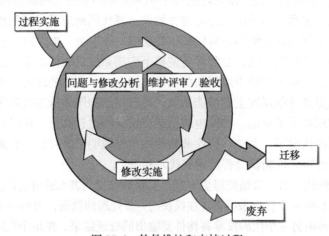

图 27-6　软件维护和支持过程

557　　　主动支持过程类似于风险监控和缓解（26.6 节）。开发人员需要搜索表明其软件产品可能存在质量问题的指标。有时，这些问题可以通过改进产品并将其迁移到新版本来解决（27.5 节）。有时软件可以重组或重构（27.4 节），以提高其质量并使其更易于维护。在某些情况下，这些问题非常严重，以至于开发人员需要制定计划，在客户放弃产品之前，让产品退出并开始创建替代产品。

27.3.1　软件分析的使用

目前，人工智能方法在软件工程工作中有 3 种主要用途 [Harl2b]：概率推理、机器学习和预测、以及基于搜索的软件工程。概率推理技术可用于软件可靠性建模（17.7.2 节）。机器学习可用于通过预测可能导致软件故障的缺陷的存在来自动发现软件故障的根本原因（15.4.3 节）。基于搜索的软件工程可以用来帮助开发人员识别有用的测试用例，使回归测试更加有效（20.3 节）。所有这些应用程序都使用了类似于我们在第 23 章中讨论的软件分析。

为了使分析有用，它们必须是可执行的，这意味着要花费精力来确定哪些测量值值得收集，因为它们具有预测价值，而哪些不值得收集。Port 和 Tabor[Pori 8] 建议，可以使用分析来估计：基于产品中尚未发现的缺陷估计得到的缺陷发现率、运行期间发现缺陷的间隔时间，以及修复缺陷所需的工作量。了解这些可以更好地规划成本和时间，一旦系统发布给最终用户使用，就应分配这些成本和时间用于维护系统。重要的是要记住，即使是最好的估计也包含猜测的因素，因此意外的失败仍可能发生。　|558|

Zhang 和她的同事们 [Zha13] 报告了在使用软件分析进行主动维护任务时吸取的一些经验教训。

1. 一定要使用分析方法来识别有意义的开发问题，否则软件工程师就不会买账。
2. 分析必须利用对开发人员有用的应用领域知识（这意味着使用专家来验证分析）。
3. 开发分析需要迭代和来自预期用户的及时反馈。
4. 确保分析可扩展到更广泛的问题，并可定制以融入随着时间的推移而取得的新发现。
5. 使用的评估标准需要与实际的软件工程实践关联。

挖掘软件存储库中的历史信息是获取前面提到的 AI 技术所需的训练信息的一种普遍方式 [Sun15]。使用这些发现的知识有助于开发人员确定其软件支持活动的目标。关于分析和数据科学使用的其他讨论见本书附录 2。

27.3.2　社交媒体的作用

许多在线商店（如 Google Play 或苹果的 App Store）允许用户通过发布评分或评论来提供对应用程序的反馈。这些评论中的反馈可能包含使用场景、错误报告或功能请求。使用自然语言处理和机器学习技术挖掘这些报告可以帮助开发人员识别潜在的维护和软件演化任务 [Sun15]。然而，这些信息大多是非结构化的，而且信息量太大，如果不使用自动化的统计工具来减少信息量并创建可操作的分析来指导支持决策，就很难理解这些信息。

许多公司都维护 Facebook 页面或 Twitter 订阅源来支持其用户社区。一些公司鼓励他们的软件产品用户发送程序崩溃信息供支持团队成员分析。还有一些公司在客户不知情的情况下跟踪他们的产品如何使用以及在何处使用，这种做法值得商榷。自动收集大量用户信息非常容易，软件工程师必须抵制以不道德的方式利用这些信息的诱惑。

27.3.3　支持成本

在理想世界中，应该立即淘汰每一个不可维护的程序，由运用现代软件工程实践开发的高质量的、再工程后的应用程序所替代。但是，我们生活在一个资源有限的世界，再工程要消耗可能用于其他业务目的的资源，因此，一个组织在试图对现有应用程序实施再工程之前，应该进行成本效益分析。　|559|

Sneed[Sne95] 提出了再工程的成本效益分析模型，其中定义了 9 个参数：

$$P_1 = 应用程序当前的年度维护成本$$

$P_2 =$ 应用程序当前的年度运作成本

$P_3 =$ 应用程序当前的年度业务价值

$P_4 =$ 再工程后预期的年度维护成本

$P_5 =$ 再工程后预期的年度运作成本

$P_6 =$ 再工程后预期的年度业务价值

$P_7 =$ 估计的再工程成本

$P_8 =$ 估计的再工程日程

$P_9 =$ 再工程风险因子（$P_9 = 1.0$ 为标称值）

$L =$ 系统的期望生命期

与某候选应用程序（即，未执行再工程的应用系统）的持续维护相关的成本可以定义：

$$C_{\text{维护}} = [P_3 - (P_1 + P_2)] \times L \tag{27.1}$$

与再工程相关的成本用下面的关系定义：

$$C_{\text{再工程}} = P_6 - (P_4 + P_5) \times (L - P_8) - (P_7 \times P_9) \tag{27.2}$$

利用式（27.1）和式（27.2）中计算出的成本，可以计算出再工程的整体效益：

$$\text{成本效益} = C_{\text{再工程}} - C_{\text{维护}} \tag{27.3}$$

可以对所有标识为演化或淘汰的高优先级应用程序（27.5 节）进行上述的成本效益分析，那些显示最高成本效益的应用程序可以作为主动维护或演化对象，而其他应用程序的主动维护或演化可以推迟到有足够资源时进行。

27.4 重构

软件重构工作是要修改源代码和数据，使软件适应未来的变化。通常，重构并不修改总体程序结构，它倾向于关注单个模块的设计细节及模块中所定义的局部数据结构。如果重构扩展到模块边界之外，而且涉及软件体系结构，则重构变成了正向工程（27.5 节）。

当某应用系统的基本体系结构比较好，但技术的内部细节需要修改，则需要对应用系统进行重构。当软件的大部分是有用的，仅仅需要对部分模块和数据进行扩展性修改时，则启动重构活动[⊖]。

27.4.1 数据重构

在数据重构开始前，必须先进行称为源代码分析（source code analysis）的逆向工程活动。评估所有包含了数据定义、文件描述、I/O 以及接口描述的程序设计语言语句，目的是抽取数据项及对象，获取关于数据流的信息，以及弄清楚现有的已实现的数据结构。有时也称该项活动为数据分析（data analysis）。

一旦完成了数据分析，就可以开始数据重设计（data redesign）。其最简单的形式为：通过数据记录标准化（data record standardization）步骤明确数据定义，从而使现有数据结构或文件格式中的数据项名或物理记录格式取得一致。另一种重设计形式称为数据名合理化（data name rationalization），这种重设计形式能够保证所有数据命名约定符合本地标准，并且当数据在系统内流动时可以忽略别名。

当重构超出标准化和合理化的范畴时，要对现有数据结构进行物理修改以使数据设计更

⊖ 扩展性重构和再开发有时很难区分，两者均属于再工程。

为有效。这可能意味着从一种文件格式到另一种文件格式的转换，或在某些情况下，意味着从一种数据库类型到另一种数据库类型的转换。

27.4.2 代码重构

进行代码重构（code restructuring）是为了生成与源程序具有相同功能但具有更高质量的设计。其目的是采用"意大利面碗"式的代码，并推导出符合第15章和第17章中讨论的质量因素的设计。

其他重构技术也被提出用于重构工具。一种方法可能依赖于反面模式的使用（14.5节），既可以识别糟糕的代码设计实践，也可以提出减少耦合和提高内聚性的可能解决方案[Bro98]。尽管代码重构可以解决与调试或小更改相关联的即时问题，但它不是再工程。只有当数据和体系结构也被重构时，才能获得真正的好处。

27.4.3 体系结构重构

我们在第10章中指出，对已经投入生产的软件产品进行体系结构更改可能是一个成本高昂且耗时的过程。然而，当一个程序的控制流看起来像一碗意大利面，一个"模块"有2000行代码，在290000条源代码中几乎没有有意义的注释行，并且没有其他文档必须修改以适应不断变化的用户需求时，最好将体系结构重构作为设计的一种取舍方案。一般来说，对于这样一个混乱的程序，你有以下选项：

1. 你可以努力地修改再修改，与特殊的设计和复杂的源代码斗争以实现必要的更改。
2. 你可以尝试理解程序更广泛的内部工作机制，以更有效地进行修改。
3. 你可以修改（重新设计、重新编码和测试）软件中需要修改的部分，将有意义的软件工程方法应用到所有修改的部分。
4. 你可以完全重做（重新设计、重新编码和测试）整个程序，使用再工程工具帮助理解当前的设计。

没有单一的"正确"选项。即使其他选择更可取，现实情况也可能选择第一个选项。

开发或支持组织不必等收到维护请求时，而是使用库存目录分析的结果来选择一个程序，该程序（1）将在预期的数年内保持使用；（2）当前正在成功使用；（3）可能在不久的将来进行重大修改或增强。然后，应用选项2、3或4。我们将在27.5节中讨论软件演化和再工程。

27.5 软件演化

乍一看，当一个工作版本已经存在时，重新开发一个大型程序的建议似乎是相当奢侈的。再工程需要时间，成本很高，并且投入了可能在其他情况下被直接占用的资源。因此，再工程不是在几个月甚至几年内完成的。

软件系统的再工程是一项长期投入软件工程资源的活动。这就是为什么每个组织都需要一个实用的软件再工程策略。如果时间和资源短缺，你可以考虑将帕累托（Pareto）原理应用于需要再工程的软件，并将再工程过程应用于对80%的问题负责的20%的软件。

在做出判断之前，请考虑以下观点。维护一行源代码的成本可能是该行代码初始开发成本的20到40倍。此外，使用现代设计概念重新设计的软件体系结构（程序和数据结构）非常有利于将来的维护。用于再工程或软件演化的自动化工具将使工作的某些部分变得更容易。因为软件的原型已经存在，所以开发效率应该远远高于平均水平。用户已经有了使用该软件的经验，因此，可以更容易地确定新的需求和变更的方向。在这个演化式预防性维护的最后，开发人员将得到一个完整的软件配置（文档、程序和数据）。

再工程是一种重构活动。为了更好地理解再工程，考虑一个类似的活动：房屋重建。考虑如下情况：你在另一个州买了房屋。你从未真正看到过这处房产，但你以惊人的低价买下了它，并收到可能要完全重建的警告。你会怎么做？

- 在开始重建之前，检查一下房屋是合理的。为了确定它是否需要重建，你（或专业检查员）将创建一个标准列表，以便于进行系统的检查。
- 在你拆毁和重建整座房屋之前，一定要确保结构薄弱不能再使用。如果房屋结构合理，可以在不重建的情况下（以更低的成本和更短的时间）进行"改造"。
- 在开始重建之前，请确保你已了解房屋原来是如何建造的。看一眼墙的后面，了解布线、管道和内部结构。即使你认为那些都是垃圾，当你开始施工的时候，你对它们的了解也会给你带来帮助。
- 如果开始重建，只使用最新的、最耐用的材料。现在可能会贵一点，但它可以帮助你避免以后昂贵和耗时的维护。
- 如果决定重建，要采用严格的方式。使用在现在及将来都将获得高质量的做法。

尽管这些原则侧重于房屋重建，但它们同样适用于不断发展的基于计算机的系统和应用。

为了实现这些原则，你可以使用如图 27-7 所示的循环过程模型进行再工程。这个模型定义了 6 个活动，因为它是循环的，所以可以根据需要开展任何一项活动。对于任何特定的循环，流程可以在这些活动中的任何一个之后终止。

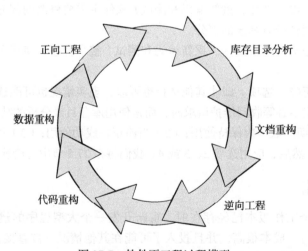

图 27-7　软件再工程过程模型

27.5.1　库存目录分析

各软件组织应该保存所有应用系统的库存目录。该目录可能仅仅是一个电子表格模型，其中为每个常用的应用系统提供了详细的描述（例如，规模、年限、业务重要程度）。按照业务重要程度、寿命、当前可维护性和可支持性以及其他本地重要准则对这些信息排序，可以选出再工程的应用系统，然后为这些应用系统的再工程工作分配资源。

值得注意的是：应该对库存目录进行定期分析。因为应用系统的状态（例如，业务重要程度）可能随时间发生变化，从而会使再工程的优先级发生变化。

27.5.2 文档重构

拙劣的文档是很多遗留系统的特点。但是，对此能做些什么呢？如何进行选择？在某些情况下，当没有素材时，建立文档是非常耗费时间的。如果系统正常运作，可以选择保持现状，然而当发生变更时，则必须进行文档化。系统是业务关键的，而且必须完全地重构文档。即使出现这种情况，也最好是设法将文档精简到最少。软件组织必须针对不同的情形选择最适合的方法。

27.5.3 逆向工程

软件的逆向工程是分析程序、在高于源代码的抽象层次上表示程序的过程。逆向工程是一个设计恢复（design recovery）过程。逆向工程工具从现有的程序中抽取数据、体系结构和过程的设计信息。

27.5.4 代码重构

最常见的再工程（实际上，在这里使用术语再工程是有疑问的）类型就是代码重构（code refactoring）。有些遗留系统具有相对可靠的程序体系结构，但是，个别模块的编码方式使得程序难于理解、测试和维护。在这样的情形下，可以对可疑模块内的代码进行重构。

要实现代码重构，可以使用重构工具去分析源代码，将与结构化程序设计概念相违背的部分标注出来，然后对代码进行重构（此工作可以自动进行）或者用更现代的程序设计语言重新编写。对生成的重构代码进行评审和测试，以确保没有引入不规则的代码，并更新内部的代码文档。

27.5.5 数据重构

数据体系结构差的程序将难于进行适应性修改和增强。事实上，对大部分应用系统来说，数据体系结构比源代码本身对程序的长期生存力影响更大。

与抽象层次较低的代码重构不同，数据重构是一种全范围的再工程活动。在大多数情况下，数据重构开始于逆向工程活动。对当前的数据体系结构进行分解，并定义必要的数据模型，标识数据对象和属性，并对现有的数据结构进行质量评审。

当数据结构较差时（例如，当前实现的是平面文件（flat files）的方式，而关系型方法可以大大地简化处理），应该对数据进行再工程。

由于数据体系结构对程序体系结构及其算法有很强的影响，所以对数据的变更总会导致体系结构或代码层的变更。

563
~
564

27.5.6 正向工程

在理想情况下，可以使用自动的"再工程引擎"来重建应用系统。将旧程序输入引擎，经过分析、重构，然后重新生成能够表现出最好的软件质量的程序。短期内，这样的"引擎"还不可能出现，但是，有的厂商已经开发了针对特定应用领域（例如，用特定数据库系统实现的应用）的一些工具，能够实现一部分功能。更重要的是，这些再工程工具正在变得越来越成熟。

正向工程不仅能够从现有软件恢复设计信息，而且还能够使用这些信息去改变或重构现有系统，以提高其整体质量。大多数情况下，实施了再工程的软件可以重新实现现有系统的功能，并且还能够加入新功能和（或）提高整体性能。在大多数情况下，正向工程并不是简单地创建一个与旧程序相当的新程序。相反，再工程集成了新的用户需求和技术需求，重新开发的程序扩展了旧应用程序的功能。

27.6　小结

软件支持是在应用程序的整个生命周期中的持续活动。在支持过程中，启动软件维护，纠正缺陷，进行适应性修改以适应不断变化的运行环境或业务环境，在利益相关者的要求完成了增强任务。此外，还支持用户将应用系统集成到他们的个人工作流或业务工作流中。

软件维护和支持活动必须是主动的。在客户发现问题并对软件产品产生不满之前，最好能预见问题并消除问题的根源。软件分析的使用可以帮助软件开发人员在潜在的缺陷和维护问题造成损失之前确定它们。

在软件层面，再工程检查信息系统和应用程序，目的是进行重构以提高质量。软件演化或再工程包括一系列活动：库存目录分析、文档重构、逆向工程、代码重构、数据重构以及正向工程。这些活动的目的是创建现有程序的更高质量和更易于维护的版本——将在 21 世纪具有良好生命力的程序。

可以定量地确定再工程的成本效益，现状的成本（即与现存应用系统不断发生的支持和维护相关的成本）与预期的再工程成本及维护成本和支持成本的减少进行比较。在几乎所有情况下，如果一个程序的生命周期很长，并且目前表现出很差的可维护性或可支持性，那么再工程就是一种具有成本效益的业务战略。

[565]

习题与思考题

27.1　软件支持与软件维护有何不同？

27.2　老师从班上每个人在本课程中开发的程序中选择一个，随机地将你的程序和其他人的程序交换，不对该程序进行解释或走查。现在，对你所接收的程序实现某些改进（由老师指定）。

　　a. 完成所有软件工程任务，包括粗略的走查（但不能和程序的作者交流）。

　　b. 仔细跟踪测试过程中遇到的所有错误。

　　c. 在班上介绍你的经验。

27.3　建立软件再工程库存分析检查表，并提出一个可应用于现有项目的定量软件评价系统，目的是为再工程挑选候选项目。这个系统应该扩展到 27.3 节中所述的经济分析。

27.4　提出一种对纸、墨或传统的电子文档的替代物，可将它作为文档重构的基础。（提示：考虑能够用于软件交流的新的描述技术。）

27.5　有人相信人工智能技术将提高逆向工程过程的抽象层次，对此专题（例如，人工智能在逆向工程中的应用）进行研究，并撰写一篇支持此论点的简短论文。

27.6　为什么当抽象层次增加时，完备性更难于达到？

27.7　为什么主动软件支持比被动缺陷修复更可取？

27.8　使用通过 Web 获得的信息，向班级介绍 3 种逆向工程工具的特点。

27.9　重构和正向工程之间存在差别，这些差别是什么？

[566]　27.10　如何在 27.3.3 节给出的成本效益模型中确定 $P_4 \sim P_7$？

高 级 课 题

在本书这一部分中，我们考虑一些能够对软件工程加深理解的高级研究课题。在下面的章节中，我们将讨论以下问题：

- 什么是软件过程改进（Software Process Improvement，SPI）？怎样利用软件过程改进来提高软件工程实践的现状？
- 对未来十年软件工程实践有重大影响的趋势是什么？
- 软件工程师未来的发展方向是什么？

通过对这些问题的回答，将有助于理解在不远的将来对软件工程有深远影响的那些课题。

567

软件过程改进

<table>
<tr><td colspan="2" align="center">要 点 概 览</td></tr>
<tr>
<td>概念：软件过程改进（SPI）包含了一系列活动，这些活动可以产生更好的软件过程，因而，更高质量的软件就可以及时地交付给客户。

人员：技术管理者、软件工程师和承担质量保证责任的个人。

重要性：当软件组织努力改进软件工程实践的时候，他们不得不关注并解决已有过程中的缺陷。

步骤：SPI 方法是迭代的和连续的，它包</td>
<td>括 5 个步骤：（1）评估；（2）教育和培训；（3）过程、技术的选取和合理性判定；（4）SPI 计划的实现；（5）结果的评价和调整。

工作产品：更高质量的软件。

质量保证措施：软件将以更少的缺陷提交给客户，软件过程中每一阶段的返工将会减少，及时交付产品的可能性将会得到提高。</td>
</tr>
</table>

"软件过程改进"这个术语已经使用很久了，我曾工作过的大多数公司都在试图改进他们软件工程实践的状况。因此我根据经验编写了 *Making Software Engineering Happen* 这本书 [Pre88]。在这本书的序言中，有下面这段话：

> 过去的十年，我有一些机会帮助很多大型公司实现他们的软件工程实践。这个工作是很困难的，并且很少能如人们希望的那样顺利——但是，一旦成功，其意义就是深远的。

> 但是，所有这些并不都是令人愉快的和充满光明的。许多公司试图实施软件工程实践，但在受挫后不得不放弃。其他一些公司也半途而废，从来没有看到如上所述的那些好处。还有一些公司以一种严格的方式做了尝试，其结果是技术人员和管理人员公开抵触，随后导致士气低落。

尽管这些话是 30 多年前写的，但今天依然适用。

前几年，绝大多数的软件工程组织都试图"使软件工程得以实现"。一些组织已经实现了一些个别的实践，用来帮助改进其产品的质量，并且提高了交付的及时性。另外一些组织建立了"成熟的"软件过程，用来指导他们的技术和项目管理活动。但是，还有一些组织仍然在努力摸索。他们的实践是碰巧的，过程也是特别的。偶尔，他们的工作也是非常杰出的，但是，更主要的是他们的每项项目都在冒险，没有人知道结局是好还是坏。

所以，上面提到的后两种组织都需要软件过程改进吗？答案（可能会令你大吃一惊）是肯定的。那些已经成功地使软件工程成为现实的组织并不能自鸣得意。他们必须继续工作来

関键概念

评估
CMMI
教育和培训
评价
设置／迁移
合理性判定
成熟度模型
人员 CMM
投资回报率
风险管理
选择
软件过程改进
适应性
定义
框架
过程

改进软件工程方法。那些还在努力摸索的组织更要朝着改进的道路前进。

28.1 什么是 SPI

术语软件过程改进（Software Process Improvement，SPI）包含很多方面。首先，它包含以有效方式定义的有效过程的一些要素；其次，组织内已存在的关于软件开发的方法要依据这些要素进行评估；第三，它定义了有价值的改进策略。SPI 策略将已有软件开发的方法转换成一些更集中、更可重复、更可靠的事物（就所生产产品的质量和交付给客户的时间而言）。

由于 SPI 需要有投入，因此它必然会产生相应的投资回报。实施 SPI 策略所付出的工作量和时间必须要有某种度量方法。这样，改进过程和实践的结果必然会减少解决软件"问题"的费用和时间。必须减少交付给最终用户的软件中存在的缺陷，减少由于质量问题导致的返工次数，减少软件维护和支持（第27章）的相关费用，并减少软件延期交付导致的间接成本。

28.1.1 SPI 的方法

尽管一个组织可能会选择不太正式的 SPI 方法，但大多数组织还是会从众多的 SPI 框架中选择一个框架。SPI 框架定义了以下内容：（1）如果要获得有效的软件过程，就要给定一组特性；（2）用来评估是否具有这些特性的一种方法；（3）一种总结这些评估结果的机制；（4）用来帮助软件组织弥补在实施过程中发现弱点和缺失的一种策略。

SPI 框架评估一个组织软件过程的"成熟度"，并提供成熟度等级定性的表示。实际上，术语"成熟度模型"（28.1.2节）经常会用到。从本质上讲，SPI 框架包括一个成熟度模型，此模型又包含了一组过程质量指标，这些指标提供了对过程质量的整体测度，而过程质量决定了产品质量。

图 28-1 提供了一个典型的 SPI 框架视图。该框架的关键元素和它们彼此之间的关系如图所示。

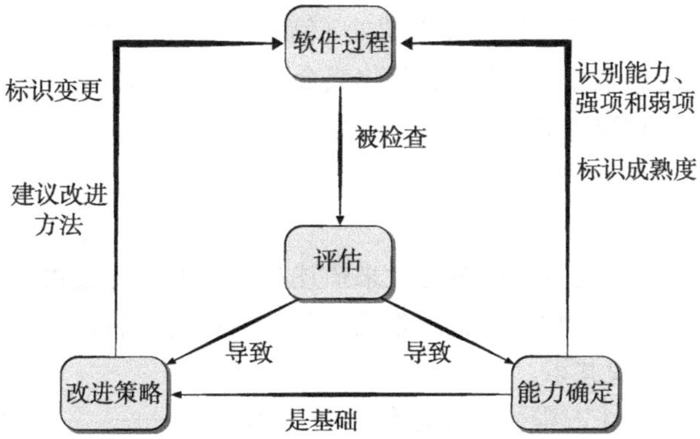

图 28-1 SPI 框架的要素 [Rou02]

应该注意，不存在通用的 SPI 框架。实际上，一个组织选择的 SPI 框架关系到主持 SPI 工作的相关人员。随着 SPI 框架的应用，发起 SPI 的组织必须建立一些机制以达到以下目的：（1）支持技术变迁；（2）确定一个组织吸收所提出的过程变革的准备程度；（3）衡量已经采取变革的程度。

28.1.2 成熟度模型

成熟度模型在 SPI 框架环境中应用。成熟度模型的目的是提供软件组织所具有的"过程成熟度"的总体指标，即软件过程质量的指标、业务人员对过程理解和应用的程度、软件工程实践的总体状况。这可以使用一些有顺序的等级来达到。

例如，卡内基·梅隆大学软件工程研究所的能力成熟度模型（28.3 节）给出了 5 个成熟度等级，从初始级（最基本的软件过程）到优化级（取得最佳实践的过程）[⊖]。

最主要的问题是成熟度级别（例如作为 CMMI 一部分提出来的）是否带来了实质的好处。我认为是的。成熟度级别提供了易于理解的过程质量快照，业务人员和管理者可以将其作为参考基准使用，从中规划改进的策略。

28.1.3 SPI 适合每个人吗

很多年来，SPI 一直被视为"大型企业"的活动——仅仅在大公司起作用的一种委婉说法。但是今天，职员少于 100 人（初创公司少于 24 人）的软件开发公司中，有相当大比例公司都用到了 SPI。一个小型软件公司能真正用到 SPI 活动并保证它成功吗？

在大型软件开发组织和小型软件开发组织之间存在重大的文化差异。小型组织更加非正式，很少应用标准实践，倾向于自我管理，这不足为奇。他们对软件组织个别成员的"创造力"还往往感到自豪，并且最初以为 SPI 框架过于官僚和笨重。然而，过程改进对于小型软件开发组织和大型软件开发组织一样，都是非常重要的。

在小型组织内，实施 SPI 框架所需要的资源可能是组织内缺少的。管理者必须分配相应的人力和财力，以使软件工程成为现实。因此，不管软件组织的规模是大是小，考虑实施 SPI 的商业动机都应该是合理的。需要经常查看所提出的过程活动。如果一个特定的过程模型或 SPI 方法过度地伤害了你的组织，那也没什么稀奇，很可能就是这样。

项目数据的量化分析表明，小型企业所青睐的敏捷方法在一定程度上可以提高生产效率，提高客户满意度 [Ser15]。只有当 SPI 的支持者证明了它的财务杠杆作用，SPI 才会被核准并实施 [Bir98]。财务杠杆通过检查技术益处（例如，交付时更少的缺陷、减少返工、更低的维护成本或更快的上市时间）并将它们转化成金钱来证明。本质上，你必须提供真实的投资回报率（28.6 节）来对 SPI 的成本进行合理性判定。

28.2 SPI 过程

使用 SPI 的困难之处不是定义一组特性来描述高质量的软件过程或过程成熟度模型的创建。这些东西是比较容易的。相反，最困难的是就如何在整个软件组织中对启动 SPI 以及制定 SPI 不断前进的策略达成共识。

卡内基·梅隆大学软件工程研究所已经开发了 IDEAL——"一个组织改进模型，作为路线图服务于启动、策划和实施改进活动"[SEI08]。IDEAL 是很多 SPI 过程模型的代表，它定义了 5 个不同的活动——启动、诊断、建立、行动和学习，通过这些 SPI 活动来指导组织进行实践。

⊖ 28.3 节讨论了 CMM 模型的更新。

在本书中，基于原来在 [Pre88] 中提出的 SPI 过程模型，我们提出了一个有些不同的 SPI 路线图。该模型要求组织做到：（1）自我检查；（2）使过程更敏捷以便于做出正确的选择；（3）选择能最好地满足其需求的过程模型（以及相关的技术要素）；（4）在组织的运行环境和组织文化内将该模型实例化；（5）评价完成的工作。这 5 项活动（随后讨论⊖）以一种迭代（循环）的方式应用，以便于促进持续的过程改进。

28.2.1　评估和差异分析

若先不评估当前框架活动和相关的软件工程实践的有效性，而是试图改善当前的软件过程，任何这样的尝试都像是到一个新地方的漫长旅途的开始，而你却又不知道从哪里开始。你会充满兴致地出发，四处徘徊，试图弄清自己的处境，花费了大量的精力，承受挫折带来的痛苦。很可能，你决定真的不想再走了。简单地说，在你开始任何旅行之前，最好先准确地知道你在哪里。

路线图上的第一项活动是评估，即让你弄清自己的处境。评估的目的是揭示组织以某种方式应用现有软件过程及构成此过程的软件工程实践的优势和劣势。

评估在很大范围内检查活动和任务，将会带来高质量的过程。例如，不管选择什么样的过程模型，软件组织必须建立通用的机制，如：定义与客户沟通的方法；建立表示用户需求的方法；定义包括范围、估计、进度要求以及项目跟踪的项目管理框架；风险分析方法；变更管理规程；质量保证以及包括评审的控制活动等。在已经建立的框架活动和普适性活动（第 2 章）中，每项活动都经过了深思熟虑，并且要进行评估，以确定以下问题是否得到了解决：

- 是否清楚地定义了每项活动的目标？
- 是否标识和描述了需要作为输入的工作产品及作为输出产生的工作产品？
- 是否清晰地描述了要执行的工作任务？
- 是否通过角色标识了执行这些活动的人员？
- 入口和出口标准已经建立了吗？
- 活动的度量是否已经建立？
- 支持这些活动的工具是否是可用的？
- 针对这些活动有明确的培训大纲吗？
- 对所有的项目，活动是否一致地执行？

尽管上述问题的答案不是“是”就是“否”，但评估过程需要洞察答案背后的原因，以确定问题相关的执行方式是否符合最佳实践。

随着过程评估的实施，你（或其他执行评估的人）应关注以下几个问题。

一致。所有的软件团队是否在所有的软件项目中一致地应用了重要的活动、行动和任务？

成熟。执行了一定成熟级别的管理和技术行动是否意味着对最佳实践有了透彻的理解？

认可。软件过程和软件工程实践是否得到了管理部门和技术人员的广泛认可？

承诺。管理者已经承诺为达到一致、成熟和认可所需要的资源了吗？

实际情况和最佳实践之间的差异表示存在改进机会的“空间”。在何种程度上能够获得

⊖　经过允许，[PRE88] 中的一些内容已经重新改写。

一致、成熟、认可和承诺表明了需要做多少文化上的变更才能获得意义深远的改进。

28.2.2 教育和培训

尽管很少有人怀疑敏捷的、有组织的软件过程或者完整的软件工程实践的好处，但很多从业人员和管理者并非充分了解这些课题[一]。因此，在引入 SPI 框架时，对过程和实践的错误认识会导致不恰当的决定。由此得出结论，任何 SPI 策略的关键要素是对从业人员、技术管理人员和直接接触软件组织的高级管理人员的教育和培训。尝试针对软件团队的实际需求提供 "及时" 培训是明智的。应该进行三种类型的教育和培训：一般的概念和方法；特定的技术和工具；沟通交流和与质量相关的课题。

在现代化条件下，教育和培训可以包括各种不同的方式。从播客到简短的 YouTube 视频再到复杂的以互联网络培训，例如 Coursera[二]、电子书、在线教学，这些都可以作为 SPI 策略的一部分。

28.2.3 选择和合理性判定

一旦完成了最初的评估活动[三]，并且教育已经开始，软件组织就应该开始做出选择。这些选择在选择和合理性判定活动期间做出。其中，选择过程特性及特定的软件工程方法和工具在软件过程中占有重要位置。

首先，应该选择最适合你的组织、利益相关者和所开发软件的过程模型（第 2～4 章）。应该决定应用一组框架活动中的哪一个、要生产的主要工作产品以及使团队能够评估进展的质量保证检查点。如果 SPI 评估活动表明了一些特定的弱项（例如，不正规的 SQA 功能），则应该关注那些与弱项直接相关的过程特性。

其次，对每个框架活动（例如建模）进行工作分解，定义应用于典型项目中的任务集。还应该考虑能完成这些任务的软件工程方法。一旦选定，就应该协调教育和培训，以加强理解。

在做出选择时，请务必考虑组织文化以及每种选择的被接受程度。理想的情况是每个人都参与选择各种过程和技术要素的工作，并且向着设置和迁移活动（28.2.4 节）顺利过渡。实际上，选择活动可能是一项艰难的活动。在不同的支持者之间达成共识经常是很难的。如果委员会确立了选择的标准，人们可能会喋喋不休地争论标准是否是适当的以及做出的选择是否真正符合已确立的标准。

诚然，不好的选择会比好的选择造成更大的危害。但是 "分析麻痹"（指注意力集中在一点上而导致动作不连贯）意味着几乎没有取得任何进展，过程中出现的问题依然存在。只要过程特性或技术要素有满足组织需要的很好时机，有时候，行动起来并且做出选择更好，而不是等待最完美的解决方案。

28.2.4 设置 / 迁移

设置是实施了 SPI 路线图后软件组织感受到的第一项变更效果。在某些情况下，将一个全

　㊀　如果你花足够的时间来读这本书，你就不会像他们一样！

　㊁　http://www.coursera.org/

　㊂　实际上，评估是一项持续的活动。它需要定期进行，以确定 SPI 策略是否实现了其近期目标，并设定今后改进的阶段任务。

新的过程推荐给组织，必须定义框架活动、软件工程行动以及人员的工作任务，并作为新的软件工程文化的一部分进行设置。这样的变化表示重要组织和技术的变迁，需要精心地管理。

在其他情况下，与 SPI 相关联的变化相对较少，但对已有的过程模型做了有意义的修改。通常将这样的变化称为过程迁移。今天，很多软件组织都有恰当的"过程"。问题是，现有过程的工作效率可能不高。因此，从一个过程（不像期望的那样工作）到另一个过程的增量式迁移是更有效的策略。

设置和迁移实际上是软件过程再设计（Software Process Redesign，SPR）活动。Scacchi[Sca00] 认为"SPR 是与识别、应用和细化相关的一种新方式，并能极大地提高和改变软件过程"。当对 SPR 启动形式化方法时，需要考虑三个不同的过程模型：（1）已存在（"现有"）过程；（2）过渡（"这里到那里"）过程；（3）目标（"将要成为的"）过程。如果目标过程和已存在过程有很大的差别，那么设置的唯一合理方法是采用增量策略，分步执行过渡过程。过渡过程提供了一系列导航点，能保证软件组织文化经过一段时间后可以适应一些小的变化。　　　　574

28.2.5　评价

尽管我们将评价列为 SPI 路线图的最后一项活动，但其在整个 SPI 中都存在。评价活动评估设置及采纳变更的程度、这些变更在多大程度上提高了软件质量或其他可见的过程收益，以及随着 SPI 活动的进行过程和企业文化的总体状况如何。

在评价活动中，定性因素和定量度量都要考虑。从定性的角度看，过去的管理者和业务人员对软件过程的态度可以和设置过程后接受调查的态度进行对比。定量度量（第 23 章）是从已经使用过渡过程或目标过程的项目中收集的，并与从使用现有过程的项目中所收集的类似度量进行比较。

28.2.6　SPI 的风险管理

SPI 是有风险的。通常，SPI 失败的原因是未正确考虑风险并且未制定应急计划。实际上，在所有 SPI 尝试中，一半以上都以失败而告终。失败的原因各不相同，且与特定的组织有关。最普遍的风险是：缺少管理者的支持，技术人员文化上的抗拒，规划糟糕的 SPI 策略，SPI 过度形式化的方法，选择了不恰当的过程，缺少主要利益相关者的投资，不合适的预算，工作人员缺少培训，组织的不稳定以及很多其他因素。这些因素均可用于分析可能的风险，并制定减轻这些风险的内部策略 [Dut15]。

软件组织应该就 SPI 过程从以下三个关键点进行风险管理 [Ive04]：在启动 SPI 路线图之前，在执行 SPI 活动（评估、教育、选择、设置）期间，以及一些过程特性实例化之后的评估活动期间。一般可以对 SPI 风险因素进行下面的分类 [Ive04]：预算和成本、内容和交付、文化、SPI 交付物的维护、任务和目标、组织的管理者、组织的稳定性、过程的利益相关者、SPI 工作开展的时间安排、SPI 工作开展环境、SPI 工作开展过程、SPI 项目管理以及 SPI 工作人员。

在每一类中都定义了很多通用的风险因素。例如，组织文化对风险产生重大的影响。从组织文化方面，可以定义如下的通用风险因素⊖[Ive04]：

⊖　本节提到的每类风险因素都可以在 [Ive04] 中找到。

- 对变革的态度，这与对变革的前期工作量投入相关。
- 与质量大纲相关的经验，成功的程度。
- 解决问题的行动方向与对方针的争论。

- 使用事实管理组织和业务。
- 对改变的耐心，花时间参与交往的能力。
- 提倡采用工具——期望工具能够解决问题。
- "计划充实性"的等级——对计划的组织能力。
- 组织成员在各级组织会议上公开的参与能力。
- 组织成员有效地掌控会议的能力。
- 在有明确定义的过程组织中经验的等级。

使用风险因素和通用属性作为指导，我们开发了一个风险表（第 26 章）以保证管理者的进一步关注。

28.3　CMMI

作为完整的 SPI 框架，最初的 CMM 是由卡内基·梅隆大学软件工程研究所（Software Engineering Institute，SEI）在 20 世纪 90 年代开发并升级的。今天，它已经演变为能力成熟度模型集成（Capability Maturity Model Integration，CMMI）[CMM18]，它是一个综合的过程元模型，以一组系统工程和软件工程能力为基础，能够表示组织可以达到的过程能力及成熟度的不同等级。

CMMI 以两种不同的方式表示过程元模型：（1）作为一个"连续式"模型；（2）作为一个"分级式"模型。"连续式"CMMI 元模型以两个维度描述过程，如图 28-2 所示。每个过程域（例如，项目计划或需求管理）根据特定目标和特定实践进行正式评估，并且与下述的能力等级相关联。

能力等级 0：不完全级（incomplete）。过程域（如需求管理）或者没有执行，或者已经执行，但没有达到该过程域 CMMI 1 级成熟度所规定的所有目标。

能力等级 1：已执行级（performed）。（由 CMMI 所定义的）过程域的所有特定目标都已经满足。为生产已规定工作产品所需的工作任务都已执行。

能力等级 2：已管理级（managed）。能力等级 1 中所有的标准都已经满足。此外，所有与过程域相关的工作都符合组织规定的方针，所有的工作人员都可以得到完成工作所需的足够资源，利益相关者都按需投入到过程域中，所有的工作任务和工作产品都可以被"监督、控制和评审，并评估是否与过程描述相一致"[CMM18]。

能力等级 3：已定义级（defined）。能力等级 2 中所有的标准都已经满足。另外，这个过程是"根据组织剪裁准则，对其标准过程进行了剪裁，剪裁过的过程对组织的过程资产增添了新的内容，如工作产品、测量和其他过程改进信息等"[CMM18]。

能力等级 4：定量管理级（quantitatively managed）。能力等级 3 中所有的标准都已经满足。此外，通过采用测量和定量评估等手段，对过程域进行控制和不断改进。"已经建立起来对质量和过程性能的定量指标，并作为过程管理的标准"。[CMM18]

能力等级 5：优化级（optimized）。能力等级 4 中所有的标准都已经满足。此外，采用定量（统计）的方法调整和优化过程域，以满足用户不断变更的需求，并持续地提高过程域的有效性。

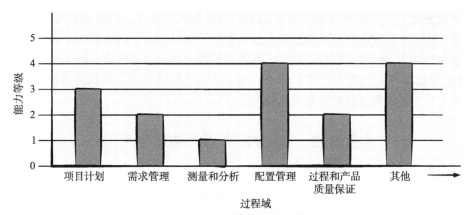

图 28-2 CMMI 过程域能力分布图 [Phi 02]

CMMI 定义了每个过程域的"特定目标",以及为达到这些目标所需的"特定实践"。特定目标明确了如果该过程域的所有活动都有效执行的话,软件过程应具备的特点。特定实践将目标细化成一组过程相关的活动。

除了特定目标和特定实践,CMMI 还为每个过程域定义了一组 5 个通用目标和实践。其中,每个通用目标都对应着 5 个能力等级之一。为了达到某个成熟度等级,必须实现与一组过程域相关的特定目标和实践。成熟度水平与过程域之间的关系如图 28-3 所示。

等级	焦点	过程域
优化级	持续过程改进	原因分析和消除 组织创新和部署
定量管理级	定量管理	定量项目管理 组织过程绩效
已定义级	过程标准化	技术解决方案 验证 组织培训 集成项目管理 集成团队建立 需求开发 确认 决策分析和决定 组织集成环境 产品集成 组织过程定义 集成供应商管理 风险管理 组织过程焦点
已管理级	基本的项目管理	供应商协议管理 过程和产品质量保证 项目策划 需求管理 配置管理 测量和分析 项目监控
已执行级		

图 28-3 达到成熟度等级所需的过程域

不管设想得多好，如果没有具备才能和积极性的软件人才，软件过程也不会成功。因此，人员 CMM 建议应提高员工的专业能力和文化 [CMM 18a]。人员 CMM 的目标是鼓励持续改进通用的知识（称为"核心能力"）、具体的软件工程和项目管理技能（称为"劳动力能力"）以及与过程相关的能力。像 CMMI 一样，人员 CMM 定义了组织成熟度的 5 个等级，提供了关于员工实践和过程的相对成熟的指标。

信息栏　CMMI——应不应该使用？

CMMI 是一个过程元模型。它（用 700 多页）定义了软件组织想建立完整的软件过程应该具备的过程特性。已经争论了十多年的问题是："CMMI 是否执行过度了？"像日常生活中（以及软件中）的大多数事情一样，答案不是简单的"是"或"否"。

SPI 的精神总是应该被接纳。为避免过于简化的风险，CMMI 认为软件开发过程必须严肃对待——必须计划周全、必须统一控制、必须准确跟踪以及必须专业化地执行。必须关注项目利益相关者的需求、软件工程师的技能以及最终产品的质量。任何人都不应该质疑上述观点。

如果软件组织要构建大型复杂的系统，此系统需要几十人或几百人参与、历时几个月或几年，就应该认真考虑CMMI的具体要求。如果组织的文化符合标准过程模型，并且管理者又承诺要使其获得成功，这也许正是适合使用CMMI的场合。然而，在其他情况下，CMMI的内容可能是太多了，组织不能很好地采纳。这意味着CMMI"很差"或"过于官僚"或"老式"吗？不，绝不是这样。它只是意味着适用于一种组织文化的东西可能并不适用于另一种组织文化。

CMMI 是软件工程的一项重要成就。对于在构建计算机软件时到底采用哪些活动和操作，CMMI 提供了全面的讨论。即使软件组织不采用它的细节，也都应该接受它的精神，并且从 CMMI 对软件工程过程和实践的讨论中得到启发。

28.4　其他 SPI 框架

尽管卡内基·梅隆大学软件工程研究所的 CMM 和 CMMI 是应用最广泛的 SPI 框架，但仍然有一些其他框架[⊖]被提出及应用。以下对这些 SPI 框架作简要介绍[⊖]。

28.4.1　SPICE

SPICE（Software Process Improvement and Capability dEtermination）模型提供了遵循 ISO 15504:2016 和 ISO 12207:2017 的 SPI 评估框架。SPICE 提供了过程评估的框架，分析其优劣势和能力，以帮助组织实现其目标。[Karl2] 概述了 SPI 框架，包括过程管理模型、评估准则以及过程评级。

⊖　合理地说，有些框架并不是"备选框架"，它们是 SPI 方法的补充。更多有关 SPI 框架的相关内容可以在 http://citeseerx.ist.psu,edu/viewdoc/download? doi=10.1.1.13.4787&rep=rep1&type=pdf 找到。

⊖　如果你有更多的兴趣，可以查阅其他印刷品或网络资料。

28.4.2 TickIT Plus

TickIT 对方法进行审核 [Tic18] 以确保其与软件 ISO 9001:2015 相一致。ISO 9001:2015 是通用标准，它适用于任何想改进其产品、系统或者服务质量的组织。因此，这个标准可直接应用于软件组织和公司。

ISO 9001:2015 已经采用了"计划 – 实施 – 检查 – 行动"循环，它适用于软件项目的质量管理要素。在软件环境中，为了获得高质量软件并达到客户满意，"计划"要建立所需要的过程目标、活动和任务。"实施"执行软件过程（包括框架活动和普适性活动）。"检查"监控和检测过程，以保证可以达到质量管理所提出的所有要求。"行动"着手于软件过程改进活动，使改进过程持续地进行。可以在整个"计划 – 实施 – 检查 – 行动"周期中使用 TickIT，以保证 SPI 的进展。作为 ISO 9001:2015 认证的先驱，TickIT 审核员评估上述循环的应用情况。关于 ISO 9001:2015 和 TickIT 更详细的讨论可以参考 [Tic18] 和 [ISO15]。

576
≀
579

28.5 SPI 的投资回报率

SPI 是艰苦的工作，需要投入大量的财力和人力。那些批准 SPI 预算和资源的管理者总是会问这样的问题："怎样才能知道我们所投入的资金会取得合理的回报？"

在定性的层次上，SPI 的拥护者认为，改进软件过程将会带来软件质量的提高。他们主张，改进了的过程将会带来更好的质量检测（结果是减少缺陷的传播）、更好地变更控制（结果是减少项目的混乱）、更少的技术返工（从而降低成本并且能获得更好的上市时机）。但是这些定性的收益能转变成定量的结果吗？经典的投资回报率（Return On Investment，ROI）等式如下：

$$ROI = \frac{\Sigma\ (收益) - \Sigma\ (成本)}{\Sigma\ (成本)} \times 100\%$$

收益包括与更高的产品质量（更少的缺陷）、更少的返工、变更方面减少的工作量相关的成本节省，以及从缩短上市时间中获得的收入。

成本包括直接的 SPI 成本（例如，培训费、评估费），也包括与强调质量控制和变更管理活动以及应用更严格的软件工程方法相关的间接成本（例如，设计模型的创建）。

在现实世界中，这些定量的收益和成本有时是难以准确计量的，并且所有都是可以开放性解释的。但这并不意味着软件组织应该对增加的成本和收益不经过仔细的分析就实施 SPI。即使是非常小的软件组织也可以从软件过程改进中受益，但是他们会检查他们选择采用的 SPI 活动的投资回报率 [Lar16]。关于 SPI 的投资回报率更全面的叙述可以在 David Rico 唯一的一本书 [Ric04] 中找到。

28.6 SPI 趋势

在过去的 35 年中，很多公司都在尝试应用 SPI 框架改进他们的软件工程实践，这些 SPI 框架影响了组织的变化和技术的变迁。正如本章前面提到的，超过一半的尝试失败了。不管成功还是失败，都耗费了大量的金钱。David Rico[Ric04] 报道了 SPI 框架的一个典型应用，如 SEICMM 的花费是每人 25 000 美元到 70 000 美元之间，并且需要数年才能完成。其实，这毫不奇怪，SPI 的未来应该强调一种成本较低并且费时较少的方法。

为了使 21 世纪的软件开发更加高效，未来的 SPI 框架必须变得更加敏捷 [Bjø16]。它不

580 再是以组织为关注点（这可能需要很多年才能够成功完成），而是集中在项目层面上，努力在几个星期内改进团队过程，而不是几个月或几年 [Bjø16]。要想在很短的时间内取得有意义的成果（即使在项目级别上），复杂的框架模型可能要让位于简单的模型 [Lar16]。要求做到十几个关键实践和数以百计的补充实践，不如强调仅有的几个核心实践（例如，类似于本书所讨论的框架活动）[Din16]。

　　SPI 方面的任何尝试都需要具有一定知识的人员，但是教育和培训费用可能是昂贵的，应该将其最小化（使其流线化）。未来的 SPI 实施工作应该依靠基于网络的培训，定位于核心的实践，而不是课堂上的课程（昂贵和费时）。不要去做改变组织文化（这可能带来涉及组织方针的风险）的深远尝试，正如现实世界中一样，在某一时刻在一个小团体内，直到出现了一个转折点，才会发生文化的变化。Jovanovic 和他的同事建议将回顾性游戏作为 Scrum 回顾会议的一部分，能让敏捷团队成员都可以参与过程改进 [Jov15]。

　　在过去的 30 年中，SPI 工作具有重要的价值。已经开发的框架和模型代表了软件工程界重要的智力资产。但是像所有的事情一样，这些资产对 SPI 未来尝试的指导并不是可重复性的教条，而是作为更好的、更简单的和更敏捷的 SPI 模型的基础。

28.7　小结

　　软件过程改进框架定义了一些特性（要获得有效的软件过程，就必须具备这些特性）、一种评估方法（有助于确定是否具备了这些特性）以及一种策略（辅助软件工程组织实现那些薄弱或缺失的过程特性）。无论发起 SPI 的人是谁，其目标是提高过程质量，进而提高软件的质量和产品交付的及时性。

　　过程成熟度模型从总体上体现了软件组织呈现的"过程成熟度"，对于正在使用的软件过程的相对有效性提供了定性的认识。

　　SPI 路线图开始于评估——一系列的评价活动，通过组织应用的现有软件过程和作用于这些过程的软件工程实践的方式，既揭示了优势，也揭露了缺陷。评估结果可以帮助软件组织制定一个整体的 SPI 计划。

　　任何 SPI 计划的关键要素之一是教育和培训，该活动主要关注提高管理者和从业人员的知识水平。一旦工作人员精通了目前的软件技术，选择和合理性判定就可以开始了。这些任务导致对软件过程体系结构、采用的方法和支持工具的选择。设置和评价是 SPI 活动，这些活动将过程的改变具体化，并可以评估其有效性和影响。

　　要想成功地改进软件过程，一个组织必须具备以下特征：管理者对 SPI 的承诺和支持，工作人员参与 SPI 的整个过程，过程集成到整个组织文化，制定适应本单位要求的 SPI 策略
581 以及 SPI 项目的可靠管理。

　　今天，很多 SPI 框架已经用于软件工程实践。卡内基·梅隆大学软件工程研究所的 CMM 和 CMMI 已经广泛应用。对人员 CMM 进行定制可用以评估组织文化质量和其中的人员。SPICE、和 TickIT 是另外一些有效的 SPI 框架。

　　SPI 是艰苦的工作，需要投入大量的财力和人力。为了保证获得合理的投资回报，一个组织必须估算与 SPI 相关的费用和直接利益。

习题与思考题

28.1　为什么软件组织在开始努力改善其软件过程时经常陷入争端？

28.2 用自己的语言描述"过程成熟度"这个概念。

28.3 做一些研究（查看 SEI 站点），确定美国和全世界的软件组织的过程成熟度分布情况。

28.4 你在一个非常小的软件组织工作——只有 11 个软件开发人员。SPI 适合你吗？解释你的答案。

28.5 评估类似于每年的体检。用体检作为比喻，描述一下 SPI 评估活动。

28.6 "当前"过程、"过渡"过程和"目标"过程三者之间的区别是什么？

28.7 在 SPI 环境中如何实现风险管理？

28.8 对预测软件过程改进成功的关键因素进行一些研究。选择其中之一撰写一篇论文，描述如何在小型软件开发组织中实现目标。

28.9 研究并阐述 CMMI 如何应用于敏捷过程框架。

28.10 从 28.5 节讨论的 SPI 框架中选择一个，并撰写一篇简短的论文给出更详细的描述。 582

软件工程新趋势

要 点 概 览

概念：没有人能够绝对准确地预测未来。但是推测一下软件工程领域未来的趋势并从中给出技术发展方向的建议是可以做到的。这也正是本章的目的。

人员：任何愿意花时间研究软件工程问题的人都可以尝试预测技术的发展方向。

重要性：为什么古代的国王会雇佣占卜者？为什么大多数的跨国公司雇佣咨询公司和智囊团进行预测？为什么相当多的大众相信算命？大家都想知道将要发生什么，以便做好准备。

步骤：预测前面的路没有什么固定公式。我们试图通过收集数据、分析数据以得到有用的信息。为了抽取知识，首先要观察他们之前细微的联系，再从这些知识中总结出发展趋势的建议，那么这些趋势就可以预测未来会变得怎么样。

工作产品：对近期的一种看法，可能对，也可能不对。

质量保证措施：预测未来是一门技艺，不是科学。实际上，绝对正确或错误的严肃预测（幸好对世界末日的预言例外）都是十分罕见的。我们寻找趋势并尽量推算它们。我们只能随着时间的推移检验推算的准确性。

在整个软件工程相对短暂的历史中，从业人员和研究人员已经开发了一系列过程模型、技术方法和自动化工具，努力促使计算机软件构建方式从根本上发生变化。尽管过去的经验表明，大家有一个心照不宣的愿望是找到"银弹"——一种神奇的过程或卓越的技术，使我们能很轻松地建造大型复杂的软件系统，而没有混淆、没有错误、没有拖延，也没有持续困扰软件工作的众多问题。

历史表明，寻找银弹好像注定要失败。随着新技术不断地引入，看似能帮助软件工程师的"解决方案"被大肆宣传，成为大型或小型项目的一部分。业界权威人士强调这些"新的"软件技术的重要性，软件界的行家满腔热情地采用这些技术，最终，他们确实在软件工程中起到了一定的作用，但他们往往并没有履行其承诺。因此，人们的探索还在继续。

在本书过去的版本中（过去 40 年间），我们讨论了一些新技术以及它们对软件工程的预期影响。有一些技术已经被广泛采用，但另外一些却从没有发挥它的潜能。我们的结论是：技术来来去去，你和我应该探索的真正趋势是软趋势。我们的意思是，软件工程的进展将遵循业务、组织、市场和文化的趋势，而正是这些趋势导致了技术的变革。

在这一章中，我们将讨论几种软件工程技术方面的趋势，更多的是讨

关键概念

构造块
协同开发
复杂度
众包
意外需求
趋势周期
创新生命周期
模型驱动的开发
开源代码
开放世界软件
后现代设计
需求工程
基于搜索的软件工程
软趋势
技术方向
技术演变
测试驱动的开发工具
可变性密集型系统

论在商业、组织、市场以及文化等方面的一些趋势，这些可能在未来的 10 ～ 20 年对软件工程技术产生很重要的影响。

29.1　技术演变

Ray Kurzweil [Kur05] 在一本书中提出一个引人注目的观点：计算（和其他相关的）技术是如何发展的？他认为技术的发展类似于生物进化，但其增长速度却比生物进化快几个数量级。演进（不管是生物或技术）作为正反馈的结果出现——"从进化过程的一个阶段所产生的更好方法可用于创建下一个阶段"[Kur05]。

21 世纪的"大问题"是：（1）技术怎样才能快速演进？（2）积极反馈有多么重要的影响？（3）必然要发生的变化将有多么深远的意义？

当引入一种成功的新技术时，最初的概念要经历图 29-1 所示的合理且可预言的"创新生命周期"[Gai95]。在突破阶段，有一个问题是公认的，大家不断试图尝试一个可行的解决方案。在某种程度上，有一个解决方案显示了希望。最初的突破性工作在复制阶段获得再生，并获得更广泛的使用。经验会导致经验规则的创造，这些规则支配技术的使用。从多次成功的经验中总结出理论；它是在自动化阶段由自动化工具创建的；最后，技术成熟并被广泛使用。

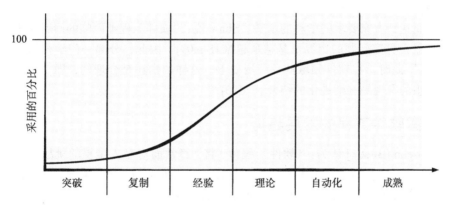

图 29-1　技术演变的生命周期

应该注意，很多研究和技术趋势从来都没有成熟。实际上，软件工程领域中绝大多数"有希望的"技术在最近几年得到了广泛关注，然后通过拥护者得到恰当的使用。这一点并不是说这些技术缺乏价值，而是表明创新生命周期的途径是漫长而艰难的。

计算技术正在以指数级的速度发展，其爆发节点很快就会来临。Kurzweil [Kur05] 认为计算技术是以"S 曲线"形式演进的，这表明在技术的形成期增速是相当慢的，在增长期加速度很快，然后随着技术达到极限而达到稳定期。今天，现代计算技术正从 S 曲线的下拐角开始加速发展，即从早期的缓慢增长发展到下一步的爆炸性增长的拐角。这意味着，在未来的 20 ～ 40 年，我们将看到计算能力戏剧性（甚至令人难以置信）的变化。Kurzweil [Kur05] 认为，在 20 年内，技术演变的加速度将会越来越快，最终导致非生物智慧的时代，它将融合并扩展人类的智慧，造就迷人的未来。

相比之下，无论怎样演变，所有这一切都需要软件和系统，这些软件和系统会使我们当前的努力显得十分幼稚。到 2040 年，极值理论、纳米技术、大规模高带宽的普适网络和机

器人的结合将带给我们一个完全不同的世界[⊖]。软件可能以我们现在还无法理解的形式继续
成为这个新世界的核心，软件工程是不会消失的。

29.2 作为一门学科的软件工程

近 50 年来，许多学者和业内专家一直提倡建立一个真正的软件工程学科。Mary Shaw
在 1990 年关于这一主题发表了一篇经典的论文，而在其一篇后续论文中 [Sha09]，她评
论道：

工程学科的发展通常从工艺技术的实践中来，以满足局部或某种特别的使用。当这项技
术变得有经济意义时，它便需要稳定的生产工艺和管理控制。由此产生的商业市场是基于经
验，而不是基于对技术的深刻理解……当工艺技术变得足够成熟，可以支持有目的的实践和
设计可预测的结果时，就出现了工程专业。

我们可以证明该行业可以实现"有目的的实践"，但"可预测的结果"一直是不确定的。

随着移动性逐渐主宰软件领域，Shaw 认为新的挑战存在于"复杂的系统和用户之间的
深层依赖关系"[Sha09]。她认为，可以实现"有目的的实践"的知识库已经被特定的社交网
络大众化。举例来说，软件工程师遇到疑问时，不再查询权威编著的软件工程手册，而是将
问题发布在论坛里，然后得到很多其他开发者基于经验所给予的回答，而且这些回答经常会
有实时的评论，从而可以作为其他的答案以进行选择。

但这不能达到大家要求的学科的水平。Shaw 说："软件工程师面临的问题越来越具有复
杂的社会背景，界定问题的边界也是越来越难 [Sha09]。因此，分离一门学科的科学基础仍
是一个挑战。"此时，在软件领域的发展历史上，这样的描述是合理的，即"截至目前，新
软件工程思想的发现是逐渐进化的结果 [Erd10]。"

29.3 观察软件工程的发展趋势

Barry Boehm[Boe08] 认为："软件工程师（将）经常面对令人生畏的挑战，处理快速的
变化、不确定性和突发事件、可信性、多样性以及互相依赖等问题，但他们还有机会做得更
好。"然而，今后几年我们面对这些挑战的趋势是什么呢？

在这一章的引言中，我们提到"软趋势"对软件工程的整个发展方向有重要的影响。但
是另外一些（"硬的"）面向研究和技术的趋势依然是重要的。研究趋势"是由技术发展水平
和实践发展水平、研究人员的看法、能集成特定战略目标的国家拨款的工程以及纯粹的技术
兴趣这些笼统的观念驱动的"[Mil00b]。当满足工业界需求和市场机制需要形成的研究趋势
被推断出来时，技术趋势就产生了。

29.1 节曾讨论了技术演变的 S 曲线模型。当技术演变时，S 曲线适合考虑核心技术的
长期影响。但是什么是更适度的、短期的创新、工具和方法呢？ Gartner Group [Gar08]——
涉及许多行业研究技术发展趋势的顾问机构——已经开发了新兴技术的趋势周期，如图
29-2 所示。"趋势周期"表示短期技术集成的现实视图，而长期趋势却是指数级的。并不是
每项软件工程技术都要经历这种趋势周期。在某些情况下，幻灭是合理的，技术归于相形
见绌。

⊖ Kurzweil [Kur05] 提出了合理的技术论据，预测到 2029 年会出现强大的人工智能（通过图灵测试），并预测
人类和机器演变将会在 2045 年开始融合。相信这本书的绝大多数读者会看到未来的真实情况。

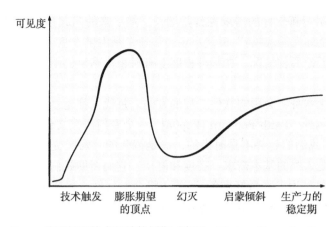

图 29-2　Gartner Group 关于新兴技术的趋势周期（来源：Linden, Alexander, Fenn, Jackie, "Under-
　　　　standing Gartner's Hype Cycles," Strategic Analysis Report, Gartner, Inc., May 30, 2003,5.）

29.4　识别"软趋势"

　　每个有着强大 IT 产业的国家都具有独特的特征，这些特征决定了业务运作的方式、公司内呈现的组织动力、面对本地客户的显著销售额以及所有人员互动的强势文化。然而，在这些领域中的一些趋势是普遍的，在社会学、人类学、群体心理学（通常称为"软科学"）方面做的研究与学术界和产业界方面做的研究差不多。

　　连接和协作（通过高带宽通信做到）可以使软件团队不占用同样的物理空间（实现远程交换和当地条件下的兼职工作）。一个团队可以与位于不同时区且拥有不同主要语言和文化的其他团队协同工作。软件工程必须以贯穿过程模型来应对"分布式团队"，也就是要足够敏捷，以满足即时的需求，而且要遵守纪律以协调不同的群体。

　　全球化导致了多种多样的劳动力（在语言、文化、问题求解、管理理念、交流偏好以及个人间的相互影响方面都存在差异）。这反过来又需要一个灵活的组织结构。不同的团队（在不同的国家）必须以某种方式对工程问题做出反应，这种方式最好能适应他们独特的需要，同时又促进了某种程度的统一性，使全球的项目得以进行下去。建议这种类型的组织设置尽量少的管理层次，并且更重视团队级别的决策。这可以获得更大的灵活性，但前提是已经建立沟通机制，使每个团队在任何时候都可以了解项目和技术状况（通过联网的群组软体）。软件工程方法和工具可以帮助实现某种程度的统一性（通过具体的方法和工具可以使团队讲同一种"语言"）。软件过程能为这些方法和工具的实例提供框架。 587

　　在世界的某些地区（例如，美国和欧洲），人口正在老龄化。不可否认的人口统计数字（和文化趋势）意味着许多经验丰富的软件工程师和管理人员在未来十年会离开这个领域。

　　软件工程界必须采取切实可行的机制保留住这些上了年纪的管理人员和技术人员所具有的知识（例如，模式（第 14 章）的使用就是向正确的方向迈出的一步），使得未来新一代软件工作者能够获得这些知识。在世界上的其他一些地区，从事软件业的年轻人的数量正在迅速增长，抛开 50 年来"陈旧学派"的偏见所带来的负担，这为铸造软件工程文化提供了机会。

　　据估计，未来十年将有超过 10 亿的新消费者进入世界市场。消费者在新兴经济体的支出将增加一倍，到 2022 年增长会达到 8 万亿美元 [Jai18]。受这些数字影响的支出将超过 4

万亿美元。这将表明对新软件的需求在日益增长。接下来的问题是，"能开发出新的软件工程技术来满足这一全球性需求吗？"现代市场趋势通常是由供方驱动的⊖。另一种情况是需方的需求推动市场。无论哪种情况，在某种程度上有时很难确定创新周期和需求进展哪个是领先的！

最后，人类文化本身将会影响软件工程的方向。每代人都建立了具有自己烙印的本土文化，任何人也不会例外。Faith Popcorn [Pop08]（一个专门研究文化趋势的著名顾问），总结了下面一些特征："我们的趋势不是时尚的，而是持久的、发展变化的。它们代表了根本的力量，其首要原因是人类的基本需求、态度和愿望。它们帮助我们游览世界，了解正在发生的事情及其原因，并且为未来做好准备。"关于将会对软件工程产生影响的现代文化趋势的详细讨论，最好留给那些"软科学"的专业人士。

29.4.1 管理复杂性

在写本书第 1 版时（1982 年），我们今天所熟知的数码消费产品还不存在，在当时，包含上百万行代码（LOC）的基于主机的系统已属于大型系统。在今天，小型数码设备通常
[588] 包含 6 万～ 20 万行代码的客户软件并配有几百万行代码的操作系统。现代计算机系统包含 1000 万到 5000 万行代码也是很常见的⊖。在不久的将来，超过 1 亿行代码的系统⊜也将会出现㉕。

想想那一刻！

考虑具有 10 亿行代码的系统，其接口既要连接外部世界、其他互操作的系统、互联网（或其继承者），又要连接内部几百万个必须共同工作的构件，这个计算巨人才能运行成功。有没有一个可靠的方法，以确保所有这些连接都允许信息正确流动呢？

考虑项目本身。我们怎样管理工作流并跟踪进展？传统方法的规模是否能上升几个数量级？

考虑工作人员的数量（和他们的工作地点）、人员和技术的协调、变更、多平台的可能性以及多操作系统环境。有没有一种方法来管理和协调在一个大型项目中工作的人员呢？

考虑工程的挑战。我们如何分析成千上万的需求、约束和限制，确保能够发现和纠正不一致性和不确定性、遗漏和错误？我们如何才能设计出一个强大的体系结构足以处理这种规模的系统呢？软件工程师如何才能建立一个变更管理系统，可以处理成千上万的变更呢？

考虑质量保证的挑战。我们如何才能以一种有意义的方式进行确认和验证呢？又怎么测试一个 10 亿行代码的系统？

在早期，软件工程师试图以一种特别的方式管理复杂性。今天，我们使用过程、方法和工具以保持复杂性是可控的。但是明天呢？我们当前的方法能胜任这些任务吗？

将来，我们会看到人工智能技术的广泛使用，它可以帮助软件工程师管理较复杂的事务

⊖ 供方采用了"构造它，机会吸引到消费者"的方式进入市场。有时候，一旦发明了独特的技术，消费者就会趋之若鹜。

⊖ 例如，现代 PC 操作系统（如 Linux、macOS 以及 Windows）都有 3000 万～ 6000 万代码行。移动设备的操作系统软件也超过了 200 万代码行。

⊜ 在现实中，这个"系统"实际上是具有很多系统的系统——为了实现某些总体目标，数百个互操作的应用系统一起工作。

㉕ 并非所有复杂的系统都是大型系统。一个相当小的应用（如小于 10 万代码行）也可能相当复杂。

[Harl2b]、[Xie 18]。机器学习是一种检测并修复错误的技术 [Mei 18]。数据科学可用于帮助我们更好地理解在大型项目中生成的、大量的软件工程数据 [Kiml6b]。挖掘软件仓库正在成为软件工程界公认的研究技术 [Dyel5]。

29.4.2　开放世界软件

诸如环境智能[⊖]、上下文敏感应用以及普适计算等概念都将集中在把基于软件的系统集成到比个人计算机、移动计算设备或任何其他数字设备广泛得多的环境中。这些关于计算的不远未来的不同观点都集中提出了"开放世界软件"的概念，这种软件"通过自组织结构和自适应行为"来适应不断变化的环境 [Bar06b]。 589

为了帮助大家理解软件工程师在可预见的未来所要面对的挑战，考虑一下环境智能（ambient Intelligence, amI）这个概念。Ducatel [Duc01] 定义环境智能如下："人们被嵌入很多种物体上的智能的和直观的界面所包围。环境能够以一种无缝、无障碍方式识别和响应不同个体（在工作时）的存在。"

随着低成本、强功能的智能手机的广泛使用，amI 系统正变得无处不在。软件工程师面临的挑战是如何开发出这样一款应用，它既能满足用户不断增长的新功能需求，又适用于不同类型的产品，同时也能保护我们的隐私。

可变性密集型系统工程的重点在于适应有不同使用和部署场景的软件，以及功能或质量属性（例如性能）的可变性。这包括应对情境感知型应用程序、自主代理、普适计算和产品线软件[⊖]带来的挑战。这些系统在所有的软件工程活动（例如，动态运行时条件、快速变化的环境）中可能变化很大，因此，我们需要加强对"如何以经济高效的方式设计和管理系统"的理解 [Gal 17]。

29.4.3　意外需求

在软件项目开始的时候，有一个同样适用于每个利益相关者的老生常谈的话题："你不知道自己想要什么。"这意味着，客户很少定义"稳定的"需求。也意味着，软件工程师也不可能总是预见到哪里含糊不清、哪里是矛盾所在。需求变更本来就不是什么新鲜事。

由于系统变得越来越复杂，因此，即使是对陈述全面需求的初步尝试也是注定要失败的。总体目标的陈述是可能的，中间目标的描述也可以实现，但稳定的需求——却不可能！随着每个参与复杂系统的工程设计和建设的人对系统本身、系统所处环境和与系统交互的用户具有了更多的了解，需求就出现了。

这一现实暗示了软件工程的趋势。首先，过程模型的设计必须包含变更，并采取敏捷哲学的基本原理（第 3 章）。其次，必须明智地使用产生工程模型的方法（例如，需求模型和设计模型），因为这些模型随着更多知识的获取将不断发生改变。最后，支持过程和方法的工具必须很容易适应和改变。 590

但对于意外需求还有另一个方面。今天绝大多数的软件开发都假设软件系统和外部环境之间存在的边界是稳定的。边界可能会改变，但这种改变会以一种受控制的方式进行，也就

⊖　更多关于环境智能的详细资料可查阅 https://www.researchgate.net/publication/220737998_Ambient_Intelligence_Basic_Concepts_and_Application。

⊖　产品线软件是从一组通用的、可复用的软件模块中构建的一组应用程序。这些模块被设计为易于适应创建新软件产品的形式。

是把软件作为一个普通的软件维护周期的一部分进行调整。这个假设正在开始改变。开放的世界软件（29.4.2 节）要求计算机系统"动态地适应和响应变更，即使这些变更是意料之外的"[Bar06]。

就其性质而言，意外需求带来转变。我们如何控制广泛使用的应用程序或系统在其生命周期中发生的演变，并且这对我们设计软件的方式有什么影响呢？

随着变更数量的不断增多，意料之外的副作用出现的可能性也增大了。所以需要考虑规范复杂系统的意外需求。软件工程界必须想一些方法，帮助软件开发团队预测变更对整个系统的影响，从而减轻意料之外的副作用。今天，我们做到这一点的能力是极为有限的。

29.4.4　人才技能结合

随着基于软件的系统变得越来越复杂，随着全球异地团队之间的通信和协作变得越来越普遍，随着意外需求（产生变更流）变得越来越规范，软件工程团队的真正性质可能发生变化。作为各种复杂系统的一部分，每个软件团队必须拥有创新的人才和技术技能，整个过程必须允许这些人才孤岛的工作结果实现有效的合并。利用数据挖掘技术对软件工程人才进行研究，可以帮助经理在项目开始前选择合适的开发团队 [Gup15]。

Alexandra Weber Morales [Mor05] 提出了人才组合的"软件梦之队"。Brain 是总设计师，他能够掌控利益相关者的需求，并将这些需求映射到一个既可扩展又可实现的技术框架中。Data Grrl 是一个数据库和数据结构大师，他"通过对谓语逻辑和集合论的深刻理解，将与关系模型关联，大量使用行和列"。Blocker 是一位技术领导者（经理），他允许团队自由地工作，不受其他团队的影响，同时确保合作的进行。Hacker 是一位出色的程序员，他在家工作，可同时有效地使用模式和语言。Gatherer"灵巧地发现系统的需求，具有……人类学的洞察力"，并能清晰准确地表达出来。

29.4.5　软件构造块

促进软件工程哲学的所有人都重视重用的必要性——源代码、面向对象的类、构件、模式以及图书馆。虽然软件工程界已经取得进展，试图捕获过去的知识以及重复使用可靠的解决方案，但是当今制造的软件很大一部分仍然是"从零开始"。部分原因是利益相关者和软件工程人员对"独特解决方案"的持续渴望。

在硬件界，数码产品的原始设备制造商（Original Equipment Manufacturer, OEM）使用几乎完全由芯片厂商生产的特定应用的标准产品（Application-Specific Standard Product, ASSP）。这种"商业硬件"提供了实现任何数码产品（从智能机到便携式计算设备）所必需的构造块。越来越多的 OEM 厂商使用"商业软件"——专为独特的应用领域（例如 VoIP 设备）设计的软件构造块。Michael Ward [war07] 评论道：

使用软件构件的一个优点是 OEM 可以提升软件功能，开发人员无须具备特定功能的开发经验，也无须将时间投入到实施和验证这些构件之中。它的优点还包括只需要获取和部署系统需要的一组特定功能的能力，以及将这些构件集成到已有体系结构中的能力。

除了作为商业软件的构件包，越来越倾向于采用软件平台解决方案，这种解决方案"将相关功能的集合合并在一起，这些功能通常在一个集成的软件框架中提供"[War07]。一个软件平台不受一起工作的开发基本功能的 OEM 的影响，而且允许 OEM 将软件工作集中在有别于其产品的那些特性上。

29.4.6 对"价值"认识的转变

在 20 世纪最后的 25 年，在讨论软件时，商务人士经常问："为什么它值那么多钱？"这个问题现在已经很少有人再问了，取而代之的是："为什么我不能快点得到它（软件和基于软件的产品）？"

在考虑计算机软件时，对价值的认识已经从商业价值（价格和收益率）向客户价值转变，包括交付的速度、功能的丰富性以及产品质量。

29.4.7 开源

谁拥有你或你的组织所使用的软件？日益增加的答案是"每个人"。对"开源"的描述如下 [OSO12]："开源是一种软件开发方法，运用了分布的同行评审的力量和过程的透明性。开放源码的承诺是更好的质量、更高的可靠性、更大的灵活性、更低的成本，而且也是垄断性厂商的坟墓。"开源这个术语应用到计算机软件，意味着对于软件工程的工作产品（模型、源代码、测试套件）都是公开的，任何感兴趣并得到允许的人都可以（有控制地）对其进行评审和扩展。

如果你有兴趣，Weber [Web05] 提供了一份有价值的介绍，Feller 和他的同事 [Fel07] 已编辑了一本全面、客观的文集，其中考虑了与开源相关的利益和问题，Brown [Bro12] 提供了更多的技术讨论。

592

29.5 技术方向

我们总是认为，软件工程似乎比它的实际变化更快。本节将介绍一个新的"广泛宣传的"技术（它可能是一个新的过程、一个独特的方法或者一个令人兴奋的工具），专家们认为"一切"都会改变。但是，软件工程不只是技术——软件工程是有关人以及交流他们的需求、不断创新、使这些需求成为现实的能力。每当有人参与，变化就会时断时续地慢慢发生。只有达到了一个"转折点"[Gla02]，跨越整个软件工程界的技术阶梯和基础广泛的变化才会真正发生。

在这一节中，我们将讨论在过程、方法和工具几个方面的一些趋势，这些可能会对未来十年的软件工程产生影响。它们会导致转折点出现吗？我们将拭目以待。

29.5.1 过程趋势

可以说，所有的商业、组织和 29.4 节中讨论的文化趋势都增强了对过程的需要。但是第 28 章讨论的框架提供了通向未来的路线图吗？过程框架将会演进，它能在纪律性和创造性之间找到更好的平衡吗？软件过程会满足那些采购软件的、构建软件的和使用软件的利益相关者的不同要求吗？它能否提供一个同时为这三组人减少风险的手段？

这些以及其他许多问题依然悬而未决。

在下面的段落中，我们来介绍 Conradi 和 Fuggetta [Con02] 提出的 6 点过程趋势。

1. 随着 SPI 框架的发展，它将强调"关注目标定位和产品创新的策略"[Con02]。在软件开发的快节奏世界里，长期的 SPI 策略很少在动态的商业环境中生存下来。太多的变化来得太快。这意味着，稳定的、按部就班的 SPI 路线图可能被定位目标是强调短期产品的框架所取代。

2. 因为软件工程师对一个过程中哪里存在弱点是比较清楚的，所以过程改变一般应按他们的要求驱动，并且应该自底向上进行。Conradi 和 Fuggetta [Con02] 建议未来的 SPI 活动应该"以一种简单的、聚焦的积分卡开始，而不是大规模的评估"。通过严密地关注 SPI 工作以及自底向上的工作，业务人员将能看到早期实质性的变化——在软件工程工作中产生了真正的差别。

3. 自动的软件过程技术（Software Process Technology, SPT）将不做全局性过程管理（整个软件过程的广泛支持），而是侧重于软件开发过程中从自动化中最能受益的那些方面。没有人会反对工具和自动化，但在很多情况下，SPT 并没有履行承诺（29.3 节）。要想最有效，应侧重于普适性活动（第 1 章），即软件过程中最稳定的元素。

4. 更强调 SPI 活动的投资回报率。在第 28 章，我们已经学习了投资回报率（ROI）定义如下：

$$\text{ROI} = \frac{\Sigma\,(\text{收益}) - \Sigma\,(\text{成本})}{\Sigma\,(\text{成本})} \times 100\%$$

迄今为止，软件组织一直在努力以量化方式明确界定"收益"。可以说 [Con02]"我们需要一个标准化的市场价值模型来解释软件改进"。

5. 随着时间的推移，软件界逐渐认识到，如其他技术性更强的学科一样，社会学和人类学的专业知识对于成功的 SPI 有很多或更多的事情可做。除此之外，SPI 改变着组织文化，文化的改变涉及个人和群体。Conradi 和 Fuggetta [Con02] 谈道："软件开发人员是知识工作者。他们往往对高层就如何做工作或过程改进的指挥反应消极。"可以通过考察群体社会学获取更多的知识，更好地了解引进变革的有效方法。

6. 学习的新模式有助于向更有效的软件过程转变。在这种情况下，"学习"是指从成功和错误中学习。进行度量（第 23 章）的软件组织明白过程因素将如何影响最终产品的质量。

29.5.2　巨大的挑战

有一个趋势是不可否认的——随着时间的推移，基于软件的系统将变得越来越大、越来越复杂。正是这些复杂的大型系统工程，无论是交付平台还是应用领域，都构成了对软件工程师的"巨大挑战"[Bro06]。Manfred Broy [Bro06] 建议软件工程师通过创建新的方法理解系统模型，并利用这些模型作为基础，构建高质量的下一代软件以满足"复杂软件系统开发的严峻挑战"。当前正在研究的用于可变性密集型系统的技术（持续交付、自适应软件、基于价值的软件工程、内容感知计算），可能会让各类软件产品的开发人员受益。[Gal17]

随着软件工程界不断开发出新的模型驱动方法（在这节的后面讨论）来表示系统需求和设计，下面的一些特征 [Bro06] 值得关注。

- 多功能性——随着数码产品的进化，它们已开始提供一套内容丰富且有时互不相关的功能。移动电话一度被认为是简单的通信设备，现在已成为功能很强的袖珍计算机，可以完成比通话更为重要的功能。正如 Broy [Bro06] 指出的，"工程师必须详细描述所交付功能的背景，而最重要的是，必须确定系统的不同特性之间可能有害的相互作用"。

- 反应性和及时性——数码产品与现实世界的互动日益增多，必须对外部刺激做出及时反应。它们必须与各种各样的传感器接口连接，必须在与当前任务相适应的时间框架内做出反应。因此必须开发新方法：(1) 帮助软件工程师预测各种反应特性的时间；(2) 以一种使功能较少依赖于机器并且更便携的方式实现这些特征。

- 用户交互的新方式——软件的开放世界趋势意味着必须对新的交互方式进行建模和实现。无论这些新方法是否使用触控界面、语音识别或直接智能接口，数码产品的新一代软件都必须适应他们。
- 复杂的体系结构——拥有超过 2000 个功能的豪华汽车已经由软件控制，包含在复杂的硬件体系结构中，包括多处理器、先进的总线结构、执行器、传感器、日趋复杂的人机界面和许多安全相关的构件。更复杂的系统就在眼前，这对软件设计师提出了重大的挑战。
- 异构的分布式系统——任何现代嵌入式系统的实时构件都可以经过内部总线、无线网络或者因特网（或者所有这三者）连接起来。
- 关键性——在几乎所有的商业关键系统和大多数安全关键系统中，软件已经成为其中的中枢构件。然而，软件工程界仅仅开始应用软件安全的最基本原理。
- 维护可变性——在一个数码产品中，软件的寿命很少能超过 3～5 年，但是，飞机中复杂的航空系统至少可以使用 20 年。汽车软件介于两者之间。这些对设计有影响吗？

Broy [Bro06] 认为，只有在软件工程领域开发出更有效的分布式和协作软件工程的理念、更好的需求工程方法、更健壮的模型驱动的开发方法以及更好的软件工具，这些软件特点和其他软件特点才能成为可控制的。接下来的几节中将简要地探讨这些领域。

29.5.3   协同开发

软件工程是一门信息技术学科，这一点虽然是显而易见的，但我们还是要强调。任何软件项目从开始，每个利益相关者都必须共享信息——有关基本的商业目标和目的，有关特定系统的需求，有关体系结构设计的问题，有关软件构造的几乎每个方面。协同开发还会涉及信息传播的及时性，以及沟通和决策的有效过程。

今天，软件工程师可以跨越时区和国界进行合作，他们中的每个人都要共享信息。这同样适用于开源项目，其中数百或数千名软件开发人员一起工作以建立一个开源应用程序。众包已被建议作为提高自动化测试工具生成的测试用例覆盖率的一种方法 [Mao17]。如此大的测试社区的协作是很具有挑战性的。同样，信息必须传播，以保证开放式的协作成为可能。

29.5.4   需求工程

在第 7～8 章中已经介绍了基本的需求工程活动——需求获取、细化、协商、规格说明和确认。这些活动的成功和失败对于整个软件工程过程的成功和失败有着重要的影响。然而，需求工程（Requirements Engineering，RE）已被人们比作"试图将软管夹夹在冰糕上"[Gon04]。正如本书很多地方都提到的，软件需求有不断变更的趋势，并且随着开放世界系统的出现，意外需求（和近乎持续的变更）可能会变得普遍。

今天，绝大多数"非形式化的"需求工程方法以创建用户场景（例如用例）开始。更形式化的方法创建一个或更多的需求模型，并以此作为设计的基础。形式化方法能使软件工程师通过使用可验证的数学符号来表示需求。当需求稳定时，所有这一切都可以合理地工作，但对于动态需求或意外需求问题就不容易解决了。

有不同的需求工程研究方向，包括：从翻译文本描述到更结构化的表示（例如分析类）的自然语言处理；为了结构化和理解软件需求需要更多地依赖数据库；当执行需求工程任务时，使用 RE 模式来描述典型的问题和解决方案以及面向目标的需求工程。然而，在行业层面，RE 活动还停留在非正式和令人不可思议的基础阶段。为了改善需求定义的方式，当执行 RE 时，软件工程界会实施三种不同的子过程 [Gli07]：（1）改进知识获取和知识共享方式，从而更完整地理解应用领域的限制和利益相关者的需求；（2）在定义需求时，更加强调迭代；（3）使用更有效的沟通和协调工具，使所有利益相关者进行有效的合作。

对于前面段落中声明的 RE 子过程，只有当这些子过程已恰当地集成到一个不断改进的软件工程方法中时才会成功。随着基于模式的问题求解和基于构件的解决方案开始支配许多应用领域，RE 必须适应敏捷性（快速增量交付）和由敏捷性所导致的内在的意外需求。静态的"软件规格说明"的概念开始消失，它将被"价值驱动的需求"[Som05] 所取代，这是响应利益相关者提出的早期软件增量要求交付的性能和功能的必然产物。

29.5.5　模型驱动的软件开发

596

几乎在软件工程过程的每一步，软件工程师都使用抽象手段。随着设计的开始，体系结构级和构件级的抽象得到表达和评估。然后它们必须被翻译成一种编程语言表示，即把设计（较高级别的抽象）转换成具有特定的计算环境（较低级别的抽象）的可操作的系统。模型驱动的软件开发⊖以某种方式将特定领域的建模语言与转换引擎和产生器相结合，有助于对较高层次抽象的表示，并将其转换成较低层次的表示 [Sch06]。模型驱动的方法解决了所有软件开发人员面临的持续挑战，即如何以比代码抽象程度更高的方式来表示软件。

特定领域的建模语言（DSML）描述"应用程序结构、行为和特定应用领域的需求"并使用元模型进行描述。元模型"定义在领域中概念之间的关系，准确地描述关键语义以及与这些领域概念相关的约束"[Sch06]。DSML 与通用的建模语言（如 UML 见附录 1）的主要区别是 DSML 协调应用领域的设计概念，因此可以以一种有效率的方式表示设计要素之间的关系和约束。

29.5.6　基于搜索的软件工程

软件工程中的许多活动可以表述为优化问题。基于搜索的软件工程（SBSE）将元启发式搜索技术（例如遗传算法⊜）应用于软件工程问题。Lionel Briand [Bri09] 认为，与模型驱动技术相比，进化搜索技术和其他搜索技术更容易扩展到工业级问题，并且两者之间有协同的机会。基于搜索的软件工程设计是在这样的前提下进行的：与从头开始构建解决方案相比，通常更容易检查候选解决方案是否解决了问题 [Kul13].

通过将新的功能性需求和非功能需求嫁接到现有软件产品线 [Har14]，基于搜索的软件工程技术可以用作遗传改进的基础，以帮助开发软件产品。软件的遗传改进已经导致现有软件产品的性能显着提高（例如，执行时间、电量使用和内存消耗）[Pet18]。成功的软件产品不断演化，但是，如果管理不当，演化可能会削弱软件质量，并且可能需要对其进行重构以保持其可变性。

⊖　也会使用术语模型驱动工程（Model-Driven Engineering, MDE）。
⊜　遗传算法基于仿生的操作算子（例如变异、交叉和选择），从大量潜在解决方案中进行演化，来生成优化和搜索问题的高质量解决方案。

基于搜索的软件工程技术已用于生成和修复重构建议的序列。人工创建重构建议非常耗时。使用动态的交互式方法生成重构建议可以提高软件质量，同时最大程度地减少与原始设计的偏差 [Ali18]，基于搜索的软件工程技术已被用来设计测试用例，以评估开发人员在软件崩溃后的修复 [Als18]。这些技术可以促使软件系统能够自我修复。

597

29.5.7　测试驱动的开发

需求驱动设计，设计是构建的基础。简单的软件工程实际运作过程是相当有用的，对于创建软件体系结构不可或缺。然而，当考虑构件级的设计和构建时，巧妙的变更可以提供极大的好处。

在测试驱动的开发（Test-Driven Development，TDD）中，将软件构件的需求作为生成一组测试用例的基础，以测试用例检查接口，并试图找到数据结构中和构件提供的功能中的错误。TDD 并不是一种真正的新技术，而是一个趋势，它强调生成源代码之前的测试用例的设计⊖。

TDD 过程遵循简单的流程，如图 29-3 所示。在第一小部分的代码生成之前，软件工程师引入测试以备检测代码（尽量发现代码的错误）。然后写下的代码要顺应测试。如果通过了，再创建新的测试来检测要开发的下一段代码。此过程持续下去，直到各构件完全编好代码，并且所有的测试都没有错误地执行了。然而，如果任何测试成功地发现了错误，那么现有的代码就要重构（修正），所有和错误相关的测试都重新执行。这种重复的流程继续进行，直到没有测试需要创建，这意味着该构件符合定义的所有要求。

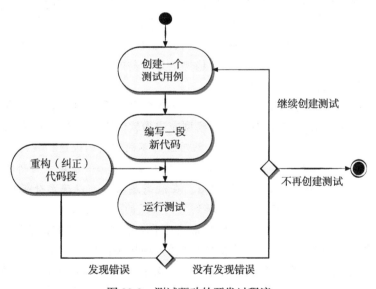

图 29-3　测试驱动的开发过程流

598

在 TDD 中，代码是以非常小的增量（一次一个子函数）开发的，直到存在测试要检查时，才编写代码。应该注意，每个迭代都会产生一个或多个新的测试并添加到回归测试集中，每次变更都要运行回归测试集。这样做是为了确保新代码没有在旧代码中产生导致错误的副作用。如果对 TDD 有进一步的兴趣，请参见 [Bec04b]、[Ste10] 或 [Whi12]。

⊖　回忆一下极限编程（第 3 章），它强调这种方法是敏捷过程模型的一部分。

29.6 相关工具的趋势

每年都有数以百计的工业级软件工程工具被采用。其中大多数是由工具制造商提供的，他们声称这些工具会改进项目管理、需求分析、设计建模、代码生成、测试、变更管理或本书讨论的任何软件工程活动、行为和任务。其他工具则已经作为开源产品被开发出来。大多数开源工具都特别强调构建活动（特别是代码生成）中的"编程"活动。还有一些工具来自大学和政府实验室的研究工作。虽然他们在非常有限的应用问题中很吸引人，但是大多数不具备广泛的行业应用。

在行业层面，最全面的工具包形成了软件工程环境（Software Engineering Environment, SEE）[⊖]，它围绕一个中心数据库（存储库）集成了特定的工具集。当作为一个整体考虑时，SEE 通过软件过程整合了信息，并且为许多大型且复杂的基于软件的系统所需的协作提供帮助。但当前的环境是不容易扩展的（很难集成 COTS 工具，它不是软件包的一部分），而且往往是通用的（即它们不是针对具体的应用领域）。新技术解决方案（例如，模型驱动软件开发）的推出和切实可行的支持新技术 SEE 的可用性之间也存在一个很长的时间间隔。

在过去，软件工具遵循两种不同的途径：一种是以人为本的途径，对应了 29.4 节中讨论的"软趋势"；另一种是以技术为中心的途径，关注新技术的引进和采用（29.5 节）。展望未来，软件工程师已开始研发人机交互工具，但机器生成的解决方案并不总是适用于每个问题，仍然需要人类做出是否接受机器推荐的决定。

29.4 节中讨论的软趋势——需要管理复杂性、满足意外需求、建立包含变更的过程模型、协调具有不断变化的人才组合的全球团队等——预示着一个新的时代，在这个时代，支持利益相关者协作的工具将变得和支持技术的工具同样重要。

当利益相关者作为一个团队工作时，敏捷软件工程（第 3 章）是可以实现的。因此，即使各自在本地开发软件，面向协同 SEE 的趋势也是有益的。哪些技术工具可以补充系统和构件，使软件工程师能够更好地协作？

技术工具的主要趋势之一是建立工具集，支持突出体系结构驱动设计的模型驱动开发（29.5.5 节）。Oren Novotny [Nov04] 建议，模型应成为软件工程的中心焦点，而不是源代码：

可以使用 UML 建立平台独立的模型，然后进行不同程度的改造，最终形成一个特定平台的源代码。那么，不言而喻，是这个模型——而不是文件——应该成为新的输出单元。模型在不同的抽象层次上会有很多不同的视图。在最高层次，可以确定分析中平台独立的构件；在最低层次，特定平台的实现可以分解到代码形式的一组类上。

Novotny 认为，新一代工具将与存储库联合工作，在所有需要的抽象层次上创建模型，建立不同模型之间的关系，从其中一个抽象层次的模型转换到另一个层次的模型（例如，将设计模型转换成源代码），管理变更和版本，针对软件模型协调质量控制和质量保证行动。Marouane kessentini 已在 eBay 和 SEMA 等公司部署了工业级工具，旨在通过自动检测软件缺陷 [man17] 并推荐重构解决方案来减少技术债务问题 [Ali18]。这项工作为行业带来巨大的希望。

除了完整的软件工程环境，关注从收集需求到设计 / 代码重构再到测试的任何事情的单点解决方案工具将继续发展，并提供更多的功能。在有些情况下，与通用工具相比，针对特定应用领域的工具将提供更多的好处。Mark Harman 在 Facebook 上的小组宣布开发了一种

⊖ 也会使用术语集成开发环境（Integrated Development Environment，IDE）。

工具，该工具可在软件崩溃后自动设计测试用例并测试开发人员的修复补丁 [Als 18]，希望未来有一天生产软件能够实现自我修复。

29.7　小结

对软件工程技术有影响的趋势经常来自商业、团体、市场和文化等领域。这些"软趋势"能指导研究方向以及作为研究结果的技术。人工智能和数据科学方法可能会继续影响软件工程的各个方面。

引入的每项新技术都会经历一个生命周期，新技术并不总是被广泛采用，即使最初的期望很高。任何软件工程技术获得广泛应用的程度都与解决软趋势和硬趋势问题的能力相关联。在日常生活中，数字个人助理和社交媒体影响着个人活动的各个方面。随着它们的兴起，人们越来越关注安全性和隐私在软件产品开发中的重要性。

软趋势——对连接和协作、全球项目、知识转让、新兴经济的影响以及人类文化本身的影响力等不断增长的需要，导致了跨越管理复杂性和意外需求的一系列挑战，需要调整分散在各地的软件开发团队不断变化的人才结构。全球性工程会越来越多。. |600|

硬趋势——技术变化的步伐在日益加快——决定软趋势，并影响软件结构、过程范围和表示过程框架特性方式。协同开发、需求工程的新形式、基于模型的开发和测试驱动的开发以及后现代设计会改变方法的前景。对于不断增长的沟通与协作需要，工具环境将做出回应，同时集成了特定领域点的解决方案，这些可能会改变目前软件工程任务的性质。机器学习很可能是自动化多个重要软件工程任务的一种方法。.

习题与思考题

29.1　阅读 Malcolm Gladwell 的畅销书 *The Tipping Point*，讨论如何将他的理论应用于新软件工程技术。

29.2　为什么开放世界软件对传统的软件工程方法提出了挑战？

29.3　回顾 Gartner Group 关于新兴技术的趋势周期。选择一个众所周知的技术产品，并给出它的简要发展史，说明它是如何沿着曲线发展的。选择另一个著名的技术产品，但它不遵循趋势周期的发展。

29.4　什么是"软趋势"？

29.5　当你面对着一个极其复杂的问题时，这需要一个漫长的解决方案。你如何去处理这种复杂性并给出巧妙的解决方案？

29.6　什么是"意外需求"，它们为什么对软件工程师提出了挑战？

29.7　选择一个开源的开发工作（除了 Linux），并提交其演变和相对成功的简要发展史。

29.8　描述你认为软件过程在未来十年将会怎样改变？

29.9　你在洛杉矶并且和全球软件工程团队一起工作。你和在伦敦、孟买、中国香港和悉尼的同事必须为一个大系统编辑 245 页的需求规格说明。必须在 3 天内完成初稿。描述一套理想的在线工具，可以使你们能够有效合作。

29.10　用自己的话描述模型驱动的软件开发及测试驱动的开发。 |601|

结 束 语

要点概览

概念： 在即将结束这个关于软件工程的漫长旅程时，该阐明一些观点、总结一些结论了。

人员： 与本书作者一样的人。当你即将看完这本漫长的、富有挑战性的书时，很高兴能以一种有意义的方式做个总结。

重要性： 记住我们所处的位置、考虑我们要达到的目标总是一件有价值的事情。

步骤： 考虑我们所处的位置、要解决的核心问题和未来的发展方向。

工作产品： 帮助你理解全局的结论。

质量保证措施： 立竿见影是很难的。只有待若干年后，才能够分辨出本书中讨论的软件工程的概念、原理、方法和技术是否已经帮助你成为更好的软件工程师。

在前面的 29 章中，我们探索了软件工程流程，包括管理程序和技术方法、基本概念和原则、专业技术、以人为本的活动和适合自动化的任务、纸笔书写法和软件工具。我们认为，对灵敏度和质量的度量、规范和重视将得到满足客户需要的、可靠的、可维护的、更好的软件。但是，我从未允诺软件工程是万能的。

对于构造计算机系统的软件专业人员和公司来说，软件和系统技术仍然具有很大的挑战。虽然 Max Hopper [Hop90] 是怀着对 21 世纪的展望写下了下面这些话，但却准确地描述了当前的情形：

因为信息技术的变化正变得如此快速且不可遏制，落后是如此的不可挽回。因此，公司要么掌握技术，要么倒闭……细想起来，这段话对技术的描述"是多么无奈"，公司不得不拼命地追赶，才能有立足之地。

软件工程技术方面的变化确实"快速且不可遏制"，但同时真正的进步往往非常缓慢。。在决定采用一种新过程、新方法或新工具的时候，为了理解其应用，需要进行必要的培训，然后将技术引入软件开发文化中，此时会伴随出现一些新的（甚至更好的）事物，并且过程也将重新开始。

在这个领域中，有一件事我琢磨了很多年，就是软件工程从业人员是"赶时髦"的人。前面的道路将充满令人兴奋的新技术（最新的潮流），这些技术还从来没有真正使用过（尽管进行了大量宣传）。它将以更适度的技术塑造，以某种方式修改前进道路的方向和宽度。其中的少数内容我们在第 29 章已经讨论了。

在这最后一章，我将从更哲学的角度扩展我的观点，并进一步考虑在软件工程实践领域我们今天所处的位置以及我们的目标。

关键概念
人工智能
变化
沟通
道德规范
未来
遗传算法
信息范围
知识
知识发现
机器学习
人员
职责
软件回顾

602

30.1 再论软件的重要性

可以从很多方面来叙述计算机软件的重要性。在第 1 章中，软件被描述为区分器。交付的软件可划分为产品、系统和服务，它具有市场竞争力。但是，软件并不仅仅是区分器，从整体上考虑，软件工程的工作产品产生了任何个人、商业或政府都能获取的最重要的日用品——信息。

第 29 章简单地讨论了开放的环境将从根本上改变人们对计算机的看法、人们利用计算机所做的事情（和它们为我们所做的事情）以及人们将信息视为一种指导、一种商品甚至一种必需品的认知。注意，支持开放世界计算的软件将会给软件工程师提出新的、激动人心的挑战。但更为重要的是，普遍存在且日益成长的计算机软件将给整个社会提出更加急剧的挑战。每当技术产生广泛影响——这种影响可以挽救或危害生命、建立或摧毁多个行业以及引导或误导政府领导人的时候，那就必须要"小心处理"了。

30.2 人员及其构造系统的方式

高科技系统需要的软件日益复杂，最后形成的程序规模也成比例地增长。如果不是因为"随着程序规模的增长，为此程序投入的人员数量也要增加"这样一句简单事实的话，"平均"程序规模的快速增长并不会给我们带来太多问题。

经验表明，如果一个软件项目团队的人数增加，则项目团队的整体生产率可能会下降。针对这个问题的一个解决方法就是增加软件工程项目团队的数量，从而将人员划分为单独的工作小组。然而，随着软件工程项目团队数量的增加，他们之间的交流也会变得困难和费时，就像个人之间的交流一样。更糟糕的是，交流（在个人间或项目团队间）趋向于低效，即用了太多的时间，却只能传递很少的信息内容。而且，通常情况是将重要的信息"分裂为破碎的片断"。

如果软件工程界有效地解决了交流的困境，软件工程师的未来之路必定会涉及个人之间及项目团队之间相互交流方式的根本性改变。在第 27 章中，我们讨论了协同工作环境可以在团队交流方面提供显著的改进。

最后，交流是知识的传递。知识获取（和传递）的方式正在发生深刻改变。随着搜索引擎的日益成熟、社交网络和众包形态的工具化，以及移动应用所提供的更好的协同能力，知识转移的速度和质量将成倍增长。

如果历史是一面镜子，那么就可以公正地说人类本身并没有改变。但是，他们交流的方式、工作的环境、获取知识的方式、使用的方法和工具、应用的规则以及软件开发的全部文化都将发生重大而深刻的改变。

SafeHome 结论？

[场景] Doug Miller 的办公室。

[人物] Doug Miller（SafeHome 软件工程经理）和 Vinod Raman（产品团队成员之一）。

[对话]

Doug：我非常高兴，我们在没有太多戏

剧性事件的情况下完成了工作。

Vinod（叹了口气，靠在椅子上）：是的，但是项目进展不大。

Doug：你很惊讶？ SafeHome 项目开始的时候，市场部认为做一个桌面应用程序就可以实现，然后……

Vinod（笑着）：然后，紧接着在网络和移动端上，并且我们还涉足了 VR。

Doug：但是我们确实学到了很多。

Vinod：是的。这些高科技的东西太有意思了，但是软件工程类的东西只允许我们把它做到接近计划。

Doug：是的。这些都是你们的辛勤工作。客户服务那边怎么样？质量又如何？

Vinod：是有几个问题，但都不是致命的。我们已经在处理了。5 分钟之后，我将与

Jamie 面谈此事。

Doug：在你去之前…

Vinod（正在往外走）：我知道，提前做些准备。

Doug：一种新的传感器已经被开发出来了，非常高端，我们在 SafeHome II 中将采用。

Vinod：SafeHome II ？

Doug：是的，SafeHome II。下周我们开始准备计划。

604

30.3 知识发现

在计算机的历史上，用于描述商业界软件开发工作的术语发生了一些微妙的变化。50 年前，术语数据处理是描述计算机在商业中应用的习惯用语。今天，数据处理已经让位于另一个短语——信息技术，它与"数据处理"所指的事情是相同的，但在关注点上有微妙的偏移。它强调的重点不仅仅是大量数据的处理，而是从这些数据中抽取有意义的信息。显然，这才是永久的目标，然而，术语上的改变反映了管理哲学上的更重要的变化。

当我们今天讨论软件应用时，数据、信息和内容这些词反复地出现，我们也在某些人工智能应用中也会遇到知识一词，但是它的使用相对较少。事实上，没有人在计算机软件应用的范畴内讨论智慧。

数据是未加工的信息——事实集合，它必须经过处理才具有意义。信息是在给定的环境下通过相互关联的事实而得到的。知识是将某个环境中所获得的信息与在另外不同环境中获得的信息相关联。而智慧是从完全不同的知识中推导出的一般性原理。

目前所构造的绝大多数软件都是用于处理数据或信息，软件工程师还同样关心处理知识的系统[⊖]。知识是二维的，针对一系列相关和不相关的主题而收集的信息被联结在一起，形成一个事实体系，我们称之为知识。其中关键的是这样一种能力，即应该如何将来自一系列不同源（它们之间可能没有明显的联系）的信息联系起来，并将它们组合在一起，为我们提供某些独特的收益[⊖]。

为了说明从数据到知识的发展过程，以人口普查数据为例：1996 年，美国的出生率是 490 万，该数字表示一个数据值。将该数据和前 40 年的出生率相关联，我们可以导出一种有用的信息——正在变老的 20 世纪 50 年代及 60 年代早期的"生育高峰出生的婴儿"正赶在他们的最佳生育年龄结束前做最后的生育努力。另外，"青年一代"（gen-Xers）也已到了生育的年龄。然后，该信息还可与其他似乎无关的信息相关联。例如：将在下一个十年退休的小学教师的当前数量；具有初中和中级教育程度毕业生的数量；或者政治家承受的降低税率的压力；以及因此限制教师薪金增长的压力。

可以将这些信息组合起来制定知识的示意图——这在 21 世纪早期对美国的教育系统来

⊖　数据挖掘和数据仓库技术的快速发展反映了这种增长趋势。

⊖　语义 Web（Web2.0）允许这种 mashups 的创建，它提供了一种易于获取知识的机制。

说会是个很大的压力，并且这些压力会持续 10 余年。利用这些知识会带来一些商业机会，这对于开发新的学习模式来说可能是一个重要的机会，将比现有的方法更有效且成本更低。 605

软件的未来之路是处理知识的系统。我们使用计算机处理数据已超过 70 年，抽取信息超过 30 年。软件工程界面临的最重要的挑战之一是沿着信息谱的发展趋势构造迈向下一步的系统——从数据和信息中以实用、有益的方式抽取知识的系统。知识发现是一门跨学科的领域，其重点是在数据中发现有价值的内在关系。

Mark Harman（现为 Facebook 软件工程研究经理）是最早认识到数据挖掘和机器学习价值的人之一 [Harl 2b]。公共软件工程数据存储库（例如，Mug Bugzilla、GitHub、Source Forge）的有效使用，使得我们可以基于搜索的软件工程技术来发现对软件制品和过程的见解 [Dye 15] [Gup 15]。这不是一件容易的事，并且建议将数据科学家纳入大型软件工程项目中 [Kim 16b]。挖掘公共存储库发现的成果，可以帮助从事较小专有项目的软件工程师进行实践改进，还可帮助他们将研究成果应用于其自己的软件工程数据存储库技术。

机器学习已被应用于软件工程的许多领域，包括行为提取、设计模式识别、程序生成、测试用例生成和缺陷检测 [Mei 18]。如果不能访问大量软件工程数据，缺少领域专家来帮助塑造机器学习的概念，那么这项工作就无法完成。遗传算法⊖利用自动搜索功能，可通过启发式组合现有软件产品和过程的元素来用于开发改进的软件产品或过程。遗传学已被用来提高软件的各种性能，例如执行时间、内存消耗、缺陷修复和现有系统功能扩展 [Pet 18]。

智能软件工程是结合人工智能（AI）和软件工程学术研究的新领域。智能软件工程技术可以提高 AI 软件的开发生产率和 AI 软件的可靠性，它还试图解决在软件工程自动化的过程中遇到的一些问题 [Xie 18]。随着 AI 技术变得越来越强大且易于使用，它们越来越多地被部署为现代软件系统的关键构件。尽管这可以创建更好的、适应用户需求的产品，但也给软件工程师带来了更多问题，并使公司面临新的风险 [Fell8]。

30.4 愿景

在 30.3 节中，我提出未来的道路将通向建立"处理知识"的系统。但是，未来的通用计算和特殊的基于软件的系统可能会导致相当深刻的事件发生。 606

在一本神奇的涉及计算技术的书中（一定适合每个人阅读），Ray Kurzweil[Kur05] 建议，我们已经达到了这样一个时代——"技术变化的步伐是如此之快，影响是如此之深，以至于人们的生活将不可逆转地跟着改变"。Kurzweil⊖给出了令人信服的论证，我们目前正处在指数增长曲线的"转折点"，在未来几十年中，计算能力将得到极大提升。随着纳米技术、基因技术和机器人技术方面的进展，可能在本世纪中期的某个时候，人类（如同我们知道他们今天的样子）和机器之间的区别将变得很模糊，这个时候人类正以某种既可怕（对一些人来说）又壮观（对另外一些人来说）的方式加速进化。

Kurzweil 认为，在未来十年的某个时候，计算能力和必要的软件将足以对人脑的每个方面进行建模 [Kur13]——所有的物理连接、模拟过程和化学覆盖。这种情况发生时，人类将首先获得"强人工智能"，因此，机器确实可以思考（使用今天世界的常规说法）。但是，存

⊖ 遗传算法旨在寻求计算机生成问题的潜在解决方案，以寻找最佳方案，同时保持候选解决方案集的多样性。
⊖ 值得注意的是，Kurzweil 不是一个磨坊中的科幻作家或没正事的未来主义者。他是一位严肃的技术主义者，"已经成为光学符号识别（Optical Character Recognition，OCR）、文字语音合成、语音识别技术以及电子键盘设备等领域的先驱"（Wikipedia）。

在一个根本的差别。人脑的处理是相当复杂的并且和外部的信息源仅仅以一种松散的方式连接。即使与今天的计算技术相比，人脑的计算也是很慢的。当人类的大脑能完全仿真时，机器的"思想"将以比人脑快数千倍的速度更迅速地与相应的海量信息相连接（作为一个简单的例子，想一想今天的网络）。其结果是……如此神奇，最好是留给 Kurzweil 来叙述。

值得注意的是，不是每个人都相信 Kurzweil 描述的未来，这是一件好事。在著名的题为 "The Future Doesn't Need Us" 的论文里，Bill Joy[Joy00]（Sun 公司的创始人之一）认为"机器人技术、基因工程、纳米技术正在威胁着人类这个濒临灭绝的物种"。他对技术的不良预测与 Kurzweil 所预言的理想国未来形成了对立。双方都应认真考虑，作为一个软件工程师在确定人类的长远未来时应起什么样的引导作用。

30.5　软件工程师的责任

软件工程已经发展成为令人尊敬的、全球性的行业。作为专业人员，软件工程师应该遵守职业道德规范，以指导他们所做的工作及他们所生产的产品。ACM/IEEE-CS（美国计算机协会 / 国际电器与电子工程师协会和计算机科学会社）联合工作组已经提出了 *Software Engineering Code of Ethics and Professional Practices*（软件工程职业道德规范和职业实践要求）(5.1 版)，该规范 [ACM12] 规定：

软件工程师应履行其承诺，使软件的分析、规格说明、设计、开发、测试和维护成为一项有益和受人尊敬的职业。依照他们对公众健康、安全和利益的承诺，软件工程师应当坚持以下八项原则：

1. 公众——软件工程师的行为应符合公众利益。
2. 客户和雇主——在保持与公众利益一致的原则下，软件工程师的行为应使他们的客户和雇主获得最大利益。
3. 产品——软件工程师应该确保他们的产品和相关的修改符合最高的专业标准。
4. 判断——软件工程师应当维护他们职业判断的完整性和独立性。
5. 管理——软件工程经理和领导应赞成和促进对软件开发和维护进行合乎道德规范的管理。
6. 专业——在与公众利益一致的原则下，软件工程师应当推进其专业的完整性和声誉。
7. 同事——软件工程师对其同事应持平等和支持的态度。
8. 自我——软件工程师应当参与终生职业实践的学习，并促进合乎道德的职业实践方法。

虽然八项原则中的每一项都同样重要，但最重要的一个主题是：软件工程师应该以公众的利益为目标。从个人的角度上，软件工程师应遵守以下规定：

- 决不将数据据为己有。
- 决不散布或出售在软件项目中工作时所获得的私有信息。
- 决不恶意毁坏或修改别人的程序、文件或数据。
- 决不侵犯个人、小组或组织的隐私。
- 决不闯入一个系统胡闹或牟取利益。
- 决不制造或传播计算机病毒。
- 决不使用计算技术去助长偏见或制造麻烦。

在过去的十年中，许多软件企业试图说服当权者批准保护条例：（1）允许公司在不公开已知缺陷的情况下发布软件；（2）对于由这些已知缺陷所引起的任何损害，免除开发者的赔偿责任；（3）没有得到原始开发者的允许，禁止其他人公开缺陷；（4）允许将"自助"软件结合到一个产品中——这样能使产品丧失操作能力（通过远程命令）；（5）如果第三方使软件丧失能力，免除使用"自助"能力的软件开发者的赔偿责任。

与所有的立法一样，争论的问题通常集中在政策方面，而不是技术方面。然而，很多人（包括我们大家）感到：如果没有合理地起草保护条例，而只是间接地免除软件工程师生产高质量软件的责任，那么保护条例将会与软件工程道德公约相冲突。鉴于 2018 年发生了大规模的社交媒体数据泄露事件，将对存储大量机密客户数据的公司提出更多的安全要求。 |608|

自治系统不断增强的决策能力以及 AI 对我们日常生活中的影响，使我们越来越重视其在系统中的应用价值 [Vak18]。软件工程专业需要研究如何测量搜索算法和社交网络中的偏差 [Pit18]。修订后的 ACM 道德与职业行为规范 [ACM18] 采纳了一些新原则，以解决特定计算技术中的问题，例如 AI、机器学习和做出有重要伦理决策的自主机器 [Got18]。为了反映这些新领域的新问题，ACM 和 IEEE 可能会考虑修订其软件工程道德规范。

30.6 写在最后

自本书第 1 版的编写，至今已近 40 年。我仍然能够回忆起自己作为一位年轻的教授，坐在桌子旁为一本书撰写手稿的情形，当时这本书的主题几乎没有人关心，甚至很少有人理解。我还记得出版商的拒绝信，他（礼貌但坚定地）认为"软件工程"方面的书绝对不会有市场。幸运的是，McGraw-Hill 出版社决定尝试一下⊖，其余的如他们所说的那样已经成为历史。

从第 1 版开始，本书发生了引人注目的变化——在范围、规模、风格和内容等方面。如软件工程一样，经过这么多年，它已经长大并且（我希望）成熟起来。

计算机软件开发的工程方法目前仍然是传统的知识，虽然在"合适的范型"、敏捷的重要性、自动化程度以及最有效的方法等方面还存在争论，但软件工程的基本原则现在已在产业界得到普遍接受。然而，为什么直到最近我们才看见它们被广泛采用呢？

我认为答案是由于技术转变和伴随而来的文化变化的困难，即使我们大多数人认识到了软件需要工程学科，我们仍需要与过去的习惯作斗争，并且要面对一些容易重复过去所犯错误的新的应用领域（以及在这些领域工作的开发者）。为了使转变更容易，我们需要很多东西——一个灵活的、可适应的、明智的软件过程，更有效的方法，更强大的工具，实践者更好地接受和管理者的支持，以及大量的教育。

你不可能同意本书中描述的每种方法。某些技术和观点是相互矛盾的，为了在不同的软件开发环境中更好地发挥作用，必须对书中的某些部分进行调整。然而，我真诚地希望本书已经描述了我们面临的问题，展示了软件工程概念的优势并提供了方法和工具的框架。 |609|

当我们更深入地走进 21 世纪之时，软件依然是世界上最重要的产品和最重要的产业。它的影响和重要性已经经历了一段很长的路。然而，新一代的软件开发者必须迎接很多前一代人面临过的相同挑战。让我们期待迎接挑战的人——软件工程师——有更多的智慧去开发改善人类生活环境的系统。 |610|

⊖ 实际上，这要归功于 Peter Freeman 和 Eric Munson，他们使 McGraw-Hill 相信，这是值得一试的。销售超过了 300 万册，公平地说，他们做了一个好决定。

索　引

索引中的页码为英文原书页码，与书中页边标注的页码一致。

软件工程（原书第10版）

作者：[英] 伊恩·萨默维尔（Ian Sommerville） 译者：彭鑫 赵文耘 等
ISBN: 978-7-111-58910-5 定价: 89.00元

　　本书是系统介绍软件工程理论的经典教材，自1982年初版以来，随着软件工程学科的发展不断更新，影响了一代又一代软件工程人才，对学科本身也产生了积极影响。全书共四个部分，完整讨论了软件工程各个阶段的内容，是软件工程和系统工程专业本科和研究生的优秀教材，也是软件工程师必备的参考书籍。

现代软件工程：面向软件产品

作者：[英] 伊恩·萨默维尔（Ian Sommerville） 译者：李必信 廖力 等
ISBN: 978-7-111-67464-1 定价: 99.00元

　　经典软件工程教材作者、国际知名的软件工程专家伊恩·萨默维尔新作；系统介绍软件产品工程化的思想，重点关注与软件产品相关的工程化过程和技术。

　　核心内容包括软件产品、软件架构、敏捷软件工程、人物角色、场景、用户故事、基于云的软件、微服务架构、安全和隐私以及DevOps等。建议读者具有一定的Java或Python等面向对象语言的编程经验，在学习过程中注重从产品工程化的视角来理解软件工程技术，从而为开发高质量、高安全性、高可靠性的软件产品打好基础。

推荐阅读

设计模式：可复用面向对象软件的基础（典藏版）

作者：[美] 埃里克·伽玛（Erich Gamma）等 译者：李英军 等 吕建 审校 ISBN: 978-7-111-61833-1 定价: 79.00元

四位顶尖的领域专家撰写，凝聚软件开发界几十年的设计经验，软件技术人员的圣经和词典；书中定义的23个模式已成为开发界技术交流所必备的基础知识和词汇，引导读者走出软件设计迷宫的指路明灯。

"这本书是我所读过的写得最好、最富洞察力的书籍之一……本书不是泛泛而论，而是结合实例，以最佳的方式确立了模式的合法地位。"

—— Stan Lippman, C++ 语言先驱、《C++primer》作者

微服务架构设计模式

作者：[美] 克里斯·理查森（Chris Richardson）译者：喻勇 ISBN: 978-7-111-62412-7 定价: 139.00元

涵盖44个架构设计模式，系统解决服务拆分、事务管理、查询和跨服务通信等难题；易宝支付CTO陈斌、PolarisTech联合创始人蔡书、才云科技 CEO 张鑫等多位专家鼎力推荐。

喻勇翻译的这本书是近几年我所看到的众多论述微服务架构书籍中最好的一本。该书围绕微服务的架构设计，深入浅出地介绍了微服务与SOA等其他架构的区别，软件系统服务的拆分策略，微服务的同步和异步通信模式，如何使用微服务进行事务管理，如何在微服务架构中设计业务逻辑。同时详细描述了微服务架构中的测试和生产部署策略。该书所总结出的架构经验对设计微服务架构有很好的指导作用，建议软件研发人员认真研读。

—— 陈斌，易宝支付CTO

软件架构理论与实践

作者：李必信 廖力 王璐璐 孔祥龙 周颖 编著 ISBN: 978-7-111-62070-9 定价: 99.00元

本书涵盖了软件架构涉及的几乎所有必要的知识点，从软件架构发展的过去、现在到可能的未来，从软件架构基础理论方法到技术手段，从软件架构的设计开发实践到质量保障实践，以及从静态软件架构到动态软件架构、再到运行态软件架构，等等。

本书特色：
- 理论与实践相结合：不仅详细地介绍了软件架构的基础理论方法、技术和手段，还结合作者的经验介绍了大量工程实践案例。
- 架构质量和软件质量相结合：不仅详细介绍了软件架构的质量保障问题，还详细介绍了架构质量和软件质量的关系。
- 过去、现在和未来相结合：不仅详细地介绍了软件架构发展的过去和现在，还探讨了软件架构的最新研究主题、最新业界关注点以及可能的未来。